Duden

Biologie

Schulwissen 5. bis 10. Klasse

Dudenverlag
Berlin

Herausgeber
Doz. Dr. habil. Christa Pews-Hocke, Dr. Edeltraud Kemnitz

Autoren
Prof. Dr. Annelore Bilsing
Dr. Karl-Heinz Firtzlaff
Prof. Dr. Karl-Heinz Gehlhaar
Dr. Edeltraud Kemnitz
Prof. Dr. sc. Manfred Kurze (†)
Leonore Naunapper
Doz. Dr. habil. Christa Pews-Hocke
Helga Simon
Prof. Dr. habil. Erwin Zabel

Bibliografische Information der Deutschen Nationalbibliothek
Die Deutsche Nationalbibliothek verzeichnet diese Publikation in der Deutschen Nationalbiografie; detaillierte bibliografische Daten sind im Internet über http://dnb.dnb.de abrufbar.

Bibliographisches Institut GmbH, Mecklenburgische Straße 53, 14197 Berlin

Redaktionelle Leitung David Harvie
Redaktion Michael Venhoff
Herstellung Uwe Pahnke
Layout Britta Scharffenberg
Umschlaggestaltung Jürgen Sauerhöfer
Umschlagillustration Curly Pat/shutterstock.com (Wellen)
Satz LemmeDESIGN, Berlin
Grafiken siehe Bildquellenverzeichnis
Druck und Bindung AZ Druck und Datentechnik GmbH,
Heisinger Straße 16, 87437 Kempten
Printed in Germany

ISBN 978-3-411-77092-2 (Schulwissen-Kassette)

PEFC/04-31-0810

PEFC zertifiziert
Dieses Produkt stammt aus nachhaltig bewirtschafteten Wäldern und kontrollierten Quellen.

www.pefc.de

Inhaltsverzeichnis

1 Gegenstand, Teilgebiete und Methoden der Biologie

1.1 Gegenstand und Teilgebiete der Biologie

1.1.1 Biologie als Naturwissenschaft

Höhlenzeichnungen belegen, dass der Mensch, solange er existiert, auf Pflanzen und Tiere angewiesen ist. Für die Forscher sind diese Malereien deshalb wichtig, weil sie auch Auskunft über die Verbreitung bestimmter Arten damals auf der Erde geben.

Solange Menschen existieren, beschäftigen sie sich mit anderen Lebewesen. Pflanzen und Tiere beispielsweise sichern ihren Lebensunterhalt, sie liefern Nahrung, Kleidung und Werkzeuge. Felle oder auch Blätter bieten aber auch Schutz vor Umwelteinflüssen wie Hitze und Kälte, Regen und Schnee.

Als die Menschen begannen über sich und ihre Umwelt nachzudenken, wurden sie von der Faszination erfasst, die vom Lebendigen ausgeht. Faszination ist auch heute für viele ein Anlass, sich mit den vier großen Bereichen des Lebens, mit Pflanzen, Tieren, Pilzen, Bakterien, und den Beziehungen zwischen den Lebewesen zu beschäftigen.
Menschen halten Tiere, sie züchten und pflegen Pflanzen, setzen sich für die Erhaltung von Tier- und Pflanzenarten ein, legen Parkanlagen und Teiche an, bestaunen die Schönheiten, die die lebende Natur hervorbringt, und vieles andere mehr.

Je intensiver sich der Mensch mit seiner natürlichen Umwelt auseinandersetzte, desto neugieriger wurde er auf sie und desto mehr Fragen taten sich ihm auf.
Die interessanteste ist wohl: *Wie ist die Erde eigentlich entstanden?*
Dazu gibt es unterschiedliche Theorien. Die verbreitetste geht davon aus, dass das Universum aus einem sogenannten *Urknall* hervorgegangen ist, in dessen Folge unvorstellbar große Energiemengen frei wurden. Das Weltall begann sich auszudehnen und abzukühlen, wobei Materie an verschiedensten Teilen des Universums kondensierte. So entstand auch unser Sonnensystem mit der Erde.

▶ Aus einem sog. **Urknall** (engl. big bang) soll unser Universum hervorgegangen sein.

An die oben genannte Frage schließt sofort die folgende an:
Wie sind die ersten Lebewesen entstanden? Sind sie aus „unbelebter" Materie hervorgegangen?
Auch hier gibt es unterschiedliche Theorien. ALEXANDER IWANOWITSCH OPARIN (1894–1980), ein russischer Biochemiker, begründete 1922 die moderne Vorstellung über die Entwicklung des Lebens auf der Erde. OPARIN führte auch Modellexperimente durch, um seine Hypothese zu beweisen. Er konnte z. B. zeigen, dass sich in bestimmten Lösungen Tröpfchen von Makromolekülen bilden, die man *Koazervate* nannte. Sie wiesen einige Anzeichen von Leben auf, z. B. Aufnahme und Ausscheidung von Stoffen.

▶ OPARINS These besagte u. a., dass die spezifischen Bedingungen auf der primitiven Erde bestimmte chemische Reaktionen begünstigt hätten.

Doch das entscheidende Experiment gelang einem jungen amerikanischen Wissenschaftler.
STANLEY L. MILLER konnte 1952 in einem berühmten Experiment nachweisen, dass es möglich ist, aus einem Gemisch anorganischer Stoffe komplexe organische Stoffe herzustellen.
So könnten also vor etwa 4 Milliarden Jahren die ersten organischen Makromoleküle entstanden sein, aus denen sich dann alles Leben entwickelte.

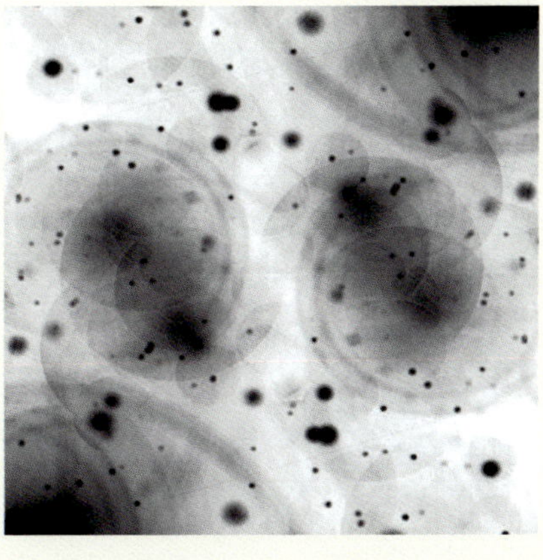

▶ STANLEY L. MILLER testete gemeinsam mit H. UREY die Hypothese von OPARIN erfolgreich.

CARL VON LINNÉ (1707–1778) glaubte zunächst an die Konstanz der Arten. Später änderte er seine Meinung (↗S. 299).

ERNST HAECKEL (1834–1919) gilt als Verfechter der Abstammungslehre (↗S. 300).

Spannend ist es natürlich auch zu erforschen, wie sich Lebewesen dann weiterentwickelt haben. Bis heute sind ungefähr 1,75 Millionen Arten entdeckt und beschrieben worden, darunter über 260 000 Pflanzenarten, 50 000 Wirbeltierarten und etwa 1 Million Insektenarten.
Wie hat sich eine so riesige Vielfalt von Lebewesen herausbilden können?
Früher glaubte man an die Erschaffung der Arten durch Gott. Dann fand man Überreste von Lebewesen (*Fossilien,* ↗S. 301), die zeigten, dass früher auf der Erde andere Lebewesen vorkamen als heute. Durch die Arbeiten von CARL VON LINNÉ, JEAN-BAPTISTE DE LAMARCK, CHARLES DARWIN und ERNST HAECKEL wurde nachgewiesen, dass sich Arten verändern.
Es dauerte dann aber noch sehr lange, ehe sich der Entwicklungsgedanke durchsetzte.

Vielfalt ist ein Kennzeichen des Lebens. Der Adler segelt durch die Lüfte, der Baum steht z. B. fest verwurzelt im Boden, die Amöbe verändert ihre Form, um sich fortzubewegen. In Körpergestalt, Größe, Fortbewegung, Fortpflanzung und in vielen anderen Merkmalen unterscheiden sich Lebewesen.
Gibt es aber trotz dieser Unterschiede Gemeinsamkeiten, z. B. zwischen einem Adler, einem Baum und einer Amöbe?
Um diese Frage beantworten zu können, muss sich der Biologe in das Innere der Lebewesen vorwagen. Er muss den Aufbau der Organismen, der Organsysteme, Organe und zuletzt die kleinsten Einheiten, die Zellen (↗S. 198), miteinander vergleichen. Erstaunliches stellt er dabei fest: Die Zellstrukturen dieser Lebewesen ähneln sich. Der Vielfalt der Lebewesen liegt also eine gewisse Einheitlichkeit zugrunde.

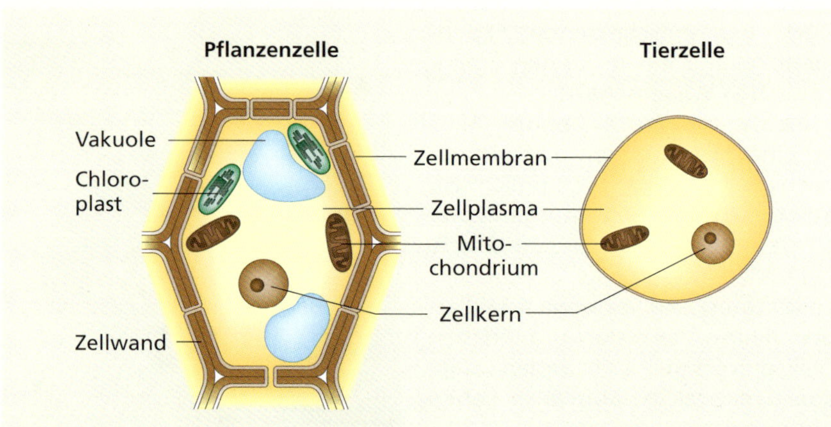

Die hohe Anzahl von Lebewesen bringt es mit sich, dass viele Arten auf engem Lebensraum zusammenleben.
Wie ist dabei das Zusammenleben von Organismen innerhalb einer Art organisiert, und wie leben Lebewesen verschiedener Arten zusammen?
In einem **Wald** kann man das Zusammenleben von Lebewesen verschiedener Arten sehr gut beobachten. Pflanzen und Tiere stehen dort in vielfältigen Beziehungen zueinander. Für die Tiere bieten Bäume und Sträucher z. B. Schutz, Nahrung, Wohnraum.

Die **Biologie** ist die Wissenschaft vom Leben. Sie erforscht die Entstehung des Lebens, seine Gesetzmäßigkeiten und Erscheinungsformen. Sie versucht einzudringen in das Wesen und die Entwicklung von Lebenserscheinungen, in deren Komplexität und Vielfalt. Sie untersucht die Lebensprozesse der Organismen und den Einfluss des Menschen auf deren Ablauf.

1.1.2 Teilgebiete der Biologie

Die Biologie ist die Wissenschaft vom Leben. Lebende Systeme sind aber komplex und vielfältig, sodass verschiedene biologische Disziplinen an der Erforschung beteiligt sind. Jede Biowissenschaft verfolgt dabei andere Ziele und wendet eigene Methoden an. Durch das Zusammenfügen der Erkenntnisse aus den unterschiedlichen Wissenschaftsdisziplinen gelingt es, immer tiefer in das Wesen und die Erscheinungen von Lebewesen einzudringen.

Teilgebiet	Untersuchungsgegenstand	Beispiel
Anthropologie (Menschenkunde)	Bau und Funktion von Organsystemen, Organen, Stammes- und Individualentwicklung des Menschen (↗S. 129 f.)	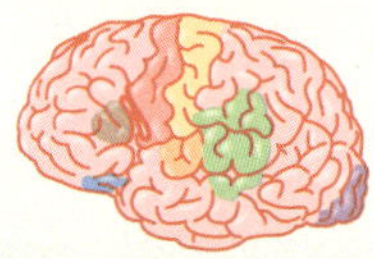
Botanik (Pflanzenkunde)	Bau und Funktion von Organen, Lebensweise, Verbreitung, Geschichte der Pflanzen (↗S. 50 f.)	
Mykologie (Pilzkunde)	Bau, Lebensweise, Verbreitung und Geschichte der Pilze (↗S. 45 f.)	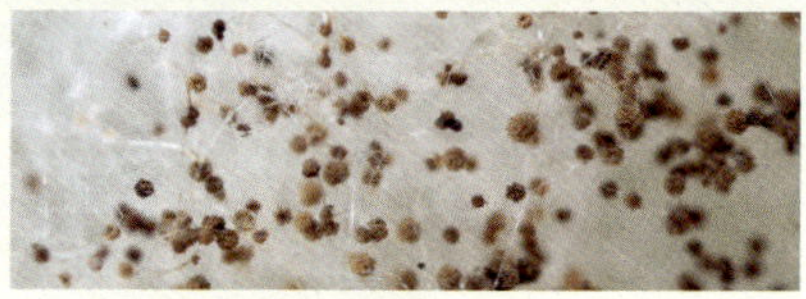
Zoologie (Tierkunde)	Bau, Lebensweise, Verbreitung und Geschichte der Tiere (↗S. 84 f.)	
Mikrobiologie	Bau, Lebensweise, Verbreitung und Bedeutung von Mikroorganismen (z. B. Bakterien, Einzeller) (↗S. 42, 84)	
Zytologie (Zellenlehre)	Bestandteile und Funktion der Zelle, Zelle als Baustein aller Lebewesen (↗S. 195 f.)	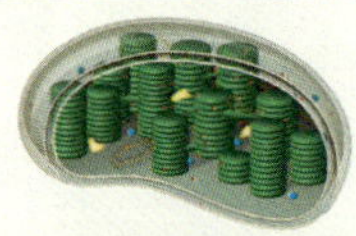
Anatomie	Innerer Bau von Lebewesen (Organsysteme, Organe) zur Erkennung der Funktion des gesamten Organismus oder einzelner Teile	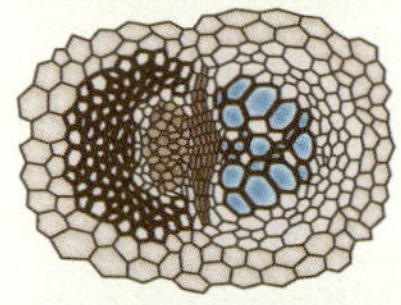
Morphologie	Körpergestalt, Aufbau des Organismus, Lage und Lagebeziehungen seiner Organe	

<table>
<tr><th>Teilgebiet</th><th>Untersuchungsgegenstand</th><th>Beispiel</th></tr>
<tr><td>Physiologie</td><td>Funktionen und Leistungen des gesamten Organismus und seiner einzelnen Teile; Zusammenhänge zwischen Lebensprozessen untereinander und mit der Umwelt (↗S. 184 f.)</td><td>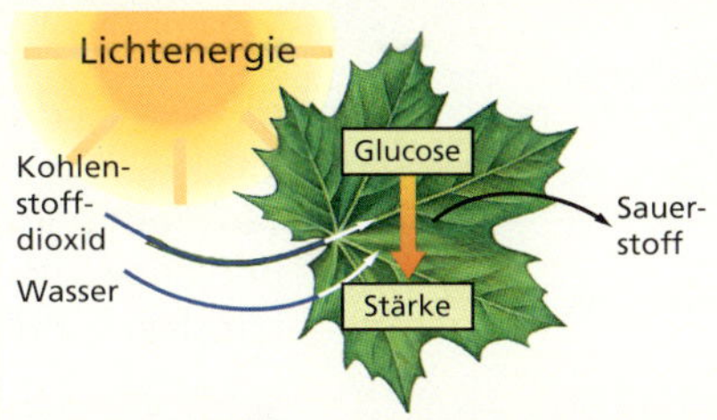
</td></tr>
<tr><td>Genetik
(Vererbungslehre)</td><td>Gesetzmäßigkeiten der Vererbung von Generation zu Generation, molekulare Grundlagen und materielle Strukturen (↗S. 263 f.)</td><td>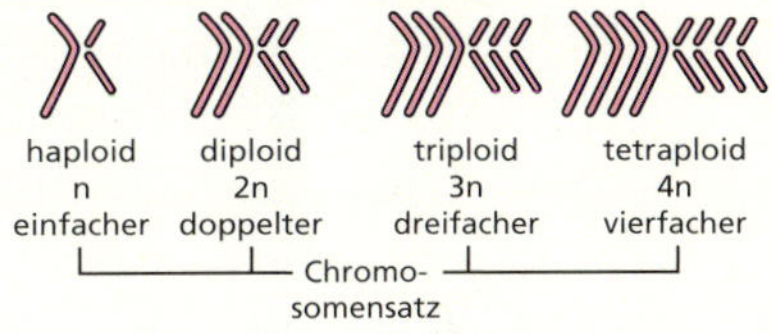
</td></tr>
<tr><td>Taxonomie
(Systematik)</td><td>Beschreiben, Vergleichen und Benennen der Gesamtheit der lebenden und ausgestorbenen Organismen, Ordnen in ein System abgestufter Gruppen, das ihre natürliche Verwandtschaft widerspiegelt</td><td>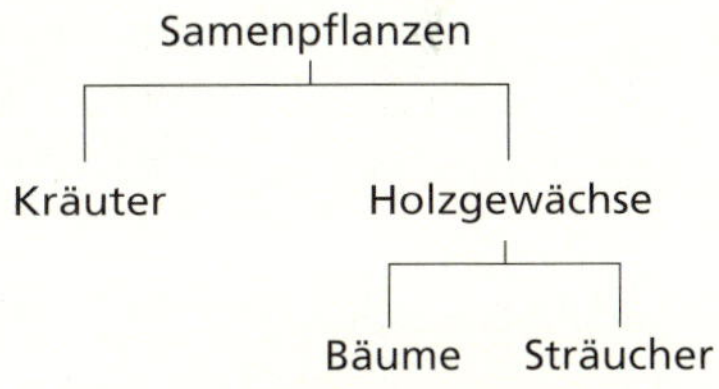
</td></tr>
<tr><td>Ethologie
(Verhaltens-biologie)</td><td>Verhalten von Mensch und Tier und deren physiologische Grundlagen (↗S. 327 f.)</td><td></td></tr>
<tr><td>Ökologie</td><td>Wechselbeziehungen der Organismen untereinander und mit ihrer Umwelt; Umwelt als Gesamtheit aller biotischen und abiotischen Faktoren

Wechselbeziehungen von Einzelorganismen und Umwelt; Wechselbeziehungen innerhalb einer Population; Wechselbeziehungen in einem Lebensraum (↗S. 351 f.)</td><td>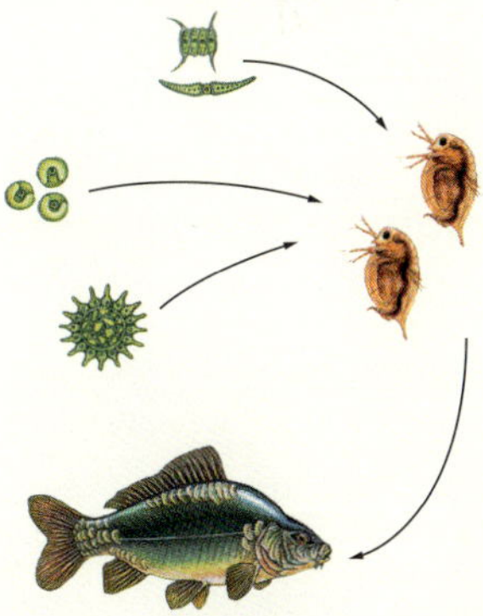</td></tr>
<tr><td>Evolutionsbiologie</td><td>Entstehung des Lebens; Ursachen und Verlauf der Stammesentwicklung der Organismen (↗S. 297 f.)</td><td>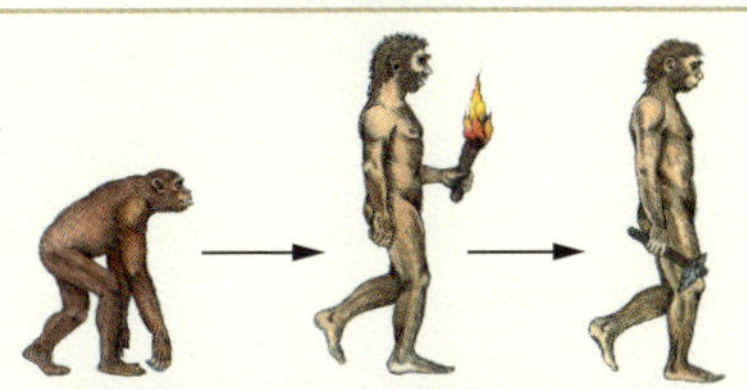</td></tr>
<tr><td>Paläontologie</td><td>Lebewesen vergangener Erdzeitalter</td><td></td></tr>
</table>

1.1.3 Verflechtung der Biologie mit anderen Wissenschaften

Lebewesen sind so kompliziert, dass zu ihrer Erforschung nicht nur fundierte Kenntnisse aus der Biologie und ihren Teilgebieten, sondern auch aus anderen **Naturwissenschaften,** z. B. aus der Chemie, der Physik, der Mathematik und auch der Geografie, notwendig sind. Das führte zu einer engen Verflechtung der Wissenschaft Biologie mit anderen Wissenschaften und auch zur Entwicklung von neuen Wissenschaftsdisziplinen.

> Die **Biochemie** versucht eine Erklärung des Lebens auf molekularbiologischer Ebene zu geben. Sie betrachtet die chemische Zusammensetzung der Lebewesen und die Regulation der Lebensprozesse. Dabei nutzt sie chemische Methoden.

■ Bei der Verdauung (↗S. 139,190) werden die Grundnährstoffe Kohlenhydrate, Fette und Eiweiße auf chemischem Wege in kleine und wasserlösliche Bestandteile zerlegt. Dabei spielen auch Enzyme eine wichtige Rolle.

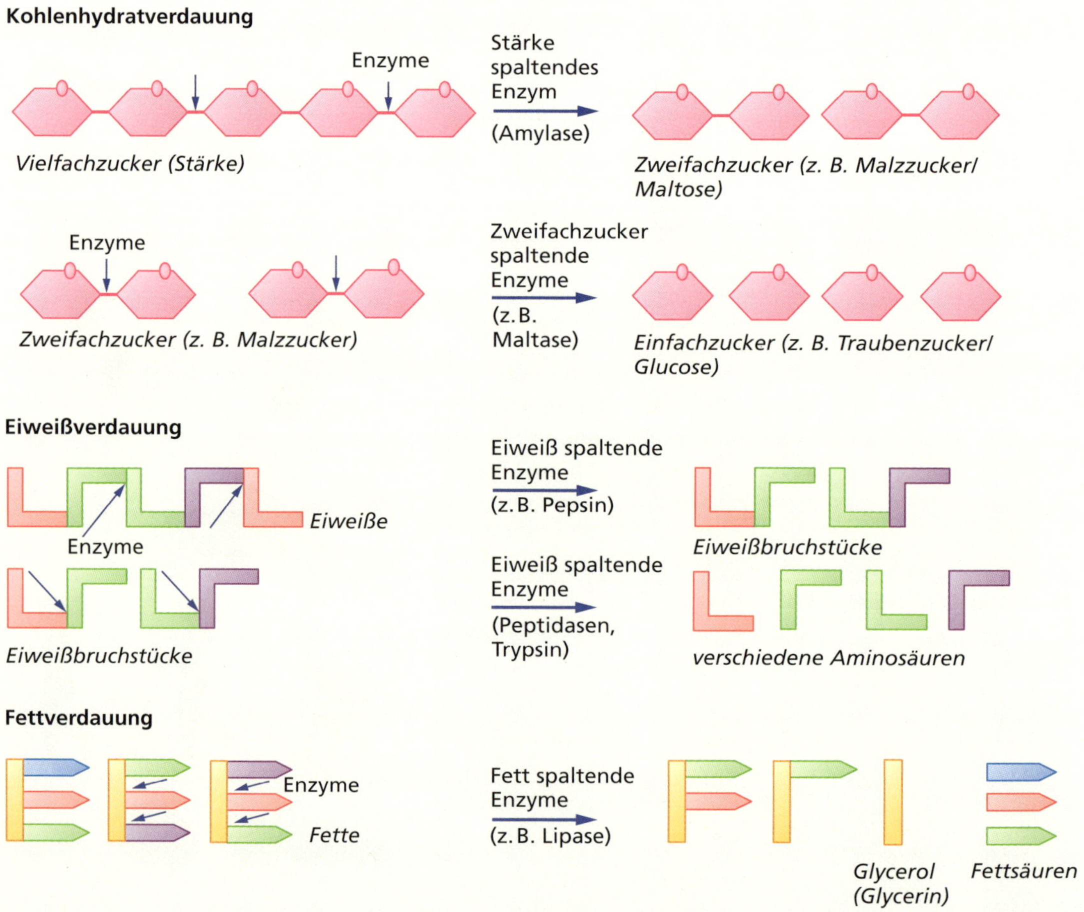

1

Die **Biophysik** betrachtet die physikalischen Vorgänge bei den Lebensprozessen und Lebenserscheinungen. Sie untersucht mithilfe physikalischer Methoden.

Fledermäuse können sich sehr gut im Dunkeln orientieren. Sie stoßen Töne im Ultraschallbereich aus und empfangen die reflektierten Wellen **(Echo)** auch wieder.

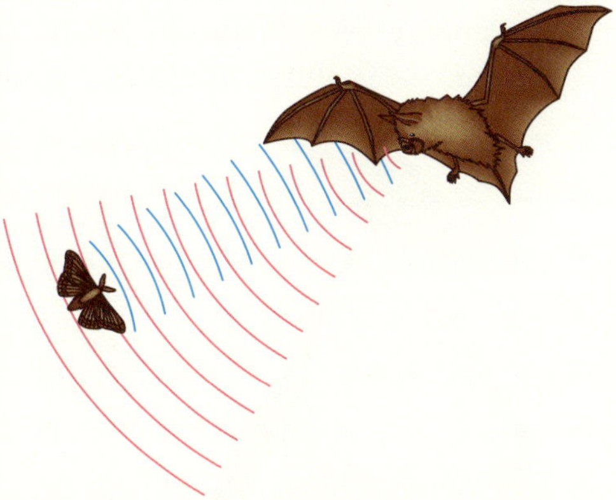

Auch Wale und **Delfine** orientieren sich mithilfe des **Ultraschalls**.

Neben der **Biotechnologie** spielt die **Bionik** zunehmend eine große Rolle. Der Begriff „Bionik" wurde 1960 von dem amerikanischen Luftwaffenmajor J. E. STEELE geprägt.

In der **Biotechnologie** werden Organismen, Zellen oder Zellbestandteile in technischen Verfahren mit dem Ziel eingesetzt, Stoffe auf-, um- oder abzubauen (z. B. Pharmaindustrie, Umweltbiotechnologie).

Bakterien gehören im Stoffkreislauf der Natur zu den **Destruenten** (↗S. 361). Sie bauen organische Stoffe zu anorganischen Stoffen ab. Deshalb werden sie in **Kläranlagen** gezielt eingesetzt, um die organischen Stoffe der Abwässer abzubauen.

Destruenten zerlegen organische Stoffe (z. B. Kohlenhydrate) in anorganische Stoffe (z. B. Kohlenstoffdioxid und Wasser). Sie werden auch Zersetzer genannt.

1

Das *Edelweiß* kommt normalerweise in Regionen über 1500–3400 m vor. Es wird dort ca. 5–15 cm hoch. Man findet es aber auch in anderen Regionen. Dort wird es aber weitaus größer als im Gebirge.

Die **Biogeografie** untersucht die Verbreitung von Lebewesen auf der Erde. Dazu müssen die Biogeografen z. B. den Bestand an Tieren und Pflanzen in einem Land aufnehmen und deren Anpassung an den Lebensraum feststellen. Biogeografen arbeiten weltweit zusammen.

Pinguine sind auf der Erde weit verbreitet. Von den ca. 17 Arten leben einige auf Neuseeland, andere auf den Galapagosinseln, wiederum andere in der Antarktis. An ihre Umweltbedingungen haben sie sich u. a. durch ihre Körpergröße angepasst.

Der *Kaiserpinguin*, die größte Art innerhalb der Pinguinfamilie, lebt auf dem Packeis der antarktischen Meere. Er wird bis zu 1, 20 m groß.

Der *Galapagospinguin* gehört zu den kleinen Arten der Familie der Pinguine. Er wird bis zu 51 cm groß.

Freude

Ärger

Überraschung

Traurigkeit

Die **Psychologie** ist eine Wissenschaft, die mithilfe von Experimenten und systematischen Beobachtungen die Gesetzmäßigkeiten erforscht, von denen das Verhalten des Menschen bestimmt wird. Sie erforscht weiterhin die psychischen Erscheinungen und Prozesse (z. B. Wahrnehmen, Denken) und die psychischen Eigenschaften des Menschen (z. B. Temperament, Charakter) in Wechselbeziehung zu seiner Umwelt.

Wissenschaftler haben die **Gesichtsausdrücke (Mimik)** von Menschen in verschiedenen Ländern und Regionen der Welt untersucht. Dabei haben sie verschiedene Methoden angewendet, u. a. die Menschen beim Betrachten von Bildern beobachtet und die Gesichtsanatomie studiert. Ihre Untersuchungen haben gezeigt, dass der mimische Ausdruck von Emotionen auf der ganzen Welt gleich ist. Es gibt wenigstens sechs Emotionen, die sich hinter den Gesichtsausdrücken aller Menschen verbergen. Das sind Freude, Traurigkeit, Ärger, Furcht, Überraschung und Ekel. Frauen reagieren im Allgemeinen ausdrucksvoller als Männer.

1.2 Erkenntnisgewinnung in der Biologie (Methoden)

Das Ziel der Biologie besteht darin, tiefer in Strukturen und Prozesse des Lebens eindringen zu können. Dazu nutzen die Biologen Hilfsmittel (z. B. Mikroskop, Computer, Chemikalien) und Methoden (z. B. Nachweismethoden). Außerdem helfen bestimmte Tätigkeiten, Erkenntnisse über Vorgänge, Zusammenhänge und Gesetzmäßigkeiten in der Natur zu gewinnen, zu verstehen und auch zu veranschaulichen.

1.2.1 Tätigkeiten im Biologieunterricht

Im Zusammenhang mit dem Erkennen bestimmter biologischer Zusammenhänge und Gesetzmäßigkeiten gibt es eine Reihe von Tätigkeiten, die immer wieder durchgeführt werden. Dazu gehören u. a. das Beobachten, Untersuchen und Experimentieren. Typische Tätigkeiten *praktischer Art* sind im Biologieunterricht das Sammeln bzw. Fangen von Organismen, Bestimmen von Organismen, Betrachten oder Mikroskopieren von Objekten. Das Beschreiben, Vergleichen, Erläutern, Begründen, Erklären, Definieren, Klassifizieren sind Tätigkeiten *geistiger Art.*

Beobachten

Beim **Beobachten** werden mithilfe der Sinnesorgane oder anderer Hilfsmittel (Mikroskop oder Lupe) Eigenschaften und Merkmale, räumliche Beziehungen oder zeitliche Abfolgen von biologischen Erscheinungen ermittelt. Dabei werden die Objekte oder Prozesse nicht grundlegend verändert.

Das **Beobachten** ist in der Regel mit dem Beschreiben des Beobachteten verbunden.

Beim Beobachten geht man systematisch vor. Ausgehend von der Fragestellung wird genau überlegt, welche Bedingungen verändert werden müssen, um ein aussagekräftiges Ergebnis zu erhalten.

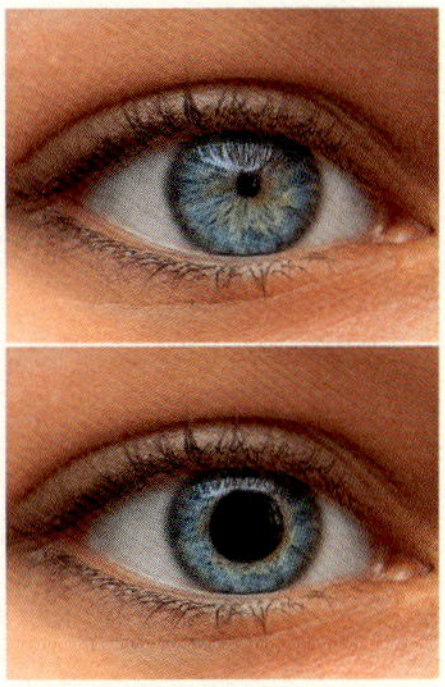

Beobachte die Pupille bei unterschiedlichem Lichteinfall.
In einem hell erleuchteten Raum vor einen Spiegel stellen und die Pupillen beobachten.
Ein Auge für kurze Zeit mit einer Hand verschließen, die Hand fortnehmen und wieder in den Spiegel schauen.
Die Pupille des vorher abgedeckten Auges betrachten und sie mit der Pupille des anderen Auges vergleichen.

Auswertung
Die Bilder zeigen die Veränderung der Pupille. Die Beobachtung kann man mit Worten beschreiben, z. B. so: Die Pupille ist zunächst extrem geweitet. Dann verengt sie sich. Je mehr Licht einfällt, desto mehr verengt sich die Pupille.
Diese Anpassung der Pupille an die Menge des einfallenden Lichtes, an die unterschiedliche Beleuchtungsstärke, nennt man **Pupillenadaptation** (↗S. 215).

1

Beim Beobachten kann man zwischen **unmittelbaren** und **mittelbaren Beobachtungen** sowie **Kurzzeit-** und **Langzeitbeobachtungen** unterscheiden.

Lege bei Langzeitbeobachtungen ein Protokoll an, in dem du die wesentlichsten Punkte deiner Beobachtungen notierst.

Unmittelbare Beobachtung (direkte Beobachtung)	Mittelbare Beobachtung (indirekte Beobachtung)
Beobachtung nur mithilfe der Sinnesorgane des Menschen (Betrachten der Erscheinungen und Objekte ohne Hilfsmittel)	Beobachtung mit Hilfsmitteln wie Lupe, Mikroskop, Messgeräten oder speziellen Verfahren, z. B. Nachweisreaktionen (Untersuchungen)

Kurzzeitbeobachtung	Langzeitbeobachtung
Beobachtung von Objekten und Erscheinungen über einen kurzen Zeitraum, z. B. Körperhaltung einer Katze beim Springen, Reaktion vom Regenwurm auf unterschiedliche Reize (↗S. 213)	Beobachten von Objekten und Erscheinungen über einen längeren Zeitraum, z. B. die Veränderung eines Laubbaums während eines Jahres (Laubentfaltung, Blühen), Eintreffen von Vögeln (Vogelzug)

Untersuchen (Beobachten mit Hilfsmitteln)

Beim Untersuchen mit Hilfsmitteln sind unbedingt die **Sicherheitsbestimmungen für den naturwissenschaftlichen Unterricht** einzuhalten.

Beim Untersuchen erforscht man zielgerichtet Bau und Funktionen von Lebewesen. Dabei nutzt man Hilfsmittel (z. B. Chemikalien), ohne aber wesentliche Bedingungen zu verändern. Untersuchen kann man also auch als Beobachten mit Hilfsmitteln bezeichnen.

Man unterscheidet je nach Struktur der zu untersuchenden Objekte und Erscheinungen verschiedene Arten von Untersuchungen. Beim **Sezieren** und **Präparieren** werden biologische Objekte sachgerecht auseinandergenommen, um den anatomischen Bau erkennen zu können. Hilfsmittel sind dabei u. a. Pinzette, Messer, Schere, Präpariernadel und Lupe.

Sektion eines Fisches

1. Fisch entlang der Mittellinie des Bauchs, vom After bis Kiemendeckel, aufschneiden
2. Schnitt hinter dem Kiemendeckel bis zur Seitenlinie
3. Schnitt vom After bis zur Seitenlinie
4. Schnitt von hinten entlang der Seitenlinie nach vorne
5. Entfernen des Kiemendeckels mit der Schere

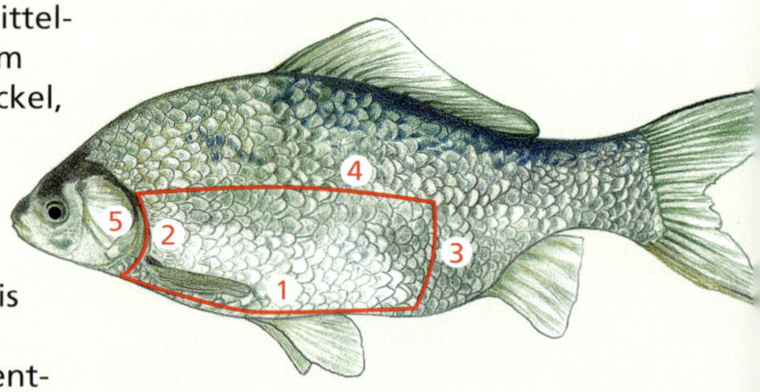

■ *Präparation einer Rosenblüte*

Dazu wird die Blüte vorsichtig mit einer Pinzette zerlegt. Die Blütenblätter werden entsprechend ihrer Anordnung in der Blüte auf eine Unterlage gelegt. Man erhält so ein **Legebild.**
Aus dem Legebild kann man eine vereinfachte Zeichnung, ein **Blütendiagramm**, entwickeln.

Blüte (schematisch) — Legebild — Blütendiagramm

Zu den Untersuchungen gehören auch **Reagenzglasuntersuchungen.** Sie werden durchgeführt, um den chemischen Aufbau, die Struktur von Objekten (z. B. Organismen, Nahrungsmitteln) herauszufinden.

■ *Welche Nahrungsmittel enthalten Traubenzucker?*

Materialien:
Reagenzgläser, Bunsenbrenner, Reagenzglasständer, Reagenzglashalter, Wasser, fehlingsche Lösung als Nachweismittel; Weintrauben, reife Birnen, Honig, gekochtes Ei, Kartoffeln, Milch

Durchführung:
1. Fehlingsche Lösung aus Fehling I und II herstellen.

2. Zerkleinerte Nahrungsmittel in je ein Reagenzglas mit etwas Wasser geben.
3. Einige Tropfen fehlingsche Lösung dazugeben, vorsichtig schütteln und erhitzen (Siedeverzug beachten) und beobachten.

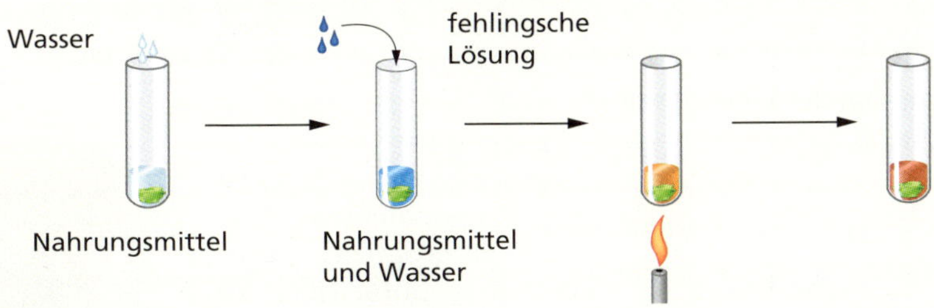

Beobachtung:
Bei welchen Nahrungsmitteln findet eine Farbveränderung statt?

▶ Bei **Reagenzglasuntersuchungen** arbeitet man mit geringen Mengen. Hierbei sind wiederum die Sicherheitsbestimmungen für den naturwissenschaftlichen Unterricht einzuhalten.

Experimentieren

Das **Experimentieren** ist eine sehr komplexe Tätigkeit, die in verschiedenen Etappen beim Erkennen und Anwenden von Naturgesetzen auftritt. Das Ziel eines Experiments besteht darin, eine Frage an die Natur zu beantworten.
Dazu wird eine Erscheinung der Natur unter *ausgewählten, konkreten, kontrollierten* und *veränderbaren Bedingungen* beobachtet, die Ergebnisse werden registriert und bewertet. Die Bedingungen und damit das gesamte Experiment müssen wiederholbar sein.
Beim Experimentieren geht man in der Regel in bestimmten Etappen vor (Vorbereiten, Durchführen und Auswerten des Experiments).

> Beim **Experimentieren** wird eine Erscheinung der Natur unter ausgewählten, kontrollierten, wiederholbaren und veränderbaren Bedingungen beobachtet, die Ergebnisse werden registriert und bewertet.

Schrittfolge beim Experimentieren	Beispiel: Nachweis von Keimbedingungen
1. Vorbereiten des Experiments Zunächst ist zu überlegen, – welche Frage mithilfe des Experiments beantwortet werden soll; – welche Gesetze angewendet werden können; – welche bisherigen Kenntnisse zum Formulieren einer Vermutung herangezogen werden können.	 *Unter welchen Bedingungen keimen Samen?* Pflanzen benötigen zum Wachstum außer Licht auch Wasser, eine bestimmte Temperatur und Nährstoffe. Vielleicht benötigen Samen zum Keimen ähnliche Voraussetzungen.
Dann wird eine *experimentell prüfbare Folgerung* abgeleitet.	Wenn Samen zum Keimen Wasser und eine bestimmte Temperatur benötigen, dann müssten sie beim Fehlen dieser Bedingungen nicht keimen.
Danach ist ein *Experimentierplan* zu entwickeln. Dabei ist genau zu überlegen, welche – Bedingungen variiert werden müssen; – Veränderungen zu erwarten sind (Größe, Form); – Objekte, Geräte oder Chemikalien eingesetzt werden; – Arbeitsschritte zur Durchführung des Plans notwendig sind.	*Bedingungen,* die variiert werden: Temperatur, Feuchtigkeit *Geräte, Objekte,* die benötigt werden: Kressesamen, Erde (oder Filterpapier), vier Blumentöpfe, Wasser *Experimentierplan:* In vier Blumentöpfen werden Kressesamen auf Erde (oder Filterpapier) ausgesät und unter unterschiedlichen Bedingungen gehalten. 

2. Durchführen des Experiments und Protokollieren der Beobachtungen	
– Das Experiment wird genau nach den geplanten Vorgaben durchgeführt. (Je besser vorüberlegt und geplant wurde, desto genauer sind die zu erwartenden Effekte.)	*1. und 2. Blumentopf:* Erde wird feucht gehalten, ein Topf wird an einen *warmen*, der andere an einen *kalten Ort* gestellt. *3. und 4. Blumentopf:* Beide Blumentöpfe an einen warmen Ort stellen. In einem Blumentopf bleibt die Erde *trocken*, in dem anderen wird sie mit Wasser *angefeuchtet.*
– Alle Erscheinungen genau aufschreiben!	*Beobachtung:* Nach einigen Tagen beginnen die Samen in drei Blumentöpfen zu keimen.
3. Auswerten des Experiments/Beantworten der Fragestellungen	
Die protokollierten Messwerte und Beobachtungen werden *ausgewertet.* Dazu können Diagramme angefertigt, Berechnungen durchgeführt oder Aufnahmen gemacht werden. Ist eine vermutete Lösung aufgestellt worden, wird diese mit dem festgestellten Ergebnis verglichen.	*1. und 2. Blumentopf:* Die Samen an dem warmen Ort (a) keimen schneller als die am kalten Ort (b). *3. und 4. Blumentopf:* Die Samen auf trockener Erde keimen nicht (c), die auf feuchter Erde keimen (d).
Erklärung der festgestellten Ergebnisse.	Samen brauchen zum Keimen Feuchtigkeit und eine bestimmte Temperatur.

a)

b)

c)

d)

Anfertigung eines Protokolls

Beobachtungen, Untersuchungen und Experimente erfordern die Anfertigung eines genauen Protokolls.
Im Protokoll werden sowohl die Probleme bzw. Fragen, die Geräte und Materialien als auch die Beobachtungs- bzw. die Messergebnisse, falls erforderlich auch die Untersuchungs- bzw. die Experimentieranordnungen, die Bedingungen und Auswertungsergebnisse festgehalten.

1

Protokoll eines Experiments

Nachweis der Temperaturempfindlichkeit unserer Haut

Name: Julia Zauberhaft **Klasse:** 8a **Datum:** 1. 8. 2020

Frage/Aufgabe:
Wie reagiert die Haut auf unterschiedliche Wassertemperaturen? Erkläre.

Vorbereitung:
Geräte und Materialien: drei Schüsseln mit Wasser unterschiedlicher Temperatur (10 °C, 35 °C und 25 °C)
Experimentierplan: Drei Schüsseln mit Wasser unterschiedlicher Temperatur nebeneinanderstellen.
Gleichzeitig für ca. zwei Minuten die eine Hand in die Schale mit 10 °C warmem Wasser und die andere in die mit 35 °C warmem Wasser tauchen.
Nach zwei Minuten beide Hände in die Schüssel mit 25 °C warmem Wasser tauchen.
Beide Hände noch einige Minuten in der Schale mit 25 °C warmem Wasser lassen.

Durchführung und Beobachtung:

Die Hand, die in das 10 °C warme Wasser eintaucht, empfindet das Wasser als kühl, die Hand im 35 °C warmen Wasser empfindet das Wasser als heiß.
Beim anschließenden Eintauchen beider Hände in 25 °C warmes Wasser empfindet die Hand, die vorher im 10 °C warmen Wasser war, die Temperatur des Wassers als warm, die andere Hand empfindet das Wasser als kalt. Nach einigen Minuten empfinden beide Hände das Wasser als gleich warm.

Erklärung:
In unserer Haut befinden sich Temperatursinneszellen, die auf Kälte oder Wärme reagieren. Sie übermitteln uns keine absoluten Temperaturwerte wie ein Thermometer, sondern nur Temperaturunterschiede bzw. Temperaturveränderungen. Das hat zur Folge, dass man Wasser derselben Temperatur sowohl als warm als auch als kalt empfinden kann. Das hängt davon ab, ob die in das Wasser eingetauchte Hand vor dem Eintauchen eine höhere oder niedrigere Temperatur als das Wasser hatte.

Sammeln und Fangen von Organismen

Pflanzen und Tiere sowie Pilze oder Teile von ihnen werden im Biologieunterricht zu unterschiedlichen Zwecken gesammelt: z. B. zur Anlage eines *Herbariums, Terrariums* oder *Aquariums,* zum Beobachten und Kennenlernen von Verhaltensweisen von Tieren, zum Bestimmen von Organismen oder zum Gestalten von Ausstellungen.

Beim **Sammeln** und **Fangen** müssen die Gesetze des Natur- und Umweltschutzes **(Bundesnaturschutzgesetz)** beachtet werden.

Bevor man Pflanzen, Tiere und Pilze oder Teile von ihnen sammelt oder fängt, muss man prüfen, ob ein Foto, eine Zeichnung oder ein Film nicht das gleiche Ergebnis bringen.

Eine **Pflanzenpresse** kann man sich mit einfachen Mitteln relativ leicht herstellen.

Lege ein Herbarium an.

Pflanzen enthalten sehr viel Wasser. Will man Gestalt und Farbe der Pflanzen erhalten, muss man sie nach dem Sammeln sofort trocknen und pressen, d. h. herbarisieren.
Ein **Herbarium** kann nach unterschiedlichen Gesichtspunkten angelegt werden: z. B. nach *systematischen* (Pflanzenfamilien) oder nach *ökologischen* (Wiesenpflanzen) Gesichtspunkten.
Beim Herbarisieren geht man folgendermaßen vor:

- Auswahl einer vollständigen Pflanze und Bestimmen derselben.
- Pflanze zwischen saugfähiges Papier (Zeitung) legen, Teile so anordnen, dass sie nicht geknickt werden oder übereinanderliegen.
- Pressen und Trocknen der Pflanze (Pflanzenpresse).
- Getrocknete Pflanze vorsichtig auf den Herbarbogen legen, mit kleinen Klebestreifen befestigen.
- Beschriften des Herbarbogens (siehe Muster).

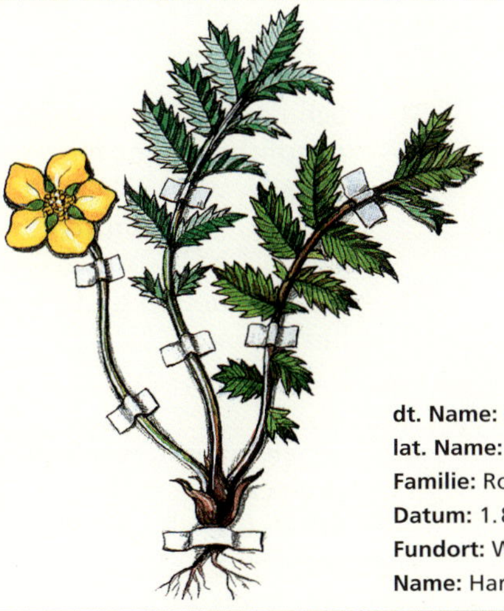

dt. Name: Gänse-Fingerkraut
lat. Name: *Potentilla anserina*
Familie: Rosengewächse
Datum: 1. 8. 2020
Fundort: Wegrand in Billingshausen
Name: Harry P. Mustermann

Bestimmen von Organismen

Bestimmen ist das Feststellen der Namen von unbekannten Organismen (Pflanzen, Tieren oder Pilzen) aufgrund charakteristischer Merkmale mithilfe von Tabellen, Abbildungen oder Bestimmungsschlüsseln.

1

Die Bestimmung erfolgt im Allgemeinen nach **dichotomen Bestimmungsschlüsseln.** Das bedeutet, dass zwei unterschiedliche Merkmale gegenübergestellt und verglichen werden. Im Ergebnis wird jeweils das zutreffende Merkmal gewählt.

Bestimme den Namen der Muschel (Beispiel Miesmuschel).

Zum Bestimmen sollten die Objekte möglichst frisch und unbeschädigt sein!

Bestimmungsübung Muscheln (Beispiel Miesmuschel)

1 – Schalen länglich dreieckig
– Tier festsitzend 2

1* – Schalen nicht dreieckig
– Tier nicht festsitzend 3

2

2 – Schalen blauschwarz oder braun, ohne Zickzacklinie
– Länge 6 – 8 cm
Miesmuschel

2*

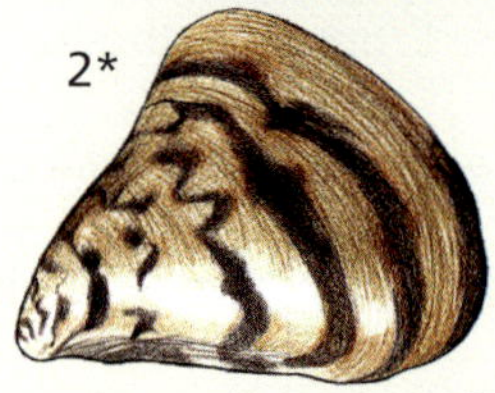

2* – Schalen gelbgrau mit dunkelbraunen Zickzacklinien
– Länge 3 – 4 cm
Dreikantmuschel oder *Wandermuschel*

3
Große Herzmuschel

3 – Schalen außen gerippt, rundlich herzförmig
– Schalen weiß oder gelblich
Herzmuschel

3
Essbare Herzmuschel

3* – Schalen außen glatt, nicht herzförmig 4

4

4 – Schalen klein, rundlich dreieckig
– Schalen weiß, gelblich oder rosa
– Länge bis 2 cm
Plattmuschel

4* – Schalen nicht dreieckig, anders geformt 5

5

5 – Schalen groß, spitz, eiförmig
– Schalen weiß
– Länge über 4 cm
Sand-Klaffmuschel

Betrachten mit der Lupe

Mithilfe einer **Lupe** kann man Pflanzen und Tiere bzw. deren Teile wesentlich größer sehen als mit bloßem Auge. Gebräuchlich sind Lupen, die ein 5- bis 15-fach vergrößertes Bild des untersuchten Objektes zeigen.

1

2

3

Man unterscheidet Standlupe (1), Stiellupe (2) und Einschlaglupe (3).

Um die kleinen Objekte vergrößert sehen zu können, muss man die **Lupe** richtig **handhaben:**
- Lupe zwischen Auge und Objekt halten,
- Abstand zwischen Auge und Objekt verändern, um das Objekt deutlich vergrößert sehen zu können,
- dazu Lupe oder Objekt bewegen.

Mikroskopieren von Objekten

Beim **Mikroskopieren** werden sehr kleine Objekte und deren Lebensvorgänge (z. B. Fortbewegung) mithilfe eines Mikroskops betrachtet.

Beim **Mikroskopieren** immer beide Augen geöffnet lassen. Brillenträger mikroskopieren ohne Brille.

Durch das **Lichtmikroskop** erfolgt eine Vergrößerung des Objektbilds. Es kommt ein Bild zustande, das das Objekt bis über das 2000-Fache vergrößert zeigt.

Um richtig mit dem **Mikroskop** umgehen zu können, muss man es sachgerecht **handhaben:**

1. Spiegel zur Lichtquelle einstellen, Blende öffnen, Gesichtsfeld ganz ausleuchten.
2. Tubus durch Drehen am Triebrad heben, Präparat bzw. Objekt (z. B. Haare, Federn) auf Objekttisch legen und mit Federn befestigen.
3. Tubus bis dicht über Präparat bzw. Objekt durch Drehen senken, dabei seitlich beobachten, damit Präparat bzw. Objekt nicht zerstört wird.
4. Ins Okular sehen, Tubus durch Drehen langsam heben, bis Scharfeinstellung des Objekts erreicht ist.
5. Durch langsames Verschieben des Präparats einen guten Bildausschnitt vom Objekt suchen.
6. Objekt genau beobachten.

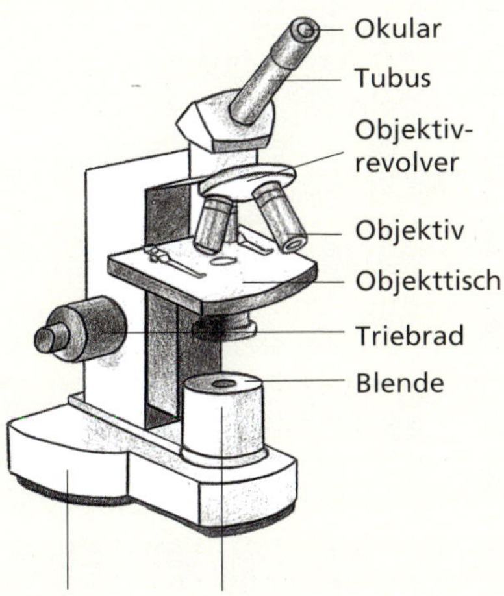

Eine millionenfache Vergrößerung des Objektbildes wird durch die verschiedenen Arten des **Elektronenmikroskops** erreicht.

Herstellen von Mikropräparaten

Zur Betrachtung von Objekten mithilfe des Mikroskops eignen sich vor allem solche Objekte, die genug Licht abstrahlen (z. B. Pollenkörner). Andere müssen erst so präpariert werden, dass sie lichtdurchlässig werden. Man fertigt dazu hauchdünne Schnitte (z. B. von Pflanzenstängeln) an.

▶ Wenn man die **Frischpräparate** in einer feuchten Kammer aufbewahrt, kann man sie noch einige Tage verwenden.

Man unterscheidet *Frisch- und Dauerpräparate.*
Frischpräparate werden zur sofortigen Betrachtung der Objekte mithilfe des Mikroskops hergestellt. Sie halten nicht sehr lange. Zu ihnen gehören *Trockenpräparate* (z. B. Insektenflügel, Pollenkörner) und *Feuchtpräparate* (z. B. Moosblättchen, Amöbe in Wasser).
Dauerpräparate: Objekte, die man häufiger betrachten will, kann man durch besondere Behandlung (Einschluss in Harz oder Glyceringelatine) haltbar machen.

▶ Beim Herstellen von Mikropräparaten, insbesondere bei der Arbeit mit Rasierklingen, sind wieder die Sicherheitsbestimmungen **(Arbeitsschutz)** zu beachten.

Herstellung eines Frischpräparats vom Zwiebelhäutchen

1. Bereitstellen der benötigten Arbeitsgeräte und Objekte (Objektträger, Deckgläschen, Pinzette, Pipette, Rasierklinge, Wasser, Zwiebel).
2. Reinigen der Objektträger und Deckgläschen.
3. Auftropfen von etwas Wasser mithilfe einer Pipette in die Mitte des Objektträgers.
4. Zerschneiden der inneren durchsichtigen Haut einer Zwiebelschuppe mithilfe einer Rasierklinge in kleine Quadrate.
5. Abheben eines Stückchens der durchsichtigen Zwiebelhaut mit der Pinzette und in den Wassertropfen auf den Objektträger legen.
   (Achtung: Wenn sich das Hautstückchen einrollt, dann vorsichtig mit zwei Präpariernadeln aufrollen.)
6. Vorsichtig ein Deckglas auf das Objekt im Wassertropfen legen! Dazu das Deckglas schräg an den Wassertropfen heranbringen und langsam auf das Objekt im Wasser sinken lassen.
7. Seitlich hervorquellendes Wasser mithilfe eines Filterpapierstreifens absaugen. Bei Wassermangel Wasser mithilfe einer Pipette seitlich am Deckglas hinzutropfen.
8. Betrachten des Objekts mithilfe des Mikroskops.
9. Soll das Objekt angefärbt werden, einige Tropfen Farbstofflösung an den Rand des Deckgläschens tropfen und mithilfe eines Filterpapierstreifens unter dem Deckglas hindurchsaugen.

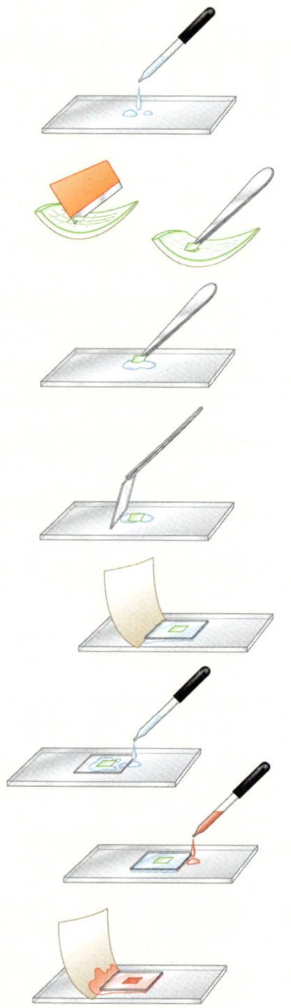

Geräte zur Herstellung von Mikropräparaten

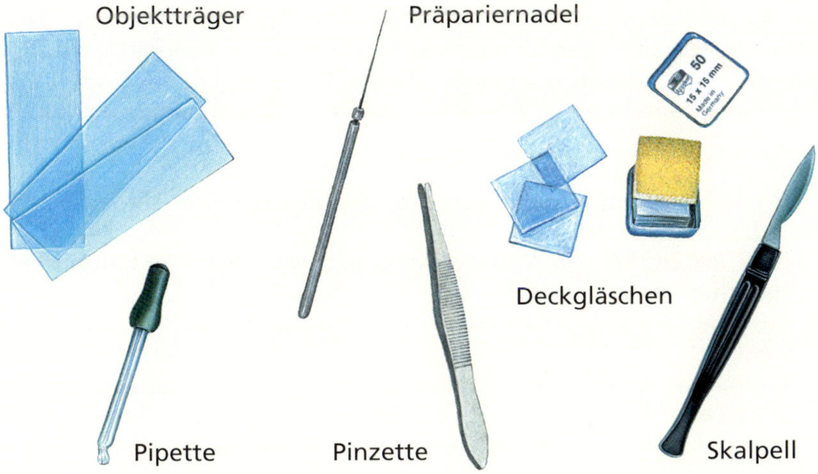

Vorsicht!
Beim Arbeiten mit den **Präpariergeräten** sind Sicherheitsbestimmungen für den naturwissenschaftlichen Unterricht zu beachten.

Mikroskopische Zeichnungen

Nach Möglichkeit sollte vom beobachteten Objekt eine mikroskopische Zeichnung angefertigt werden, die die Form, die Lage- und die Größenverhältnisse richtig darstellt.

Beim **mikroskopischen Zeichnen** sollte man folgendermaßen vorgehen:

- Objekt mithilfe des Mikroskops mit dem einen Auge betrachten, mit dem anderen Auge auf das neben dem Mikroskop liegende Zeichenpapier schauen.
- Entscheiden, was gezeichnet werden soll (Ausschnitt oder ganzes Objekt).
- Zeichnung und Bildausschnitt im Mikroskop ständig vergleichen und Zeichnung dabei schrittweise ergänzen; dabei Form, Lage und Größe des Objekts beachten.
- Zeichnung beschriften (Objektname und erkannte Bestandteile, Vergrößerung, Zeichner).

Mikroskopische Zeichnungen werden nur mit Bleistift angefertigt. Dabei sollte man nicht so stark aufdrücken.

Spaltöffnung im Original und in mikroskopischer Zeichnung

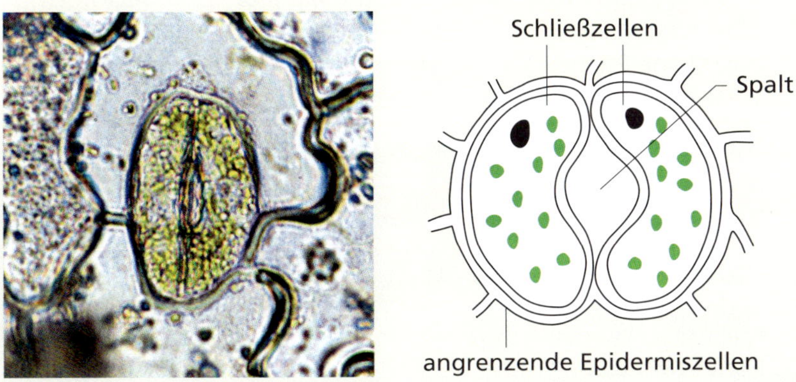

Halten und Pflegen von Organismen

Bei der **Haltung von Organismen** sind die Gesetze des Natur- und Umweltschutzes einzuhalten.

Viele Lebewesen kann man in geeigneten Behältern für kurze oder längere Zeit halten, pflegen und beobachten. Im Wasser lebende Tiere kann man sehr gut im **Aquarium** halten, andere Tiere, z.B. Lurche, Kriechtiere und einige Kleinsäuger, in **Terrarien.** Insekten hält man in **Insektarien.**

Einrichten eines Aquariums

Bevor das **Aquarium** eingerichtet wird, sind einige Vorbereitungen notwendig:

Bei der Auswahl der Fische muss man genau beachten, welche für ein Warmwasseraquarium und welche für ein Kaltwasseraquarium geeignet sind.

- Entscheiden, ob ein **Warmwasseraquarium** oder ein **Kaltwasseraquarium** angelegt werden soll.
- Auswählen eines geeigneten Standorts (heller, warmer Ort, kein Fenster).
- Reinigen von Sand, Kies, der Steine und evtl. toter Baumwurzeln.
- Prüfen aller technischen Geräte (Heizung, Filter, Belüfter) und Bereitstellen des abgestandenen Wassers (mindestens 24 Stunden).
- Bodenschicht aus Sand und Kies anlegen (wenige Zentimeter).
- Bodenschicht erhält von hinten nach vorn ein Gefälle, Steine und Baumwurzeln sind als Versteckplätze geeignet.

Damit die Lebensbedingungen für Tiere und Pflanzen im **Aquarium** stabil sind, ist eine ständige Pflege wichtig.

- Wasserpflanzen in die Bodenschicht einsetzen. Hierzu ausreichend große Löcher bohren, Pflanzen einsetzen und den Boden fest andrücken. Wenn notwendig, Pflanzen mit einem kleinen Stein beschweren. Kleine Pflanzen vorne, größere seitlich hinten anordnen.
- Vorsichtig Wasser mit einem Schlauch über einen Teller einfüllen.
- Alle technischen Geräte installieren und einschalten, das Aquarium abdecken.
- Nach einer Woche Fische einsetzen.

Beschreiben von Gegenständen oder Erscheinungen

Beim **Beschreiben** wird mit sprachlichen Mitteln zusammenhängend und geordnet dargestellt, wie ein Gegenstand oder eine Erscheinung in der Natur beschaffen ist, z.B. welche Merkmale ein Lebewesen aufweist oder wie ein Vorgang abläuft. Dabei werden in der Regel äußerlich wahrnehmbare Merkmale dargestellt. Man beschränkt sich beim Beschreiben meist nur auf Aussagen über wesentliche Merkmale des Gegenstands oder der Erscheinung.

Gehe beim **Beschreiben** folgendermaßen vor:
- Beobachte das zu beschreibende Objekt genau.
- Erfasse wesentliche Merkmale.
- Formuliere die Aussage.

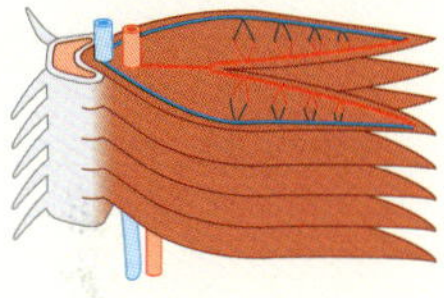

■ *Beschreibe anhand der Abbildung den Bau einer Kieme.*
Die Kieme besteht aus einem Kiemenbogen. An diesem setzen an einer Seite viele dünne, zweigeteilte Kiemenblättchen an. Kiemenblättchen sind dünne häutige Strukturen, die von Blutgefäßen durchzogen sind. An der anderen Seite des Kiemenbogens sind dornartige Fortsätze, die die Kiemenreuse bilden.

Vergleichen

Beim **Vergleichen** werden gemeinsame und unterschiedliche Merkmale von zwei oder mehreren Vergleichsobjekten (z.B. Gegenstände, Erscheinungen, Vorgänge, Prozesse, Aussagen) ermittelt und dargestellt.

Das Vergleichen ist sehr häufig mit anderen Tätigkeiten wie Beobachten, Untersuchen, Experimentieren verbunden.

■ *Vergleiche das Gebiss eines Kindes und eines Erwachsenen miteinander.*

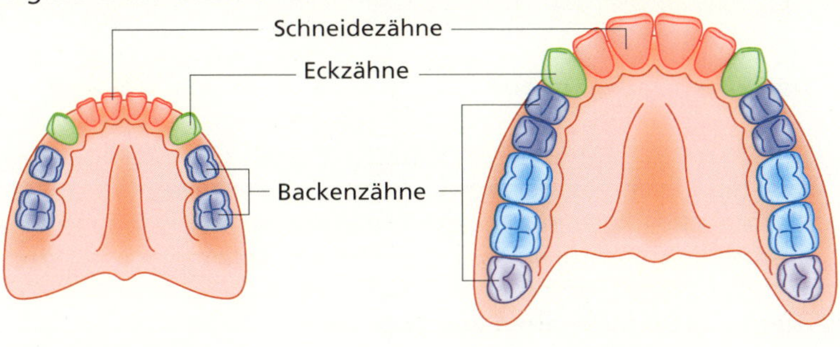

Gemeinsamkeiten:
Beide Gebisse bestehen aus Schneide-, Eck- und Backenzähnen.
Unterschiede:
1. Anzahl der Zähne insgesamt (Kind: 20, Erwachsener: 32)
2. Anzahl der Zähne pro Zahnart
3. Dauerhaftigkeit des Gebisses (Kind: Milchgebiss 5–6 Jahre, Erwachsener: Dauergebiss)

Gehe beim **Vergleichen** folgendermaßen vor:
- Wähle geeignete Kriterien für den Vergleich.
- Nenne Gemeinsamkeiten und Unterschiede.
- Wähle eine geeignete Darstellungsform aus (z.B. Tabelle, Übersicht).

1

Klassifizieren von Objekten

Gehe beim **Klassifizieren** folgendermaßen vor:
- Untersuche und vergleiche die Eigenschaften von Objekten.
- Fasse Objekte mit gemeinsamen Eigenschaften zu einer Gruppe zusammen. Benenne die Gruppen von Objekten.

Beim **Klassifizieren** werden verschiedene Objekte aufgrund gemeinsamer und unterschiedlicher Merkmale in Gruppen (z. B. Klassen) eingeteilt. Alle Objekte, die bestimmte gemeinsame Merkmale besitzen, werden zu einer Gruppe zusammengefasst. Dazu ist ein Vergleich der Objekte notwendig. Die Gruppen werden benannt. Es entstehen Begriffssysteme.

Zu den Lurchen gehören Molche, Salamander, Frösche, Kröten, Unken. Klassifiziere die Lurche aufgrund gemeinsamer und unterschiedlicher Merkmale. Ordne o. g. Vertreter den Gruppen zu.

Gruppe der Schwanzlurche	Gruppe der Froschlurche
Merkmale: – Schwanz vorhanden – langer Körper – vier kurze Beine	*Merkmale:* – ohne Schwanz – gedrungener Körper – Vorderbeine kürzer als Hinterbeine
Vertreter: – Molche, Salamander	*Vertreter:* – Frösche, Kröten, Unken

Definieren von Begriffen

Beim **Definieren** kannst du folgendermaßen vorgehen:
- Suche einen Oberbegriff.
- Nenne artbildende Merkmale.

Beim **Definieren** wird ein Begriff durch wesentliche gemeinsame Merkmale eindeutig bestimmt und von anderen Begriffen unterschieden. Dazu werden häufig ein Oberbegriff und artbildende Merkmale angegeben.

Definiere den Begriff „Art".

Eine Art ist die kleinste systematische Einheit von Individuen. Sie umfasst die Gesamtheit der Individuen, die in allen wesentlichen Merkmalen bezüglich Bau und Funktion übereinstimmen, sich untereinander geschlechtlich fortpflanzen und fruchtbare Nachkommen zeugen.

Erläutern von Sachverhalten und Begriffen

Beim **Erläutern** wird versucht, einem anderen Menschen einen naturwissenschaftlichen Sachverhalt (z. B. Vorgänge, Behauptungen, Arbeitsweisen) oder Begriffe verständlicher, anschaulicher darzustellen. Dies erfolgt an einem oder mehreren Beispielen, deren innere Zusammenhänge und Beziehungen ähnlich denen des zu vermittelnden Sachverhalts oder Begriffs sind.

■ *Erläutere an Beispielen wechselseitige Beziehungen zwischen Pflanzen und Tieren der Lebensgemeinschaft Wald.*
- Bäume, Sträucher und Kräuter dienen Tieren als Lebensraum, z.B. Nisthöhlen von Spechten in alten Bäumen.
- Blüten, Samen, Früchte und Blätter dienen als Nahrung für viele Tierarten.
- Pflanzenmaterial wie Laubstreu, kleine Zweige, Gras dient Tieren zum Herrichten von Wohn- und Brutstätten oder Lagerstätten.
- Tiere tragen zur Verbreitung von Samen bei; Insekten wie Bienen, Hummeln, Schmetterlinge, Fliegen bestäuben die Blüten vieler im Wald wachsenden Pflanzen.

▶ Beim **Erläutern** gehe so vor:
- Nenne den zu erläuternden Sachverhalt oder Begriff.
- Wähle ein geeignetes Beispiel, um Sachverhalte anschaulicher zu machen.

■ *Erläutere den Begriff Metamorphose am Beispiel des Grasfroschs.*
Als **Metamorphose** bezeichnet man die körperliche Umwandlung auf dem Weg zum Erwachsenwerden. Aus den befruchteten Froscheiern schlüpfen zunächst Larven *(Kaulquappen)*. Sie leben nur im Wasser und atmen mithilfe von Kiemen (Außenkiemen). Aus der fischähnlichen, durch Kiemen atmenden Froschlarve entwickelt sich dann allmählich ein lungenatmender kleiner Jungfrosch.

Erklären von Erscheinungen

Beim **Erklären** wird zusammenhängend und geordnet dargestellt, **warum** eine Erscheinung in der Natur so und nicht anders auftritt. Dabei wird die Erscheinung auf das Wirken von Gesetzmäßigkeiten zurückgeführt, indem man darstellt, dass die Wirkungsbedingungen bestimmter Gesetzmäßigkeiten in der Erscheinung vorliegen. Diese Wirkungsbedingungen sind wesentliche Seiten in der Erscheinung.

▶ Gehe beim **Erklären** folgendermaßen vor:
- Nenne den zu erklärenden Sachverhalt.
- Formuliere die zugrunde liegende „Gesetzmäßigkeit".
- Zeige, dass diese Gesetzmäßigkeit in der zu erklärenden Erscheinung wirkt.

Die **Erklärung** besteht demnach aus einer logischen Ableitung des zu Erklärenden aus bekannten Gesetzmäßigkeiten und vorgegebenen Bedingungen.

■ *Die Kirschen hängen reif und rot am Baum. Das wird eine gute Ernte. Doch dann setzt Dauerregen ein. Viele der herrlichen Kirschen platzen. Erkläre diese Erscheinung.*

Diese Erscheinung ist auf die physikalische Gesetzmäßigkeit **Osmose** zurückzuführen (↗ S. 184, 185).
Die Flüssigkeit in den Vakuolen der Kirschzellen ist hoch konzentriert an Stoffen und hat eine geringere Anzahl von Wasserteilchen. Das Regenwasser, das von außen auf die Kirsche prallt, ist schwach konzentriert an Stoffen und enthält eine hohe Anzahl an Wasserteilchen. Die Fruchtschale stellt eine halbdurchlässige Membran dar. Durch diese gelangen die Wasserteilchen des Regens in die Vakuolen der Kirschzellen.
Dadurch erhöht sich der Anteil an Wasserteilchen in den Vakuolen. Das Volumen der Kirschen nimmt zu, die Fruchtschale platzt.

1

Begründen von Aussagen

Beim **Begründen** kannst du folgendermaßen vorgehen:
- Stelle den Sachverhalt, eine Maßnahme, eine Vorschrift u. Ä. dar.
- Nenne naturwissenschaftliche Argumente.

Beim **Begründen** wird ein Nachweis geführt, dass eine Aussage richtig ist. Dazu müssen Argumente, z. B. Beobachtungen, Gesetze, Eigenschaften von Körpern und Stoffen, angeführt werden.

Die Zauneidechse kann sich lange Zeit sonnen, der Grasfrosch dagegen nicht. Begründe.

Argumente:
- Die Körperoberfläche der Zauneidechse ist mit Hornschuppen besetzt, die die darunterliegende Haut vor dem Austrocknen schützen. Sie kann lange Zeit Sonne ertragen.
- Die Haut des Frosches ist nackt und wasserdurchlässig; er würde in der Sonne sofort austrocknen.

Weitere Tätigkeiten

Tätigkeiten	Schrittfolgen
Diskutieren Diskutieren bedeutet, Meinungen zu einem Thema oder einem Problem auszutauschen.	Beim *Diskutieren* geht man folgendermaßen vor: 1. Thema oder Problem überdenken. (Was ist bekannt? Welche Fragen gibt es?) 2. Eigene Meinung bilden und Lösungsideen zum Problem sammeln. 3. In Diskussion Meinung vortragen und begründen. 4. Meinungen anderer Teilnehmer anhören, zustimmen oder ablehnen und bereit sein, eigene Ansichten zu revidieren.
Auswerten von Tabellen Tabellen enthalten in kurzer Form Informationen über bestimmte Sachverhalte.	Beim *Auswerten einer Tabelle* geht man so vor: 1. Informationen über den Inhalt verschaffen. 2. Begriffe, Kurzsätze oder Zahlen in ausführlichen Sätzen wiedergeben, dabei Zusammenhänge zwischen den Einzelaussagen formulieren.

1.2.2 Ausgewählte Nachweisreaktionen und Untersuchungen

Ausgewählte Nachweisreaktionen von Stoffen

Nachweis von organischen Stoffen

Nachweis von Stärke

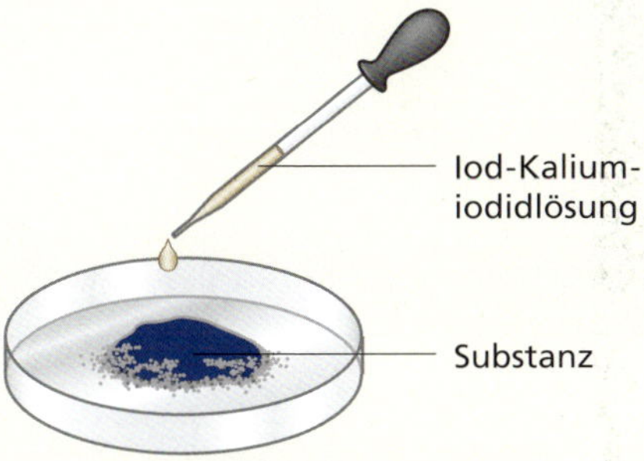

Bei Vorhandensein von Stärke: dunkle Blaufärbung

Nachweis von Trauben-, Malz-, Fruchtzucker

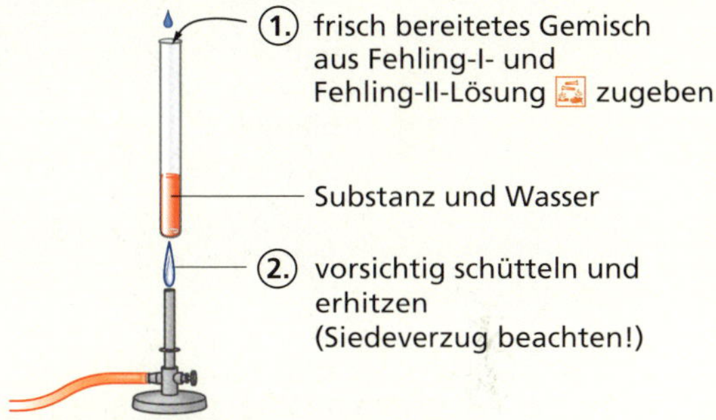

Bei Vorhandensein von Zucker: ziegelroter Niederschlag

Nachweis von Eiweiß (Biuretreaktion)

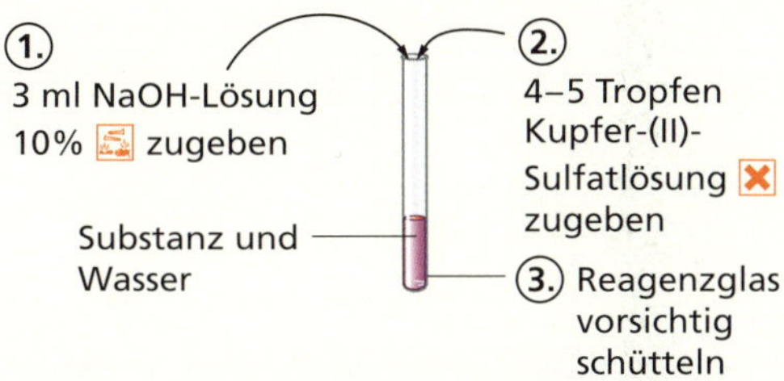

Bei Vorhandensein von Peptidbindungen: rotviolette bis blauviolette Färbung

Nachweis von Eiweiß (Xanthoproteinreaktion)

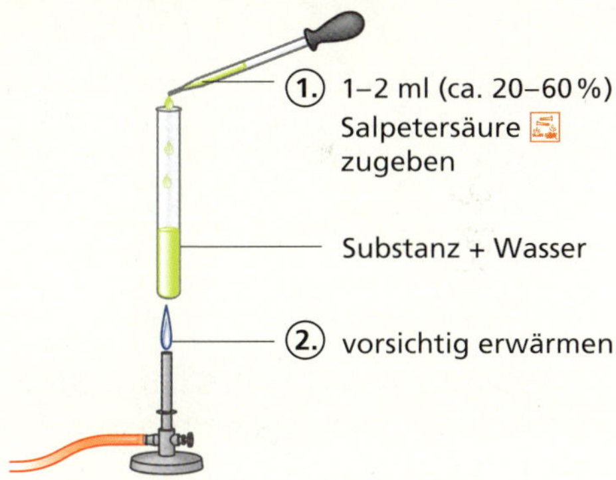

Bei Vorhandensein von Eiweiß: Gelbfärbung

Nachweis von Fett (Fettfleckprobe)

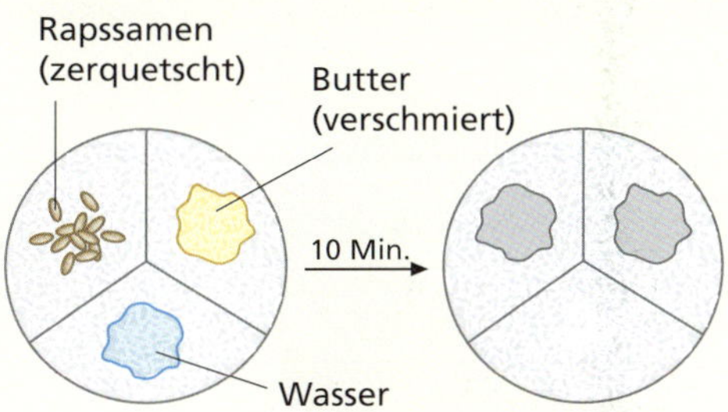

Bei Vorhandensein von Fett: Fleck auf dem Filterpapier, in Licht durchscheinend

Nachweis von Cellulose

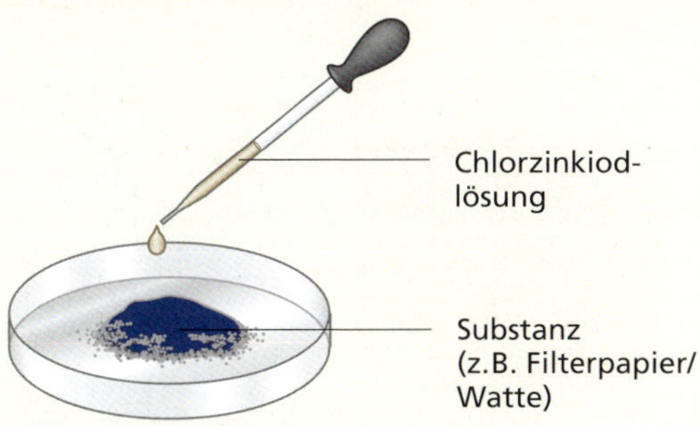

Bei Vorhandensein von Cellulose: Blaufärbung

Nachweis von Lignin (Holzstoff)

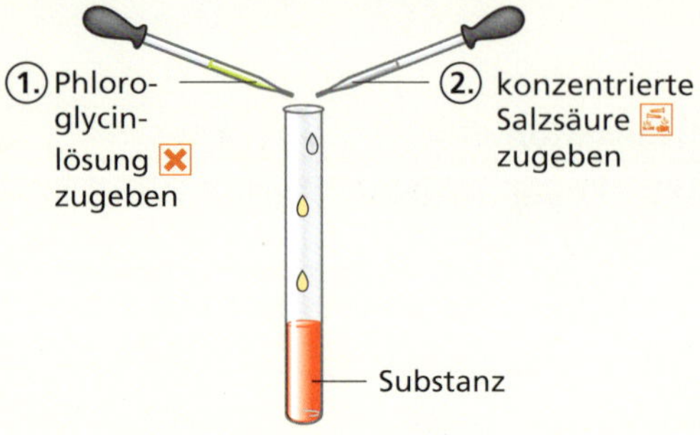

Bei Vorhandensein von Lignin: kirschrote Färbung

Nachweis von Vitamin C

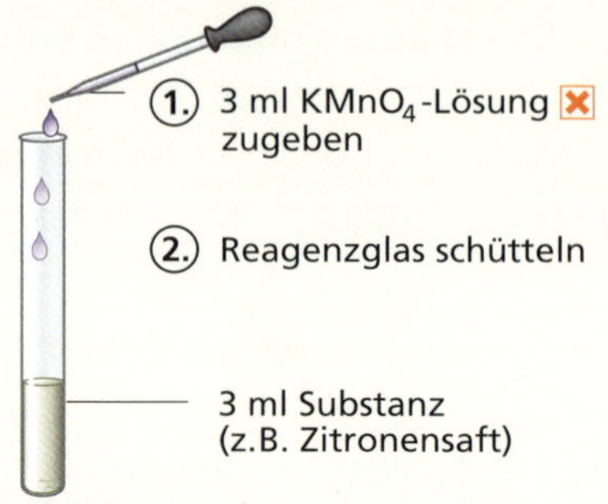

Bei Vorhandensein von Vitamin C: Entfärbung der Indikatorlösung

Nachweis von gasförmigen Stoffen

Nachweis von Sauerstoff

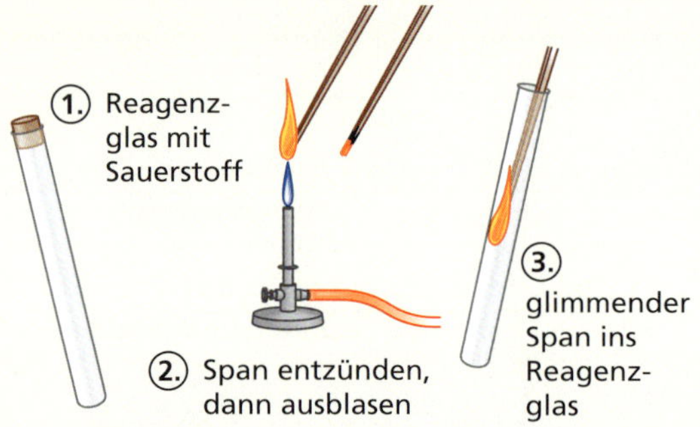

Bei Vorhandensein von reinem Sauerstoff entzündet sich der glimmende Holzspan (Spanprobe).

Nachweis von Kohlenstoffdioxid

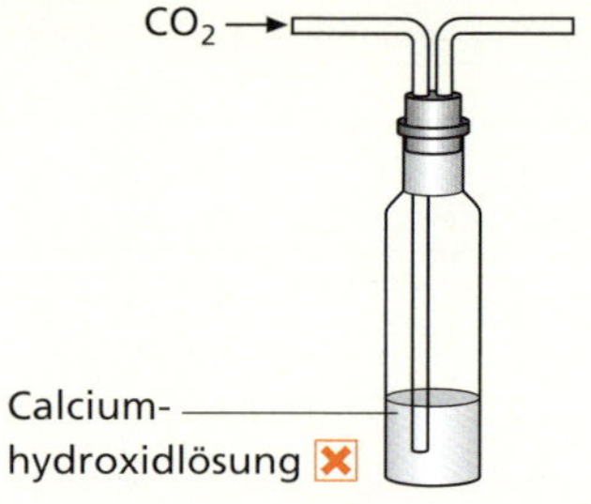

Kohlenstoffdioxid (CO_2) verursacht in Bariumhydroxidlösung oder Calciumhydroxidlösung eine milchig weiße Trübung.

Nachweis des Säure- bzw. Basengehalts im Boden

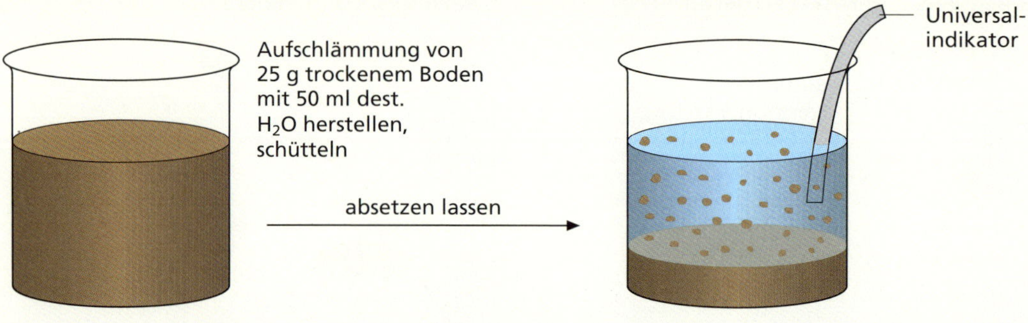

Die Verfärbung des Indikators zeigt den Säure- bzw. Basengehalt des Bodens an (rot: sauer; grün: basisch). Das Ergebnis mit der Farbskala vergleichen.

Ausgewählte Nachweisreaktionen und Untersuchungen zu physiologischen Abläufen

Atmung (↗S. 202)

Nachweis der Wasserabgabe aus der Lunge

An den Spiegel bzw. an die Glasscheibe wird Ausatemluft gehaucht. Das Wasser schlägt sich als feine Tröpfchen auf dem Spiegel bzw. der Glasscheibe nieder.

Nachweis von Kohlenstoffdioxid in der Ein- und Ausatemluft

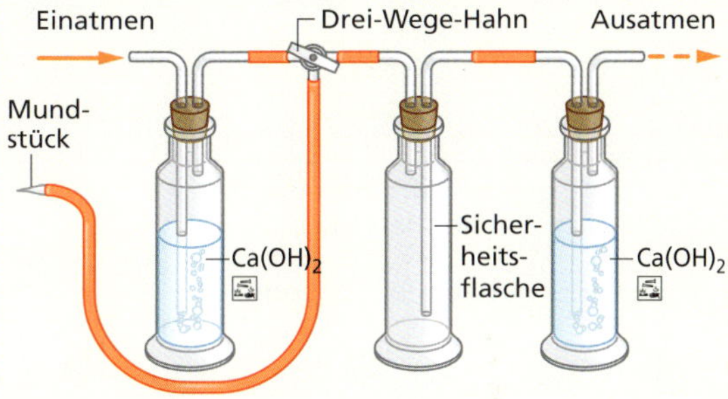

Mehrmals tief ein- und ausatmen. Dabei den Dreiwegehahn in die entsprechende Richtung drehen. Die Ausatemluft verursacht milchig weiße Trübung.

Reaktion auf Reize (↗S. 215)

Pupillen-Reflex-Reaktion

Ein für kurze Zeit im Dunkeln gehaltenes menschliches Auge wird mit einem hellen Lichtstrahl (z. B. Taschenlampe) gereizt. Bei Lichteinfluss verengt sich die vorher extrem geweitete Pupille.

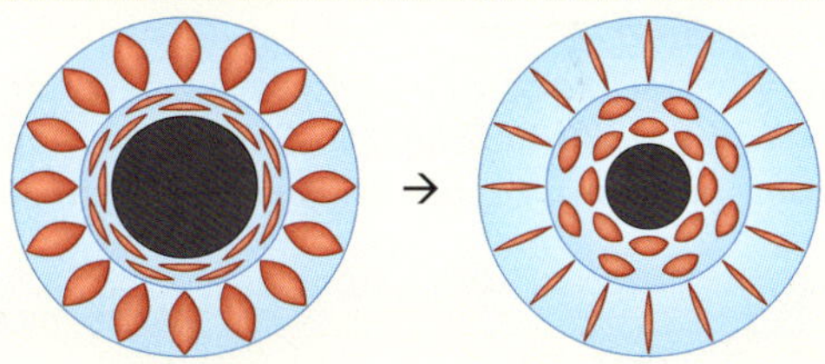

Nachweis der Druck- und Tastempfindungen

1. Die Haut einer Testperson wird an verschiedenen Körperstellen (z. B. Handrücken, Ober- und Unterarm) mit einem Filzstift markiert (jeweils ca. 1 cm^2).
2. Der Testperson werden die Augen verbunden.
3. Anzahl der Druck- und Berührungspunkte wird so ermittelt: Die gesamte Fläche wird mit einer Tastborste berührt (jeweils die gleiche Anzahl in den drei Quadraten). Die Testperson muss angeben, wo sie einen Berührungsreiz empfindet.
4. Jeder Druckpunkt, den die Testperson spürt, wird mit Filzstift markiert.
5. Die Anzahl der Druckpunkte in den drei Untersuchungsstellen wird verglichen.

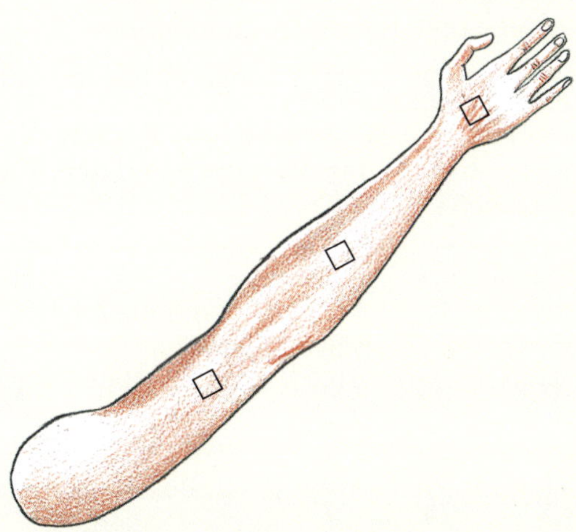

Verdauung (↗S. 137)

Nachweis der Enzymwirkung auf Eiweiße im Magen

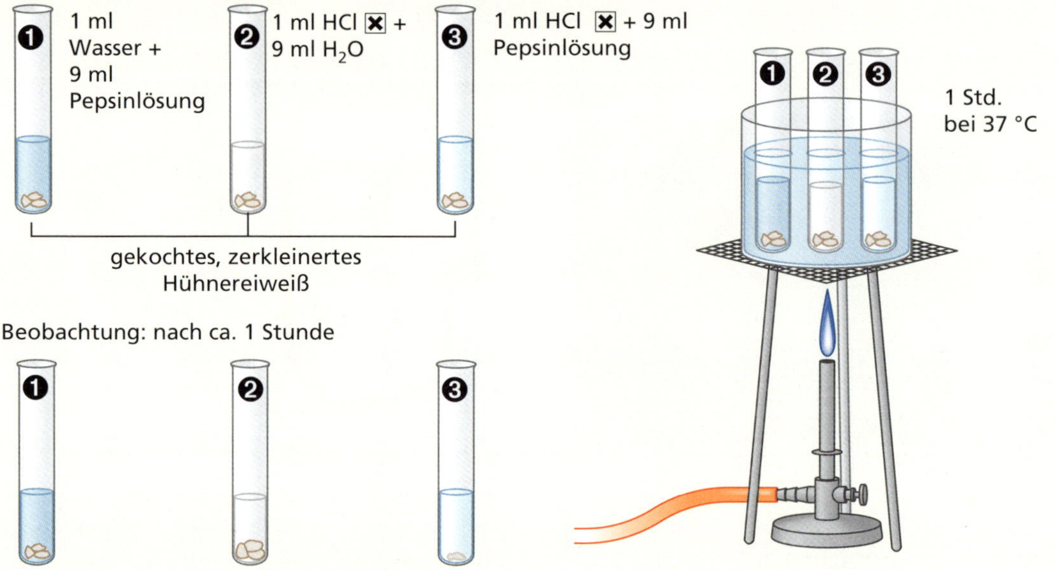

Das Hühnereiweiß im Reagenzglas ❸ wird langsam kleiner und löst sich etwas auf, im Reagenzglas ❶ bleibt es unverändert, im Reagenzglas ❷ quillt es etwas auf, die Flüssigkeit trübt sich etwas.

Auswertung:
Das von der Magenschleimhaut abgesonderte Enzym Pepsin wirkt nur im sauren Milieu und bewirkt die Verdauung von Eiweiß im Magen. Aus hochmolekularen Eiweißen entstehen Eiweißbruchstücke, die im Dünndarm zu Aminosäuren aufgespalten werden.

Ausscheidung (↗S. 158)

Nachweis der Wasserabgabe durch die Haut

Materialien:
Folienbeutel, Handtuch, Gummiringe

Durchführung:
Die Hand in einen Folienbeutel stecken, die Öffnung des Beutels mit dem Handtuch und den Gummiringen verschließen.

Beobachtung:
Etwa 10 Minuten die Hand und die Innenwand des Folienbeutels beobachten.
Die Beobachtung nach etwa 30 Minuten wiederholen.

Auswertung:
Die Haut scheidet Wasser als Bestandteil des Schweißes ab, die Folie beschlägt von innen.

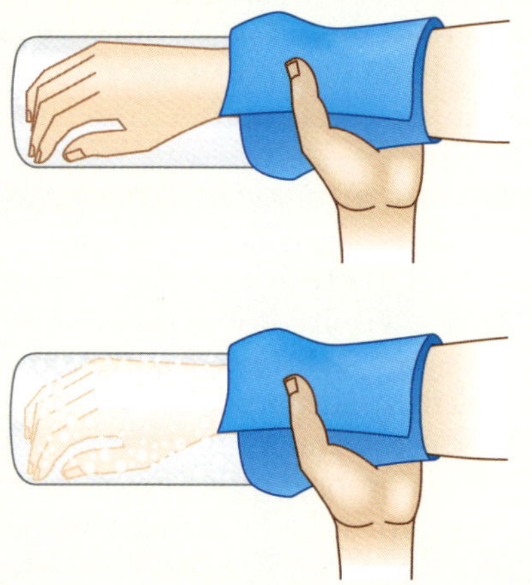

Nachweis physiologischer Vorgänge bei Pflanzen

Wasseraufnahme durch die Wurzeln (↗S. 184)

Pflanzen mit gut ausgebildeten Wurzeln in einen Messzylinder stellen. Ölschicht auf das Wasser geben. Mehrere Tage beobachten.

Die Wassermenge verringert sich deutlich, obwohl die Ölschicht die Wasserverdunstung verhindert.

Wassertransport in der Sprossachse (↗S. 185)

Modellexperiment

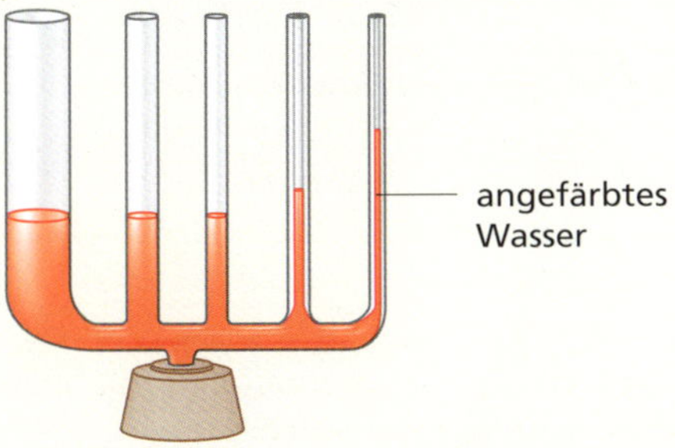

Wasser steigt in engen Gefäßen (Kapillaren) aufgrund der Kohäsions- und Adhäsionskräfte höher als in weitlumigen Gefäßen.

Realversuch

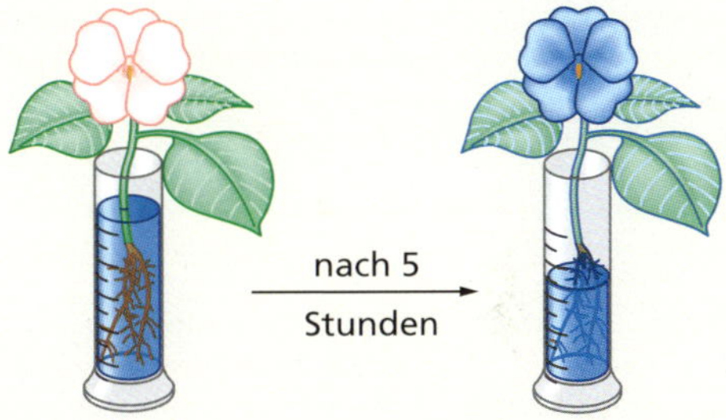

Pflanzen mit weißen Blüten in gefärbtes Wasser stellen. Nach einigen Stunden sind die Blüten gefärbt. Beobachtung des Stängelquerschnitts mit der Lupe.

Wasserabgabe (Transpiration) durch die Laubblätter (↗S. 186)

Nachweis der Kohlenstoffdioxidabgabe bei der Atmung (↗S. 189)

Bariumhydroxid verbindet sich mit Kohlenstoffdioxid zu weißem Bariumcarbonat; das fällt als weißer Niederschlag aus.

Nachweis der Wärmeabgabe bei der Atmung (↗S. 189)

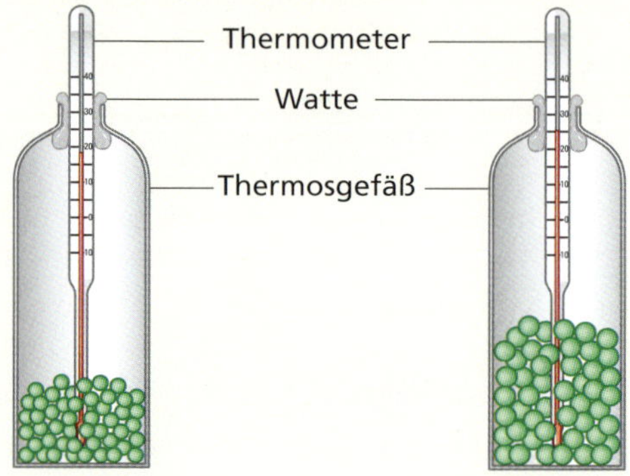

Nachweis der alkoholischen Gärung durch Hefepilze (↗S. 205)

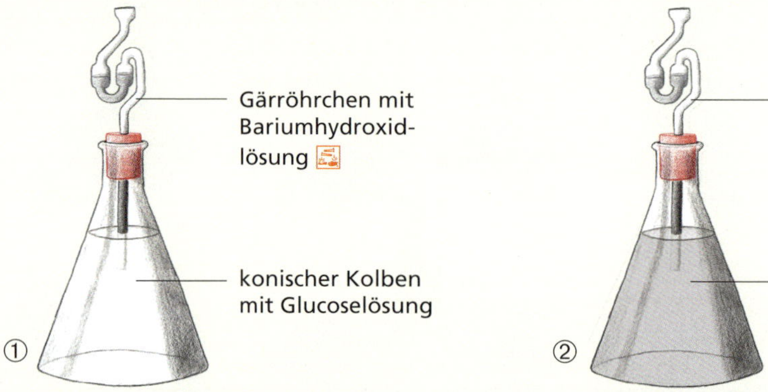

Gasentwicklung im Kolben ②, milchigweiße Trübung der Bariumhydroxidlösung im Gärröhrchen ②. Keine Veränderung im Kolben ① und im Gärröhrchen ①.

Nachweis von Reizen auf Pflanzen (↗S. 209) am Beispiel Reaktion auf Licht

Pflanzen (Gänseblümchen) wenden sich zum Licht.

Ausgewählte Untersuchungen aus der Ökologie

Ausgewählte Untersuchungen des Bodens

Ermitteln des Wassergehalts verschiedener Bodenarten

Materialien:
Bodenproben, z. B. Sandboden, Gartenerde, Moorboden, Waldboden, Humusboden, Waage, Trockenschrank (oder Heizung), Porzellanschälchen

Durchführung:
- Abwiegen der gleichen Masse der Bodenproben
- Trocknen der Bodenproben mehrere Tage auf der Heizung oder einige Stunden im Trockenschrank
- Erneutes Abwiegen der Bodenproben und Notieren der Ergebnisse
- Berechnen des absoluten Wassergehalts in Gramm nach folgender Gleichung:

$$\text{Wassergehalt in g} = \text{Masse vor dem Trocknen in g} - \text{Masse nach dem Trocknen in g}$$

- Berechnen des prozentualen Wassergehalts nach folgender Formel:

$$\text{Wassergehalt in Prozent} = \frac{\text{Wassergehalt in g} \cdot 100}{\text{Masse vor dem Trocknen in g}}$$

Auswertung:
- Vergleichen des Wassergehalts von verschiedenen Bodenproben
- Von welchen Faktoren ist der Wassergehalt abhängig?

Ermitteln des pH-Werts verschiedener Proben des Oberbodens

Materialien:
Bodenproben, Testpapier bzw. Indikatorstäbchen (↗ Abb.), pH-Messgerät, Trichter, Reagenzgläser, destilliertes Wasser, Filterpapier

Indikatorstäbchen und Testpapier

Durchführung:
- Proben des Oberbodens verschiedener Standorte entnehmen und an der Luft trocknen
- Bodenproben etwa 2 bis 3 cm hoch in je ein Reagenzglas geben, mit destilliertem Wasser auffüllen und gut schütteln; anschließend filtrieren
- Nach dem Absetzen der Bodenteilchen die Reaktion der Lösung ermitteln:
  a) mit Testpapier bzw. Indikatorstäbchen: 1 Sekunde ins Filtrat halten und mit Farbskala vergleichen
  b) mit pH-Messgerät: Elektrode ins Filtrat halten und Messwert ablesen; Messwerte notieren

Auswertung:
- Vergleichen der pH-Werte
- Bewerten der pH-Werte in Hinblick auf die Bedeutung für die Organismen

1

Abschätzen des Kalkgehalts verschiedener Bodenproben

Materialien:
verdünnte Salzsäure (10 %, ☒), Bodenproben verschiedener Standorte, Porzellanschalen (oder Petrischalen), Pipette

Durchführung:
- Bodenproben verschiedener Standorte in Schalen geben und mit einer Pipette jeweils 10 Tropfen Salzsäure hinzutropfen
- Proben beobachten und den Kalkgehalt unter Berücksichtigung der Skala abschätzen

Skala:
- kein Aufbrausen: unter 1 % Calciumcarbonat,
- schwaches, nicht anhaltendes Aufbrausen: 1 bis 2 % Calciumcarbonat,
- deutliches, aber nicht anhaltendes Aufbrausen: 3 bis 4 % Calciumcarbonat,
- starkes, lang anhaltendes Aufbrausen: über 5 % Calciumcarbonat.

Auswertung:
- Die Ergebnisse der Schätzung des Kalkgehalts verschiedener Standorte vergleichen und sie zu Ansprüchen bekannter Pflanzenarten (z. B. Zeigerpflanzen) in Beziehung setzen

Untersuchungen der Lichtverhältnisse

Messen der Lichtintensität an verschiedenen Standorten

Materialien:
Luxmeter (↗ Abb.), Messband

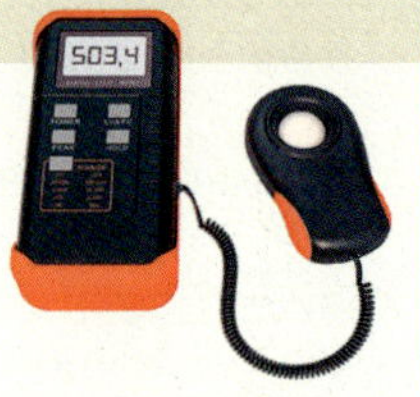

Die Lichtverhältnisse z. B. im Wald kann man mit einem Luxmeter ermitteln.

Durchführung:
- Verschiedene Standorte auswählen
- Lichtintensität mithilfe eines Luxmeters bei unterschiedlichen äußeren Bedingungen (u. a. bei Sonneneinstrahlung, bei bedecktem Himmel) messen, in Bodenhöhe, in 2 m Höhe, in einem Pflanzenbestand, auf freiem Feld

Auswertung:
- Die ermittelte Lichtintensität der verschiedenen Standorte bei verschiedenen Bedingungen auswerten
- Welche erkennbaren Auswirkungen, insbesondere auf Wachstum und Entwicklung von Pflanzen, hat die Lichtintensität?

Untersuchungen der Luft

Ermitteln der Luftfeuchtigkeit

Materialien:
Hygrometer (↗ Abb.)

Durchführung:
- Verschiedene Standorte (u. a. freies Feld, Waldrand, Waldinneres) auswählen
- An jedem Standort in verschiedenen Höhen, z. B. 10, 50, 100 und 200 cm über der Erdoberfläche, die Luftfeuchtigkeit mithilfe eines Hygrometers messen

Auswertung:
- Ermittelte Feuchtigkeitsverhältnisse von verschiedenen Standorten grafisch darstellen und Werte vergleichen

Äußerer und innerer Bau von Organismen

2

2.1 Echte Bakterien

> Bakterien rufen **Infektionskrankheiten** hervor, z. B. **Pest, Cholera, Tuberkulose, Geschlechtskrankheiten, Diphtherie, Scharlach, Tetanus, Milzbrand, Keuchhusten.**
> Im Dickdarm des Menschen leben Millionen von **Kolibakterien.**

Bau und Größe

Bakterien sind die kleinsten und auch ältesten Lebewesen auf der Erde (ca. 3 Milliarden Jahre). Diese Gruppe umfasst etwa 12 000 Arten.

> **Echte Bakterien** sind einzellige oder zu Kolonien oder Zellfäden angeordnete, unterschiedlich geformte Organismen ohne abgegrenzten Zellkern (fadenförmige Kernsubstanz). Sie pflanzen sich ungeschlechtlich durch **Zellspaltung** fort. Ihre Größe schwankt zwischen 0,2 μm und 100 μm. Sie kommen fast überall auf der Erde vor, in Boden, Wasser, Luft, an Organismen und Gegenständen.

Bakterienzelle

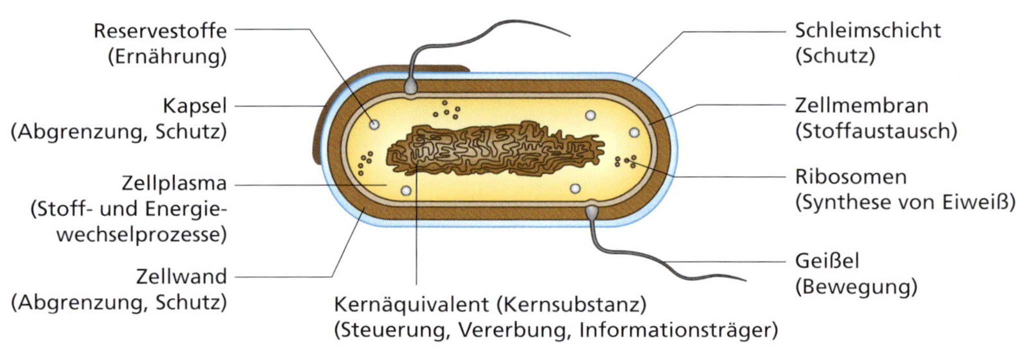

Bakterienformen und Erreger

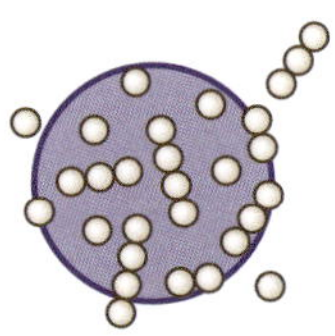
kugelförmige Bakterien (Kokken)

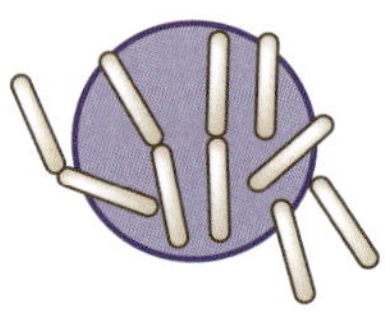
stäbchenförmige Bakterien (Stäbchen)

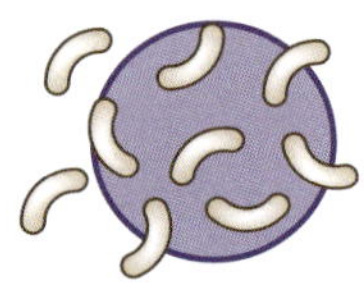
kommaförmige Bakterien (Vibrionen)

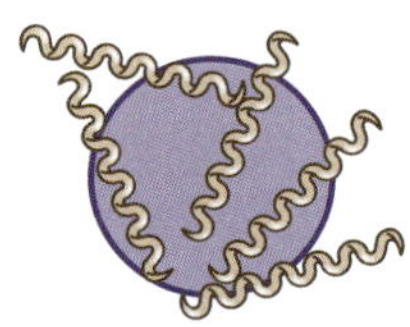
schraubenförmige Bakterien (Spirillen)

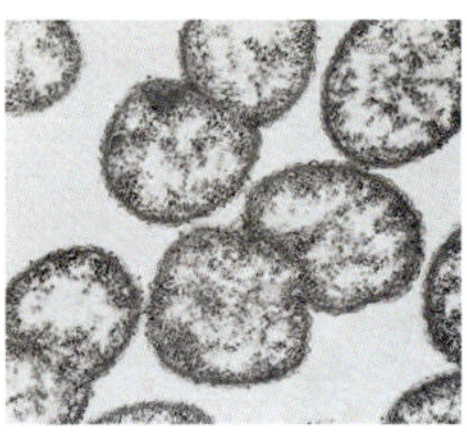
Trippererreger

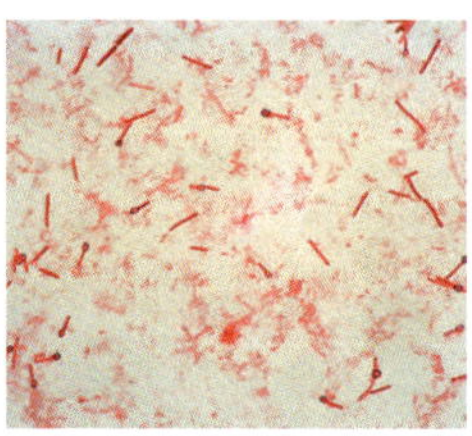
Tetanuserreger

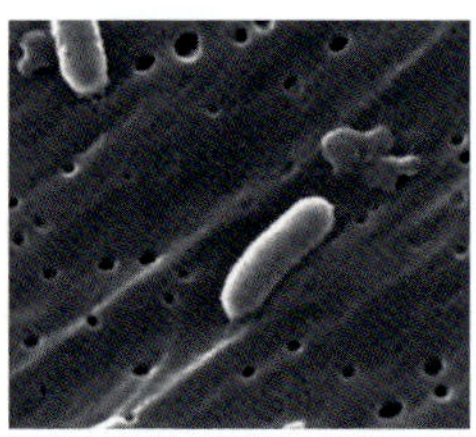
Choleraerreger

Syphiliserreger

Lebensweise und Bedeutung

Die meisten echten Bakterien ernähren sich **heterotroph** (↗ S. 195). Stäbchenförmige Bakterien können in Form von **Dauersporen** ungünstige Lebensbedingungen überleben.

▶ Zu Forschungszwecken werden Bakterien auf **Bakterienkulturen** gezüchtet.

Echte Bakterien haben u. a. große *Bedeutung* als

- Destruenten (↗ S. 361) im Kreislauf der Natur (z. B. Humusbildung, Selbstreinigung der Gewässer, biologische Reinigung von Abwasser in Kläranlagen),
- Erreger von Krankheiten bei Mensch, Tier und Pflanze (z. B. Diphtherie, Wundstarrkrampf, Lungenentzündung, Milzbrand, Nassfäule),
- Gärungserreger (↗ S. 204) beim Abbau organischer Stoffe (z. B. Herstellung von Molkereiprodukten, Essig, Silage, Alkohol),
- Fäulniserreger (↗ S. 15) beim Zersetzen von Nahrungs- und Futtermitteln,
- Symbiont in Schmetterlingsblütengewächsen (Knöllchenbakterien).

▶ Bakteriengifte wurden als **biologische Waffen** genutzt.

▶ Die **Knöllchenbakterien** bilden an Wurzeln von Schmetterlingsblütengewächsen Knöllchen, in denen sie leben.

Bedeutende Wissenschaftler der Bakteriologie

ANTONI VAN LEEUWENHOEK
(1632–1723)
Er wurde 1632 in Delft geboren. Nach kaufmännischer Lehre erlernte er das Schleifen von Linsen. Baute Mikroskope, mit denen er Objekte beobachtete, z. B. Mikroorganismen in Heuaufgüssen, Krebse, Insekten, Blut- und Samenzellen. Er starb 1723 in Delft.

▶ LEEUWENHOEK sah als Erster vor gut 300 Jahren (1683) Bakterien mithilfe eines selbst gebauten Mikroskops.

LOUIS PASTEUR
(1822–1895)
Er wurde 1822 in Dole geboren. Er widerlegte die unwissenschaftlichen Vorstellungen über die Urzeugung und entwickelte Verfahren zum Keimfreimachen („Pasteurisieren") durch Erhitzen. Er starb 1895 in Paris.

▶ PASTEUR konnte nachweisen, dass Bakterien nicht einfach aus dem Nichts oder Dreck durch Urzeugung entstehen.

ROBERT KOCH
(1843–1910)
Er wurde 1843 in Clausthal-Zellerfeld geboren. Er studierte Naturwissenschaften und Medizin, arbeitete als Arzt und Forscher. Er entdeckte 1876 den Milzbranderreger, 1882 den Tuberkelbazillus, 1884 den Choleraerreger.
KOCH erhielt 1905 den Nobelpreis für Physiologie oder Medizin..

▶ KOCH verdanken wir die Aufklärung schlimmer Infektionskrankheiten wie Tuberkulose, Milzbrand, Cholera.

2.2 Cyanobakterien (Blaualgen)

Bau und Größe

Die Cyanobakterien gehören zu den ältesten Lebewesen auf der Erde (Präkambrium, vor ca. 3 500 Millionen Jahren).
Sie sind wahrscheinlich die ersten Lebewesen, die Fotosynthese (↗ S. 198) durchführten und in diesem Prozess Sauerstoff produzierten.

Je nach Anteil der Farbstoffe sind die Zellen der **Blaualgen** blau, blaugrün, gelblich, rötlich oder violett gefärbt.

Cyanobakterien sind unterschiedlich geformte einzellige oder zu Kolonien und Zellfäden angeordnete Organismen ohne abgegrenzten Zellkern (Kernsubstanz). Sie enthalten im Plasma Farbstoffe, z. B. Chlorophyll a, Phycocyan, sowie eine Zellwand.

Vertreter

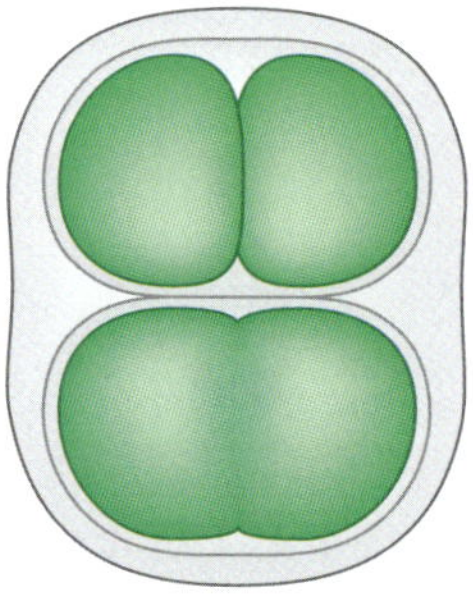

Chroococcus

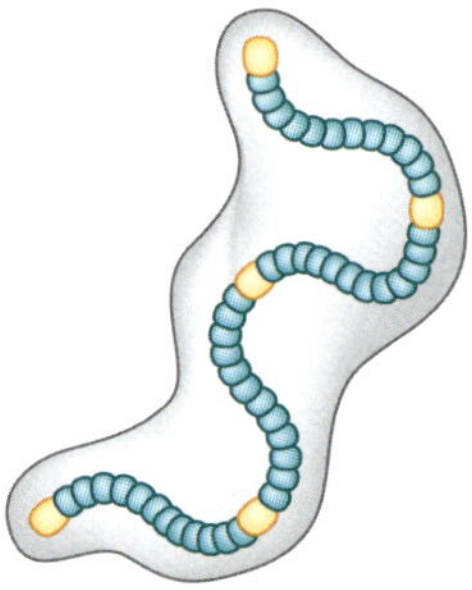

Anabaena

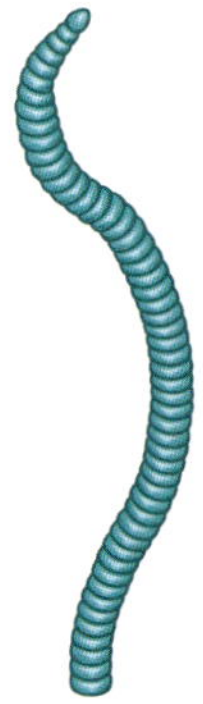

Oscillatoria

Lebensweise und Bedeutung

Eine **autotrophe Ernährung** besitzen alle Pflanzen, deren Zellen Chloroplasten mit Chlorophyll enthalten.

Cyanobakterien ernähren sich **autotroph** (↗ S. 197). Sie pflanzen sich ungeschlechtlich durch **Zellspaltung** (↗ S. 224) fort.
Die Cyanobakterien sind mit etwa 2 000 Arten über die gesamte Erde verbreitet. Sie können oft schon mit dem bloßen Auge als gallertartige Masse, feinfädige Überzüge, gefärbte „Algenblüten" sichtbar sein. Sie leben vor allem im Süßwasser, aber auch auf und in feuchten Böden, auf Baumrinde und Felsen bis in die Antarktis. Bei etlichen Arten ist also eine Angepasstheit an das Leben außerhalb des Wassers erfolgt.

Cyanobakterien haben *Bedeutung* als
- Erstbesiedler von Steinen und Felsen,
- Anfangsglieder von Nahrungsketten (↗ S. 369),
- Verursacher der „Algenblüte" (↗ S. 383),
- Symbiont in Flechten (↗ S. 363),
- Kulturen in Biomasseproduktion (z. B. Spirulina).

2.3 Pilze

Bau und Größe

Die **Pilze** in ihrer Vielfalt (ca. 100 000 Arten) sind noch relativ unerforscht. Deshalb fällt eine systematische Gliederung bis heute noch schwer. Man unterscheidet **Schlauchpilze** (z. B. Hefe- und Schimmelpilze) und **Ständerpilze** (z. B. Röhren- und Blätterpilze). Ständerpilze werden auch **Hutpilze** genannt. Pilze leben vorwiegend an Land.

> **Pilze** sind einzellige, meist aber mehrzellige Organismen ohne Chlorophyll und mit einer Zellwand aus Chitin. Die mehrzelligen Pilze bestehen aus **Zellfäden (Hyphen),** deren Zellen einen bzw. mehrere Zellkerne besitzen. Die Pilzfäden bauen ein mehrjähriges unterirdisches **Pilzgeflecht** (Myzel, Vegetationskörper) auf, das den oberirdischen **Fruchtkörper** der Pilze ausbildet.

Chitin ist ein stickstoffhaltiger Vielfachzucker, ein organischer Stoff, der zu den Kohlenhydraten gehört.

Vertreter der Hefepilze

Bäckerhefe

Einzelzelle

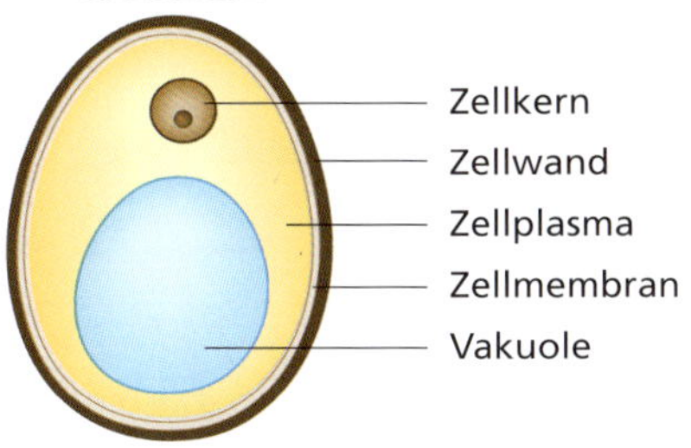

Sprossverband der Bäckerhefe

Einige **Hefepilze** haben große wirtschaftliche Bedeutung, z. B. Weinhefe, Backhefe, Bierhefe, Futterhefe.

Vertreter der Schimmelpilze

Köpfchenschimmel

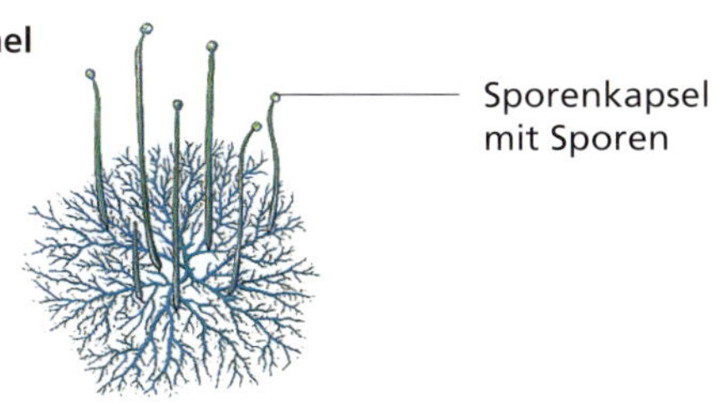

Gießkannenschimmel

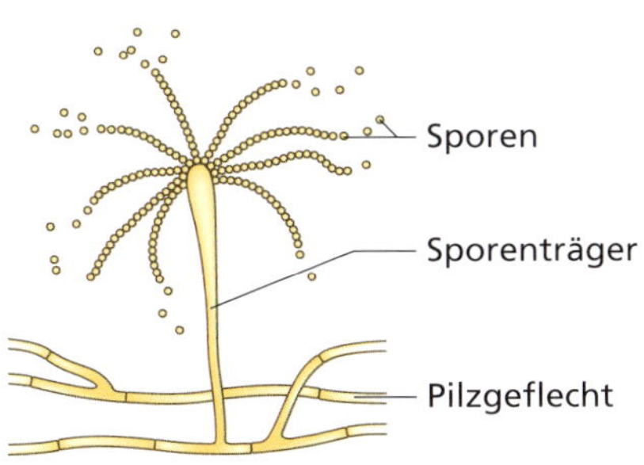

Pinselschimmel

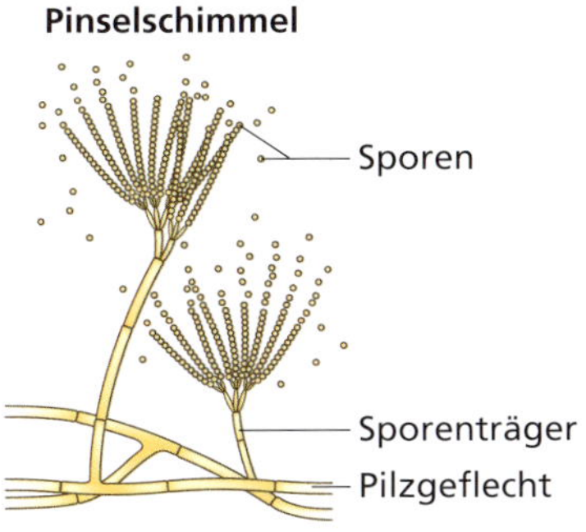

ALEXANDER FLEMING entdeckte das **Antibiotikum Penicillin.** Dieser Stoff wurde aus dem Schimmelpilz Penicillium erzeugt und wirkt bakterienhemmend.

Bau der Ständerpilze oder Hutpilze (Röhren- und Blätterpilze)

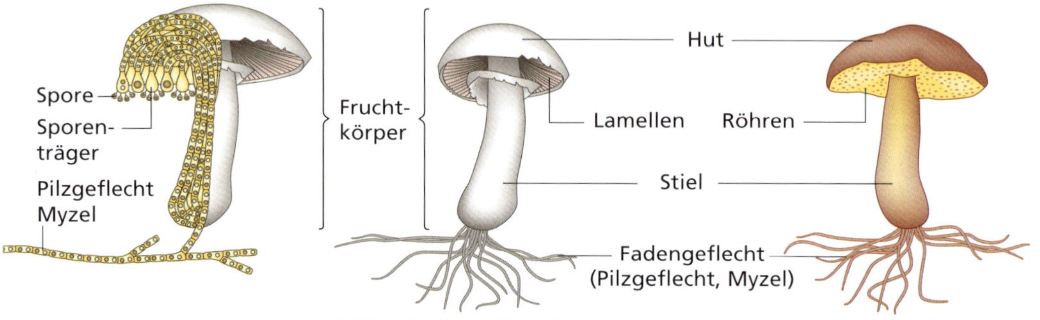

Blätterpilz (Lamellenpilz)
z. B. Wiesen-Champignon

Röhrenpilz
z. B. Maronenröhrling

Der Fruchtkörper der Ständerpilze ist in Hut und Stiel gegliedert. Aufgrund des unterschiedlich gestalteten Hutes unterscheidet man **Blätterpilze** (Lamellenpilze) und **Röhrenpilze.**

▶ Zu den **Ständerpilzen** gehören unsere meisten **Speisepilze** sowie auch gefährliche **Giftpilze.**

▶ Pilzsammler müssen bestimmte **Regeln für das Sammeln von Pilzen** einhalten.

Vertreter der Ständerpilze

Fliegenpilz (Blätterpilz) | **Birkenpilz** (Röhrenpilz) | **Grüner Knollenblätterpilz** (Giftpilz)

Lebensweise und Bedeutung

▶ Eine **heterotrophe Ernährung** besitzen auch der Mensch und die Tiere.

▶ **Candida-Hefepilze** können Erkrankungen hervorrufen, ebenfalls die **Hautpilze.**

Pilze ernähren sich **heterotroph** (↗ S. 195). Schimmelpilze und Ständerpilze (Hutpilze) pflanzen sich durch **Sporen** fort (↗ S. 225), die Hefepilze durch **Sprossung.** Die Pilze haben u. a. *Bedeutung* als

- Destruenten (↗ S. 361) im Stoffkreislauf der Natur (Zersetzer organischer Stoffe, Humusbildung),
- Nahrungsmittel für den Menschen (Speisepilze),
- Gärungserreger (↗ S. 204) bei der alkoholischen Gärung (Hefepilze),
- Erreger von Krankheiten bei Mensch (↗ S. 253, z. B. Fußpilze) und Pflanze (↗ S. 250, z. B. Mehltau, Knollenfäule, Mutterkorn),
- Fäulniserreger beim Zersetzen von Nahrungsmitteln und anderen organischen Stoffen (Schimmelpilze),
- Grundlage zur Herstellung von Antibiotika (Schimmelpilze),
- Symbiont in Flechten (↗ S. 363).

2.4 Grünalgen

Bau und Größe

Es gibt ca. 13 000 Grünalgenarten. Sie kommen vorwiegend im Süßwasser vor, wenige im Meer, an Felsen oder Baumrinden.
Frei bewegliche Grünalgen bewegen sich mit zwei bis vier gleich langen Geißeln fort.
Grünalgen sind einzellige, Kolonien bildende oder mehrzellige (meist faden- oder flächenförmige) Organismen, die durch den Besitz von Chloroplasten (Chlorophyll) grün gefärbt sind.

Bei günstigen Lichtverhältnissen und ausreichenden organischen Stoffen kommt es zur Massenentwicklung, zur „Algenblüte“.

Einzellige Grünalgen

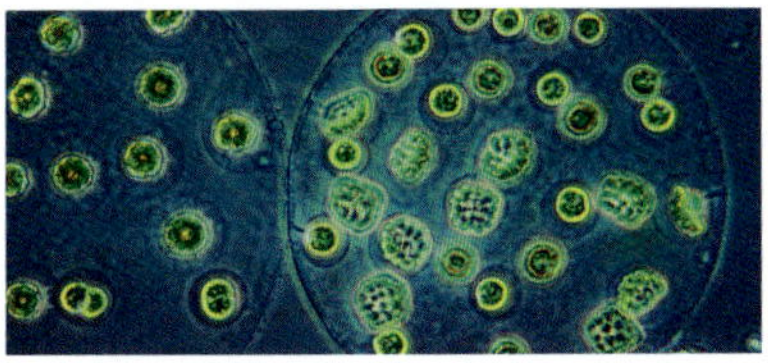

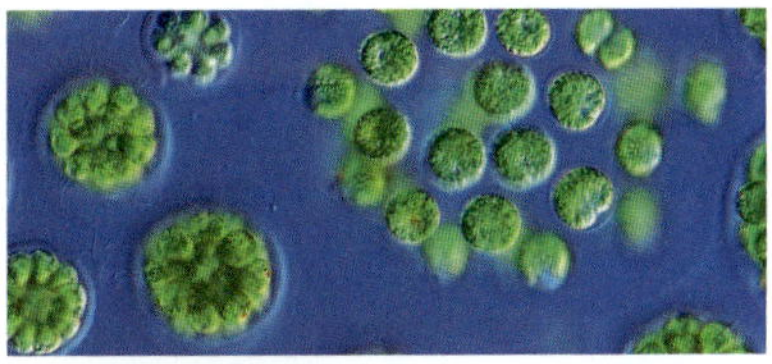

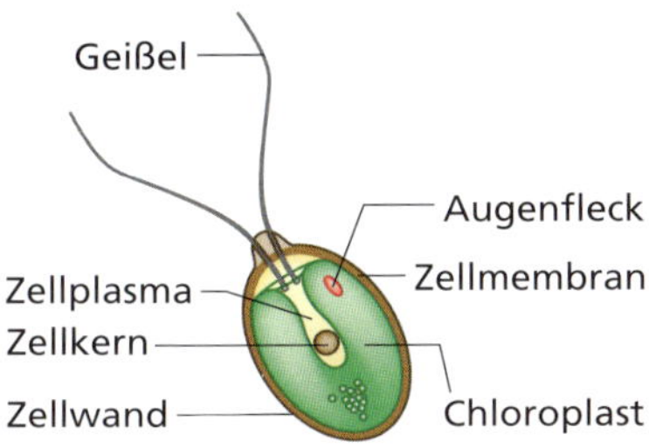

Hüllengeißelalge

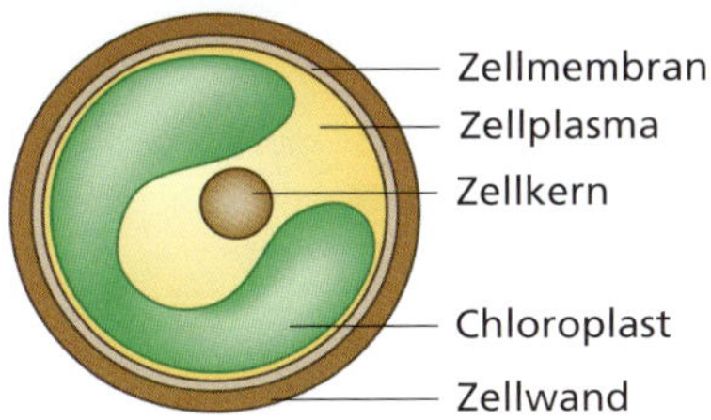

Chlorella

Kolonien bildende Grünalgen

Die Alge **Eudorina** besteht aus 32 gleich gebauten Zellen, die von einer zarten Gallertschicht zusammengehalten werden.

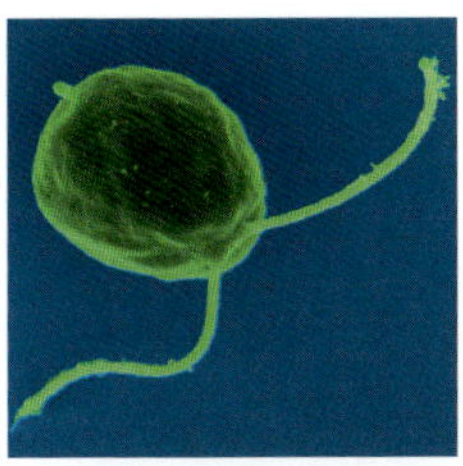

Zackenrädchen

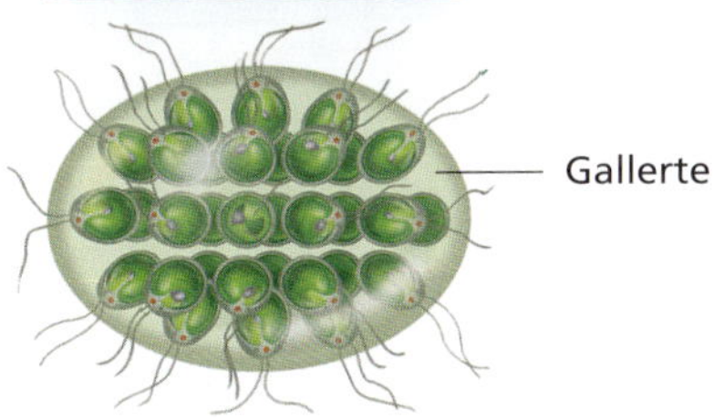

Eudorina

Mehrzellige Grünalgen

Die **Wimperkugel** besteht aus etwa 20 000 Zellen, die durch Plasmafäden miteinander verbunden sind.

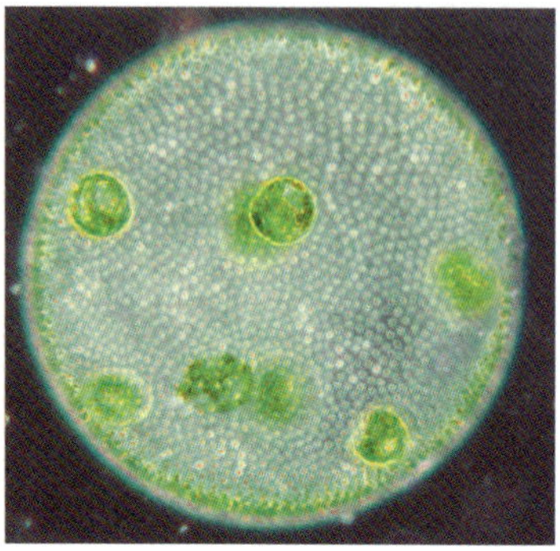

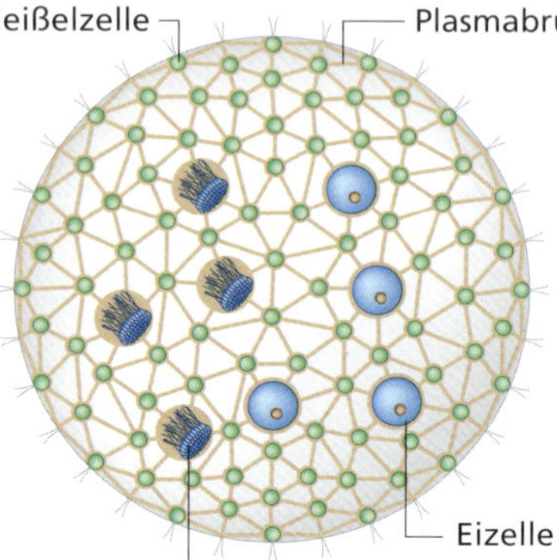

Wimperkugel (Volvox)
Kugelig und frei schwimmend; Funktionsteilung der Zellen (Geißelzellen – Fortbewegung, Ernährung; Spermien- und Eizellen – Fortpflanzung); Lebensraum Süßwasser

Bei den Algen gibt es eine große **Formenvielfalt.** Äußere Gestalt, Größe und Farbe sind mannigfaltig, z. B. Grünalgen, Braunalgen, Rotalgen.

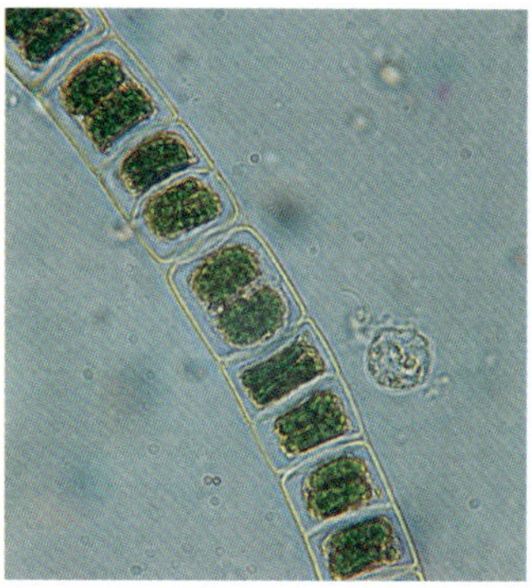

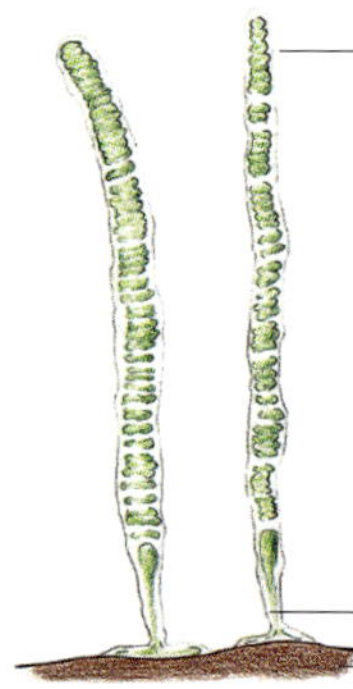

Kraushaaralge
Aufgebaut aus einem Zellfaden, fest sitzend; Lebensraum fließende Gewässer

Die frei schwimmende **Schraubenalge** (Spirogyra) bildet dichte, hellgrüne Algenwatten.

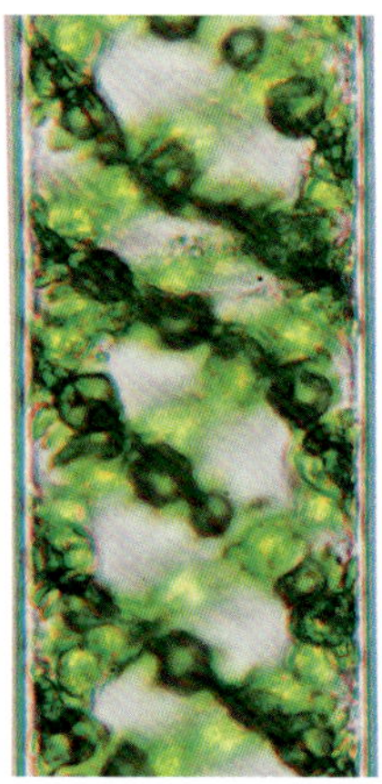

Meersalat
Aufgebaut aus Zellflächen, fest sitzend; Lebensraum Meerwasser, z. B. Ost- und Nordsee

Lebensweise und Bedeutung der Algen

Algen ernähren sich **autotroph** (↗S. 195). Sie haben u. a. *Bedeutung* als
- Anfangsglieder (Produzenten) von Nahrungsketten (↗S. 369) und Nahrungsgrundlage für heterotroph lebende Wasserorganismen,
- Produzent von Sauerstoff; Voraussetzung für die Atmung der Wasserorganismen,
- Symbiont in Flechten (↗S. 363),
- Forschungsobjekte,
- Grundlage für die Herstellung von Futtermitteln für Tiere sowie von Nahrungsmitteln und Kosmetikprodukten für den Menschen.

Die **Fortpflanzung** der Algen (↗ S. 224) erfolgt ungeschlechtlich und geschlechtlich.

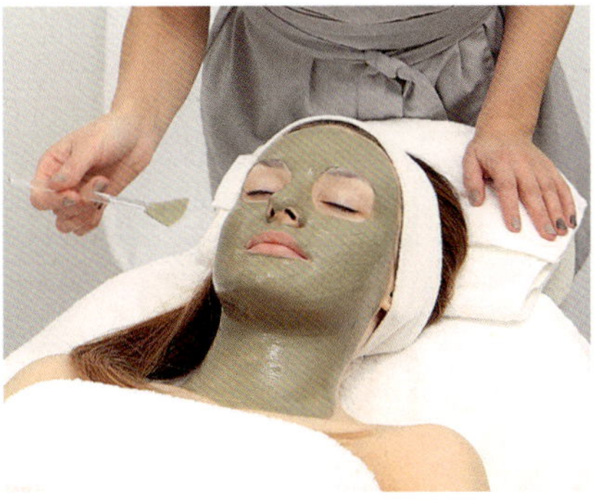

Euglena – Pflanze oder Tier?

Im Frühjahr sind viele Tümpel, Teiche und Pfützen durch kleine (0,05 mm), bewegliche, spindelförmige, begeißelte Einzeller grün gefärbt („Algenblüte“).
Die Euglena (Augentierchen, Rotäuglein) ist eine **Geißelalge,** die mithilfe eines roten Augenflecks Lichtreize aufnehmen, sich durch das Vorhandensein von Chlorophyll bei Licht **autotroph** ernähren und sich bei Dunkelheit **heterotroph** ernähren kann. Die Euglena pflanzt sich durch **Längsteilung** fort.

Euglena ist eine Brückenform (↗ S. 304) zwischen Pflanze und Tier.

> Die **Euglena** besitzt Merkmale der Pflanzen (z. B. Chloroplasten, autotrophe Ernährung) und Merkmale der Tiere (z. B. Fehlen einer Zellwand, heterotrophe Ernährung).

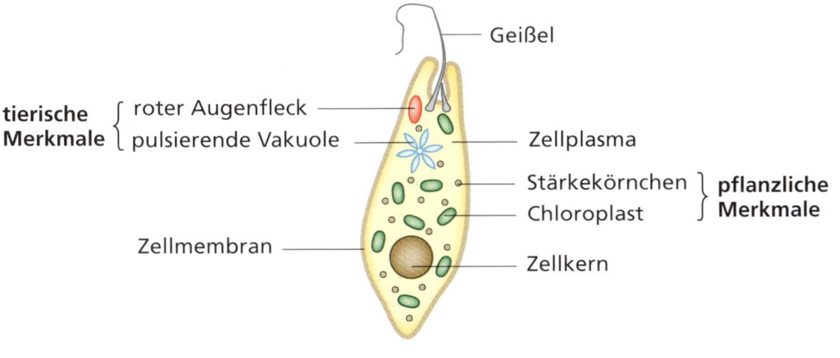

2.5 Moospflanzen

Etwa 25 000 Moosarten besiedeln die Erde. Moose sind vorwiegend Landbewohner und besiedeln als **Moospolster** feuchte Standorte, z. B. Wald- und Ackerböden, Moore, Mauern, Baumrinden, Bachufer.

Bau der Moospflanzen

Moose sind kleine, in Stämmchen, Blättchen und wurzelähnliche Gebilde **(Rhizoide)** gegliederte **(Laubmoose)** oder mit einem flächenförmigen Körper ausgebildete **(Lebermoose)** Pflanzen, in deren Zellen Chloroplasten vorhanden sind. Eine Gewebedifferenzierung ist kaum vorhanden, spezielle Zellen übernehmen bestimmte Funktionen (↗ S. 317).

Lebermoose

Brunnenlebermoos

Torfmoose besiedeln nasse Stellen in Wäldern und auch **Moore.** Sie bilden **Torflager.**

Laubmoose

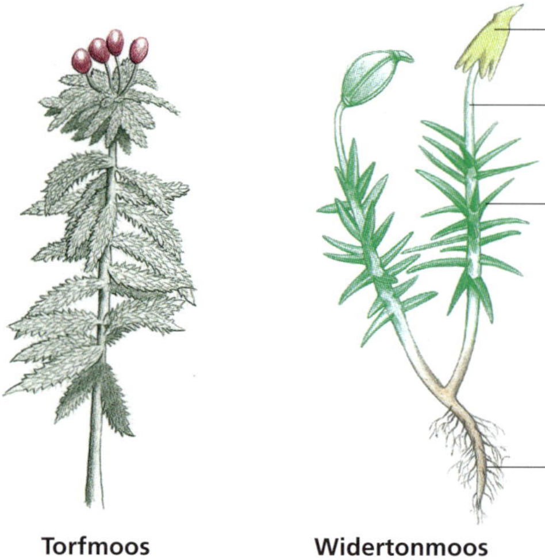

Moospolster auf Baumstamm – Lebensraum zahlreicher Tiere

Torfmoor – Lebensraum des Wasser speichernden Torfmooses

Moospolster halten nach Niederschlägen große Wassermengen zurück. Das Wasser versickert nur langsam im Boden oder verdunstet allmählich. Dadurch wird ein völliges Austrocknen des Bodens verhindert.

Lebensweise und Bedeutung der Moose

Moose ernähren sich **autotroph** (↗S. 195). Die Fortpflanzung erfolgt durch **Sporen.** Sie haben einen **Generationswechsel** (↗S. 230). Die Aufnahme und Abgabe von Wasser erfolgt durch die gesamte Oberfläche der Pflanze. Die Moosblättchen besitzen keine Wachsschicht (Kutikula) als Verdunstungsschutz. Das Wasser, das durch die Oberfläche in die Moospflanzen aufgenommen wird, verdunstet bei Trockenheit sehr schnell wieder aus den Moosblättchen.

Moose haben *Bedeutung* als

- Standortanzeiger für Böden (z. B. Torfmoos für sauren Boden),
- Besiedler von kahlem Untergrund (Bodenbildung, Verhinderung der Abspülung und Austrocknung des Untergrunds),
- Wasserspeicher im Wasserhaushalt der Natur.

Moose prägen das Gesicht der Regenwälder der gemäßigten Breiten wie in diesem Wald im Olympic National Park, USA.

2

2.6 Farnpflanzen

In tropischen Klimagebieten können **Baumfarne** bis zu 10 m hoch werden und eigene Wälder bilden.

Die **Farnpflanzen** sind über alle Klimazonen verbreitet. Sie variieren in ihrer Größe. Es gibt etwa 12 000 Arten.
Zu den Farnpflanzen gehören die Gruppen **Echte Farne, Bärlappgewächse** und **Schachtelhalmgewächse.**

Echte Farne

> **Echte Farne** sind in Spross (Sprossachse und Blätter) und Wurzel gegliederte krautige, selten baumartige grüne Pflanzen mit großen Blättern (Wedeln), auf deren Unterseite sich häufchenweise angeordnet **Sporenkapseln mit Sporen** (Sori) befinden.

Der **Adlerfarn** ist die größte einheimische Art (0,50 m bis 2 m).

Echte Farne besitzen echte Gewebe, z. B. Leit-, Grund- und Festigungsgewebe, Epidermis mit Spaltöffnungen (↗ S. 317), die bestimmte Funktionen ausführen.
Echte Farne sind durch ihren Bau besonders an das Landleben angepasst.

Wurmfarn

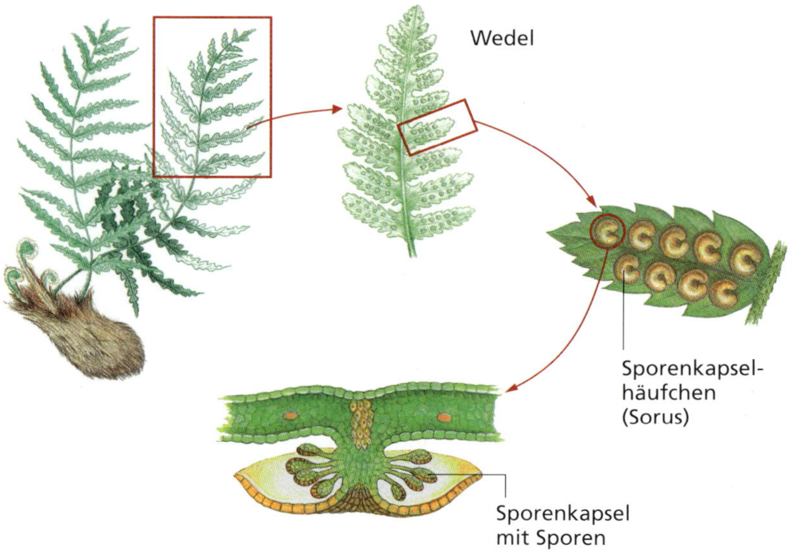

Bärlappgewächse

Sie sind kleine, immergrüne Pflanzen mit einer dünnen, meist kriechenden, gabelig verzweigten Sprossachse. An dieser sitzen spiralig angeordnet kleine, nadelförmige Laubblätter.

Zu den **Bärlappgewächsen** gehören u. a. Moosfarne und Bärlappe.
Die sechs einheimischen Bärlapparten stehen unter Naturschutz.

Schachtelhalmgewächse

Sie sind meist krautige Pflanzen mit aufrechten hohlen Sprossachsen, die aus ineinander geschachtelten Abschnitten bestehen. An den Sprossachsen befinden sich zurückgebildete Blätter, meist in Wirteln angeordnet.

Keulen-Bärlapp

Acker-Schachtelhalm

Zur Fortpflanzung bilden Bärlappe und Schachtelhalme Ähren mit Sporenkapseln aus.

Lebensweise und Bedeutung der Farnpflanzen

Farnpflanzen ernähren sich **autotroph** (↗ S. 195). Die Fortpflanzung erfolgt durch **Sporen.** Sie haben einen **Generationswechsel** (↗ S. 231).

Aus den Urwäldern der Karbonzeit entstanden die **Steinkohlelagerstätten.**

Farnpflanzen haben *Bedeutung* als

- Ausgangsmaterial für die Bildung von Steinkohlelagerstätten in der Karbonzeit,
- Zierpflanzen für den Menschen (↗ Abb.).

2.7 Samenpflanzen (Blütenpflanzen)

Die **Samenpflanzen** (Blütenpflanzen) bilden die am höchsten entwickelte Gruppe der Pflanzen. Sie besiedeln alle Klimazonen. Die Gruppe umfasst etwa 270 000 Arten.

> **Samenpflanzen** sind in Wurzel, Sprossachse und Blätter gegliedert. Sie sind durch die Ausbildung von Blüten und Samen charakterisiert. Als höchst entwickelte Pflanzen besitzen sie echte Gewebe, z. B. Haut-, Leit-, Festigungs-, Grund-, Assimilations-, Bildungsgewebe (↗ S. 70, 317).

2.7.1 Einteilung der Samenpflanzen

▶ Gegenwärtig sind etwa 800 Arten von **Nacktsamern** bekannt.

> Nach der Lage der Samenanlagen werden Samenpflanzen in zwei Gruppen unterteilt, die **Nacktsamer** und die **Bedecktsamer.**

Nacktsamer

Die **Nacktsamer** sind ausschließlich Holzgewächse. Viele Arten sind bereits ausgestorben. Eine wichtige und artenreiche Gruppe der Nacktsamer sind die Nadelbäume. Dazu gehören z. B. die Kieferngewächse (↗ S. 55).

▶ **Kieferngewächse** als Forstbäume haben große wirtschaftliche Bedeutung.

> In den Blüten der Nacktsamer liegen die Samenanlagen frei („nackt“) auf den offenen Fruchtblättern (Samenschuppen). Es werden Samen, aber keine Früchte ausgebildet.

Die Blütenglieder stehen meist in spiraliger Anordnung übereinander, sodass meist **zapfenförmige Blütenstände** gebildet werden. Die Blätter sind meist nadel- oder schuppenförmig.

▶ Zu den Ginkgogewächsen gehört nur noch eine lebende Art, der aus Ostasien stammende **Ginkgobaum.**

Familien der Nacktsamer

Familie Ginkgogewächse	Familie Eibengewächse	Familie Zypressengewächse

Ginkgo	Eibe	Wacholder

Merkmale der Familie Kieferngewächse

Blüten und Blütenstände

Zweig mit männlichen, eiförmigen Blüten

Zweig mit weiblichen, zapfenförmigen Blütenständen

Zweig mit jungen weiblichen Zapfen

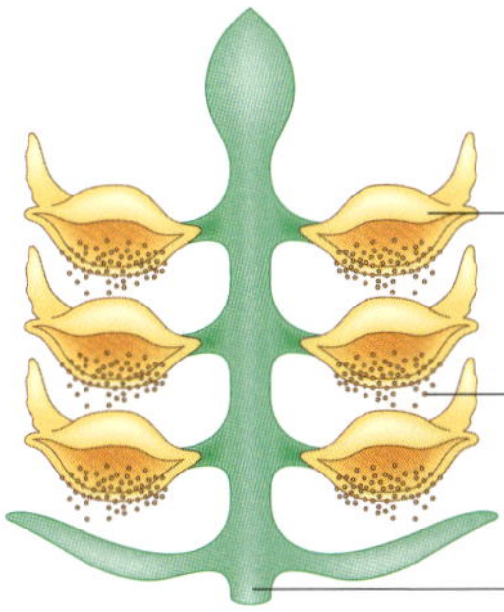

männliche Einzelblüte (längs)

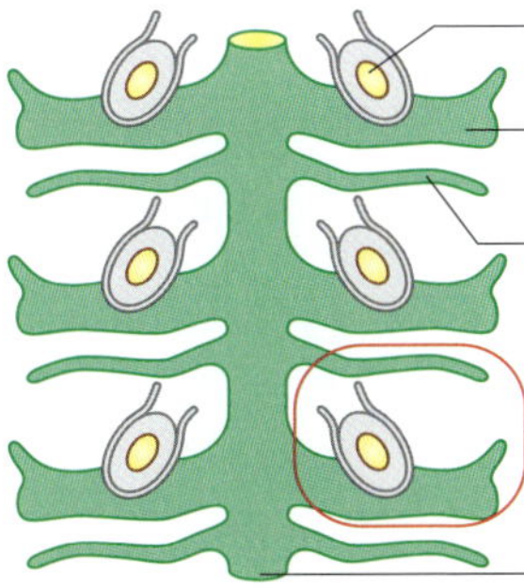

weiblicher Blütenstand (längs)

Nadeln

einzeln

zu zweit stehend

zu fünft stehend

in Büscheln

Vertreter der Kieferngewächse

Weiß-Tanne

Wald-Kiefer

Weymouths-Kiefer

Europäische Lärche

Bedecktsamer

Bedecktsamer sind Kräuter, Sträucher oder Bäume. Sie besiedeln alle Klimazonen. Sie umfassen etwa 250 000 Arten. Ihre Größe und Gestalt sind mannigfaltig.

> In den Blüten der Bedecktsamer sind die Samenanlagen in einem von den Fruchtblättern gebildeten Fruchtknoten eingeschlossen. Aus dem Fruchtknoten entwickelt sich die **Frucht** (↗ S. 75), die die **Samen** (↗ S. 76) enthält.

Die Bedecktsamer werden nach der Anzahl der Keimblätter bei ihren Keimlingen in zwei Gruppen unterteilt, die **einkeimblättrigen** und die **zweikeimblättrigen Pflanzen.**

Merkmale einkeimblättriger bzw. zweikeimblättriger Pflanzen

Einkeimblättrige Pflanzen		Zweikeimblättrige Pflanzen	
	Grasfrucht (Karyopse) 1 Keimblatt	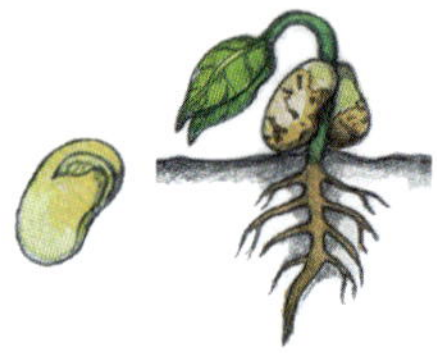	Bohnensame 2 Keimblätter
	Blätter meist parallelnervig, ungestielt		Blätter meist netznervig, gestielt
	Hauptwurzel kurzlebig, durch sprossbürtige Wurzeln ersetzt		Hauptwurzel langlebig
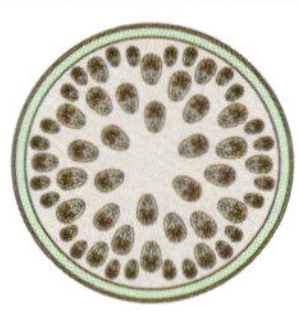	Leitbündel auf Stängelquerschnitt zerstreut angeordnet		Leitbündel auf Stängelquerschnitt im Kreis angeordnet
	Blütenteile vorwiegend dreizählig		Blütenteile vorwiegend vier- oder fünfzählig

Familien der einkeimblättrigen Pflanzen (Auswahl)

Zu den einkeimblättrigen Pflanzen gehören etwa 50 000 Arten. Wichtige Familien sind z. B. Gräser, Lilien-, Orchideen-, Bananengewächse.

Merkmale der Familie Süßgräser

Einblütiges Ährchen

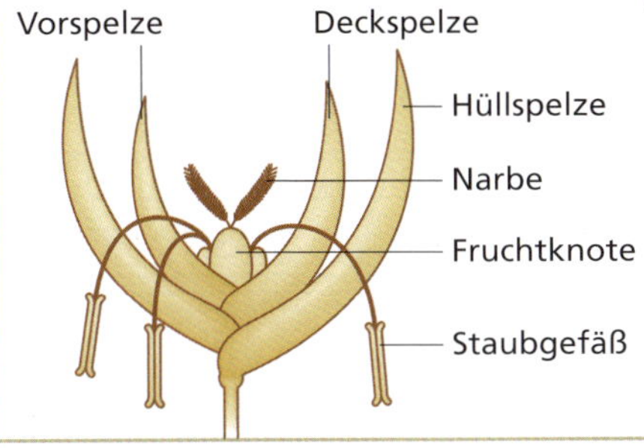

Blatt

parallelnervig, schmal, lanzettlich

Schließfrucht (Nuss)

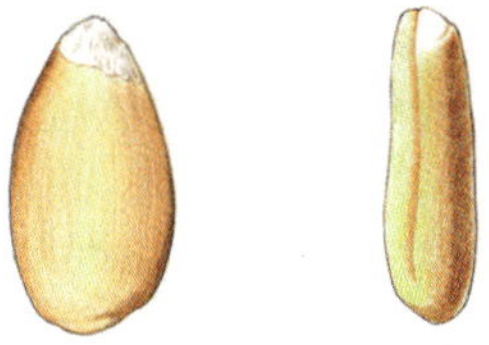

Karyopse („Körnerfrucht") (Grasfrucht)

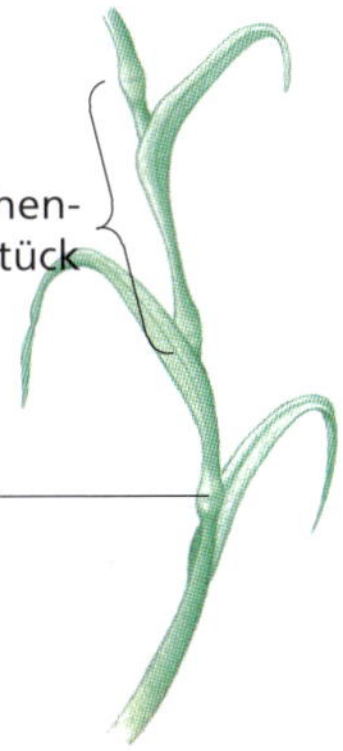

Blütenstände

Rispe
Ährchen sitzen an unverzweigten und verzweigten längeren Stielen (1., 2. und 3. Ordnung).

Ährenrispe
Ährchen sitzen an kurzen verzweigten Stielen (2. und 3. Ordnung).

Ähre
Ährchen sitzen direkt auf Blütenstandsachse oder an kurzen unverzweigten Stielen.

Vertreter

Roggen, Weizen, Hafer, Gerste, Reis, Mais, Zuckerrohr, Weidelgras, Quecke, Schilfrohr, Strandhafer, Knäuelgras, Einjähriges Rispengras, Perlgras, Fuchsschwanz, Knabenkraut, Frauenschuh, Banane

Reis und Mais sind wichtige **Nutzpflanzen.**

Merkmale der Familie Liliengewächse

Feuer-Lilie

Tulpe

Blüten mit je 3 in Farbe und Form gleichen Kelch- und Kronblättern, 6 Staubblättern, 3-fächerigem Fruchtknoten

Knotenfuß

Madonnen-Lilie (Weiße Lilie)

Tulpe

Früchte meistens Beeren oder dreikammerige Kapseln

Knotenfuß

Laubblätter sind einfach, parallelnervig und glattrandig

Tulpe

Zwiebeln als unterirdische Organe zur Überdauerung, Stoffspeicherung und ungeschlechtlichen Fortpflanzung (↗ S. 225)

Vertreter
Tulpen, Gelbsterne, Lilien, Prachtlilien, Knotenfuß, Schachblume

Familien der zweikeimblättrigen Pflanzen (Auswahl)

Die **zweikeimblättrigen Pflanzen** umfassen etwa 200 000 Arten. Ihr Körper, ihre Blätter, Sprossachsen, Blüten und Früchte besitzen eine mannigfaltige Form, Gestalt und Farbe.
Wichtige Familien sind z. B. Rosengewächse, Kreuzblüten-, Schmetterlingsblüten-, Lippenblüten-, Korbblüten- und Doldengewächse.

Merkmale der Familie Kreuzblütengewächse

Traubiger **Blütenstand,** strahlige **Blüten** mit je 4 sich kreuzweise gegenüberstehenden Kelch- und Kronblättern, 2 äußere kurze und 4 innere lange Staubblätter; Fruchtknoten aus 2 Fruchtblättern gebildet; Früchte meistens Schoten oder Schötchen

- **Vertreter**

Kohl, Rettich, Hederich, Raps, Senf, Acker-Senf, Hirtentäschel, Kresse, Hellerkraut, Goldlack, Schaumkraut, Meerrettich, Knoblauchs-Rauke

Merkmale der Familie Schmetterlingsblütengewächse

Blüte schmetterlingsförmig, bestehend aus 5 Kelch-, 5 unterschiedlich gestalteten Kronblättern (Fahne, Flügel, Schiffchen), 10 Staubblättern (meist 9 verwachsen), Fruchtknoten aus einem Fruchtblatt; **Blätter** meistens dreizählig oder gefiedert, oft mit Nebenblättern; **Früchte** meistens Hülsen

- **Vertreter**

Robinie, Ginster, Lupine, Erbse, Klee, Bohne, Wicke, Linse, Goldregen

Merkmale der Familie Lippenblütengewächse

Gefleckte Taubnessel

Blüte

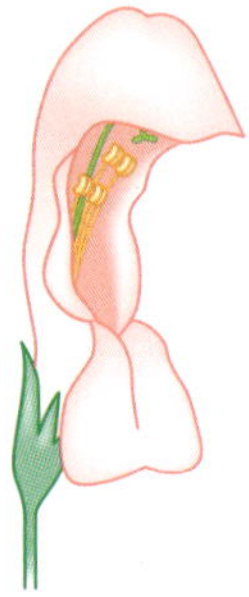

Oberlippe (2 Kronblätter)

Unterlippe (3 Kronblätter)

Früchte

Stängel

Blätter

Zweiseitig symmetrische **Blüten** mit 5 Kelch-, 5 Kronblättern (verwachsen zur Kronröhre mit Ober- und Unterlippe), 4 Staubblättern; **Stängel** vierkantig mit kreuzweise gegenständig angeordneten Blättern; 4 einsamige **Teilfrüchte**

Vertreter
Majoran, Bohnenkraut, Pfefferminze, Thymian, Günsel, Salbei, Taubnessel, Gundermann, Lavendel, Hohlzahn, Braunelle

Merkmale der Familie Doldengewächse

Wilde Möhre

Blüte

Blütenstand

Doppeldolde

Blattformen

Früchte

Blütenstand meistens Doppeldolde; strahlige **Blüten** mit 5 Kelch- (meist zurückgebildet), 5 Kron-, 5 Staubblättern, 1 Fruchtknoten mit 2 Griffeln; **Stängel** hohl, durch Knoten gegliedert; **Blätter** meistens mehrfach geteilt, umfassen Stängel mit Blattscheide; **Früchte** meistens Spaltfrüchte, zerfallen in 2 einsamige Teilfrüchte

Vertreter
Petersilie, Dill, Fenchel, Kümmel, Möhre, Sellerie, Schierling

Merkmale der Familie Rosengewächse

Vielgestaltige **Blüten** mit meist 5 Kelch- und 5 Kronblättern sowie zahlreichen Staubblättern; **Blätter** einfach oder geteilt, oft mit Nebenblättern; **Früchte** vielgestaltig (unter Beteiligung des Blütenbodens); Kapseln, Nüsse, Beeren, Steinfrüchte, oft Sammelfrüchte

Vertreter
Rose, Fingerkraut, Erdbeere, Himbeere, Brombeere, Birne, Apfel, Pflaume, Kirsche

Merkmale der Familie Korbblütengewächse

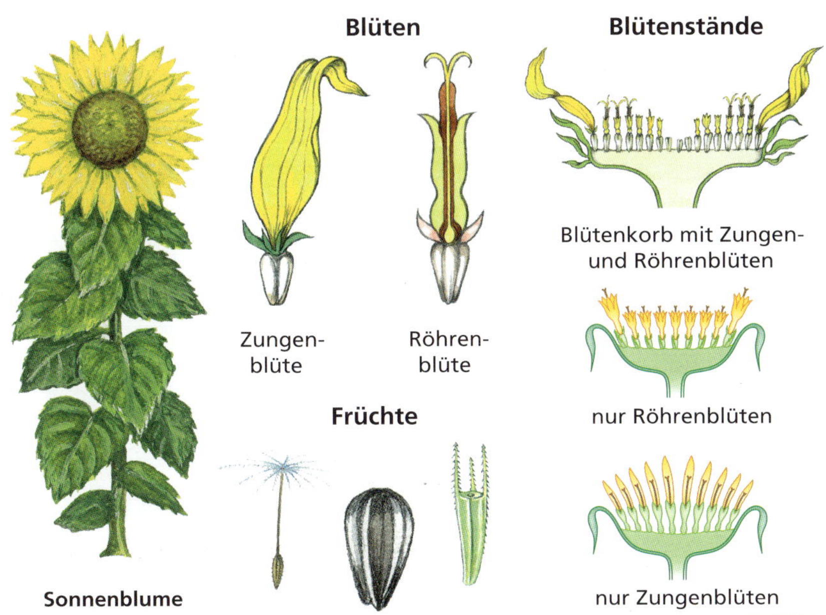

Korbartige **Blütenstände** mit **Röhren-** und/oder **Zungenblüten;** 5 Kronblätter zur Röhre (Röhrenblüten) oder unregelmäßig verwachsen und zungenförmig verlängert (Zungenblüten)

Früchte meistens Nüsse (Schließfrüchte), oft mit Haarkranz zur Verbreitung

Vertreter
Aster, Margerite, Salat, Sonnenblume, Kamille, Löwenzahn, Huflattich, Wegwarte, Gänsedistel, Beifuß, Kreuzkraut, Rainfarn, Schafgarbe

2.7.2 Organe der Samenpflanzen

Körpergliederung der Samenpflanzen

Mammutbäume erreichen eine Normalhöhe von ca. 100 m, einen Stammdurchmesser von ca. 11 m und einen Stammumfang von ca. 35 m sowie ein Alter von ca. 2 500 Jahren.

Die **Samenpflanzen** sind in **Wurzel** und **Spross** gegliedert. Der Spross besteht aus Sprossachse, Laubblättern und Blüten.

Die **Holzgewächse** (Bäume, Sträucher) besitzen verholzte Sprossachsen (Stamm, Ast). Die **krautigen Pflanzen** haben unverholzte (krautige) Sprossachsen (Stängel, Halm).

Holzgewächse

Baum
z. B. Kiefer, Buche

Strauch
z. B. Schwarzer Holunder

Kräuter

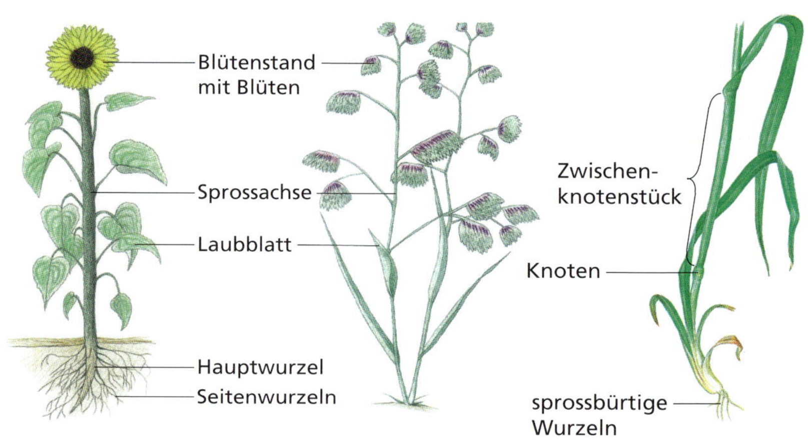

Zweikeimblättrige Pflanze
z. B. Sonnenblume

Einkeimblättrige Pflanze
z. B. Gemeines Knäuelgras

Nach ihrer **Lebensdauer** unterscheidet man einjährige, zweijährige und ausdauernde Kräuter.

Wurzeln der Samenpflanzen

Die **Wurzeln** sind stets blattlos. Sie befinden sich meistens im Boden, sind reich verzweigt und bilden ein **Wurzelsystem.** Dabei kann die **Hauptwurzel** senkrecht nach unten wachsen und tief in den Boden vordringen **(Tiefwurzler),** oder die **Seitenwurzeln** (Nebenwurzeln) wachsen im Erdboden flach nach allen Seiten **(Flachwurzler).** Entstehen Wurzeln aus dem unteren Teil der Sprossachse – wie bei einkeimblättrigen Pflanzen (↗ S. 56) –, nennt man diese Wurzeln **sprossbürtige Wurzeln.**
Gräser besitzen ein fein und weit verzweigtes Wurzelsystem, das ein kleines Bodenvolumen vollkommen durchsetzen kann.
Holzgewächse weisen meist wenige große und z. T. verholzte Wurzeln auf, die sowohl senkrecht als auch waagerecht ein großes Bodenvolumen durchwurzeln.

Wurzelsysteme

Flachwurzler
z. B. Fichte, Pappel, Kartoffel, Birke, Weiden

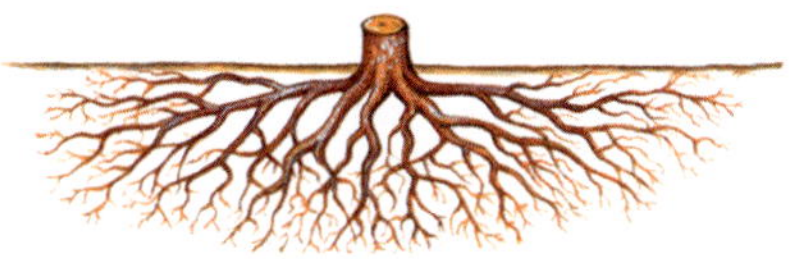

Tiefwurzler
z. B. Eiche, Tanne, Kiefer, Löwenzahn, Raps, Rosen

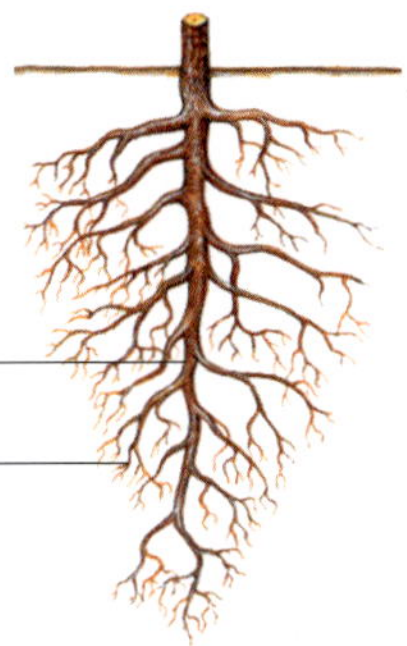

Sprossbürtige Wurzelsysteme,
z. B. Getreide, Dahlie, Zwiebel, Maiglöckchen, Orchideen

▶ Bei heftigem Sturm werden einzeln stehende Flachwurzler (z. B. Fichte) leicht entwurzelt; bei Tiefwurzlern (z. B. Kiefer) wird der Stamm geknickt.

▶ Die **Wurzeln der Wüstenpflanzen** reichen bis in eine Tiefe von 20 Metern.

> Die **Wurzel** dient dazu, die Pflanzen im Boden zu verankern, Wasser und Nährsalze aufzunehmen und in den Spross weiterzuleiten (↗ S. 185). Außerdem können Wurzeln Reservestoffe speichern.

Innerer Bau der Wurzel
Die verschiedenen Funktionen der Wurzel werden von verschiedenen Geweben ausgeführt, z. B. Haut-, Grund-, Leitgewebe (Gefäße und Siebröhren).

Wurzelspitze (längs)

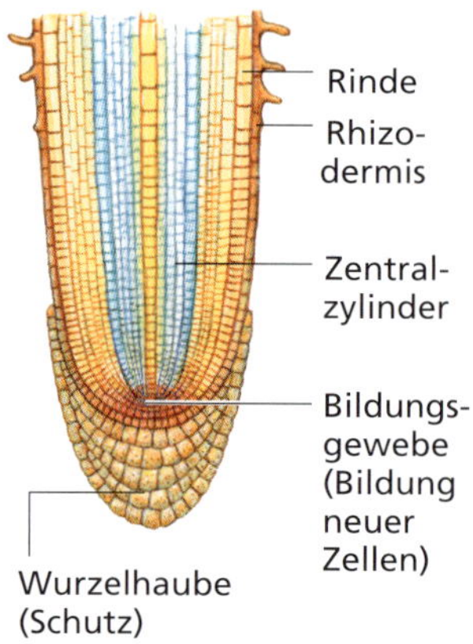

Querschnitt durch eine Wurzel

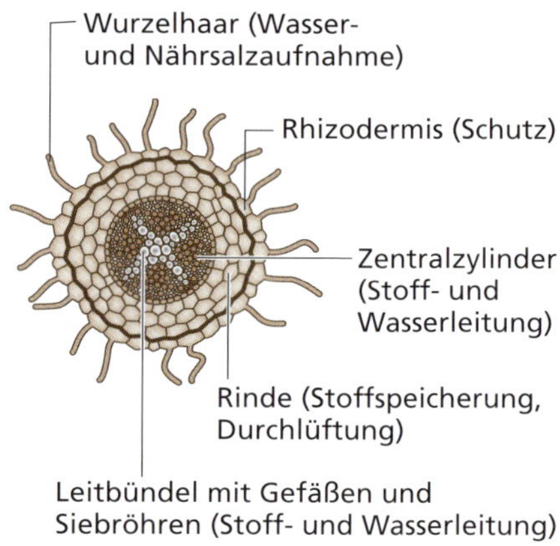

▶ **Wurzelmetamorphosen,** z. B. Wurzelsprosse, Wurzelknollen, dienen auch der ungeschlechtlichen Fortpflanzung (↗ S. 225).

Umbildungen (Metamorphosen) der Wurzel
Wurzelumbildungen (**Wurzelmetamorphosen,** ↗ S. 231) entstanden bei einigen Pflanzen in Anpassung an bestimmte Umweltbedingungen. Sie führen spezielle Funktionen aus.

Speicherwurzeln

Rüben
(u. a. verdickte Hauptwurzel), z. B. Möhre, Zuckerrübe

Wurzelknollen
(verdickte sprossbürtige Wurzeln), z. B. Dahlie, Scharbockskraut, Orchideen

Haft- und Kletterwurzeln

Anheftung an feste Unterlage, z. B. Efeu, Liane

Sprossachse der Samenpflanzen

> Die **Sprossachse** ist in **Knoten** und blattlose **Zwischenknotenstücke** gegliedert (↗ S. 57). An den Knoten werden sowohl die Laubblätter als auch die Seitensprossachsen gebildet. Die Sprossachse trägt die Laubblätter und Blüten.

Innerer Bau der Sprossachse

Die Sprossachse besteht aus verschiedenen **Geweben,** z. B. Abschluss-, Grund-, Leit-, Festigungsgewebe. Sie sind in Schichten angeordnet und führen spezielle Funktionen aus (↗ S. 184).
Die im **Zentralzylinder** liegenden **Leitbündel** enthalten **Gefäße** zur Wasserleitung und **Siebröhren** (bestehend aus Siebzellen) zur Stoffleitung. Zwischen ihnen liegt ein **Bildungsgewebe,** das nach innen und außen neue Zellen bildet. Die Anordnung der Leitbündel im Sprossachsenquerschnitt ist bei Gruppen von Samenpflanzen verschieden. Bei den Nacktsamern und zweikeimblättrigen Pflanzen sind die Leitbündel im Kreis angeordnet, bei den einkeimblättrigen Pflanzen sind sie über den Sprossachsenquerschnitt zerstreut.

Querschnitt durch eine zweikeimblättrige Sprossachse

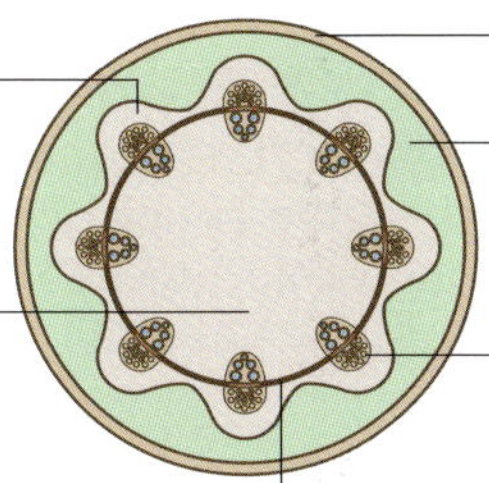

Querschnitt durch ein Leitbündel

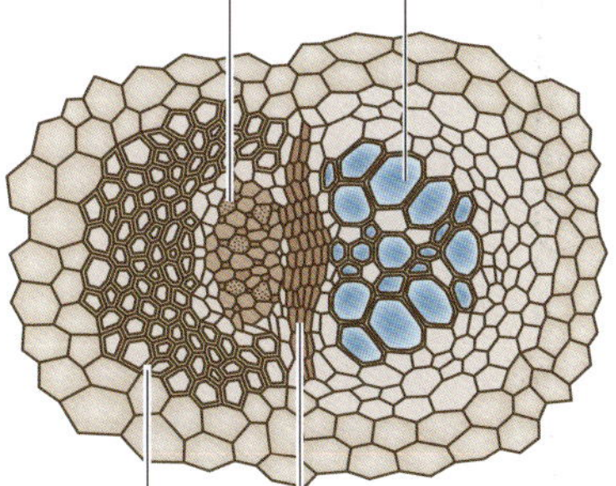

Längsschnitt durch ein Leitbündel

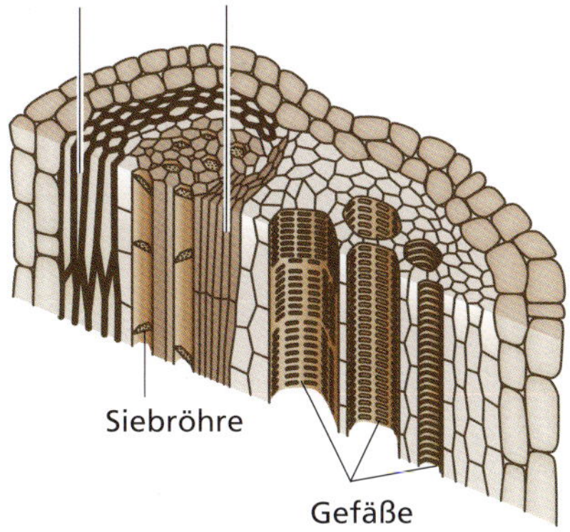

Sprossmetamorphosen werden in der Landwirtschaft und im Gartenbau zur Anzucht von jungen Pflanzen (z. B. Erdbeeren) genutzt.

Umbildungen (Metamorphosen) der Sprossachse

Umbildungen der Sprossachse (**Sprossmetamorphosen,** ↗ S. 231) entstanden bei einigen Pflanzen in Anpassung an bestimmte Umweltbedingungen. Sie führen spezielle Funktionen aus.

Umbildungen der Sprossachse	Charakteristische Merkmale/ Funktionen
Wurzelstöcke (Rhizome, Erdsprosse) 	Unterirdisch verdickte Sprossachsen mit schuppenförmigen Blättchen (Niederblättern) und sprossbürtigen Wurzeln/ Speicherfunktion, ungeschlechtliche Fortpflanzung **Beispiele:** Busch-Windröschen, Schwertlilie, Maiglöckchen, Schattenblume, Spargel
Sprossknollen oberirdische Sprossknollen 	Oberirdisch verdickte Teile der Sprossachse in rundlicher Form/Speicherfunktion **Beispiele:** Kohlrabi, Radieschen, Alpenveilchen
unterirdische Sprossknollen 	Unterirdisch verdickte Teile der Sprossachse (oft das Ende) mit Schuppenblättchen, die abfallen/Speicherfunktion, ungeschlechtliche Fortpflanzung **Beispiel:** Kartoffel
Ausläufer oberirdische Ausläufer 	Oberirdische Seitensprosse, die waagerecht verlaufen und am Ende neue Pflanzen bilden/ungeschlechtliche Fortpflanzung **Beispiele:** Erdbeere, Weiß-Klee, Kriechender Günsel
unterirdische Ausläufer 	Unterirdische Seitensprosse, die am Ende eine neue Pflanze bilden/ungeschlechtliche Fortpflanzung **Beispiele:** Schilf, Quecke, Brennnessel, Pfeffer-Minze
Sprossranken 	Teile des Hauptsprosses oder der Seitensprosse zu Ranken umgebildet/Verankerung der Pflanze an Stützen **Beispiele:** Zaunrebe, Passionsblume

Umbildungen der Sprossachse	Charakteristische Merkmale/ Funktionen
Sprossdornen 	Kurztriebe laufen in dornige Spitze aus, manchmal noch mit kleinen Blättchen/ Assimilation, Schutz **Beispiele:** Weißdorn, Schlehe
Stammsukkulente Pflanzen 	Sprossachse fleischig abgeflacht, säulen- oder kegelförmig, Blätter zu Dornen umgewandelt/Wasserspeicherung (Anpassung an trockene Standorte) **Beispiele:** Kakteen, Wolfsmilcharten

In Anpassung an trockene Standorte kann die Sprossachse zu einem Wasserspeicher umgewandelt werden **(Stammsukkulenz).**

Laubblätter der Samenpflanzen

Die **Laubblätter** sind in Form und Größe vielgestaltige Organe, die an der Sprossachse sitzen und verschiedene **Blattstellungen** (↗ S. 68) aufweisen. Die Laubblätter bestehen aus folgenden Teilen: Blattspitze, Blattrand, Blattspreite, Blattadern, Blattstiel und Blattgrund. In ihrer Anordnung sind die Teile unterschiedlich.

Zweikeimblättrige Pflanze — **Einkeimblättrige Pflanze**

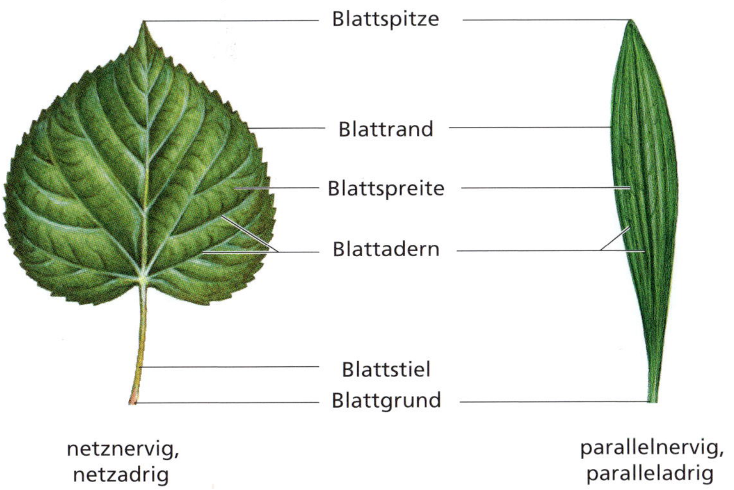

Stellungen der Blätter an der Sprossachse

grundständig rosettig · quirlständig · wechselständig · gegenständig · kreuzweise gegenständig

Formen der Blattspreite bei einfachen Blättern

eiförmig · verkehrt eiförmig · herzförmig · verkehrt herzförmig · spatelförmig

rundlich · ellipsenförmig, oval · keilförmig · lanzettlich · linealisch

nierenförmig · schildförmig · spießförmig · pfeilförmig · nadelförmig

Formen der Blattspreite bei geteilten Blättern
(Spreiten mit unterschiedlich tiefen Einschnitten)

dreilappig

handförmig gelappt

fiederlappig gebuchtet

leierförmig

handförmig geteilt

dreispaltig

handförmig gespalten

fiederspaltig

fiederteilig

Formen des Blattrandes

ganzrandig

gebuchtet (Zähnchen außen rund, innen gerundete Buchten)

gesägt (Zähnchen außen und innen spitz)

doppelt gesägt

gezähnt (Zähnchen außen spitz, innen rund)

grob gezähnt oder gelappt (Zähnchen mit größeren Rundungen)

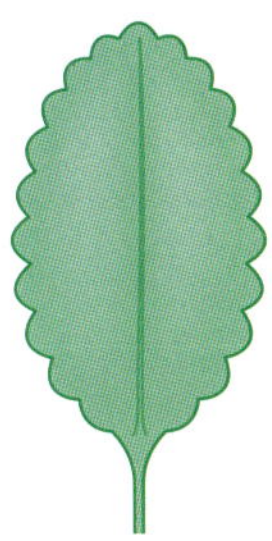
gekerbt (Zähnchen außen rund, innen spitz)

schrotsägeförmig (Zähnchen groß, feingesägt und rückwärts gerichtet)

Formen der Blattspreite bei zusammengesetzten Blättern
(Spreiten durch tiefe Einschnitte in getrennte Teilblättchen zerlegt)

Innerer Bau des Laubblatts

Die Oberseite der Blattspreite wird von einer Epidermis begrenzt. Dann folgt ein chloroplastenreiches Palisadengewebe. Daran schließt sich das Schwammgewebe an. Die Blattunterseite wird wieder von einer Epidermis begrenzt.

> Die **Laubblätter** dienen dem Gasaustausch (Kohlenstoffdioxid, Sauerstoff, ↗ S. 189), der Abgabe von Wasserdampf (Transpiration, ↗ S. 186) und – da sie in ihren Zellen Chloroplasten mit Chlorophyll enthalten – der Fotosynthese (↗ S. 198). Diese Funktionen werden von verschiedenen Geweben ausgeführt.

Querschnitt durch ein Laubblatt

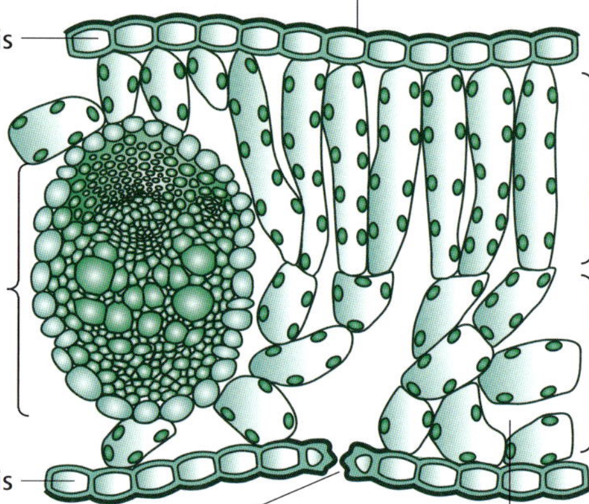

Umbildungen (Metamorphosen) des Blatts

Umbildungen des Blatts (**Blattmetamorphosen,** ↗S. 231) entstanden bei einigen Pflanzen in Anpassung an bestimmte Umweltbedingungen. Sie führen spezielle Funktionen aus.

Umbildungen des Blatts	Charakteristische Merkmale/ Funktionen
Blattranken 	Blattspreite oder Teile der Blattspreite zu fadenförmigen, unverzweigten oder verzweigten Organen umgebildet/Klettern der Pflanzen **Beispiele:** Erbse, Wicke, Kürbis
Blattdornen 	Blattteile in verholzte oder durch Festigungsgewebe starre Organe umgebildet/Schutz, Anpassung an trockene Standorte **Beispiele:** Kakteen, Berberitze, Distel, Akazie
Speicherblätter (Zwiebel) 	Blätter in fleischige, schalen- oder schuppenförmige Zwiebelblätter umgebildet, die an gestauchter Sprossachse sitzen/ Wasser- und Stoffspeicherung, ungeschlechtliche Fortpflanzung **Beispiele:** Küchenzwiebel, Tulpe, Schneeglöckchen
Blattsukkulente Pflanzen 	Blätter fleischig verdickt/Wasserspeicherung, Anpassung an trockene Standorte **Beispiele:** Mauerpfeffer, Hauswurz, Queller, Agave, Fette Henne, Mittagsblume

▶ Es gibt umgewandelte Laubblätter, die spezielle **Blatttypen** bilden, z. B. Hochblätter, Laubblätter, Niederblätter, Keimblätter.

▶ Bei **fleischfressenden** Pflanzen können die Blätter zu Organen umgewandelt werden, die dem Beutefang dienen, z. B. Sonnentau, Venusfliegenfalle, Kannenpflanze.

2

Blüten der Samenpflanzen

Die **Stellung des Fruchtknotens** in der Blüte kann ober-, mittel- bzw. unterständig sein.

Die **Blüte** ist das Organ der Samenpflanzen, das der **geschlechtlichen Fortpflanzung** (↗S. 227) dient. Sie enthält die weiblichen Fortpflanzungsorgane (**Fruchtblätter** mit Samenanlagen) und die männlichen Fortpflanzungsorgane **(Staubblätter).** Umgeben sind diese in vielen Blüten von farbigen **Kronblättern** (Anlocken von Insekten) und grünen **Kelchblättern** (Schutz). Die Fruchtblätter bilden bei den Bedecktsamern (↗S. 228) den **Fruchtknoten,** in dem die Samenanlagen liegen. Bei den Nacktsamern (↗S. 229) bilden sie die stark verholzten „Samenschuppen", auf denen die Samenanlagen frei („nackt") liegen.

Nicht jede Blüte besitzt alle Blütenteile. Blüten, die sowohl Staub- und Fruchtblätter enthalten, sind **zweigeschlechtig** oder **zwittrig.** Enthalten Blüten nur Staubblätter bzw. nur Fruchtblätter, sind sie **eingeschlechtig.** Es sind entweder männliche Blüten oder weibliche Blüten.

Die Verteilung der eingeschlechtigen Blüten auf Einzelpflanzen kann unterschiedlich sein – einhäusig und zweihäusig.

Teile einer Blüte der Zweikeimblättrigen

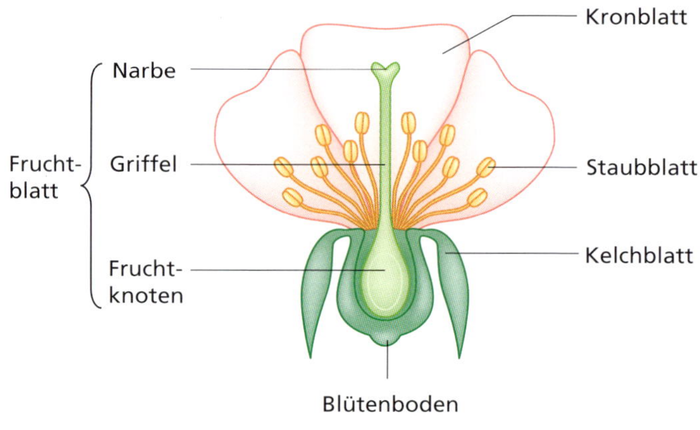

weibliche Teile einer Blüte **männliche Teile einer Blüte**

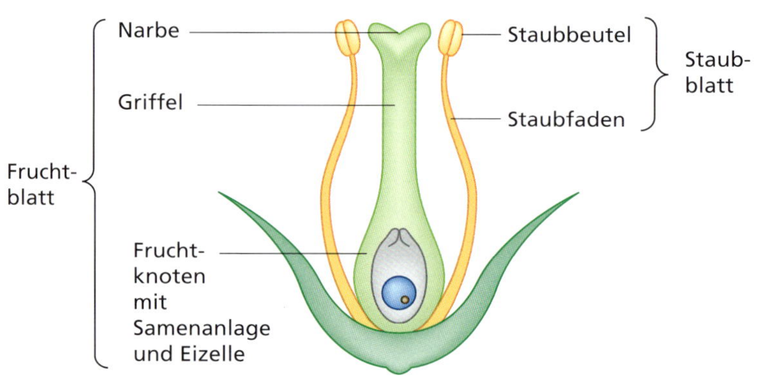

Teile einer Blüte der Einkeimblättrigen

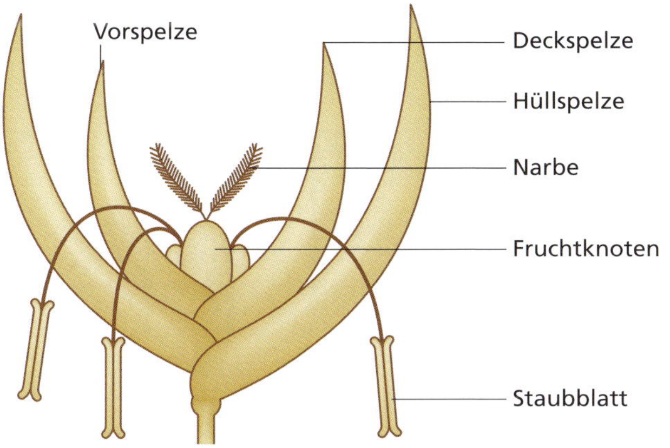

Die **Blüten** zeigen viele Formen, z. B. glockig, röhrig, trichter-, rad- oder tellerförmig. Sie können nach ihren Symmetrieverhältnissen eingeteilt werden, z. B. strahlige (symmetrische) Blüten oder zweiseitig symmetrische Blüten.

Blütenstände

Oftmals werden Einzelblüten zu **Blütenständen** vereinigt. Dies sind meist verzweigte oder unverzweigte Sprossteile, die durch das Fehlen von Laubblättern charakterisiert sind. Blütenstände existieren in vielfältigen Formen.

Weiblicher Blütenstand der Wald-Kiefer

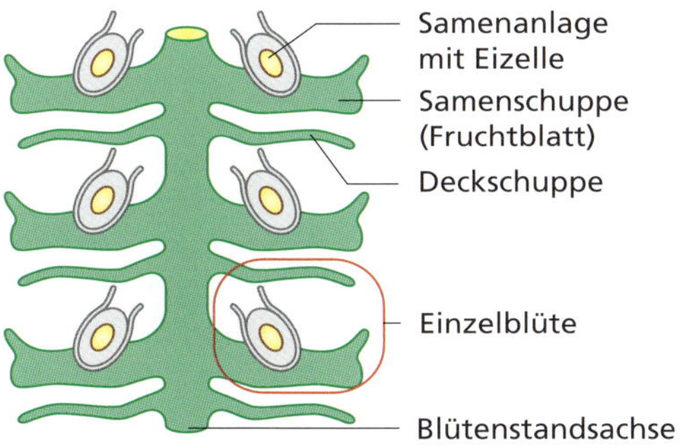

Blütenstand fast kugelförmig, 5–6 cm groß

Zapfen kurz gestielt, hängend, 3–8 cm lang

Blütenstände der Schwarz-Erle

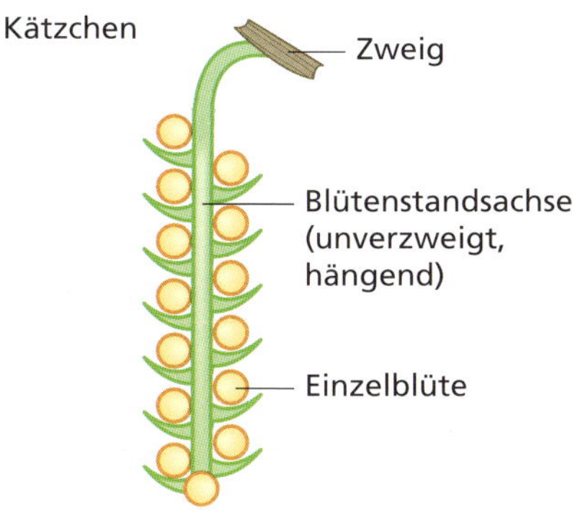

Weibliche Kätzchen als Fruchtstandszapfen, stark verholzt, 1,5–1,8 cm lang

Männliche Kätzchen zu 2–5, schlaff hängend, 6–12 cm lang

Formen der Blütenstände

Rispe
(Blütenstandsachse mit mehrmals verzweigten längeren, Blüten tragenden Nebenachsen)

Ährenrispe
(Blütenstandsachse mit kurzen, mehrmals verzweigten, Blüten tragenden Nebenachsen)

Ähre
(Blütenstandsachse mit ungestielten Ährchen oder mit kurzen unverzweigten, Blüten tragenden Nebenachsen)

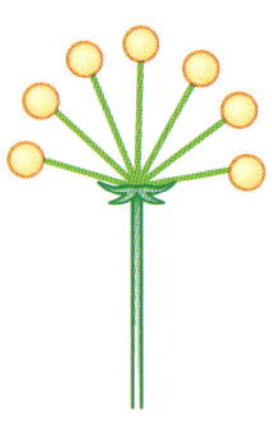

Dolde
(verkürzte Blütenstandsachse, am Ende unverzweigte, Blüten tragende, langstielige Nebenachsen)

Doppeldolde
(verkürzte Blütenstandsachse, am Ende langstielige Nebenachsen mit „Döldchen")

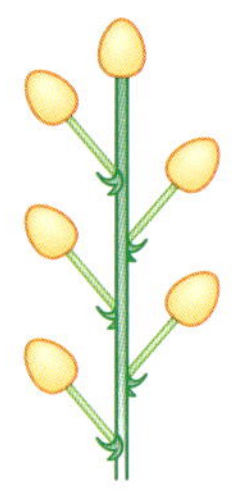

Traube
(Blütenstandsachse mit unverzweigten, Blüten tragenden Nebenachsen

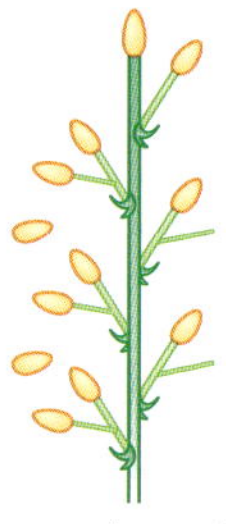

Doppeltraube
(Blütenstandsachse mit einfach verzweigten, Blüten tragenden Nebenachsen)

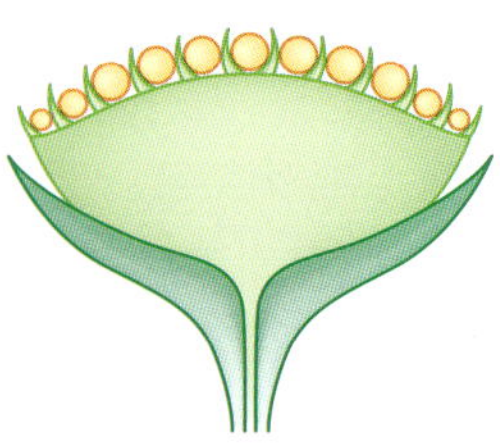

Körbchen
(Blütenstandsachse scheibenförmig verbreitert, darauf sitzen Einzelblüten, von Hüllblättern umgeben)

Köpfchen
(Blütenstandsachse gestaucht, darauf sitzen kurz- oder ungestielte Einzelblüten)

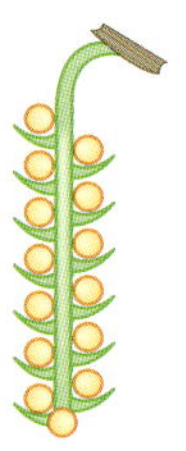

Kätzchen
(Blütenstandsachse oft hängend, mit Blüten)

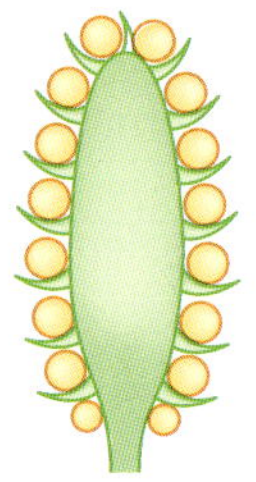

Kolben
(Blütenstandsachse verdickt, mit ungestielten Blüten)

Früchte und Samen der Samenpflanzen

Jede **Frucht** entsteht aus einem Fruchtknoten. Aus den **Fruchtblättern** wird die Fruchtwand gebildet. Im Inneren der Frucht sitzen an der Fruchtwand ein oder mehrere **Samen.**

Die Fruchtwand kann fest oder fleischig sein, verschiedene Hafteinrichtungen zum Anheften an Tiere besitzen, mit Flügeln oder Flughaaren ausgestattet sein oder Vorrichtungen zum Ausstreuen der Samen haben. Nach ihrem Bau werden bei den Bedecktsamern Einzelfrüchte und Sammelfrüchte unterschieden.

Einzelfrüchte sind Früchte, die aus einem einzelnen Fruchtknoten entstehen. Man unterscheidet Streufrüchte und Schließfrüchte.

Streufrüchte besitzen eine derbe Fruchtwand, die sich bei Reife öffnet, sodass die Samen herausfallen.

Formen der Streufrüchte

Hülse | Schote/Schötchen | Kapsel

Erbse, Ginster, Klee, Bohne | Acker-Senf, Hederich, Rettich | Hirtentäschel | Mohn, Tabak, Tulpe, Schwertlilie

Schließfrüchte besitzen Samen, die von einer saftigen (fleischigen) bzw. trockenen Fruchtwand umschlossen sind, die sich bei Reife nicht öffnet.

Formen der Schließfrüchte

Beere | Steinfrucht | Nuss/Nüsschen

Weinbeere, Tomate, Stachelbeere, Paprika, Gurke | Kirsche, Pfirsich, Walnuss | Hasel, Eiche, Ulme, Buche

2

Sammelfrüchte sind Schließfrüchte, die aus mehreren Fruchtknoten gebildet werden. Dabei verwachsen mehrere Früchte miteinander. Man unterscheidet Sammelsteinfrüchte und Sammelnussfrüchte.

Früchte und Samen besitzen oft **Verbreitungseinrichtungen,** z. B. Flügel (Linde), Haare (Löwenzahn), Widerhaken (Labkraut).

Formen der Sammelfrüchte

Bau des Samens

Der **Samen** besteht aus Keimling (Embryo), Nährgewebe und Samenschale. Aus ihm entwickelt sich eine neue Pflanze (↗ S. 241).

Der Samen dient der Verbreitung und der Arterhaltung der Pflanze (↗ S. 228). Das Nährgewebe des Samens besteht aus Stärke, Eiweiß und Fetten. Nach dem Vorherrschen einzelner Nährstoffe können die Samen in stärkereiche, ölhaltige und eiweißreiche Samen eingeteilt werden.

Samen einer zweikeimblättrigen Pflanze

Bohnensamen (geöffnet)

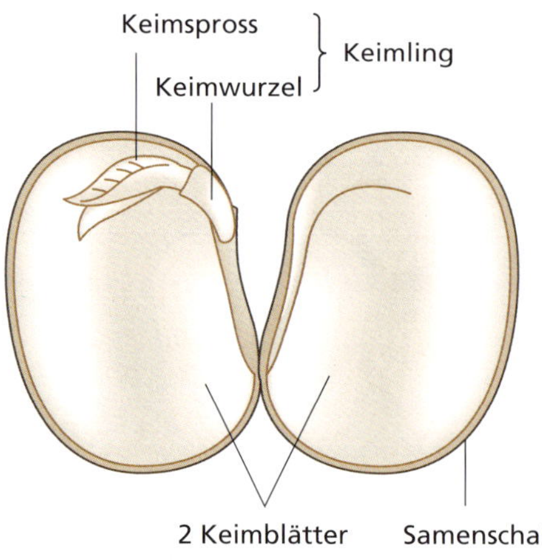

Samen einer einkeimblättrigen Pflanze

Getreidekorn (aufgeschnitten)

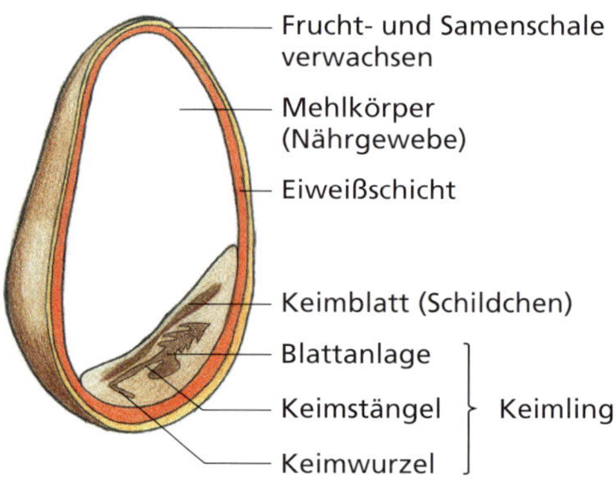

2.7.3 Nutzpflanzen der Heimat und anderer Gebiete der Erde

> **Nutzpflanzen** sind alle Pflanzenarten, von denen Samen, Früchte oder andere Pflanzenteile vom Menschen genutzt werden.

▶ Die Getreidearten wurden vor Jahrtausenden aus **Wildpflanzen** gezüchtet.

Einheimische Nutzpflanzen

▶ Die Getreidearten gehören zur Pflanzenfamilie der **Süßgräser** (↗ S.57).

Zu den **einheimischen Nutzpflanzen** gehören unsere Getreidearten Roggen, Weizen, Gerste und Hafer, verschiedene Gemüse- und Obstpflanzen sowie Ölpflanzen.

Einheimische Getreidearten und deren Nutzung

Roggen	**Weizen**	**Gerste**	**Hafer**
 Ähre	 Ähre	 Ähre	 Rispe

Körner länglich walzenförmig	Körner oval bis rundlich	Körner länglich oval	Körner länglich zugespitzt
Roggenbrot, Teigwaren	Weizenbrot, Backwaren, Teigwaren, Grieß	Graupen, Grütze, zum Bierbrauen, als Futtergetreide für Schweine, Geflügel	Haferflocken, Hafermehl, als Futtergetreide für Pferde

2

▶ Heimat der **Kartoffelpflanze** ist Südamerika. Seefahrer brachten sie nach Europa, wo sie seit dem 17. Jh. angebaut wird.

Kartoffelpflanze und deren Nutzung

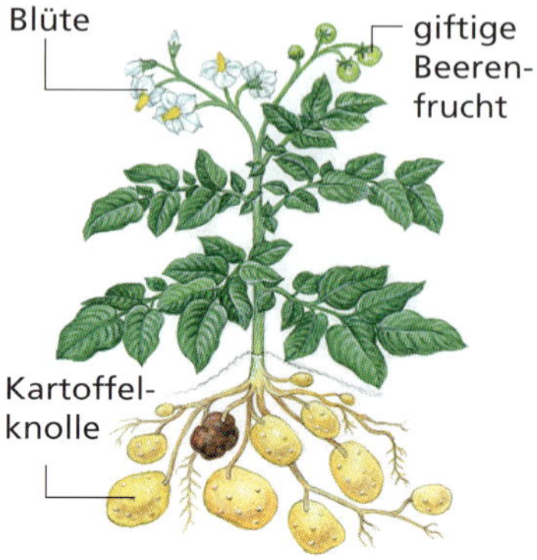

Am Ende der unterirdischen Ausläufer bilden sich Kartoffelknollen. Es sind Sprossknollen (↗ S. 66), die auch der ungeschlechtlichen Fortpflanzung (↗ S. 225) dienen. Sie enthalten Mineralstoffe, Stärke, Vitamin C. Sie sind Nahrungs- und Futtermittel.

▶ Aus den Zuckerrüben wird in der **Zuckerfabrik** Zucker gewonnen.

Zuckerrübe und deren Nutzung

Seit Mitte des 19. Jh.s wird diese zweijährige Pflanze in größerem Umfang angebaut. Im ersten Jahr speichert sie im Rübenkörper, der Wurzel, Zucker.
Rübenzucker wird u. a. in Konditoreien, Bäckereien, zur Herstellung von Fruchtsäften sowie von Weinen und Marmeladen verwendet.

Einheimische Gemüsepflanzen

Gemüse hat einen hohen Vitamin- und Mineralstoffgehalt. Es bildet einen wichtigen Bestandteil der menschlichen Ernährung (↗S. 137).

Für eine gesunde Ernährung sind Gemüse und Obst unerlässlich.

Rohtkohl

Kopfsalat

Gemüse sind Teile krautiger Pflanzen, die der Mensch zur Ernährung nutzt.

Möhren (Karotten)

Gurken

Obst und Gemüse sollten nicht lange gekocht werden, da zahlreiche Vitamine durch Kochen zerstört werden.

Einheimische Obstpflanzen

Obst enthält u. a. Vitamine, Mineralstoffe und Zucker. Es ist wichtiger Bestandteil einer gesunden Ernährung (↗S. 137).

Obst sind Früchte von Bäumen, Sträuchern, Kräutern, die der Mensch zur gesunden Ernährung benötigt.

Birnen

Äpfel

Brombeeren

Erdbeeren

2

Ausländische Nutzpflanzen

Zu den **ausländischen Nutzpflanzen** gehören u. a. Obst-, Gemüse-, Getreide-, Öl-, Faser- und Genusspflanzen. Der Mensch nutzt Teile von ihnen als Nahrungsmittel, Futtermittel oder zur Herstellung von Textilien.

Ausländische Obstpflanzen

Ananas

Aus der Mitte der rosettig angeordneten Blätter erhebt sich der fleischige Fruchtstand, der an der Spitze wieder grüne Blätter trägt.
Ananas wird frisch gegessen, in Scheiben oder in Stücken in Büchsen eingelegt sowie zu Marmelade und Saft verarbeitet.
Anbau u. a. in Südamerika, Spanien, Hawaii, Indien

Banane

Die Pflanze ist eine bis zu 7 m hohe Staude. In der Mitte entwickelt sich der Blütenstand. Daraus bilden sich große, überhängende Fruchtstände mit vielen zuckerhaltigen, mehligen, beerenartigen Früchten. Sie werden unreif geerntet und mit Schiffen zu uns gebracht.
Anbau u. a. in Mittelamerika, Indien, Burma, Nordafrika, Zypern

Feige

Die birnenförmigen gelben bis blauen Feigen entwickeln sich an bis zu 10 m hohen Bäumen, vor allem im Mittelmeergebiet, in Südafrika und Australien. Feigen sind zuckerreich. Meistens werden sie getrocknet gegessen.

Apfelsine (Orange)

Die Beerenfrüchte wachsen an 10–13 m hohen Bäumen u. a. im Mittelmeergebiet, in Südafrika und Südamerika. Orangen sind reich an Vitamin C. Sie werden vor allem roh verzehrt und zu Saft und Marmeladen verarbeitet.

Ausländische Gemüsepflanzen

Gemüsepaprika

Vom Gemüsepaprika werden die grünen oder reifen Früchte roh als Salat oder gedünstet als Gemüse gegessen. Sie werden zu Ketchup und Paprikamark verarbeitet. Diese Beerenfrüchte sind sehr vitaminreich.
Anbau u.a. in Amerika, Afrika, Südostasien, Südeuropa

Eierfrucht (Aubergine)

Die violette, meist birnenförmige bis längliche Beerenfrucht besteht aus einem schwammigen Fruchtfleisch. Sie wird gekocht oder gedünstet als Gemüse sowie auch als Konserve gegessen.
Anbau u.a. in den Tropen, Südeuropa, Afrika und Indien

Brokkoli

Vom Brokkoli wird der gesamte fleischige Blütenstand gegessen. Er ist würzig im Geschmack und reich an Vitamin C.
Anbau u.a. in Italien, Frankreich, Kalifornien, Südstaaten der USA

Zucchini

Es sind gurkenähnliche Beerenfrüchte, die roh und gekocht gegessen werden. Der Nährwert ist sehr gering.
Anbau u.a. im Mittelmeergebiet, in Kleinasien, in den USA, in Europa

Artischocke

Von der distelartigen Staude wird vor allem der fleischige Blütenboden roh oder gekocht gegessen. Er hat einen angenehmen Geschmack und hohen Vitamingehalt.
Anbau u.a. in Spanien, Frankreich, Italien

Erdsprosse der Lotuspflanze

Die Pflanze wird in Teichen angebaut. Die im Gewässergrund kriechenden Erdsprosse werden gekocht oder in Essig eingelegt gegessen.
Anbau u.a. in China, Korea, Indien, Thailand

2

Die **Wirkung des Koffeins** ist anregend, aber auch schädlich.

Nach der Art der Aufbereitung der Laubblätter kann man **Teesorten** unterscheiden, z. B. schwarzen Tee, grünen Tee.

Aus den Rohkakaobohnen wird das Kakaopulver hergestellt.

Wichtige pflanzliche **Naturfasern** sind u. a. Baumwolle und Leinen. Sie werden auch als **nachwachsende Rohstoffe** bezeichnet.

Wie Koffein wirkt auch **Nikotin** anregend. Tabak ist allerdings nachweislich sehr schädlich für die Gesundheit. Er enthält viele krebserregende Stoffe.

Ausländische Genusspflanzen

Die **Kaffeepflanzen** sind immergrüne Bäume und Sträucher mit ledrigen Blättern und Steinfrüchten. Im Inneren der Frucht befinden sich 2 Samen, die Kaffeebohnen.
Der wirksame Stoff ist Koffein.
Anbau u. a. in Brasilien, Indien, Arabien, Kolumbien, Mexiko

Von den immergrünen **Teesträuchern** werden nur die jungen Triebe mit den ersten Laubblättern geerntet.
Der wirksame Stoff ist das Koffein.
Anbau u. a. in China, Japan, Indien, Mittelasien, Sri Lanka

Am Stamm des 4 bis 8 m hohen, immergrünen **Kakaobaums** entwickeln sich die rotbraun gefärbten gurken- bis melonenähnlichen Beerenfrüchte. Im Inneren befinden sich die Samen („Kakaobohnen“).
Der wirksame Stoff ist das Theobromin.
Anbau u. a. in Mittel- und Südamerika, Westafrika

Die geernteten Blätter der **Tabakpflanze** werden getrocknet und u. a. zu Zigarren und Zigaretten verarbeitet.
Der wirksame Stoff ist das **Nikotin** (↗ S. 170 f.).
Anbau heute weltweit

Bakterien, Algen, Pflanzen, Pilze

Die Lebewesen, die die Erde besiedeln, sind in Größe, Bau und Lebensweise sehr vielfältig. Der grundlegende Unterschied zwischen ihnen besteht im Bau und in der Struktur der einzelnen Zellen. Danach teilt man die Lebewesen ein in die **Gruppe der „Kernlosen" (Prokaryota)** und die **Gruppe der „Kernhaltigen" (Eukaryota).** Zu den Kernlosen gehören die Bakterien, zu den Kernhaltigen die Algen, Pflanzen, Pilze und Tiere.

Eucaryota, von griech: *eu* = echt und *karyon* = Kern; alle Lebewesen, die einen von einer Kernmembran umgebenen Zellkern besitzen

Procaryota, von griech: *pro* = bevor und *karyon* = Kern; zelluläre Lebewesen, die im Zellplasma ein dichtes DNA-Knäuel besitzen, aber keine Kernmembran

„Kernlose" *(Prokaryota)*
(Kernsubstanz im Zellplasma liegend)

Bakterien

Echte Bakterien
- Choleraerreger

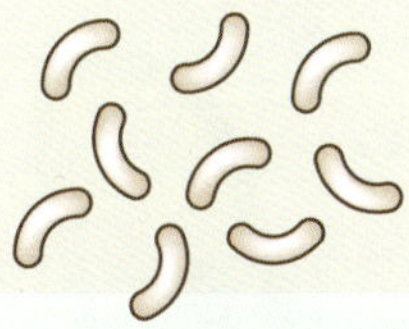

Cyanobakterien
- Anabaena

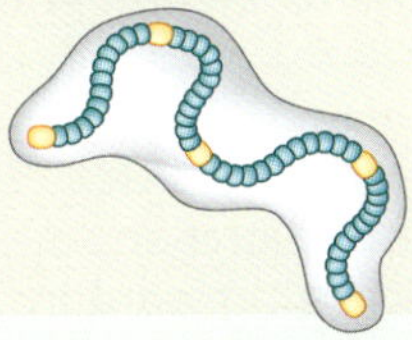

„Kernhaltige" *(Eukaryota)*
(Kernsubstanz im Zellkern liegend)

Algen
- Grünalgen
  - Volvox

- Braunalgen
  - Blasentang
- Rotalgen
  - Lappentang

Pilze
- Hefepilze
  - Bäckerhefe
- Schimmelpilze
  - Köpfchenschimmel
- Ständerpilze
  - Fliegenpilz

Pflanzen
- Moospflanzen
  - Lebermoose
  - Laubmoose
- Farnpflanzen
  - Echte Farne
  - Bärlappe
  - Schachtelhalme

- Samenpflanzen
  - Nacktsamer
  - Bedecktsamer

Tiere
(↗ S. 84–128)

2

2.8 Tierische Einzeller (Urtierchen)

Bau und Lebensweise

Einige Urtierchen leben parasitisch im Menschen und sind lebensgefährliche **Krankheitserreger**, z. B. Erreger der **Malaria** (Sporentierchen), der **Schlafkrankheit** (Geißeltierchen), der **Amöbenruhr** (Wurzelfüßer).

Tierische Einzeller sind kleine (2 µm bis 2 mm) einzellige Lebewesen, deren eine **Zelle alle Lebensfunktionen** wie Ernährung, Ausscheidung, Reizreaktion und Fortpflanzung ausführt. Sie besitzen einen abgegrenzten Zellkern, verschiedene Zellorganellen und als Begrenzung eine Zellmembran. Ihre Körpergestalt ist sehr unterschiedlich.

Tierische Einzeller kommen fast überall vor, z. B. im Süßwasser, Meer, feuchten Boden.

Vertreter der tierischen Einzeller

Gruppen der tierischen Einzeller sind Wimpertierchen, Sporentierchen, Wurzelfüßer und Geißeltierchen.

Pantoffeltierchen (ein Wimpertierchen) und seine Ernährung

Durch Schlagen der Wimpern bewegt sich das Pantoffeltierchen fort. Gleichzeitig werden Nahrungsteilchen zum Mundfeld und in den Zellschlund befördert, die in Nahrungsvakuolen durch den Körper wandern und verdaut werden. Die unverdaulichen Reste werden durch den Zellafter ausgeschieden.

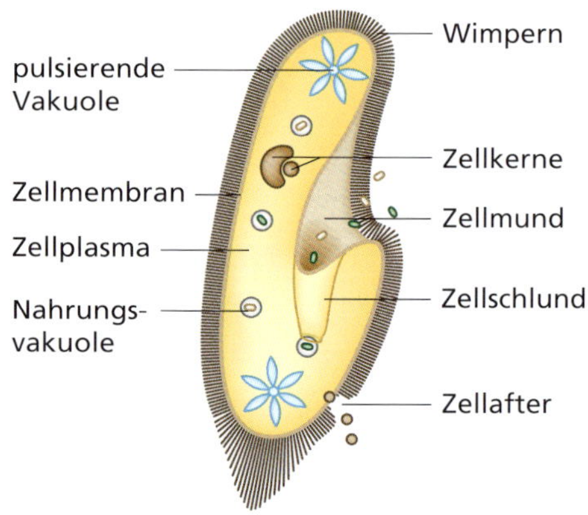

Amöbe (ein Wurzelfüßer) und ihre Ernährung

Durch Hervorstrecken und Rückbilden von Scheinfüßchen (Plasmafortsätze) wechseln die Amöben ständig ihre Gestalt, bewegen sich dadurch fort und umfließen Nahrungsteilchen, die in das Plasma gelangen und in Nahrungsvakuolen verdaut werden.

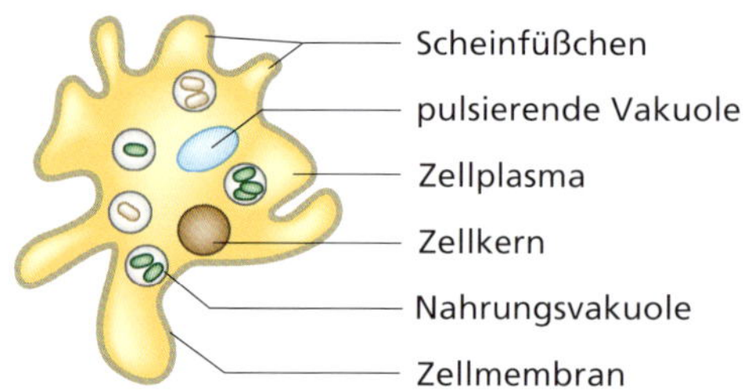

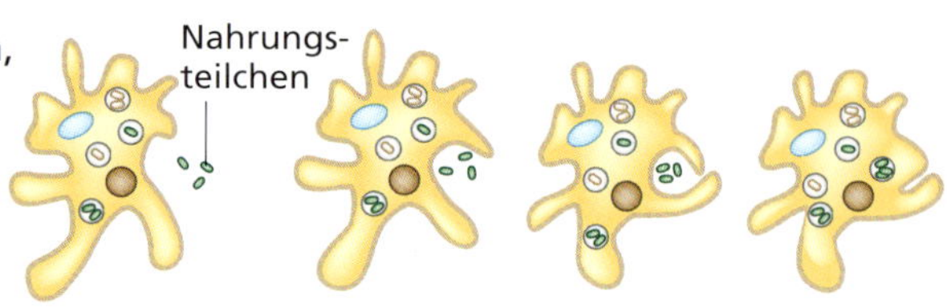

2.9 Hohltiere

Zur Gruppe der Hohltiere gehören etwa 10 000 Arten. Sie leben im Wasser. Ihre Körpergröße ist sehr unterschiedlich.

Bau und Lebensweise

> **Hohltiere** sind einfach gebaute vielzellige Tiere, die nur einen einzigen Hohlraum – die **Magenhöhle** – besitzen. Der Körper wird aus zwei Schichten aufgebaut, einer **Außen-** und einer **Innenschicht.** Zwischen beiden befindet sich eine gallertartige **Stützschicht.**

Hohltiere leben im Süßwasser (z. B. Süßwasserpolyp) und im Meer (z. B. **Quallen, Korallen**). Sie sind fest sitzend oder frei beweglich, ergreifen ihre Beute mit beweglichen Fangarmen, töten oder betäuben sie durch Nesselzellen und führen sie der Magenhöhle zur Verdauung zu.
Korallen leben einzeln (z. B. Seerose) oder zu Kolonien vereinigt (z. B. Edelkoralle).

Polypen – fest sitzende Hohltiere

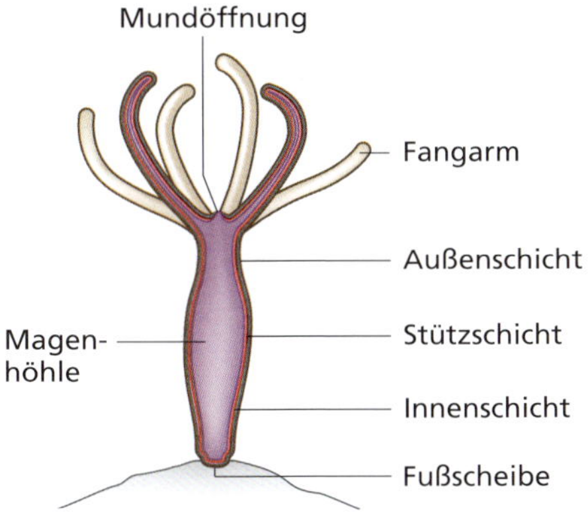

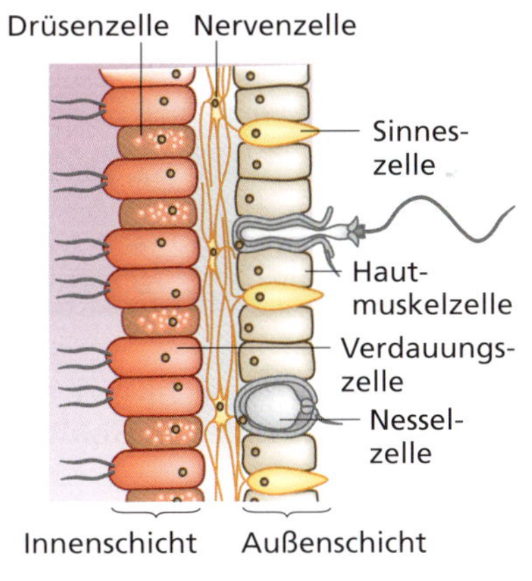

Der durchsichtige Körper des **Süßwasserpolypen** ist oft grünlich gefärbt, da er in Symbiose mit Grünalgen lebt.

Süßwasserpolyp (1,5 cm) mit Tochterpolyp

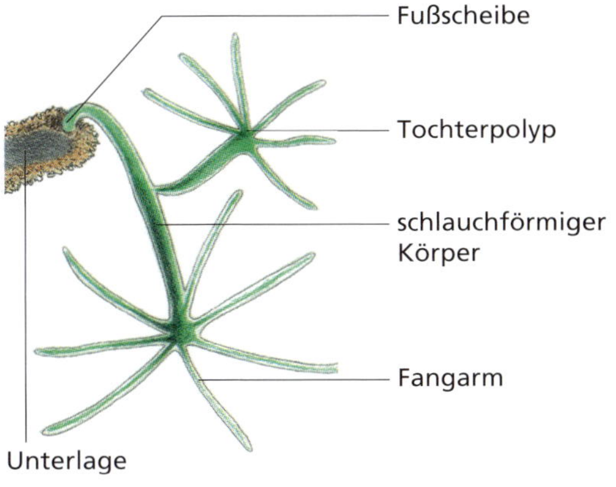

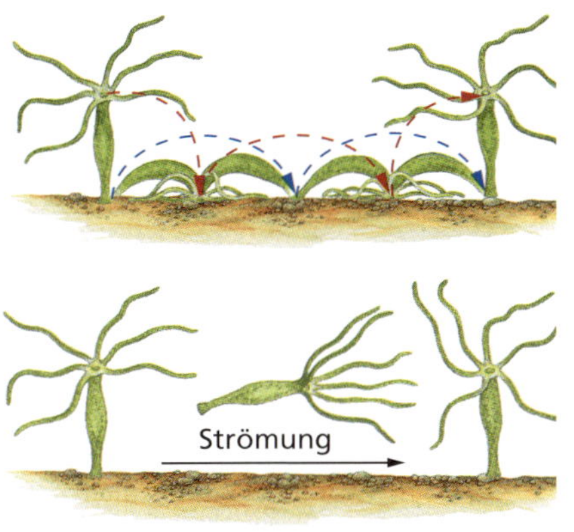

Fortbewegung des Polypen

2

Die **Ohrenqualle** wechselt von geschlechtlicher zu ungeschlechtlicher Fortpflanzung. Das wird **Generationswechsel** genannt.

Ringförmige **Korallenriffe** im Randbereich ehemaliger Vulkaninseln nennt man Atolle.

Seerosen leben oft in **Symbiose** mit einem **Einsiedlerkrebs.**

Quallen – frei schwimmende Hohltiere

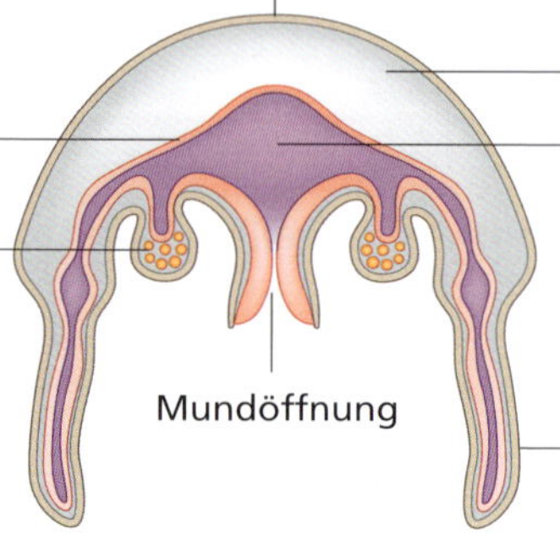

Ohrenqualle (Durchmesser ca. 40 cm)

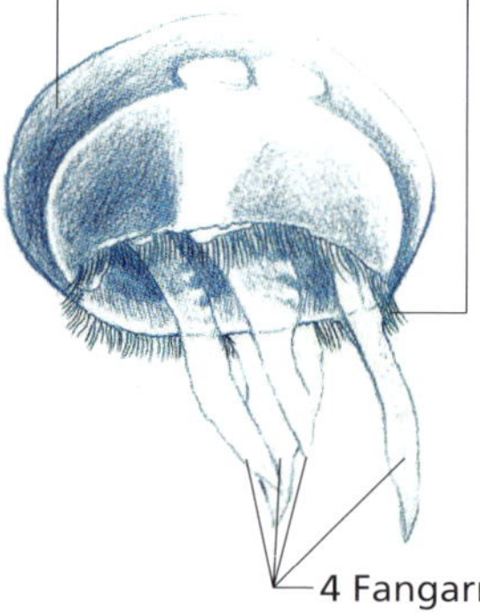

Korallen – fest sitzende Hohltiere, meist Kolonien bildend

Edelkoralle

Die Kalkskelette der Edelkoralle sind rot oder weiß gefärbt. Sie werden zu Schmuck verarbeitet.

Seerose

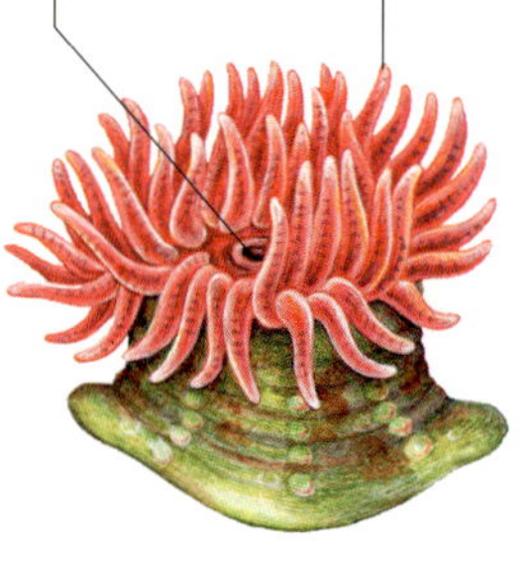

Seerosen sind verschieden gefärbte Hohltiere mit zahlreichen langen Fangarmen, die die Mundöffnung umgeben.

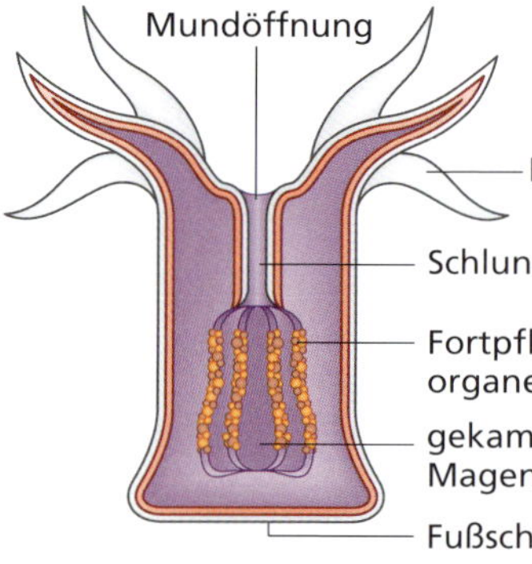

Bei Kolonien bildenden Korallen entstehen an der Fußscheibe Kalkskelette. Im Laufe der Zeit entstehen aus diesen riesige **Korallenriffe.**

2.10 Stachelhäuter

Bau und Lebensweise

Stachelhäuter sind meist fünfstrahlig-symmetrische Tiere. Durch Einlagerung von Kalkplatten in die Haut entsteht ein Kalkskelett. Ein Wassergefäßsystem – bestehend aus Siebplatte und Kanälen und endend in Saugfüßchen – dient der Fortbewegung.

Sind am Badestrand zahlreiche Stachelhäuter vorhanden, empfiehlt es sich, Badeschuhe zu tragen.

Stachelhäuter sind vor allem den Meeresboden bewohnende Meerestiere. Sie leben räuberisch, z. B. von Schwämmen, Hohltieren, Muscheln, Würmern, Schnecken und Krebsen.
Zu den Stachelhäutern gehören die Gruppen **Schlangensterne, Seegurken, Haarsterne** (Seelilien), **Seesterne** und **Seeigel.**

Schlangensterne und Seegurken zeigen einen sehr unterschiedlichen Bau.

Seesterne

Seesterne sind sternförmige Stachelhäuter mit meist fünf langen, unverzweigten Armen. Sie kommen in Küstennähe und bis zu 7000 m Meerestiefe vor.

Längsschnitt

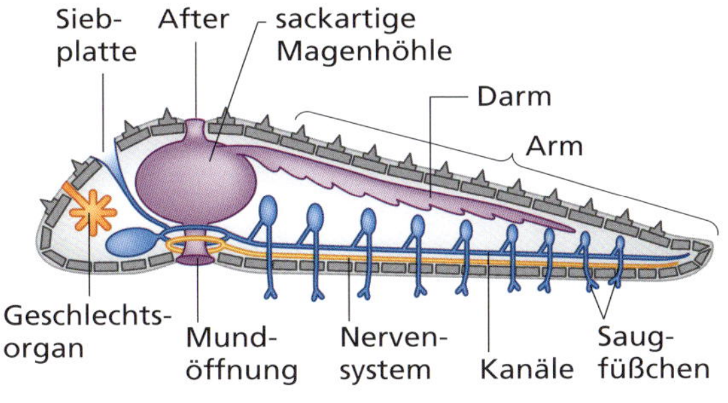

Seeigel

Seeigel sind halbkugelige Stachelhäuter, die ihre Mundseite dem jeweiligen Untergrund zuwenden. Ihr derbes, kapselartiges Skelett ist mit Stacheln besetzt. Man findet sie in der Küstenzone und in der Tiefsee.

Längsschnitt

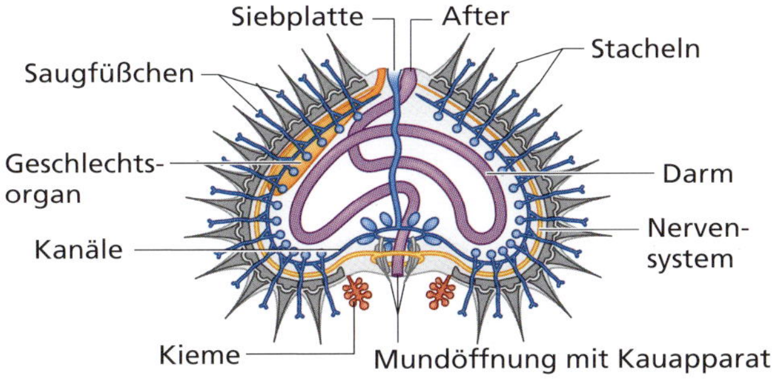

2.11 Plattwürmer und Rundwürmer

Plattwürmer sind weltweit verbreitete wirbellose Tiere. Diese Gruppe umfasst ca. 20 000 Arten. **Rundwürmer** sind in Größe, Gestalt und Lebensweise sehr unterschiedliche wirbellose Tiere. Etwa 23 000 Arten gehören zu dieser Gruppe.

Bau und Lebensweise der Plattwürmer

> **Plattwürmer** sind blatt- oder bandförmige wirbellose Tiere, deren Körper unsegmentiert und abgeplattet ist.

Plattwürmer leben sowohl im Süßwasser (z. B. Planarie) als auch als Innenparasit in Tieren (z. B. Leberegel im Rind) und im Menschen (z. B. Bandwürmer). Zu den Plattwürmern gehören die **Strudelwürmer, Saugwürmer** und **Bandwürmer.**

Strudelwürmer

Sie sind meist kleine frei lebende Tiere des Süßwassers und Meeres. Ihr ungegliederter Körper besitzt eine bewimperte Oberfläche ohne feste Kutikula.

Planarien (0,2–40 mm) können in Aquarien als „Scheibenwürmer" an Fischeiern und Fischlarven Schaden anrichten.

Süßwasserplanarie

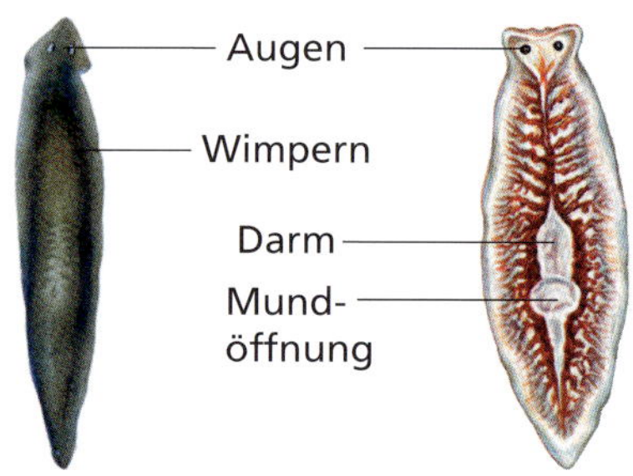

Saugwürmer

Der **Große Leberegel** ruft bei Rindern, Schafen und Ziegen die gefährliche **Leberegelkrankheit** hervor. Ein anderer Vertreter der Saugwürmer, der Pärchenegel, ruft vor allem in den Tropen und Subtropen Entzündungen an der Blase, im Darm oder in der Leber hervor (Bilharziose).

Sie sind meist abgeplattete Tiere, deren farbloser Körper eine dicke Kutikula besitzt. Sie kommen als Außen- und Innenschmarotzer vor. Als Haftorgane besitzen sie oftmals Saugnäpfe.

Leberegel

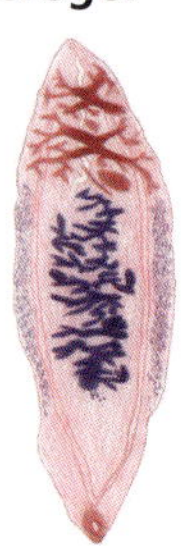

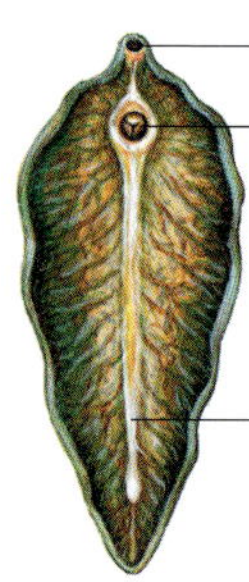

Bandwürmer

Sie sind flache, bandförmige, einfach gegliederte Darmparasiten. Einige Arten werden über 15 m lang, andere nur wenige Zentimeter.

Schweinefinnenbandwurm

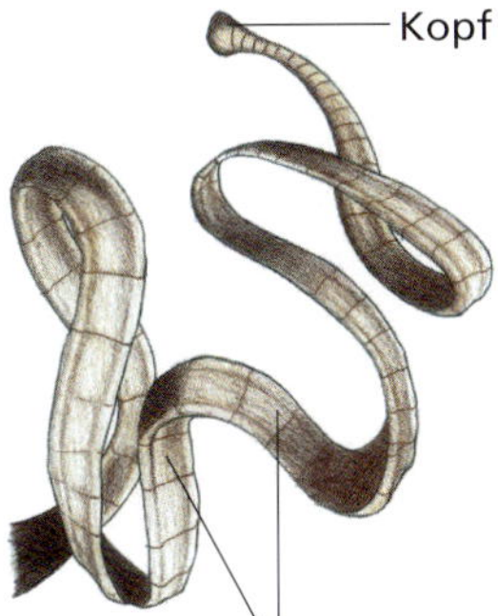

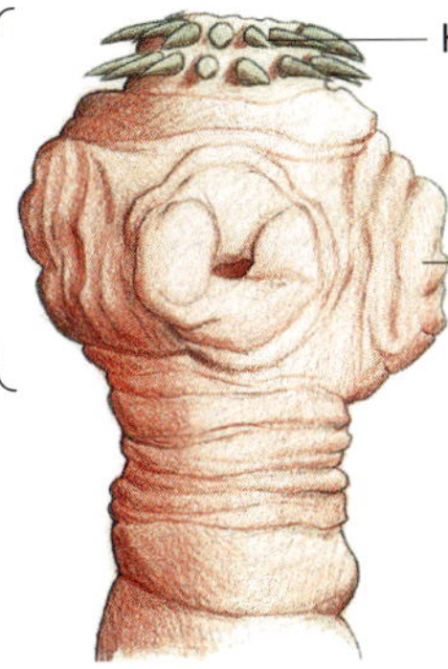

Der Mensch ist auch Endwirt für den **Rinderfinnenbandwurm.** Für den Menschen lebensgefährlich sind der **Hundebandwurm** und der **Fuchsbandwurm.**

Bedeutung der Plattwürmer

Parasitisch lebende Plattwürmer bzw. ihre Larven verursachen bei Tieren und beim Menschen gesundheitliche Schäden. Der **Endwirt** beherbergt den geschlechtsreifen Wurm, der **Zwischenwirt** die Larve (↗ S. 233).

Bau und Lebensweise der Rundwürmer

Rundwürmer sind lang gestreckte, wirbellose Tiere, deren Körper drehrund und ungegliedert ist.

Sie leben sowohl im Süß- und Meerwasser als auch auf dem festen Land (z. B. Boden, Moor, Hochgebirge). Viele von ihnen sind Parasiten. Sie schmarotzen an Pflanzen (z. B. Kartoffelälchen), in Tieren und im Menschen (z. B. Spulwurm, Madenwurm).

Die **Trichine** gehört zu den Rundwürmern. Sie ruft die **Trichinose** hervor.

Madenwurm (0,3–1,2 cm)

Lebt im Dick- und Enddarm des Menschen, Eiablage in Aftergegend; verursacht Juckreiz, Blässe, Nervosität; Prophylaxe und Bekämpfung durch Sauberkeit von Körper und Kleidung

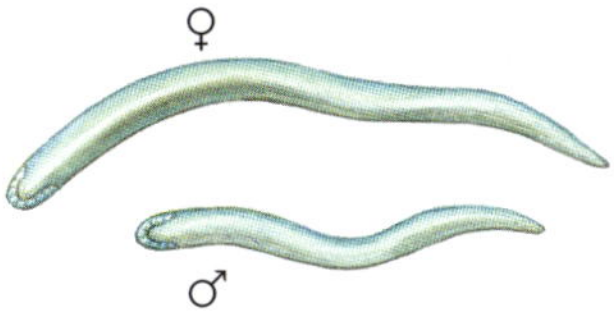

Spulwurm (15–25 cm)

Lebt im Dünndarm des Menschen, ernährt sich von dessen Darminhalt; verursacht Verdauungsstörungen; Prophylaxe und Bekämpfung durch Sauberkeit von Obst, Gemüse, der Hände

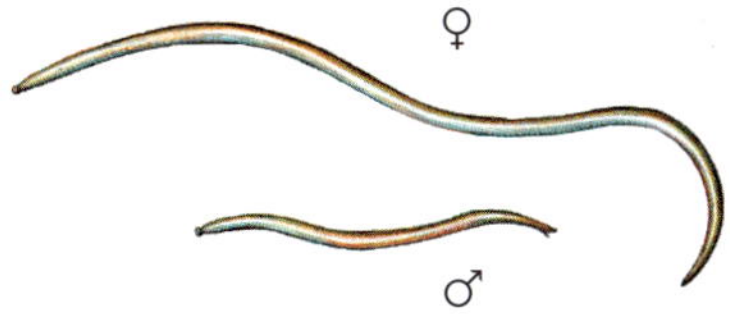

2

2.12 Ringelwürmer

Ringelwürmer sind weltweit verbreitet. Diese Gruppe umfasst etwa 17 000 Arten. Untergruppen sind **Vielborster, Wenigborster, Egel.**

Bau und Lebensweise

Der **Blutegel** (Egel) ist ein Blutsauger und wird in der Medizin zum Schröpfen genutzt.

Ringelwürmer sind lang gestreckte, wirbellose Tiere, deren Körper drehrund oder abgeplattet sowie außen und innen in **Segmente (Ringe)** gegliedert ist. Jedes Segment hat im Inneren Anteil an den Organsystemen, z. B. dem Strickleiternervensystem, geschlossenen Blutgefäßsystem, Ausscheidungssystem, Verdauungssystem.

Der **Sandpierwurm** ist ein Vielborster und lebt im Meer. Er wird gern als Angelköder verwendet.

Ringelwürmer bewegen sich mithilfe von **Borsten** (z. B. Regenwurm, Meeresringelwurm) oder **Saugnäpfen** (z. B. Blutegel) fort.
Sie leben sowohl im Boden (z. B. Regenwurm) als auch im Süßwasser (z. B. Blutegel) und im Meer (z. B. Meeresringelwurm, Sandpierwurm). Der Regenwurm (Wenigborster) ist ein **Feuchtlufttier** und **Hautatmer.** Meeresringelwürmer besitzen Kiemen.

Regenwurm

Regenwurm (Längsschnitt)

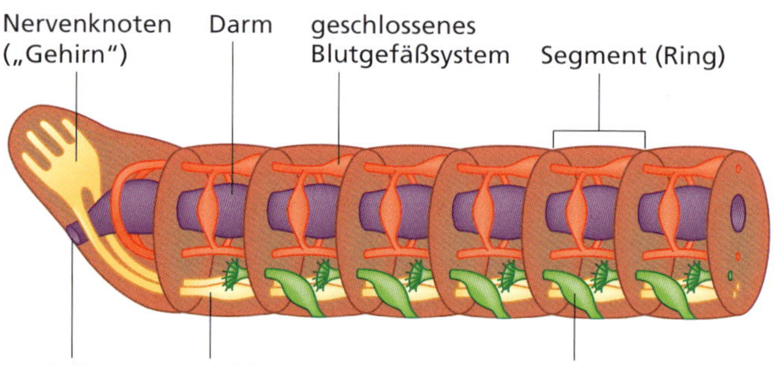

Regenwurm (Querschnitt)

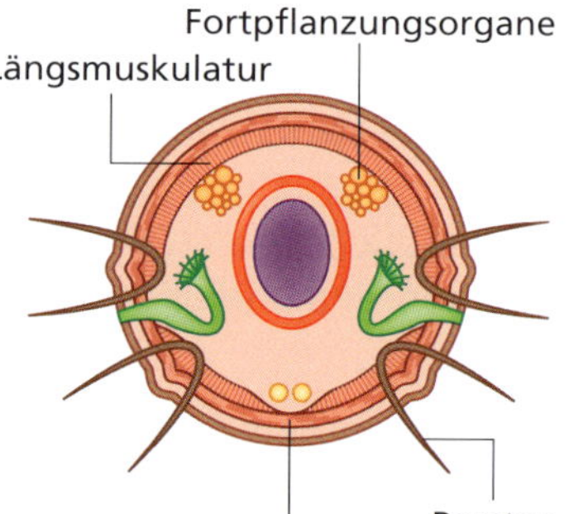

Bedeutung des Regenwurms

Der im Boden lebende Regenwurm ist ein **Bodenverbesserer.** Er ernährt sich von Erde und den darin enthaltenen Resten von Pflanzen und Tieren. Dadurch wird der Boden zerkrümelt und durchmischt.
Durch seine zahlreichen Röhren lockert der Wurm den Boden auf und sorgt für seine Durchlüftung.

2.13 Krebstiere

Die Krebstiere sind eine vielgestaltige Gruppe, die in allen Meeren und Süßgewässern verbreitet ist. Einige leben auch an Land. Weltweit umfasst diese Gruppe ca. 45 000 Arten.

Bau und Lebensweise

Krebstiere sind meist in **Kopf, Brust** und **Hinterleib** gegliedert, wobei oftmals Kopf und Brust zum **Kopfbruststück** verwachsen sind. Manche Vertreter besitzen einen Schwanz bzw. **Schwanzfächer.** Sie besitzen mindestens fünf Paar Spaltbeine, die entsprechend ihrer Funktion einen unterschiedlichen Bau aufweisen.
Ihr Inneres enthält ein offenes **Blutgefäßsystem, Strickleiternervensystem** und **Verdauungssystem.**

Der Kopfabschnitt trägt zwei Paar Antennen (Fühler), drei Paar Mundwerkzeuge und die Augen. Viele Krebstiere besitzen zum Schutz ein starres **Außenskelett** aus Kalk und Chitin. Während des Wachstums müssen sie den **Kalk-** und **Chitinpanzer** abstreifen, sie häuten sich.
Die meisten Krebstiere sind Wasserbewohner (z. B. Flusskrebs, Strandkrabbe, Wasserfloh). Sie atmen durch Kiemen. Sie sind durch ihren Bau und ihre Lebensweise an das Leben im Wasser angepasst.
Zu den Krebstieren gehören u. a. **Garnelen, Krabben, Flusskrebse, Asseln** und **Flohkrebse.**

Die **Häutung** (Abwerfen der nicht mitwachsenden Körperbedeckung der Krebstiere) erfolgt unter Mitwirkung von Hormonen.

Körpergliederung und äußerer Bau des Flusskrebses

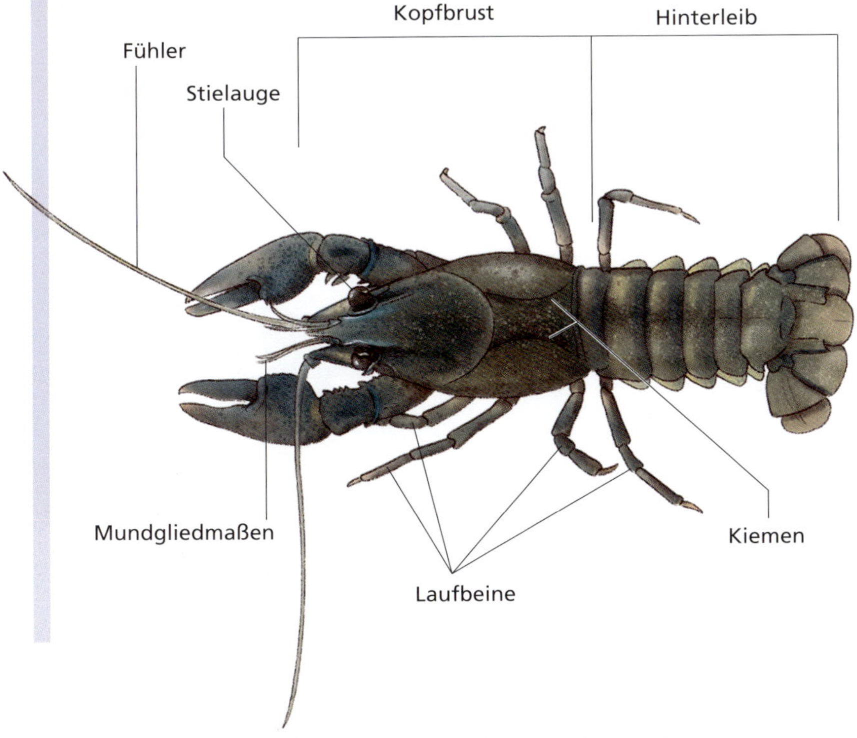

Der **Europäische Flusskrebs** wurde um die Jahrhundertwende durch die Krebspest fast vernichtet.

Der weichhäutige Hinterleib des **Einsiedlerkrebses** steckt in einem leeren Schneckengehäuse.

Der **Wasserfloh** gehört zum Plankton unserer Gewässer.

Innerer Bau des Flusskrebses

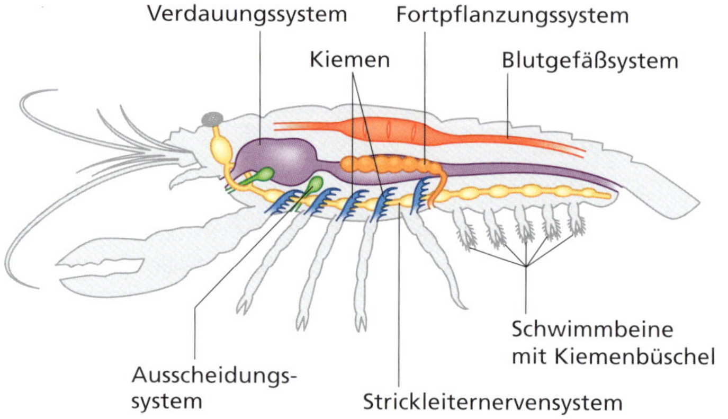

Bedeutung der Krebstiere

Krebstiere haben Bedeutung als
- Nahrung für den Menschen (z. B. Garnelen, Hummer, Krabben),
- wichtiges Glied in der Nahrungskette der Fische und Wale (z. B. Wasserfloh, Hüpferling).

Vertreter der Krebstiere

Bachflohkrebs

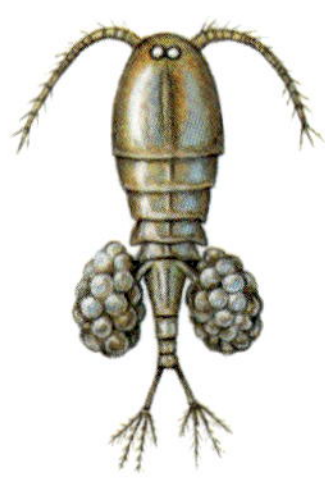
Hüpferling

Hummer

Nordseegarnele

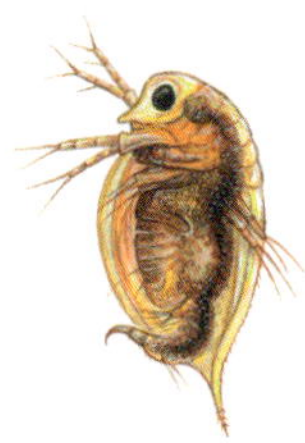
Wasserfloh

Kellerassel

Wollhandkrabbe

2.14 Spinnentiere

Spinnentiere sind meist Landbewohner. Die einzelnen Gruppen sind sehr unterschiedlich in ihrer Gestalt. Es gibt etwa 30 000 Arten.

Bau und Lebensweise

> **Spinnentiere** sind in **Kopfbruststück** und **Hinterleib** gegliedert. Sie besitzen zwei Paar Mundwerkzeuge (Kiefertaster, Kieferklauen) und vier Paar gegliederte Laufbeine. Sie atmen durch Fächertracheen (Fächerlungen) und sehen durch Punktaugen.

Spinnentiere findet man in fast allen Lebensräumen, z. B. auf Blüten, Bäumen und Sträuchern, unter Steinen, im Haus.
Einige Spinnen (Netzspinnen) bauen Netze und fangen darin ihre Beute, andere Spinnen (Jagdspinnen) lauern auf ihre Beute oder schleichen sich an. Spinnen leben räuberisch.
Zu den Spinnentieren gehören u. a. **Echte Spinnen, Milben, Skorpione** und **Weberknechte.**

Innerer Bau einer Spinne

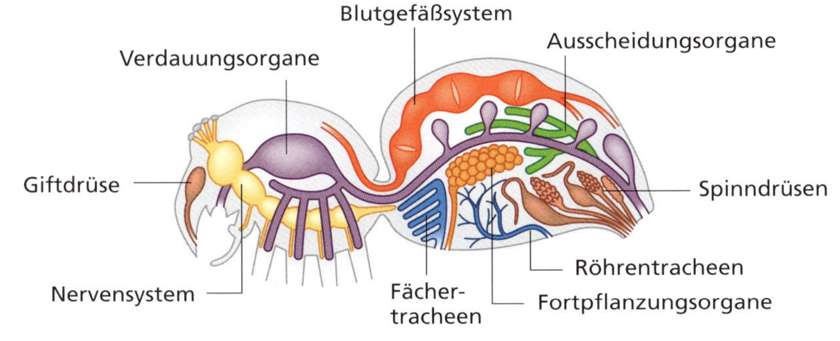

▶ Eine bekannte **Trichterspinne** ist die **Wasserspinne.**

▶ Zu den **Wolfsspinnen** gehört die legendenumwobene **Tarantel.**

Äußerer Bau einer Spinne

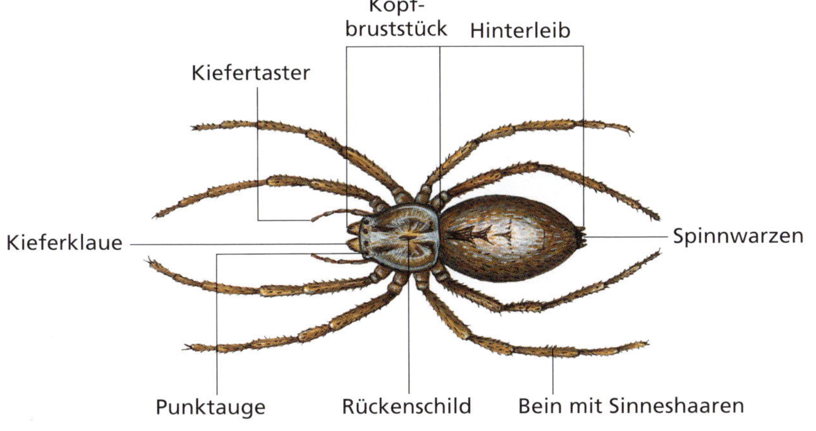

▶ Die **Rotknie-Vogelspinne** jagt vielen Menschen durch ihre filzartige Behaarung und ihre Größe (5 bis 6 cm Körpergröße) Furcht ein.

▶ Die Gartenkreuzspinne baut ein **Radnetz.**

Gartenkreuzspinne – Lebensweise

Sie gehört zu den verbreitetsten Spinnenarten. Ihre Grundfarbe ist unterschiedlich, z. B. bräunlich, rötlich. Alle Tiere haben am Hinterleib auffallende weißliche, in Kreuzform angeordnete Flecken.
Die Netze der Gartenkreuzspinne können bis zu 50 cm groß sein und sind eng geflochten.
Im Netz sitzt stets das Weibchen (ca. 15–17 mm). Sie lauert auf Beute (z. B. Fliegen, Mücken). Diese wird durch einen giftigen Biss gelähmt und anschließend mit Spinnfäden umsponnen (Nahrungsvorrat). Die Nahrung wird außerhalb des Körpers verdaut **(Außenverdauung).**

Vertreter der Spinnentiere

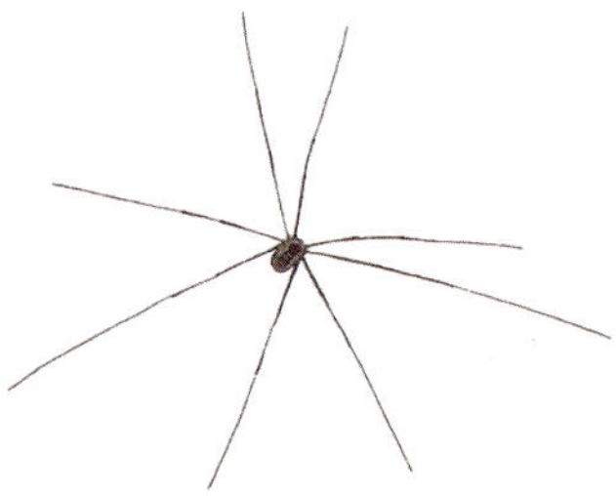

Weberknecht
(9 mm)

Sektorspinne
(5 mm – 6 mm)

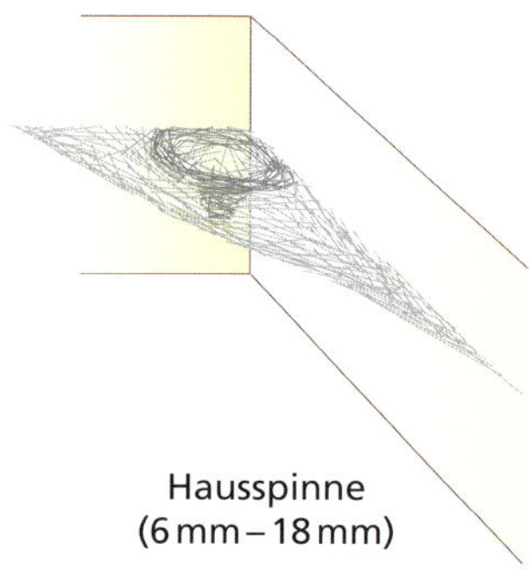

Hausspinne
(6 mm – 18 mm)

Skorpion
(bis 50 mm)

Holzbock (Zecke)
(4 mm – 11 mm)

Sammetmilbe
(2 mm – 4 mm)

2.15 Insekten

Mit ca. 800 000 Arten sind die Insekten die auf der Erde am meisten verbreitete Tiergruppe. Sie bewohnen fast alle Lebensräume. Um eine gewisse Ordnung in die Vielfalt dieser Gruppe zu bringen, wurden Merkmale der Klassifizierung herangezogen, z. B. innerer und äußerer Bau, stammesgeschichtliche Entwicklung. Der Grundaufbau der Insekten ist aber relativ einheitlich.

Bau und Lebensweise

Insekten sind in **Kopf, Brust** und **Hinterleib** gegliedert. Sie besitzen am Kopf ein Paar Fühler und ein Paar große leistungsfähige Netz-, Komplex- oder Facettenaugen. Die Mundwerkzeuge sind entsprechend der vielfältigen Ernährungsweise unterschiedlich ausgebildet (z. B. Saug-, Stechrüssel, Beißkiefer). An der Brust befinden sich drei Paar gegliederte Beine sowie zwei Paar Flügel. Im Hinterleib liegen die inneren Organe.

Insekten sind für viele Tiere eine wichtige Nahrungsgrundlage. Damit sind sie ein notwendiges Glied in Nahrungsketten (↗ S. 369) und Nahrungsnetzen (↗ S. 370) sowie im Stoffkreislauf der Natur (↗ S. 373).

Insekten besitzen ein **Strickleiternervensystem (Bauchmark)** mit gut entwickeltem Gehirn und ein **offenes Blutgefäßsystem.** Sie atmen durch röhrenförmige **Tracheen** (↗ S. 193), die den gesamten Körper durchziehen. Insekten pflanzen sich geschlechtlich fort. Sie entwickeln sich über Larven- und Puppenstadium (**vollkommene Verwandlung** oder **Metamorphose**) bzw. ohne Puppenstadium **(unvollkommene Verwandlung)** unter Häutungen zum Vollinsekt (↗ S. 232).

Körpergliederung, äußerer und innerer Bau eines Insekts

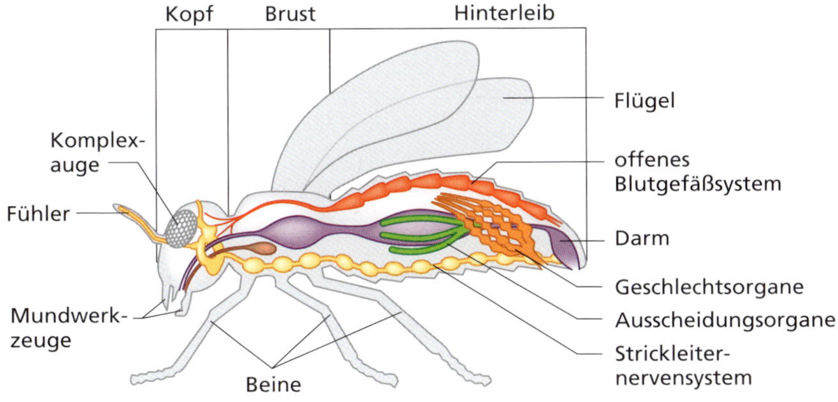

Eine Stubenfliege hat ca. 4 000 Einzelaugen, eine Libelle ca. 10 000 und ein Laufkäfer ca. 700 Einzelaugen.

Eine Besonderheit der Insekten sind die Netz-, Komplex- oder Facettenaugen. Sie ermöglichen ein Bildsehen und das Erkennen von Farben.

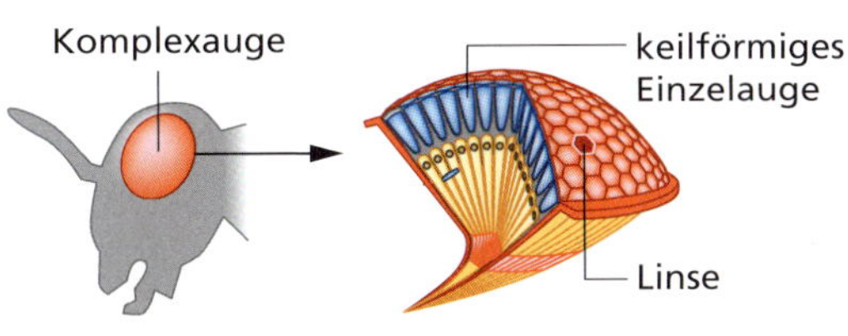

2

Mundwerkzeuge von Insekten

Bienen und Ameisen leben in einem **Tierstaat.** Das Leben läuft nach „Regeln“ ab und ist gekennzeichnet von einer **Arbeitsteilung** (↗ S. 364).

Im Bienenvolk gibt es drei **Bienenformen** – Königin, Arbeitsbiene, Drohn (↗ S. 364).

Die Mundwerkzeuge der Insekten sind aufgrund der verschiedenen Ernährungsweisen unterschiedlich ausgebildet. Man unterscheidet u. a. beißende, saugende, stechende und leckende Mundwerkzeuge.

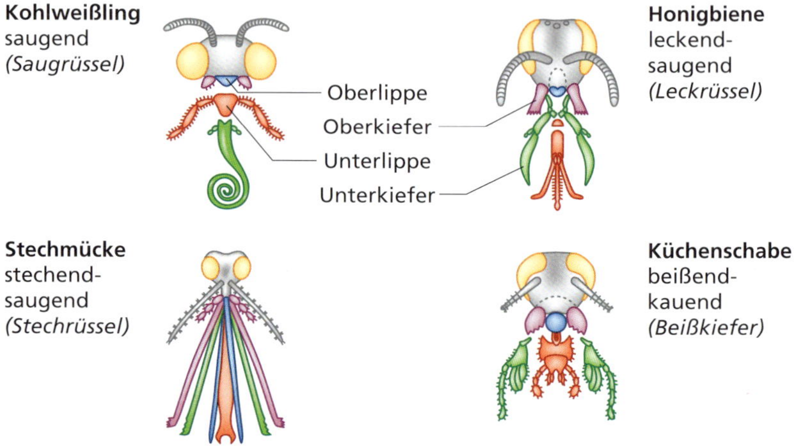

Insektenbeine

Entsprechend der Lebensweise und der Tätigkeit der Insekten sind ihre Beine unterschiedlich ausgebildet.

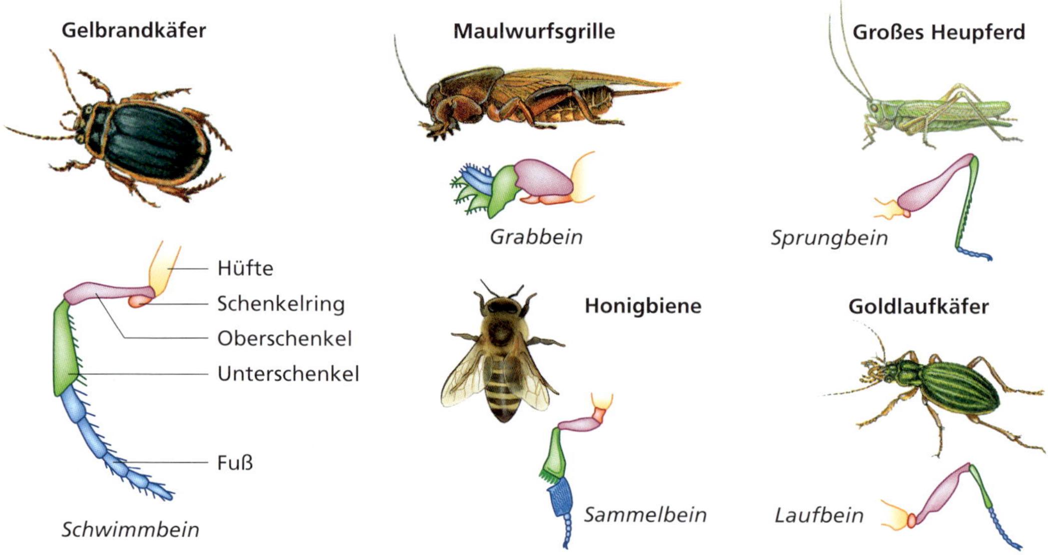

Einige Gruppen der Insekten

Ein wesentliches Merkmal der Zuordnung zu Insektengruppen ist u. a. die Anzahl und Ausbildung der Flügel. Diese Gruppen werden aufgrund gemeinsamer Merkmale **Insektenordnungen** genannt.

Zweiflügler

Schmeißfliege

Große Stubenfliege

Stechmücke

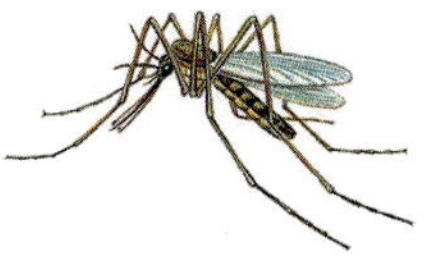

Schwebfliege

Zweiflügler tragen am Brustabschnitt nur ein Paar häutige Flügel und ein Paar paukenschlägelartige Schwingkölbchen.

Käfer

Feld-Maikäfer

Siebenpunkt-Marienkäfer

Gold-Laufkäfer

Hirschkäfer

Käfer tragen am Brustabschnitt ein Paar harte, schalenförmige Vorderflügel (Deckflügel), die die zwei häutigen Hinterflügel schützen.

Schmetterlinge

Admiral

Tagpfauenauge

Nachtpfauenauge

Schmetterlinge tragen am Brustabschnitt je ein Paar (insgesamt zwei Paar) gleichgestaltige zarte Flügel, die mit farbigen Schuppen dachziegelartig bedeckt sind.

Libellen

Großer Blaupfeil

Prachtlibelle

Hufeisen-Azurjungfer

Libellen besitzen einen lang gestreckten, meist schlanken Hinterleib sowie vier große, überwiegend durchsichtige Flügel.

Hautflügler

Honigbiene

Gemeine Wespe

Erdhummel

Ameisenkönigin

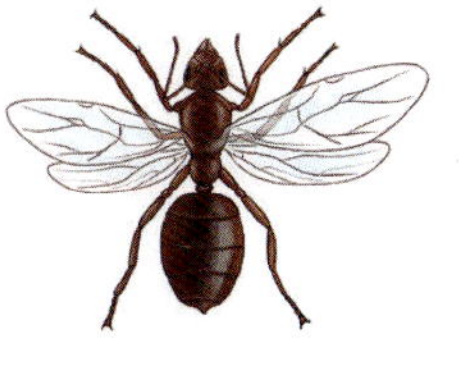

Hautflügler tragen am Brustabschnitt je ein Paar häutig durchsichtige Vorder- und Hinterflügel.

Bedeutung der Insekten

> **Insekten** sind sowohl Nutztiere als auch Tiere, die Schaden verursachen.

▶ Die **Honigbiene** ist für den Menschen ein Nutztier.

Als **Nutztiere** produzieren Insekten Rohstoffe, die vom Menschen genutzt werden (Honigbiene, Seidenspinner). Sie sind Blütenbestäuber (Hummeln, Bienen, Schmetterlinge) oder erhöhen als Bodenbewohner die Fruchtbarkeit des Bodens (Springschwänze). Insekten sind Nahrung für andere nützliche Tiere (Vögel, Fische) oder vernichten Schadinsekten (Schlupfwespe, Marienkäfer, Ameise).

Seidenspinner (Schmetterling)

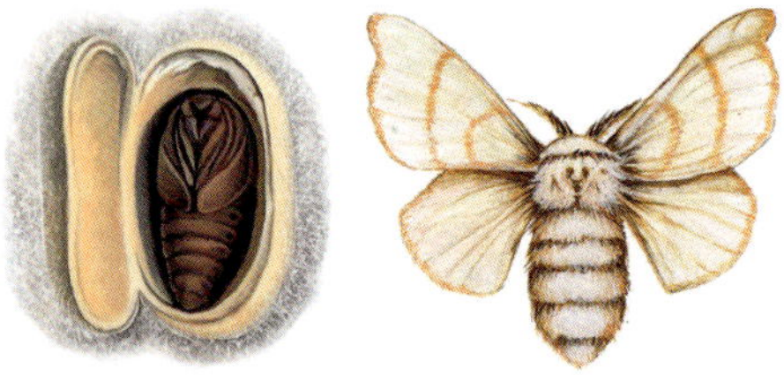

In China wird die **„Seidenraupe"** seit etwa 5 000 Jahren gezüchtet. Sie frisst Blätter des Maulbeerbaumes. Die Seidenraupe (Larve des Seidenspinners) fertigt in drei bis fünf Tagen aus einem Spinnfaden (1 bis 3 km lang) eine Schutzhülle (Kokon) zur Verpuppung an. Aus diesem Spinnfaden wird Rohseide hergestellt.

Hummel (Hautflügler)

Die Insekten besuchen Blüten, um Pollen (Blütenstaub) und Nektar als Nahrung zu holen. Dabei bestäuben sie die Blüten und tragen den Blütenstaub zur anderen Blüte **(Fremdbestäubung).** Die Fremdbestäubung (↗ S. 228) ist wirtschaftlich bedeutsam in Landwirtschaft und Obstbau.

Holzwespen-Schlupfwespe (Hautflügler)

Die Schlupfwespen legen mithilfe ihres Legebohrers oder Legestachels ihre Eier in die Larven anderer Insekten, z. B. in Holzwespenlarven. Aus den Eiern sich entwickelnde Schlupfwespenlarven fressen von innen her die Wirtslarven auf und vernichten somit schädliche Insektenlarven.

Rote Waldameise (Hautflügler)

Die Ameisen vertilgen Raupen, Käfer und andere schädliche Insekten und verbreiten Samen von Pflanzen, z. B. von Veilchen, Taubnessel. Die Rote Waldameise gehört zu den Staaten bildenden Insekten. Ihre Nesthügel können bis 1,50 m hoch werden. Sie steht unter Naturschutz.

Schaden wird hauptsächlich verursacht durch Schadfraß an Kulturpflanzen (Kartoffel-, Borkenkäfer), an Lebensmittelvorräten (Schaben, Kornkäfer), an Textilien und Pelzwaren (Kleidermotte, Pelzkäfer), an Holz (Hausbock) und durch Übertragung der Erreger von Pflanzenkrankheiten sowie von Krankheiten des Menschen und der Tiere.

Borkenkäfer (Käfer)

Der Käfer legt in der Rinde von Nadelbäumen Fraßgänge an. Im „Muttergang" legt das Weibchen Eier ab. Die ausschlüpfenden Larven fressen waagerechte Nebengänge, an deren Ende sie sich verpuppen.

Schaden: Zerstörung der Rinde, Beeinträchtigung des Stoffstroms, Absterben der Bäume

Nonne (Schmetterling)

Larven (Raupen) fressen Nadel- oder Laubblätter der befallenen Bäume (z. B. Fichten, Kiefern, Buchen, Eichen), bei Massenauftreten verursachen sie Kahlfraß.

Schaden: Verhinderung der Fotosynthese, Beeinträchtigung der Holzqualität

Kartoffelkäfer (Käfer)

Käfer und Larve fressen an Blatträndern und in Blattmitte unterschiedlich große Löcher.

Schaden: Verhinderung der Fotosynthese und somit der Knollenbildung, Absterben der Pflanze

Apfelwickler (Schmetterling)

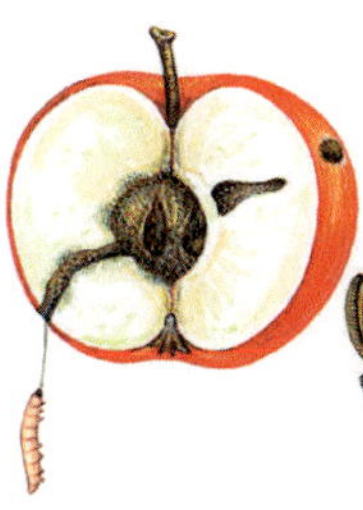

Die Larve (Raupe) legt Fraßgänge im Fruchtfleisch und Kerngehäuse an, wechselt zu anderen Äpfeln.

Schaden: Fraßgänge zerstören das Fruchtfleisch und verursachen das Faulen der Frucht.

2.16 Weichtiere

Weichtiere besiedeln alle Lebensräume, die Meere und Süßgewässer sowie das Land. Diese Tiergruppe umfasst etwa 130 000 Arten.

Bau, Lebensweise und Bedeutung

> **Weichtiere** sind äußerlich wenig gegliedert. Ihr weicher, drüsenreicher Körper gliedert sich meist in **Kopf, Fuß , Mantel** (Hautfalte) und **Eingeweidesack** (umschließt die inneren Organe). Bei vielen Weichtieren wird vom Mantel eine äußere kalkhaltige Schale (Schnecken, Muscheln) gebildet. Ihr Nervensystem besteht aus wenigen paarigen Nervenknoten, die durch Nervenstränge miteinander verbunden sind. Sie besitzen ein offenes Blutgefäßsystem und atmen durch Lungen oder Kiemen.

Schneckengehäuse, Muschelschalen und Versteinerungen von Tintenfischen wurden als **Fossilien** gefunden.

Zu den Weichtieren gehören die **Schnecken, Muscheln** und **Kopffüßer** (Tintenfische). **Bedeutung** haben sie vor allem als Nahrung in vielen Ländern sowie zur Gewinnung von Perlen.

Bau und Lebensweise von Schnecken

Schnecken haben am Kopf Augen, Fühler, einen Mund mit Reibplatte. Sie bewegen sich mit dem muskulösen Fuß **(Kriechsohle)** vorwärts, atmen durch Lungen **(Lungenschnecken)** oder Kiemen **(Kiemenschnecken)**, besitzen ein Gehäuse **(Gehäuseschnecken)** oder kein Gehäuse **(Nacktschnecken).**

In den **Kreidefelsen der Insel Rügen** befinden sich Fossilien von Weichtieren.

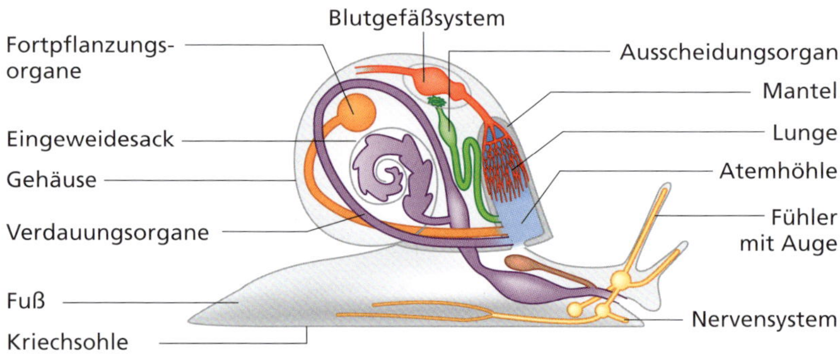

Weinbergschnecke

Sie ist ein Kräuterfresser. Sie raspelt mithilfe der Reibeplatte (Radula) saftige Pflanzenteile als Nahrung ab.

Die Weinbergschnecke überwintert im Erdboden (**Winterstarre,** ↗ S. 357).

Die **Große Wegschnecke** ist eine Nacktschnecke.

Wenn man eine Weinbergschnecke über eine Glasplatte kriechen lässt, kann man das Ausstrecken und Zusammenziehen der kräftigen Muskeln in der Kriechsohle als eine quer verlaufende Wellenbewegung der Fußsohle erkennen. Die Wellenbewegung wandert als dunkler Schatten von hinten nach vorn.

Bau und Lebensweise von Muscheln

Muscheln besitzen einen seitlich abgeflachten Weichkörper, der von zwei Schalenhälften umgeben ist. Sie haben keinen Kopf, bewegen sich mit dem breiten muskulösen Fuß langsam kriechend vorwärts. Muscheln sind Wasserbewohner, atmen durch Kiemen.

Bau der Muschel

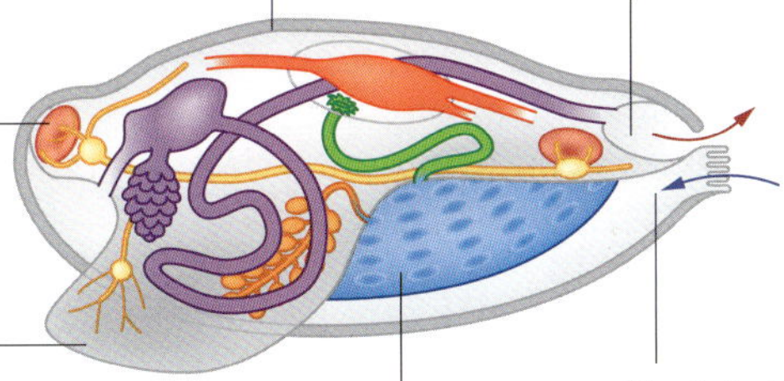

Gemeine Kugelmuschel

Essbare Herzmuschel

Bau und Lebensweise der Kopffüßer (Tintenfische)

Die Kopffüßer (Tintenfische) sind keine Fische, sondern Weichtiere. Um ihre Mundöffnung gruppieren sich acht oder zehn mit Saugnäpfen besetzte Arme. Diese Arme gehen direkt in den Kopf über. Ein aus Muskelfleisch bestehender Mantel umhüllt den Weichkörper und die innere Schale (den Schulp), die reduziert ist oder ganz fehlt. Die Atmung erfolgt durch Kiemen. Sie sind Wasserbewohner.

Eine Ausnahme unter den Kopffüßern ist der **Nautilus,** der mehrere Dutzend Arme und einfache Lochkamera-Augen hat. Er besitzt ein vielkammeriges, gasgefülltes und spiralig aufgerolltes Kalkgehäuse, in dessen äußerer Kammer das Tier sitzt.

Gemeiner Kalmar

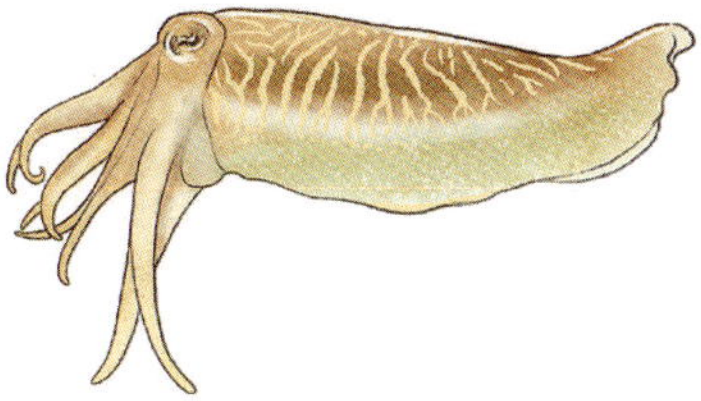

Gemeiner Tintenfisch

2

2.17 Wirbeltiere

Die Wirbeltiere bilden die am höchsten entwickelte Tiergruppe, zu der auch der Mensch gehört.
Der Körper der Wirbeltiere gliedert sich meist in **Kopf, Rumpf, Schwanz** und zwei Paar **Gliedmaßen.** Sie besitzen als Körperstütze ein meistens aus **Knochen** bestehendes Innenskelett, dessen Hauptteil die aus Wirbeln gegliederte **Wirbelsäule** ist. Das Zentralnervensystem besteht aus Gehirn und Rückenmark. Das geschlossene Blutgefäßsystem wird durch ein Herz angetrieben. Die Atmung erfolgt durch Lungen oder Kiemen. Sie pflanzen sich geschlechtlich durch Eier fort oder sind lebend gebärend.
Wirbeltiere besiedeln alle Lebensräume. Durch ihren unterschiedlichen Bau sind sie jeweils an ihre Umwelt angepasst. Es werden die Gruppen **Fische, Lurche, Kriechtiere, Vögel** und **Säuger (Säugetiere)** unterschieden.

2.17.1 Fische

Bau und Lebensweise

Zu den **Wanderfischen** gehören der Flussaal und der Lachs.

Fische sind ausschließlich im Wasser (Meer, Süßwasser) lebende Wirbeltiere. Sie sind in **Kopf, Rumpf** und **Schwanz** gegliedert. Die Oberfläche des meist stromlinienförmigen Körpers ist schleimig und mit **Schuppen** bedeckt. An das Wasserleben sind sie u. a. durch Kiemenatmung angepasst. Flossen dienen der Fortbewegung, eine Schwimmblase (nicht immer vorhanden) der Druckregulierung. Bei den Fischen gibt es eine **äußere Befruchtung** (↗ S. 229).

Aquarienfische erfreuen viele Menschen, z. B. Neonsalmler, Guppy, Schwertträger, Zwergbarbe.

Fische ernähren sich von Pflanzen, wirbellosen Tieren **(Friedfische)** und anderen Fischen **(Raubfische).** Sie sind die artenreichste Wirbeltiergruppe. Sie umfasst etwa 20 000 Arten.

Äußerer Bau eines Fisches (Schema)

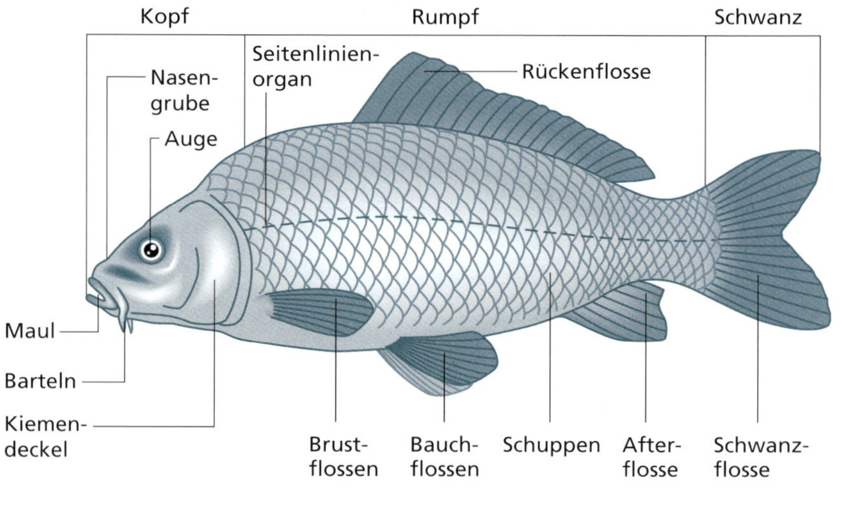

Aufbau einer Fischhaut

Der Fischkörper ist von einer dünnen, schleimigen Haut bedeckt. Dadurch gleitet der Fisch gut im Wasser.

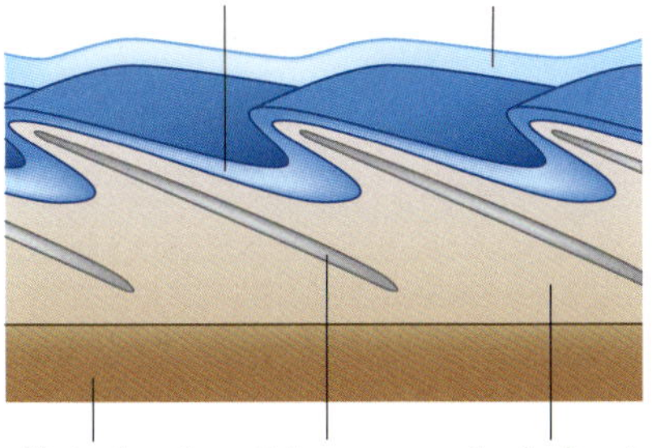

Bau einer Fischschuppe (Schema)

Die Schuppen sind zarte Knochenblättchen. Sie schützen den Körper vor äußeren Einflüssen. Sie verraten das Alter der Fische.

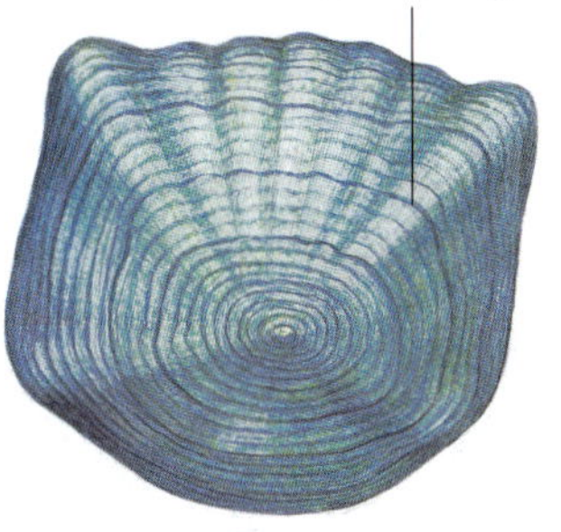

Aufnahme einer Kammschuppe, wie sie beispielsweise Flussbarsche haben. Die Schuppen eines Lachses dagegen heißen Rundschuppen.

Skelett des Fisches

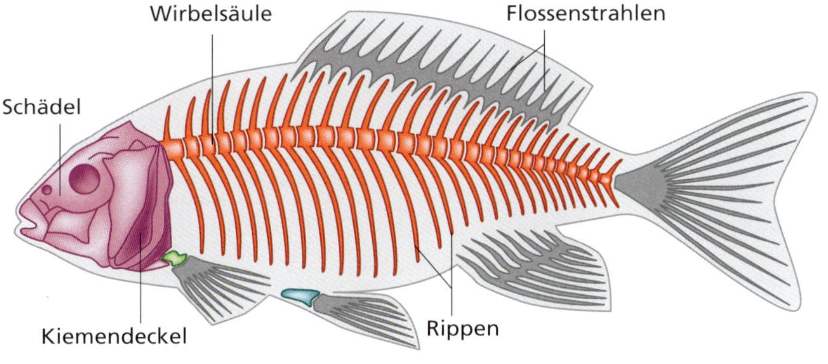

Innere Organe des Fisches

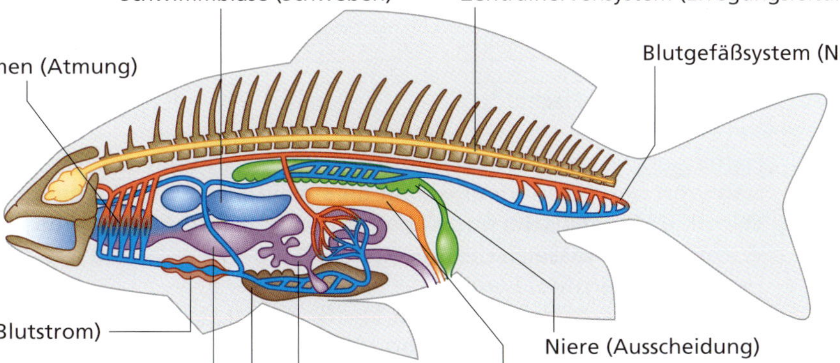

Feinbau der Kiemen

Geschützt unter den Kiemendeckeln liegen die **Kiemen.** Jede Kieme besteht aus zahlreichen zweilappigen, dünnhäutigen Kiemenblättchen. Sie sitzen am Kiemenbogen. Im Bereich der Mundhöhle besitzt der Kiemenbogen dornartige Fortsätze, die Kiemenreusen.

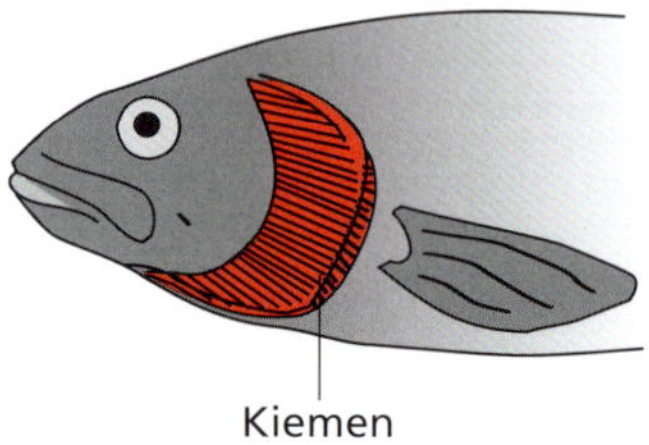

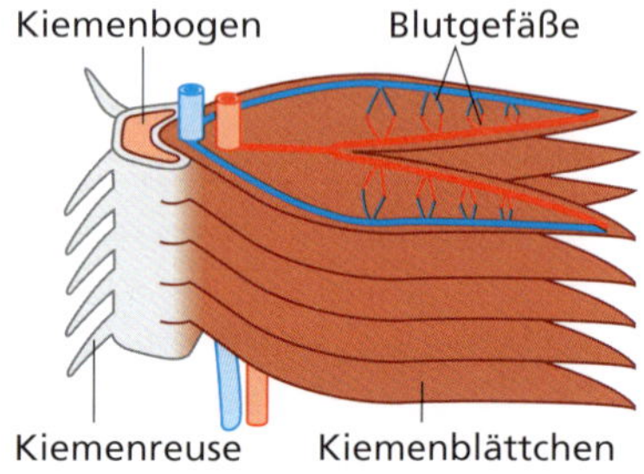

Atmung der Fische

Das sauerstoffreiche Wasser gelangt durch die Mundhöhle zu den Kiemen. In den Kiemenblättchen findet der Austausch von Sauerstoff und Kohlenstoffdioxid statt. Dabei wird der Sauerstoff vom Blut aufgenommen und in alle Teile des Körpers transportiert. Das Kohlenstoffdioxid wird an das Wasser abgegeben.
Das mit Kohlenstoffdioxid angereicherte Wasser wird durch die Kiemendeckel ausgepresst.

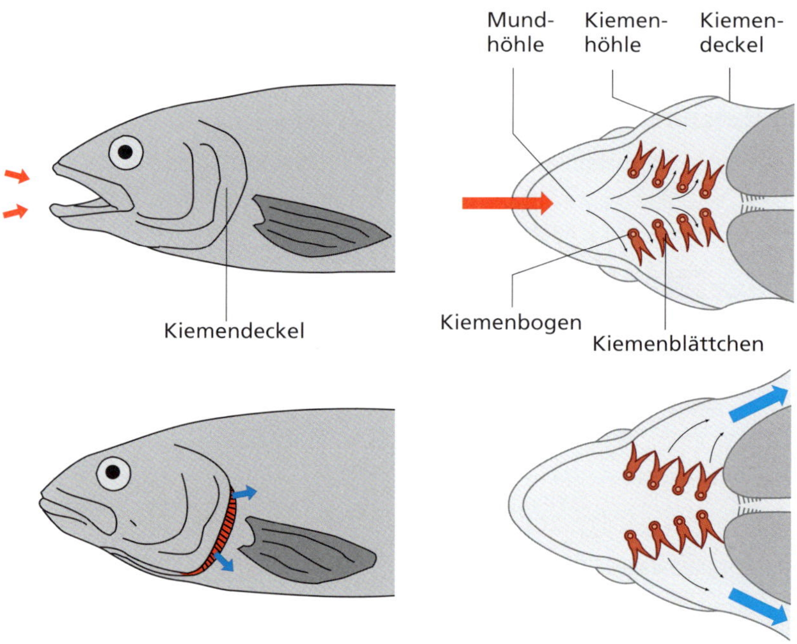

Bedeutung der Fische

Beliebte Speisefische, z. B. Karpfen, werden in Fischteichen gezüchtet **(Fischzucht).**

Fischfang wird durch Binnenfischerei und Hochseefischerei betrieben.

Fische gehören zu den wichtigsten Nahrungsmitteln des Menschen. Ihr Nährwert beruht auf dem Gehalt an Eiweiß, Fett und Vitaminen.
Wichtige **Meeresfische** sind Kabeljau (Dorsch), Rotbarsch, Hering, Scholle.
Wichtige **Süßwasserfische,** die gefangen bzw. gezüchtet werden, sind Hecht, Aal, Karpfen, Forelle.
Fische sind wichtige Glieder im Stoffkreislauf der Natur, z. B. als **Friedfische** (Karpfen, Schleie, Hering, Scholle) oder als **Raubfische** (Forelle, Hecht, Rotbarsch, Kabeljau) in **Nahrungsketten** und **Nahrungsnetzen** im **Ökosystem Gewässer** (↗ S. 369).

Einige Vertreter der Fische	
Friedfische	**Raubfische**
Hering  *Heimat:* Meere der Nordhalbkugel *Nahrung:* Kleinkrebse *Größe:* bis 36 cm	Kabeljau (Dorsch)  *Heimat:* Meere der Nordhalbkugel *Nahrung:* Friedfische *Größe:* bis 1,5 m
Karpfen (Zeilenkarpfen)  *Heimat:* Gewässer Südosteuropas, Mittelasiens, heute alle Erdteile *Nahrung:* Würmer, Insektenlarven, Fischfutter *Größe:* 30 cm bis 70 cm	Regenbogenforelle  *Heimat:* aus Nordamerika eingebürgert *Nahrung:* kleine Fische, Insekten, Frösche *Größe:* 25 cm bis 50 cm
Scholle  *Heimat:* Atlantik, Nord- und Ostsee *Nahrung:* kleine Organismen am Boden, Pflanzen *Größe:* 60 cm bis 70 cm	Hecht  *Heimat:* Süßgewässer der Nordhalbkugel *Nahrung:* Fische, Frösche *Größe:* 40 cm bis 1,5 m
Plötze (Rotauge)  *Heimat:* Binnengewässer Mittel- und Nordeuropas *Nahrung:* Würmer, Pflanzen *Größe:* 20 cm bis 40 cm	Flussbarsch  *Heimat:* Süßgewässer in ganz Europa *Nahrung:* Plankton, Fische *Größe:* 15 cm bis 40 cm

2.17.2 Lurche

Bau und Lebensweise

▶ Alle heimischen Lurche stehen unter Naturschutz.

Lurche besitzen eine nackte, drüsenreiche und feuchtschleimige Haut. Sie leben im Wasser oder an feuchten Stellen an Land, z. B. feuchte Wiesen, Moore, Brüche **(Feuchtlufttiere).** Sie sind wechselwarm. Den Winter verbringen sie in einer **„Kältestarre"** (↗ S. 357). Erwachsene Lurche atmen durch einfache, sackförmige **Lungen** und durch die **Haut.** Bei den Lurchen gibt es eine **äußere Befruchtung** (↗ S. 229). Das Skelett ist verknöchert.
Sie haben vier Gliedmaßen (zwei Vorderbeine mit je vier Zehen, zwei Hinterbeine mit je fünf Zehen). Sie können laufen, kriechen, klettern oder springen.

▶ Die Entwicklung der Lurche ist mit einer **Metamorphose** verbunden (↗ S. 234).

Lurche ernähren sich von wirbellosen Tieren, z. B. Insekten, Spinnen, Würmern, Schnecken. Weltweit gibt es etwa 3 500 Arten von Lurchen. Sie gehören zwei Gruppen an, die sich aufgrund ihrer Körpergliederung unterscheiden, den **Schwanzlurchen** und den **Froschlurchen.**

Schwanzlurche

Schwanzlurche sind in Kopf, Rumpf und Schwanz gegliedert. Sie besitzen zeitlebens einen Schwanz. Zu den Schwanzlurchen gehören **Salamander** und **Molche** (↗ S. 108).

▶ Für den **Schutz einheimischer Lurche** gibt es verschiedene Maßnahmen.

Äußerer Bau eines Schwanzlurchs

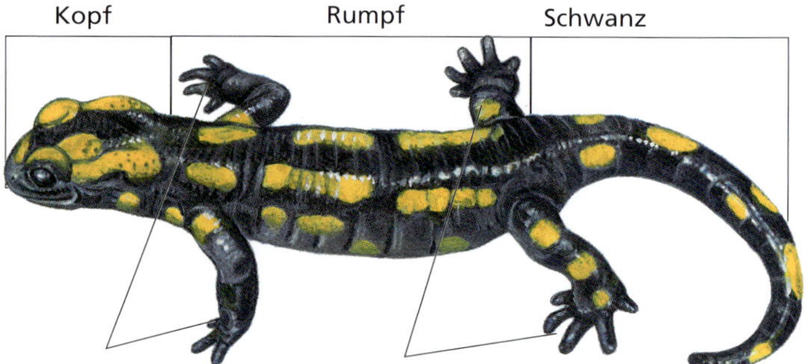

Der in den Schleimdrüsen gebildete Schleim wird an die Oberfläche abgegeben, damit die Haut nicht zu viel Feuchtigkeit verliert.

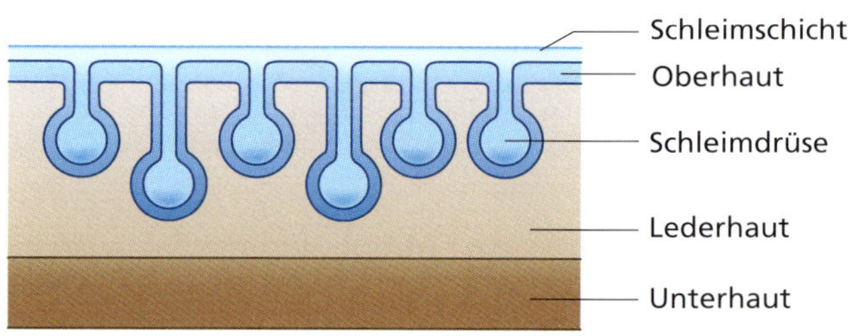

Innerer Bau des Schwanzlurchs

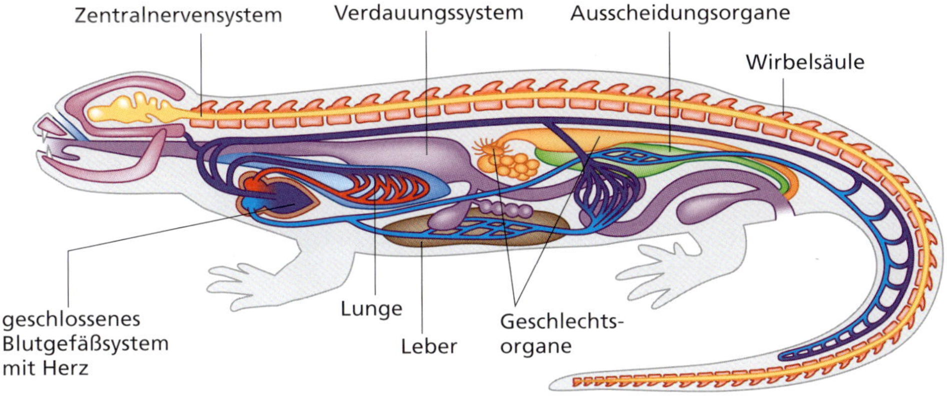

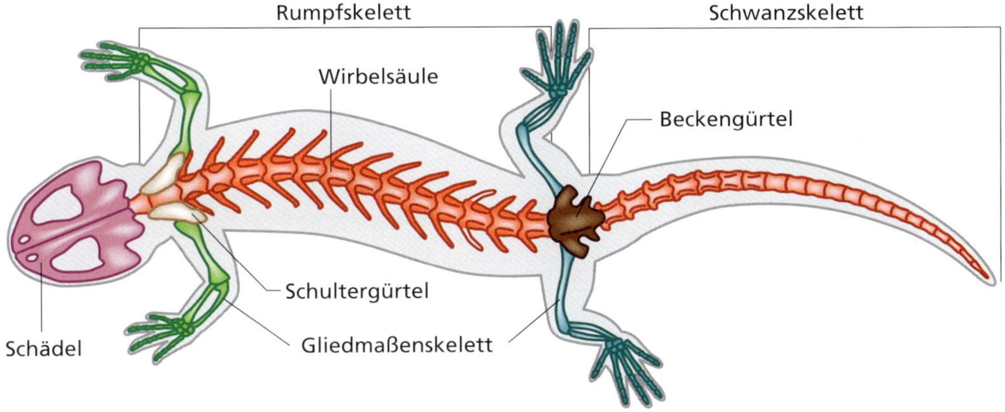

Froschlurche

Froschlurche sind in Kopf und Rumpf gegliedert. Sie besitzen einen gedrungenen schwanzlosen Körper. Mithilfe der hinteren Sprungbeine können sie sich an Land und im Wasser gut fortbewegen. Zu den Froschlurchen gehören **Frösche, Kröten** und **Unken** (↗ S. 108).

Skelett eines Froschlurchs

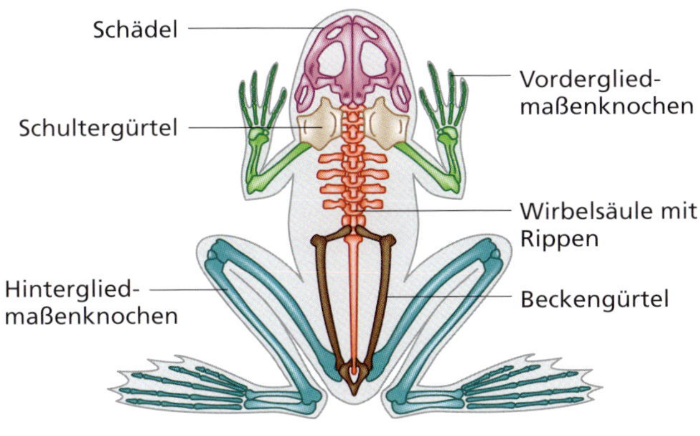

Atmungsorgan eines Lurchs

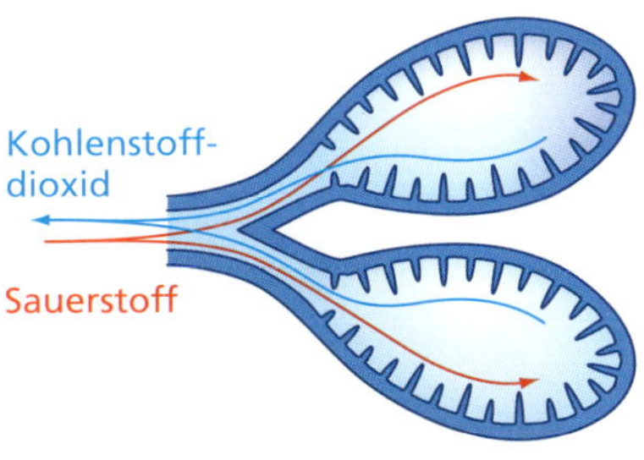

Lurche besitzen eine einfach gekammerte sackförmige Lunge.

Vertreter der Lurche

Froschlurche

Frösche

Grasfrosch

Teich- oder Wasserfrosch

Kröten

Erdkröte

Unken

Gelbbauchunke

Schwanzlurche

Salamander

Gefleckter Feuersalamander

Molche

Kammmolch (♂)

Teichmolch (♂)

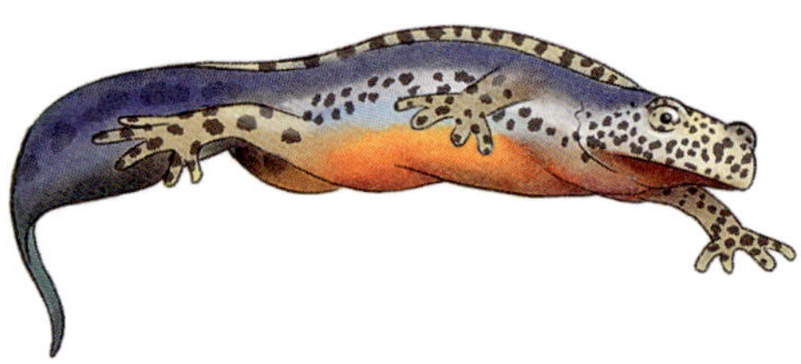

Bergmolch (♂)

2.17.3 Kriechtiere

Kriechtiere sind weltweit verbreitet. Diese Gruppe umfasst etwa 6 000 Arten. Sie leben an Land, in Süßwassergewässern und Meeren.

Bau und Lebensweise

Kriechtiere besitzen eine trockene, mit **Hornschuppen** besetzte Haut **(Trockenlufttiere),** die während des Wachstums gewechselt wird (**Häutung** bei Echsen, Schlangen) oder laufend verdickt wird (bei Schildkröten, Krokodilen). Ihr Körper ist in **Kopf, Rumpf** und **Schwanz** gegliedert. Vier Gliedmaßen sind gut entwickelt oder rückgebildet. Sie bewegen sich kriechend und schlängelnd oder schwimmend vorwärts. Sie sind wechselwarm.
Bei Kriechtieren gibt es eine **innere Befruchtung** (↗ S. 229).

▶ Einheimische Kriechtiere stehen unter Naturschutz.

Kriechtiere atmen durch einfach und mehrfach gekammerte **Lungen.** Sie ernähren sich vorwiegend von Insekten, Schnecken, Fröschen, Mäusen.

Körpergliederung und innere Organe eines Kriechtiers

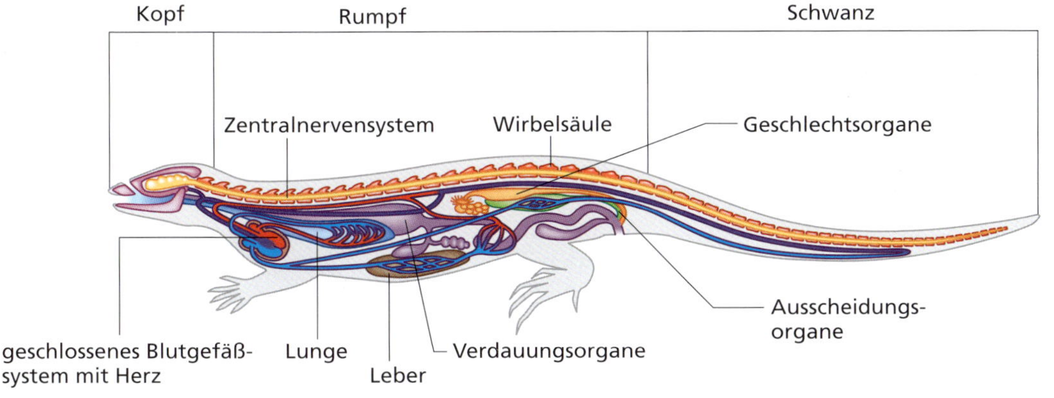

Skelett eines Kriechtiers

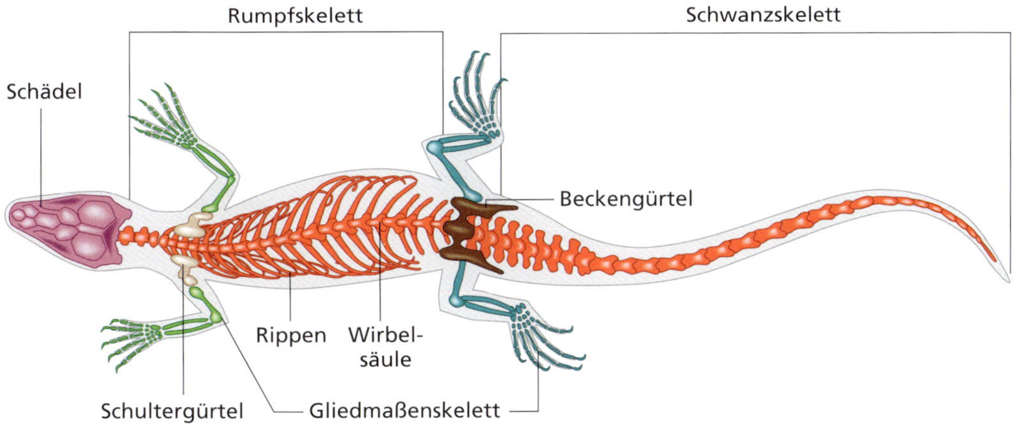

Aufbau einer Kriechtierhaut (Schema)

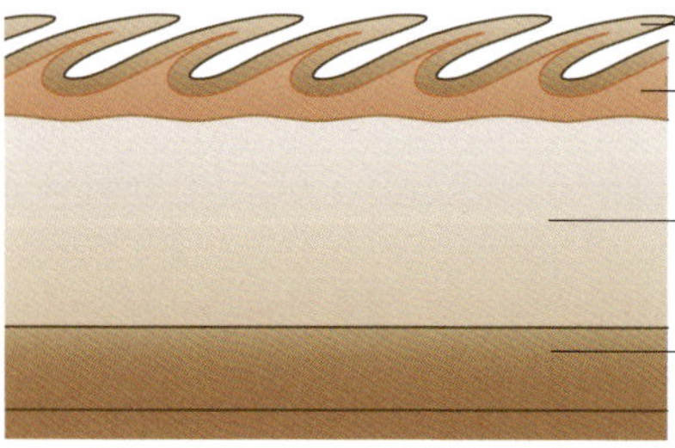

Kriechtiere besitzen eine trockene Haut mit Hornschuppen oder Hornplatten.

Atmungsorgan eines Kriechtiers

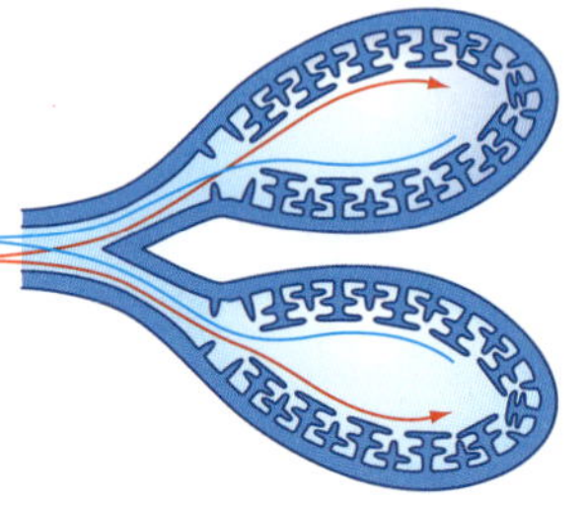

Kriechtiere besitzen meist eine mehrfach gekammerte Lunge.

Saurier sind Kriechtiere vergangener **Erdzeitalter** (Jura, Trias). Es gab sie in allen Lebensräumen, in kleinen und auch in sehr großen Formen, z. B. Landsaurier, Flugsaurier, Fischsaurier.

Aufgrund des Körperbaus werden die Gruppen **Echsen, Schlangen, Schildkröten** und **Krokodile** unterschieden (↗S. 111). Im Erdmittelalter (vor ca. 225 Millionen Jahren) hatten die **Saurier** ihre größte Artenfülle und Verbreitung.

Echsen

Echsen haben meist vier Gliedmaßen, ernähren sich von tierischer und pflanzlicher Nahrung, pflanzen sich Eier legend fort. Zu den Echsen gehören u. a. **Eidechsen** und **Schleichen.**

Echsen „züngeln" ihre Beute. Dann packen sie mit dem Gebiss ihre Beute und nehmen sie als Ganzes ins Maul. Durch Kieferbewegungen wird die Beute zerquetscht und anschließend verschlungen.

Zauneidechse (♂)

Lebt an sonnigen und trockenen Stellen wie Waldrändern, Böschungen, Heiden; dunkelbraunes, hell geflecktes und gesäumtes Rückenband; Körperseiten des Männchens grün; *gefährdet*

Blindschleiche

Schlangenähnlich, keine Gliedmaßen, lebt an nicht zu trockenen Plätzen, z. B. an Waldrändern, in Wäldern und Wiesen; bräunlich gefärbt; verbirgt sich nachts und bei großer Hitze unter Steinen oder in der Erde

Riesenschlangen (z. B. Große Anakonda) gehören zu den größten heute lebenden Kriechtieren.

Schlangen

Schlangen haben einen langen runden Körper und keine Gliedmaßen. Die Zunge ist lang und gespalten. Die meisten Schlangen sind Räuber und jagen lebende Tiere. Die Beutetiere werden meist ganz verschlungen.

Ringelnatter

Gute Schwimmerin, lebt in der Nähe von Gewässern wie Seen, Teichen, Gräben; halbmondförmiger, leuchtend gelber Fleck beidseits hinten am Kopf; Rücken grau mit dunklen Flecken; helle Augen mit großer runder Pupille; *gefährdet*

Die **Kreuzotter** ist die einzige heimische Giftschlange. Sie betäubt durch einen Biss mit ihren Giftzähnen ihr Beutetier, um es dann zu verschlingen.

Kreuzotter

Besiedelt sonnige und feuchte Plätze wie Heidemoore, Wälder, Wiesen; x- oder kreuzförmige Zeichnung am hinteren Kopf; dunkles Zickzackband über dem graubraunen Rücken; rötliche Augen mit senkrechter Pupille; *Giftschlange; stark gefährdet*

Bei Wanderungen in „Kreuzottergebieten" sollte man lange Hosen anziehen und hohe Schuhe oder Stiefel tragen.

Schildkröten

Schildkröten haben einen gedrungenen Körper, der von einem schützenden Knochenpanzer (Rücken- und Bauchschild) umgeben ist. Man unterscheidet **Landschildkröten** und **Wasserschildkröten.**

Europäische Sumpfschildkröte

Lebt in stillen oder langsam fließenden Gewässern oder im Uferbereich von Binnenseen; kommt u. a. in Nordafrika, ganz Europa und in Teilen Russlands vor; Panzer ist oval und flach, Gliedmaßen sind von groben Schuppen bedeckt; Nahrung sind Schnecken, Krebstiere und Insektenlarven

Krokodile

Krokodile besitzen einen langen gestreckten Körper mit vier kurzen Gliedmaßen. Der Schwanz ist als Ruderschwanz abgeplattet. Man unterscheidet **Echte Krokodile, Alligatoren** und **Kaimane.**

Krokodile werden in Krokodilfarmen gezüchtet.

Brillenkaiman

Lebt in tropischen und subtropischen Gewässern Südamerikas; bevorzugt langsam fließende Gewässer mit schlammigem Untergrund; der Rücken ist dunkel-oliv gefärbt; markant ist ein Knochenwulst vor den Augen, nachtaktives Tier; frisst Fische, andere Reptilien, Wasservögel; kann bis zu 60 Jahre alt werden; wiegt ca. 60 kg und ist bis zu 2 m lang

2

2.17.4 Vögel

Vögel besitzen eine trockene Haut mit Federn, an den Beinen Hornschuppen, an den Zehen Krallen. Das Gefieder ist oftmals bunt gefärbt. Die etwa 9 000 Vogelarten sind über die ganze Erde verbreitet. Den unterschiedlichen Lebensbedingungen entsprechend haben sich sehr verschiedenartige Vogelformen mit vielfältigen Anpassungsmerkmalen herausgebildet.

Bau und Lebensweise

Bei den Vögeln unterscheidet man verschiedene **Flugarten.**

Vögel sind gleichwarme Tiere. Ihr besonderes Kennzeichen ist das **Federkleid,** das den Vogel vor Abkühlung schützt und ihm das **Fliegen** ermöglicht. Dem Fliegen dienen die zu Flügeln umgestalteten Vordergliedmaßen, der große Brustbeinkamm, die teils hohlen und mit Luft gefüllten Knochen sowie zahlreiche mit den Lungenflügeln verbundene Luftsäcke.

Luftsäcke sind sackartige Fortsätze der Lunge. Sie liegen zwischen den Organen und reichen teilweise in die Knochen hinein. Sie nehmen zusätzlich Luft auf und ermöglichen so eine sichere Atmung bei langen Flügen.

Innerer Bau eines Vogels

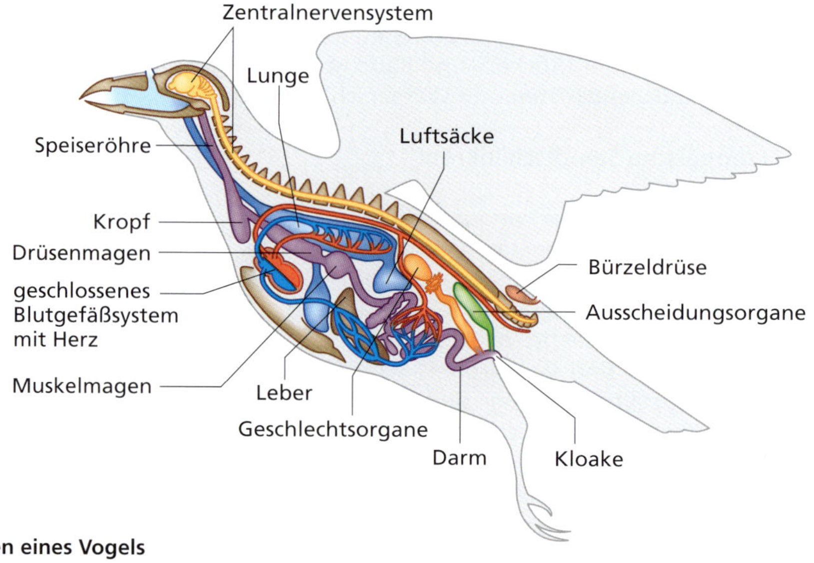

Federaufbau und Federarten eines Vogels

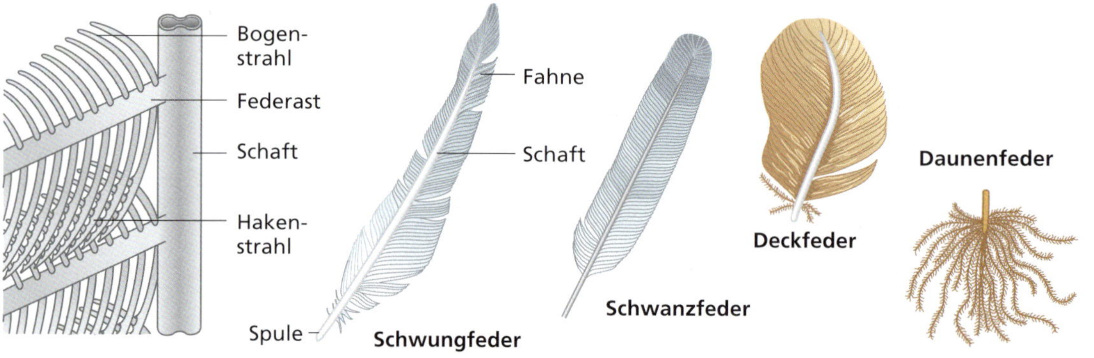

Skelett eines Vogels

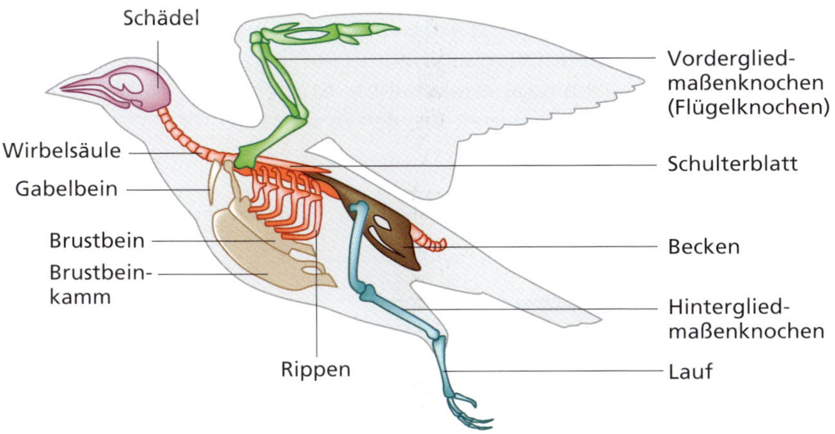

Ernährung der Vögel

Vögel nehmen tierische und pflanzliche Nahrung mit dem Schnabel auf. Der hornige, zahnlose Schnabel hat verschiedene Formen (z. B. lang, kurz, gebogen, spitz, kegelförmig, gekreuzt). Zwischen der **Schnabelform** der Vögel, ihrer **Nahrung** und **Ernährungsweise** bestehen enge Beziehungen.

Vögel sind wichtige Glieder in Nahrungsketten und Nahrungsnetzen (↗ S. 117, 370).

Vogel	Schnabelform	Nahrung und Ernährungsweise
Specht 	lang und spitz, kräftig	Hacken von Löchern in den Baum, Herausholen der Insektennahrung
Buchfink 	kurz und spitz, kräftig	Zerbeißen harter Fruchtschalen, Ernährung von Samen
Kernbeißer 	kurz, kräftig, meißelförmig	Zerbeißen von Kirsch- und Pflaumenkernen
Weißstorch 	lang und spitz	Ergreifen der Beute, z. B. Frösche
Bussard 	Oberschnabel hakig gebogen	Herausreißen von Fleischstücken aus Beutetieren, z. B. Mäusen
Ente 	breit, vorne rund, mit kräftigen Hornleisten	„Ergründeln" der Nahrung aus Schlamm und Wasser, bleibt an Hornleisten hängen (Seihschnabel), z. B. Pflanzenteile, Insektenlarven

Vögel besitzen einen Muskelmagen, in dem mithilfe der von den Vögeln aufgenommenen Steinchen die Nahrung zerkleinert wird.

Vögel, die Samen fressen, sind **Körnerfresser.** Sie weichen die Samen im Kropf vorher auf. Deshalb haben z. B. Hühner nach dem Fressen einen dicken Hals.

Fortbewegung der Vögel

Die Fortbewegung der Vögel ist aufgrund ihres Körperbaus unterschiedlich. Die hinteren Gliedmaßen sind zum Laufen (z. B. Strauß), Klettern (z. B. Specht), Scharren (z. B. Haushuhn), Greifen (z. B. Habicht) oder Schwimmen (z. B. Ente) geeignet. Die Zehen sind bekrallt.

Stockente

Haubentaucher

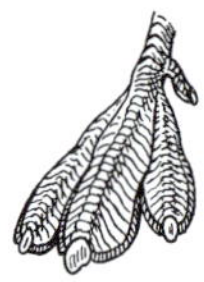

Fortbewegung: Schwimmen

Bau: Schwimmhäute bzw. Schwimmlappen zwischen den Zehen

Rauchschwalbe

Star

Fortbewegung: Fliegen

Bau: Flügel und Brustbein mit kräftiger Flugmuskulatur; schlanker, stromlinienförmiger Körper

Strauß ♂ (Höhe bis 3 m)

Großtrappe ♂ (Höhe bis 1 m)

Fortbewegung: Laufen

Bau: Lange, kräftige Beine; großer schwerer Körper

Fortpflanzung und Entwicklung der Vögel

▶ Nach der inneren Befruchtung erfolgt die **Eientwicklung** auf dem Weg durch den Vogelkörper.

Bei Vögeln gibt es eine **innere Befruchtung** (↗ S. 229). Sie legen kalkschalige Eier, die von Alttieren bebrütet werden. Die Jungen sind entweder voll entwickelte und selbstständige **Nestflüchter** oder nackte und hilflose **Nesthocker,** die **Brutpflege** vonseiten der Eltern benötigen (↗ S. 345).

▶ Vogeleier dienen dem Menschen als Nahrung.

Bau des Vogeleis

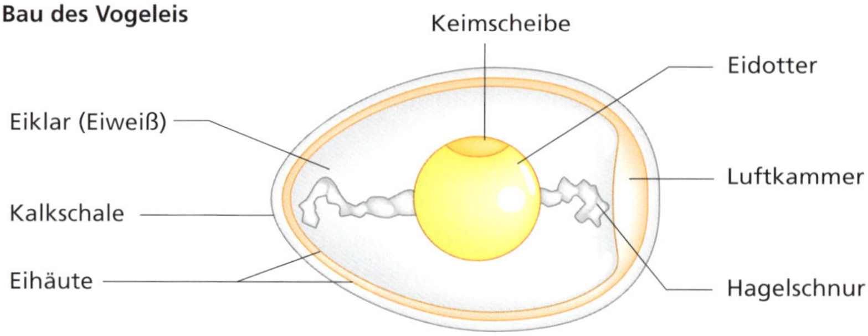

Nesthocker: z. B. Star, Amsel, Taube, Meise	**Nestflüchter:** z. B. Huhn, Ente, Gans

Augen geschlossen, keine Fortbewegung, kein Federkleid, Fütterung durch Eltern	Augen offen, Daunenfederkleid, Laufen möglich, suchen selbst Nahrung

Aufenthalt der Vögel im Brutgebiet

Man kann Vögel nach ihrem Aufenthalt im Brutgebiet in **Standvögel, Strichvögel** und **Zugvögel** einteilen. Die Zugvögel verlassen in der kalten Jahreszeit ihre nördlichen Brutgebiete und fliegen zu warmen Winterquartieren im Süden. Der Rückflug erfolgt im Frühjahr. Dieses Verhalten ist angeboren.

Der **Vogelzug** ist eine auffällige, aber in vielen Teilen immer noch geheimnisvolle Tierwanderung.

Standvögel	**Strichvögel**	**Zugvögel**
bleiben ständig im Brutgebiet, auch im Winter	streichen außerhalb der Brutzeit (im Winter) im weiteren Umfeld des Brutgebiets umher	wandern aus der Brutheimat in ein Winterquartier und zurück
 Habicht	 Blaumeise	 Weißstorch
 Elster	 Kernbeißer	 Kuckuck
z. B. Haussperling, Habicht, Rebhuhn, Elster, Buntspecht	z. B. Kohlmeise, Blaumeise, Goldammer, Gimpel, Kernbeißer	z. B. Weißstorch, Kuckuck, Star, Rauchschwalbe, Kranich

Vogelschutz

Mäusebussard auf Sitzkrücke

Manche Vogelarten sind im Laufe der letzten Jahrhunderte ausgerottet oder selten geworden. Dazu gehören z. B. Seeadler, Sperlingskauz und Uhu. Für den Schutz der Vögel gibt es deshalb gesetzliche Grundlagen, die eingehalten werden müssen, z. B. **rote Liste, Jagdgesetz, Naturschutzgesetz.**

Der Mensch kann durch bestimmte *Maßnahmen* den Bestandsrückgang und Artenschwund der Vögel aufhalten, z. B. durch

- Schutz von Lebensräumen durch Schaffung von Nationalparks, Naturschutzgebieten u. a. m.,
- Schaffung von Ersatzlebensräumen durch naturnahe Gärten, naturschonende Bewirtschaftung von land- und forstwirtschaftlichen Flächen, Anpflanzungen von Hecken und Feldgehölzen, insbesondere „Vogelschutzgehölzen" aus heimischen Wildgehölzen, Anlegen von Feuchtbiotopen,
- Einsatz von chemischen Mitteln zur Bekämpfung von Insekten und „Unkräutern" nur im Rahmen des integrierten Pflanzenschutzes,
- Anbringen von Nisthilfen, z. B. Kunstnester für Mehlschwalben, Nistkästen für Meisen, Baumläufer und Rotschwänze, Nistquirle für frei brütende Vögel,
- sinnvolle Winterfütterung.

Nistkasten für Vögel

Bedeutung der Vögel

Der Mensch hält Vögel als Nutztiere und Haustiere, weil sie

- Fleisch und Eier als Nahrung liefern,
- Federn zur Anfertigung von Daunendecken, Kissen und Betten liefern,
- durch ihren Gesang (z. B. Singvögel) oder durch ihr Verhalten in Haus und Wohnung (z. B. Wellensittich, Papagei, Kanarienvogel) die Menschen erfreuen.

Vögel sind beliebte Heimtiere.

Vögel haben im Naturhaushalt eine Bedeutung, weil sie

- in ihrem Lebensraum (z. B. Garten, Wald, Wiese, Feld, Moor) schädliche Insekten vertilgen (biologische Schädlingsbekämpfung),
- eine natürliche Auslese durch Vertilgen kranker und überalterter Tiere vornehmen (z. B. die Greifvögel),
- Samen und Früchte von Pflanzen verbreiten.

Vögel richten aber auch Schäden an, weil sie

- die Entwicklung und das Wachstum von Bäumen und Sträuchern durch Abfressen von Knospen, jungen Trieben u. a. beeinträchtigen,
- die von Menschen auf Feldern und in Gärten ausgesäten Sämereien vertilgen.

Vögel besitzen als **Glieder von Nahrungsketten** und **Nahrungsnetzen** (↗ S. 117, 370) im Naturhaushalt große Bedeutung.

In Nahrungsnetzen (↗ S. 370), z. B. von Hecken, Wäldern, Wiesen, stellen Vögel wichtige Glieder im Stoffkreislauf (↗ S. 373) dar.

Sie tragen aber auch durch ihr oft farbenprächtiges Federkleid und durch ihren Gesang zur Freude und Erholung des Menschen bei.

Einige Vögel werden vom Menschen als **Nutztiere** gehalten, z. B. Gans, Ente, Huhn.

Vögel als Glieder einer Nahrungskette im Wald

Borkenkäfer und Fraßbild am Baumstamm → Buntspecht → Mäusebussard

Ausgewählte Gruppen von Vögeln

Die verschiedenen Vogelarten werden nach Bau und Lebensweise zu Gruppen zusammengefasst, z. B. Singvögel, Greifvögel, Eulenvögel, Hühnervögel.

Hühnervögel (ca. 262 Arten)

Hühnervögel sind vierzehige Vögel, die nach pflanzlicher oder tierischer Nahrung scharren. Sie sind schlechte Flieger, meistens Bodenbrüter und Nestflüchter.

Das noch heute in Indien und Südostchina lebende **Bankivahuhn** ist die Stammform aller Haushühner.

Wachtel

Rebhuhn

Birkhuhn ♂

Eulenvögel (ca. 144 Arten)

Eulenvögel sind Nachtraubvögel mit nach vorn gerichteten großen Augen, leistungsfähigen Ohren und kräftigem Hakenschnabel. Die Beutetiere werden verschlungen, unverdauliche Reste werden als Gewölle ausgespien. Sie sind lautlose Flieger. Alle Eulenvögel sind *geschützt*.

Waldohreule

Waldkauz

Uhu

2

- **Greifvögel** (ca. 262 Arten)

Greifvögel sind Tagraubvögel mit kräftigem Hakenschnabel und spitzkralligen Greiffüßen. Die Beutetiere werden gerissen, unverdaute Nahrungsreste werden als Gewölle ausgespien. Sie sind gute Flieger. Ihre Nester (Horste) werden hoch oben gebaut, ihre Jungen sind Nesthocker. Alle Greifvögel sind *geschützt.*

Sperber

Rotmilan

Fischadler

Die bei uns sehr häufige **Stockente** ist die Stammform unserer Hausenten.

- **Entenvögel** (ca. 148 Arten)

Entenvögel sind Schwimmvögel mit breitem Schnabel mit Hornlamellen sowie Schwimmhäuten zwischen den Vorderzehen. Zu ihnen gehören Schwäne, Gänse, Enten und Säger. Sie sind gute Schwimmer, können aber auch gut fliegen. Ihre Nahrung sind Wasserpflanzen, Getreide, Würmer, Gräser, Insekten, Fische, Weichtiere. Die Jungen sind Nestflüchter.

Stockenten (l. Männchen, r. Weibchen)

Kanada-Gans

Höckerschwan

Viele Vogelarten werden als **Stubenvögel** gehalten, z. B. Wellensittiche, Kanarienvögel, Nymphensittiche.

- **Sperlingsvögel** (Untergruppe Singvögel, ca. 4000 Arten)

Singvögel zeigen ein sehr verschiedenes Aussehen und sind von unterschiedlichster Größe. Infolge des besonderen Baues des unteren Kehlkopfes besitzen sie einen Stimmapparat und können singen. Sie sind vor allem Baumbewohner, wenige leben am Boden. Unter ihnen gibt es Insekten-, Körner- und Allesfresser. Die Jungen sind Nesthocker.

Buchfink

Amsel

Kohlmeise

2.17.5 Säugetiere

Die Säugetiere bilden die am höchsten entwickelte Gruppe der Wirbeltiere. Sie umfasst mehr als 4500 Arten, die weltweit verbreitet sind. Zu den Wirbeltieren gehört auch der Mensch. Körpergröße, Gestalt und Lebensweise der Säugetiere sind sehr vielfältig.

Bau der Säugetiere

> **Säugetiere** sind durch Lungen atmende **gleichwarme Wirbeltiere,** deren Haut mit **Haaren** bedeckt ist. Sie bringen lebende Junge zur Welt, die durch **Säugen** eines Milchdrüsensekrets ernährt werden. Zahlreiche **Organsysteme** erfüllen bestimmte Aufgaben.

Das **Verdauungssystem** versorgt durch Umwandlung der Nahrung in aufnehmbare Nährstoffbestandteile den Körper mit organischen Stoffen. Das **Atmungssystem** regelt durch Austausch der Atemgase die Versorgung der Zellen mit Sauerstoff.
Das **Ausscheidungssystem** entfernt Stoffwechselendprodukte und unverdauliche Reste aus dem Körper. **Blut** und **Blutkreislauf** transportieren Stoffe im Körper. Die **Sinnesorgane** nehmen Reize aus der Umwelt auf. Das **Nervensystem** leitet Erregungen zu allen Teilen des Körpers, verarbeitet sie im Gehirn, bewirkt die Reaktionen auf die Reize und steuert alle Lebensprozesse.

Innere Organe eines Hunds (Schema)

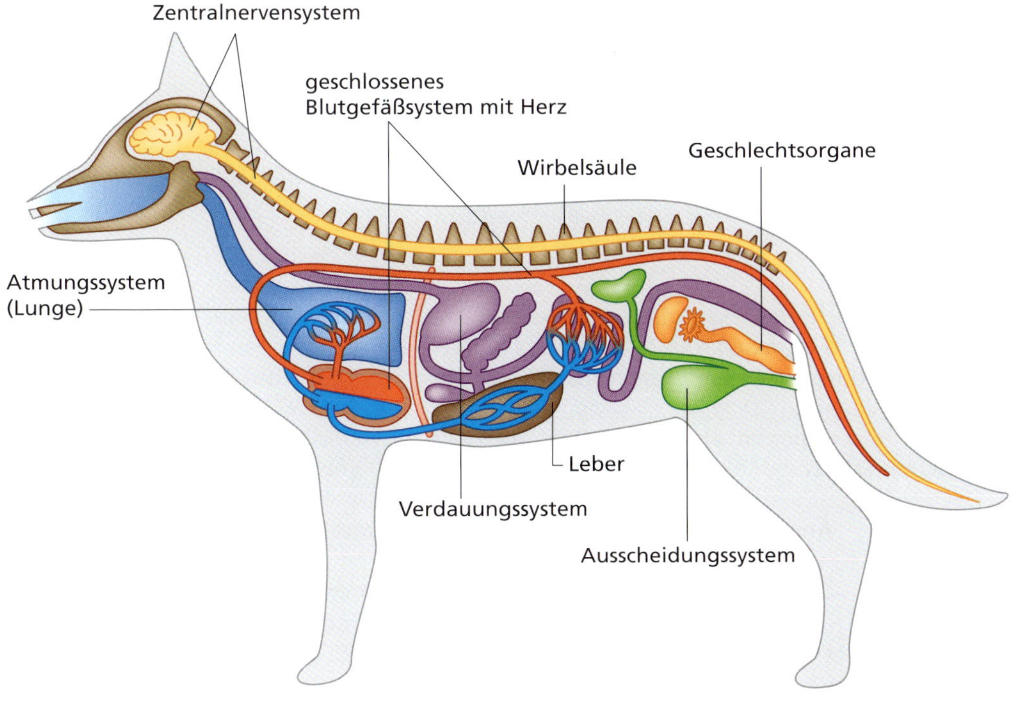

2

Skelett einer Katze

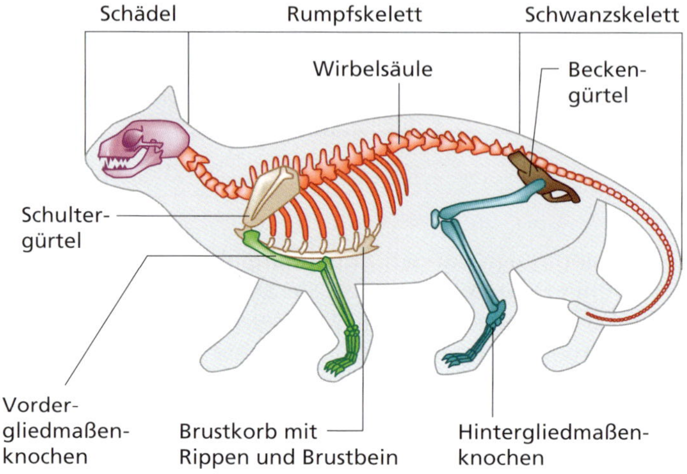

Einige Säuger, z. B. **Hausschwein** und Mensch, haben nur wenige Haare.

Fell der Säugetiere

Säugetiere haben eine trockene **Haut** mit **Haaren,** ein **Fell.** Es werden im Fell weiche **Wollhaare** und derbere **Grannenhaare** unterschieden. Der Aufbau des Fells ändert sich mit den Jahreszeiten. Im **Sommerfell** überwiegen die Grannenhaare, im **Winterfell** findet man zusätzliche Wollhaare.

Wildschweinfell (Sommerfell) | **Wildschweinfell** (Winterfell) | **Schaffell**

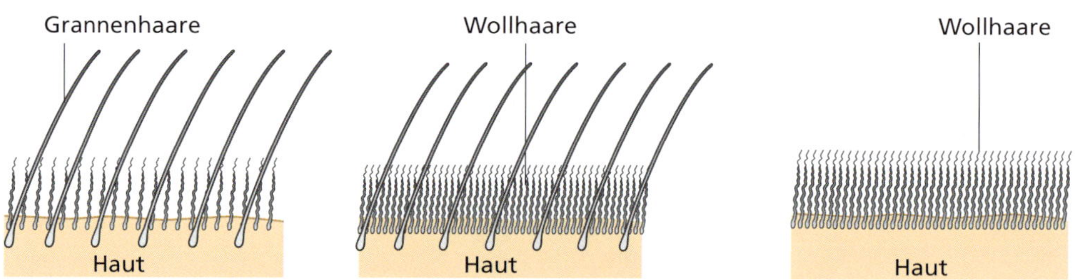

Auf der Haut wachsen lange glatte Haare weniger dicht, die sich derb anfassen, die Grannenhaare. Zwischen ihnen befinden sich kurze gekräuselte, weiche Haare, die Wollhaare.
Die Grannenhaare dienen als Nässeschutz und zum mechanischen Schutz.

Auf der Haut sind viele wollig weiche Haare dicht nebeneinander angeordnet. Die Haare sind kurz und gekräuselt. Es sind die Wollhaare. Sie schützen gegen Kälte.

Angepasstheit der Säugetiere an ihre Umwelt

Die ursprünglich mit fünf Zehen versehenen Gliedmaßen bei vielen Säugetieren sind in Angepasstheit an bestimmte **Fortbewegungsarten** in verschiedenen Lebensräumen umgebildet. Es werden **Sohlen-, Zehen-** und **Spitzengänger** unterschieden.

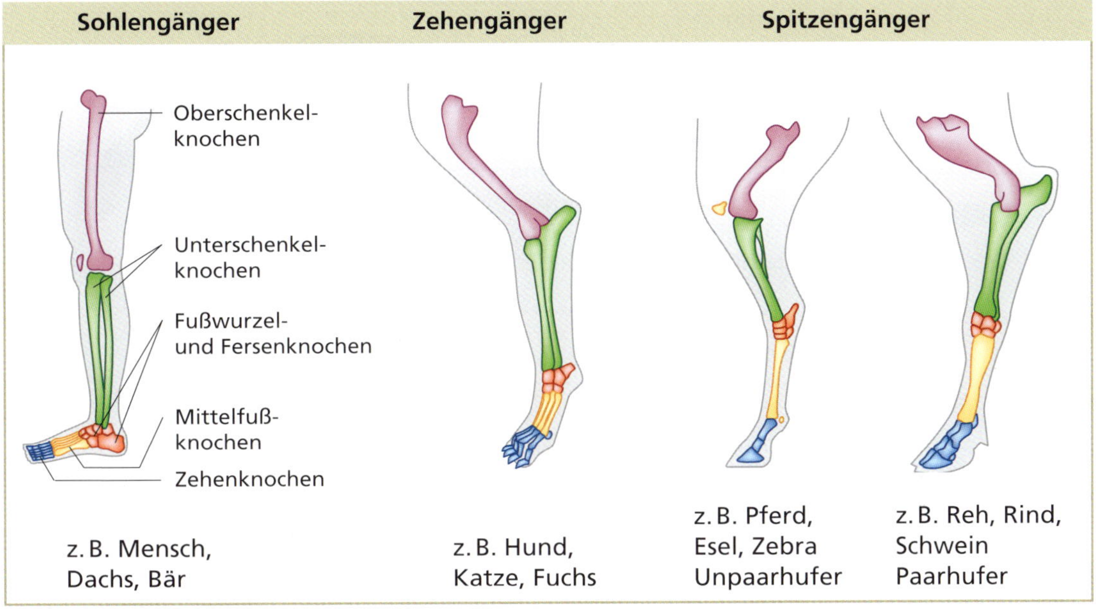

Speziell angepasste Formen leben im Boden (z. B. Maulwurf), im Wasser (z. B. Delfin), auf Bäumen (z. B. Eichhörnchen) und haben sogar den Luftraum erobert (z. B. Fledermaus).

Maulwurf

Umbildung der Vordergliedmaßen zu Schaufeln zum *Graben im Boden* – Unterarm kurz, Hände schaufelförmig mit langen Krallen

Maximale Geschwindigkeit einiger Tiere:

Schwimmen (km/h)
Delfin 12
Forelle 3

Laufen (km/h)
Antilope 7
Hauskatze 48
Gepard 120

Fliegen (km/h)
Biene 29
Fledermaus 50

Fledermaus

Umbildung der Vordergliedmaßen zu Hautflügeln *zum Fliegen* – Mittelhand- und Fingerknochen verlängert, Flughaut zwischen den Fingern bis zu den Schwanzknochen, frei sind Füße und Daumen

Legende:
- Oberarmknochen
- Unterarmknochen
- Handwurzelknochen
- Mittelhandknochen
- Fingerknochen

Delfin

Umbildung der Vordergliedmaßen zu Flossen *zum Schwimmen im Wasser,* die Hintergliedmaßen sind zu einigen im Körper liegenden Knochenresten rückgebildet.

Eichhörnchen

Kräftige Hinterbeine *zum Springen,* scharf gebogene Krallen an Vorder- und Hinterbeinen *zum Erfassen der Zweige, zum Laufen und Klettern;* langer, buschig behaarter Schwanz als Steuerruder und Luftbremse

Atmung der Säugetiere

Die Säugetiere und der Mensch haben im Sommer wie im Winter die gleiche **Körpertemperatur,** sie sind gleichwarm.

Säugetiere atmen mit einer **Lunge,** die aus zahlreichen dünnwandigen **Lungenbläschen** besteht. Blutgefäße umgeben wie ein Netz die Lungenbläschen. Zwischen Blutkapillaren und Lungenbläschen findet der **Gasaustausch** von Kohlenstoffdioxid und Sauerstoff statt (↗ S. 194).

Weg des Sauerstoffs in den Säugetierkörper

Der Sauerstoff gelangt über die Mundhöhle und Luftröhre in die Lunge. Dort findet der Gasaustausch statt. Der Sauerstoff gelangt mit dem Blut in alle Teile des Körpers.

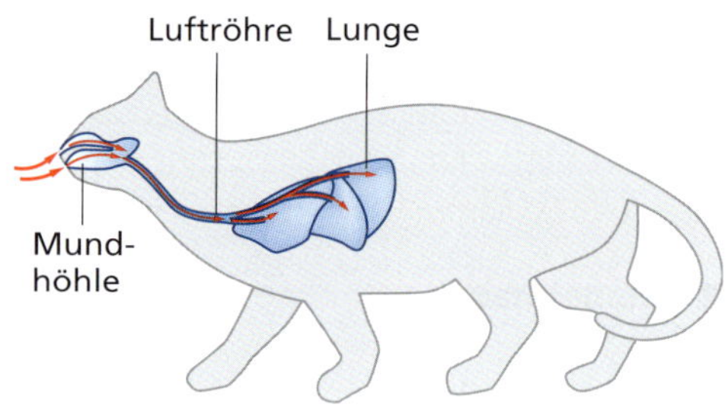

Weg des Kohlenstoffdioxids aus dem Säugetierkörper

Das Kohlenstoffdioxid wird mit dem Blut in die Lunge transportiert. Dort findet der Gasaustausch statt.
Das Kohlenstoffdioxid gelangt über die Luftröhre in die Mundhöhle und wird ausgeatmet.

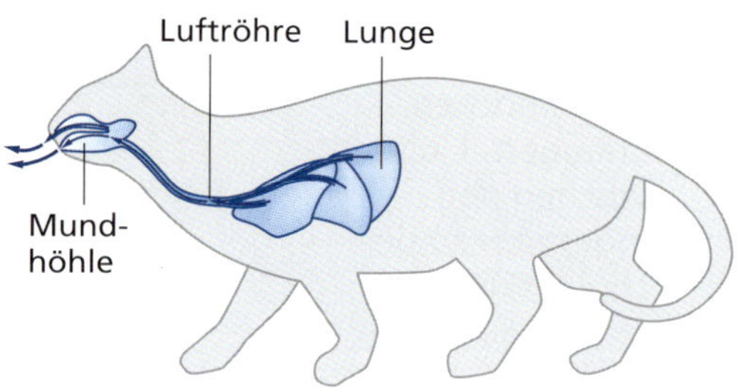

Ernährung der Säugetiere

> Das Gebiss der Säugetiere enthält Schneide-, Eck- und Backenzähne.

Angepasst an eine unterschiedliche Ernährungsweise – insbesondere in Bezug auf die Art der Nahrung und Nahrungsaufnahme – haben sich unterschiedliche **Gebisstypen** herausgebildet. Die Säugetiere werden entsprechend der Art der aufgenommenen Nahrung in **Allesfresser, Fleischfresser** und **Pflanzenfresser** eingeteilt.

Pflanzenfressergebisse
Nagergebiss: im Ober- und Unterkiefer je zwei ständig nachwachsende lange, gebogene, meißelförmige Schneidezähne zum Nagen; Eckzähne fehlen, breite Backenzähne zum Zermahlen der Nahrung (z. B. Nutria)
Wiederkäuergebiss: Oberkiefer mit Knorpelplatte (z. B. Hausrind)

Die Pflanzenfresser haben einen längeren Darm als die Fleischfresser, z. B. Hund (5 m), Ziege (32 m).

Nutria

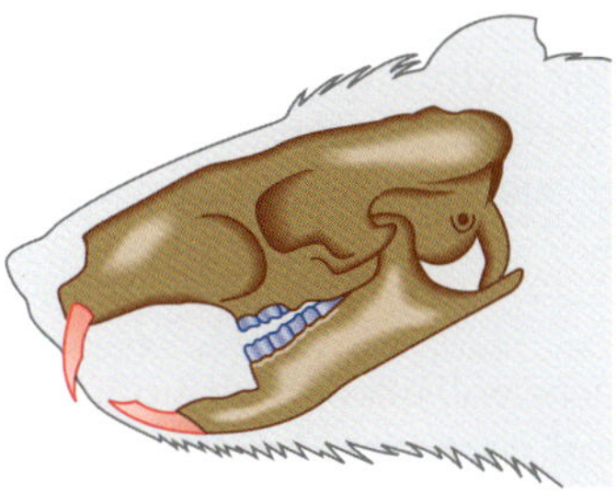

Hausrind

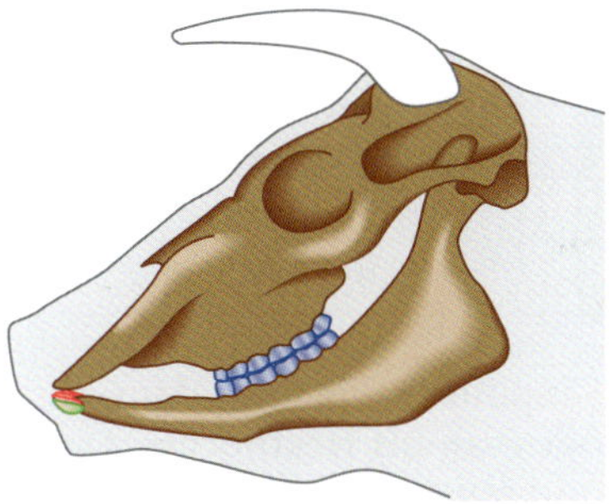

Der **Magen der Wiederkäuer,** z. B. Rind, besteht aus Pansen, Netzmagen, Blättermagen und Labmagen.

Fleischfressergebisse
Raubtiergebiss: meißelförmige Schneidezähne; große, spitze, etwas gebogene Eckzähne zum Ergreifen, Festhalten und Töten der Beute; breite Backenzähne zum Zerbeißen und Zerquetschen der Nahrung; großer Reißzahn (Backenzahn) zum Zerreißen der Nahrung (z. B. Hauskatze)
Insektenfressergebiss: alle Zähne sind spitz und scharf (z. B. Igel)

Katze

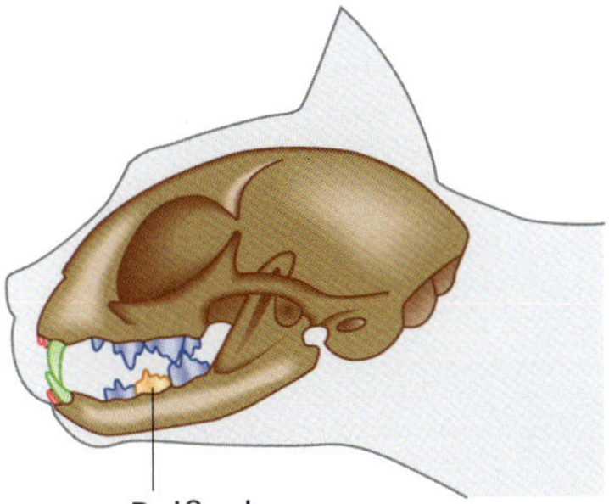

Igel

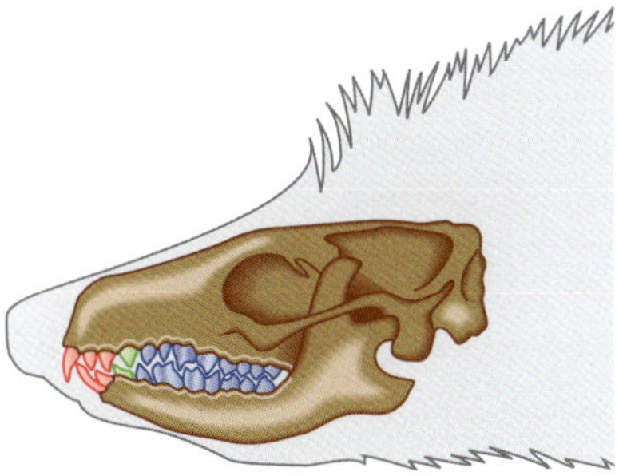

Legende:
- Backenzähne
- Eckzähne
- Schneidezähne

Allesfressergebisse
Kleine Schneidezähne zum Ergreifen und Festhalten der Nahrung, größere Eckzähne, breite Backenzähne zum Kauen und Zerquetschen der Nahrung

Beim Menschen unterscheidet man das Milchgebiss und das Dauergebiss (↗ S. 140).

Wildschwein

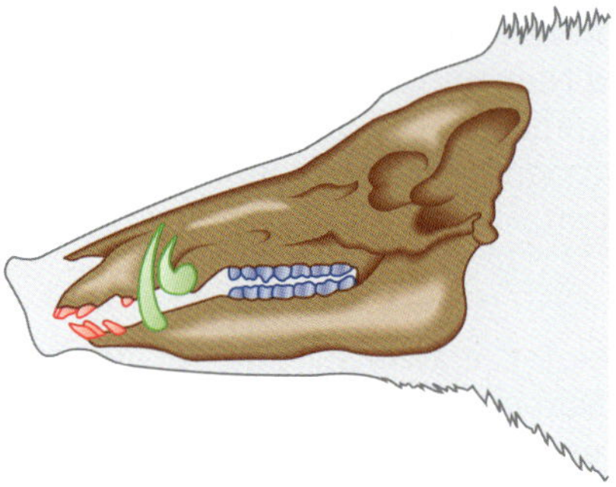

Mensch

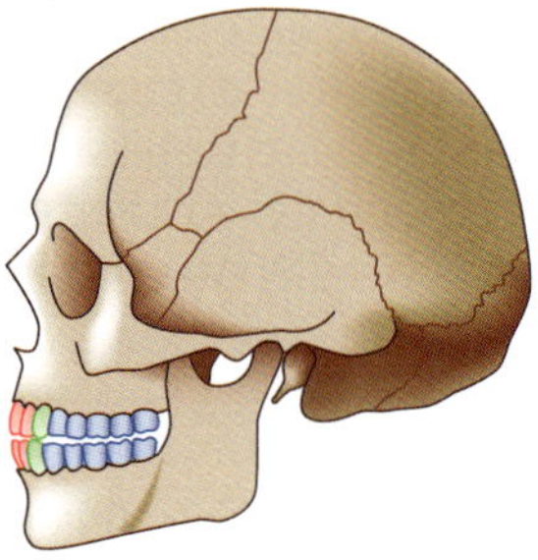

Fortpflanzung und Entwicklung der Säugetiere

Bei Säugetieren gibt es die **innere Befruchtung** (↗ S. 229). Die Entwicklung der Jungen erfolgt geschützt im Mutterleib. Die Jungen werden geboren. Nach der **Geburt** werden die Jungen von der Mutter **gesäugt.** Sie sind **Säugetiere.**

Säugetiere, die nach der Geburt noch nicht voll entwickelt sind, bezeichnet man als **Nesthocker.** Die Jungen sind nach der Geburt blind, nackt und hilflos, eine Behaarung ist kaum vorhanden.
Beispiele: Hamster, Kaninchen, Maus, Eichhörnchen
Säugetiere, die nach der Geburt voll entwickelt sind, bezeichnet man als **Nestflüchter.** Sie können laufen, ihr Fell ist fertig ausgebildet, ihre Augen sind geöffnet.
Beispiele: Schwein, Pferd, Schaf, Rind

Weibliche Fortpflanzungsorgane

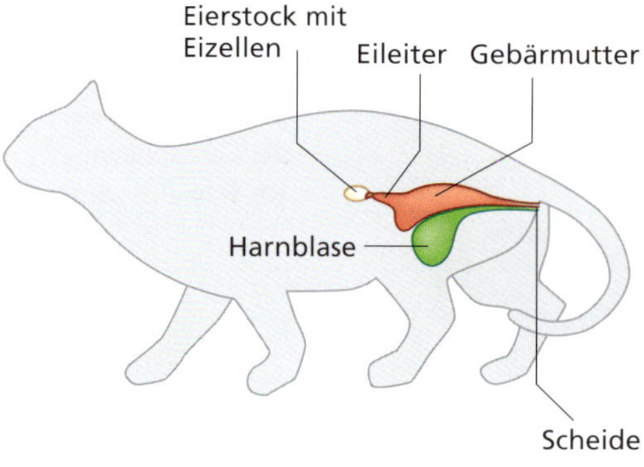

Männliche Fortpflanzungsorgane

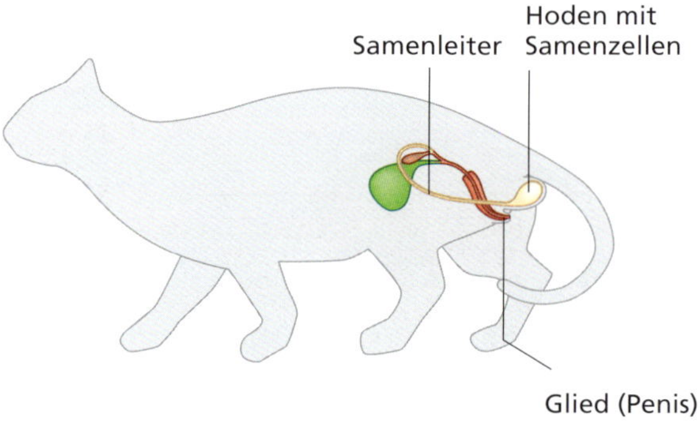

Bedeutung der Säugetiere

Der Mensch hält Säugetiere als Nutztiere und Haustiere, weil sie u. a.
- Nahrung und Rohstoffe wie Fleisch, Eier, Wolle, Knochen liefern,
- in ihrem Lebensraum Schädlinge vertilgen,
- für wichtige Tätigkeiten genutzt werden können (als Zug- und Lasttiere, als Blindenführer),
- als Heimtiere zur Freude des Menschen gehalten werden können.

Säugetiere werden als **Heimtiere** gehalten, z. B. Meerschweinchen, Goldhamster.

Rinder liefern Milch, Knochen, Fleisch.

Hausschafe liefern Wolle, Felle, Fleisch, Milch.

Säugetiere werden als **Nutztiere** gehalten, z. B. Ziege, Schaf, Rind, Schwein. Nutztiere werden oft in großer Anzahl in sehr großen Ställen gehalten. Diese Form der Haltung wird Massentierhaltung genannt.

Säugetiere können auch Schaden anrichten, weil sie u. a.
- Nahrungsvorräte fressen und Holz zernagen,
- Krankheitserreger wie Tollwut u. a. übertragen.

Ausgewählte Gruppen von Säugetieren

Zu den Säugetieren gehören u. a. die Insektenfresser, Fledermäuse, Hasentiere, Nagetiere, Raubtiere, Robben, Paarhufer und Wale. Da sie alle Lebensräume bewohnen, haben sie eine große Gestaltenfülle und verschiedene Formen der Angepasstheit entwickelt.

Insektenfresser (ca. 370 Arten)

Es sind kleine Säugetiere mit rüsselartig verlängerter Nase, lückenlosem Gebiss aus kleinen spitzen Zähnen. Ihre Nahrung sind vorwiegend Würmer, Insekten, Schnecken, kleine Wirbeltiere.

CARL VON LINNÉ schuf ein künstliches System, um Ordnung in die Vielfalt von Pflanzen und Tieren zu bringen.

Maulwurf

Igel

Nagetiere (ca. 3 000 Arten)

Es sind kleine bis mittelgroße Tiere. Im Gebiss besitzen sie im Ober- und Unterkiefer je zwei kräftige, meißelartig geformte Schneidezähne („Nagezähne"), die ständig nachwachsen. Sie sind meistens Pflanzenfresser (↗ S. 123).

Eichhörnchen

Biber

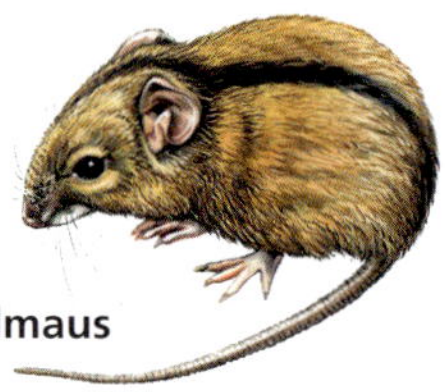

Brandmaus

Feld-Hamster

Feld-Hamster und Biber gehören zu den gefährdeten Arten.

Raubtiere (ca. 250 Arten)

Es sind kleine bis große Tiere. Das Gebiss enthält dolchartige Eckzähne und Reißzähne (↗ S. 123). Sie besitzen Zehen mit Krallen. Raubtiere sind meistens Fleischfresser.
Unter den Raubtieren gibt es tagaktive Tiere (z. B. Wolf, Hund) und nachtaktive Tiere (z. B. Katze, Dachs). Die Sinnesorgane, besonders Geruchs-, Gehör- und Lichtsinnesorgane, sind gut entwickelt.

Der gemeinsame Vorfahre aller uns heute bekannten Hunderassen ist der **Wolf.**

Wolf

Luchs

Seehund

Dachs

Huftiere (ca. 180 Arten)

Die Tiere besitzen **Hufe** aus Horn. Sie sind **Spitzengänger** (↗ S. 121). Die Endglieder einer oder mehrerer Zehen sind von einem schuhförmigen Horngebilde der Haut, dem Huf, umgeben. Man unterteilt die Huftiere in **Paarhufer** und **Unpaarhufer.**

In Deutschland gibt es derzeit ca. 100 Säugetierarten. Davon sind fünf Arten vom Aussterben bedroht und 12 Arten stark gefährdet. Deshalb stehen auch einige **einheimische Säugetierarten unter Naturschutz.**

Unpaarhufer (ca. 17 Arten)
Meist große, langbeinige, sehr lauf- und springtüchtige Tiere, die mit einem Huf auftreten (Mittelzehe oder dritter Zehenspitze); Pflanzenfresser

Zebra

Nashorn

Pferd

Esel

Paarhufer (ca. 154 Arten)
Tiere treten mit zwei Hufen auf (Spitzen der 3. und 4. Zehe); Pflanzenfresser; Wiederkäuer (Familie Hirsche, Giraffen, Kamele, Rinderartige) und Nichtwiederkäuer (Familie Schweine, Flusspferde)

Gämse

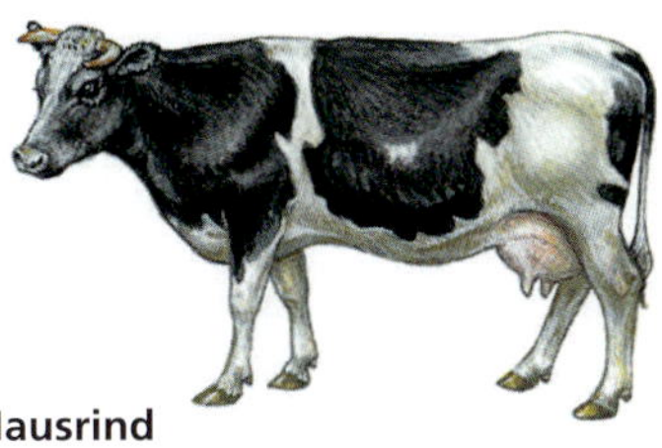
Hausrind

Wildschwein

Reh

Vielfalt der Tiere

Die Bestandsaufnahme der Tiere, aber auch der Bakterien, Algen, Pilze und Pflanzen, auf unserem Planeten ist nicht abgeschlossen. Man nimmt an, dass es derzeit etwa 20 Millionen Arten von Lebewesen gibt.

■ Neben den vielen unterschiedlichen Merkmalen von Tieren, z. B. Gestalt, Größe, Fortbewegung, Atmung, Färbung, gibt es auch viele übereinstimmende Merkmale. Durch diese ist es möglich, Tiere in Gruppen zu ordnen, z. B. in tierische Einzeller, wirbellose Tiere und Wirbeltiere.

Tierische Einzeller („Urtierchen“)

- **Wurzelfüßer** · Amöbe
- **Wimpertierchen** · Pantoffeltierchen

Wirbellose Tiere

Nesseltiere (Hohltiere)
- Polypen
  - Süßwasserpolyp
- Quallen
  - Ohrenqualle
- Korallen
  - Edelkoralle

Plattwürmer
- Strudelwürmer
  - Planarie
- Saugwürmer
  - Leberegel
- Bandwürmer
  - Hundebandwurm

Rundwürmer
- Fadenwürmer
  - Spulwurm
  - Trichine
  - Madenwurm

Ringelwürmer
- Vielborster
  - Wattwurm
- Wenigborster
  - Regenwurm
- Egel
  - Blutegel

Gliederfüßer
- Spinnentiere
  - Kreuzspinne
- Krebstiere
  - Flusskrebs
- Insekten
  - Honigbiene

Weichtiere
- Schnecken
  - Weinbergschnecke
- Muscheln
  - Miesmuschel
- Kopffüßer
  - Gemeiner Kalmar

Wirbeltiere

Fische *(Pisces)*

Lurche *(Amphibia)*

Kriechtiere *(Reptilia)*

Vögel *(Aves)*

Säugetiere *(Mammalia)*

Der Mensch 3

3

3.1 Das Stütz- und Bewegungssystem

Als einziges Lebewesen hat der Mensch einen aufrechten Gang. Seine Bewegungen reichen vom einfachen Gehen und Laufen bis zu komplizierten Tätigkeiten bei Arbeit, Sport und Spiel. Die Bewegungen kommen durch das Zusammenspiel von Muskeln und Knochen zustande.

Das Stütz- und Bewegungssystem besteht aus **Knochen, Gelenken** und **Muskeln.** Sie geben dem Körper Halt und Beweglichkeit.

3.1.1 Das Stützsystem

Das **Skelett des Menschen** besteht aus etwa 220 Knochen.

Das Skelett des Menschen

Das Skelett des Menschen besteht aus vielen Einzelteilen. Es lassen sich drei Abschnitte unterscheiden: **Kopfskelett (Schädel), Rumpfskelett** und **Gliedmaßenskelett.** Hauptstütze ist die **Wirbelsäule.**

Der **Schädel** ist gegliedert in Hirnschädel und Gesichtsschädel.

Der **Schultergürtel** besteht aus Schulterblatt und Schlüsselbein, der **Beckengürtel** aus Darmbein und Sitzbein.

Zum **Rumpfskelett** gehören die Wirbelsäule, der Brustkorb, der Schultergürtel und der Beckengürtel.

Überblick über das Skelett des Menschen

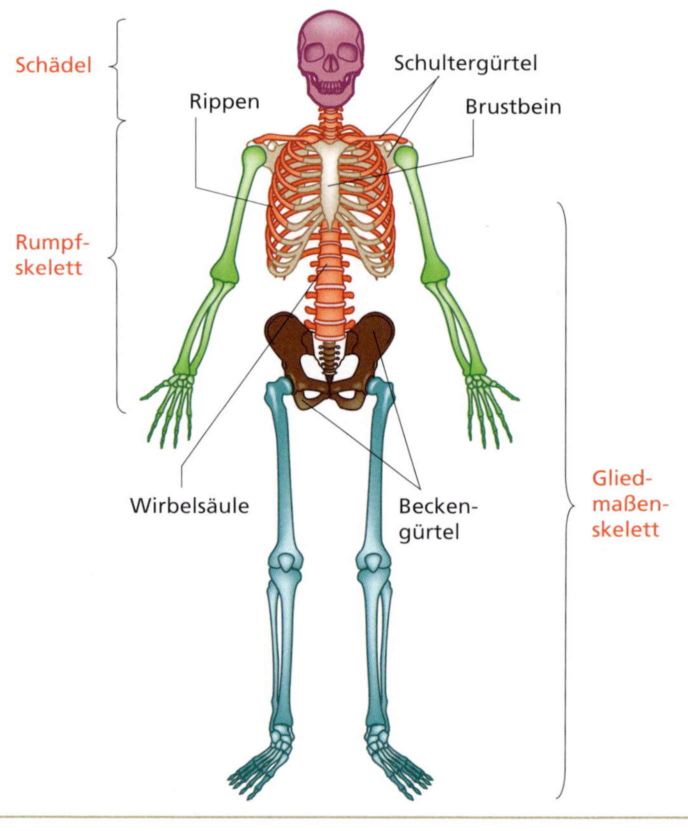

Wirbelsäule und Wirbel

Hauptstütze des Skeletts ist die doppel-S-förmig gekrümmte **Wirbelsäule.** Sie besteht aus 34 Wirbeln, die durch elastische Bandscheiben (Zwischenwirbelscheiben) abgefedert sind. Geschützt im Wirbelkanal verläuft das Rückenmark, der Hauptstrang unseres Nervensystems (↗ S. 169).

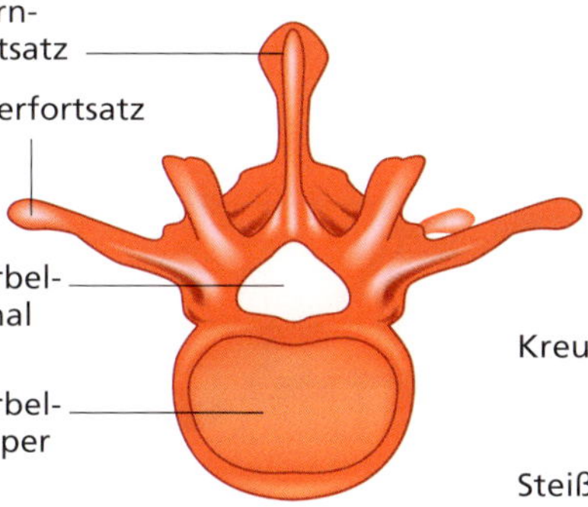

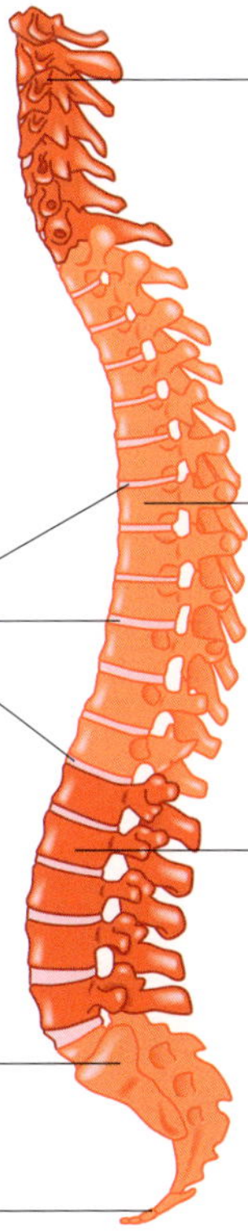

Durch Überlastung, Haltungsfehler und Alterungsvorgänge kann es zu Verlagerung und Schäden der Bandscheiben, z. B. **„Bandscheibenvorfall"**, und zu Verformungen der Wirbelsäule kommen (↗ S. 136).

Gliedmaßenskelett

Das Gliedmaßenskelett umfasst **Handskelett** und **Armskelett** sowie **Fußskelett** und **Beinskelett.**

Hand- und Armskelett

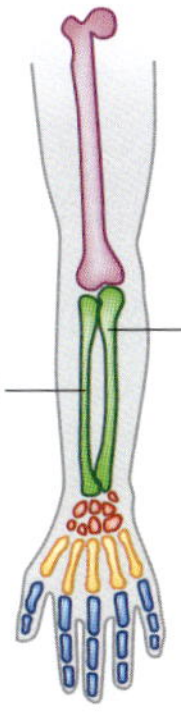

Beim **Handskelett** sind die Knochen sehr beweglich miteinander verbunden; am beweglichsten ist der Daumen.

Fuß- und Beinskelett

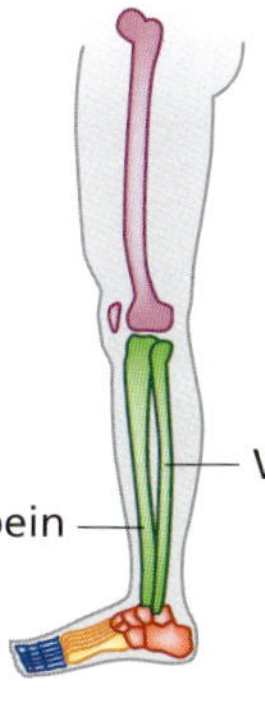

Beim **Fußskelett** bilden die Knochen die gewölbte Stütze des Körpers für das Gehen, Stehen und Laufen.

Die Belastbarkeit der Knochen nimmt bei älteren Menschen ab. Es erfolgt ein Abbau der Knochensubstanz **(Osteoporose).** Das kann zu Skelettverformungen führen und Knochenbrüche begünstigen.

Legende:
- Oberarm- / Oberschenkelknochen
- Unterarm- / Unterschenkelknochen
- Hand- / Fußwurzelknochen
- Mittelhand- / Mittelfußknochen
- Finger- / Zehenknochen

3

Bau und Bestandteile der Knochen

Die lang gestreckten stabförmigen **Röhrenknochen** dienen als bewegliche Stützpfeiler, insbesondere für die Arme und Beine. Dagegen sind **Plattenknochen** durch Nähte fest miteinander verwachsen, z. B. Schädelknochen als Schutzkapsel für das Gehirn, Beckenknochen als Stützschale für die Bauchorgane.

Die **Bestandteile der Knochen** können chemisch untersucht werden.

Unsere Knochen werden durch Druck, Zug und Biegung belastet. Sie müssen hart, fest und auch elastisch sein. Die Knochensubstanz besteht aus zwei Komponenten:
- einer gallertig-faserigen Grundmasse von Eiweißstoffen („Knochenleim" oder Kollagen); dieser organische Bestandteil gibt dem Knochen seine Elastizität, seine Biegsamkeit und Zugfestigkeit;
- im Kollagen eingelagerten Mineralstoffen, hauptsächlich Calciumsalzen; diese anorganischen Bestandteile geben dem Knochen seine Härte und Druckfestigkeit.

Bau eines Röhrenknochens

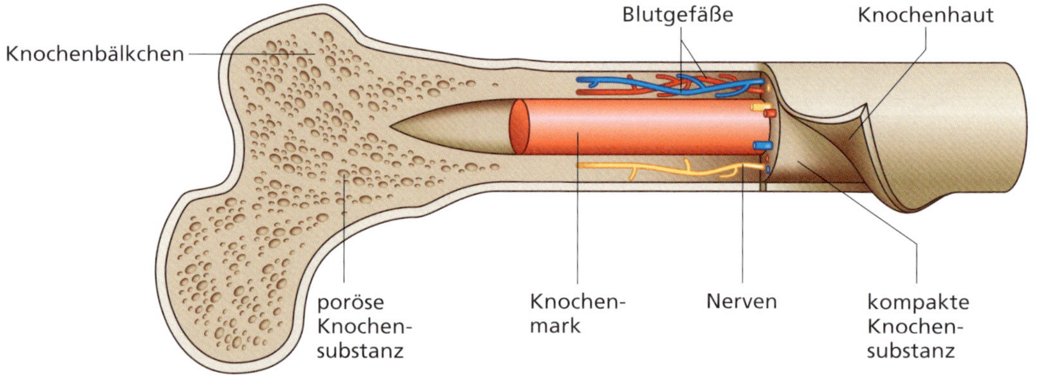

Ausgeglühte Knochen sind spröde und brüchig. Sie bestehen nur noch aus Mineralstoffen („Knochenasche").

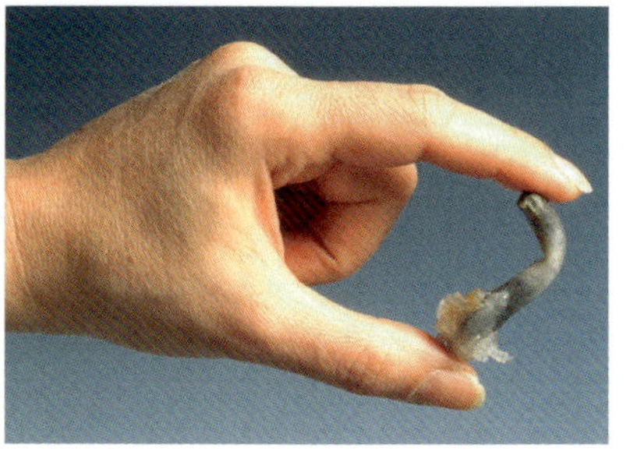

Knochen werden in verdünnter Salzsäure weich und biegsam. Sie bestehen nur noch aus „Knochenleim".

Bau der Gelenke und Gelenkformen

Gelenke sind bewegliche Verbindungen zwischen Knochen. Sie ermöglichen eine Vielfalt von Bewegungen der Körperteile.

▶ Die gegeneinander beweglichen Knochen werden durch die Bänder der Gelenkkapsel zusammengehalten.

Bau eines Gelenks (Schema)

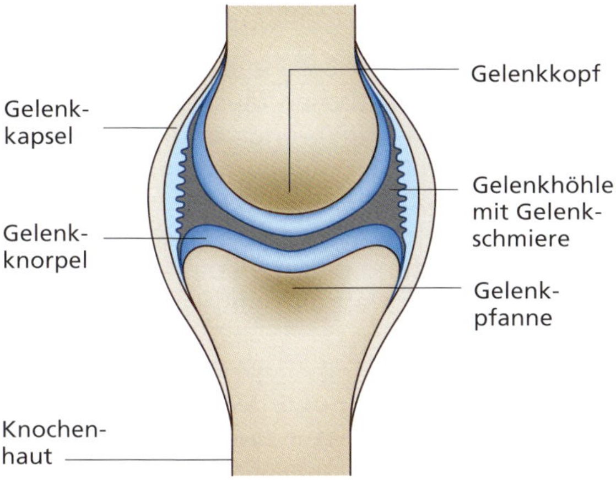

▶ Die Innenflächen der **Gelenke** sind mit Knorpel und Schleimhaut überzogen, welche Gelenkschmiere absondert. Größere Gelenke besitzen spezielle Knorpelpuffer und Schleimbeutel, die bei Überlastung verletzt werden oder sich entzünden können.

Es gibt verschiedene **Gelenkformen.** Je nach Gelenkform sind nur bestimmte Bewegungsrichtungen möglich.

Kugelgelenke

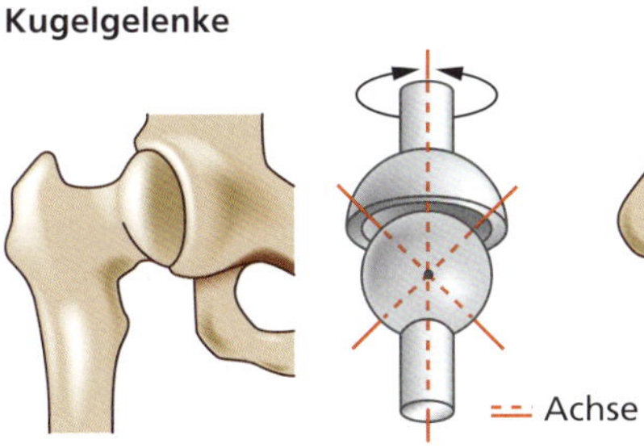

Bewegungen um drei Achsen

Scharniergelenke

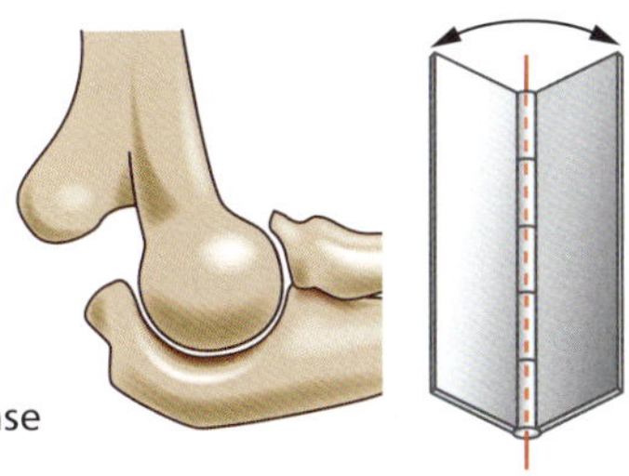

Bewegungen um eine Achse

Sattelgelenke

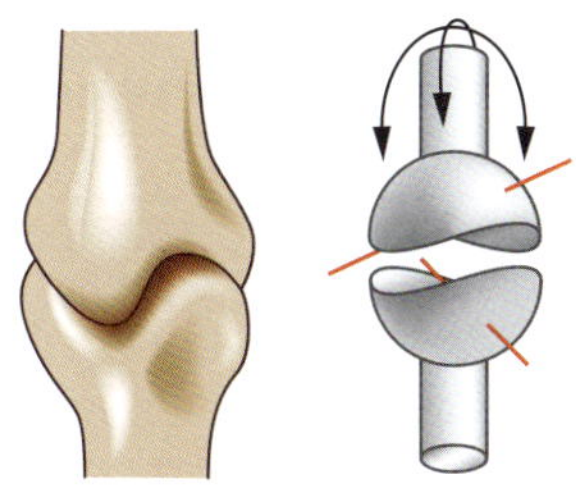

Bewegungen um zwei Achsen

Hüftgelenk, Schultergelenk

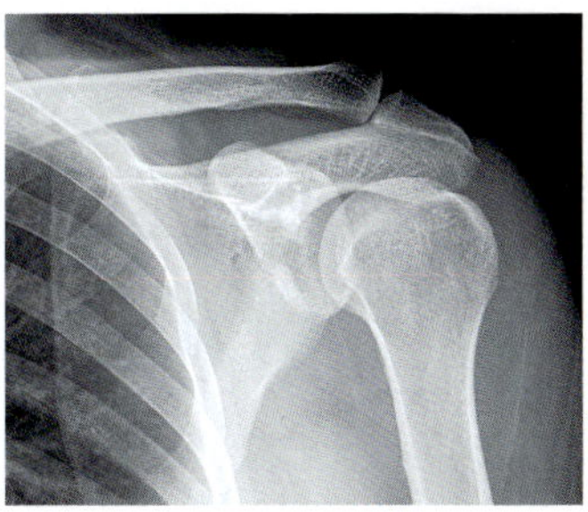

Ellbogengelenk, Fingergelenke

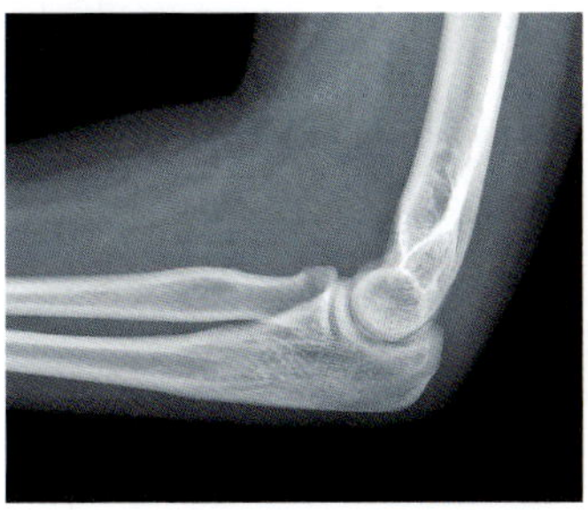

Grundgelenk des Daumens

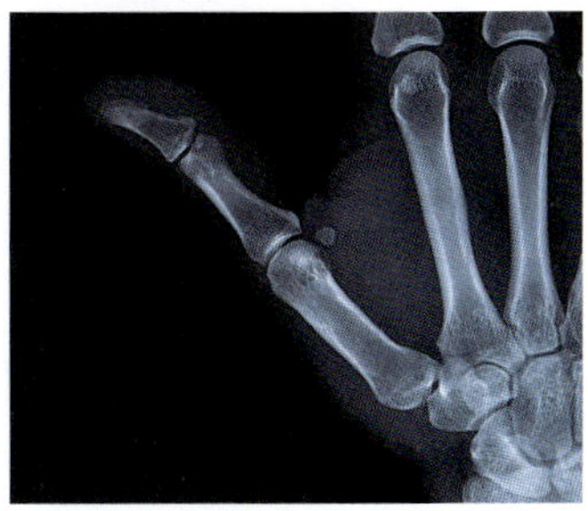

3.1.2 Das Bewegungssystem

Die Muskulatur

Die **Herzmuskulatur** ist quer gestreift, arbeitet aber langsamer und automatisch, ähnlich wie die glatte Muskulatur.

Die Aufgabe der Muskulatur ist die Bewegung der Knochen **(Skelettmuskulatur),** aber auch die Bewegung der inneren Organe, z. B. Magen, Darm, Blutgefäße, Gebärmutter **(Eingeweidemuskulatur).**

Der Mensch besitzt etwa 400 größere und kleinere Skelettmuskeln. Sie bestehen aus vielen feinen elastischen **Muskelfasern,** welche durch Bindegewebe zu Faserbündeln angeordnet sind. Alle Faserbündel eines Muskels werden durch eine **Muskelbinde** zusammengehalten und durch **Sehnen** an den Knochen befestigt.
Die Bewegung beruht auf **Kontraktion** und **Erschlaffen** der Muskelfaserzellen. Für diese Arbeitsleistung beziehen die Muskeln über Blutgefäße energiereiche Stoffe aus der Nahrung und Sauerstoff aus der Atmung (↗ S. 202).

Nach dem anatomischen Feinbau und der Funktion unterscheidet man quer gestreifte und glatte Muskulatur sowie Herzmuskulatur.

Glatte Muskulatur
Tätigkeit: langsam, ausdauernd, unabhängig von unserem Willen
Vorkommen: Eingeweidemuskulatur

Quer gestreifte Muskulatur
Tätigkeit: schnell, leicht ermüdend, von unserem Willen beeinflussbar
Vorkommen: Skelettmuskulatur

Glatte Muskulatur der Darmwand

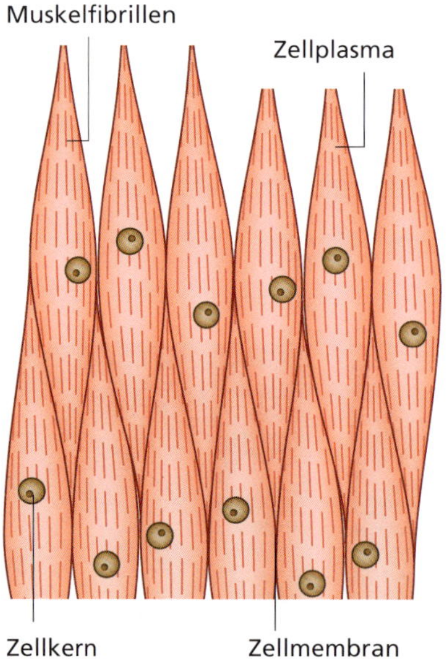

Bau eines Skelettmuskels am Oberarm

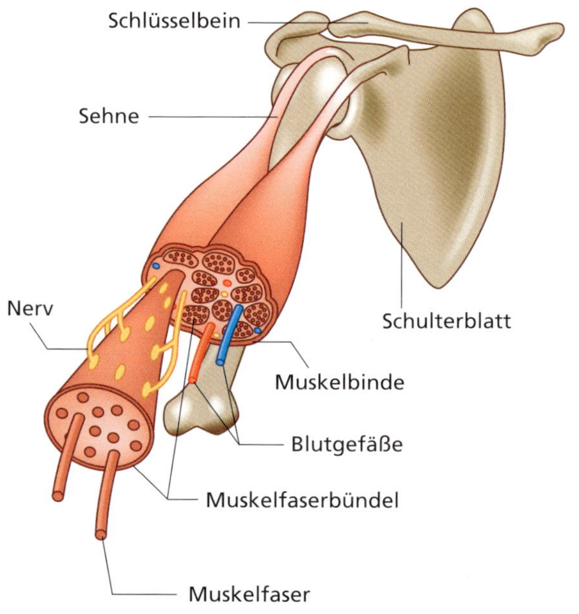

Übersicht über die Skelettmuskeln des Menschen

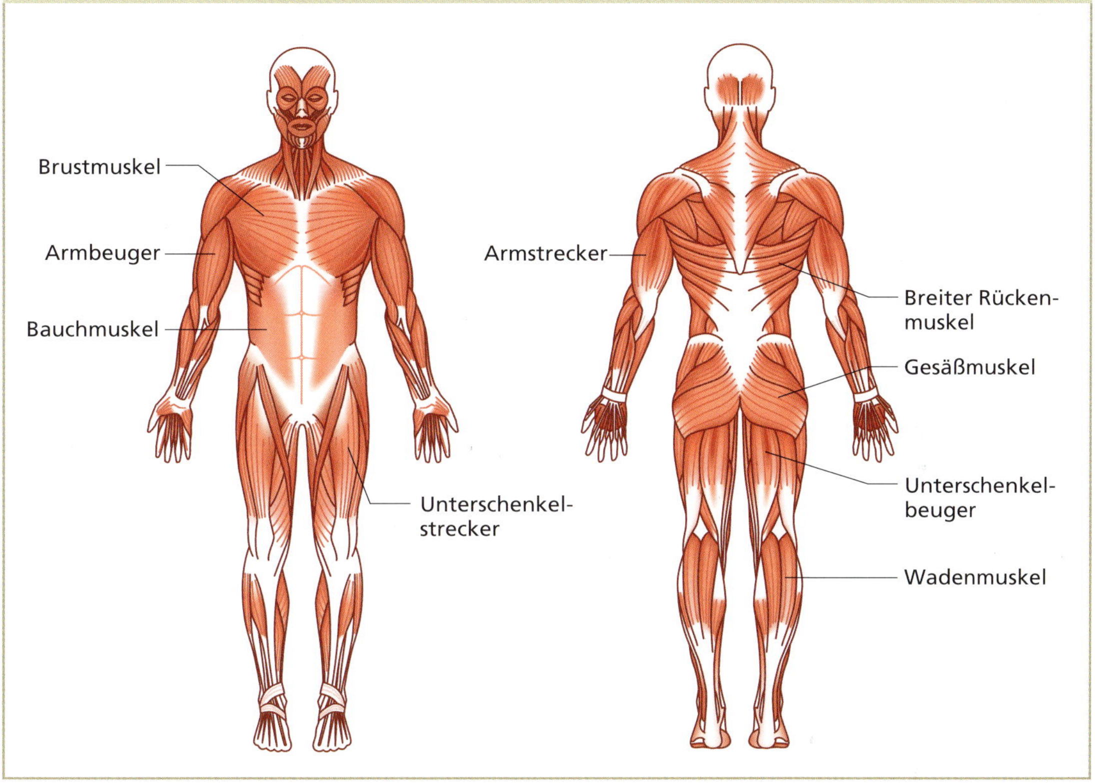

Zur Bewegung der Körperteile sind mindestens zwei, oft mehrere Muskeln notwendig. Sie arbeiten miteinander oder im Wechsel gegeneinander. Wirken sie gegeneinander, dann wirken die einen Muskeln als **Beuger,** die anderen als **Strecker.** Sie sind **Gegenspieler** (z. B. Armbeuger, Armstrecker).

Gegenspieler werden als **Antagonisten** (↗ S. 167) bezeichnet.

Bewegung von Armbeuger und Armstrecker

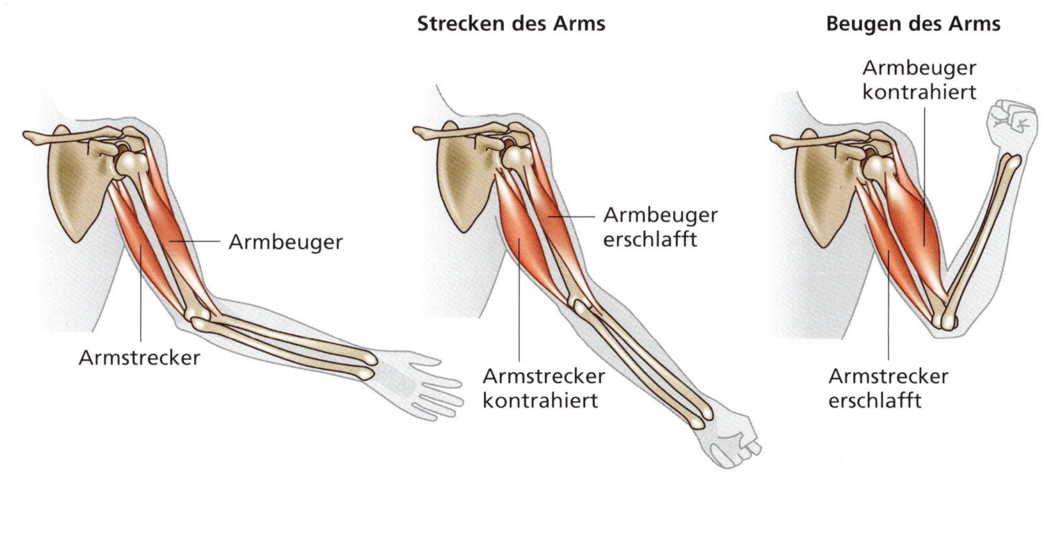

3

Gesunderhaltung des Stütz- und Bewegungssystems

Zu den **Fußschäden** gehören Hornschwielen, Hühneraugen, Zehenverkrümmungen und Fußdeformationen wie Platt-, Spreiz- und Knickfuß.

Bewegung und Sport erhalten und fördern die Gesundheit:
- halten Muskeln und Gelenke beweglich,
- fördern Atmung, Herz und Kreislauf,
- helfen Übergewicht zu vermeiden und eine gute Körperfigur aufzubauen.

Bei sportlichen Betätigungen sollten *Regeln* beachtet werden:
- Regelmäßig Sport treiben (2- bis 3-mal wöchentlich).
- Passende Sportart mit persönlichem Programm wählen.
- Belastung und Dauer der sportlichen Übungen allmählich steigern.
- Zu große Überanstrengungen vermeiden.
- Passende Kleidung und richtiges Schuhwerk tragen.

Anzeichen für solche Verletzungen sind starke Schmerzen, Bewegungsunfähigkeit, Schwellungen und Blutergüsse. **Erste-Hilfe-Maßnahmen** sind: ruhigstellende Halte- und Stützverbände, kalte Umschläge (Eisbeutel).

Skelett und Muskulatur bestimmen durch ihr Zusammenwirken unsere aufrechte Körperhaltung. Bewegungsmangel, langes Sitzen, schlechte Haltungsgewohnheiten können schon im Schulalter zu schlaffer Körperhaltung oder **Haltungsschwäche** führen. Das lässt sich durch orthopädische Gymnastik, Schwimmen und Laufen korrigieren. Wenn nicht, entwickeln sich daraus dauerhafte **Haltungsschäden** wie Wirbelsäulenverkrümmung (Rund-, Hohl-, Schiefrücken) mit Schmerzen und Versteifungen in der Hals-, Brust- und Lendenregion.
Das Tragen von nicht fußgerechtem Schuhwerk, wie spitze, enge und hochhackige Modeschuhe, kann **Fußschäden** verursachen.

Verletzungen des Stütz- und Bewegungssystems werden durch Überlastung, Unfälle, Gewalteinwirkungen verursacht.
Von **Knochenbrüchen** sind am häufigsten die Arm- und Beinknochen, Schlüsselbein und Rippen betroffen. Beim geschlossenen Bruch bleibt die Haut über dem Bruch unverletzt (a); beim offenen Bruch sind auch Haut und Muskeln verletzt (b).

Bei **Gelenkverletzungen** unterscheidet man Verstauchungen und Verrenkungen.
Verletzungen der Muskeln sind Prellungen, Zerrungen und Muskelfaserrisse.
Sie werden verursacht durch plötzliche oder übermäßige Anspannung eines Muskels. In selteneren Fällen kommt es zum Durchreißen des ganzen Muskels oder seiner Befestigungssehne (c).

a)

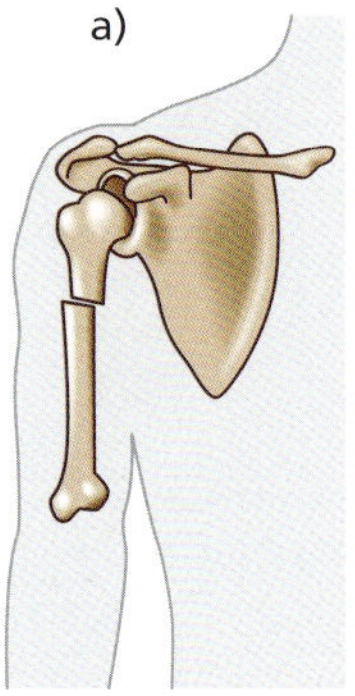

b)

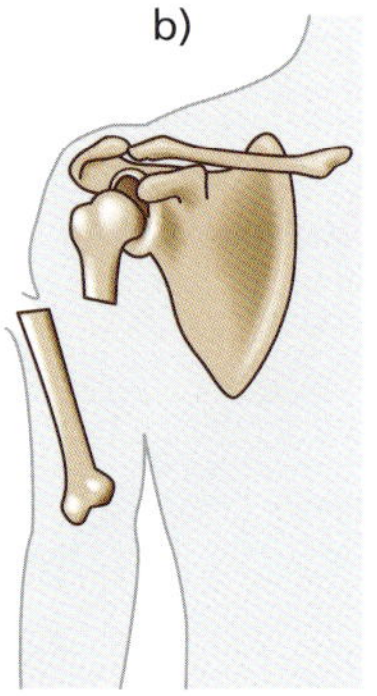

c)

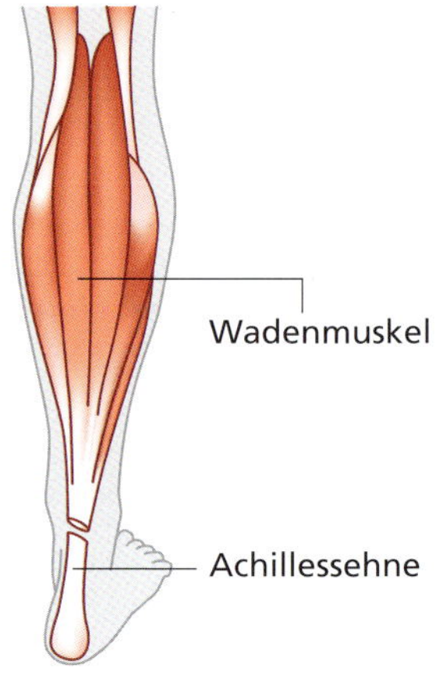

3.2 Das Verdauungssystem

Das **Verdauungssystem** dient der Aufnahme von Nahrung, der Umwandlung der Nährstoffbausteine sowie der Ausscheidung von unverdaulichen Stoffen.

3.2.1 Die Nahrung des Menschen

Bestandteile der Nahrung und ihre Bedeutung

Bestandteile der Nahrung sind Nährstoffe (Kohlenhydrate, Fette, Eiweiße), Vitamine, Mineralstoffe, Wasser und Ballaststoffe. Sie erfüllen im Stoff- und Energiewechsel (↗ S. 192) bestimmte Aufgaben.

Bei der eigenen Ernährung und beim Aufstellen von Speiseplänen sind die **Regeln für eine vollwertige Ernährung** zu beachten.

Nährstoffe sind körperfremde, energiereiche Stoffe (Kohlenhydrate, Fette, Eiweiße), die im Körper abgebaut werden. Aus ihren Bausteinen (Glucose, Glycerol/Glycerin, Fettsäuren, Aminosäuren) werden körpereigene, organische Stoffe aufgebaut.
Beim Abbau der Nährstoffbausteine wird Energie freigesetzt, die für das Ausführen der Lebensprozesse genutzt wird.

Bestandteile der Nahrung	Bedeutung
Eiweiße	Aufbau verschiedener Zellbestandteile, Voraussetzung für Wachstum, Bildung von Organen, Hormonen, Enzymen, Lieferung von Energie
Fette	Vor allem Lieferung von Energie, aber auch am Aufbau von Zellen beteiligt, z. B. Fettzellen im Unterhautgewebe
Kohlenhydrate	Vor allem Lieferung von Energie, aber auch am Aufbau von Zellen beteiligt, Aufbau von Abwehrstoffen und Blutgruppensubstanzen
Vitamine	Regler für den Ablauf lebenswichtiger Prozesse im Körper, z. B. Atmung, Blutbildung, Abwehr von Krankheitserregern; Fehlen in der Nahrung (Mangel) führt zu Vitaminmangelerkrankungen
Mineralstoffe	Aufbau von Skelett und Zähnen (Calcium, Phosphor), Bestandteil von Hormonen, Enzymen (Eisen), Bestandteil vom Blutfarbstoff (Magnesium, Eisen), Regler für Ablauf wichtiger Prozesse wie Tätigkeit der Nerven (Natrium, Calcium)
Wasser	Lösungs-, Transport-, Quellungsmittel, Verteiler im Wärmehaushalt
Ballaststoffe	Unverdauliche Bestandteile der Nahrung, werden ausgeschieden, z. B. Holzstoffe (Lignin) und Cellulosefasern. Ausreichende Füllung des Darms, Förderung der Darmbewegung, Nahrung für Mikroorganismen (Darmbakterien)

3

Überblick über wichtige Vitamine

Als **Ergänzungsstoffe** werden u. a. Vitamine und Ballaststoffe bezeichnet.

Vitamine sind lebenswichtige organische Stoffe, die vom menschlichen Körper nicht selbst gebildet werden können, deshalb mit der Nahrung aufgenommen werden. Bei ungenügender Zufuhr von Vitaminen entstehen **Vitaminmangelerscheinungen** bzw. **Vitaminmangelerkrankungen.**

Vitamine	wichtig für	z. B. enthalten in	Mangel führt zu
Vitamin A	Sehen, Wachstum und Erneuerung der Haut	Leber, Butter, Margarine, Eigelb, Innereien; als Vorstufe „Carotin" in Möhren, Spinat, Grünkohl, Tomaten	Wachstumsstörungen, Nachtblindheit, Verhornungserscheinungen der Haut
Vitamin B_1	Glucoseabbau im Körper, Funktionieren des Nervensystems	Vollkornbrot, Haferflocken, Hülsenfrüchten, Naturreis, Kartoffeln, Schweinefleisch, weißen Bohnen, Linsen	Nervenkrankheiten, Lähmungen, Abmagerung, Appetitlosigkeit, Herzschwäche, Krämpfen
Vitamin B_2	Sehen, Erneuerung der Haut und Vorgänge im Körper (z. B. Atmung)	Milch, Käse, Eiern, Kartoffeln, Getreideprodukten, Gemüse, Obst, Fleisch, Nieren, Leber, Leberwurst	Hautstörungen, Haarausfall, Bindehautentzündung, Wachstumsstörungen
Vitamin C	Aufbau von Knochen, Zähnen, Blut, Stärkung der Abwehr von Krankheitserregern	Obst, vor allem Zitrusfrüchten und Beerenobst, Kartoffeln, Kopfkohl, Paprikaschoten, Petersilie	Gelenk- und Knochenschmerzen, Skorbut, Infektanfälligkeit
Vitamin D	Aufbau von Knochen und Zähnen	Butter, Margarine, Milch, Käse, Fisch, Leber, Pilzen	Zahnschäden, Knochenverformungen (Rachitis)

Überblick über wichtige Mineralstoffe

Mineralstoffe sind anorganische Stoffe, die für bestimmte Lebensprozesse notwendig sind. Sie müssen mit der Nahrung aufgenommen werden.

Mineralstoffe	Wirkungen im Körper	Vorkommen in Nahrungsmitteln
Natrium	Wasserhaushalt, Salzsäurebildung in der Magenschleimhaut, Schweißbildung, Vorgänge in den Nerven	Vollkornbrot, Hühnerei, Hering, Brötchen, Kochsalz, Wurst (2000–3000 mg/Tag)
Calcium und Magnesium	Aufbau der Knochen und Zähne, Blutgerinnung, Muskeltätigkeit, Herztätigkeit, Nerventätigkeit	Vollkornbrot, Vollmilch, Käse, Joghurt, Fisch, Grünkohl, Spinat (Ca: 1200 mg/Tag, Mg: 350 – 400 mg/Tag)
Eisen	Bestandteil des roten Blutfarbstoffs (Hämoglobin), unterstützt die Sauerstoffversorgung des Körpers	Vollkornbrot, Haferflocken, Leber, grüne Bohnen (12–15 mg/Tag)
Iod	Aufbau des Schilddrüsenhormons	Seelachs, Iodsalz (0,2 mg/Tag)

3.2.2 Aufnahme der Nahrung, Verdauung und Ernährung

Verdauungsorgane und ihre Funktionen

> In den **Verdauungsorganen** wird die aufgenommene Nahrung zerkleinert, transportiert und schrittweise verdaut.

Verdauungsorgane des Menschen

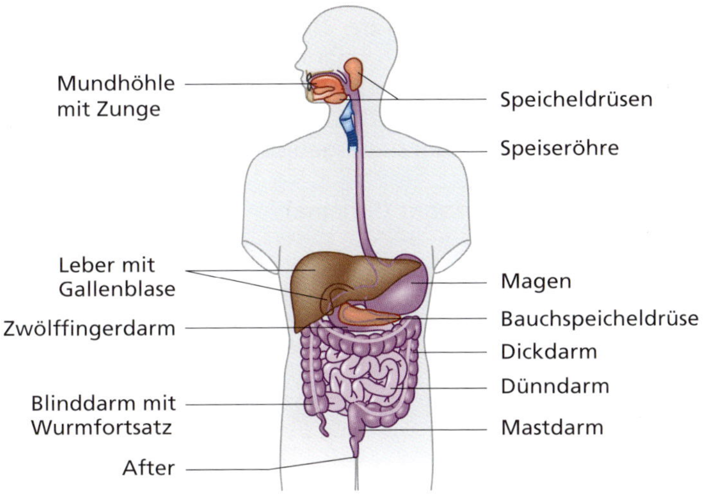

Bei vielen Menschen treten **Magen- und Darmerkrankungen** auf, z. B. Magenschleimhautentzündung, Magen- und Darmgeschwüre, Durchfall.

Abschnitte	Vorgänge	abgesonderte Säfte
Mundhöhle mit **Speicheldrüsen**	Zerkleinern der Nahrung durch Zähne und Zunge, Gleitfähigmachen der Nahrung (Einspeicheln), Beginn der Kohlenhydratverdauung (Stärke)	Mundspeichel mit Kohlenhydrat spaltendem Enzym
Speiseröhre	Transport des Nahrungsbreis zum Magen	Schleim
Magen	Durchmischung des Nahrungsbreis, Beginn der Eiweißverdauung, Transport des Nahrungsbreis zum Zwölffingerdarm	Schleim, Salzsäure, Magensaft mit Eiweiß spaltendem Enzym
Dünndarm mit Anhangsorganen	Verdauung der Kohlenhydrate in Glucose, der Eiweiße in Aminosäuren, der Fette in Glycerol und Fettsäuren; Transport des Nahrungsbreis, Aufnahme der Nährstoffbausteine durch Darmzotten in Blut bzw. Lymphe	Gallensaft, Bauchspeichel, Darmsaft mit Kohlenhydrat, Eiweiß und Fett spaltenden Enzymen, Schleim
Dickdarm	Teilweise Zersetzung der unverdauten Ballaststoffe durch Bakterien, Eindicken des Nahrungsbreis durch Entzug von Wasser, Bildung und Transport des Kots	Schleim
Mastdarm mit **After**	Sammeln des Kots, Kotabgabe, Entleerung des Darms	Schleim

Verdauung ist die Umwandlung der körperfremden organischen Stoffe (Kohlenhydrate, Fette, Eiweiße) mithilfe von Enzymen in Nährstoffbausteine (Glucose, Aminosäuren, Glycerol, Fettsäuren).

Die Nährstoffbausteine werden im Dünndarm vom Blut bzw. von der Lymphe aufgenommen und zu den Zellen transportiert (↗ S. 149, 153).

Die häufigste Krankheit unserer Zähne ist die **Zahnfäule (Karies).** Zur Gesunderhaltung der Zähne ist u. a. eine richtige **Zahnputztechnik** notwendig.

Das menschliche Gebiss und der Bau der Zähne

Der Mensch besitzt meißelförmige **Schneidezähne** und spitze **Eckzähne** zum Abbeißen und Zerkleinern der Nahrung sowie höckrige breite **Backenzähne** zum Zerreiben und Zermahlen der Nahrung.
Im 3. Lebensjahr ist das Kindergebiss, das **Milchgebiss,** vollständig entwickelt (20 Zähne). Ab dem 6. Lebensjahr erfolgt ein **Zahnwechsel** zum Gebiss des Erwachsenen, zum **Dauergebiss** (32 Zähne).

Bau eines Schneidezahns und eines Backenzahns (Schema)

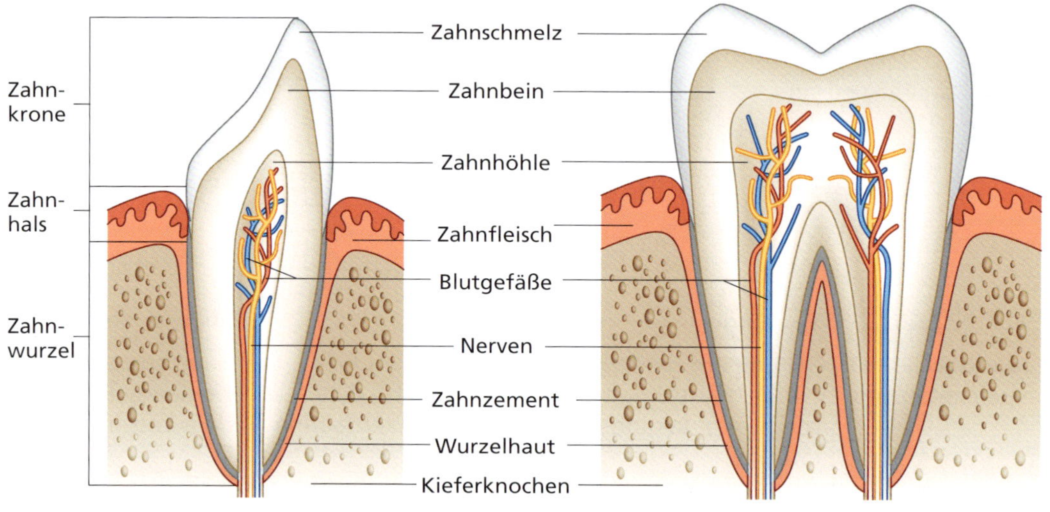

Gebiss des Menschen

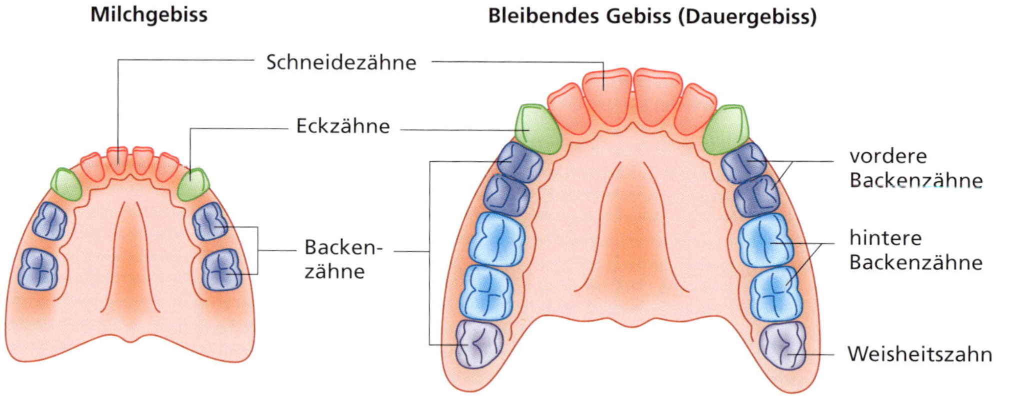

Gesunde Ernährung, Fehlernährung und ihre Folgen

Gesunde, vollwertige Ernährung bedeutet, dass die Ernährung alle lebensnotwendigen Bestandteile der Nahrung (↗S. 137) in der richtigen Menge und im richtigen Verhältnis enthält.
Der **Ernährungskreis** der DGE (Deutsche Gesellschaft für Ernährung) unterteilt die Nahrungsmittel in 7 Gruppen. Die Lebensmittel der Gruppen sollten in unterschiedlichen Mengen aufgenommen werden, um sich **vollwertig** zu ernähren. Größere Gruppen sollten mehr Anteil an der Ernährung haben als die kleineren Gruppen.

▶ WERNER KOLLATH gilt als Begründer der modernen Vollwerternährungslehre. Er unterscheidet **Lebensmittel nach Wertstufen.**

▶ Einseitige Ernährung führt zu **Ernährungsstörungen.** Diese können zu schwerwiegenden körperlichen Folgeschäden führen. Weltweit sind z. B. etwa 840 Millionen Menschen unterernährt.

Ernährungskreis

Die Größe der Kreissegmente entspricht dem Anteil der Nahrungsmittelgruppe an der Gesamternährung.

1 Getreide, Getreideprodukte, Kartoffeln
2 Gemüse, Salat
3 Obst
4 Milch und Milchprodukte

5 Fleisch, Wurst, Fisch und Eier
6 Öle und Fette
7 Getränke

▶ Eine **Diät** ist eine besonders zusammengesetzte Kost zur Verhütung oder zur Behandlung von Krankheiten, aber auch zur **Gewichtsreduzierung.**
Mit dem **Body-Mass-Index** (BMI) kann man das tatsächliche Übergewicht feststellen.

Der gestörte Umgang mit dem Essen kann zu **Essstörungen** führen, z. B. zur **Ess-Brech-Sucht (Bulimie)** und **Esssucht** durch ein zwanghaftes In-sich-Hineinstopfen großer Nahrungsmengen bzw. zur **Magersucht** durch die Verweigerung der Nahrungsaufnahme.

▶ **Essstörungen** sind psychisch bedingte Störungen der Nahrungsaufnahme u. a. durch Unzufriedenheit mit dem eigenen Körpergewicht.

Körperliche Folgeschäden
- der Magersucht, z. B. Müdigkeit, Absinken des Stoffwechsels, des Pulses, des Blutdrucks, der Körpertemperatur,
- der Bulimie, z. B. Nierenschäden, Herzrhythmusstörungen,
- der Esssucht, z. B. Bluthochdruck, Belastung des Herzens.

3

3.3 Das Atmungssystem

Das **Atmungssystem** dient der Aufnahme von Sauerstoff in den Körper und der Abgabe von Kohlenstoffdioxid aus dem Körper.

▶ Beim Schlucken von Nahrung legt sich der Kehldeckel über den Kehlkopfeingang und verschließt die Luftröhre. Gelangen beim Verschlucken doch Nahrungsbröckchen in die Luftröhre, so werden sie durch kräftiges Husten wieder herausgeschleudert.

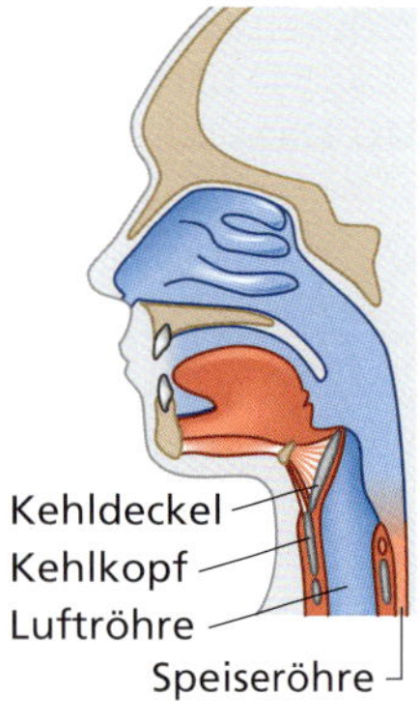

3.3.1 Die Atmungsorgane

Der Mensch atmet durch eine dünnwandige, stark durchblutete **Lunge,** deren Oberfläche durch sehr viele **Lungenbläschen** vergrößert wird. Die Lunge ist Atmungsorgan und auch Ausscheidungsorgan (↗ S. 156).

Atmung (↗ S. 202) ist die Aufnahme von Sauerstoff aus der Luft in die **Lunge,** sein Transport mit dem Blut zu den Zellen, der Austausch von Sauerstoff und Kohlenstoffdioxid in den Zellen, der Abtransport von Kohlenstoffdioxid durch das Blut zur Lunge, seine Ausscheidung aus der Lunge.

Die Einatmungsluft wird auf ihrem Weg zur Lunge in den Nasenhöhlen gereinigt, angefeuchtet und vorgewärmt. Über Rachenraum und Kehlkopf gelangt sie in die Luftröhre, von dort in die Bronchien mit den Lungenbläschen. In den **Lungenbläschen** findet der **Gasaustausch** (↗ S. 149) zwischen Sauerstoff und Kohlenstoffdioxid statt.
Gebunden an den roten Blutfarbstoff, wird der Sauerstoff durch den Körper zu allen Zellen transportiert.

Überblick über die Atmungsorgane

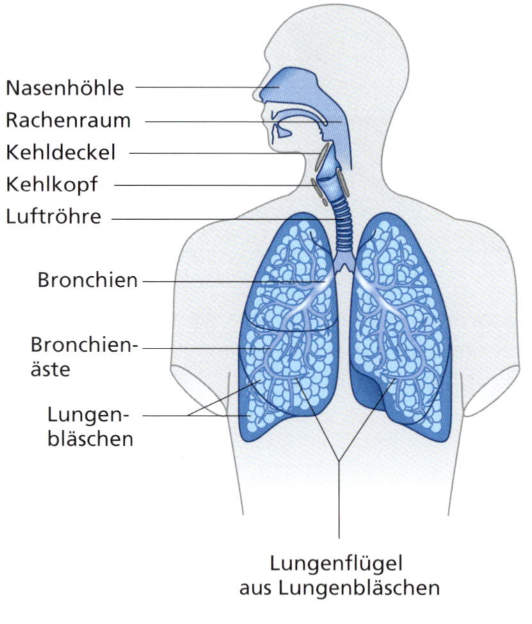

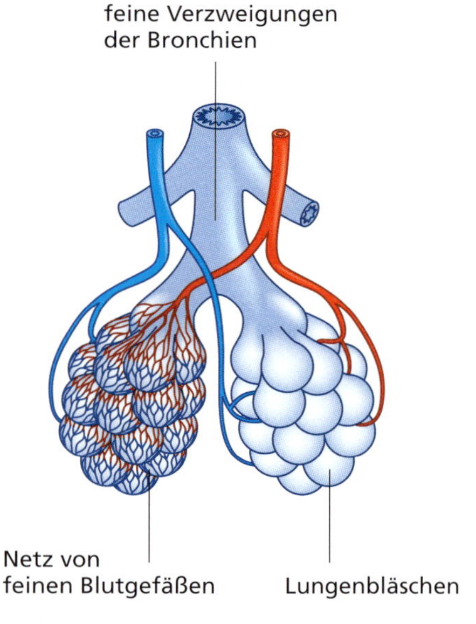

3.3.2 Die Atembewegungen

Die **Atembewegungen,** das Ein- und Ausatmen, werden durch die Zwischenrippenmuskeln und das Zwerchfell bewirkt. Sie sind durch das Heben und Senken des Brustkorbs gekennzeichnet.

Ein- und Ausatmungsbewegungen

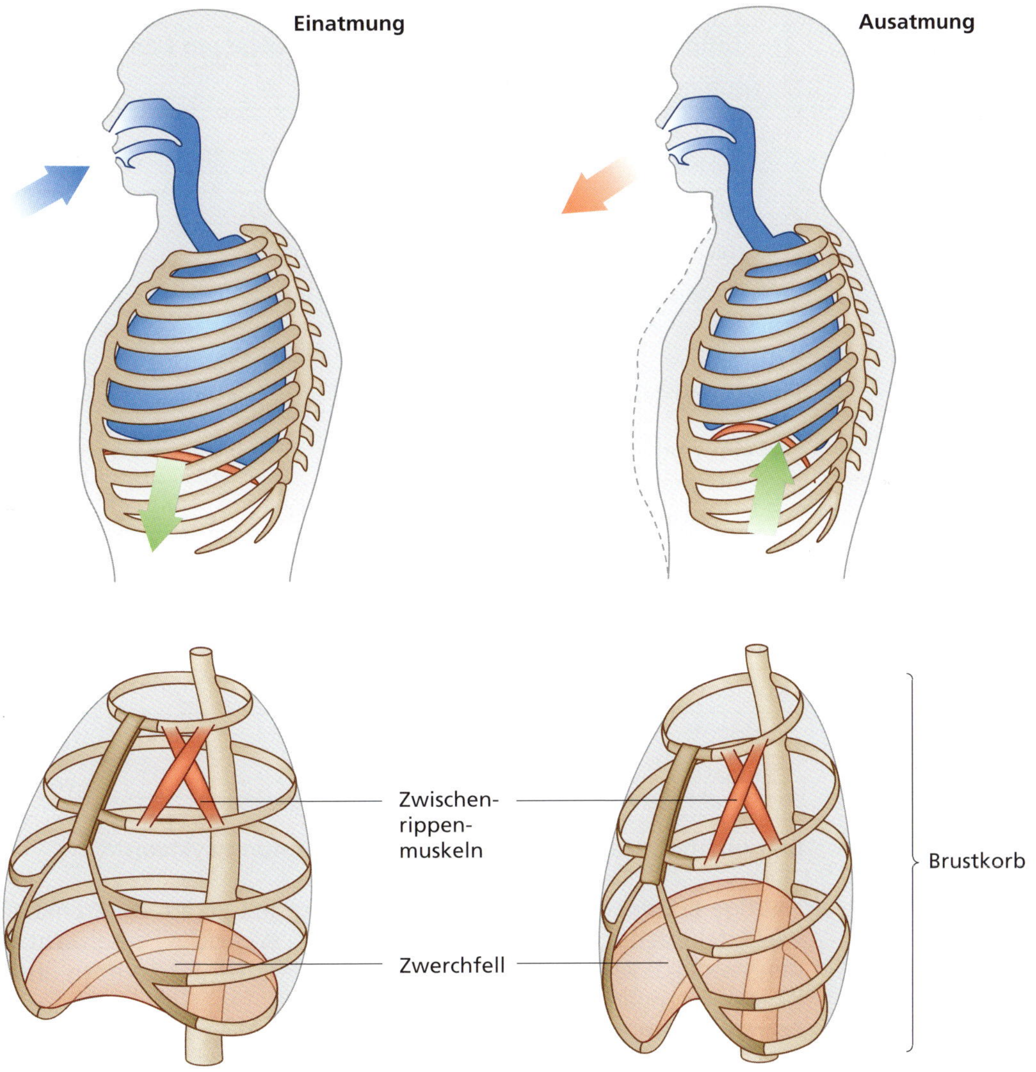

Heben des Brustkorbs, Senken des Zwerchfells hat Vergrößerung des Brustraums zur Folge; Luft strömt in die Lunge, da Unterdruck im Brustraum

Senken des Brustkorbs, Heben des Zwerchfells hat Verkleinerung des Brustraums zur Folge; Luft strömt aus, da Überdruck im Brustraum

3

Bei der normalen unbewussten **Ruheatmung** wird unterschieden in Brustatmung und Bauchatmung.

In Ruhe atmet ein erwachsener Mensch in einer Minute etwa 16-mal ein und aus. Bei Kindern bis zum 10. Lebensjahr beträgt die Zahl der Atemzüge in Ruhe 20 bis 25 in der Minute. Nach körperlicher Belastung erhöht sich die Anzahl der Atemzüge pro Zeiteinheit.
Die Zahl der Atemzüge in der Minute – die **Atemfrequenz** – verändert sich entsprechend der ausgeführten Tätigkeit (↗ Tab.).

Die Anzahl der Atemzüge pro Minute ist nach einem sportlichen Wettkampf erhöht. Auch in Angstsituationen oder bei Aufregungen atmet jeder Mensch schneller, also in der Minute häufiger ein und aus.

Tätigkeiten	Atemzüge pro Minute
ruhiges Sitzen	15
langsames Gehen	25
nach 15 Kniebeugen	44
langsames Radfahren	20 bis 40
nach 100-m-Lauf	70 bis 90
im Schlaf	10 bis 15

Einatmungsluft und Ausatmungsluft

Unsere Einatmungsluft enthält zahlreiche Schadstoffe, z. B. Schwefeldioxid, Stickoxide, Staub, Bakterien, Ruß.

Die ein- und die ausgeatmete Luft haben eine unterschiedliche Zusammensetzung an Bestandteilen.

Zusammensetzung der Ein- und der Ausatmungsluft (bezogen auf 10 000 Anteile)				
Bestandteile	**Einatmungsluft**		**Ausatmungsluft**	
Sauerstoff	2 100	(21,00 %)	1 700	(17,00 %)
Kohlenstoffdioxid	3	(0,03 %)	403	(4,03 %)
Stickstoff	7 800	(78,00 %)	7 800	(78,00 %)
Edelgase	97	(0,97 %)	97	(0,97 %)

Erkrankungen und Gesunderhaltung des Atmungssystems

Erkältungskrankheiten stehen unter den Erkrankungen der Atmungsorgane an erster Stelle.

Häufige Erkrankungen der Atmungsorgane sind **Erkältungskrankheiten** wie *Schnupfen, Luftröhrenentzündung* und *Bronchitis.* Verursacht werden sie durch Krankheitserreger, die mit der Einatmungsluft in unseren Körper gelangen.
Erkrankungen der Lunge sind *Lungenentzündung, Lungentuberkulose* und *Lungenkrebs.* Sie werden hervorgerufen durch Krankheitserreger bzw. durch chemische Substanzen und Strahlungen.
Den besten *Schutz* gegen die Erkältungskrankheiten bietet die Abhärtung des eigenen Körpers, beispielsweise durch wechselwarme Duschen, Bewegung an frischer Luft, gesunde Ernährung, ausreichend Schlaf, Gymnastik, zweckmäßige Kleidung.

Die **Lungentuberkulose** wird durch ein Bakterium verursacht.

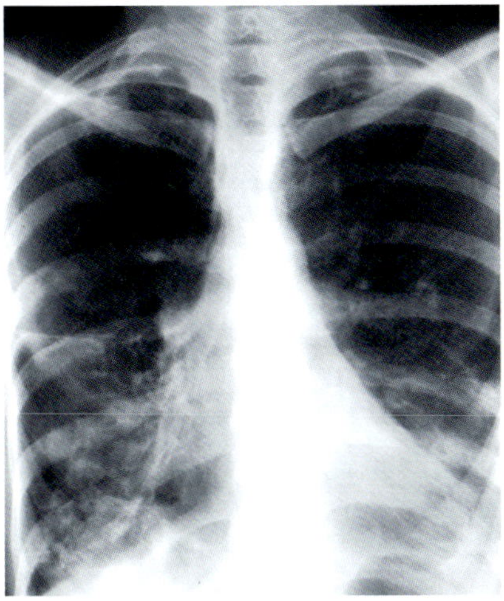

Lunge mit knötchenartigen Tuberkulose-Entzündungsherden

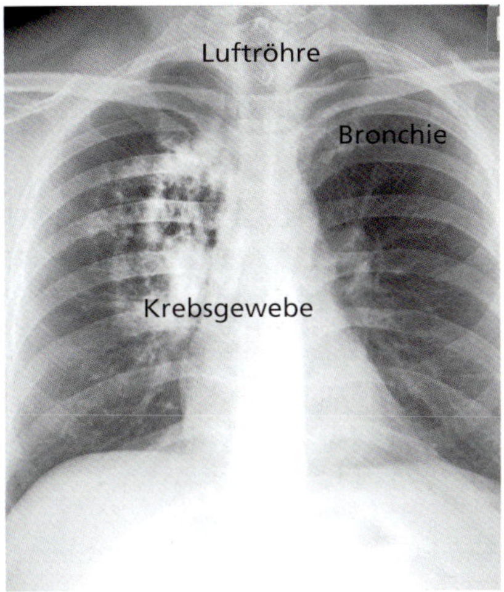

Durch Krebs zerstörte Lunge mit Wucherungen

Lungenkrebs hat in den letzten Jahren weltweit zugenommen.

Man kann den **Erkrankungen der Lunge vorbeugen** durch verbesserte hygienische und soziale Bedingungen, durch Schutzimpfung der Neugeborenen (BCG-Impfung), durch Einschränkung des Rauchens, durch Beachtung der Zeiten für Smogalarm.

Die schädigende Wirkung verunreinigter Luft spürt man besonders bei **Smog**-Situationen.

Schädlichkeit des Rauchens

> Der **Tabakrauch** enthält viele schädliche Stoffe. Hauptschadstoffe sind Nikotin, Teerstoffe und Kohlenstoffmonoxid.

Heute gibt es eine große Anzahl gesetzlicher Regelungen zum **Nichtraucherschutz.**

Nikotin ist ein Nerven- und Blutgefäßgift. In kleinen Mengen führt diese Droge (↗ S. 170, 171) zu einer Anregung der Gehirntätigkeit.
Teerstoffe setzen sich als sehr feine Teilchen in Luftröhre und Bronchien ab, hemmen das Schlagen der Flimmerhärchen; eingeatmete Krankheitserreger und Staubteilchen verursachen Entzündungen und Raucherhusten. In den Lungenbläschen verhindern die Teerstoffe den Gasaustausch (↗ S. 149) und erhöhen die Krebsgefahr.
Kohlenstoffmonoxid blockiert als Atemgift die Aufnahme und den Transport von Sauerstoff im Blut zu den Körperzellen. Sauerstoffmangel führt zu Durchblutungsstörungen, Herzinfarkt, Konzentrationsschwäche und Leistungsminderung.

Die Industrie, der Verkehr, die Kraftwerke und Haushalte geben jährlich mit ihren Abgasen gewaltige Schadstoffmengen an die Luft ab.

3

3.4 Blut, Blutkreislauf und Lymphe

3.4.1 Bau und Funktionen des Blutkreislaufs

Durch den Körper eines Erwachsenen fließen etwa 5 bis 6 Liter Blut.

Der Mensch besitzt ein **geschlossenes Blutgefäßsystem** mit Herz, Arterien, Venen und Kapillaren (Haargefäße). In diesem Röhrensystem kreist das Blut durch den Körper und erreicht alle Organe (**Blutkreislauf;** ↗S. 149, 150).
Das **Blut** transportiert u. a. Sauerstoff, Stoffwechselendprodukte (Kohlenstoffdioxid, Wasser, Harnstoff), Wirkstoffe, Nährstoffbausteine, Mineralstoffe.

Bau und Funktionen des Herzens

Das **Herz** eines Erwachsenen schlägt in Ruhe 60- bis 80-mal in der Minute.

Das Herz ist ein **Hohlmuskel.** Durch rhythmisches Zusammenziehen und Erschlaffen des **Herzmuskels** wird das Blut aus dem Körper und der Lunge vom Herzen angesaugt und auch in den Körper und zur Lunge zurückgepumpt.

Das Herz eines Erwachsenen wiegt etwa 300 Gramm.

Bau des Herzens

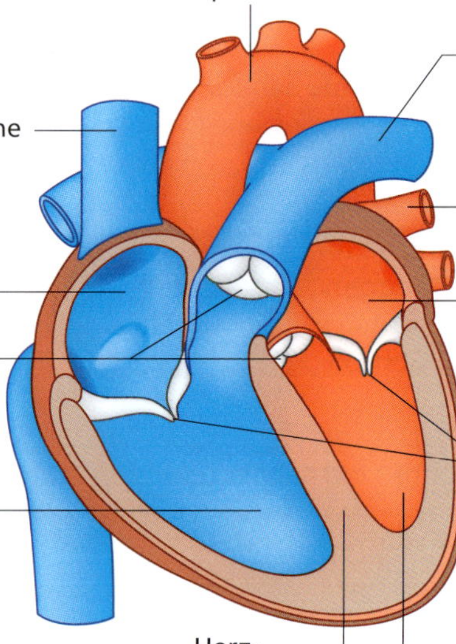

Mithilfe eines **Elektrokardiogramms (EKG)** kann der Arzt die Herztätigkeit untersuchen.

Herzschlag – nach jedem Zusammenziehen des Herzmuskels erfolgt ein Erschlaffen.
Herzfrequenz – Anzahl der Herzschläge in der Minute; abhängig vom Alter des Körpers und der ausgeführten Tätigkeit.
Herztöne – Geräusche, die beim Erschlaffen und Zusammenziehen des Herzmuskels durch Schwingungen der Herzklappen entstehen.

Arbeitsweise des Herzens

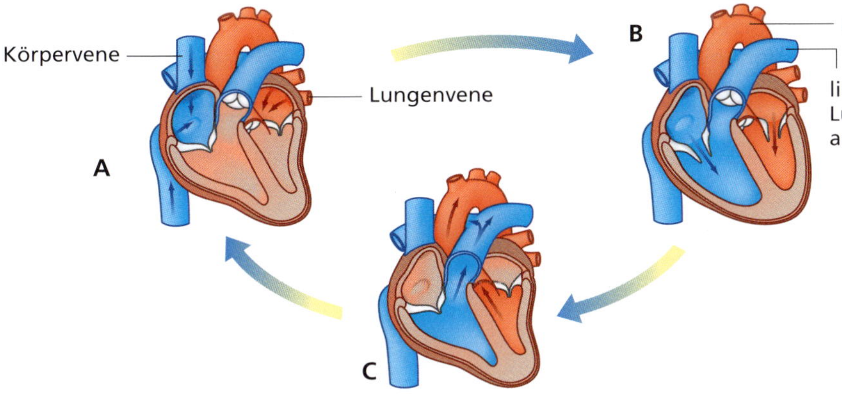

Beim *Erschlaffen des Herzmuskels* füllen sich die Vorhöfe mit Blut aus Körper- und Lungenvenen (Abb. A). Die Vorhöfe ziehen sich zusammen, die Herzklappen (Segelklappen) öffnen sich, das Blut fließt in die beiden Herzkammern (Abb. B).

Das Erschlaffen des Herzmuskels wird als *Diastole (Ansaugvorgang)* bezeichnet.

Beim *Zusammenziehen des Herzmuskels* wird das Blut durch die sich öffnenden Herzklappen (Taschenklappen) aus den Herzkammern herausgepresst. Aus der rechten Herzkammer wird es in die Lungenarterien, aus der linken Herzkammer in die Körperarterie gepumpt (Abb. C). Das Zusammenziehen des Herzmuskels wird als *Systole (Auspressvorgang)* bezeichnet.

Bau und Funktionen der Blutgefäße

Das Blut fließt in **Blutgefäßen** (Arterien, Kapillaren, Venen) durch unseren Körper.

Bau der Blutgefäße und ihre Funktionen

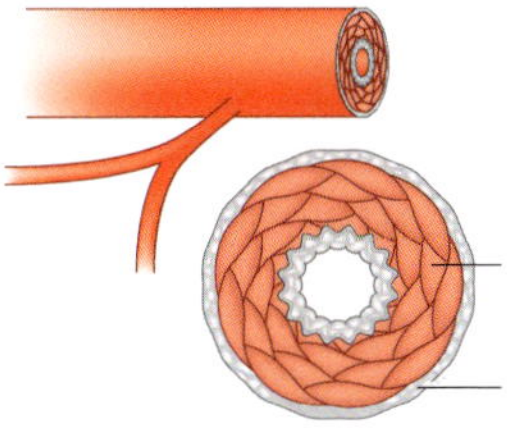

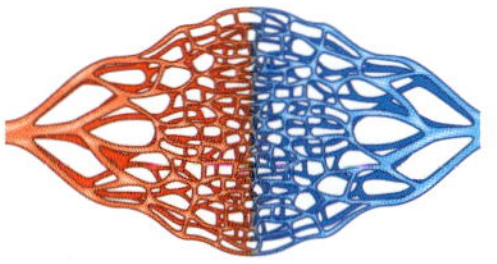

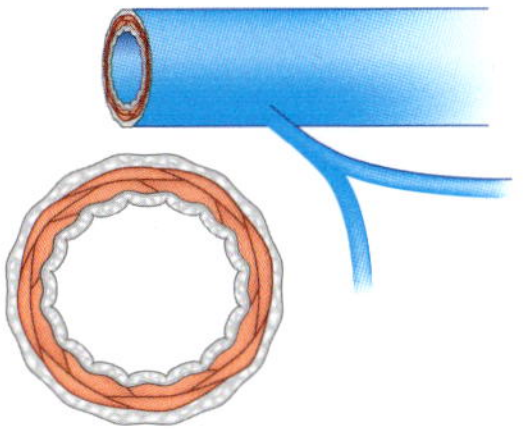

Arterie
sehr dicke elastische Muskelschicht aus glatten Muskelzellen

Arterien führen das Blut vom Herzen in alle Körperteile bzw. zur Lunge.

Kapillaren
einschichtige Kapillarwand

Kapillaren ermöglichen den Stoffaustausch im Körper zwischen Blut und Zellen bzw. in der Lunge zwischen Blut und Lungenbläschen.

Vene
dünne Muskelschicht, Venenklappen
Venen führen das Blut aus dem Körper bzw. aus der Lunge zum Herzen. Venenklappen verhindern das Zurückfließen des Bluts in den Körper.

3

Blutstrom in Arterien und Venen

In den Arterien wird das Blut durch eine Druckwelle **(Pulswelle),** die vom Herzen kommt, in den Körper transportiert. Die Pulswelle drückt die Venenwände zusammen. Dies bewirkt die Schließung bzw. Öffnung der Venenklappen, sodass das Blut in den Venen in Richtung Herz gedrückt wird. Die geschlossenen Venenklappen verhindern ein Zurückfließen des Blutes in den Körper (a). Auch Muskeln (z.B. Skelettmuskeln) drücken auf die Venen und fördern den Blutstrom (b, c).

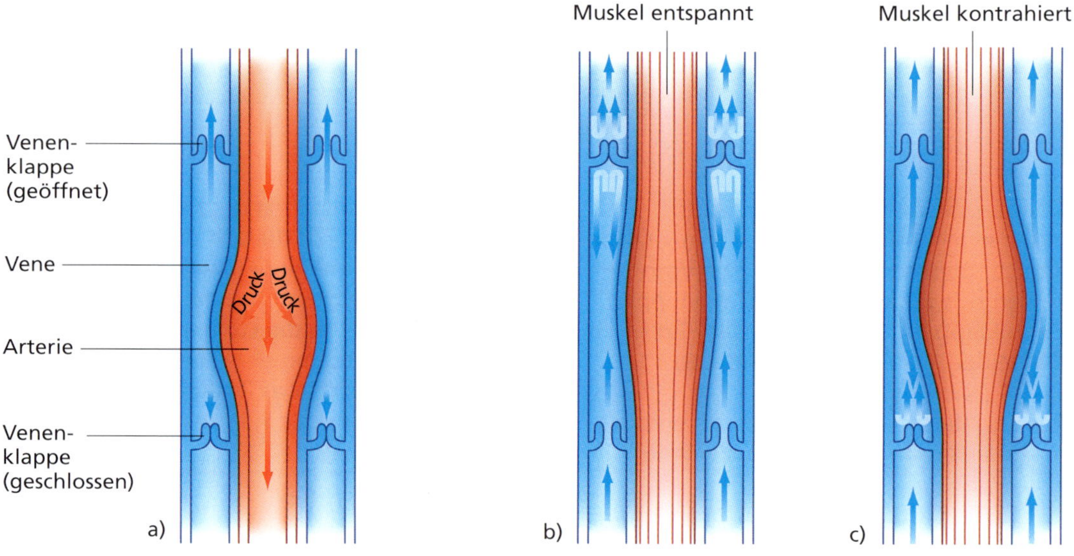

Puls ist der Anschlag der Druckwelle (Pulswelle) des Bluts gegen die Arterienwand. Er gibt die Schlagfolge des Herzens (Herzfrequenz) an. An hautnahen Arterien, z.B. am Handgelenk, an den Schläfen, am Hals, kann man die Druckwelle des Bluts als Puls tasten.

Blutdruck ist der durch die rhythmische Kontraktion des Herzens aufrechterhaltene Druck in den Blutgefäßen. Er bewirkt die Blutströmung. Er sinkt vom Herzen über die Arterien und Kapillaren bis zu den Venen immer mehr ab.

▶ Die **Pulsfrequenz** entspricht der Herzfrequenz (↗ S. 146).

Blutstrom durch die Kapillaren

Die Kapillaren bilden ein feines Kapillarnetz. Das Blut strömt aus der Arterie durch die Kapillaren in die Vene.

▶ **Bluthochdruck** ist eine krankhafte Erscheinung (↗ S. 155).

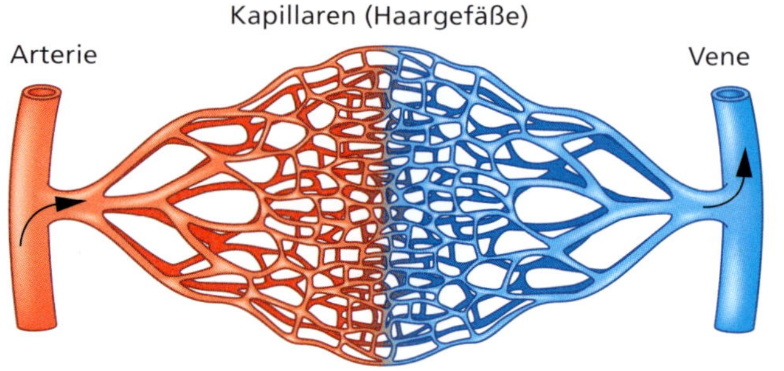

Gasaustausch zwischen Lungenbläschen und Blut

Der **Gasaustausch** (↗ S. 194) zwischen Lungenbläschen und Blut beruht auf dem unterschiedlichen Gehalt an Sauerstoff und Kohlenstoffdioxid.

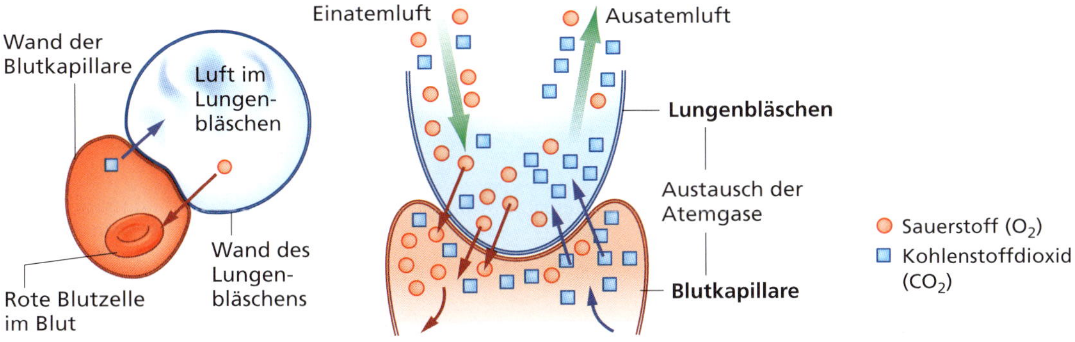

Austausch von Stoffen zwischen Blutkapillare und Körperzelle

Die im Blut gelösten Stoffe (Salze, Sauerstoff, Nährstoffbausteine) gelangen aus den Kapillaren in die Körperzellen. Aus den Körperzellen wandern die **Stoffwechselendprodukte** (Kohlenstoffdioxid, Harnstoff) in die Kapillaren.

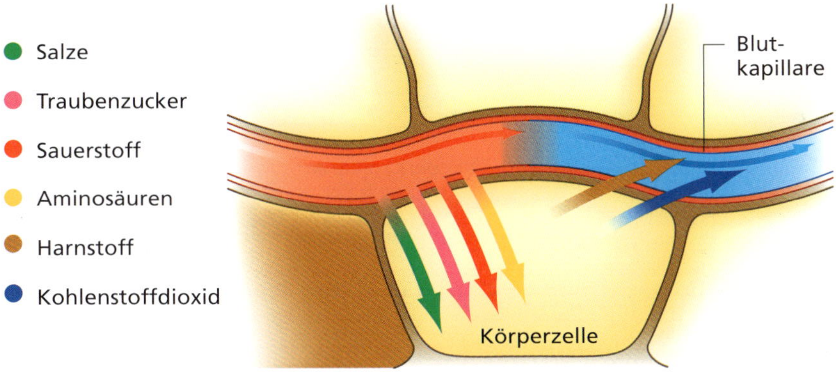

Blutkreislauf

> Das Blut fließt in einem geschlossenen Röhrensystem, das von Arterien, Kapillaren und Venen gebildet wird, durch unseren Körper.

Das Röhrensystem wird **geschlossenes Blutgefäßsystem** genannt. Beim **Blutkreislauf** wird zwischen Körperkreislauf und Lungenkreislauf unterschieden.

Lungenkreislauf – sauerstoffarmes und kohlenstoffdioxidreiches Blut fließt aus der rechten Herzkammer in Arterien zur Lunge, Gasaustausch, sauerstoffangereichertes Blut fließt in Venen zurück zum linken Vorhof und zur linken Herzkammer.

Körperkreislauf – sauerstoffreiches Blut fließt aus der linken Herzkammer in Arterien in den Körper, Stoffaustausch in Körperzellen, kohlenstoffdioxidreiches Blut fließt in Venen zurück zur rechten Herzhälfte.

Erst 1628 wurde der Blutkreislauf von dem englischen Arzt WILLIAM HARVEY entdeckt.

Blutkreislauf des Menschen (Übersicht)

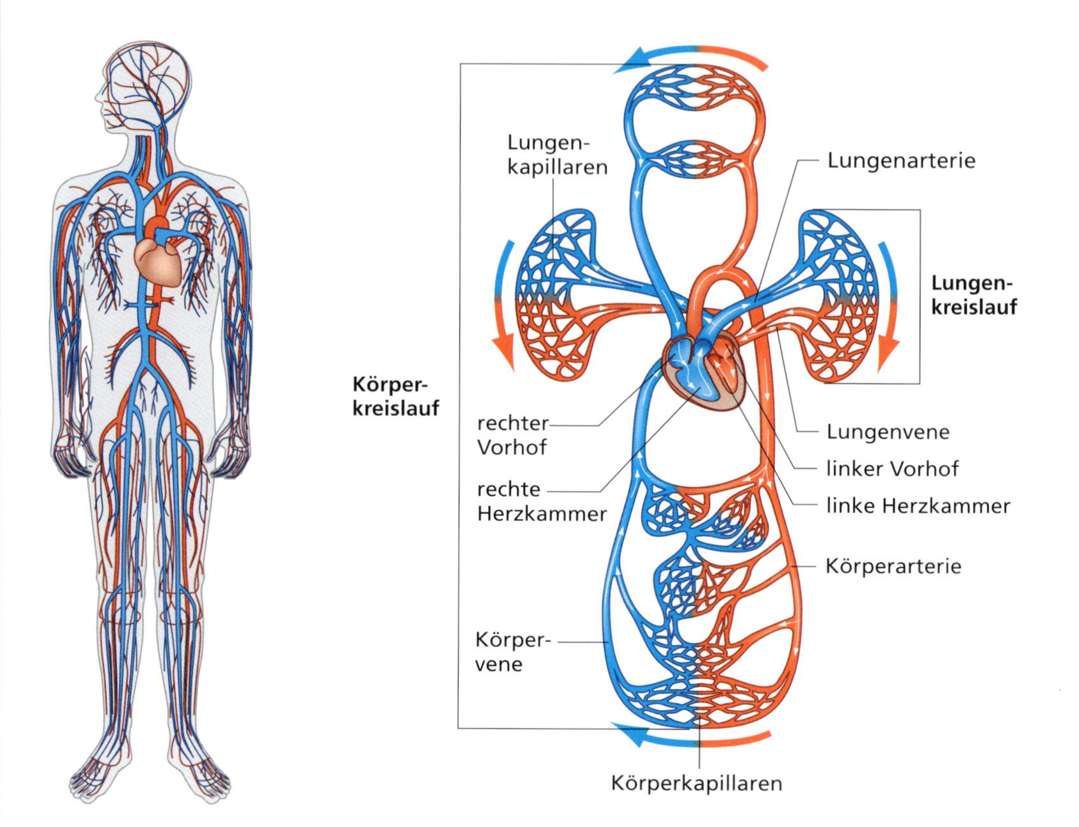

3.4.2 Die Bestandteile des Bluts und ihre Funktionen

Die Blutbestandteile

Durch die **Blutsenkung** werden flüssige und feste Bestandteile des Bluts getrennt.

Das **Blut** besteht zu etwa 45 % aus festen Bestandteilen (rote und weiße **Blutzellen, Blutplättchen**) und zu etwa 55 % aus einer hellen **Blutflüssigkeit (Blutplasma).**

Die **Blutgerinnung** ist ein komplizierter Vorgang, bei dem das Blut aus einem flüssigen in einen halbfesten Zustand übergeht.

Bestandteile des Blutplasmas	Funktionen
Blutserum (Wasser und darin gelöste Stoffe wie Eiweiße, Traubenzucker, Harnstoff, Kochsalz, Kohlenstoffdioxid)	Transport von Nährstoffbausteinen, Stoffwechselendprodukten, Mineralstoffen, Vitaminen
Fibrinogen (lösliches Blutplasmaeiweiß)	Bei der Blutgerinnung bildet sich aus dem löslichen Fibrinogen ein Fasernetz aus unlöslichem Fibrin.

Feste Blutbestandteile und ihre Funktionen

rote Blutzellen
(rote Blutkörperchen, Erythrozyten)

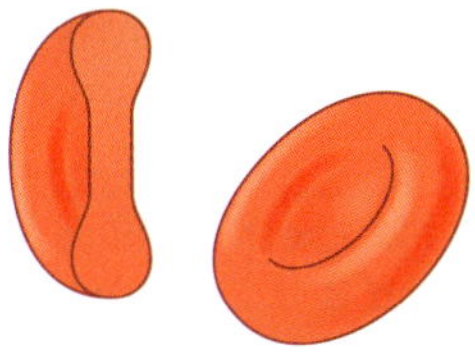

Sie sind kernlos und außen umgrenzt durch eine Zellmembran. Sie enthalten den roten Farbstoff Hämoglobin. Sie sind kreisrund, scheibenförmig und auf beiden Seiten in der Mitte eingedellt (7 µm bis 8 µm Durchmesser).
Ihr *Bildungsort* ist das rote Knochenmark, z. B. in den Wirbeln, im Brustbein.
Da sie nur eine *Lebensdauer* von etwa 120 Tagen haben, müssen sie laufend neu gebildet werden.
1 mm^3 Blut enthält ca. 4,5 bis 5 Mio. rote Blutzellen.
Aufgabe: Transport von Sauerstoff

weiße Blutzellen
(weiße Blutkörperchen, Leukozyten)

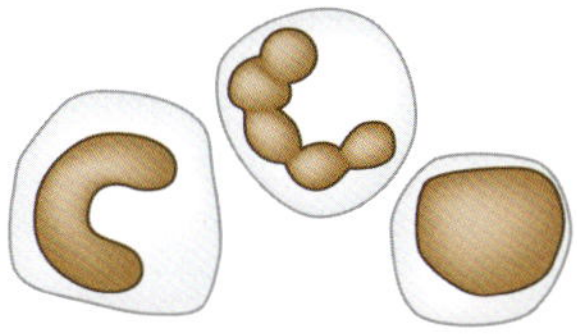

Sie besitzen einen Kern und bewegen sich amöboid vorwärts. Sie können ihre Form laufend ändern (7 µm bis 20 µm Durchmesser).
Ihr *Bildungsort* ist das rote Knochenmark.
Ihre *Lebensdauer* beträgt etwa 10 Tage.
1 mm^3 Blut enthält ca. 5 000 bis 9 000 weiße Blutzellen.
Aufgabe: Vernichtung eingedrungener Krankheitserreger und Fremdkörper, Antikörperbildung (↗ S. 258).

Blutplättchen
(Thrombozyten)

Sie sind kernlose, sehr, sehr kleine, verschieden geformte Gebilde (0,5 µm bis 2,5 µm Durchmesser). Sie zerfallen sehr leicht an der Luft.
Ihr *Bildungsort* ist das Knochenmark.
Ihre *Lebensdauer* beträgt etwa 4 bis 10 Tage.
1 mm^3 Blut enthält ca. 250 000 Blutplättchen.
Aufgabe: Gerinnung des Bluts und Wundverschluss

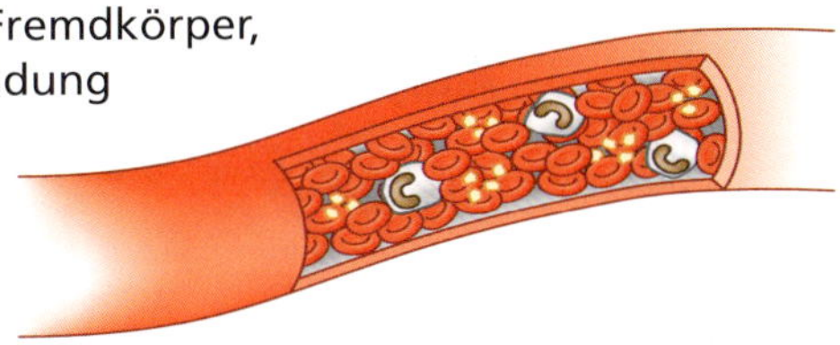

Blutgruppen und Blutübertragung

Nach dem Vorhandensein oder Fehlen von Stoffen an der Oberfläche der roten Blutzellen – **Antigene** genannt – wird das Blut den **Blutgruppen** A, B, AB und 0 (Null) zugeordnet.
Im Blutplasma befinden sich ebenfalls Stoffe – **Antikörper** genannt –, die eine Verklumpung des Blutplasmas auslösen können.

▶ Im Jahr 1901 entdeckte der Wiener Arzt KARL LANDSTEINER drei Blutgruppen.

Blutübertragung (Bluttransfusion) ist die Zufuhr von Blut in eine Vene von einem Spender auf einen Empfänger direkt oder über Blutkonserven bei Blutverlusten sowie Erkrankungen mit Auswirkungen auf das Blutgefäßsystem. Bei einer Blutübertragung sollte nach Möglichkeit Blut der gleichen Blutgruppe verwendet werden, da es sonst zu lebensbedrohenden Verklumpungen der Blutbestandteile durch die Antikörper im Blutplasma kommen kann.
Bei der Transfusion von roten Blutzellenkonzentraten sind die Spender der Blutgruppe 0 **Universalspender,** die Empfänger der Blutgruppe AB **Universalempfänger** (↗ Tab. S. 152).

▶ Bei der Blutübertragung sind weitere Blutgruppenmerkmale, z. B. **Rhesusfaktor,** zu beachten. Er spielt bei Schwangerschaften eine große Rolle.

Blutgruppen	A	B	AB	0
Substanzen an roten Blutzellen (Antigene)	Antigene A	Antigene B	Antigene A und B	keine Antigene
Substanzen im Blutplasma (Antikörper)	Antikörper B	Antikörper A	keine Antikörper	Antikörper A und B
Verklumpung mit	Antikörper A	Antikörper B	Antikörpern A und B	keine Verklumpung

Vor einer Blutübertragung wird das Blut der Spender und Empfänger im Labor untersucht und eine **Blutgruppenbestimmung** vorgenommen.

Bluttransfusionsschema für das AB0-System bei Verwendung der Konzentrate von roten Blutzellen als Spenderblut				
Blutplasma der Empfänger mit der Blutgruppe	**Konzentrate von roten Blutzellen mit Antigenen als Spenderblut**			
	rote Blutzellen der Blutgruppe			
	A haben 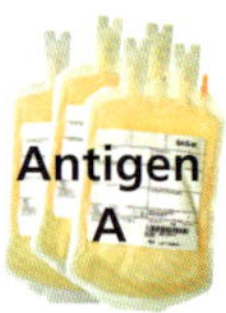	**B haben** 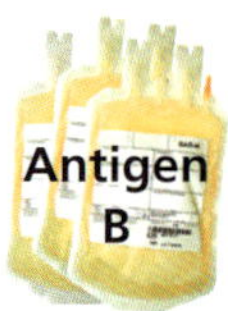	**AB haben** 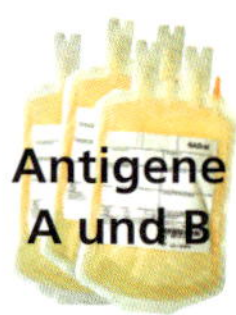	**0 haben** 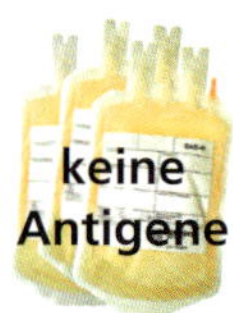
A hat Antikörper B				
B hat Antikörper A				
AB hat keine Antikörper				
0 hat Antikörper A und B				

( nicht verklumpt;  verklumpt)

Das **Blutspendewesen** ist eine wichtige Einrichtung des Gesundheitswesens, in der unter ärztlicher Kontrolle von einem Spender Blut entnommen, untersucht, aufbewahrt und zur ärztlichen Verwendung zur Verfügung gestellt wird.
Blutkonserven sind Behälter mit gespendetem Blut.

3.4.3 Lymphe und Lymphgefäßsystem

> Die **Lymphe** ist eine gelbliche bis farblose Flüssigkeit, die in Lymphgefäßen durch unseren Körper fließt.

Die Lymphe transportiert die Nährstoffbausteine der Fette (Fettsäuren, Glycerol/Glycerin) zu allen Zellen des Körpers sowie weiße Blutzellen zu eingedrungenen Fremdkörpern.

Lymphsystem des Menschen

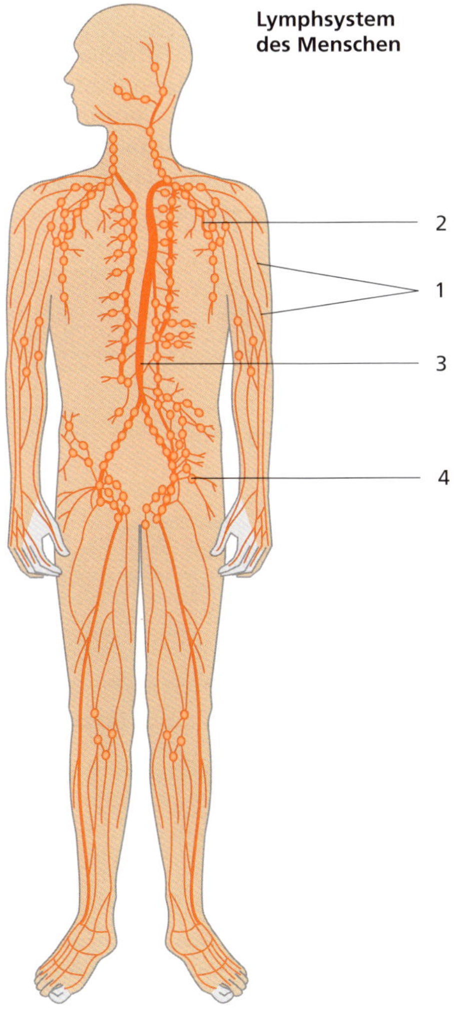

Zwischen den Geweben verlaufen **feinste Kanälchen** (1), die in größere **Sammelrohre** (2) münden.
Einige Sammelrohre wiederum vereinen sich zu einem großen Lymphgefäß, dem **Brustlymphgang** (3).
Dieser mündet in den Blutkreislauf ein.
In die Lymphbahnen sind **Lymphknoten** (4) eingeschaltet.
In den Lymphknoten werden Giftstoffe und Krankheitserreger aus der Lymphe herausgefiltert.
Sie werden größer und schmerzhaft fühlbar, wenn in ihrem Zuflussbereich eine Entzündung abläuft.
Die **Lymphe** wird durch die Tätigkeit der Körpermuskulatur in Bewegung gehalten.

Entzündungen der Lymphgefäße – meist durch Bakterien verursacht – zeigen sich oft als „rote Streifen" von der Wunde in Richtung Herz.
Beim Eindringen der Erreger in die Blutbahn kann sich eine **Blutvergiftung** entwickeln.

3

3.4.4 Herz-und Kreislauferkrankungen sowie vorbeugende Maßnahmen

Zu den häufigsten Herz- und Kreislauferkrankungen gehören u. a. *Bluthochdruck, Arterienverkalkung, Schlaganfall, Herzinfarkt* und *Krampfadern.*

Herz- und Kreislauferkrankungen haben vielfältige Ursachen. Diese werden als **Risikofaktoren** bezeichnet, z. B. übermäßiger Nikotin- und Alkoholgenuss, Übergewicht durch zu fetthaltige Ernährung, überwiegend sitzende Tätigkeit und Bewegungsmangel, großer Stress, bedingt durch Ärger, Aufregung oder Konfliktsituationen.

Wichtigste vorbeugende Maßnahme ist eine **gesunde Lebensweise,** z. B. regelmäßige Bewegung des Körpers, ausreichend Schlaf, abwechslungsreiche gesunde Ernährung, kein übermäßiger Alkoholgenuss, Einstellen des Rauchens.

Herz- und Kreislauferkrankungen (Auswahl)

Durch eine gesunde Ernährung (↗ S. 141) kann der Arterienverkalkung vorgebeugt werden, bei der u. a. **Cholesterin** an den Wänden der Blutgefäße abgelagert wird.

- **Arterienverkalkung** (Arteriosklerose)
Schon in jungen Jahren können sich durch *Kalk-* und *Fettablagerungen* an der Innenwand der Arterien Verengungen bilden (Abb. b–d). Die Gefäßwand verliert ihre Elastizität. Durch diese Verengungen fließt weniger Blut. Dadurch werden beispielsweise Organe wie das Gehirn, die Nieren, das Herz weniger mit Sauerstoff versorgt, als sie für ihre Tätigkeit benötigen. Diese Organe erkranken.

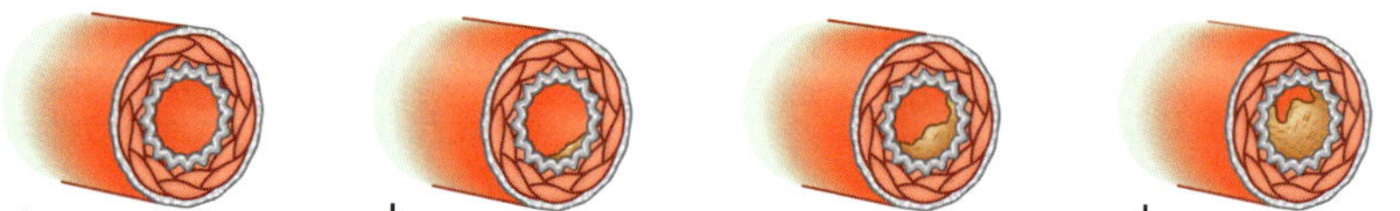

Normale Arterie (a) Stadien der Arterienverkalkung (b–d)

Ein **Schlaganfall** kann auch in relativ jungen Jahren auftreten. Bei sofortiger Behandlung und anschließender Rehabilitation können ausgefallene Beweglichkeit und Koordination teilweise wieder hergestellt werden.

- **Schlaganfall** (Hirnschlag)
Als **Schlaganfall** bezeichnet man Ausfallerscheinungen des Gehirns.
Ursache ist oftmals eine Mangeldurchblutung durch Arterienverkalkung im Gehirn und im Bereich der Halsgefäße. Sie kann bis zum Gefäßverschluss führen. Durch diese Mangeldurchblutung erhalten bestimmte Hirnregionen keinen Sauerstoff und keine Nährstoffbausteine. Die betroffenen Hirnregionen können ihre Aufgaben nicht mehr ausführen, sie gehen zugrunde. Das führt u. a. zur halbseitigen Lähmung des Körpers, zu Sprachstörungen, Erkennungs- und Sehstörungen.

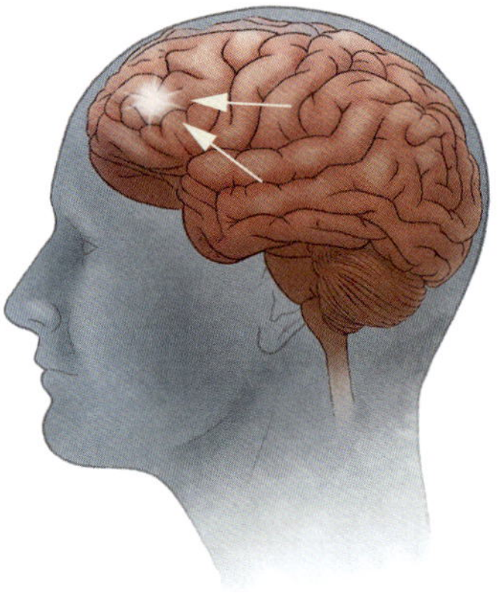

Herzinfarkt

Wird ein Herzkranzgefäß durch Fett- oder Kalkeinlagerungen an der Innenwand sowie durch ein Blutgerinnsel verschlossen, wird die Durchblutung des Herzens unterbrochen.
Die nicht versorgten Teile des Herzmuskels sterben ab.

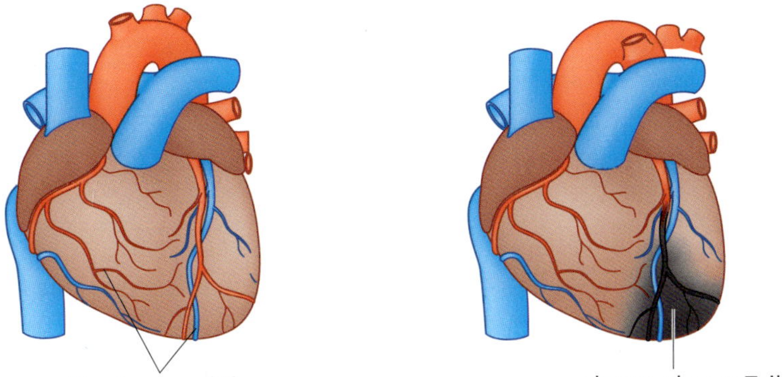

▶ Verengungen der Herzkranzgefäße werden durch ein **Herzkatheter** bzw. Ballonkatheter festgestellt.

▶ Bei mehreren Verengungen der Herzkranzgefäße wird eine **Bypassoperation** vorgenommen.

Krampfadern

Das sind oft schmerzhafte, knotenförmige Erweiterungen der Venen, besonders an den Ober- und Unterschenkeln, bei Menschen, die vorwiegend stehende, sitzende oder bewegungsarme Tätigkeiten ausführen. Die Venenklappen (↗S. 148) können sich nicht mehr schließen, sodass der Rückfluss des Blutes zum Herzen gestört ist.
In den erkrankten Venen können sich Blutgerinnsel bilden. Dann spricht man von einer *Venenthrombose,* die sehr gefährlich sein kann. Die Blutgerinnsel können mit dem Blutstrom in die Lunge gelangen, dort ein Gefäß verstopfen und zur tödlichen Lungenembolie führen.

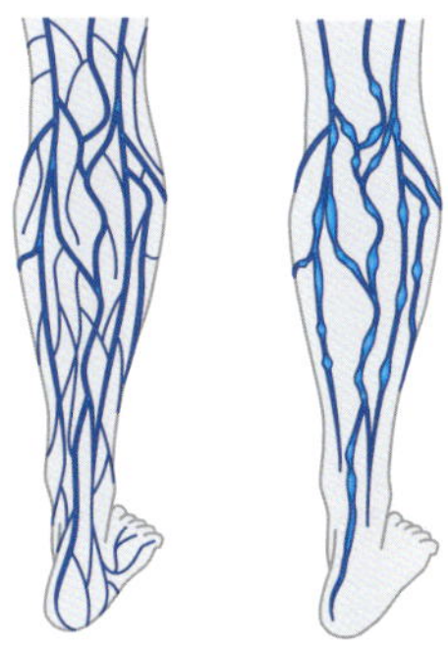

Bluthochdruck (Messung)

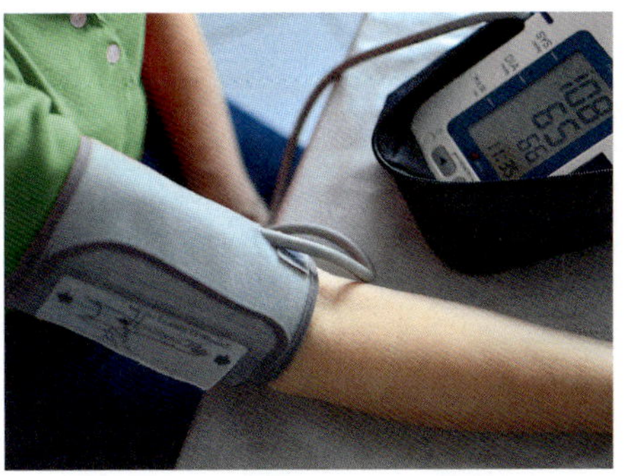

Wenn der **Blutdruck** (↗S. 148) dauerhaft auf Werte oberhalb des für das Alter gültigen Normalwertes ansteigt, dann spricht man von *„Bluthochdruck“*.
Hoher Blutdruck führt einerseits zu Herzmuskelschwäche, andererseits zu Gefäßverkalkungen.
Die Folgen von Gefäßverkalkungen sind u. a. Schlaganfall und Herzinfarkt. Bluthochdruck schädigt auch Gehirn und Nieren.

▶ Bei der **Blutdruckmessung** werden zwei Werte angegeben, systolischer Blutdruck (Druckniveau in den Gefäßen am Ende der Herzkontraktion) und diastolischer Blutdruck (Druckniveau in den Gefäßen während der Erschlaffung des Herzmuskels.)

▶ Bei Herzrhythmusstörungen wird ein **Herzschrittmacher** eingepflanzt.

3.5 Die Ausscheidungsorgane

Harnuntersuchungen sind besonders bei Nierenerkrankungen und Zuckerkrankheit (↗ S. 176) wichtig.

Ausscheidungsorgane sind **Haut** (↗ S. 158), **Lunge** (↗ S. 142) und **Nieren.** Sie dienen der Regulation des Wasser- und Salzhaushaltes des Körpers sowie der Ausscheidung von Stoffwechselendprodukten (Wasser, Kohlenstoffdioxid, Harnstoff, Salze).

3.5.1 Nieren und harnableitende Organe

Bau der Organe

Eine **Niere** des Menschen enthält etwa 2 Mio. Nierenkörperchen in der Nierenrinde.

Die paarigen, bohnenförmigen Nieren liegen links und rechts der Wirbelsäule an der Rückwand der Bauchhöhle. Die äußere Schicht, die *Nierenrinde,* besteht aus Millionen von *Nierenkörperchen.* Sie wirken als Blutfilter. Die innere Schicht, die *Markschicht,* wird aus zahlreichen *Harnkanälchen* gebildet. Sie wirken ebenfalls als Filter bei der Harnbildung.

Nieren und Harnwege

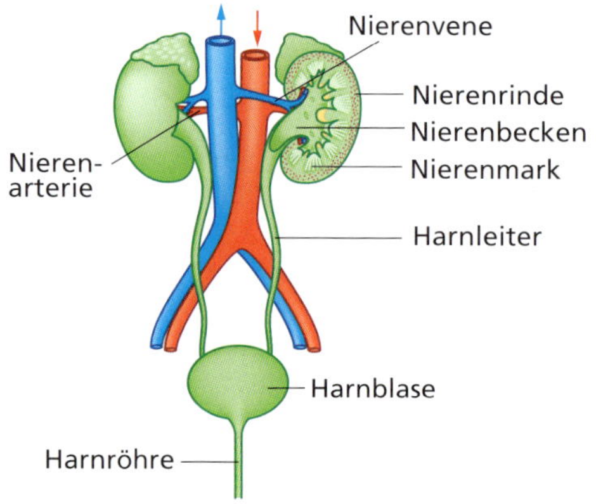

Feinbau der Niere (längs)

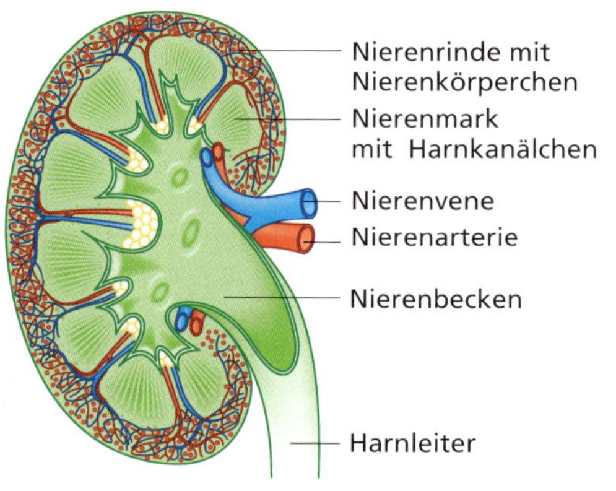

Nierenkörperchen als Filter und Harnbildung

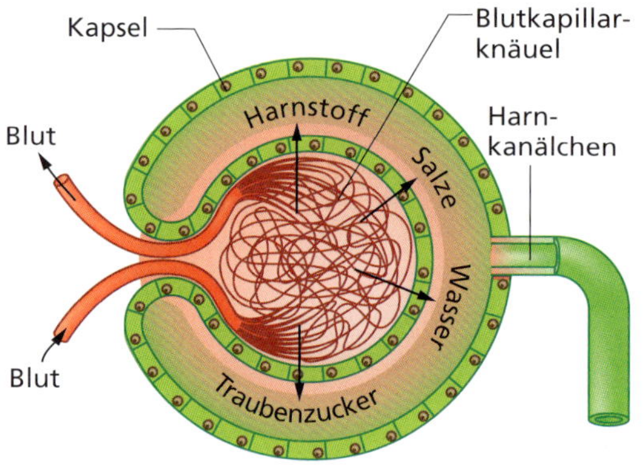

Aus dem Blut werden Wasser, Glucose, Harnstoff, Salze in das Nierenkörperchen abgeschieden.
Wasser und die darin gelösten Stoffe gelangen durch die Harnkanälchen ins Nierenbecken. Dabei werden ein Teil der Stoffe (Glucose, Salze) und Wasser wieder ins Blut aufgenommen; aus dem verbleibenden Wasser mit gelösten Stoffen bildet sich der Harn (Wasser, Harnstoff, Mineralsalze), der vom Nierenbecken über Harnleiter, Harnblase, Harnröhre ausgeschieden wird.

Erkrankungen der Nieren und der harnableitenden Organe sowie vorbeugende Maßnahmen zur Gesunderhaltung

> **Erkrankungen** der **harnableitenden Organe** sind durch Krankheitserreger bzw. durch Erkältung verursachte Entzündungen von Nierenbecken und Harnblase sowie durch Ablagerung fester Salze entstandene Nierensteine und Blasensteine.

Entzündungen oder Störungen der Durchblutung der Nieren können zu **Schrumpfnieren** führen.
Bei Nierenversagen werden die Nieren durch ein **Dialysegerät** oder durch die Niere eines anderen Menschen **(Nierentransplantation)** ersetzt.

Unterkühlung sowie über die Harnröhre eingedrungene Krankheitserreger können zur schmerzhaften **Harnblasenentzündung** bzw. **Nierenbeckenentzündung** führen.
Symptome: Fieber, Schmerzen in der Nierengegend, Beschwerden beim Wasserlassen.
Durch Auskristallisation von Calcium- und Phosphatsalzen aus dem Harn entstehen **Blasensteine** und **Nierensteine.** Verschließen sie Harnleiter bzw. Harnröhre, verursachen sie Harnstau und große Schmerzen.

Nierensteine

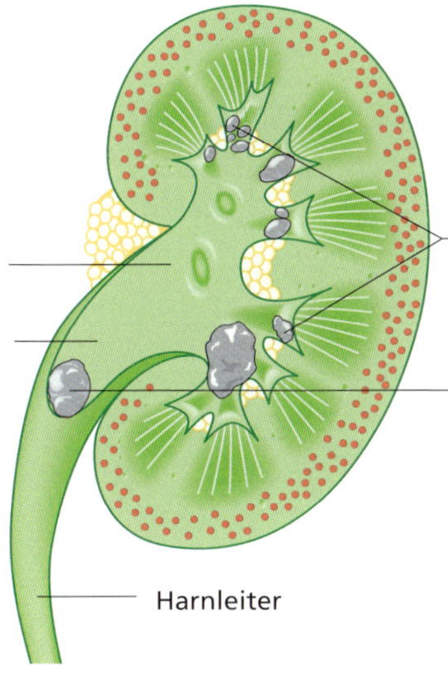

Blasensteine

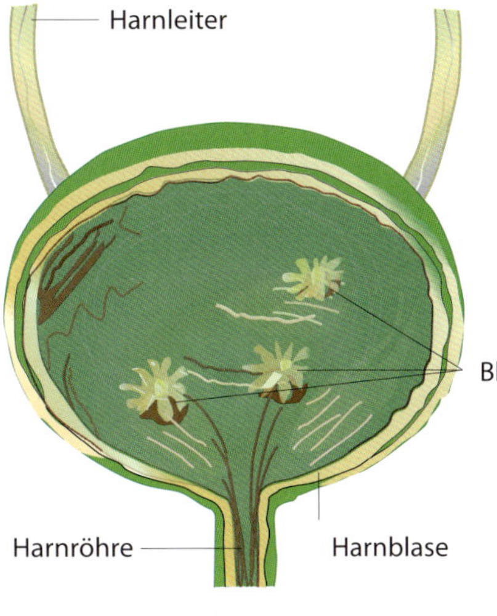

Durch **vorbeugende Maßnahmen** kann jeder Mensch selbst seine Nieren und Harnorgane gesund erhalten.

- Nierenschutz beim Motorradfahren, Wechseln nasser Badebekleidung, Vermeidung von Unterkühlung, Vermeiden extrem gewürzter Speisen, ausreichende tägliche Flüssigkeitszufuhr

Bei der **Organspende** müssen die Antigene von Spender und Empfänger möglichst ähnlich sein.

Beim **Nierenversagen** gelangen alle schädlichen Stoffe, die mit dem Harn normalerweise ausgeschieden werden, in die Blutbahn. Sie führen zu einer „inneren" Vergiftung. Behandlungsmöglichkeiten sind der Einsatz einer *„künstlichen Niere"* sowie eine *Nierentransplantation.* Will man nach dem Tod Organe für schwer kranke Menschen spenden, kann man einen **Organspenderausweis** ausfüllen.

Geeignete Spenderorgane werden weltweit durch **Organbanken** erfasst.

3.5.2 Die Haut als Ausscheidungsorgan

Die **Haut** bedeckt als mehrschichtiges Gewebe den äußeren Körper (äußere Haut, ca. 2 m^2), kleidet aber auch als drüsenreiche **Schleimhaut** (innere Haut) alle Körperhohlräume aus, z. B. Mund und Nasenhöhle, Magen, Darm, Lunge. In der Haut befinden sich Haare. Die Haut ist ein Ausscheidungs- und Sinnesorgan (↗ S. 165).

Bau und Funktionen der Haut

Unsere **äußere Haut** besteht aus **Oberhaut** (Schutz, Bildung neuer Zellen), Lederhaut (Ausscheidungs- und Sinnesfunktion) und **Unterhaut** (Wärmeisolierung, Schutz, Energiespeicher).

Aufbau der Haut (schematisch)

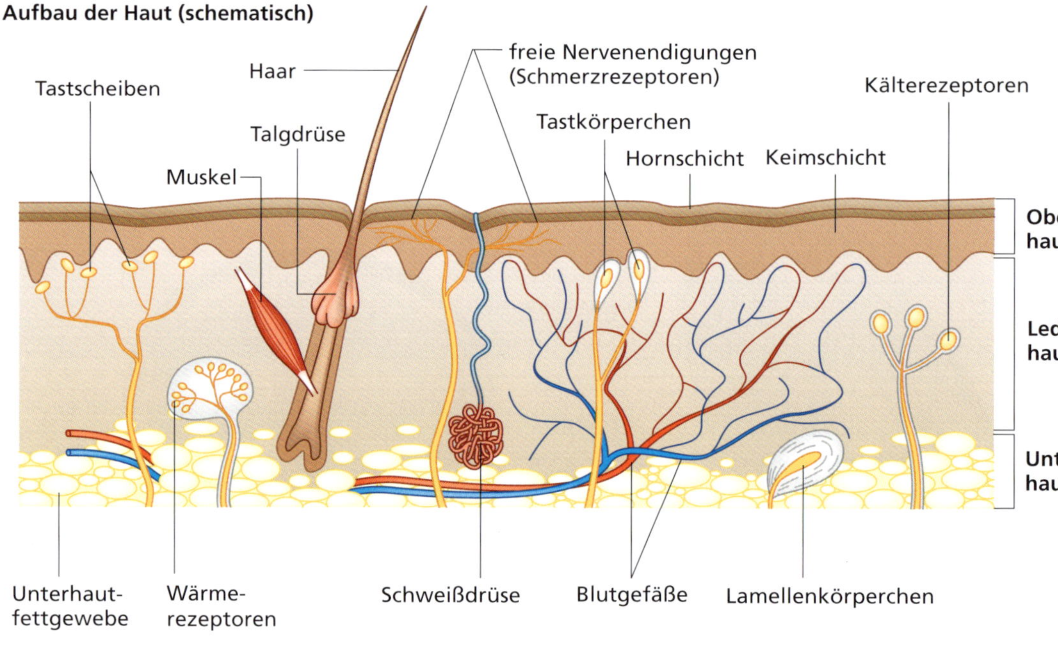

In der Haut befinden sich zahlreiche **Schweißdrüsen** und **Talgdrüsen.**

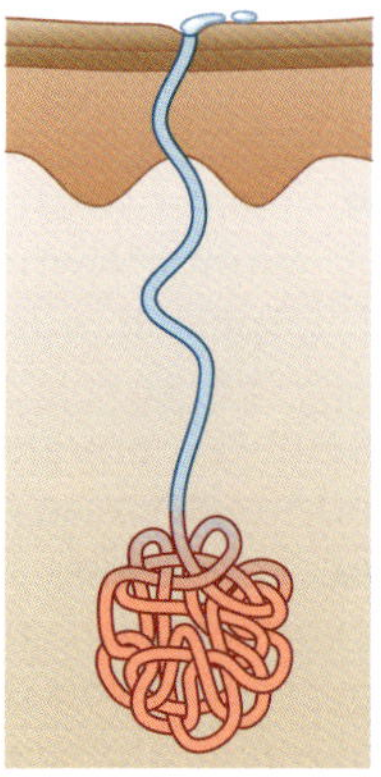

Die **Schweißdrüsen** sondern Schweiß ab. Ihre Drüsenzellen liegen in der Wand eines dünnen, knäuelartig aufgerollten Schlauches (Knäueldrüsen).
Der Ausführungsgang jeder Schweißdrüse ist korkenzieherartig gewunden und mündet in der Oberhaut. Die Schweißdrüsen verdunsten täglich bis zu ein Liter Wasser, bei anstrengender körperlicher Arbeit sogar 5 bis 10 Liter. Der unangenehme Schweißgeruch entsteht, wenn Bakterien den Schweiß zersetzen. Die Anzahl beträt 1,8 Mio. (ca. 100 pro cm^2 Haut).

Die **Talgdrüsen** sondern Talg ab. Ihre Drüsenzellen liegen in der Wand von vielen kleinen, traubenartig angeordneten Bläschen (Bläschendrüsen). Der Ausführungsgang jeder Talgdrüse ist relativ gerade und mündet in der Oberhaut. Der fetthaltige Talg hält die Haut feucht und geschmeidig.
Anzahl: 250 000 (ca. 15 pro cm^2 Haut)

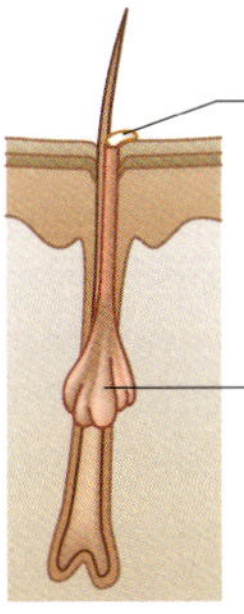

Hautpigmente sind in der Haut eingelagerte Farbstoffe, z. B. Melanin.

Weitere Teile der Haut und ihre Funktionen	
Oberhaut	
Hornschicht (tote, verhornte Zellen)	Schutz vor Austrocknung, Fremdkörpern, Reibung, Stoß, Druck, Bakterien
Keimschicht mit Farbstoffen (Pigmenten)	Bildung neuer Zellen, Schutz vor UV-Strahlung
Lederhaut	
Tastkörperchen, freie Nervenendigungen, Kälte- und Wärmerezeptoren	Aufnahme von Reizen (↗ S. 165)
Schweißdrüsen, Talgdrüsen	Ausscheidung von Stoffen (z. B. Wasser, Salze, Harnstoff, Talg)
Blutgefäße, Schweißdrüsen	Regulation von Vorgängen im Körper, z. B. Körpertemperatur (↗S. 221)
Unterhaut	
Fettgewebe der Unterhaut	Schutz vor Kälte, Stoß und Druck, Speicherung, Wärmeisolierung

Die Hornhaut hat eine Dicke von ca. 0,015 mm.

Viele Menschen haben an verschiedenen Stellen des Körpers **Hauttätowierungen** (Tattoos).

In die Haut sind **Hautorgane** eingesenkt, z. B. Haare, Nägel.

Die *innere Haut,* die **Schleimhaut**, kleidet alle Hohlorgane unseres Körpers aus. Sie ist häufig einschichtig und im Gegensatz zur äußeren Haut immer unverhornt. Die Schleimhautzellen sind sehr drüsenreich.

Hautleisten sind nervenreiche *Papillen* im Hand- und Fußbereich, die zu Hautleisten angeordnet, typische Furchungen bilden. Diese Muster sind in den Erbanlagen festgelegt und für jeden Menschen spezifisch. Anhand von *Fingerabdrücken* (↗ Abb.) können Menschen identifiziert werden.
An den Endgliedern von Fingern und Zehen befinden sich **Nägel.** Sie entstehen aus verhornten Zellen der Oberhaut.
Nägel erleichtern das Greifen, schützen die Finger- und Zehenenden vor Verletzungen.

Das **Hautleistenmuster der Fingerspitzen** ist bei jedem Menschen anders ausgeprägt. Es kann als Erkennungszeichen (Fingerabdruck) in der Kriminalistik verwendet werden.

Pflege der Haut

▶ Besonders gefährlich für unsere Haut sind die UV-Strahlen der Sonne.

Trockene Haut braucht eine fette Hautcreme, *fette* Haut sollte mit einer Reinigungsemulsion behandelt werden. Generell sollten Hautpflegemittel in Maßen verwendet werden.
Die Zufuhr von ausreichend Feuchtigkeit ist Voraussetzung für eine wirksame Tagespflege der Haut, ebenso das Eindringen der Vitamine A und E in die Haut. Deshalb sollten Feuchtigkeitscremes, die diese Vitamine enthalten, genutzt werden. Sie beschleunigen die Erneuerung der Hautzellen und stärken die Abwehrkraft der Haut.

▶ Die Hautfarbe wird durch Pigmente in der Keimschicht der Oberhaut und in Bindegewebszellen der Lederhaut erzeugt.

Die Schädigungen der Haut durch die Sonneneinstrahlung hängt z. B. ab von der geografischen Lage, den Witterungseinflüssen, der Jahres- und Tageszeit sowie besonders vom jeweiligen **Hauttyp.** Erst dann, wenn man seinen Hauttyp kennt, kann man auch dessen Sonnenempfindlichkeit richtig einschätzen und das Sonnenschutzmittel mit dem richtigen Lichtschutzfaktor (LSF) auswählen und anwenden.

Hauttypen mit Merkmalen und Gefährdungen			
Type I	**Type II**	**Type III**	**Type IV**

helle Haut, rötliche Haare, blaue oder grüne Augen	helle Haut, blonde Haare, blaue oder grüne Augen	helle bis hellbraune Haut, dunkelblonde bis dunkle Haare, blaue oder braune Augen	dunkle Haut, tiefbraune bis schwarze Haare, braune Augen
immer Sonnenbrand, Sonne meiden, keine Bräunung	immer Sonnenbrand, langsame Gewöhnung, schwache Bräunung	manchmal leichter Sonnenbrand, gute Bräunung	kaum Sonnenbrand, immer Bräunung
LSF 15	LSF 9–14	LSF 8	LSF 2–4

Schädigungen der Haut und Erste-Hilfe-Maßnahmen

Verbrühungen und Verbrennungen

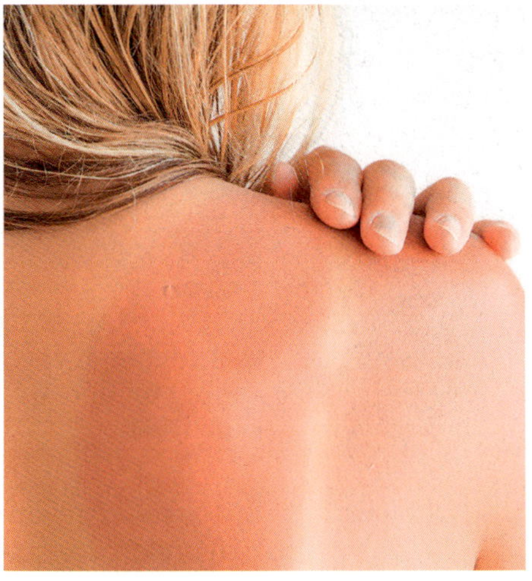

Schädigung des Hautgewebes in unterschiedlichen Graden (1.–4. Grad) durch Kontakt mit heißer Flüssigkeit bzw. durch Einwirkung starker Hitze von heißen Gegenständen, Flammen, erhitzten Gasen, UV-Strahlen.

Erste-Hilfe-Maßnahmen:
Körperstellen mit leichten Verbrennungen mit kaltem Wasser abspülen, bei schweren Verbrennungen Stellen keimfrei abdecken.

Vier Grade der Hautschädigung werden bei Verbrühungen und Verbrennungen unterschieden.

Verätzungen

Schädigung des Hautgewebes durch Einwirkung von Säuren und Basen, die das Eiweiß der Zellen zerstören und zum Tod des entsprechenden Gewebes führen.

Erste-Hilfe-Maßnahmen:
betroffene Körperstellen mit lauwarmem Wasser abspülen, anschließend keimfrei abdecken.

Akne vulgaris

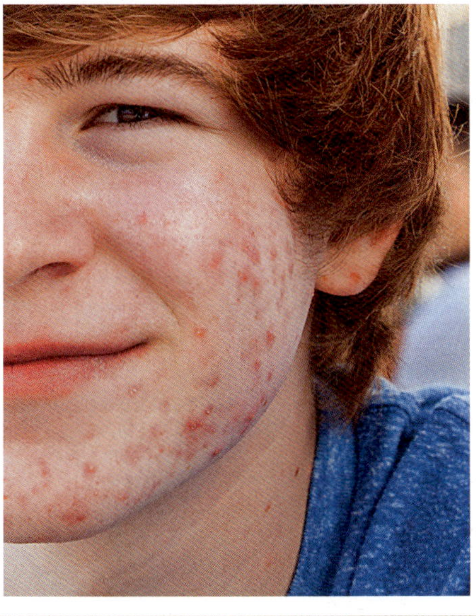

Die **Akne vulgaris** ist die häufigste Hauterkrankung im jugendlichen und frühen Erwachsenenalter. Durch eine Fehlsteuerung der Talgdrüsenaktivität werden die Ausfuhrgänge der Talgdrüsen verstopft. Diese „Talgpfropfen" entzünden sich mehr oder weniger stark und führen zu den vereiterten Pusteln. Zu achten ist auf eine gründliche Reinigung der Haut. Mithilfe von Reinigungswasser wird die Haut bald wieder glatt und gesund sein.
Schwere Formen der Akne gehören in die Hand des Arztes.

Allergien sind überempfindliche Reaktionen auf u. a. Medikamente, Tierhaare, Hausstaub, Chemikalien, Nahrungsmittel, Blütenstaub (↗ S. 260).

In den letzten Jahren haben Infektionen der Haut durch **„Hautpilze"** erheblich zugenommen.

3.6 Sinne und Sinnesorgane

Mithilfe der **Sinne** und **Sinnesorgane** kann der Mensch sich in seiner Umwelt orientieren. Er kann u.a. sehen, hören, schmecken, riechen, fühlen.

Überblick über Sinne und Sinneszellen				
Sinne	**Reizarten**	**Sinneszellen und Orte der Reizaufnahme**	**Energieformen**	**Empfindungen**
Gehörsinn	Schall (akustische Reize)	Sinneszellen im Innenohr (Schnecke)	mechanische Energie (Luftschwingungen)	Wahrnehmen von Tonhöhen und Lautstärken
Gesichtssinn	Licht (optische Reize)	Sinneszellen in der Netzhaut des Auges	Lichtenergie	Unterscheiden von Hell und Dunkel; Farben-, Bewegungs-, Bildsehen; räumliches Sehen
Geruchssinn	chemische Stoffe (chemische Reize)	Sinneszellen im Riechfeld der Nasenschleimhaut	chemische Energie	Unterscheiden von Geruchsqualitäten, z.B. brenzlig, würzig, faulig, fruchtig, blumig
Geschmackssinn	chemische Stoffe (chemische Reize)	Sinneszellen in den Geschmacksknospen der Zunge und des Gaumens	chemische Energie	Unterscheiden von Geschmacksqualitäten, z.B. sauer, süß, bitter, salzig
Gleichgewichtssinn	Lage- und Bewegungsänderungen des Körpers (mechanische Reize)	Sinneszellen im Innenohr (Lagesinneszellen im Vorhof, Bewegungssinneszellen in den Bogengängen)	mechanische Energie	Feststellen der Lage des Körpers, der Körperhaltung und -bewegung
Temperatursinn	Wärme und Kälte, Veränderung der Temperatur (Temperaturreize)	Sinneszellen und freie Nervenendigungen in der äußeren Haut und der Schleimhaut	thermische Energie	Feststellen von Temperaturunterschieden und -veränderungen, Wärme- und Kälteempfindung
Druck- und Berührungssinn	Druck und Berührung (mechanische Reize)	Sinneszellen und freie Nervenendigungen in der Haut und den inneren Organen	mechanische Energie	Feststellen von Druck und Berührung

Sinneszellen (Rezeptoren) sind Zellen, die zur Aufnahme bestimmter Reize (↗ S. 208) spezialisiert sind. Sie wandeln Reize in Erregungen um (↗ S. 213).
Sinnesorgane (z. B. Auge, Ohr, Nase) sind spezielle Organe zur Aufnahme von bestimmten Reizen. Sie bestehen aus zahlreichen Sinneszellen, die von Schutz- und Hilfseinrichtungen umgeben sein können.

3.6.1 Das Auge als Lichtsinnesorgan

Die fast kugeligen Augen liegen geschützt in knöchernen **Augenhöhlen.**

Schutz- und Hilfseinrichtungen des Auges

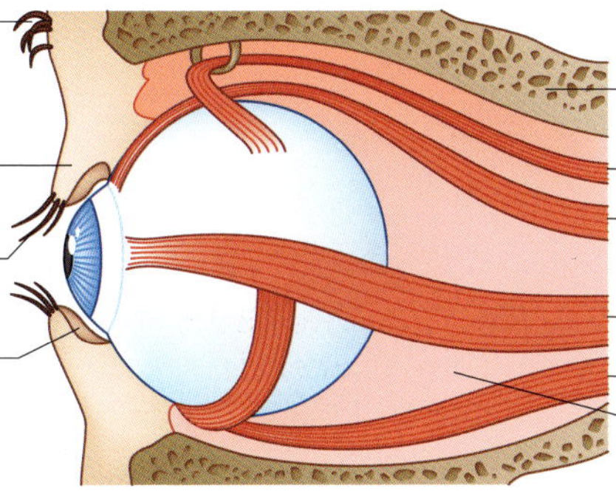

Eine weitere Schutzeinrichtung der Augen sind die **Tränendrüsen.**

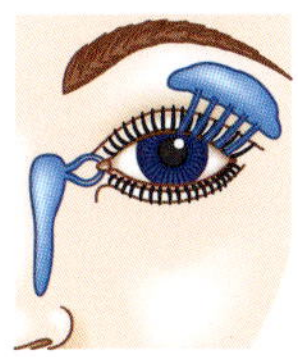

Die **Augenmuskeln** bewirken die gleichsinnige Bewegung der Augen.

Bau des Auges und Funktion seiner Teile

Das nahezu kugelige Auge besteht aus drei Schichten, der Linse und dem Glaskörper. Alle Teile führen entsprechend ihres Baues bestimmte Funktionen aus.

Die **Netzhaut** (↗ S. 214) enthält die Lichtsinneszellen. Die Stelle, wo der Sehnerv das Auge verlässt, wird blinder Fleck genannt. Dort befinden sich keine Lichtsinneszellen.

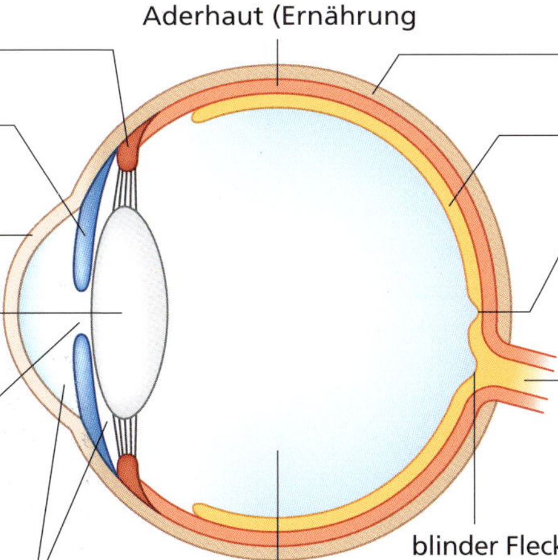

Die **Augenfarbe** wird durch die Farbe der Regenbogenhaut bestimmt.

Schutz der Augen sowie ihre Gesunderhaltung

▶ Ein häufige Erkrankung der Augen ist die **Bindehautentzündung.**

Ausreichende Beleuchtung beim Ausführen von Tätigkeiten, Tragen von Sonnenbrillen bei grellem Licht, Tragen von Schutzbrillen bzw. Schutzschildern bei die Augen gefährdenden Tätigkeiten (z.B. Schleifen, Schweißen, Drehen) sowie beim Motorradfahren und beim Arbeiten mit ätzenden Chemikalien.

3.6.2 Das Ohr als Hör- und Gleichgewichtssinnesorgan

Bau des Ohrs als Hörorgan und Funktion seiner Teile

▶ Die Schnecke im Innenohr enthält mit ihren zweieinhalb Windungen etwa 14 000 Hörsinneszellen (↗ S. 217).

Das Ohr besteht aus **Außenohr, Mittelohr** und **Innenohr.** Mittel- und Innenohr liegen geschützt im knöchernen Schädel.

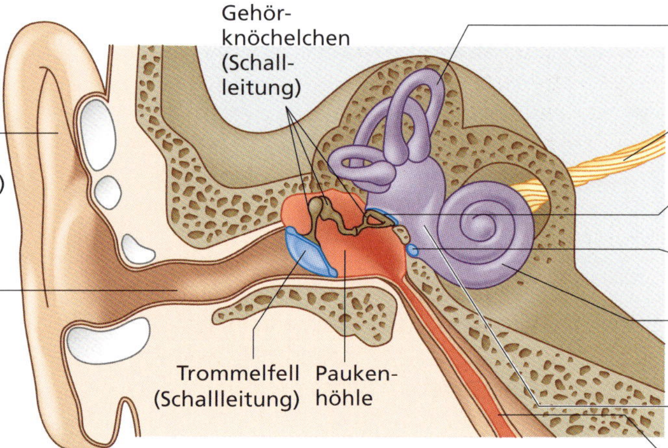

Ohr als Gleichgewichtssinnesorgan

Die drei Bogengänge und der Vorhof des Innenohrs bilden das Gleichgewichtsorgan. Bei jeder Veränderung der Lage des Körpers sowie bei jeder Bewegung des Körpers wird die Ohrlymphe bewegt. Durch die Strömung der Ohrlymphe werden die Sinneszellen im Innenohr gereizt. Es entstehen in ihnen Erregungen (↗ S. 217).

▶ Schaltstationen für Gleichgewichtsregulation und Bewegungskoordination befinden sich im Kleinhirn (↗ S. 169).

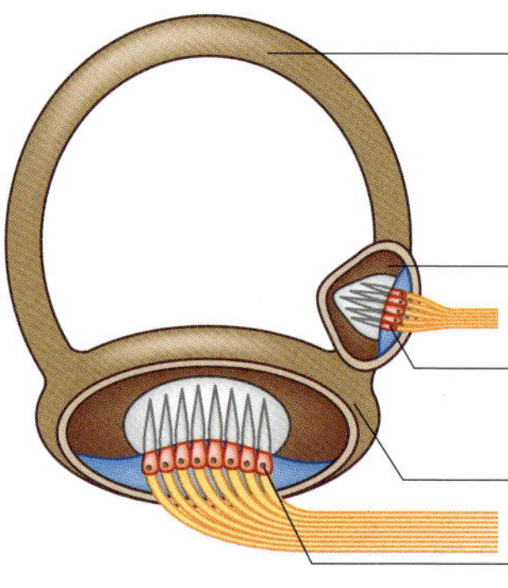

Sinneszellen in Ruhe

Bei Veränderung der Lage des Kopfes werden die Lagesinneszellen im Vorhof gereizt. Bei jeder Bewegung des Körpers werden die Bewegungssinneszellen in den Ampullen der drei Bogengänge gereizt. Die entstehenden Erregungen werden über Nerven zum Gehirn geleitet und dort verarbeitet. Der Mensch kann auf diese Weise das Gleichgewicht seines Körpers wieder herstellen.

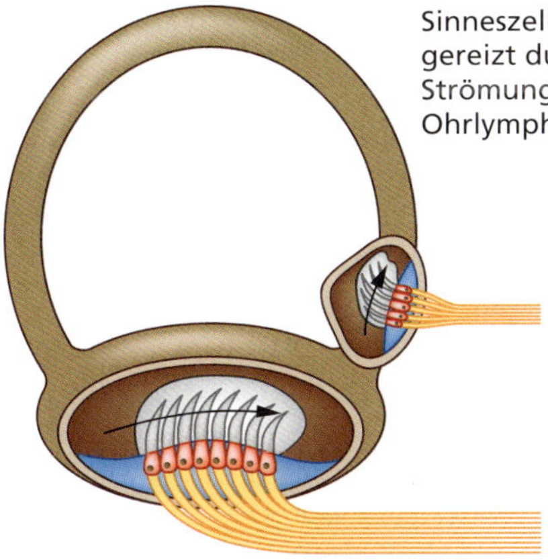

Schutz der Ohren sowie ihre Gesundherhaltung

Tragen von Hörschutzgeräten bei Lärm verursachenden Tätigkeiten (z. B. Arbeiten in Schmiede, mit Presslufthammer) sowie von Hörgeräten bei Schwerhörigkeit, Entfernen von in den Gehörgang eingedrungenen Fremdkörpern durch einen Arzt.

Lärm gefährdet unsere Gesundheit. Deshalb unbedingt Ohren vor zu langer Lärmbelästigung schützen!

3.6.3 Die Haut als vielseitiges Sinnesorgan

Die **Haut** ist sowohl ein wichtiges Ausscheidungsorgan (↗ S. 158) als auch **Sinnesorgan.** In der Lederhaut befinden sich **Sinneszellen** (Wärme-, Kälte-, Tastkörperchen) und freie Nervenendigungen, die auf Wärme, Kälte, Berührung und Druck sowie Schmerz reagieren.

Der Tastsinn ist besonders bei Blinden ausgeprägt. Sie können die **Blindenschrift** durch Ertasten lesen.

Die Haut besitzt also mehrere Sinnesfunktionen, beispielsweise den *Temperatursinn,* den *Tastsinn* und den *Schmerzsinn* (↗ S. 162).

Über die Haut nehmen wir unterschiedliche Empfindungen wahr, z. B. die Berührung einer Hand, den Druck eines harten Gegenstands, die Kälte des Schnees, die Wärme der Ofenplatte oder den Schmerz einer Wunde.
Wärme- und Kälterezeptoren, dies können auch freie Nervenendigungen sein, übermitteln nur Temperaturunterschiede und -veränderungen. Feinste Berührungen, Druck und Erschütterungen werden von unterschiedlichen Tastkörperchen aufgenommen.

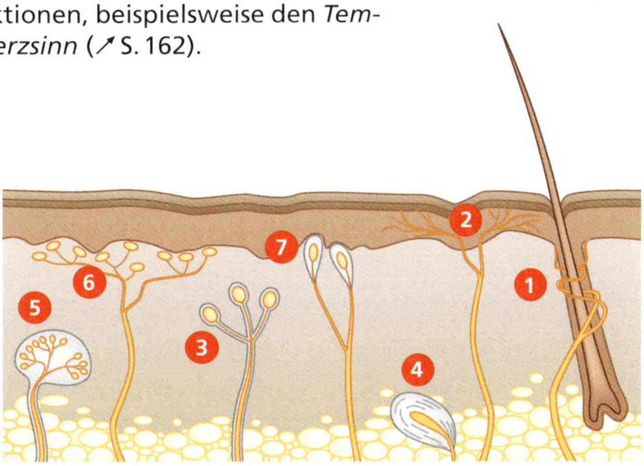

1 Nervenfortsätze am Haar
2 freie Nervenendigungen (Schmerzrezeptoren)
3 Kälterezeptoren
4 Lamellenkörperchen
5 Wärmerezeptoren
6 Tastscheiben
7 Tastkörperchen

3

3.6.4 Geruchssinnesorgan und Geschmackssinnesorgan

Geruchssinnesorgan und **Geschmackssinnesorgan** gehören zu den **chemischen Sinnesorganen.**

Der **Geruchssinn** gehört zu den chemischen Sinnen (↗ S. 162). Er dient der Wahrnehmung gas- oder dampfförmiger Substanzen. Diese werden im Schleim der Nasenhöhle gelöst und erregen die Riechsinneszellen.

Das Geruchssinnesorgan

Die **Geruchssinneszellen** liegen in der Riechschleimhaut der Nasenhöhlen. Die Größe der Riechschleimhaut beträgt beim Menschen ca. 5 cm^2, beim Hund ca. 85 cm^2 und beim Reh ca. 90 cm^2.
Durch Reizstoffe ausgelöst, können von ihnen zahlreiche Geruchsqualitäten ermittelt werden, u. a. würzig, fruchtig, faulig, brenzlig.

Schnitt durch Nasenhöhle mit Riechschleimhaut von Mensch und Reh

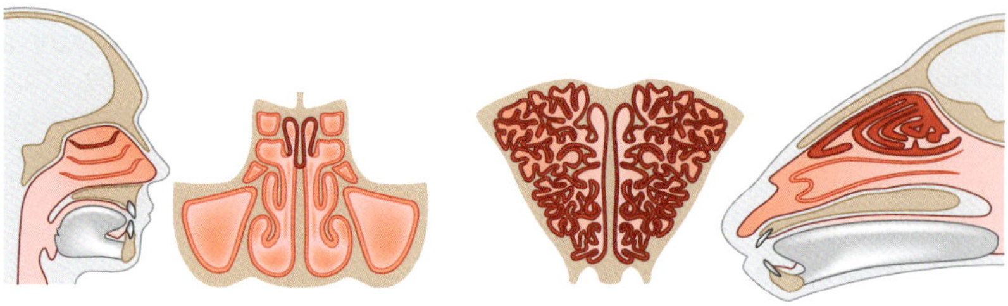

Das Geschmackssinnesorgan

Die Sinnesempfindungen, die beim Essen und Trinken auftreten, beruhen auf dem Zusammenwirken von Geruchs- und Geschmacksempfindungen.

Die Geschmackssinneszellen befinden sich in den an der Zungenoberfläche liegenden Geschmacksknospen. Sie verteilen sich nicht ganz gleichmäßig auf Zungenspitze, Zungenrand, Zungengrund und Gaumen. Maximale Empfindlichkeiten für Geschmacksqualitäten werden in bestimmten Bereichen der Zunge von Chemorezeptoren wahrgenommen (↗ Abb.). Lange Zeit nahm man an, dass der Mensch vier Geschmacksqualitäten (süß, sauer, bitter und salzig) unterscheiden kann. Weitere Rezeptoren für Glutamat gelten inzwischen als gesichert, möglicherweise gibt es auch spezielle Rezeptoren für Fett.

Geschmacksregionen der Zunge

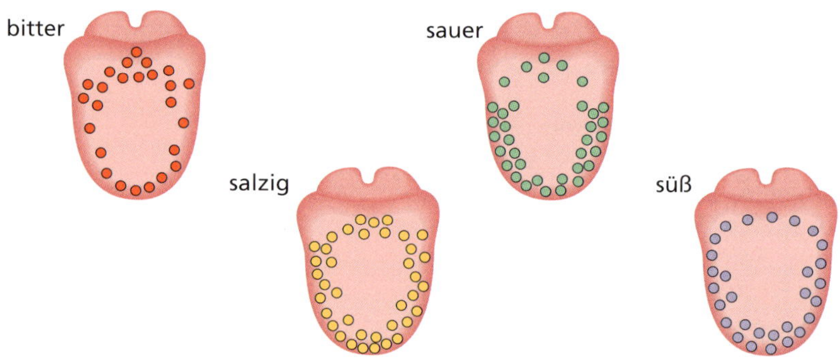

Der **Geschmackssinn** gehört zu den chemischen Sinnen (↗ S. 162). Er dient der Wahrnehmung gelöster Substanzen.

3.7 Das Nervensystem

Das **Nervensystem** steuert die Lebensprozesse im Körper (↗ S. 220). Es besteht aus Gehirn, Rückenmark und Nervensträngen, die alle Teile des Körpers mit den Nervenzentren (Gehirn, Rückenmark) verbinden. Man unterscheidet das **Zentralnervensystem** (aus Gehirn und Rückenmark), das **periphere Nervensystem** (aus vom Gehirn und Rückenmark ausgehenden Nervenpaaren), das **vegetative Nervensystem** (aus zwei gegensätzlich wirkenden Nervensträngen – Sympathikus und Parasympathikus). Kleinstes Bauelement des Nervensystems ist die **Nervenzelle.**

3.7.1 Das Nervensystem im Überblick

Das **Zentralnervensystem** (Gehirn, Rückenmark) verarbeitet die einlaufenden Erregungen, sodass unsere Umwelt wahrgenommen werden kann.
Das **periphere Nervensystem** umfasst die Nerven, die vom Gehirn und Rückenmark ausgehen und das Nervengeflecht für die Haut und Muskeln von Hals, Nacken, Rumpf und Gliedmaßen bilden.
Das **vegetative Nervensystem** umfasst die Nerven, die zu den inneren Organen (z. B. Haut, Drüsen) und von ihnen weg führen.

Das **vegetative Nervensystem** besteht aus zwei Gegenspielern (Antagonisten, ↗ S. 135), dem Parasympathikus und dem Sympathikus. Es beeinflusst die inneren Organe, die glatte Muskulatur und die Drüsen.

Zentralnervensystem und peripheres Nervensystem	Vegetatives Nervensystem

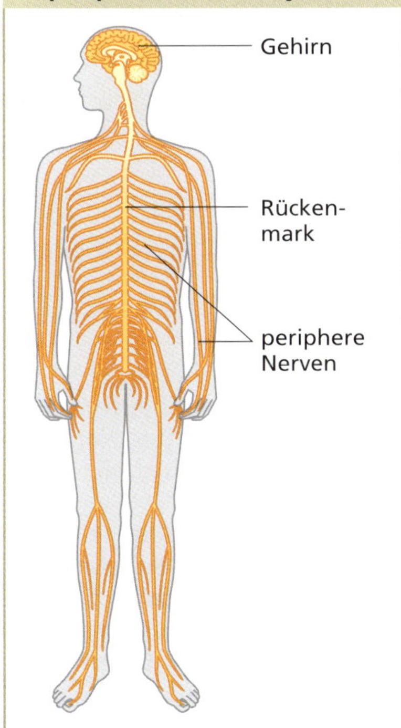

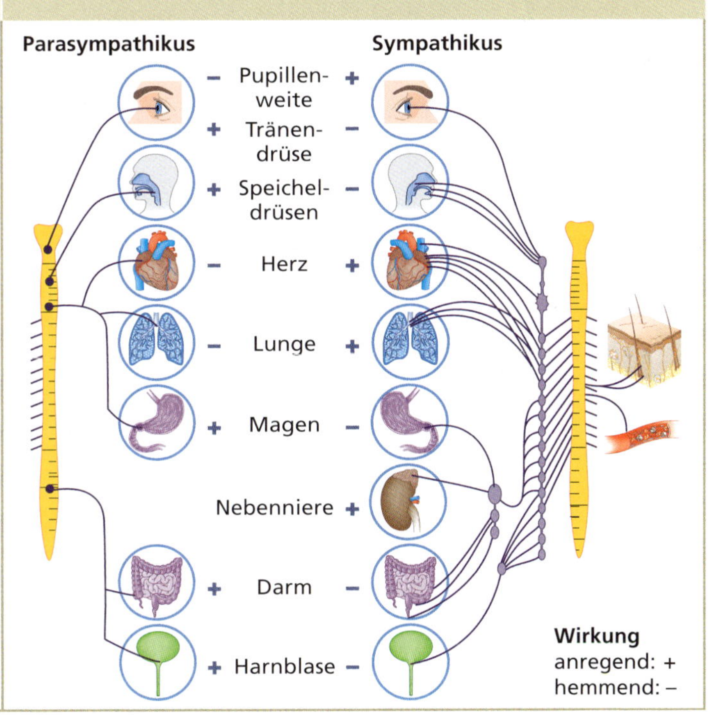

3.7.2 Das Zentralnervensystem und seine Gesunderhaltung

Das **Zentralnervensystem** besteht aus **Gehirn** und **Rückenmark.** Der kleinste Baustein des Nervensystems ist die **Nervenzelle.**

▶ Parallel verlaufende Nervenfasern mehrerer Nervenzellen sind von einer gemeinsamen Bindegewebshülle umgeben. Sie bilden **Nervenfaserbündel.** Mehrere Nervenfaserbündel mit gemeinsamer Bindegewebshülle bilden einen **Nerv** bzw. eine Nervenbahn.

▶ An den **Synapsen** erfolgt die Erregungsübertragung.

Bau und Funktionen einer Nervenzelle

Die **Nervenzelle** besteht aus dem **Nervenzellkörper** mit kurzen Fortsätzen **(Dendriten)** und dem langen Nervenzellfortsatz **(Neurit/Nervenfaser).** Die Nervenzelle dient der Aufnahme, Weiterleitung und Übertragung von Erregungen (Nervenimpulsen, ↗ S. 208). Dabei erfolgt die Aufnahme der Erregungen durch die kurzen Fortsätze des Nervenzellkörpers, die Weiterleitung der Erregungen durch den Neuriten und über die Synapsen zu anderen Nervenzellen oder Muskeln bzw. Organen.
Nervenfaser ist der von einer Hülle umgebene Neurit.
Synapse ist die Übertragungsstelle für eine Erregung von einer Nervenzelle auf eine andere Nervenzelle, eine Muskelzelle oder eine Drüsenzelle. Das Endknöpfchen des Neuriten, der synaptische Spalt und die Erregung aufnehmende Membran bilden die Synapse.

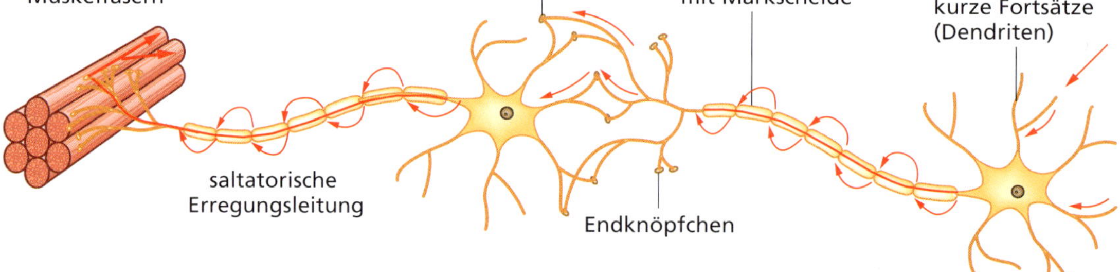

Das Gehirn

▶ Das **Gehirn** eines Erwachsenen wiegt ca. 1500 g und enthält etwa 10–14 Milliarden Nervenzellen.

▶ Die Großhirnrinde ist in **Rindenfelder** eingeteilt (↗ S. 223).

Das weiche, druckempfindliche **Gehirn** – umgeben von Hirnhäuten – liegt geschützt in der Schädelkapsel. Es besteht aus den Abschnitten **Nachhirn, Kleinhirn, Mittelhirn, Zwischenhirn** und **Großhirn.** Jeder Abschnitt erfüllt bestimmte Aufgaben (↗ S. 169).
Etwa 80 % des gesamten Hirnvolumens nimmt das Großhirn ein. Das Kleinhirn und das Großhirn bestehen aus **Hirnrinde (graue Substanz,** bestehend aus Nervenzellkörpern) und **Hirnmark (weiße Substanz,** bestehend aus Nervenfasern). Die Oberfläche des Großhirns sowie des Kleinhirns ist durch Furchen und Windungen stark vergrößert. Damit steigt die Leistungsfähigkeit dieser Gehirnabschnitte.
Der **Hirnstamm** wird gebildet aus Brücke, Mittelhirn und Nachhirn.

Gehirn des Menschen (längs) und Leistungen der Hirnabschnitte

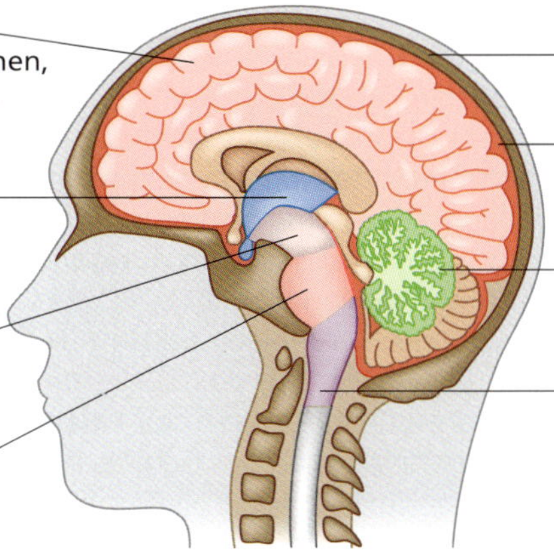

Das Rückenmark

Das **Rückenmark** – umgeben von Rückenmarkshäuten – liegt geschützt im Wirbelkanal der Wirbelsäule. Es besteht außen aus **Nervenfasern (weiße Substanz)** und innen, schmetterlingsförmig angeordnet, aus Nervenzellkörpern **(graue Substanz).**
Durch Nervenfasern steht das Rückenmark mit allen Teilen des Körpers und mit dem Gehirn in Verbindung. Es ist eine zentrale Schaltstelle für Reflexe (↗S. 218).

Aus dem Rückenmark treten zwischen den Wirbelkörpern 31 Paar **Rückenmarksnerven** aus.

Lage und Bau des Rückenmarks

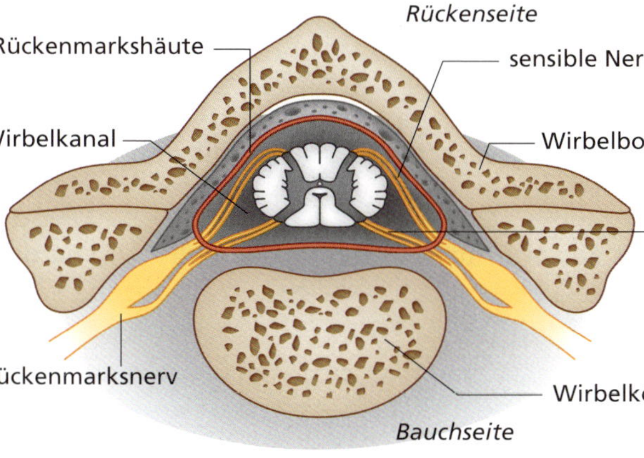

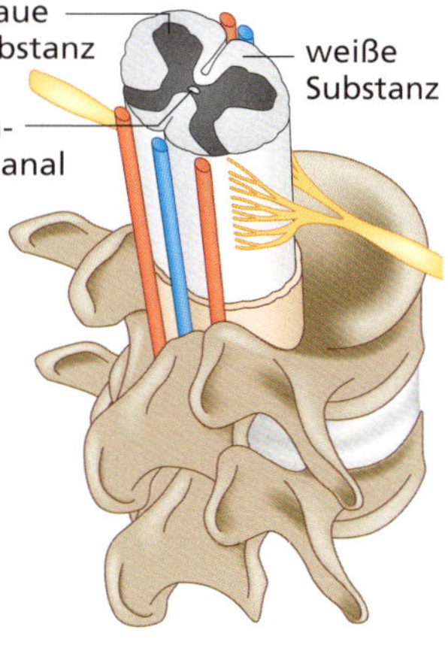

Gesunderhaltung des Nervensystems

Voraussetzung für die Gesunderhaltung des Nervensystems ist ein richtiger Tagesablauf in Bezug auf Arbeit und Erholung, Freizeit, Körperpflege, Essen, Schlafen und Wachsein. Unregelmäßige Zeiteinteilung und große Hektik sowie Dauerstress führen zu nervösen Störungen. Besonders wichtig ist ausreichender **Schlaf.**
Ursachen für **Schlafstörungen** können Lärm, Übermüdung, Völlegefühl, Schmerzen, quälende Gedanken und Erkrankungen sein.

Die verschiedenen Schlafphasen können durch ein **Elektroenzephalogramm (EEG)** erforscht werden.

3

Erkrankungen des Nervensystems

Nerventransplantation ist das Übertragen und Einfügen eines Nervenabschnitts zum Überbrücken einer Lücke zwischen zwei Enden eines Nervs.

Schlägt man bei einem Sturz mit dem Kopf auf einen festen Gegenstand bzw. auf den Boden auf, kann eine **Gehirnerschütterung** die Folge sein. Der Verletzte ist oftmals bewusstlos, muss sich erbrechen, leidet unter Schwindelgefühlen und Kopfschmerzen. Unbedingte Bettruhe ist erforderlich.
Werden motorische Nervenbahnen durchtrennt oder Nervenzellkörper zerstört, kommt es zu **Lähmungen.** Die Verletzten können ihre Muskeln nicht mehr bewegen, z. B. bei Querschnittslähmung.
Eine weitere Nervenerkrankung ist die von Viren verursachte **Kinderlähmung.** Befallen Viren das Rückenmark und zerstören dort Nervenzellen, kommt es zu Lähmungen der Gliedmaßen.
Ausfallerscheinungen des Gehirns bezeichnet man als **Schlaganfall** (↗S. 154).
Eine besonders schwere Nervenerkrankung ist die **multiple Sklerose.** Bei ihr treten schubweise Veränderungen in der Hirnsubstanz auf. Die Folge davon sind Lähmungen und Störungen in der Empfindlichkeit der betroffenen Körpergebiete. Die Ursachen dieser Erkrankung sind noch nicht vollständig geklärt.
Auch angeborene **(erbbedingte) Erkrankungen** (↗S. 289) können zur geistigen Behinderung führen. Geistig behinderte Kinder bedürfen vonseiten der Eltern, Geschwister und aller anderen Personen einer besonderen Zuneigung, Unterstützung und Hilfe.

3.7.3 Drogen und ihre Wirkung im Körper

Neben Beratungsstellen gibt es weitere Einrichtungen bzw. Organisationen für **Suchtkrankenhilfe,** Gesundheitsförderung und Vorbeugung.

Suchtmittel (Drogen) sind Stoffe, die in die natürlichen Lebensprozesse des Körpers eingreifen und Stimmungen, Gefühle und Wahrnehmungen des Menschen beeinflussen. Durch Drogen verändern sich die Beziehungen des Menschen zu seiner Umgebung, z. B. zu den Freunden, Arbeitskollegen, zur Familie.
Sucht ist die krankhafte, zwanghafte Abhängigkeit von Suchtmitteln, das Verlangen nach einer ständig erneuten Einnahme dieser Stoffe, um ein bestimmtes Glücksgefühl zu erreichen oder Unlust- und Angstgefühle zu vermeiden. Es werden die seelische und die körperliche **Abhängigkeit** unterschieden.

Von Fachleuten werden legale („erlaubte") und illegale („verbotene") Drogen unterschieden.

Legale („erlaubte") Drogen

Medikamentenmissbrauch schadet der Gesundheit des Körpers und führt allmählich zur seelischen und körperlichen Abhängigkeit.

Zu den legalen Drogen gehören beispielsweise *Alkohol, Nikotin* und *Medikamente.* Sie sind in Deutschland nicht verboten. Alkohol und Nikotin werden als **Genussmittel,** Medikamente als **Arzneimittel** angeboten.

Bei regelmäßiger Einnahme größerer Mengen dieser Suchtmittel führen sie zur Abhängigkeit des Süchtigen und zur Schädigung innerer Organe.

Alkohol zerstört innere Organe

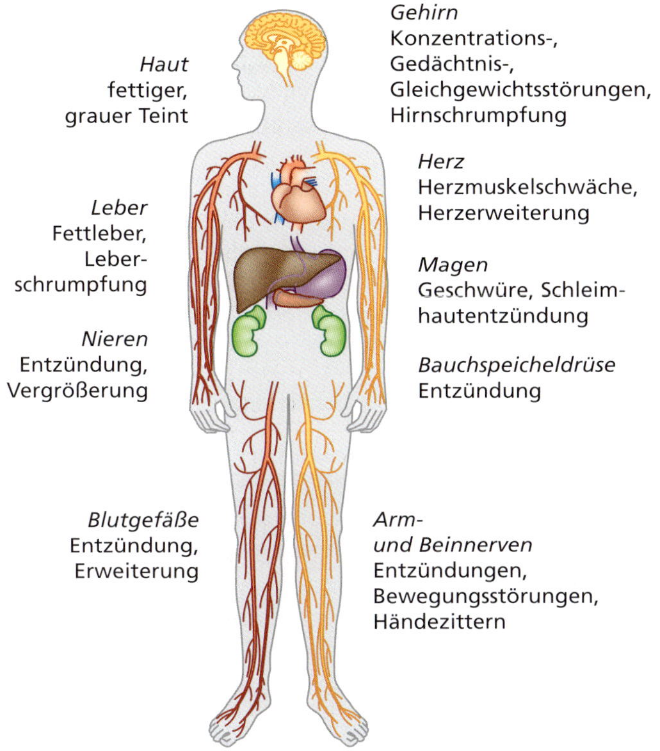

Laut **Jugendschutzgesetz** darf Alkohol nicht an Jugendliche unter 16 Jahren ausgeschenkt werden. Kinder und Jugendliche sind durch Alkoholkonsum und Alkoholmissbrauch besonders gefährdet.

Alkoholische Getränke haben einen unterschiedlich hohen **Alkoholgehalt.**

Nikotin zerstört innere Organe

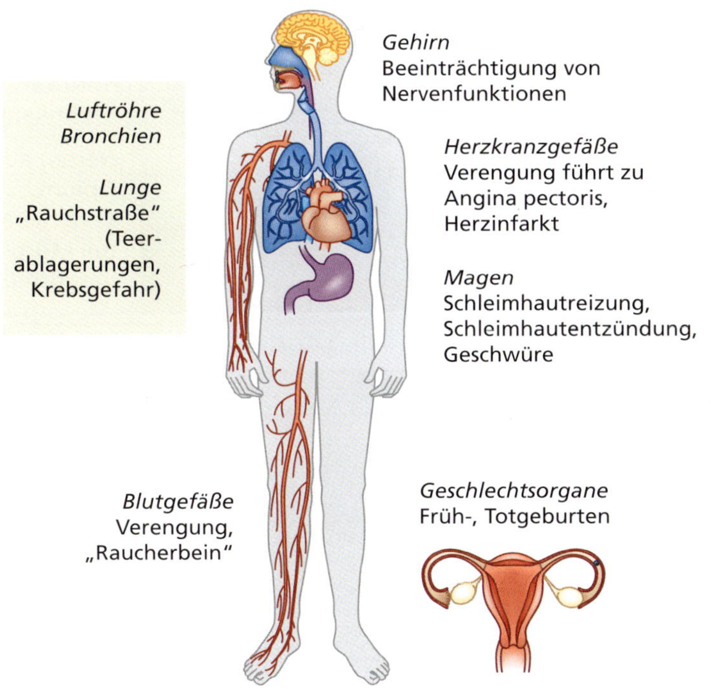

Heute gibt es eine große Anzahl gesetzlicher Regelungen zum **Nichtraucherschutz.**

Tabakrauch schadet auch den Passivrauchern. Deshalb nur in dafür vorgesehenen Raucherinseln oder -räumen rauchen.

Illegale („verbotene“) Drogen

> Zu den illegalen Drogen gehören u. a. *Haschisch* und *Marihuana, Heroin* und *Kokain,* aber auch die künstlich hergestellten Drogen, wie *LSD* und *Crack,* sowie die Designerdrogen, z. B. *Ecstasy.*

Die Herstellung und Weitergabe sowie die Einnahme **illegaler Drogen,** wie Haschisch, Marihuana, Heroin und Kokain, sind verboten. Die Folgen einer regelmäßigen Einnahme sind eine *seelische* und *körperliche Abhängigkeit* sowie die *Schädigung innerer Organe.* Dies führt zum Verfall der Persönlichkeit und oft zum Tod.

Illegale Suchtmittel (Auswahl)

Marihuana im Joint

Hanfpflanze (Cannabis)

Marihuana wird aus den getrockneten Blättern und Blüten,

Haschisch aus dem Harz der Hanfpflanze hergestellt.

▶ Seit einigen Jahren gibt es neue, **künstlich hergestellte Drogen** wie LSD, Ecstasy, Crack.

Heroin und Spritze

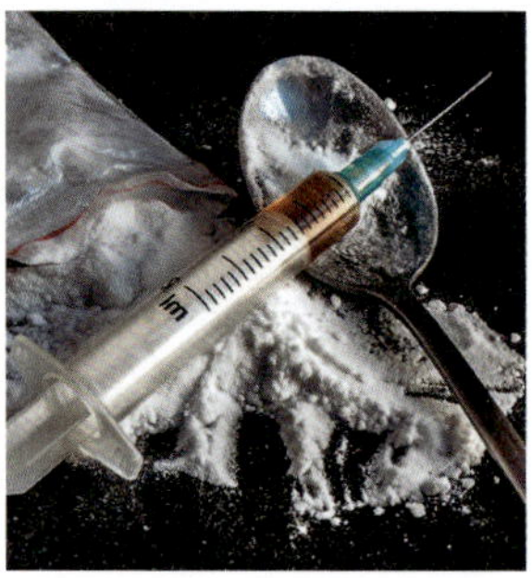

Mohnpflanze

Rohopium wird aus dem Milchsaft der Mohnkapsel,

Heroin aus Opium bzw. aus seinem Bestandteil Morphium hergestellt.

▶ **Drogenpflanzen** sind u. a. Hanfpflanze, Kokastrauch, Schlafmohnpflanze.

Kokain

Mutterkornpilz

Kokain wird aus den Blättern des Kokastrauches hergestellt.

Früher wurde aus dem Mutterkornpilz *LSD* hergestellt, heute künstlich.

▶ Hilfe für Menschen mit Drogenproblemen geben **Beratungsstellen.**

3.8 Das Hormonsystem

> Das **Hormonsystem** stellt neben dem Nervensystem das zweite Informationssystem im Körper dar. Es besteht aus einer Vielzahl im Körper befindlicher Drüsen. Es reguliert und steuert zahlreiche im Körper ablaufende Prozesse (↗ S. 175).

Da die Hormone in das Innere, direkt in das Blut, abgegeben werden, nennt man die Hormondrüsen endokrine Drüsen, das Hormonsystem endokrines System.

Hormondrüsen, Hormone und ihre Funktionen

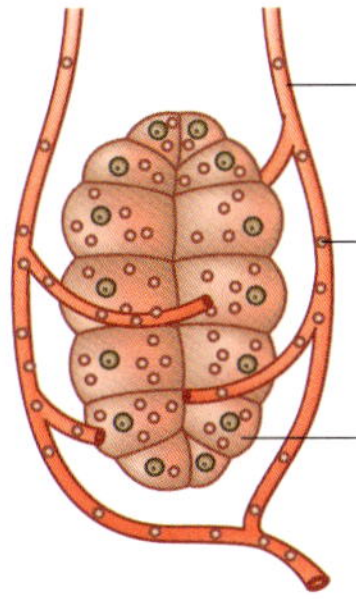

Hormondrüsen sind Drüsen, die Hormone (chemische Wirkstoffe, Botenstoffe) bilden und diese direkt ins Blut abgeben.
Hormone sind chemische Wirkstoffe (Informationsüberträger), die vom Blut direkt zu ihren speziellen Wirkungsorten (Zellen, Geweben, Organen) transportiert werden. Sie steuern und regeln – in enger Verbindung mit dem Nervensystem – wichtige Lebensprozesse im Körper. Sie sind wirkungsspezifisch und wirken schon in geringen Mengen.
Jedes Hormon besitzt eine chemische Struktur. Es kann sich deshalb nur an die Zellen des Zielortes anlagern, die eine passende Stelle für die Anlagerung besitzen. Erst dann wird in der Zelle eine Reaktion ausgelöst.

Ein Hormon passt zu einem Rezeptor wie ein Schlüssel in sein Schloss.

Lage der Hormondrüsen im Körper

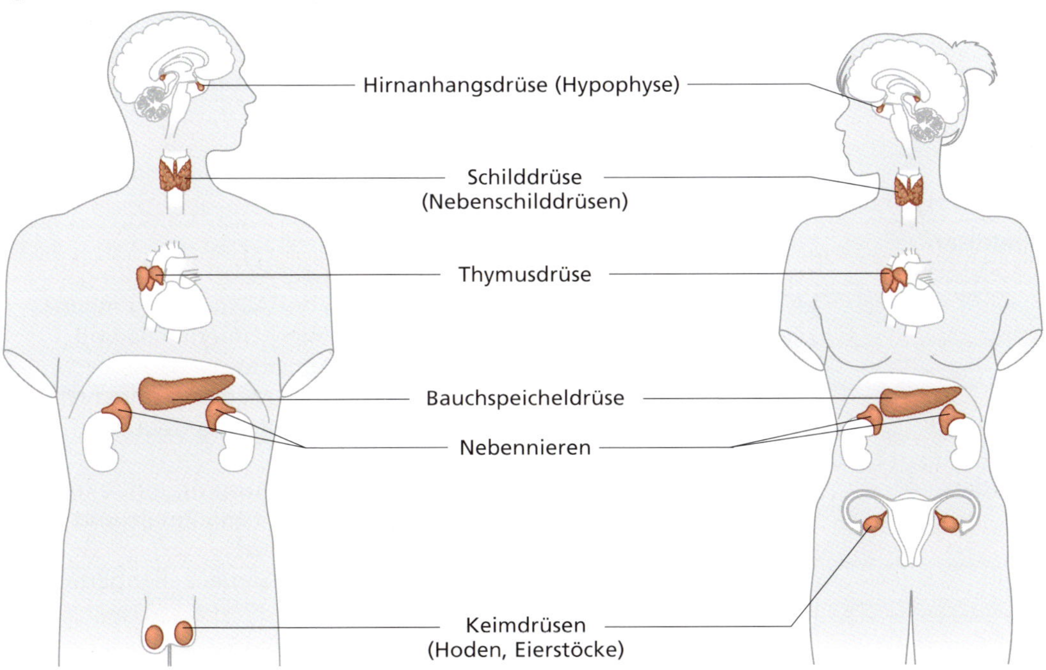

Hormondrüsen	produzierte Hormone (Beispiele)	Wirkungen der Hormone (Beispiele)
Hirnanhangsdrüse (Hypophyse; ↗ S. 176)	Wachstumshormone etwa zehn verschiedene Hormone zur Anregung von Lebensprozessen	– Regulation des Körperwachstums – Anregung anderer Hormondrüsen, z. B. Schilddrüse, Nebennieren, Keimdrüsen
Schilddrüse	Thyroxin	Steuerung des Stoff- und Energiewechsels im Organismus
Nebenschilddrüsen (vier Epithelkörperchen)	Parathormon	Beeinflussung des Calcium- und Phosphorstoffwechsels (Regelung des Calciumwerts im Blut im Zusammenhang mit den Kalkverbindungen in den Knochen)
Thymusdrüse	Thymosin	– Förderung der Abwehr gegen Infektionen, – Beeinflussung des Immunsystems
Nebennieren · Mark	 Adrenalin	 – „Stresshormon“; Blutdrucksteigerung, – Erhöhung von Blutzuckerspiegel und Schlagfrequenz des Herzens, – Beeinflussung der Atmung, – Glykogenabbau
· Rinde	Kortikoide (Rindenhormone, z. B. Cortisol, Aldosteron)	– Regelung des Wasser- und Salzhaushalts, Entzündungshemmung, – Hemmung von Antikörperbildung und allergischen Reaktionen, – Regelung der Schweißabsonderung
Bauchspeicheldrüse (langerhanssche Inseln)	Insulin Glukagon	– Senkung des Blutzuckerspiegels, Glykogenbildung – Erhöhung des Blutzuckerspiegels, Glykogenabbau
Keimdrüsen · Eierstöcke	 weibliche Sexualhormone (Östrogene, Gestagene, u. a. Progesteron)	 – Förderung der Knochenbildung, – Förderung der Ausprägung sekundärer Geschlechtsmerkmale und sexueller Aktivität, – Steuerung des Menstruationszyklus, Schwangerschaft und Geburt
· Hoden	männliche Sexualhormone (Androgene, u.a. Testosteron)	– Förderung der Ausprägung sekundärer Geschlechtsmerkmale und sexueller Aktivität, – Förderung der Samenzellenbildung

Regulation des Blutzuckerspiegels

Der **Blutzuckerspiegel** ist der Gehalt an Traubenzucker (Glucose) im Blut (Blutzuckerwert). Er wird durch das Zusammenwirken von Hormonen und Nerven auf 80 mg bis 100 mg Traubenzucker (Glucose) pro 100 ml Blut (im nüchternen Zustand) einreguliert.

Wird der normale Blutzuckerwert überschritten, liegt **Zuckerkrankheit** (↗ S. 176) vor.

Die **Regelung des Blutzuckerspiegels** wird durch Hormone und Nerven gesteuert. Die Senkung bewirkt das Insulin der Bauchspeicheldrüse, die Erhöhung bewirken das Adrenalin der Nebennieren und das Glucagon der Bauchspeicheldrüse.

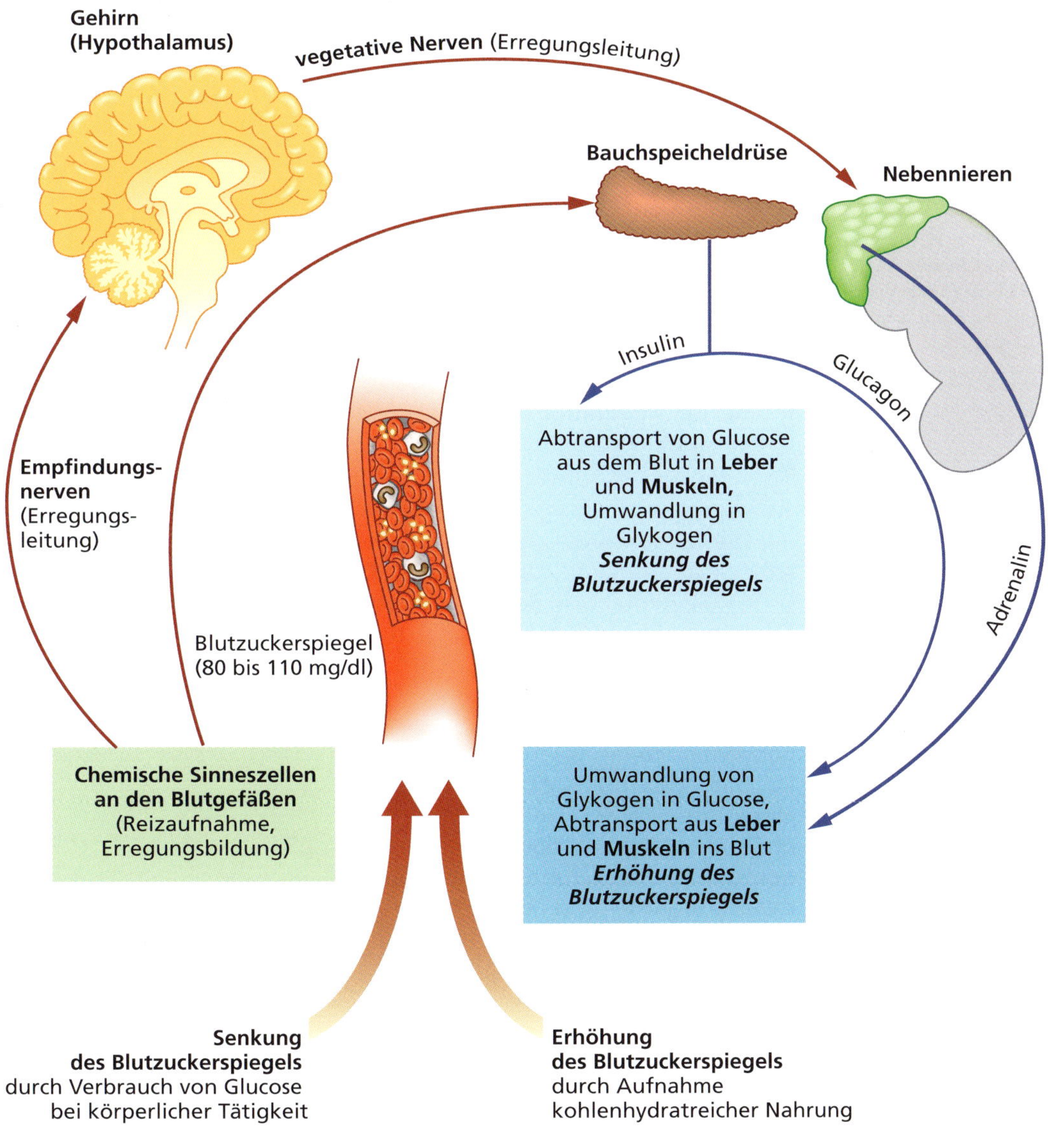

3

Zuckerkrankheit (Diabetes)

Es gibt zwei Typen des Diabetes, Typ-I-Diabetes, Typ-II-Diabetes.
Die **Diätnahrung für Zuckerkranke** enthält wenig Kohlenhydrate und wenig Fett.

Beim **Diabetes mellitus (Zuckerkrankheit)** ist der Traubenzuckergehalt des Bluts (Blutzuckerspiegel) infolge nicht ausreichender Insulinbildung der Bauchspeicheldrüse ständig zu hoch. Ein Teil des Traubenzuckers wird mit dem Blut ausgeschieden.
Symptome sind Müdigkeit, Sehstörungen, Gewichtsabnahme, Hautjucken, Schwindel, Kopfschmerzen, großer Durst, allgemeine Leistungsminderung, häufiges Wasserlassen. Ein einfacher *Test* – mit Teststreifen durchgeführt – ermöglicht den Nachweis der Glucose und die Ermittlung der jeweiligen Glucosemenge im Urin.

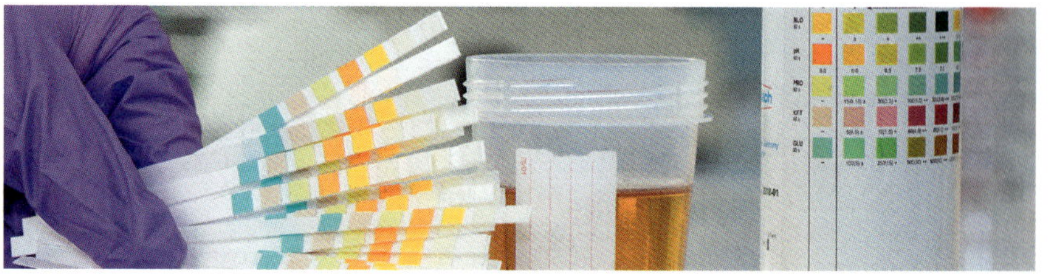

Heute wird **Humaninsulin** durch gentechnisch veränderte Bakterien hergestellt.

Der erhöhte Blutzuckerspiegel kann durch **Diät,** blutzuckersenkende Tabletten sowie durch Insulingabe einreguliert werden.

Zusammenwirken von Hormon- und Nervensystem

> Bei der **Regulation von Lebensprozessen** wirken Hormon- und Nervensystem zusammen.

Bei den Lebensprozessen, wie Wachstum, Ausprägung sekundärer Geschlechtsmerkmale (↗ S. 177, 179), Stoff- und Energiewechsel der Zellen (↗ S. 196), Regulation des Blutzuckerspiegels (↗ S. 175), besteht ein enges Zusammenwirken von Hormonsystem und Nervensystem.

Ein Überangebot des Schilddrüsenhormons Thyroxin führt zur Stoff- und Energiewechselstörung **Basedowkrankheit.**

Im Hormonsystem spielt die **Hirnanhangsdrüse (Hypophyse)** eine übergeordnete Rolle.
Sie hat etwa die Größe eines Kirschkerns, wiegt ungefähr 0,5 g, ist bohnenförmig, liegt unter dem Großhirn und ist über einen Stiel mit einem Bereich des Zwischenhirns (dem Hypothalamus) verbunden. Über diesen Bereich besteht die Verbindung des Hormonsystems mit dem Nervensystem.

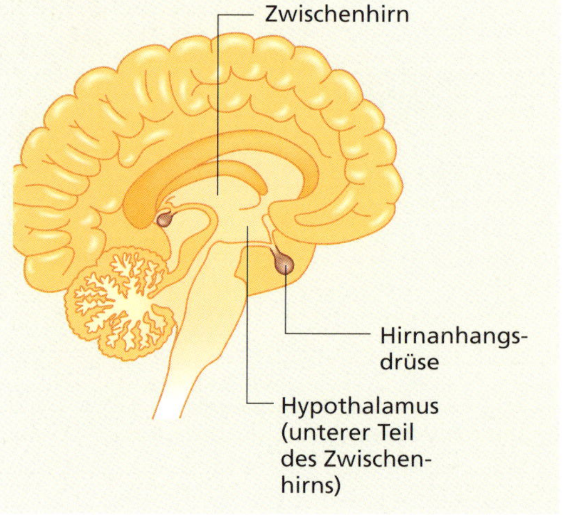

Nerven- und Hormonsystem wirken auch bei **Stresssituationen** zusammen.

3.9 Die Geschlechtsorgane

Geschlechtsorgane sind die der Fortpflanzung dienenden Organe.

Bau und Funktionen der weiblichen Geschlechtsorgane

Zu den **äußeren Geschlechtsorganen** gehören die großen und kleinen Schamlippen sowie der Kitzler, zu den **inneren Geschlechtsorganen** die zwei Eierstöcke und zwei Eileiter, die Gebärmutter und die Scheide.

Bau der Geschlechtsorgane der Frau

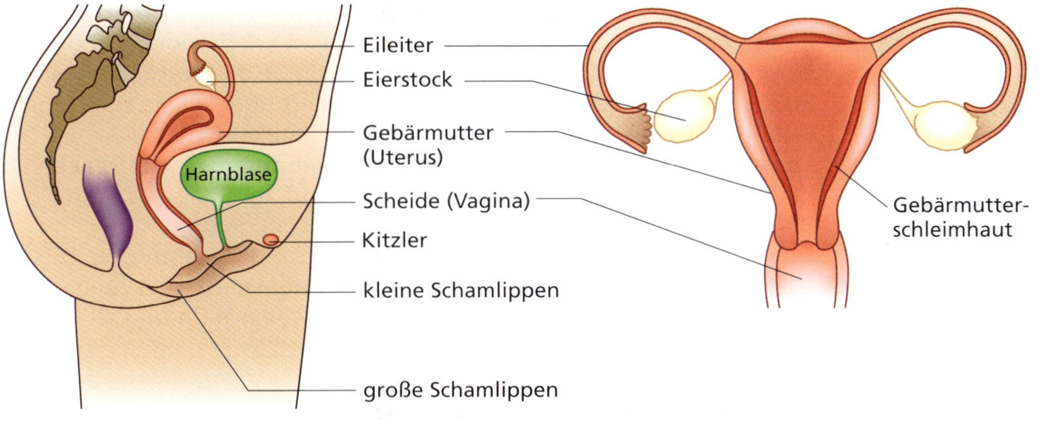

Organe	Funktionen
paarige Eierstöcke	Eizellenbildung, Follikelreifung und Follikelsprung, Gelbkörperbildung; Produktion von Follikel- und Gelbkörperhormon
paarige Eileiter	Auffangen der Eizelle nach dem Follikelsprung; Ort der Befruchtung (Zusammentreffen Eizelle und Samenzellen); Weiterleitung der Eizelle in die Gebärmutter
Gebärmutter (Uterus)	Aufnahme der Eizelle, monatliches Ausstoßen der Schleimhaut (Menstruation), Aufnahme und Einnistung der befruchteten Eizelle (des Blasenkeims) in die Gebärmutterschleimhaut, Versorgung und Schutz des Embryos, Geburtswehen
Scheide (Vagina)	Aufnahme des Penis und der Samenflüssigkeit beim Geschlechtsverkehr; Abflusskanal für Menstruationsblut; Geburtskanal
Kitzler (Clitoris)	sexuelles Reizzentrum
Schamlippen	Bedecken und Schutz des Scheideneingangs

Ablauf des Menstruationszyklus

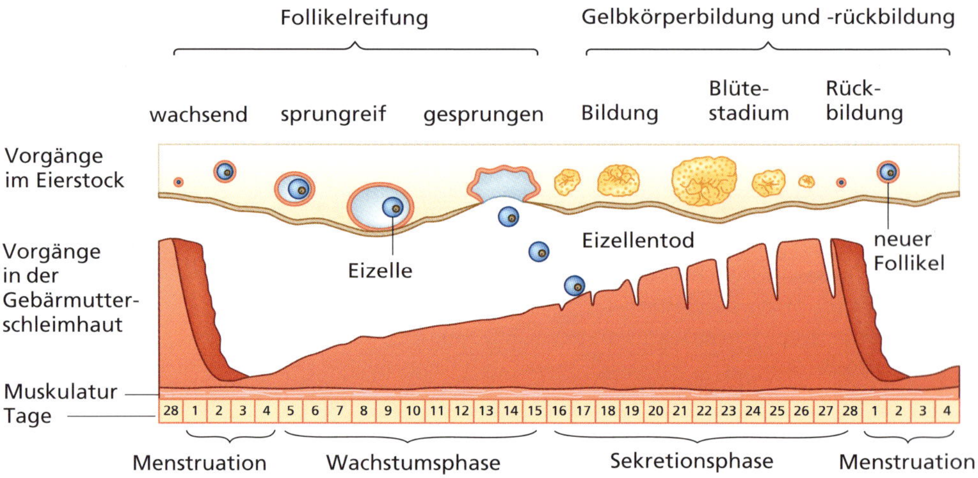

Mit Eintritt der Geschlechtsreife setzen im weiblichen Organismus Vorgänge ein, die sich alle vier Wochen zyklisch wiederholen. In den Eierstöcken reift ein Eibläschen (Follikel) und gibt die befruchtungsfähige Eizelle frei (Follikelsprung), die anschließend über einen Eileiter in die Gebärmutter transportiert wird. Der leere Follikel bildet sich zum Gelbkörper um. Parallel dazu wächst in der Gebärmutter die Schleimhaut, wird mit Blut und Sekreten angereichert und am Ende des Zyklus unter Blutungen abgebaut (**Menstruation,** Periode, Regelblutung).
Dieser Menstruationszyklus wird durch Hormone gesteuert: Die Vorgänge im Eierstock durch **Hypophysenhormone,** die Vorgänge in der Gebärmutter durch **Eierstockhormone** (*Follikelhormon* und *Gelbkörperhormon;* ↗ S. 174).

▶ Jedes Mädchen sollte sorgfältig einen **Regelkalender** führen. Daran kann der Arzt u. a. erkennen, ob Störungen im Menstruationszyklus vorliegen und behandelt werden müssen.
Wichtig ist der Kalender auch für die exakte Einnahme der Pille und für natürliche **Verhütungsmethoden.**

Hygiene der weiblichen Geschlechtsorgane

Tägliche Waschung der äußeren Geschlechtsorgane, da Urinrückstände und Scheidenflüssigkeit entfernt werden müssen. Maßnahmen der **Menstruationshygiene** sind gründliche Waschung des Scheideneingangs, mehrmaliges Wechseln von Blut aufsaugenden Tampons oder Binden sowie die gewissenhafte Führung eines Regelkalenders (Menstruationskalenders).

Menstruationsbinden und *Slipeinlagen* (a) sind aus Watte und Zellstoff hergestellte Vorlagen, die vor die Scheidenöffnung gelegt werden und das Blut aufsaugen.
Tampons (b) werden in die Scheide geschoben und ermöglichen der Frau völlige Bewegungsfreiheit während der „Regeltage“.

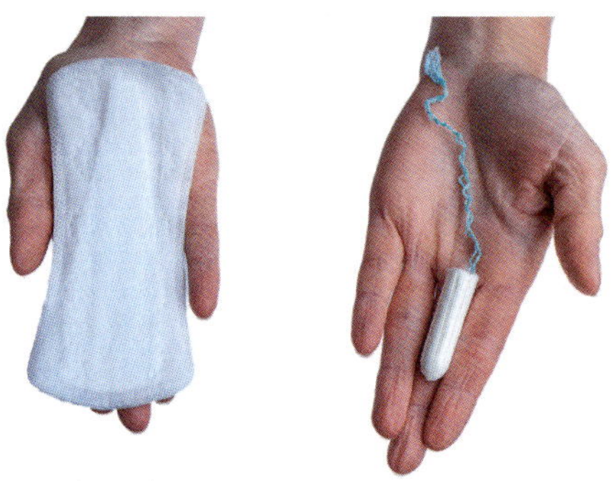

a b

Bau und Funktionen der männlichen Geschlechtsorgane

Zu den **männlichen Geschlechtsorganen** gehören der Hodensack mit den beiden Hoden und Nebenhoden, die Samenleiter, verschiedene Drüsen und das männliche Glied (Penis). Dieses wird von der Harn-Samen-Röhre durchzogen und besitzt Schwellkörper, die sich bei sexueller Erregung mit Blut füllen.

Bau der Geschlechtsorgane des Mannes

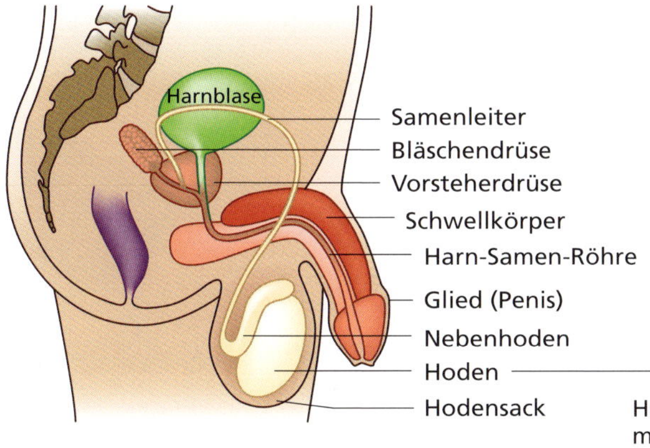

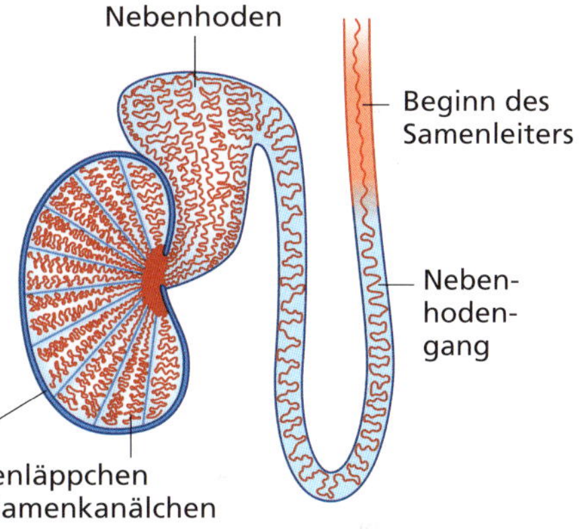

Organe	Funktionen
Hodensack	Bauchwandfalte, trägt und schützt Hoden und Nebenhoden
paarige Hoden	Bildung von Samenzellen und männlichen Sexualhormonen
Nebenhoden	Speicherung von Samenzellen
Samenleiter	Ableitung der Samenzellen
Vorsteherdrüse (Prostata), Bläschendrüse	Bildung der schleimigen Sekrete, die mit den Samenzellen zur Samenflüssigkeit vermischt werden
Glied (Penis) mit Eichel und Vorhaut	Begattungs(Kopulations)organ, versteift sich bei Erregung (Erektion); auf sexuellem Höhepunkt (Orgasmus) Ausstoßen der Samenflüssigkeit (Ejakulation)

Hygiene der männlichen Geschlechtsorgane

Waschen der Intimregion bei der täglichen Körperpflege und nach Geschlechtsverkehr unter Zurückziehen der Vorhaut über die Eichel, um Urinreste und Sekretansammlungen zu entfernen.
Unsauberkeit kann Körpergeruch, Entzündungen sowie Infektionen hervorrufen.

Empfängnisverhütung

Empfängnisverhütung umfasst alle Maßnahmen zur Verhinderung einer ungewollten Schwangerschaft. Es gibt verschiedene Methoden und Mittel, die sich in ihrer Wirkung und Anwendung sowie in ihren möglichen Nebenwirkungen unterscheiden.

▶ Die meisten Verhütungsmittel sind auf den Körper der Frau ausgerichtet und werden von ihr angewendet.

Durch Empfängnisverhütung können junge Paare bestimmen, ob und wann sie ein Kind möchten, ohne Probleme mit ihrer Ausbildung oder ihrem Beruf zu bekommen.
Die am häufigsten verwendeten **Verhütungsmittel** sind **Kondome** und die **Antibabypille.**

- Das **Kondom** besteht aus einer dünnen, elastischen Gummihülle und muss über das steife männliche Glied abgerollt werden. Das Kondom fängt beim Orgasmus des Mannes die Samenflüssigkeit auf.

  Kondome schützen auch vor Infektionen, z. B. vor Geschlechtskrankheiten (↗ S. 257) und vor Aids (↗ S. 254).

▶ **Natürliche Verhütungsmethoden,** wie das Messen der Basaltemperatur oder Bestimmen der fruchtbaren Tage, sind für Jugendliche nicht geeignet, denn der Menstruationszyklus ist noch nicht stabil.

- Die **Antibabypille** enthält hormonelle Wirkstoffe, die bei der Frau das Freiwerden befruchtungsfähiger Eizellen verhindern.
  Es gibt verschiedene Pillentypen, die vom Frauenarzt verschrieben und exakt nach Vorschrift eingenommen werden müssen.

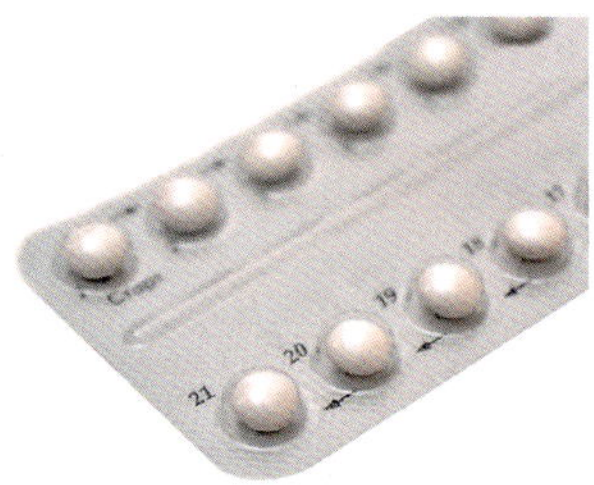

Scheidenpessar

Nicht so häufig verwendet und für junge Mädchen weniger geeignet sind **Gummikappen** (Pessare), die sich die Frau selbst vor den Gebärmuttermund legen kann. Das gilt auch für **Spiralen,** die vom Frauenarzt in die Gebärmutter eingesetzt werden. Ihre Lage muss halbjährlich kontrolliert werden.

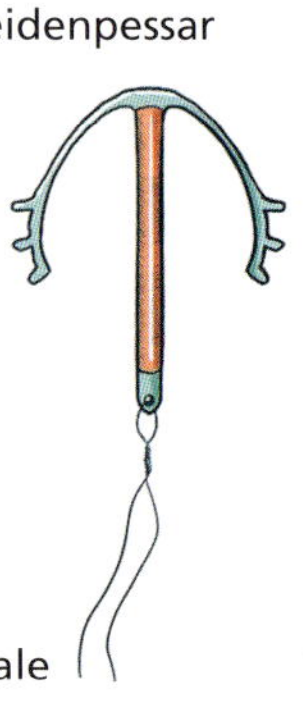

Spirale

Chemische Verhütungsmittel sind *Zäpfchen, Gels* oder *Sprays* mit Spermien abtötender Wirkung. Sie werden vor dem Geschlechtsverkehr in die Scheide der Frau eingeführt. Ihre Sicherheit ist nicht sehr hoch.

Der **Coitus interruptus,** das „Aufpassen und Unterbrechen", ist **keine Verhütungsmethode,** wird aber immer noch von jungen Leuten praktiziert. Durch das Herausziehen des Glieds **vor** dem Samenerguss soll eine Übertragung der Spermien verhindert werden. Aber vor dem eigentlichen Samenerguss tritt bereits etwas Sperma aus. Daher ist diese Methode absolut unsicher.

Zusammenwirken von Organen und Organsystemen bei körperlicher Aktivität – am Beispiel des Fahrradfahrens

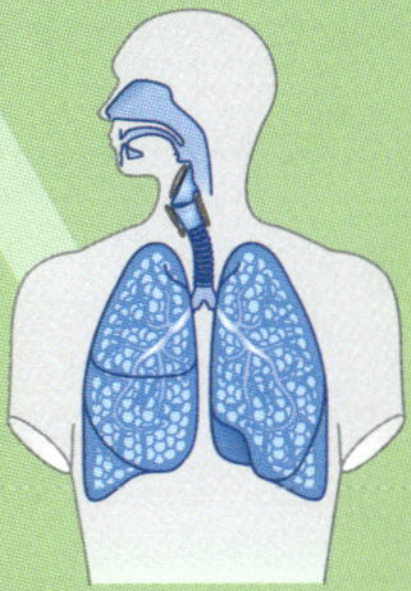

Lunge

Die Lunge nimmt mehr Sauerstoff auf, der zur Oxidation des Traubenzuckers benötigt wird, und gibt Kohlenstoffdioxid ab.

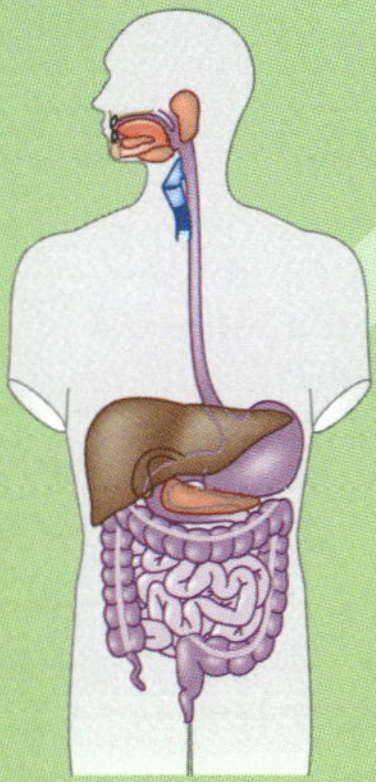

Verdauungssystem

Mehr Nahrung wird aufgenommen, im Verdauungssystem werden mehr Nährstoffe verdaut, da mehr Traubenzucker als Energielieferant benötigt wird.

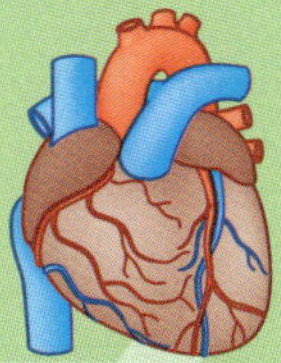

Herz

Der einzelne Herzschlag wird kräftiger, der Herzmuskel wird besser durchblutet. Das Herz arbeitet „schneller". Die Häufigkeit des Herzschlags wird erhöht.

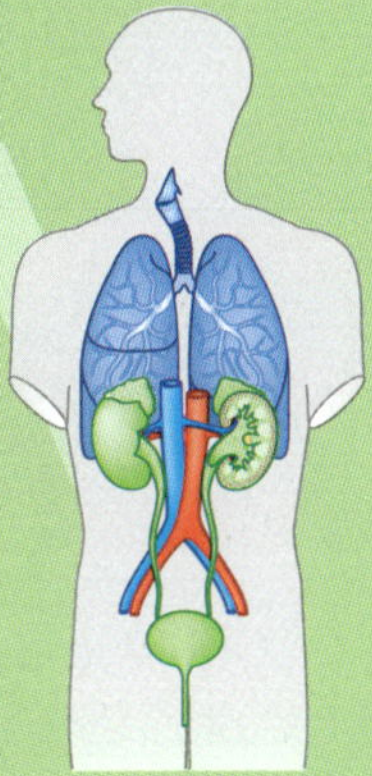

Ausscheidung

Schweißdrüsen, Nieren und Lunge erhöhen ihre Tätigkeit und scheiden die vermehrt gebildeten Stoffwechselendprodukte aus.

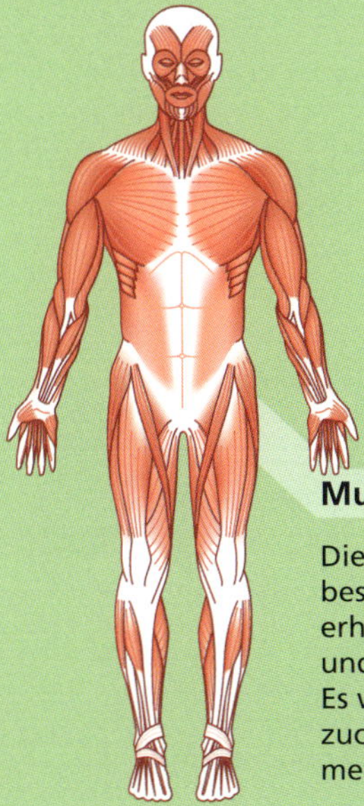

Muskulatur

Die Muskulatur wird besser durchblutet. Sie erhält mehr Sauerstoff und Traubenzucker. Es wird mehr Traubenzucker „veratmet" und mehr Energie freigesetzt.

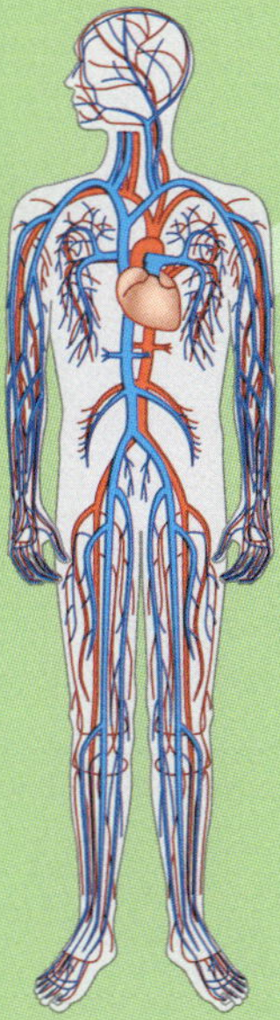

Blutgefäßsystem

Im Blutgefäßsystem werden mehr Sauerstoff und Nährstoffbausteine transportiert. Blutfette werden verbraucht. Die Fließeigenschaft des Bluts verbessert sich. Ein Teil der beim Fahren umgewandelten Energie erhöht als Wärmeenergie unsere Körpertemperatur.

Zusammenwirken von Zellen, Geweben und Organen im Stoff- und Energiewechsel am Beispiel des Menschen

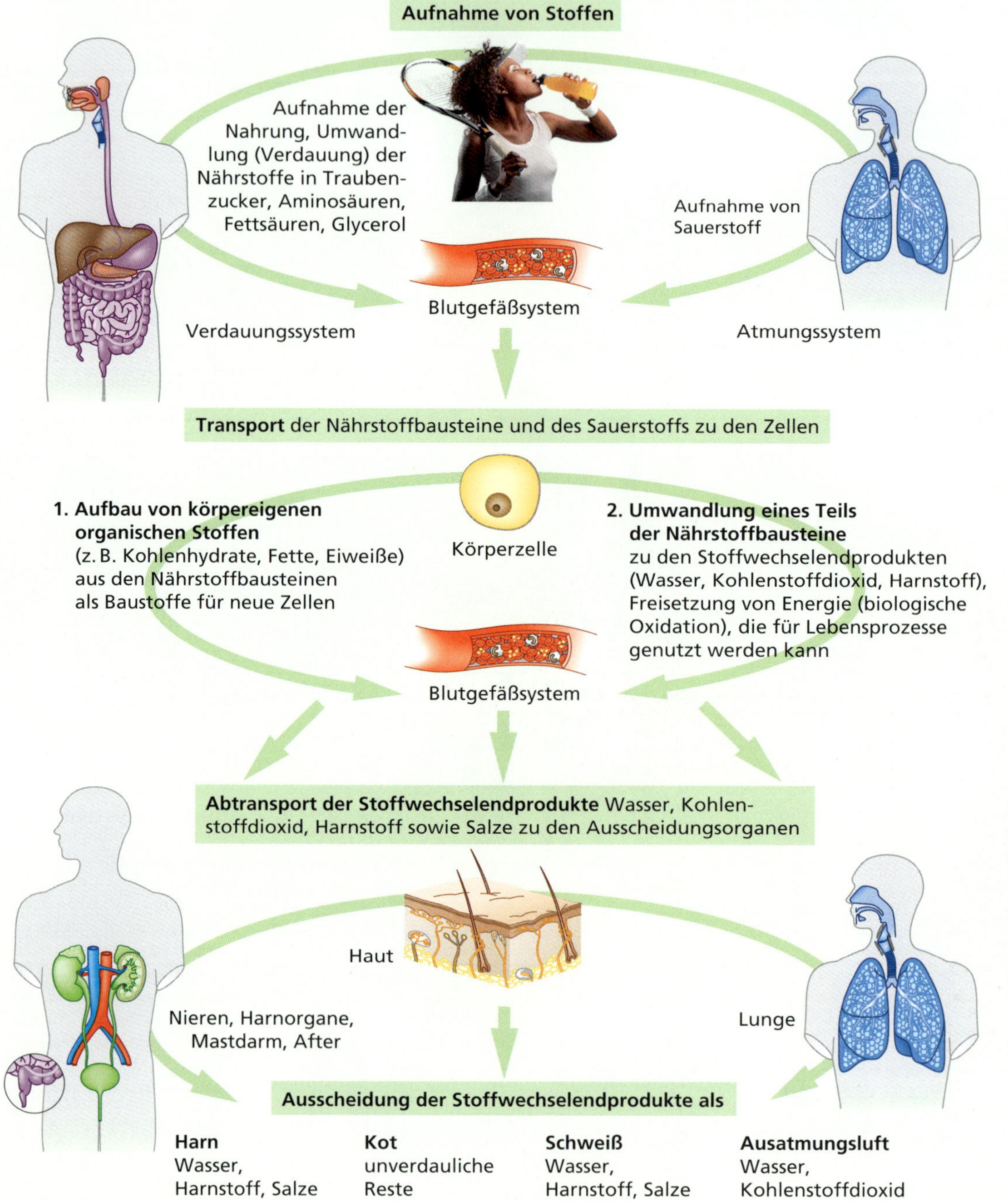

4 Ausgewählte Lebensprozesse

4.1 Stoff- und Energiewechsel

Wasser ist ein Hauptbestandteil der Pflanzen. Durch Zusatzberegnung wird eine Ertragssteigerung erreicht.

Alle Organismen nehmen Stoffe aus der Umwelt auf. In den Organismen werden Stoffe
- von den Orten ihrer Aufnahme zu den Orten des Verbrauchs,
- von den Orten ihrer Bildung zu den Orten des Verbrauchs oder ihrer Speicherung,
- von den Orten ihrer Speicherung zu den Orten des Verbrauchs,
- zu den Orten der Ausscheidung transportiert. Vom Organismus nicht verwendbare oder schädliche Stoffe (Stoffwechselendprodukte) werden aus den Organismen ausgeschieden.

Stoffe werden von Organ zu Organ, von Zelle zu Zelle und innerhalb der Zellen transportiert. In jeder lebenden Zelle laufen Stoff- und Energiewechselprozesse ab (↗ S. 195–207).
Der Stoff- und Energiewechsel (↗ S. 195) ist wie die Reizbarkeit, die Bewegung, die Fortpflanzung, das Wachstum und die Individualentwicklung ein Merkmal aller Lebewesen.

4.1.1 Aufnahme, Transport und Ausscheidung von Stoffen bei Pflanzen

Wasser

Wasser wird durch die **Wurzelhaare** (↗ S. 185) aufgenommen. Der Wasseraufnahme liegen physikalische Vorgänge, z. B. **Diffusion, Osmose,** zugrunde.

Diffusion

Physikalischer Vorgang, bei dem aufgrund der Eigenbewegung der Stoffteilchen ein **ungehinderter Konzentrationsausgleich** zwischen zwei aneinandergrenzenden, unterschiedlich konzentrierten gasförmigen oder flüssigen Stoffen erfolgt.

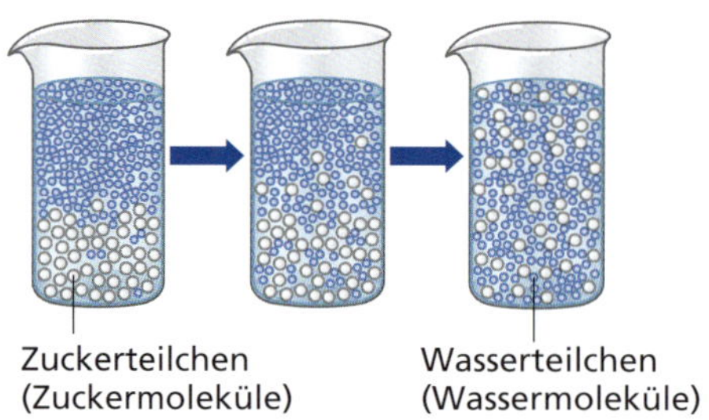

Osmose

Physikalischer Vorgang, bei dem die Diffusion durch eine **halbdurchlässige (semipermeable) Membran** in eine Richtung erfolgt. Wasserteilchen (Wassermoleküle) passieren die halbdurchlässige Membran, gelöste Stoffe aufgrund ihrer Teilchengröße nicht.

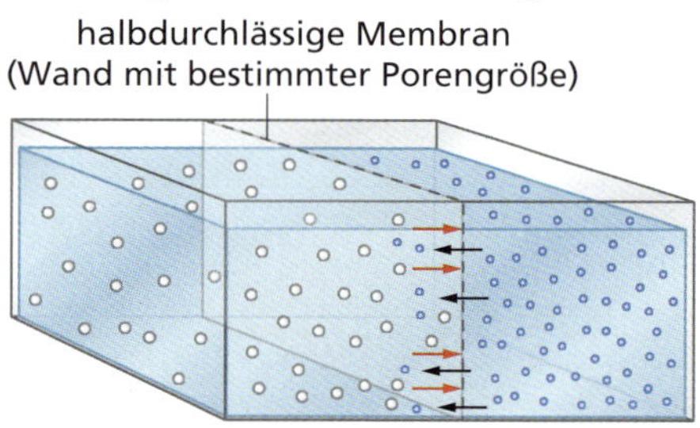

Wasseraufnahme

Wasser gelangt durch Osmose (passiver Transport) in das Wurzelhaar. Die Wassermoleküle wandern vom Ort, an dem sie in hoher Anzahl vorhanden sind (Bodenwasser), zum Ort, an dem sie in geringer Anzahl vorliegen (Zellsaft der Vakuole). Die Zellmembran wirkt als halbdurchlässige Membran.

Wasseraufnahme in die Wurzelhaarzelle

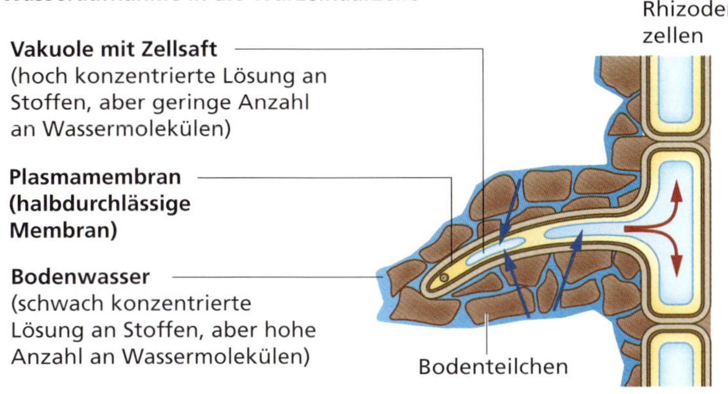

Die **Wurzelhaarzellen** sind dünnwandige, schlauchförmige Zellen mit großen Vakuolen (Zellsafträumen).

Wassertransport

Der passive **Wassertransport** von der Wurzelhaarzelle bis in die Gefäße der Leitbündel (↗S. 64) im Wurzelinneren und von diesen in die Sprossachse (↗S. 65) erfolgt durch Osmose und Diffusion.

- Verteilung des Wassers innerhalb der Wurzelhaarzellen und Rindenzellen durch **Diffusion,**
- Transport des Wassers in der Rinde von Zelle zu Zelle durch semipermeable Membranen (Zell- und Plasmamembranen) durch **Osmose** bis in die Leitgefäße.

Der Transport geht sowohl durch die Zellwände als auch durch das Zellplasma. Der passive Wassertransport wird durch Transporteiweiße (z. B. „Kanaleiweiße", Aquaporine) erleichtert, die „Korridore" in Zellmembranen und Zellwänden bilden.

In den **Gefäßen** werden Wasser und die darin gelösten Mineralsalze (↗S. 189) von den Wurzeln zu den Blättern geleitet. In den **Siebröhren** werden die in den Laubblättern gebildeten Stoffe in die Speicherorgane und Wurzeln transportiert.

Weg des Wassers bis in die Gefäße

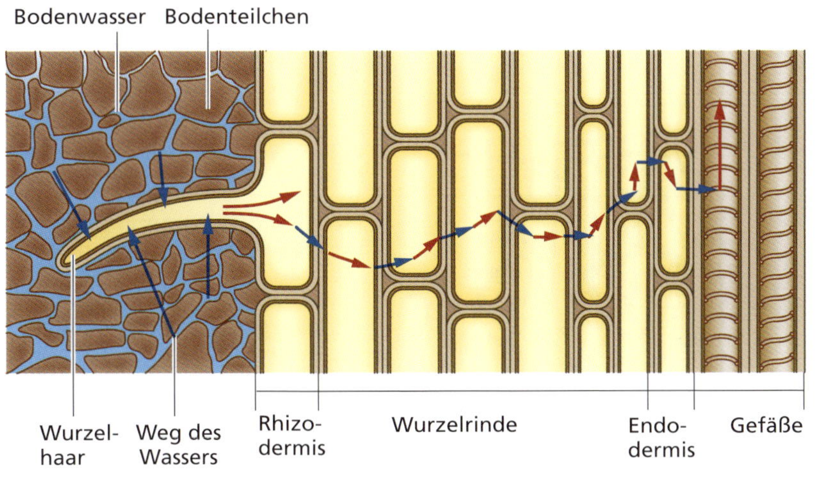

Die Wasserleitung in der Sprossachse wird durch den Wurzeldruck und den Transpirationssog verursacht.

Der weitere Transport des Wassers von der Wurzel über die Sprossachse bis in die Laubblätter **(Ferntransport)** erfolgt durch Gefäße des Leitbündels (↗ S. 65). Dabei wirken mehrere physikalische Vorgänge zusammen, z. B. Diffusion, Osmose, Kohäsion, Adhäsion, Transpirationssog und Transpiration.

Kohäsion: Zusammenhalt der Wasserteilchen in den Gefäßen

Adhäsion: das Anheftungsvermögen der Teilchen verschiedener Stoffe an der Gefäßwand

Transpiration: Wasserdampfabgabe (Verdunstung) durch die Spaltöffnungen der Laubblätter

Transpirationssog: Folge der Wasserdampfabgabe durch die Spaltöffnungen

Der **Transpirationssog** entsteht durch den unterschiedlichen Wassergehalt der Laubblätter und der sie umgebenden Luft. Er beruht auf der physikalischen Gesetzmäßigkeit der Diffusion.

Transport des Wassers in der Pflanze

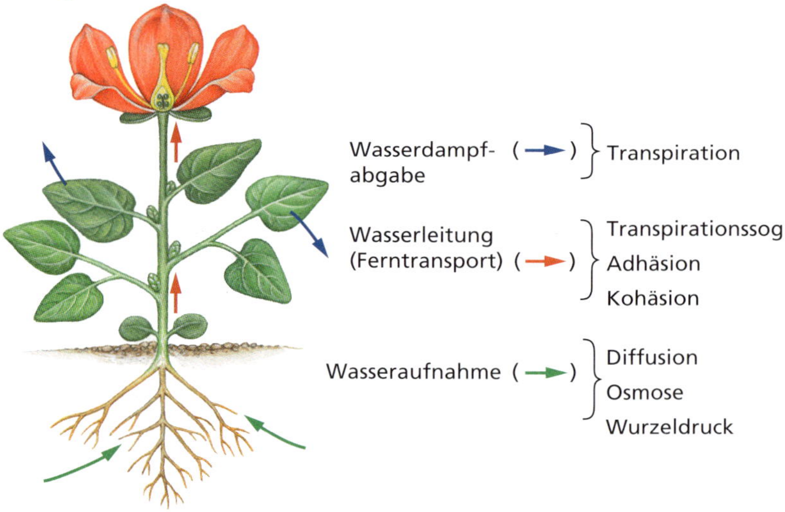

Wasserdampfabgabe (Transpiration)

Die **Wasserdampfabgabe (Transpiration)** erfolgt durch die Laubblätter. Der Wasserdampf wird durch die Spaltöffnungen (↗ S. 70, 187) durch Diffusion abgegeben. Die Wasserdampfmoleküle wandern vom Ort, an dem sie in hoher Anzahl vorliegen (Interzellularen), zum Ort, an dem sie in geringer Anzahl vorhanden sind (Außenluft).

Die tröpfchenförmige Wasserausscheidung an den Blättern einiger Pflanzen wird als **Guttation** bezeichnet.

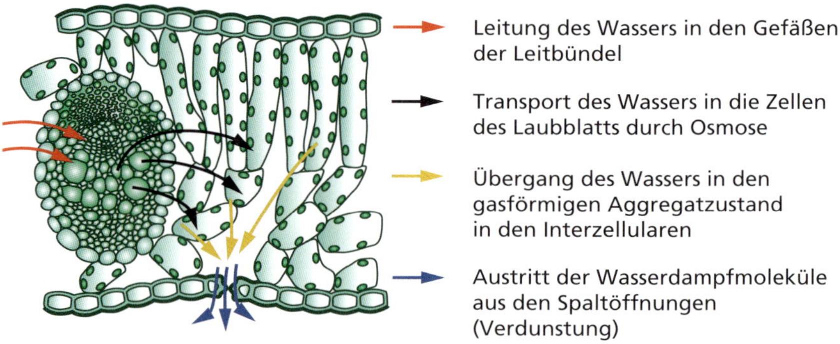

Durch Öffnen und Schließen der Spaltöffnungen wird die Wasserdampfabgabe (Transpiration) an die Außenluft reguliert.

Öffnen und Schließen der Spaltöffnungen

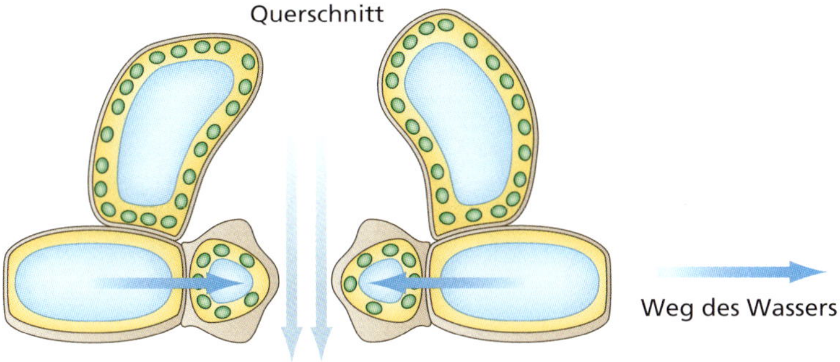

Spaltöffnung geöffnet – bei ausreichendem Wasserangebot gelangt durch Osmose Wasser aus den Nachbarzellen in die Schließzellen. Die Vakuole der Schließzellen wird größer, der Zellinnendruck ebenfalls. Die Spaltöffnung öffnet sich, da aufgrund des hohen Zellsaftdrucks sich die unverdickten Zellwände der Schließzelle krümmen.

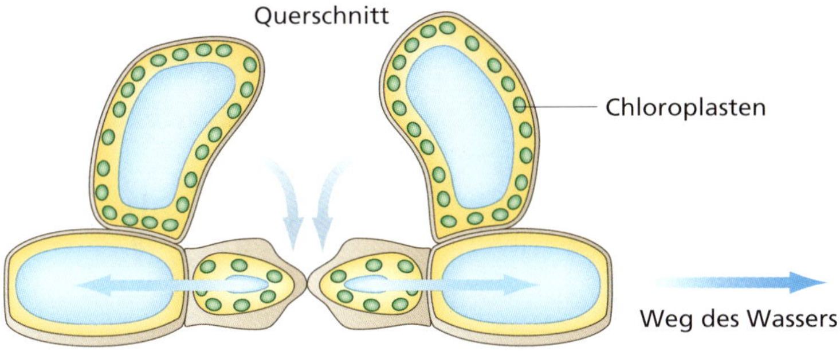

Spaltöffnung geschlossen – bei Wassermangel geben die Vakuolen der Schließzellen osmotisch Wasser an die Nachbarzellen ab, dadurch sinkt der Zellinnendruck der Schließzellen. Die Schließzellen mit ihren ungleichmäßig verdickten Zellwänden bewegen sich derart, dass die Spaltöffnung geschlossen wird.

Die **Transpiration** verändert sich auch im Laufe eines Tages entsprechend den Umweltbedingungen.

Die **Transpiration** ist von äußeren Faktoren abhängig, z. B. von Temperatur, Luftbewegung, Luftfeuchtigkeit.

Die Pflanzen, die wechselfeuchte Standorte der gemäßigten Zonen besiedeln, heißen **Tropophyten** (wandlungsfähige Pflanzen), z. B. Rot-Buche, Flieder.

Pflanzen besitzen in Anpassung an ihren Lebensraum spezifische Einrichtungen, die die Transpiration regulieren.
Trockenpflanzen (Xerophyten) (↗ S. 355) sind Pflanzen trockener Standorte mit Einrichtungen zur Verringerung der Wasserdampfabgabe.
Feuchtpflanzen (Hygrophyten) (↗ S. 355) sind Pflanzen feuchter Standorte mit Einrichtungen zur Erhöhung der Wasserdampfabgabe.
Wasserpflanzen (Hydrophyten) (↗ S. 355) sind Pflanzen, die an das Leben im Wasser angepasst sind und Einrichtungen zur Wasserdampfabgabe besitzen.

Oleander als Trockenpflanze

Die kleinen lederartigen Blätter des Oleanders besitzen eine dicke Kutikula.

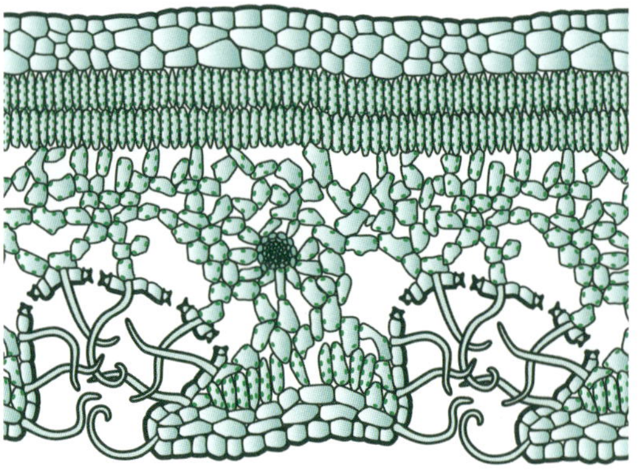

Blatt (quer) einer Trockenpflanze mit tief eingesenkten Spaltöffnungen (Oleander)

Springkraut als Feuchtpflanze

Die großen Blätter beim Springkraut sind dünn und besitzen nur eine zarte Kutikula.

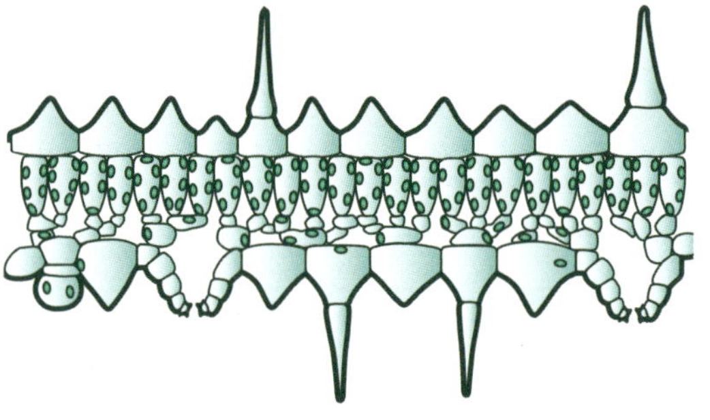

Dünnes Blatt (quer) einer Feuchtpflanze mit vorgestülpten Spaltöffnungen *(Ruellia portellae)*

Seerose als Wasserpflanze

Die Schwimmblätter der Seerose haben eine große Blattfläche.

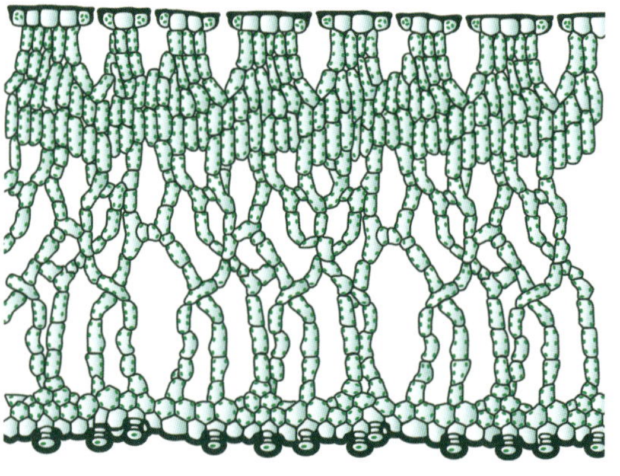

Schwimmblatt (quer) mit Spaltöffnungen in der oberen Epidermis (Seerose)

Mineralstoffe

Zum Aufbau körpereigener organischer Stoffe benötigen die Pflanzen **Mineralstoffe.** Diese enthalten die *Hauptelemente* C, O, H, N, S, P, K, Ca, Fe, Mg sowie *Spurenelemente* wie Mn, Cu, Zn. Die Aufnahme der Elemente C, O und H erfolgt in Form von Kohlenstoffdioxid und Wasser, Quelle für die anderen Elemente sind Mineralsalze, z. B. Phosphor- und Stickstoffsalze.

Die Mineralstoffe können von der Pflanze nur in gelöster Form (als Ionen) in die Wurzel aufgenommen werden. Da die Zellmembranen für die gelösten Mineralstoffe weitgehend undurchlässig sind, können diese nicht durch den Wasserstrom mittransportiert werden. Die Mineralsalz-Ionen werden an ein Trägerteilchen der Membran gebunden und von diesem unter Energieverbrauch aktiv in das Zellinnere transportiert. Dieser Vorgang verläuft unabhängig von der Wasseraufnahme.

Der **Transport der Mineralsalz-Ionen** erfolgt gemeinsam mit dem Wasser in den Gefäßen von der Wurzel bis in die Blätter. Er beruht auf der Wirkung von Kohäsion, Adhäsion und Transpirationssog (↗ S. 186).

▶ Die Mineralstoffzufuhr erfolgt in der Landwirtschaft vor allem durch anorganische (mineralische) und organische **Düngung.**
Bei Fehlen bestimmter Mineralstoffe sind Mangelerscheinungen festzustellen.

▶ Als nährstoffreichste und damit ertragreichste Böden gelten die **Schwarzerdeböden.**

Kohlenstoffdioxid und Sauerstoff

Die Aufnahme und Abgabe von **Kohlenstoffdioxid** und die Aufnahme und Abgabe von **Sauerstoff** erfolgen durch die Spaltöffnungen der Laubblätter. Entsprechend des Konzentrationsgefälles zwischen Interzellularen und Außenluft werden diese Gase durch Diffusion aufgenommen oder abgegeben.

> **Gasaustausch** bei Pflanzen ist der Vorgang der Aufnahme und Abgabe von Kohlenstoffdioxid und Sauerstoff sowie die Abgabe von Wasserdampf durch die Spaltöffnungen.

Gasaustausch während der Fotosynthese (↗ S. 199) und Atmung (↗ S. 202)

Prozesse	Fotosynthese		Atmung	
	Konzentrationsgefälle	**Diffusionsrichtung**	**Konzentrationsgefälle**	**Diffusionsrichtung**
Interzellularen	hohe Konzentration von Sauerstoff	Abgabe von Sauerstoff aus dem Laubblatt	niedrige Konzentration von Sauerstoff	Aufnahme von Sauerstoff in das Laubblatt
Außenluft	niedrige Konzentration von Sauerstoff		hohe Konzentration von Sauerstoff	
Interzellularen	niedrige Konzentration von Kohlenstoffdioxid	Aufnahme von Kohlenstoffdioxid in das Laubblatt	hohe Konzentration von Kohlenstoffdioxid	Abgabe von Kohlenstoffdioxid aus dem Laubblatt
Außenluft	hohe Konzentration von Kohlenstoffdioxid		niedrige Konzentration von Kohlenstoffdioxid	

4

4.1.2 Aufnahme, Transport und Ausscheidung von Stoffen bei Tieren und Menschen

Organische Stoffe

Die *Aufnahme der organischen Stoffe* erfolgt mit der Nahrung (↗ S. 137) in den Verdauungskanal. Dort wird sie verdaut (↗ S. 191).

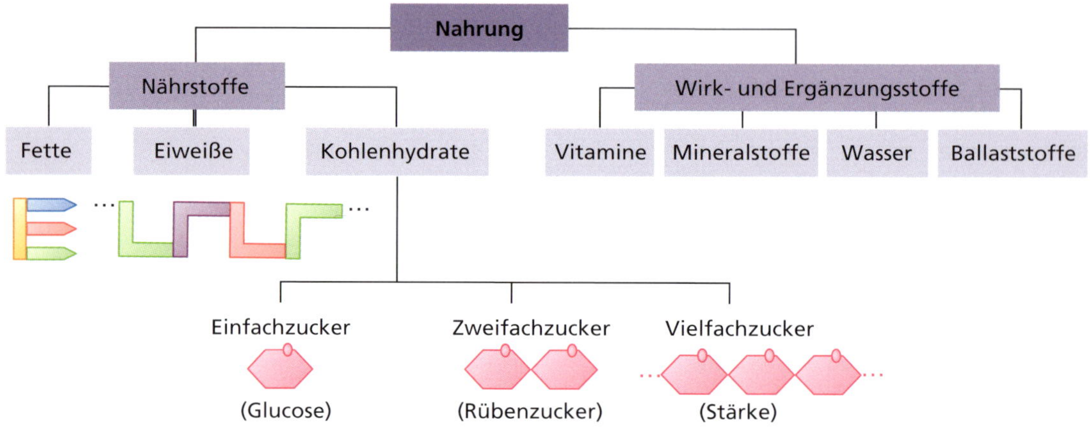

In den Nahrungsmitteln können sich bestimmte **Lebensmittelzusatzstoffe,** z. B. Farbstoffe, Konservierungsmittel, Binde-, Süßungs- und Säuerungsmittel sowie Aromastoffe, befinden.

Verdauung (↗ S. 14, 140) ist die biochemische Umwandlung der Nährstoffe Kohlenhydrate, Eiweiße und Fette durch Enzyme in kleine, wasserlösliche, für die Zellen aufnehmbare Grundbausteine.

Jede biochemische Reaktion erfordert das Vorhandensein eines bestimmten **Enzyms.** Es bildet mit dem Ausgangsstoff eine Zwischenverbindung und geht nach Ablauf der biochemischen Reaktion wieder unverändert aus ihr hervor. Der Ausgangsstoff muss also zum Enzym „passen" wie der Schlüssel zum Schloss. Jedes Enzym kann demnach in der Zelle nur den passenden Stoff binden und zu einem neuen Stoff umsetzen. Nach der Stoffumwandlung trennen sich beide „Partner" (Enzym und neuer Stoff) wieder.

Verdauungsenzyme sind Eiweiße, die die Zerlegung der Nährstoffe (Eiweiße, Kohlenhydrate, Fette) in ihre wasserlöslichen Bestandteile auslösen und diesen Vorgang steuern. Dabei verändern sie sich selbst nicht. Sie werden auch **Biokatalysatoren** genannt.

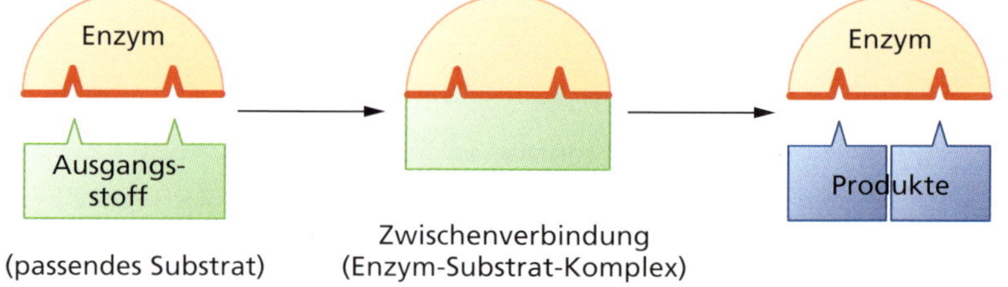

Enzyme sind organische Stoffe (Eiweiße), die den Ablauf biochemischer Reaktionen beeinflussen.

Merkmale der Enzyme sind:
- Erhöhung der Reaktionsgeschwindigkeit biochemischer Reaktionen,
- Vorhandensein bestimmter Enzyme für jede biochemische Reaktion,
- Bildung einer Zwischenverbindung mit dem Ausgangsstoff und unverändertes Hervorgehen des Enzyms aus der biochemischen Reaktion.

Kohlenhydratverdauung: beginnt in der Mundhöhle. Stärke wird teilweise mithilfe von Mundspeichelenzymen in einen Zweifachzucker, z. B. Malzzucker (Maltose), umgewandelt. Im Dünndarm erfolgt die weitere Verdauung der Kohlenhydrate durch Enzyme der Darmwandzellen und des Bauchspeichels bis zum Grundbaustein *Traubenzucker (Glucose).*

Eiweißverdauung: beginnt im Magen durch Salzsäure und Enzyme des Magensafts. Die weitere Verdauung der Eiweißbruchstücke in den Grundbaustein *Aminosäure* findet im Dünndarm mithilfe von Enzymen der Darmwandzellen und des Bauchspeichels statt.

Fettverdauung: erfolgt im Dünndarm. Zuerst wird durch den Gallensaft Fett in Tröpfchen verteilt. Danach werden die Tröpfchen mithilfe von Enzymen des Bauchspeichels teilweise bis vollständig in die Grundbausteine *Glycerol (Glycerin)* und *Fettsäuren* gespalten.

Die wasserlöslichen Grundbausteine der Nährstoffe Kohlenhydrate und Eiweiße, *Traubenzucker* und *Aminosäuren,* gelangen durch die sehr dünne, einschichtige Wand der Schleimhautzotten in das Blut. Die Grundbausteine der Fette, *Glycerol (Glycerin)* und *Fettsäuren,* werden in die Lymphe aufgenommen (resorbiert).

Die Drüsen des Dünndarms produzieren täglich etwa 2 bis 3 Liter Darmsaft mit Enzymen.

Die **Schleimhautfalten des Dünndarms** besitzen etwa 4 Mio. fingerartige, 1,5 mm hohe Ausstülpungen (Zotten), die die innere Oberfläche des Dünndarms weiter vergrößern.

Resorption ist der Vorgang der Aufnahme der Grundbausteine der Nährstoffe (Traubenzucker, Aminosäuren, Fettsäuren, Glycerol) durch die Schleimhautwand hindurch in die Körperflüssigkeiten Blut (↗ S. 149) und Lymphe (↗ S. 153).

Schleimhautfaltung und Bau der Zotten

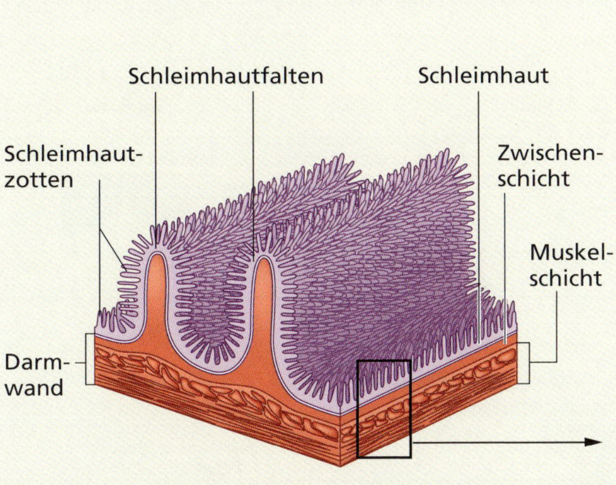

Durch die Faltung der Darmschleimhaut wird die innere Oberfläche des Dünndarms, besonders des Zwölffingerdarms, um ein Vielfaches vergrößert.

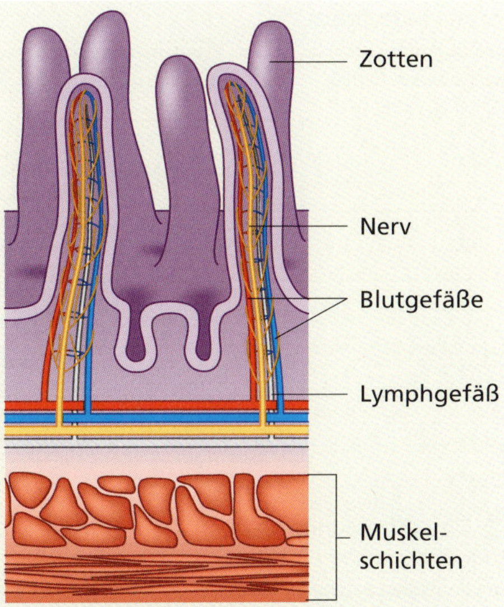

Der Feinbau der Darmwand lässt Schleimhautzotten, Blut- und Lymphgefäße sowie Nerven erkennen.

4

Der **Nährstoffbedarf** und damit der Energiebedarf ist abhängig von der Schwere der auszuführenden Tätigkeit. Der tägliche Normwert für Frauen beträgt ca. 5 900 kJ, für Männer 7 300 kJ. Jugendliche haben aufgrund der Wachstums- und Entwicklungsprozesse einen hohen Energiebedarf (16 bis 19 Jahre: Mädchen 11 000 kJ, Jungen 13 000 kJ).

Der **Transport** der organischen Nährstoffbausteine erfolgt durch Blut und Lymphe zu den Zellen (↗ S. 149).
Die Nährstoffbausteine sind Ausgangsstoffe für die Stoff- und Energieumwandlungen in den Zellen (↗ S. 198), für die heterotrophe Assimilation (↗ S. 198) und die Atmung (↗ S. 202).
Der menschliche Körper benötigt ständig **Energie** für die Aufrechterhaltung der Lebensfunktionen in den Zellen, für die Tätigkeit der Organsysteme und für sämtliche Arbeitsleistungen. Die Energie wird unserem Körper in Form von chemischer Energie der Nährstoffe mit der Nahrung zugeführt. Jeder Mensch hat einen bestimmten **Nährstoffbedarf** und damit auch einen **Energiebedarf.** Der Energiebedarf ist von Mensch zu Mensch unterschiedlich. Er ist in erster Linie abhängig von der Tätigkeit, dem Alter und Geschlecht des Menschen.

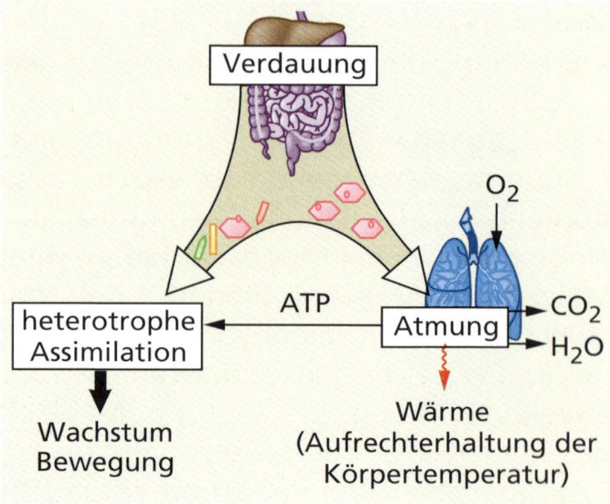

Das **Körpergewicht** ist individuell unterschiedlich. Es sollte ein Gewicht sein, bei dem man sich wohlfühlt („Wohlfühlgewicht“). Das Körpergewicht kann man mit der Formel nach Broca sowie nach dem Body-Mass-Index (BMI) errechnen.

Grundumsatz ist die Energiemenge, die der Körper in Ruhe für die Aufrechterhaltung aller Lebensprozesse während 24 Stunden verbraucht.
Leistungs-(Arbeits-)Umsatz ist die Energiemenge, die der Körper für die Ausführung zusätzlicher Tätigkeiten verbraucht.
Der **Gesamtumsatz** ist das Ergebnis aus Grundumsatz plus Arbeitsumsatz.

Zusammenwirken der Organsysteme bei der Aufnahme, dem Transport und der Ausscheidung von Stoffen (am Beispiel des Menschen)

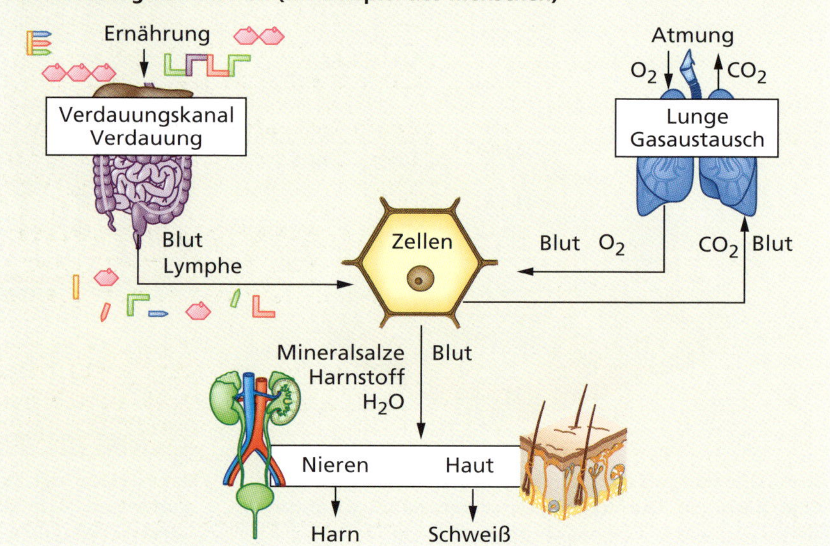

Fleischfressende Pflanzen gleichen ihren Stickstoffmangel aus, indem sie Insekten fangen und verdauen.

Ernährung ist die Aufnahme von Stoffen in den Organismus zur Aufrechterhaltung der Lebensprozesse.

	Aufnahme anorganischer Stoffe (autotrophe Ernährung)	Aufnahme organischer Stoffe (heterotrophe Ernährung)
Stoffe	Kohlenstoffdioxid, Wasser, Mineralsalze	Kohlenhydrate, Fette, Eiweiße
Organismengruppen	Pflanzen, Algen	Mensch, Tiere, Pilze, viele Bakterien

Für den Abbau der Nährstoffbausteine in den Zellen **(biologische Oxidation)** ist Sauerstoff notwendig.

Sauerstoff und Kohlenstoffdioxid

Bei wirbellosen Tieren, Wirbeltieren und Mensch gibt es verschiedene Sauerstoff aufnehmende und Kohlenstoffdioxid abgebende Flächen.

Kohlenstoffdioxid ist ein Stoffwechselendprodukt, das aus dem Körper entfernt werden muss.

gesamte Körperoberfläche
(↗S. 85, 90)
z. B. Hohltiere, Ringelwürmer

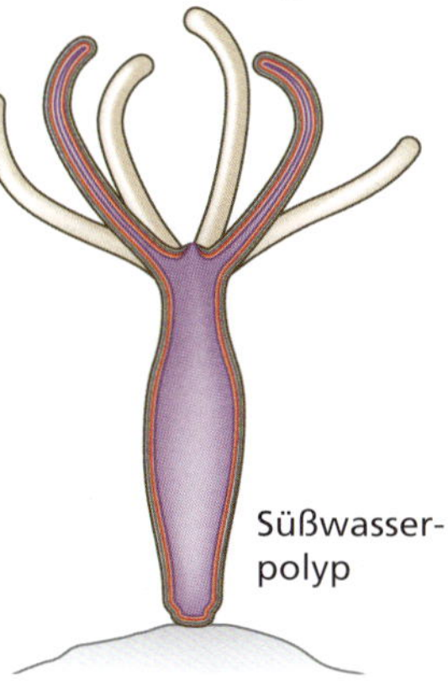

Tracheen
(↗S. 95)
z. B. Insekten

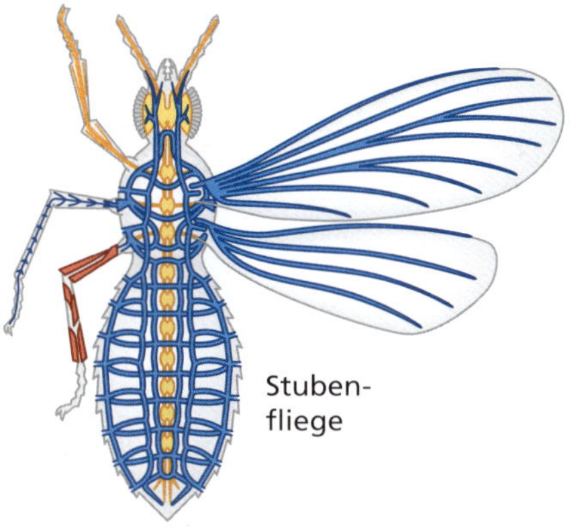

Tracheen sind röhrenförmige Einstülpungen der Körperhaut, die nach innen zwischen die Organe führen. Ihre Auskleidung besteht aus Chitin.

Kiemen
(↗S. 91, 104)
z. B. Krebstiere, Fische

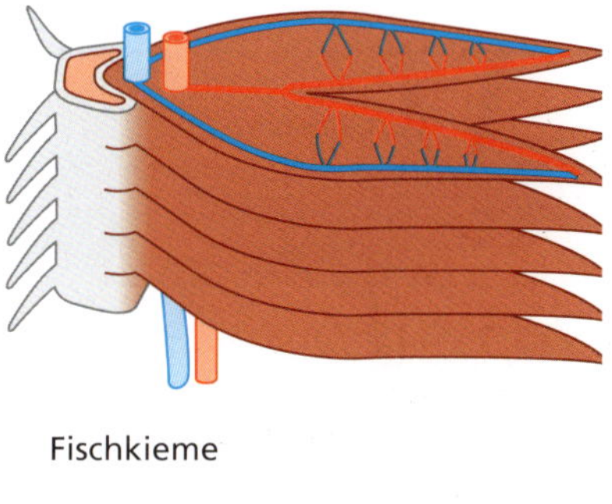

Fischkieme

Lungen
(↗S. 112, 122, 142)
z. B. Vögel, Säugetiere, Mensch

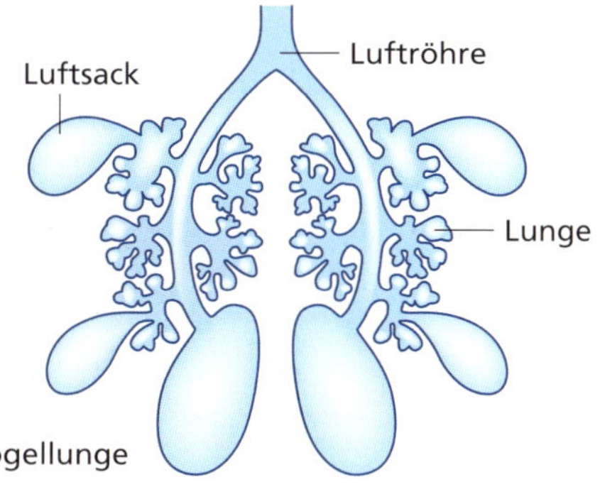

Vogellunge

Gasaustausch

Sauerstoff und Kohlenstoffdioxid sind **Atemgase.** In den Atmungsorganen (Kiemen, Lungen, Tracheen) findet ein **Gasaustausch** (↗ S. 142, 149) von Sauerstoff und Kohlenstoffdioxid statt. Bei den Fischen findet dieser Gasaustausch in den **Kiemen** (↗ S. 104), bei den anderen Wirbeltieren und dem Menschen in der Lunge statt. Dabei wird der **Sauerstoff** vom Blut aufgenommen und im Körper bis zu den Zellen transportiert. Das **Kohlenstoffdioxid** gelangt aus den Zellen ins Blut, wird vom Blut in die Atmungsorgane transportiert und aus dem Körper in das Wasser (bei Fischen) oder in die Luft abgegeben. Bei den Insekten gelangt der Sauerstoff in den Tracheen bis zu den Zellen.

> Der **Gasaustausch** in den Atmungsorganen beruht auf dem unterschiedlichen Gehalt der Atemgase Sauerstoff und Kohlenstoffdioxid zwischen Atmungsorganen und Blut.

Der Gasaustausch findet bei Wirbeltieren und Menschen im Körper zwischen Atmungsorgan und Blut sowie zwischen Blut und Körperzelle statt.

▶ Der unterschiedliche Gehalt an Kohlenstoffdioxid in der Aus- und Einatemluft kann einfach nachgewiesen werden (↗ S. 35, 144).

Gasaustausch zwischen Lungenbläschen und Kapillaren (↗ S. 149)

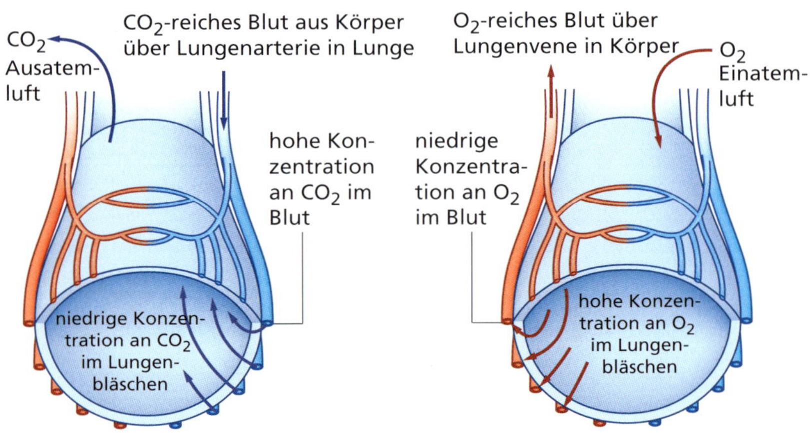

Übergang des Kohlenstoffdioxids vom Blut ins Lungenbläschen

Übergang des Sauerstoffs vom Lungenbläschen ins Blut

▶ Die **Blutkapillaren** (↗ S. 148) haben einen Durchmesser von 0,008 mm.

Gasaustausch zwischen Kapillaren und Körperzelle (↗ S. 149)

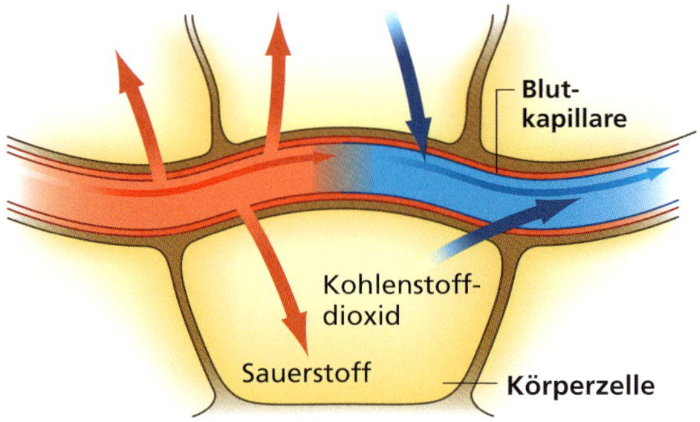

Transport von Sauerstoff
Der Transport von Sauerstoff erfolgt im Blut, gebunden an den roten Blutfarbstoff (Hämoglobin) der roten Blutzellen.
Das Hämoglobin ist ein kompliziert aufgebauter organischer Stoff, der sich in den roten Blutkörperchen befindet.

Leitung der Atemluft durch das Atmungssystem
(am Beispiel des Menschen)

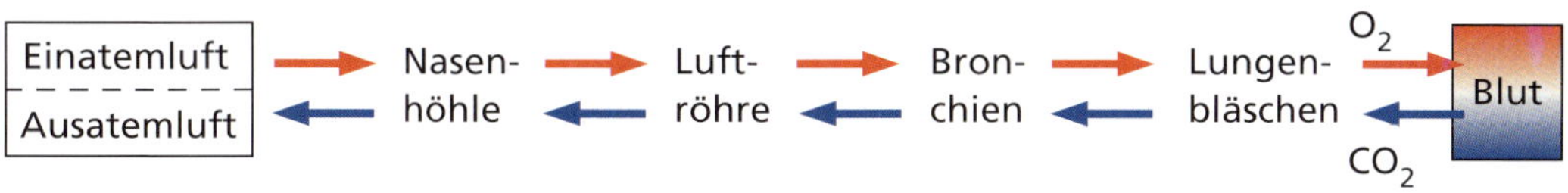

4.1.3 Stoff- und Energiewechsel in den Zellen

Merkmale des Stoff- und Energiewechsels

Der Stoff- und Energiewechsel ist ein wesentliches Kennzeichen aller lebenden Organismen.

Der **Stoff- und Energiewechsel** umfasst
- die Aufnahme körperfremder Stoffe (↗S. 139, 193) und Energie aus der Umwelt,
- die Bildung körpereigener Stoffe in den Zellen (↗S. 198, Assimilation),
- den Abbau von Stoffen in den Zellen unter Freisetzung von Energie (↗S. 202, Dissimilation),
- die Abgabe von Stoffen und Energie an die Umwelt.

Ernährungsweisen
Man unterscheidet
- **autotrophe Ernährungsweise:** Aufnahme *körperfremder energiearmer anorganischer Stoffe* (z. B. Kohlenstoffdioxid, Wasser), um körpereigene organische Stoffe aufzubauen,
- **heterotrophe Ernährungsweise:** Aufnahme *körperfremder energiereicher organischer Stoffe* (z. B. Kohlenhydrate, Fette), um körpereigene organische Stoffe aufzubauen.

Autotrophe Ernährung findet man bei Algen, Pflanzen und einigen Bakterien (bei Organismen mit Chlorophyll).
Heterotrophe Ernährung gibt es bei Tieren, Pilzen, den meisten Bakterien und beim Menschen.

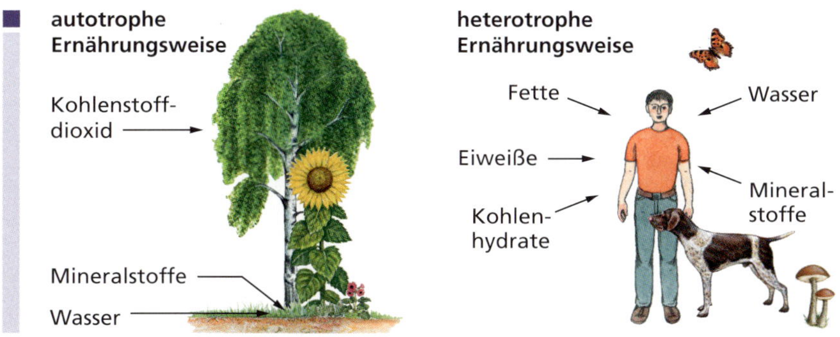

Übersicht über den Stoff- und Energiewechsel

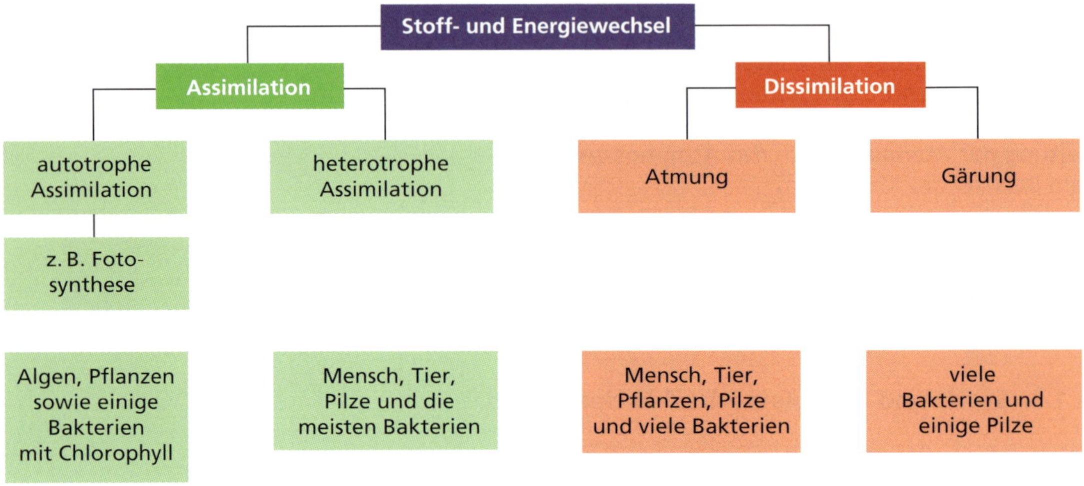

Zellen als Orte des Stoff- und Energiewechsels

Alle Lebewesen bestehen aus Zellen. Zellen sind die Grundbausteine der Lebewesen.

▶ Beispiele für **Tierzellen** sind Muskel- (↗ S. 134), Nerven- (↗ S. 168) und Knochenzellen. Beispiele für **Pflanzenzellen** sind Epidermis-, Palisaden- und Schwammzellen (↗ S. 70). Beispiele für **pflanzliche Gewebe** sind Abschluss-, Leit- und Festigungsgewebe. Beispiele für tierische Gewebe sind Knochen- und Nervengewebe.

Gemeinsame Bestandteile aller Zellen sind u. a.
- eine *Membran,* die die Zellen nach außen abgrenzt;
- *Mitochondrien, Ribosomen* und der *Zellkern* sowie
- das *Zellplasma,* das die Zellen ausfüllt.

Unterschiede gibt es bei
- *Bakterienzellen* – sie besitzen u. a. keinen abgegrenzten Zellkern.
- *Algen* und *Pflanzenzellen* – sie besitzen außerdem *Chloroplasten mit Chlorophyll* (bei höheren Pflanzen aber nicht in allen Zellen, z. B. nicht in Wurzelzellen), *Vakuolen* und eine *Zellwand.*

Zellen, die eine gleiche Funktion und Struktur haben, bilden ein **Gewebe.**

Bau von pflanzlicher und tierischer Zelle

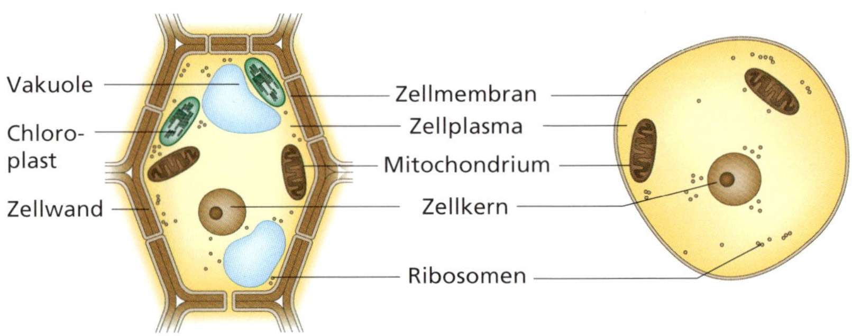

Chemische Bestandteile der Zellen

Außer Wasser und einigen anderen anorganischen Stoffen bestehen Zellen aus organischen Stoffen, die sie aus den aus der Umwelt aufgenommenen körperfremden Stoffen (↗ S. 139) aufgebaut haben.

Übersicht über organische Stoffe in Pflanzenzellen

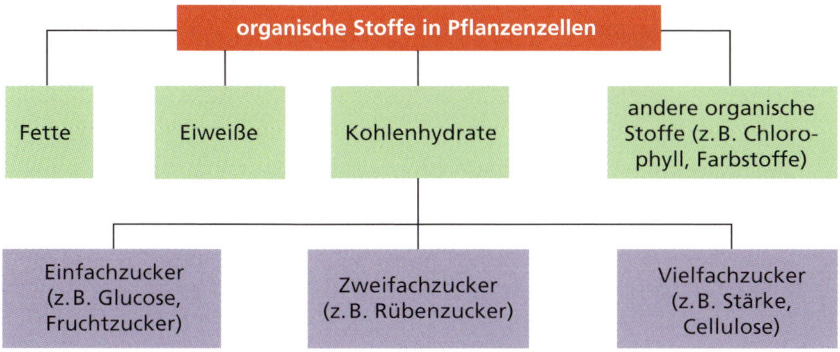

Bausteine einiger organischer Stoffe

Kohlenhydrate
Glucose

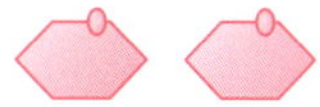

Eiweiß
Aminosäuren

Fett
Glycerol, Fettsäuren

Manche Pflanzen enthalten in Samen, Spross- und Wurzelknollen, Zwiebeln, Rhizomen größere Mengen bestimmter organischer Stoffe, z. B. Öle in Rapssamen, Stärke in Kartoffelknollen. Diese Pflanzenarten werden als **Kulturpflanzen** angebaut und dienen der Ernährung des Menschen und als Futter für Nutztiere. Andere von Pflanzen gebildete Stoffe finden als **Arzneimittel** vielfältige Anwendung.

Beispiele für Arzneipflanzen und deren Nutzung

	Fingerhut	Tollkirsche	Schlafmohn	Linde
Stoff	Digitoxin	Atropin	Alkaloide (u. a. Morphin)	Schleimstoffe
Wirkung	Anwendung bei Herzerkrankungen	krampflösend	schmerzlindernd (wird u. a. bei Krebserkrankungen eingesetzt), einschläfernd	schleimlösend
	Fingerhut (Blätter) 	Tollkirsche (Beeren) 	Schlafmohn (Milchsaft) 	Linde (Blüten) 

Wichtige Stoff- und Energiewechselprozesse in den Zellen

In den Zellen finden fortwährend chemische Prozesse statt, die durch Enzyme vermittelt werden und mit Energieumwandlungen verbunden sind. Ständig werden z. B. aus den aus der Umwelt aufgenommenen körperfremden Stoffen körpereigene Stoffe aufgebaut (Assimilation). Tag und Nacht werden körpereigene Stoffe abgebaut, um die darin enthaltene Energie für Lebensprozesse zu nutzen (Dissimilation, ↗S. 202).

Assimilation

Assimilation ist der Aufbau körpereigener Stoffe aus den aus der Umwelt aufgenommenen körperfremden Stoffen. Je nach der Art der aus der Umwelt aufgenommenen Stoffe (Ernährung) werden zwei Formen der Assimilation unterschieden, die heterotrophe Assimilation und die autotrophe Assimilation.

Heterotrophe Assimilation gibt es bei Tieren, Pilzen, vielen Bakterien und beim Menschen.

Heterotrophe Assimilation

Die heterotrophe Assimilation erfolgt bei allen Organismen, die körperfremde **organische Stoffe** aus der Umwelt aufnehmen (↗S. 195). Zunächst werden diese Stoffe in ihre Bestandteile zerlegt (z. B. Verdauung, ↗S. 139). Diese Bestandteile gelangen in die Zellen. Aus ihnen werden körpereigene organische Stoffe aufgebaut.

Schüler nehmen in der Pause belegte Brote zu sich. Diese enthalten körperfremde organische Stoffe, z. B. Fette und Kohlenhydrate. Im Prozess der Verdauung werden diese Stoffe in ihre kleinsten Bestandteile zerlegt und aus diesen körpereigene organische Stoffe aufgebaut.

Autotrophe Assimilation gibt es bei Moos-, Farn- und Samenpflanzen, Algen sowie einigen Bakterien.

Autotrophe Assimilation

Die autotrophe Assimilation erfolgt bei allen Organismen, die **anorganische Stoffe** aus der Umwelt aufnehmen (autotrophe Ernährung, ↗S. 195). Es gibt zwei Formen: die *Fotosynthese* und die *Chemosynthese.* Für das Leben auf der Erde ist die Fotosynthese die bedeutendste Form.

Die Fotosynthese

JAN INGENHOUSZ (1730–1799) entdeckte, dass grüne Pflanzen nur unter Lichteinwirkung Sauerstoff abgeben. Er grenzte Atmung und Fotosynthese als unterschiedliche Prozesse voneinander ab.

Die **Fotosynthese** ist der Prozess der autotrophen Assimilation, bei dem aus den aufgenommenen anorganischen Stoffen Wasser und Kohlenstoffdioxid unter Nutzung der Energie des Lichtes und mithilfe des Chlorophylls zunächst Glucose als köpereigener Stoff aufgebaut wird; dabei wird Sauerstoff frei und an die Umwelt abgegeben.

Die Fotosynthese findet in allen Zellen statt, die Chloroplasten mit Chlorophyll besitzen.

Bau des Chloroplasten

Chloroplasten sind Zellbestandteile, die von einer Hülle abgegrenzt sind und Membranstapel mit Chlorophyll enthalten.

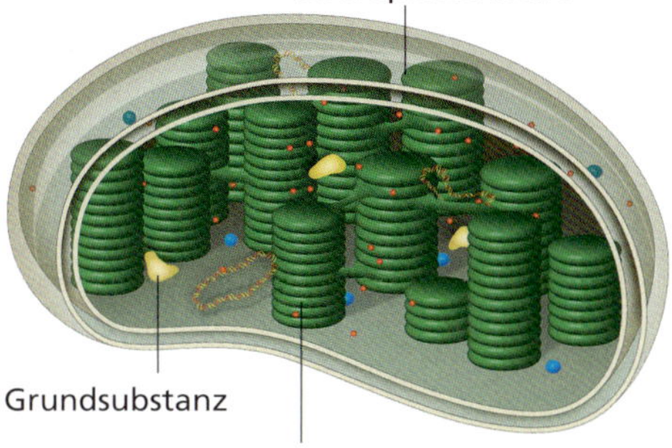

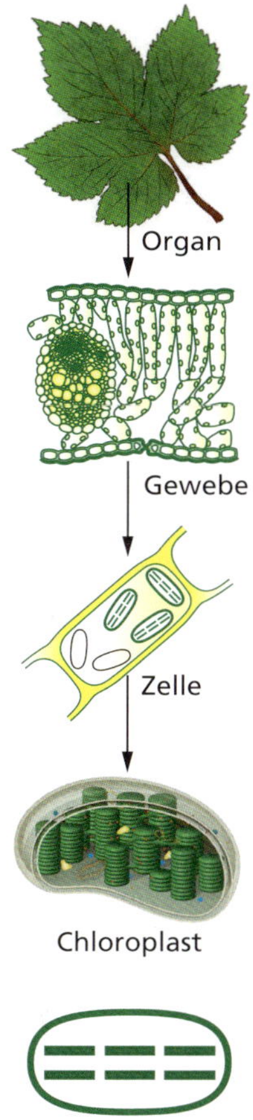

Prozess der Fotosynthese

Ausgangsstoffe und Produkte der Fotosynthese

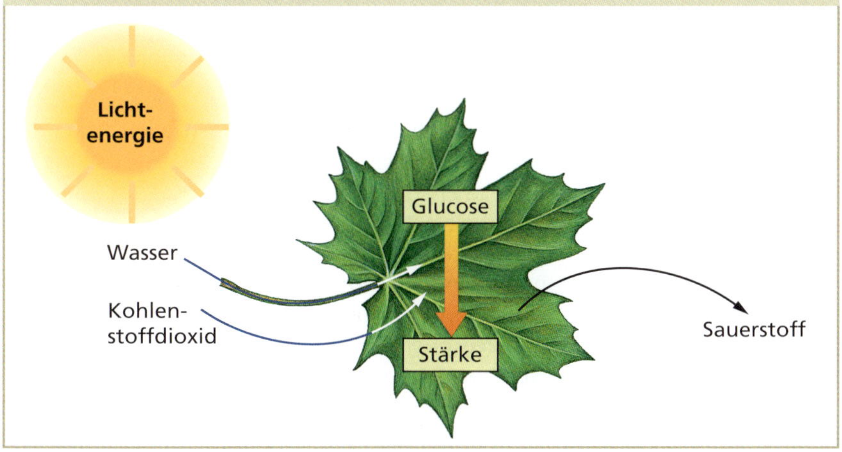

Die Fotosynthese ist ein komplizierter Prozess, der schrittweise abläuft und durch Enzyme vermittelt wird. Die **Ausgangsstoffe** (Wasser und Kohlenstoffdioxid) und das **Endprodukt** (Glucose) unterscheiden sich.
Die Ausgangsstoffe sind energieärmer, flüssig bzw. gasförmig. Die Endprodukte dagegen sind energiereicher mit ganz anderen Eigenschaften. Es ist also eine **Stoffumwandlung** erfolgt.
Da das Endprodukt energiereicher ist, muss eine **endotherme Reaktion** (verlaufen unter Energiezufuhr) abgelaufen sein. Die dafür notwendige Energie liefert die **Lichtenergie.** Lichtenergie ist Strahlungsenergie, die die Organismen für Lebensprozesse nicht nutzen können. Sie muss erst in **chemische Energie** umgewandelt werden. Dazu sind nur Lebewesen in der Lage, die Chlorophyll besitzen. Das sind Algen und Pflanzen sowie einige Bakterien, die ebenfalls Chlorophyll besitzen. Durch die Fotosynthese werden alle anderen Organismen mit Energie versorgt. **Stoff- und Energieumwandlungen** sind bei diesem Prozess eng verknüpft.

JULIUS ROBERT MAYER (1814–1878) entdeckte als Erster, dass während der Fotosynthese Strahlungsenergie (Lichtenergie) in chemische Energie umgewandelt wird.

Um Glucose – als erstes Produkt der Fotosynthese – vorübergehend in den Zellen zu speichern, wird es in unlösliche Stärke (Assimilationsstärke) umgewandelt.

▶ JULIUS SACHS (1832–1897) entdeckte bei seinen Beobachtungen die Stärkebildung in belichteten Laubblättern. Der Stärkenachweis wurde nach ihm benannt: Iodprobe nach Sachs.

Stoff- und Energieumwandlungen während der Fotosynthese

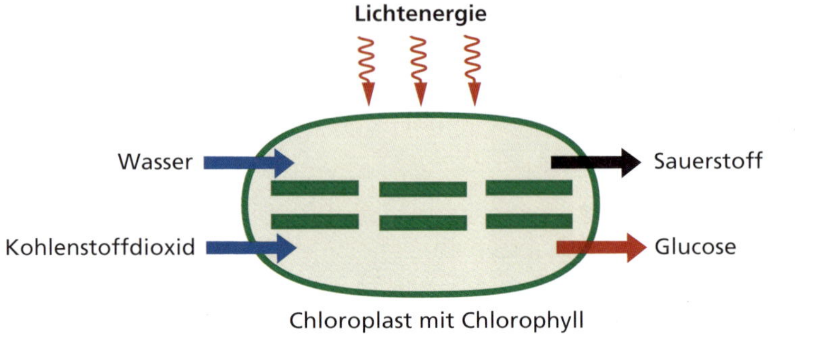

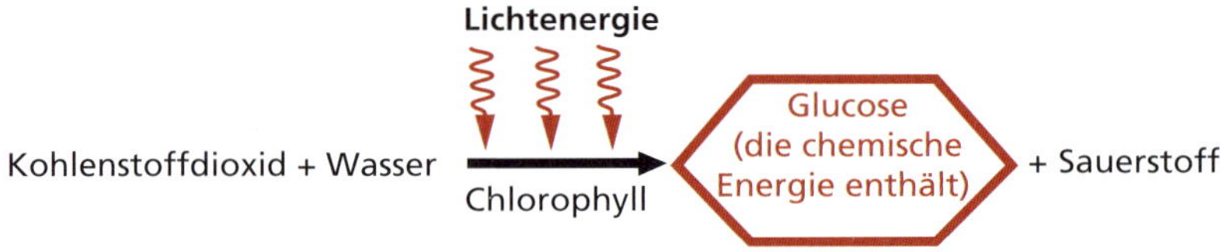

$$6\,CO_2 + 6\,H_2O \longrightarrow C_6H_{12}O_6 + 6\,O_2$$

Teilreaktionen beim Ablauf der Fotosynthese

Die Fotosynthese läuft in zwei Phasen ab und wird durch Enzyme gesteuert (katalysiert). In der ersten Phase, der **lichtabhängigen Reaktion,** wird vom Chlorophyll Lichtenergie absorbiert. Die Energie wird in **chemische Energie** umgewandelt und zur Erzeugung des Reduktionsmittels genutzt. Das Reduktionsmittel ist enzymatisch gebundener Wasserstoff (NADPH + H^+). Wasserstoff entsteht aus der Spaltung von Wasser, wobei Sauerstoff frei und an die Umwelt abgegeben wird. Die chemische Energie ist in einem „universellen Energieträger" enthalten, dem **Adenosintriphosphat (ATP).** Das Wesentliche der lichtabhängigen Reaktion ist die **Umwandlung der Strahlungsenergie (Lichtenergie) in die chemische Energie des ATP.**

▶ Bei einem Vergleich der Energieinhalte der Ausgangsstoffe und Produkte der Fotosynthese erkennt man, dass der Energieinhalt der Ausgangsstoffe kleiner ist als der Energieinhalt der Produkte **(endotherme Reaktion).**

Die **lichtunabhängige Reaktion** als zweite Phase dient der Bildung organischer Stoffe. Hier wird in der inneren Grundsubstanz des Chloroplasten Kohlenstoffdioxid mithilfe des enzymatisch gebundenen Wasserstoffs zu Glucose reduziert. Dabei wird der Wasserstoff vom NADP abgegeben. Das ATP als „Energieträger" gibt chemische Energie ab, indem es ein Phosphat abspaltet, es entsteht **Adenosindiphosphat (ADP)**.

Die „verbrauchten" Stoffe NADP, ATP, Phosphat (Ⓟ) werden in der lichtabhängigen Phase wieder regeneriert.

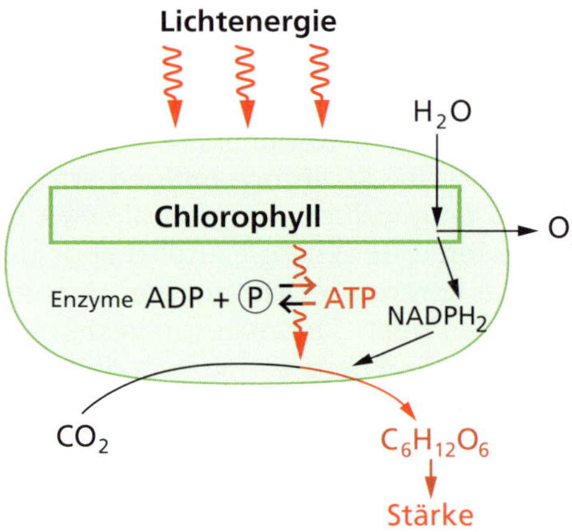

▶ Ⓟ bedeutet Phosphat.

Bildung weiterer organischer Stoffe in Pflanzenzellen

Glucose bildet – direkt oder indirekt – die Grundlage für die Bildung von weiteren organischen Stoffen in pflanzlichen Zellen, z. B. Eiweißen, Fetten, Vitaminen. Glucose allein reicht dafür aber nicht aus. Für die Bildung von Eiweiß wird z. B. Stickstoff benötigt Diese Stoffe werden in Form von Mineralstoffen aufgenommen (↗ S. 189).

▶ Die in den Pflanzen gebildeten organischen Stoffe, die nicht für das Wachstum und andere Lebensprozesse verbraucht werden, werden in Samen, Speicherorganen (↗ S. 64), Vakuolen gespeichert.

Beeinflussung der Fotosynthese

Der Prozess der Fotosynthese wird auf vielfältige Weise von der Umwelt beeinflusst. Steht z. B. zu wenig Wasser zur Verfügung, ist die Fotosyntheseleistung gering. Durch Bewässerung kann dieser Mangel ausgeglichen werden. Großen Einfluss haben auch die Temperatur, die Lichtverhältnisse, das Angebot an Kohlenstoffdioxid sowie Schadstoffe.

Die Fotosynthese beeinflussende Faktoren

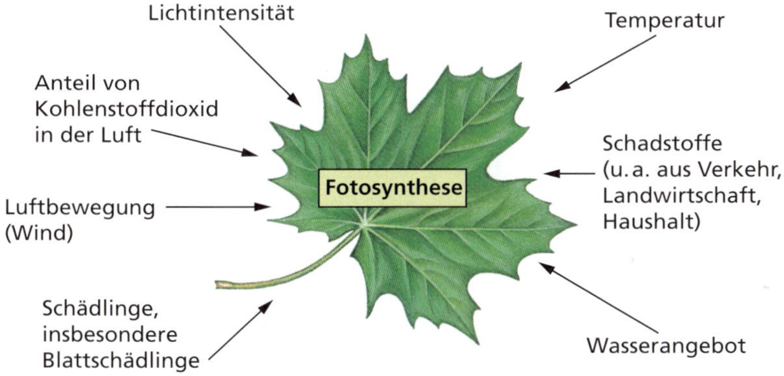

▶ Kenntnisse über die Beeinflussung der Intensität der Fotosynthese werden in Landwirtschaft und Gartenbau genutzt. So wird z. B. der CO_2-Gehalt der Luft in Gewächshäusern erhöht, um den Ertrag zu steigern.

Bedeutung der Fotosynthese für das Leben auf der Erde

Der Prozess der Fotosynthese und damit alle Organismen, die Chlorophyll besitzen (Algen, Pflanzen sowie einige Bakterien), nehmen eine zentrale Stellung ein. Ohne sie wäre heute Leben auf der Erde nicht möglich. Die Bedeutung liegt u. a. in der:

- **Bildung organischer Stoffe;**
  damit Erneuerung der Grundlage für die Ernährung heterotroph lebender Organismen
- **Sauerstofffreisetzung;**
  damit Erneuerung des u. a. durch die Atmung verbrauchten Sauerstoffanteils der Luft
- **Umwandlung von Lichtenergie in chemische Energie;**
  damit Schaffung der Grundlage für die Energieversorgung aller Organismen

▶ Energiequelle für den Aufbau von Glucose durch Schwefelbakterien ist z. B. die Oxidation von Schwefelwasserstoff (H_2S) zu Schwefel. Die Oxidation von Ammoniak (NH_3) zu salpetriger Säure (HNO_2) ist Energiequelle für den Ablauf der Chemosynthese durch Nitritbakterien.

Chemosynthese

Die Chemosynthese ist die zweite Form der autotrophen Assimilation. Sie erfolgt bei einigen Bakterien (z. B. bei Schwefel-, Nitrit- und Eisenbakterien). Sie nutzen die Energie aus chemischen Reaktionen für den Aufbau von Glucose.

4

Dissimilation

Zur Aufrechterhaltung der Lebensprozesse benötigen alle Lebewesen **Energie.** Nutzen können sie nur chemische Energie, die in organischen Stoffen enthalten ist. Diese Energie wird durch Dissimilation nutzbar gemacht.

> **Dissimilation** ist der durch Enzyme vermittelte Abbau organischer Stoffe zu dem Zweck, die darin enthaltene Energie für Lebensprozesse nutzbar zu machen.
> Dissimilation kommt in zwei Formen vor: als **Atmung** und **Gärung.**

Die Atmung

Atmung erfolgt bei Menschen, Tieren, den meisten Pilzen, Algen, Pflanzen und einigen Bakterien.

Die Wärmeabgabe bei der Atmung kann durch einen Versuch mit keimenden Erbsen nachgewiesen werden (↗ S. 38).

> **Atmung** ist die Form der Dissimilation, bei der der organische Stoff Glucose vollständig zu anorganischen Stoffen (Wasser, Kohlenstoffdioxid) abgebaut wird, wobei dieser Prozess durch Enzyme vermittelt wird. Sauerstoff wird dabei verbraucht sowie Kohlenstoffdioxid gebildet und dieses an die Umwelt abgegeben.
> Im Ergebnis wird die in den organischen Stoffen enthaltene chemische Energie in die für Lebensprozesse nutzbare chemische Energie des ATP und thermische Energie (als Wärme an die Umwelt abgegeben) umgewandelt.

Bau des Mitochondriums

Mitochondrien sind kugel- bis stäbchenförmige Zellbestandteile (Organellen), die durch zwei Membranen abgegrenzt sind. Die innere Membran bildet zahlreiche Einstülpungen, wodurch eine Vergrößerung der inneren Oberfläche erfolgt. An der inneren Membran laufen die Stoff- und Energieumwandlungen während der Atmung ab.

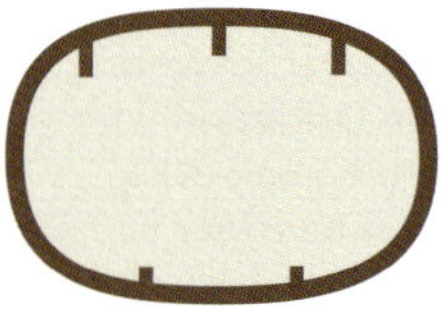

Symbol Mitochondrium

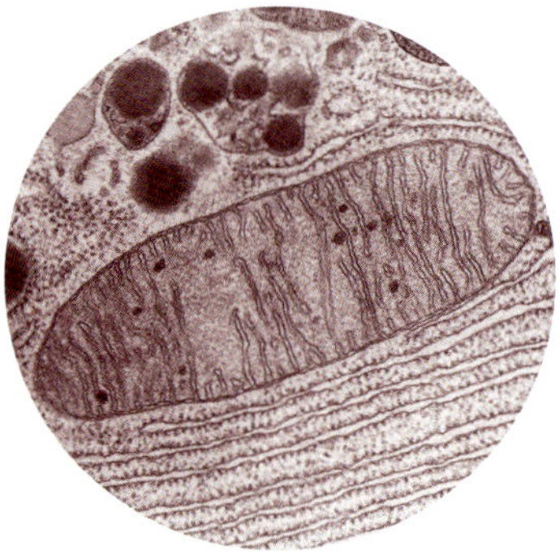

Elektronenmikroskopische Aufnahme eines Mitochondriums

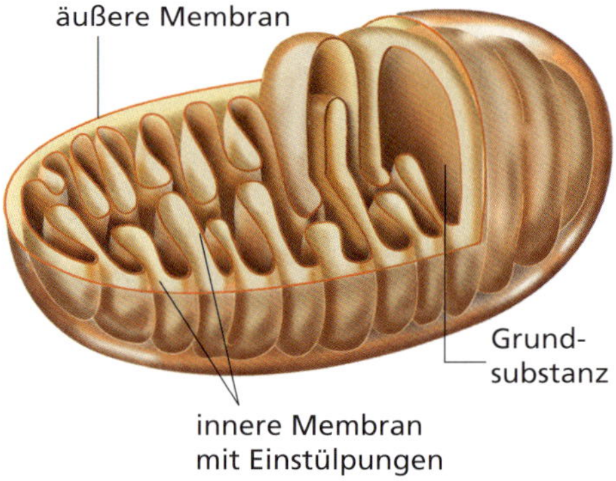

Schematische Darstellung eines Mitochondriums

Prozess der Atmung

Der Prozess der Atmung ist ein komplizierter chemischer Prozess. Einblick erhält man, wenn man den Energieinhalt der Ausgangsstoffe und Endprodukte vergleicht.

Dabei zeigt sich, dass die Ausgangsstoffe wesentlich energiereicher sind als die Endprodukte. Es ist also ein *exothermer Prozess* abgelaufen, in dessen Verlauf Energie freigesetzt wird. Ein Teil dieser chemischen Energie wird in Wärme umgewandelt und an die Umwelt abgegeben. Der andere Teil der chemischen Energie kann für Lebensprozesse (z. B. Bildung von Zellplasma, Bewegung) genutzt werden.

Bei **exothermen chemischen Reaktionen** wird Energie abgegeben. Der Energieinhalt der Ausgangsstoffe ist größer als der der Reaktionsprodukte.

Stoff- und Energiewechselprozesse der Atmung

Glucose + Sauerstoff ⟶ Kohlenstoffdioxid + Wasser

$$C_6H_{12}O_6 + 6\,O_2 \longrightarrow 6\,CO_2 + 6\,H_2O$$

Bedeutung und Beeinflussung der Atmung

Die Bedeutung der Atmung besteht darin, die in organischen Stoffen (insbesondere in Glucose) enthaltene (gespeicherte) chemische Energie so umzuwandeln, dass sie für die Aufrechterhaltung der Lebensprozesse genutzt werden kann. Das dabei gebildete Kohlenstoffdioxid wird an die Umwelt abgegeben. Sauerstoff wird verbraucht.

Faktoren, die bei der Lagerung z. B. von Körnern, Äpfeln und Kartoffeln beachtet werden

4

In den Zellen werden ständig körpereigene organische Stoffe aufgebaut (Assimilation) und organische Stoffe zur Nutzbarmachung der in ihnen enthaltenen chemischen Energie abgebaut (Dissimilation). Beide Prozesse laufen gleichzeitig in den Zellen der Organismen ab.

Zusammenhang zwischen Fotosynthese und Atmung

Zwischen den beiden Stoffwechselprozessen Assimilation und Dissimilation bestehen zahlreiche **Wechselwirkungen.** Auffällig sind sie insbesondere zwischen **Fotosynthese** und **Atmung.** So bilden z.B. die Produkte der Atmung – Wasser und Kohlenstoffdioxid – die Ausgangsstoffe der Fotosynthese. Durch die Atmung wird gleichzeitig die für die Aufrechterhaltung der Lebensprozesse notwendige Energie bereitgestellt.
An diesem Beispiel zeigt sich, dass nicht nur einzelne Organismen eine Ganzheit bilden, sondern zwischen den Lebewesen vielfältige Wechselwirkungen und Abhängigkeiten bestehen. Kein Lebewesen kann isoliert von anderen Lebewesen existieren.

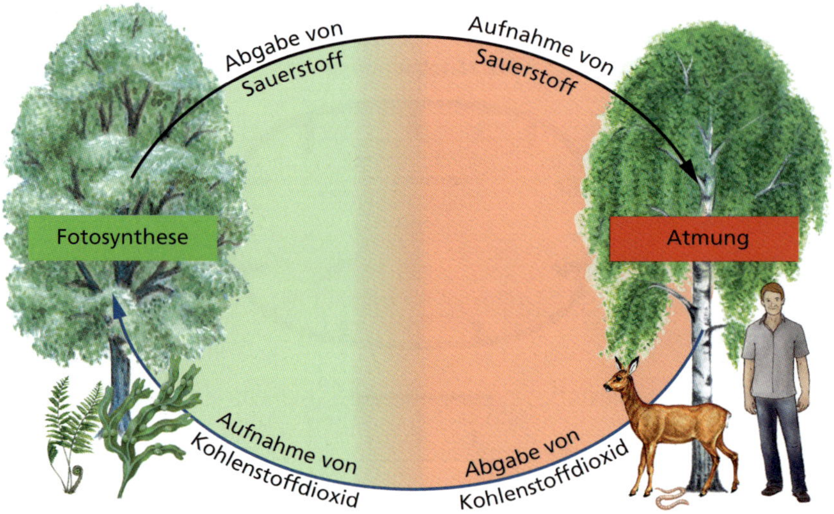

Gärung

> Die **Gärung** ist eine Form der Dissimilation (↗S. 202), bei der der organische Stoff Glucose zu anderen organischen Stoffen (z.B. Ethanol, Milchsäure) abgebaut wird. Die Gärung verläuft ohne Verbrauch von Sauerstoff.

Gärung kommt vor allem bei Bakterien und einigen Pilzen vor.
Wie bei der Atmung besteht ihr „Sinn" darin, aus organischen Stoffen (u.a. Glucose) **chemische Energie** für die Aufrechterhaltung der Lebensprozesse nutzbar zu machen. Der Unterschied besteht darin, dass die organischen Stoffe nicht – wie bei der Atmung – vollständig in anorganische Stoffe (Wasser, Kohlenstoffdioxid) abgebaut werden. Als Endprodukte werden andere **organische Stoffe** (z.B. Ethanol, Milchsäure) gebildet.
Die „Energieausbeute" ist geringer als bei der Atmung. Sauerstoff wird nicht benötigt.
Gärungen sind von großer wirtschaftlicher Bedeutung und spielen im Haushalt der Natur eine große Rolle.

Alkoholische Gärung

Die alkoholische Gärung erfolgt nicht bei Bakterien, sondern bei einzelligen Hefepilzen. Als Ausgangsstoffe dienen Kohlenhydrate (z. B. Stärke, Glucose) der Getreidekörner oder verschiedener Früchte. Diese werden durch Hefepilze in Ethanol (Alkohol) und Kohlenstoffdioxid umgewandelt. Dieser Prozess wird durch Enzyme vermittelt. Dabei wird ein Teil der in den Ausgangsstoffen enthaltene Energie so umgewandelt, dass sie für Lebensprozesse nutzbar ist.

Hefepilze leben u. a. auf Früchten.

1857 gelang es LOUIS PASTEUR, Bakterien als Verursacher der Milchsäuregärung und Hefepilzzellen als Verursacher der alkoholischen Gärung nachzuweisen.

$$C_6H_{12}O_6 \xrightarrow{\text{Enzyme}} 2\ C_2H_5OH \quad + \quad 2\ CO_2$$

Brotbacken erfolgte noch im 20. Jh. vorwiegend in Backstuben. Sauersteig, der außer Mehl und Wasser Hefepilze enthielt, wurde mit dem Backgut vermengt.
Die Hefepilze vermehrten sich schnell. Der dabei gebildete Alkohol entwich. Das Kohlenstoffdioxid bewirkte die Lockerung des Teigs, entwich ebenfalls beim Backen, hinterließ aber kleine Hohlräume. Der Backvorgang beruht auch heute auf den gleichen Grundlagen.

Die **alkoholische Gärung** läuft auch während der Bier- und Weinherstellung ab.

Milchsäuregärung

Sie erfolgt in Anwesenheit von Milchsäurebakterien. Ausgangsstoff ist wiederum Glucose. Sie wird durch die **Milchsäurebakterien** in Milchsäure umgewandelt. Wie bei der alkoholischen Gärung wird dabei ein Teil der in der Glucose gespeicherten Energie so umgewandelt, dass sie für die Aufrechterhaltung der Lebensprozesse genutzt werden kann.

Die **Milchsäuregärung** wird zur Herstellung von Käse, Joghurt, Sauerkraut und Silage genutzt.

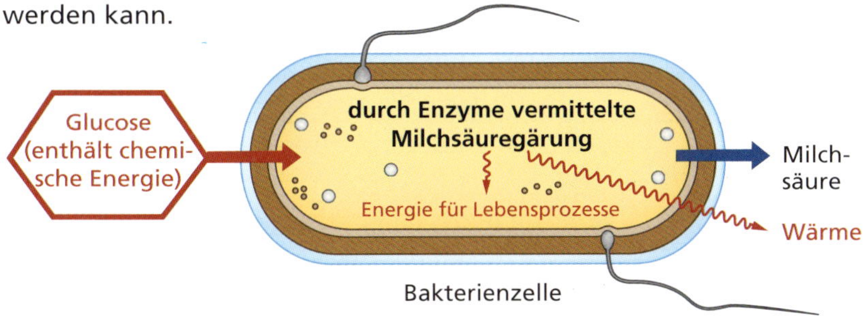

$$C_6H_{12}O_6 \xrightarrow{\text{Enzyme}} 2\ CH_3{-}CHOH{-}COOH$$

4

Der Begriff **„Essigsäuregärung“** ist historisch entstanden. Im fachlichen Sinn handelt es sich hierbei aber nicht um einen Gärungsprozess.

„Essigsäuregärung“

Die „Essigsäuregärung“ ist eine andere Form der Dissimilation. Sie erfolgt durch **Essigsäurebakterien.** Ausgangsstoff ist in diesem Fall Ethanol. Ethanol wird, ebenfalls durch Enzyme vermittelt, in Essigsäure und Wasser umgewandelt.
Für diesen Prozess wird im Unterschied zu den Gärungen im engeren Sinne Sauerstoff benötigt.

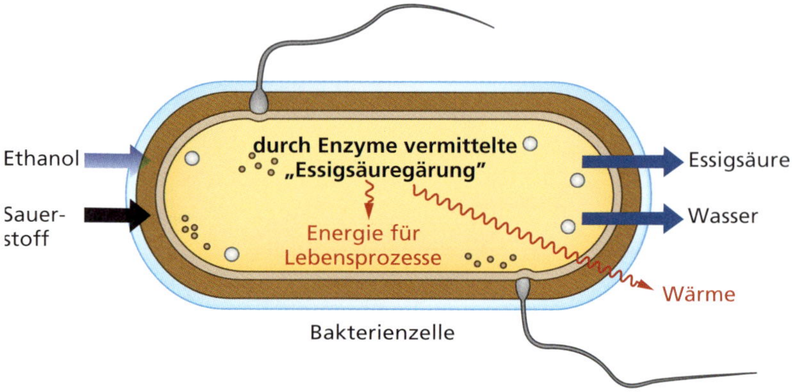

$$C_2H_5OH + O_2 \xrightarrow{\text{Enzyme}} CH_3COOH + H_2O$$

Die **Essigsäure,** chemisch Ethansäure, als Produkt der „Essigsäuregärung“ wird u. a. für die Herstellung von Speiseessig genutzt und bildet für viele andere Produkte, z. B. Kräuter-, Obstessig, den Ausgangsstoff.

Bedeutung und Nutzung der Gärung durch den Menschen

Die Menschen haben schon vor Jahrtausenden den Nutzen der Gärungen für ihre Lebensgestaltung erkannt. Seit Jahrtausenden werden insbesondere die **alkoholische Gärung** und **Milchsäuregärung** zur Herstellung von alkoholischen Getränken und Nahrungsmitteln (↗ Tabelle) genutzt. Aber erst seit dem 19. Jh. ist bekannt, dass dafür Hefepilzzellen und Milchsäurebakterien verantwortlich sind.

Einige Etappen der Nutzung der Gärung	
etwa 3000 vor Chr.	Brotherstellung mit Sauerteig, Vergären von Säften zu alkoholischen Getränken bei vielen Naturvölkern
etwa 3. Jh. vor Chr.	Herstellung von Bier in Babylonien und Ägypten
um Chr.	Bierherstellung durch Kelten und Germanen
1660	Sichtbarmachen der Hefezellen durch LEEUWENHOEK
1818	ERZLEBEN entdeckt die Gärungseigenschaften der Hefe.
1857	PASTEUR beschreibt die Milchsäuregärung.
Ende des 19. Jh.s	Abwasseranlagen in Berlin, Hamburg und anderen Städten
etwa seit 1949	mikrobiologische Stoffumwandlungen auf technischem Wege

Den Prozess der alkoholischen Gärung nutzt der Mensch zur Herstellung von Wein und Bier (↗ Abb.). Die Kohlenhydrate aus dem Getreide und den Trauben der Weinrebe werden durch Hefezellen in Ethanol und Kohlenstoffdioxid umgewandelt.

Heute werden Reinkulturen dieser Mikroorganismen gezielt verwendet. Dadurch ist es möglich, hochwertigere Produkte herzustellen.

Die von Milchsäurebakterien gebildete Milchsäure ist ein hervorragendes Konservierungsmittel. Viele Lebens- und Futtermittel können dadurch über längere Zeit haltbar gemacht werden (z. B. Gurken, Kohl, Grünfutter). Bei der Herstellung von Milchprodukten wie Joghurt und Käse spielen Milchsäurebakterien ebenfalls eine wichtige Rolle. Große wirtschaftliche Bedeutung besitzen Gärungen auch bei der Abwasserreinigung.

Zusammenhang zwischen Stoff- und Energiewechselprozessen

Nicht nur zwischen der Fotosynthese und der Atmung (↗ S. 204) besteht ein Zusammenhang. Die unterschiedlichen Stoff- und Energiewechselprozesse bewirken eine **kreislaufähnliche Beziehung** zwischen den verschiedenen Lebewesen.
Algen, Pflanzen und einige Bakterien, die Chlorophyll besitzen und zur Fotosynthese in der Lage sind, schaffen die Voraussetzung für das Leben aller anderen Organismen, der meisten Bakterien, der Pilze, der Tiere und des Menschen.
Die von den Chlorophyll besitzenden Lebewesen gebildeten organischen Stoffe dienen allen übrigen Organismen, den meisten Bakterien, den Pilzen, den Tieren und dem Menschen, als Grundlage ihres Lebens.
Sterben Organismen oder Teile von ihnen (z. B. Laubblätter), so werden die organischen Stoffe u. a. von Bakterien zu anorganischen Stoffen, Wasser und Kohlenstoffdioxid, abgebaut. Diese Stoffe stehen dann den Algen, den Pflanzen und einigen Bakterien, die Chlorophyll besitzen, wieder als Nahrung zur Verfügung.

Der **Stoff- und Energiewechsel** umfasst die Aufnahme von Stoffen und Energie in die Zellen, die dortige Umwandlung von Stoffen und Energie sowie die Abgabe von Stoffen und Energie aus den Zellen.

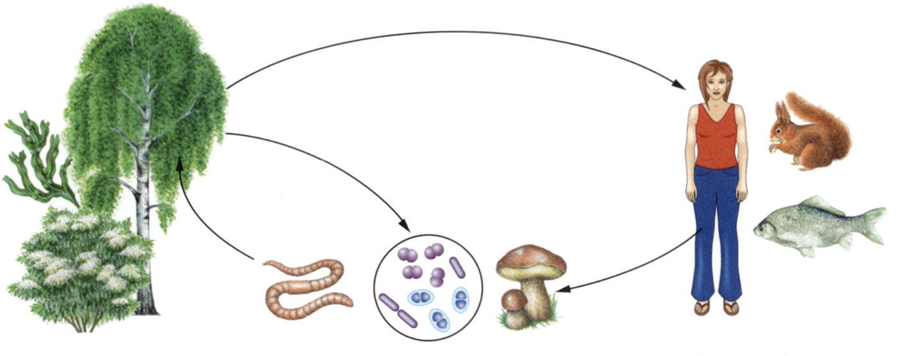

Aufbau körpereigener organischer Stoffe aus anorganischen Stoffen

Abbau organischer Stoffe zu anorganischen Stoffen

Umwandlung und Verwertung körpereigener organischer Stoffe

4.2 Reizbarkeit, Sinne, Nerven und biologische Regelung

4.2.1 Grundbegriffe

> **Reizbarkeit** ist eine Eigenschaft lebender Organismen, auf Einwirkungen **(Reize)** aus der Umwelt und dem Innern des Körpers mit bestimmten Reaktionen zu antworten.

Jeder Reiz muss eine bestimmte Stärke (Schwellenwert) besitzen, um eine Erregung auslösen zu können.

Reize sind Einwirkungen aus der Umwelt oder dem Innern des Körpers (↗S. 162), die in der reizaufnehmenden Zelle eine elektrische Spannungsänderung (Erregung) hervorrufen.
Die **Reizaufnahme** erfolgt durch einzelne **Sinneszellen** (↗S. 162, 163), die in **Sinnesorganen** (z.B. Auge, Ohr; ↗S. 162–166) konzentriert sein können, oder durch **freie Nervenendigungen** (↗S. 162). Die Aufnahme von Reizen führt zu Änderungen der elektrischen Ladung der Zellmembran der Zellen, sie werden erregt.
Erregung ist die Ladungsänderung (Spannungsänderung) an der Zellmembran einer lebenden Zelle, z.B. Sinnes-, Nerven-, Muskelzelle.

Die Erregungsleitung kann bei Wirbeltieren 70 bis 120 m/s betragen.

Erregungsleitung ist die Weiterleitung der Erregung von den Sinneszellen durch Nerven zum Zentralnervensystem oder vom Zentralnervensystem durch Nerven zu Erfolgsorganen.
Reaktion ist die Beantwortung eines Reizes durch einen Organismus oder durch eines seiner Teile, z.B. Organe.
Die Aufnahme von Reizen und die Beantwortung des Organismus auf Reize läuft in **Reiz-Reaktionsketten** (Reflexbogen, ↗S. 218) ab. Dabei nehmen Sinneszellen und freie Nervenendigungen Reize aus der Umwelt auf und wandeln sie in Erregungen um. Die Erregungen werden über **Empfindungsnerven (sensible Nerven)** zum Gehirn bzw. Rückenmark und von dort über **Bewegungsnerven (motorische Nerven)** zu den ausführenden Organen geleitet.

Unbewusste Berührung eines heißen Ofens mit der Hand

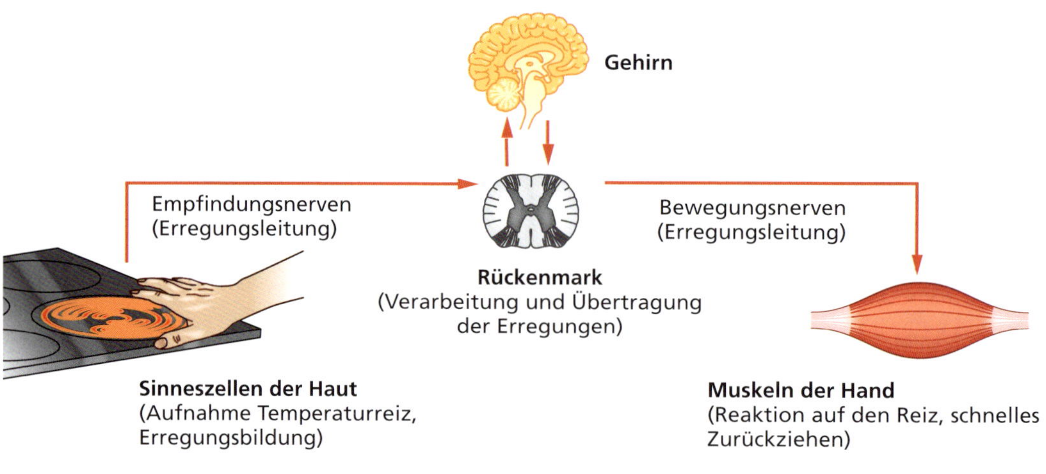

4.2.2 Reizbarkeit und Reaktion auf Reize bei Pflanzen

Pflanzen nehmen Reize aus der Umwelt auf und reagieren mit Bewegungen ihrer Organe auf sie. Die Reizbarkeit der Pflanzen ist – wie die anderer Organismen – an lebendes Zellplasma gebunden.
Viele Bewegungen der Pflanzen sind **Krümmungsbewegungen.** Diese kommen entweder durch verstärktes Wachstum der einen Seite des Organs oder durch Turgorschwankungen zustande. Es werden gerichtete und ungerichtete Krümmungsbewegungen unterschieden.

Gerichtete Krümmungsbewegungen

Bei **gerichteten Krümmungsbewegungen (Tropismen)** wird die Richtung der Krümmung durch den auslösenden Reiz bestimmt. Die Pflanzen bzw. ihre Organe bewegen sich dem Reiz entgegen (positiver Tropismus) oder wenden sich ab (negativer Tropismus).

Die Krümmung einer Zimmerpflanze zum Fenster ist ein Beispiel für **Lichtwendigkeit.** Deshalb sollte man Pflanzen drehen.

Gerichtete Krümmungsbewegungen sind **Wachstumsbewegungen.** Sie beruhen auf dem verstärkten Transport von **Wuchsstoffen** (Auxinen) in einer Seite der Pflanzen bzw. ihrer Organe. Diese Seite zeigt ein verstärktes Wachstum.

Reaktion auf Licht – Lichtwendigkeit (Fototropismus) einer Sprossspitze

Die Reaktion von Samenpflanzen auf einseitige Lichtreize heißt **Lichtwendigkeit (Fototropismus).** Dabei entsteht durch einseitiges Wachstum eine Krümmungsbewegung des Getreidesprosses zum Licht.

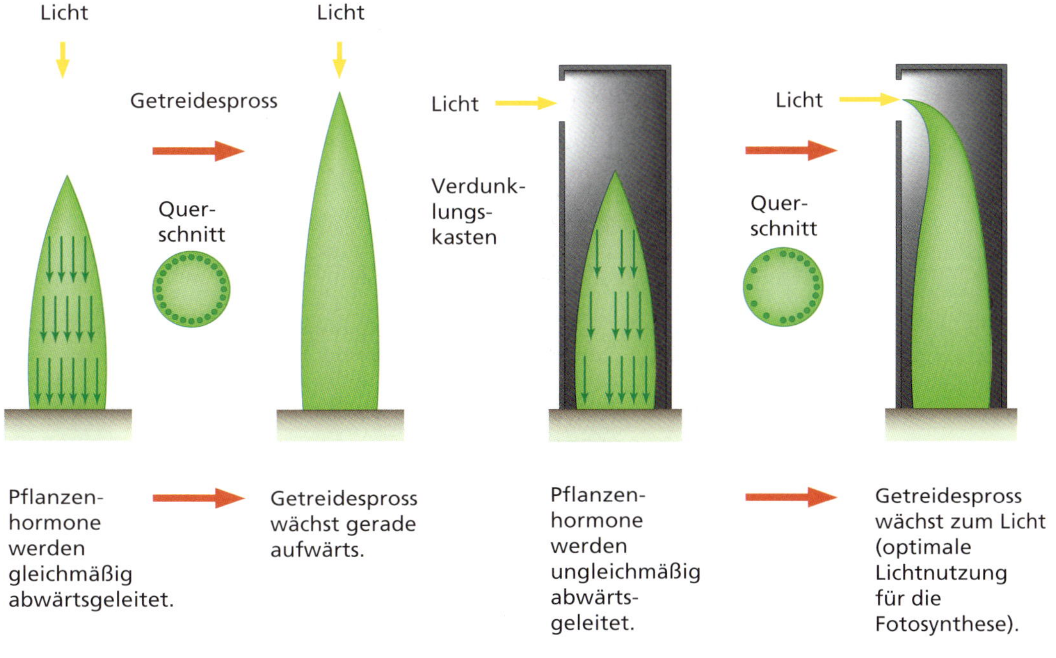

Reaktion auf Erdanziehungskraft – Erdwendigkeit (Geotropismus) einer Keimpflanze

Die Reaktion der Samenpflanzen auf die Erdanziehungskraft heißt **Erdwendigkeit (Geotropismus).** Dabei entsteht durch einseitiges Wachstum von Spross bzw. Wurzel deren Krümmung.

Normallage Wachstum aller Gewebe: Wurzel zum Reiz hin, Spross vom Reiz weg, gleichmäßige Wuchsstoffverteilung

Reizlage

beginnnende Abwärtskrümmung der Wurzel und beginnende Aufwärtskrümmung des Sprosses

Abwärtskrümmung der Wurzel und Aufwärtskrümmung des Sprosses führen aus der Reizlage

Ungerichtete Krümmungsbewegungen

Das Umwachsen einer Stütze durch Weinranken ist eine Reaktion auf mechanische Reize.

Bei **ungerichteten Krümmungsbewegungen** (Nastien) ist die Richtung der Krümmung vom auslösenden Reiz unabhängig.

Ungerichtete Krümmungsbewegungen auf die Reize Temperatur und Licht sind **Wachstumsbewegungen,** auf Berührungsreize sind es z. B. **Turgorbewegungen** (Veränderung des Zellinnendrucks durch osmotische Aufnahme und Abgabe von Wasser aus Geweben).
Nastien sind Bewegungen einer Pflanze oder ihrer Organe, die nicht in Beziehung stehen zu der Richtung, aus der ein auslösender Reiz einwirkt. Diese Bewegungen werden allein vom Bau der Organe gelenkt.

Reaktion auf Temperatur (Thermonastie) – Öffnungs- und Schließbewegungen von Blüten *(z. B. Tulpe, Krokus)*

Höhere Temperatur bewirkt verstärktes Wachstum der Oberseite (Innenseite) der Kelch- und Kronblätter
– Öffnen der Blüten.

Niedere Temperatur bewirkt verstärktes Wachstum der Unterseite (Außenseite) der Kelch- und Kronblätter
– Schließen der Blüten.

Reaktion auf Licht (Fotonastie) – Öffnungs- und Schließbewegungen von Blütenkörben und Einzelblüten
(z. B. Löwenzahn, Seerose, Kakteen, Tulpe)

Licht bewirkt verstärktes Wachstum der Oberseite (Innenseite) der Kronblätter – Öffnen der Blütenkörbe bzw. Einzelblüten.

Dunkelheit bewirkt verstärktes Wachstum der Unterseite (Außenseite) der Kronblätter – Schließen der Blütenkörbe bzw. Einzelblüten.

Turgorbewegungen beruhen auf plötzlicher Veränderung des Zellinnendrucks (Turgor) durch osmotische Vorgänge der Wasserabgabe oder -aufnahme in bestimmten Pflanzenteilen (z. B. Gelenke des Blattstiels).

Turgorbewegungen werden durch Berührungsreize ausgelöst, verlaufen relativ schnell und sind umkehrbar.

Reaktion auf Berührung (Seismonastie) – Bewegung von Blättern
(z. B. Mimose, Bohne, Sauerklee)

Erschütterung, Stoß, Berührung bewirken eine Veränderung des Zellinnendrucks (Turgor) in den Gelenken durch osmotische Aufnahme und Abgabe von Wasser. Dies bewirkt ein Zusammenklappen der Fiederblättchen und das Senken der Blattstiele. Nach einiger Zeit richten sich die Blättchen wieder auf.

Turgorbewegungen sind auch bei Spaltöffnungen (↗ S. 187) zu beobachten.

Blatt vor Reizung

Blatt nach Reizung

4.2.3 Bewegungen von Pflanzen unabhängig von Reizvorgängen

Bei Pflanzen gibt es auch Bewegungen ohne Beziehungen zur Reizbarkeit. Dies können Bewegungen sein, die auf Quellung und Entquellung von bestimmten Zellschichten beruhen. Solche Vorgänge dienen meist der Verbreitung von Samen und Früchten.

Quellungsbewegungen

Quellung ist die Volumenvergrößerung eines lebenden oder nicht lebenden Körpers durch Wasseraufnahme. Dieser Vorgang kann wiederholt vollzogen und wieder rückgängig gemacht werden **(Entquellung).**

> **Quellungsbewegungen** (hygroskopische Bewegungen) der Pflanzen beruhen auf Quellungs- und Entquellungsbewegungen und den damit verbundenen Volumenveränderungen in den unterschiedlichen Gewebeschichten. Sie sind nicht an lebendes Zellplasma gebunden.

Quellungsbewegungen eines Kiefernzapfens

bei Feuchtigkeit geschlossen

Samen können nicht herausfallen.

bei Trockenheit geöffnet

Frei liegende Samen können vom Wind fortgeweht werden.

Bewegungen zur Verbreitung von Samen und Früchten

Ist ein bestimmter Reifegrad, z. B. bei Früchten, erreicht, werden Pflanzenteile zerstört.
Die reifen Früchte des Springkrauts zerfallen explosionsartig bei der zartesten Berührung. Dabei rollen sich die Fruchtblätter nach innen ein und schleudern die Samen ruckartig weg.

4.2.4 Reizbarkeit und Reaktionen auf Reize bei Tier und Mensch

Reaktion auf mechanische Reize

Reaktion auf Berührungsreize beim Süßwasserpolypen
Die in der Stützschicht liegenden einzelnen Nervenzellen sind durch dünne Fortsätze zu einem einfachen **Nervennetz** verbunden (↗S. 85, 317). Der Berührungsreiz wird von einfachen Sinneszellen in der Außenhaut aufgenommen; sie werden erregt. Die Erregung wird auf die Nervenzellen übertragen, die die Hautmuskelzellen zum Zusammenziehen des Körpers anregen.

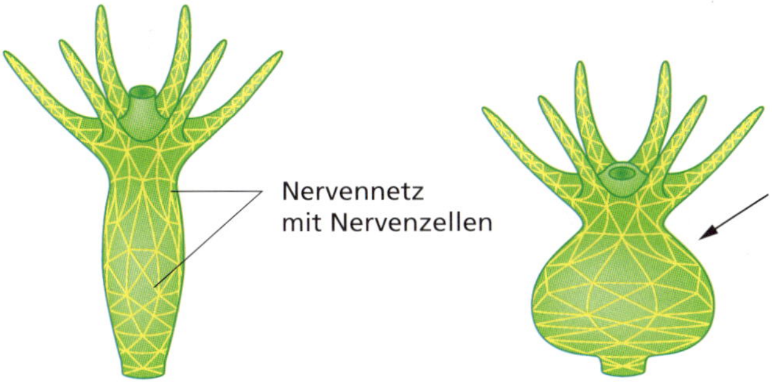

Der Regenwurm (↗S. 90) kann mit lichtempfindlichen Zellen, die über die gesamte Körperoberfläche verteilt sind, Hell und Dunkel unterscheiden. Sie stehen mit dem „Gehirn" und dem Strickleiternervensystem in Verbindung.

Die Weinbergschnecke (↗S. 100) reagiert mit ihren hinteren größeren Fühlern, die die Augen tragen, auf Licht und Berührung.

Reaktion auf optische Reize

Sehvorgang bei Wirbeltieren und Mensch
Hornhaut, Augenflüssigkeit, Augenlinse und Glaskörper bilden ein System, das wie eine Sammellinse wirkt.
Durch dieses Linsensystem wird das auftreffende Licht gebrochen. Es breitet sich durch den Glaskörper aus und erregt die Lichtsinneszellen in der Netzhaut. Dort entsteht ein umgekehrtes, verkleinertes und wirkliches (reelles) Bild des betrachteten Objekts.
Die in den **Lichtsinneszellen** entstehenden Erregungen werden über den Sehnerv zum Sehfeld des Gehirns (↗S. 223) geleitet. Die Erregungen werden dort verarbeitet. Im Ergebnis sieht der Mensch das Bild des betrachteten Objekts in seiner natürlichen Größe und Gestalt.

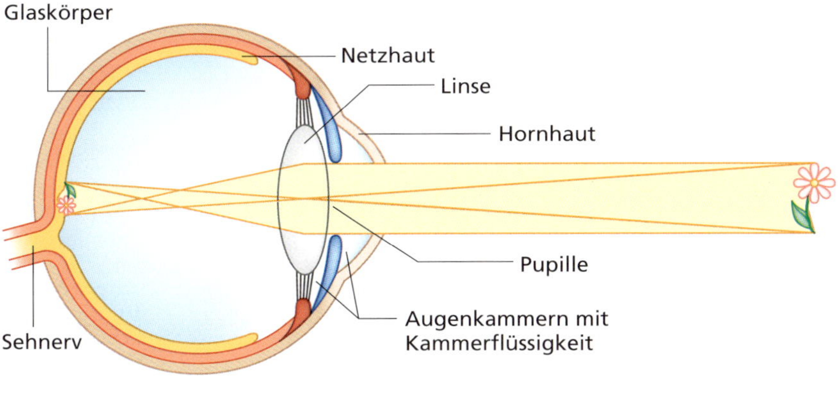

In den aus keilförmigen Einzelaugen zusammengesetzten Komplexaugen der Insekten (↗S. 95) setzt sich das Bild des betrachteten Objekts mosaikartig aus zahlreichen Bildpunkten zusammen.

4

Die **Netzhaut** ist ein ca. 0,5 mm dickes Häutchen.

Im Feinbau der **Netzhaut** sind zu erkennen
- Lichtsinneszellen (Stäbchen und Zapfen), die durch Licht erregt werden (gelber Pfeil),
- netzartig untereinander verbundene Nervenzellen, die die Erregungen zum Sehnerv leiten (roter Pfeil).

Feinbau der Netzhaut, Lichteinfall und Erregungsleitung

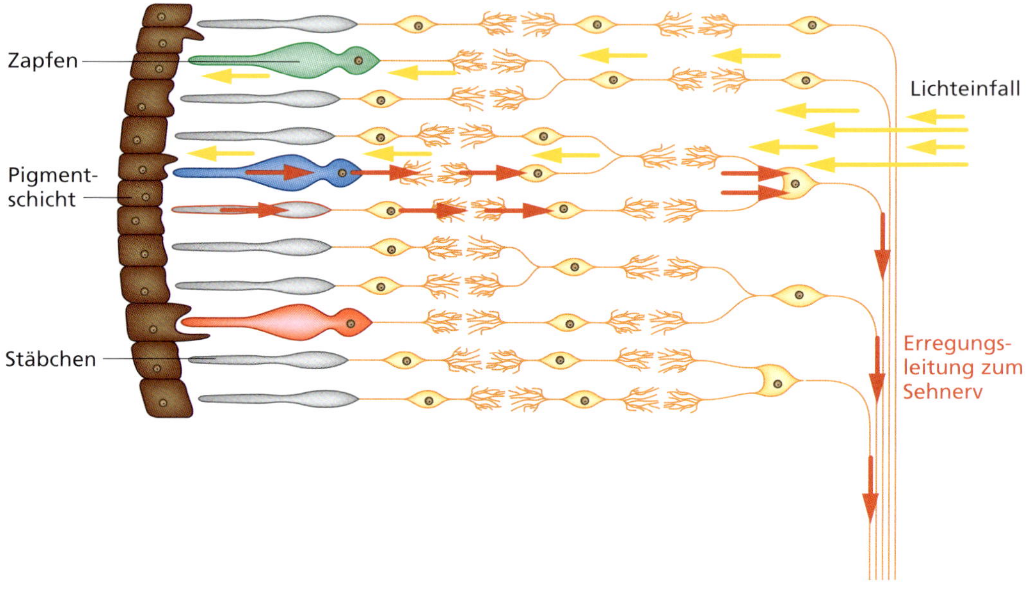

Der **Sehbereich** bei Mensch und Tier ist unterschiedlich.

Verletzungen der Linse führen zu der als **grauer Star** genannten Augenkrankheit.

Anpassungen des Auges

Das Auge kann sich an die unterschiedliche Entfernung der Gegenstände sowie an die Menge des einfallenden Lichts anpassen.

Akkommodation ist die Anpassung des Auges an die unterschiedliche Entfernung der zu betrachtenden Gegenstände durch Änderung der Linsenkrümmung.

Anpassung an ferne Gegenstände – Fernakkommodation

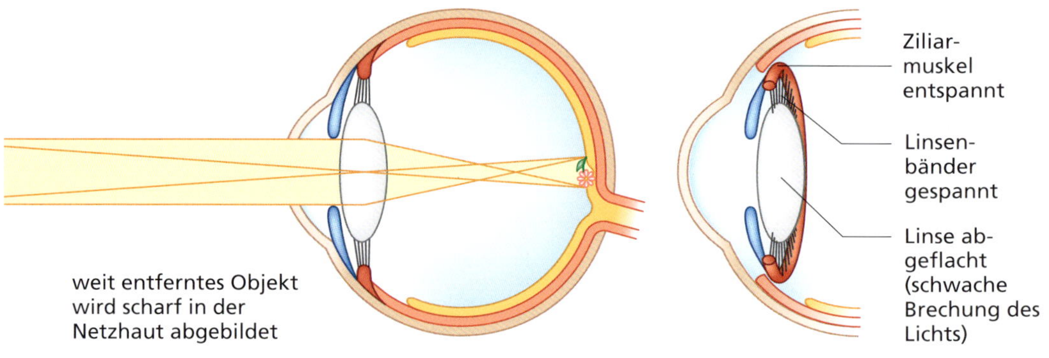

Anpassung an nahe Gegenstände – Nahakkommodation

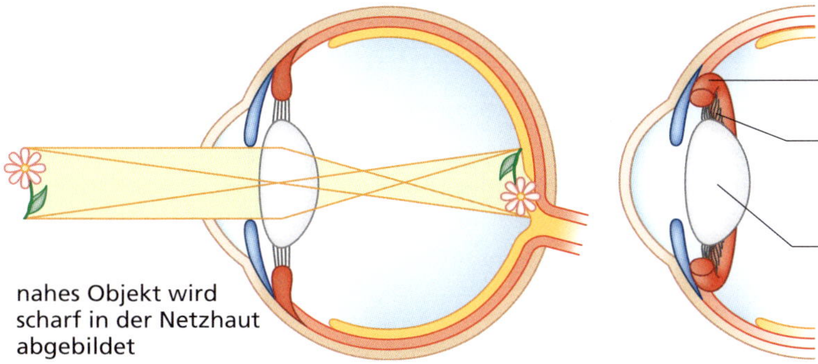

Pupillenadaptation (↗S. 221) ist die Anpassung des Auges an die unterschiedliche Beleuchtungsstärke durch Erweiterung bzw. Verengung der Pupille.

Pupille im grellen Licht	Pupille im Dunkeln
Verengung der Pupille wird durch Kontraktion der Ringmuskeln der Regenbogenhaut bei gleichzeitiger Entspannung der strahlenförmig angeordneten Muskulatur bewirkt. Das hat eine Verringerung der Menge des einfallenden Lichts zur Folge.	*Erweiterung der Pupille* wird durch Kontraktion der strahlenförmig angeordneten Muskeln bei gleichzeitiger Entspannung der ringförmig angeordneten Muskulatur bewirkt. Das hat eine Erhöhung der Menge des einfallenden Lichts zur Folge.

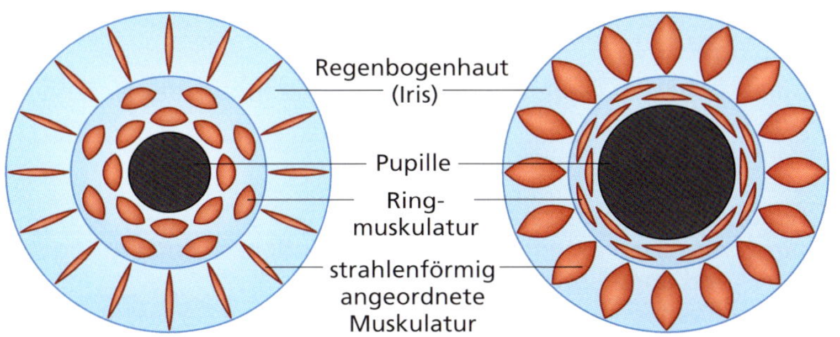

Auch die Netzhaut mit ihren Lichtsinneszellen (Stäbchen, Zapfen) passt sich an die unterschiedliche Lichtintensität an **(Netzhautadaptation).** Bei Dunkelheit werden die Stäbchen und bei Helligkeit die Zapfen erregt. Ursache für die Netzhautadaptation ist der Farbstoff in den Stäbchen, *Sehpurpur* (Rhodopsin). Die Stäbchen enthalten im dunkeladaptierten Auge Sehpurpur, der bei Lichteinfall abgebaut wird. Dadurch entstehen Erregungen, die zur Wahrnehmung von Helligkeitsunterschieden führen.

▶ **Räumliches Sehen** ist nur beidäugig möglich. Es ist eine Leistung des Gehirns.

▶ **Optische Täuschungen** beruhen darauf, dass das Gehirn das Gesehene nach der Erfahrung deutet.

▶ Die Veränderung des Durchmessers der Pupille je nach Lichteinfall verläuft als Pupillenreflex (↗S. 221). Bei größerer Helligkeit beträgt der Durchmesser ca. 2 mm, bei Dunkelheit bis 8 mm.

Sehfehler und ihre Korrektur beim Menschen

Zur Korrektur von **Augenfehlern** werden **Brillen und** häufig auch **Kontaktlinsen als Sehhilfen** benutzt.

Sehfehler können angeboren sein oder werden im Verlauf des Lebens erworben.

Sehfehler haben ihre Ursachen in Abweichungen des Augapfels von seiner normalen Länge (zu kurz bzw. zu lang) oder im Nachlassen der Krümmungsfähigkeit und damit der Brechkraft der Linse. Zur Korrektur sind Brillen mit verschiedenen Linsen notwendig.

Kurzsichtigkeit (Ursache: angeboren)
Kurzsichtige Menschen können nahe Gegenstände mühelos sehen, aber ferne Gegenstände sehen sie verschwommen.

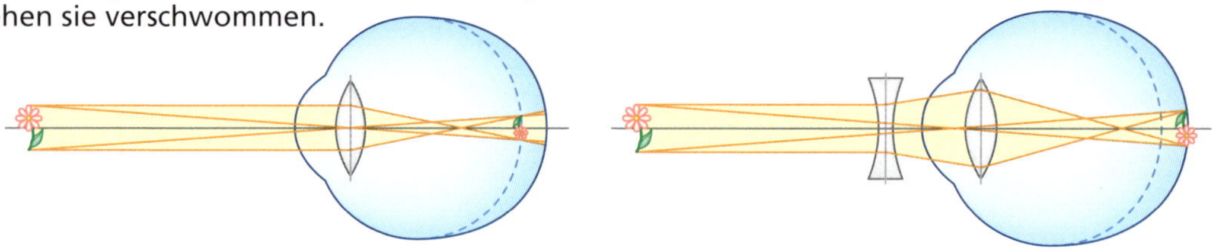

Augapfel zu lang; scharfes Bild von entfernten Gegenständen entstünde vor der Netzhaut, in der Netzhaut ist das Bild unscharf.
Korrektur: durch Brillen mit Zerstreuungslinsen

Weitsichtigkeit/Übersichtigkeit (Ursache: angeboren)
Weitsichtige (übersichtige) Menschen können ferne Gegenstände mühelos scharf sehen, nahe Gegenstände jedoch nur mit Mühe oder nur unscharf.

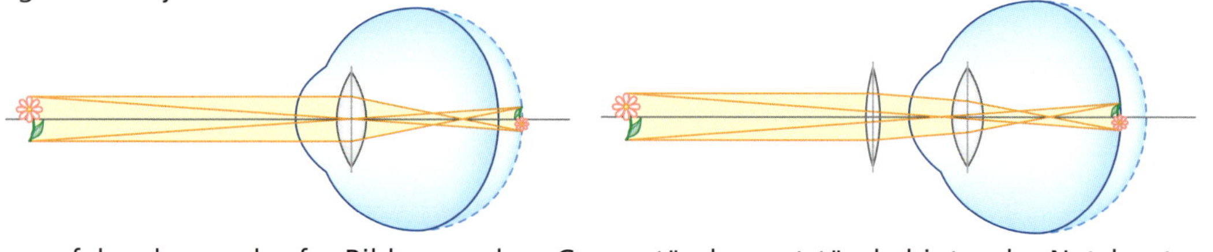

Augapfel zu kurz; scharfes Bild von nahen Gegenständen entstünde hinter der Netzhaut, in der Netzhaut ist das Bild unscharf.
Korrektur: durch Brillen mit Sammellinsen

Altersweitsichtigkeit (Ursache: erworben, Alterserscheinung)
Mit zunehmendem Alter kann sich die Augenlinse den verschiedenen Entfernungen der Gegenstände nicht mehr ausreichend anpassen.

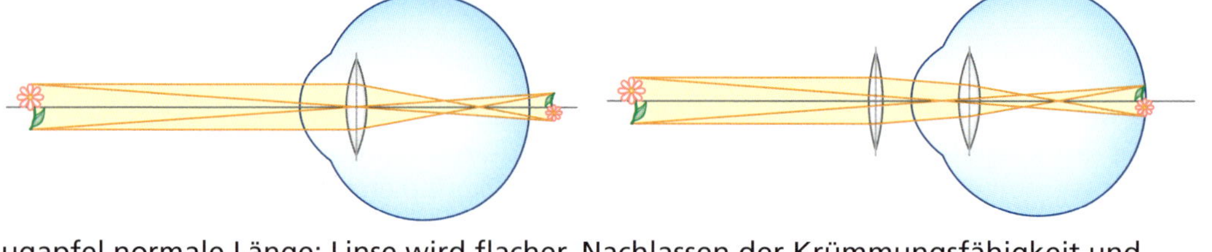

Augapfel normale Länge; Linse wird flacher, Nachlassen der Krümmungsfähigkeit und damit des Brechwertes; scharfes Bild von nahen Gegenständen entstünde hinter der Netzhaut, in der Netzhaut ist das Bild unscharf.
Korrektur: durch Brillen mit Sammellinsen

Farbensehen

Das **Licht** breitet sich als elektromagnetische Wellen aus.
Das Spektrum des sichtbaren Lichts (das weiße Licht) reicht von den Farben Rot bis Violett. Untersuchungen ergaben, dass es in der Netzhaut drei Zapfentypen gibt, die je einen spezifischen Sehfarbstoff besitzen.
Die Zapfen werden durch Licht der Grundfarben Rot, Grün und Blau erregt. Eine gleich starke Erregung der drei Zapfentypen ruft den Eindruck der Farbe Weiß hervor. Werden Zapfen nur durch rotes und grünes Licht erregt, entsteht die Farbe Gelb. Durch Mischung der Grundfarben Rot, Grün und Blau erhält man alle Farben.

Infrarotes bzw. ultraviolettes Licht ist für den Menschen unsichtbares Licht.

Fehlen Zapfen für eine Grundfarbe oder mehrere Grundfarben, kommt es zu **Farbensinnstörungen** (Farbenfehlsichtigkeit) bzw. zur Farbenblindheit. Durch **Farbtests** kann ermittelt werden, ob Personen an Farbenblindheit, z. B. Rotgrünblindheit, leiden.

Reaktion auf akustische Reize

Hörvorgang

Der **Schall** wird von der Ohrmuschel (↗ S. 164) aufgenommen und im Gehörgang bis zum Trommelfell geleitet. Dieses wird in Schwingungen versetzt, die über die Gehörknöchelchen auf die Flüssigkeit des Innenohrs (Lymphe) übertragen werden. Die Hörsinneszellen in der Gehörschnecke werden gereizt und anschließend erregt. Die entstehenden Erregungen werden über den Hörnerv zum Hörzentrum im Gehirn (↗ S. 223) geleitet und dort verarbeitet. Der **Hörbereich** des Menschen umfasst sowohl hohe und tiefe als auch laute und leise **Töne.**
Die Unterschiede zwischen *hohen* und *tiefen Tönen* sind abhängig von der Anzahl der Schwingungen pro Sekunde **(Schallfrequenz).** Je höher die Anzahl der Schwingungen, desto höher ist der Ton.
Die Hörfähigkeit für bestimmte Schallfrequenzen verändert sich beim Menschen im Laufe des Lebens und ist bei den Tieren sehr unterschiedlich (↗ Tab.).
Der Mensch unterscheidet auch *laute* und *leise Töne*. Die **Lautstärke** wird in Dezibel (dB) gemessen.

Schall wird durch Schwingungen erzeugt. Bei Schallschwingungen werden Töne, Klänge, Geräusche und der Knall unterschieden.

Wahrnehmung der Schwingungen pro Sekunde bei Mensch und Tier

Mensch (Alter)	Schwingungen pro Sekunde	Tier	Schwingungen pro Sekunde
12 Jahre	16 000 – 20 000	Fledermaus	175 000
35 Jahre	20 000	Delfin	200 000
50 Jahre	15 000	Aal	500
70 Jahre	12 000	Heuschrecke	90 000
über 70 Jahre	5 000	Elritze	7 000

Maßeinheit für die **Schallfrequenz** ist Hertz.
Ein Hertz (Hz) ist eine Schwingung pro Sekunde.

4

Reflexe und Reflexbogen

Reflexe sind unwillkürliche Reaktionen des Organismus oder seiner Teile, z. B. Organe wie Arm, Bein, auf einen Reiz. Jeder Reflex läuft in einem bestimmten **Reflexbogen** ab.

Ein **Reflexbogen** ist eine Nervenbahn, auf der ein Reflex zustande kommt und abläuft.

Schema eines Reflexbogens

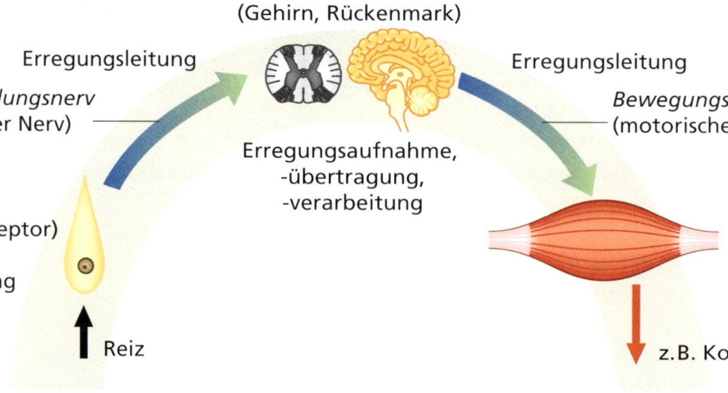

▶ **Eigenreflex** ist ein Reflex, bei dem die Sinneszellen im Erfolgsorgan liegen (z. B. Kniesehnenreflex).

Angeborene (unbedingte) Reflexe sind unwillkürliche und beständige Reaktionen auf einen Reiz. Sie bleiben meist zeitlebens erhalten und sind nicht an die Tätigkeit der Großhirnrinde gebunden. Sie laufen immer in gleicher Weise ab.

Beispiele für angeborene Reflexe sind der Saug-Schluck-Reflex (↗ S. 330), Speichelsekretionsreflex, Husten- und Niesreflex, Kniesehnenreflex (↗ S. 331). Auf dem Ablauf unbedingter Reflexe beruhen elementare Lebensfunktionen wie Ernährung, Atmung, Fortpflanzung, Schutz, Verteidigung.

▶ **Fremdreflex** ist ein Reflex, bei dem die Sinneszellen und das Erfolgsorgan voneinander getrennt sind, z. B. Hustenreflex.

Ablauf des angeborenen (unbedingten) Speichelreflexes

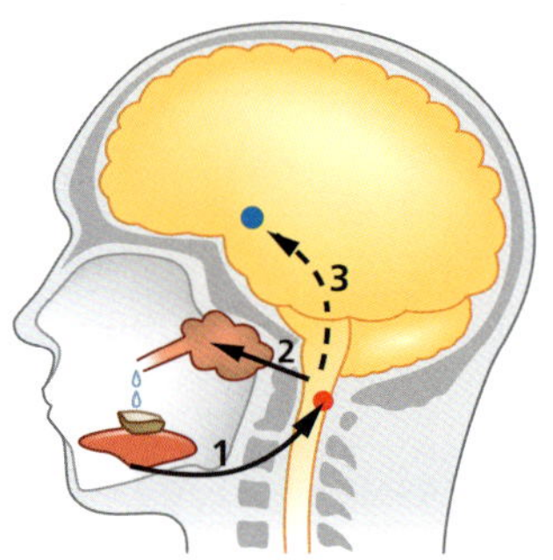

1. Auf die Zunge gebrachte Nahrung reizt die Geschmackssinneszellen und ruft in ihnen eine Erregung hervor. Die Erregungen gelangen über Empfindungsnerven zum Reflexzentrum im Nachhirn (●). Dort werden die Erregungen verarbeitet.
2. Neue Erregungen veranlassen über Bewegungsnerven die Speicheldrüsen zur Absonderung des Speichels.
3. Der Geschmack der Nahrung wird in der Großhirnrinde (●) empfunden.

Erworbene Reflexe (bedingte Reflexe) sind im Laufe des Lebens auf der Grundlage von angeborenen Reflexen (unbedingten Reflexen) erworbene Reaktionen auf bestimmte Reize **(Signalreize).**

Die Einteilung der Reflexe in unbedingte und bedingte Reflexe wurde von I. P. PAWLOW (1849–1936) nach Untersuchungen an Hunden eingeführt.

Erworbene Reflexe können erlöschen, wenn die Signalreize nicht erneut nach einiger Zeit einwirken. Erworbene Reflexe (bedingte Reflexe) sind an die Tätigkeit der Großhirnrinde gebunden, z. B. bedingter Speichelreflex, gleicher Tagesrhythmus für Aufstehen, Mittagessen, Abendessen, Schlafengehen.
Der Mensch und viele Tiere (z. B. Menschenaffen, Delfine) können sich auf der Grundlage der Bildung, Hemmung und Löschung bedingter Reflexe an ihre Umwelt besser anpassen. Sie sind durch die Ausbildung bedingter Reflexe in der Lage, Informationen im Gehirn zu verarbeiten und zu speichern. Sie sind in der Lage, zu **lernen** (↗ S. 222, 333).

Ausbildung des erworbenen (bedingten) Speichelreflexes

Durch Aufleuchten der Lampe werden die Lichtsinneszellen gereizt.
Es erfolgt die Weiterleitung der entstehenden Erregungen über den Sehnerv zum Sehfeld des Gehirns (●). Dort wird das Aufleuchten wahrgenommen.

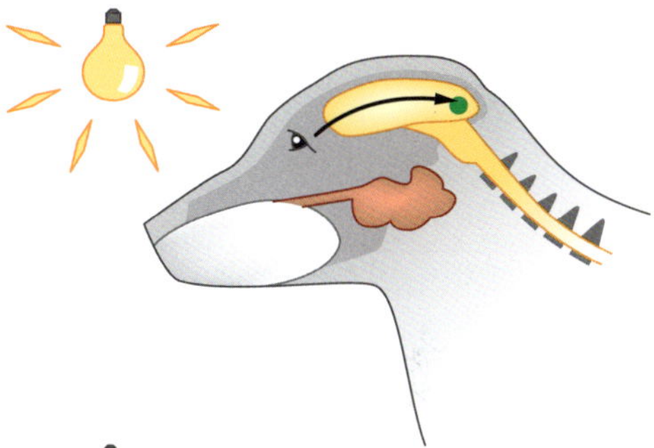

Durch Nahrung werden die Geschmackssinneszellen gereizt. Die entstehenden Erregungen werden zum Geschmackszentrum im Nachhirn (●) weitergeleitet. Über Nerven erfolgt die Weiterleitung der Erregungen zur Speicheldrüse. Dort wird Speichel *(unbedingter Reflex)* abgesondert. Gleichzeitig wird die Geschmackswahrnehmung im Gehirn (Geschmacksfeld ●) gespeichert.
Bei mehrfacher Wiederholung dieses Vorgangs *(Aufleuchten der Lampe kombiniert mit Nahrungsgabe)* kommt es zu einer zeitweiligen und unbeständigen Verbindung der erregten Gehirnfelder (Sehfeld ● und Geschmacksfeld ●), zur Anbahnung eines *bedingten Reflexes (erworbenen Reflexes).*

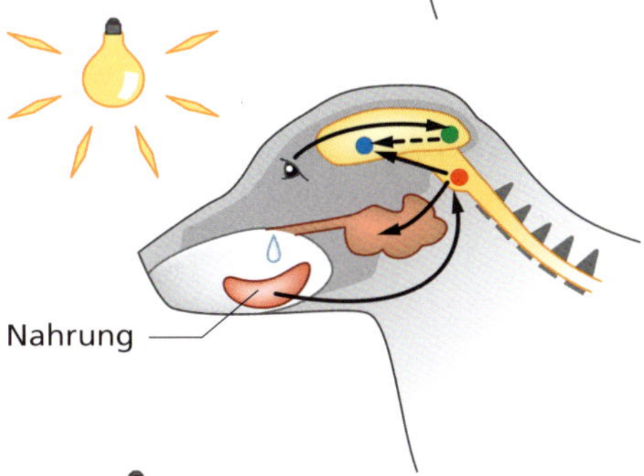

Allein das Aufleuchten der Lampe genügt nun, um die Absonderung des Speichels auszulösen. Ein *bedingter Reflex (erworbener Reflex)* ist ausgebildet.

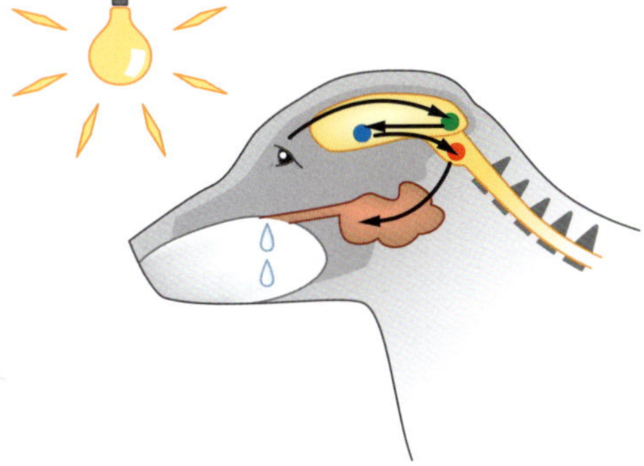

Biologische Regelung

▶ Die **Biokybernetik** befasst sich mit den Aufgaben und der Wirkungsweise von biologischen Regelkreisen.

Im gesunden Organismus laufen viele biologische Prozesse geregelt ab. Es werden Zustände möglichst konstant gehalten, z. B. Körpertemperatur, Blutdruck, Atmung, Blutzuckerspiegel (↗ S. 175), Beleuchtungsstärke im Auge (↗ S. 215, 221), obwohl in der Umwelt und im Körperinneren ständig Veränderungen vor sich gehen.

Biologische Regelung ist der Ablauf biologischer Prozesse in Regelkreisen. Sie erfolgt unwillkürlich, ist angeboren und ständig vorhanden. Sie ist aber kein unbedingter Reflex, da durch eine dauernde Rückmeldung über den Ablauf der Reaktion an ein Reflexzentrum ein geschlossener Wirkungskreis (biologischer Regelkreis) entsteht.

Biologischer Regelkreis ist ein geschlossener Wirkungskreis, in dem eine zentrale Schaltstelle die Prozesse bzw. Zustände im Körper überwacht und reguliert.
Die biologische Regelung ermöglicht eine bessere Anpassung des Organismus an sich ändernde Lebensbedingungen in der Umwelt und im Körperinneren.

Biologischer Regelkreis (Schema)

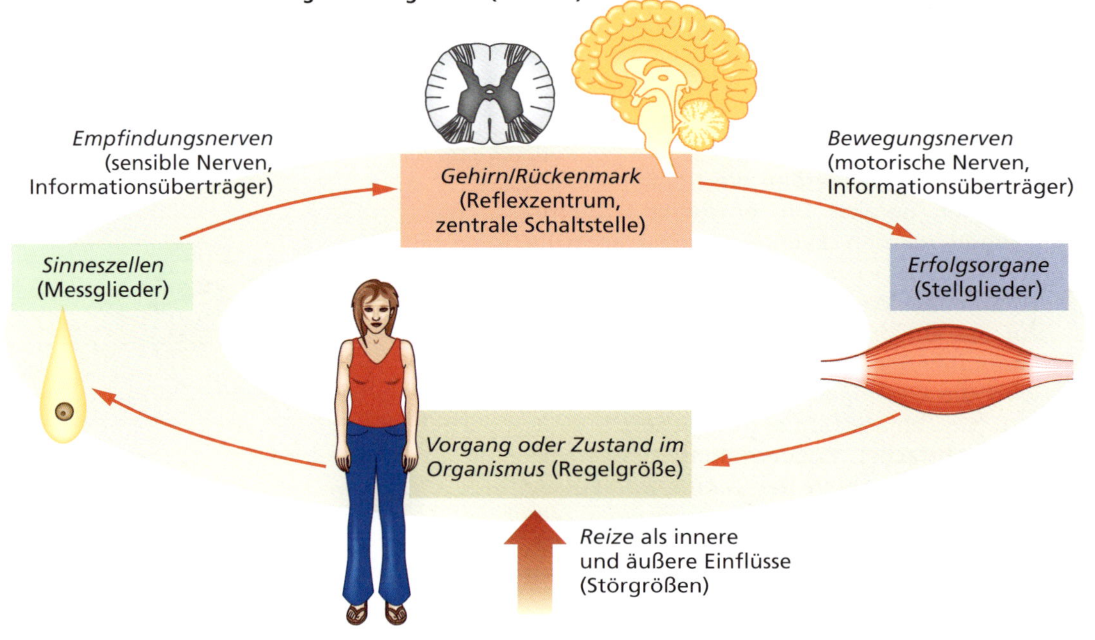

Die Regelung der Pupillenweite bei unterschiedlicher Beleuchtungsstärke sowie die Regelung der Konstanthaltung der Körpertemperatur auf 37 °C erfolgt auf der Grundlage von biologischen Regelkreisen.
Einige biologische Prozesse werden durch das *Zusammenwirken von Hormonen und Nerven* geregelt, z. B. Blutzuckerspiegel (↗ S.175), Grundumsatz des Stoff- und Energiewechsels, Ausbildung der sekundären Geschlechtsmerkmale (↗ S. 174, 241).

Regelung der Pupillenweite bei unterschiedlicher Beleuchtungsstärke

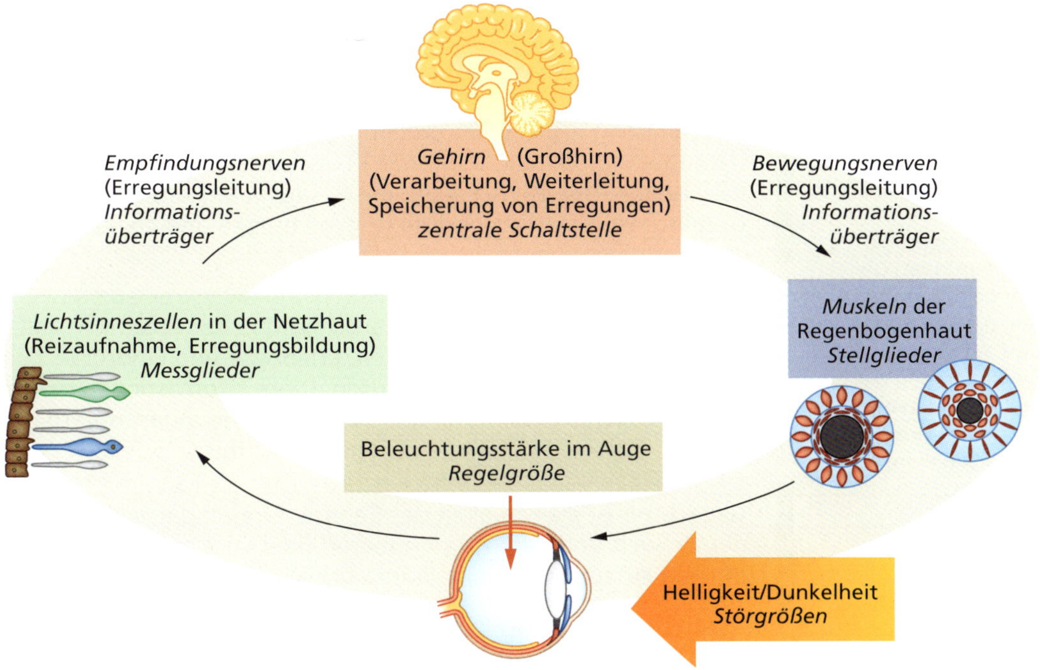

Regelung der Konstanthaltung der Körpertemperatur

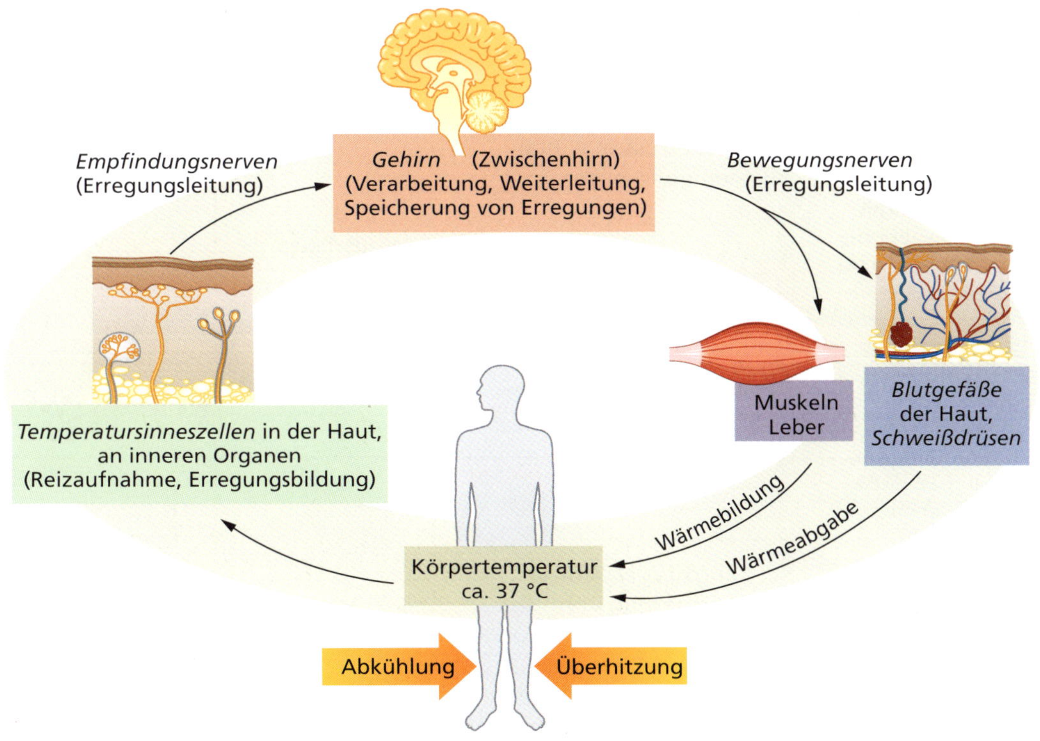

Leistungen des menschlichen Gehirns

Die Ursache für die hohe **Leistungsfähigkeit des menschlichen Gehirns** liegt in der großen Anzahl von Nervenzellen (10–14 Milliarden) und deren Verknüpfungen untereinander begründet. Die Zahl der Verknüpfungen, der Synapsen, wird auf etwa 7 Billionen und die Zahl der Querverbindungen im Großhirn auf ca. 1 Billion geschätzt.

Der Mensch besitzt das am höchsten entwickelte Gehirn. In ihm vollziehen sich alle Vorgänge unseres bewussten Fühlens, Denkens und Handelns.
Das Gehirn ist also Steuer- und Informationszentrale, beeinflusst direkt oder indirekt alle Vorgänge in unserem Körper und auch seine Reaktionen. Der Mensch kann die Gesetzmäßigkeiten in Natur und Gesellschaft erkennen und sie sinnvoll nutzen und anwenden.

Höher entwickelte Tiere und der Mensch sind in der Lage, ihre im Leben erworbenen Kenntnisse, Erfahrungen, Erlebnisse und Eindrücke zu speichern und bei Bedarf wieder abzurufen. Diese Informationen werden in den Nervenzellen des Gehirns und ihren Verbindungen untereinander gespeichert. Sie sind Grundlage für das **Gedächtnis** (↗ S. 333).

Gedächtnis ist die Fähigkeit des Gehirns, Erregungen von Reizen aus der Umwelt und dem Körperinneren über verschiedene Zeiträume hinweg aufzubewahren, z. B. im Kurz- und im Langzeitgedächtnis.

Um **Gedächtnisleistungen** vollbringen zu können, muss der Mensch über die Fähigkeit zum Lernen (↗ S. 333) verfügen. **Lernen** beruht auf Vorgängen der Informationsaufnahme, -weiterleitung, -verarbeitung, -speicherung und -abgabe.

Ablauf von Gedächtnisvorgängen (→)

Kurzzeitgedächtnis:
Speicherung von Informationen innerhalb weniger Sekunden bis maximal wenige Minuten

Mittelfristiger Speicher:
Speicherung von Informationen einige Stunden bis mehrere Tage

Langzeitgedächtnis:
Speicherung von Informationen mehrere Tage bis lebenslang durch das wiederholte Abrufen

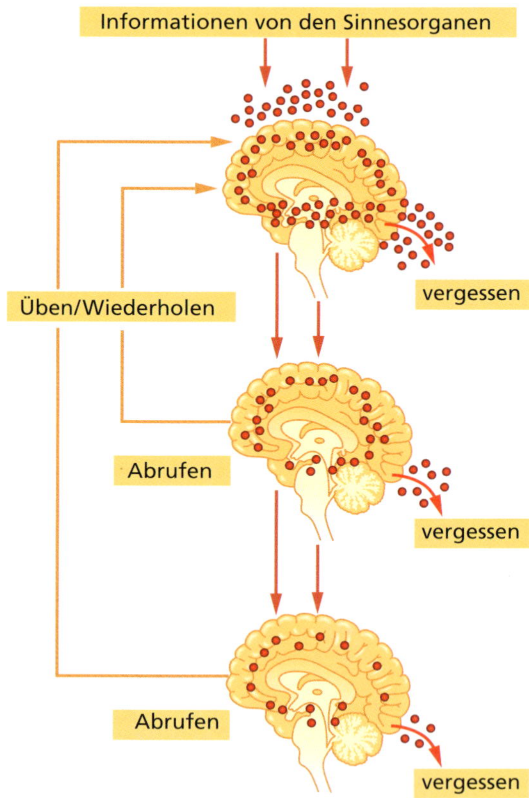

Die *Abschnitte des menschlichen Gehirns* (↗S. 169) erfüllen bestimmte Aufgaben.

Gehirnabschnitte	Leistungen
Großhirn	Aufnahme, Verarbeitung, Speicherung, Weiterleitung von Erregungen, Wortsprache, Denken, Lernen, bewusstes Handeln, Zentrum zahlreicher Empfindungen und Wahrnehmungen, Verhalten, Gefühle, Sitz des Gedächtnisses
Kleinhirn	Gleichgewichts- und Bewegungskoordination, Orientierung im Raum, Tastsinn
Zwischenhirn	Beeinflussung von Körperfunktionen, z. B. Temperaturregulation, Steuerzentrale für Gefühle, Schaltstation für Nervenbahnen
Mittelhirn	Umschaltstelle für Nervenbahnen, Zentrum zahlreicher Reflexe, z. B. Seh- und Hörreflexe, Pupillenreflex, Scharfstellen des Bildes auf der Netzhaut
Nachhirn	Atemzentrum, Kreislaufregulation, Herzschlag, Stoffwechsel, Wasserhaushalt, Umschaltstelle für Nervenbahnen, Zentrum zahlreicher Reflexe
Brücke	Schaltstation für Nervenbahnen, Reflexzentrum

Auf der **Großhirnrinde** (Cortex) lassen sich verschiedene sensorische und motorische **Rindenfelder** abgrenzen (↗Abb.).
In den *sensorischen Hirnfeldern* (sensorischer Cortex) wird bei Aufnahme der Erregungen von bestimmten Reizen die entsprechende Empfindung und Wahrnehmung ausgelöst, z. B. im Sehfeld das Sehen, im Hörfeld das Hören oder die Körpergefühle wie Schmerz, Temperatur.
Sollen Reaktionen auf die Empfindungen und Wahrnehmungen ausgeführt werden, so werden die *motorischen Rindenfelder* (motorischer Cortex) angeregt. Diese steuern alle bewussten Verhaltensweisen wie Sprechen, Schreiben, Bewegung der Gliedmaßen.
Bei Schädigung der Rindenfelder kommt es zu Ausfallerscheinungen.

Die **Hirnrinde** des Menschen ist etwa 5 mm dick und macht ca. 80 % der Gesamtmasse des Gehrins aus. Sie enthält ca. 10 Mrd. Nervenzellen.

Rindenfelder in der Großhirnrinde (Auswahl)

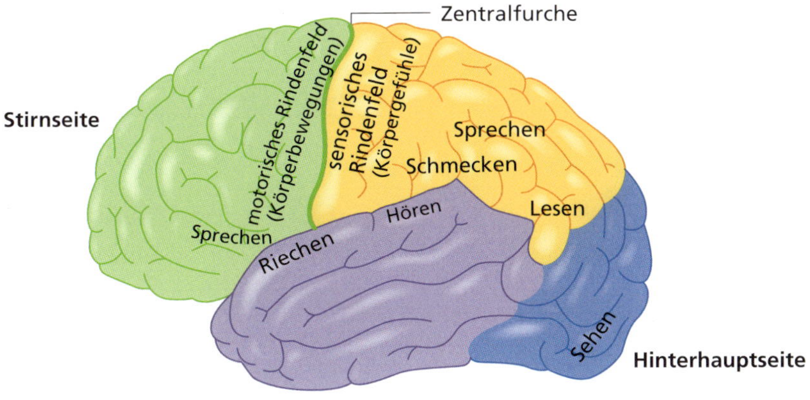

In beiden Hälften der Großhirnrinde sind diese sensorischen und motorischen Felder vorhanden.

4.3 Fortpflanzung, Individualentwicklung und Wachstum

4.3.1 Die Fortpflanzung

▶ Bei der Fortpflanzung werden genetische Informationen von der Elterngeneration an die Tochtergeneration weitergegeben.

> Die **Fortpflanzung** ist ein wesentliches Merkmal des Lebens. Sie ist die Fähigkeit der Lebewesen, Nachkommen zu erzeugen. Sie kann ungeschlechtlich (vegetativ) oder geschlechtlich (generativ) erfolgen.

Vermehrung ist die Erhöhung der Anzahl der Nachkommen gegenüber den Eltern bei der Fortpflanzung.

▶ Durch **Fortpflanzung** ist sowohl die Erhaltung der Arten als auch die Entstehung neuer Arten möglich.

Die ungeschlechtliche Fortpflanzung

> Die ungeschlechtliche Fortpflanzung ist die Entstehung von Nachkommen aus einer elterlichen Einzelzelle oder aus Teilstücken (Zellkomplexen) eines elterlichen Lebewesens.

Bei *Einzellern* (↗S. 42, 49, 84) beruht die ungeschlechtliche Fortpflanzung auf einer einfachen Zweiteilung (z. B. Längsteilung, Querteilung, Spaltung) oder auf der Bildung von Tochterzellen in der Mutterzelle, bei *einzelligen Pilzen* (↗S. 45) auf der Abschnürung eines Auswuchses (z. B. Sprossung), bei *mehrzelligen Pilzen* (↗S. 45) auf der Bildung von Sporen und bei der *Grünalge Volvox* (↗S. 48) als Zwischenglied zum *pflanzlichen Vielzeller* auf der Bildung von Tochterkugeln.

Längsteilung (Euglena)

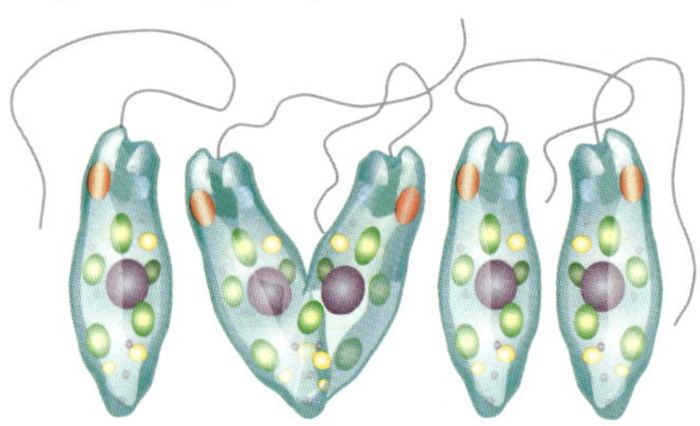

Querteilung (Pantoffeltierchen)

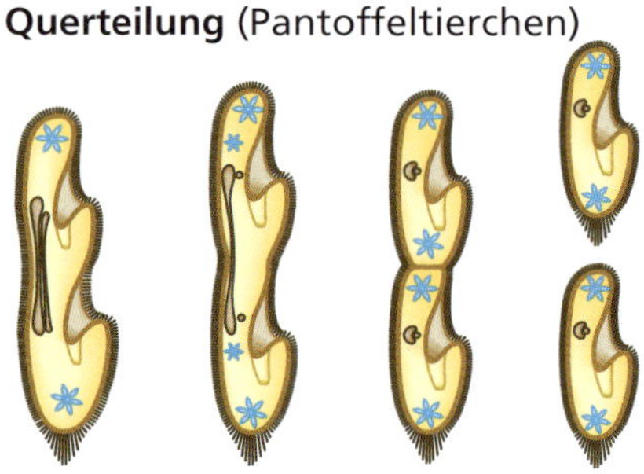

Bildung von Tochterzellen (Chlorella)

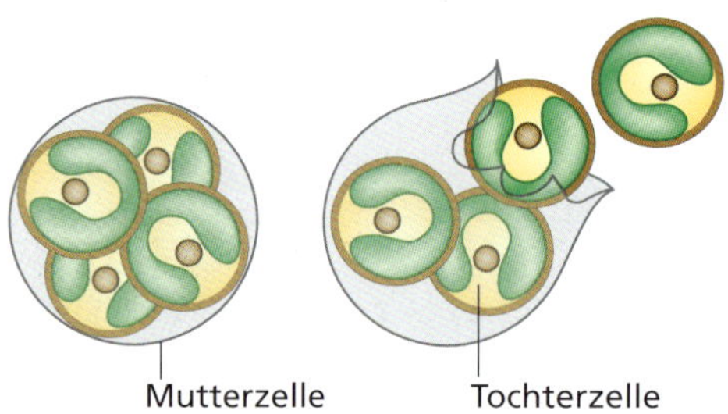

Spaltung (Bakterien)

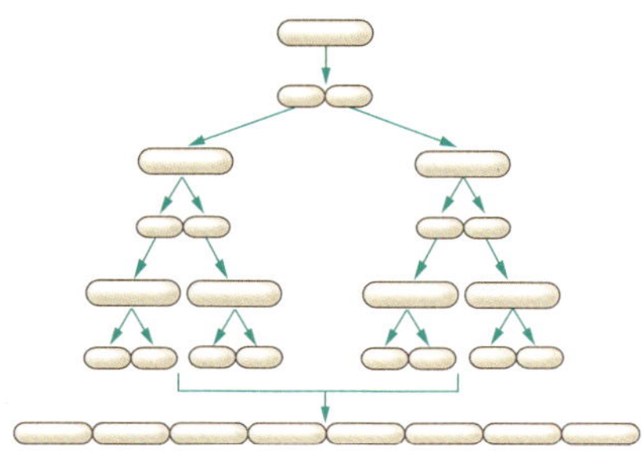

Zellteilung (Wechseltierchen)

Sporen (Schimmelpilze)

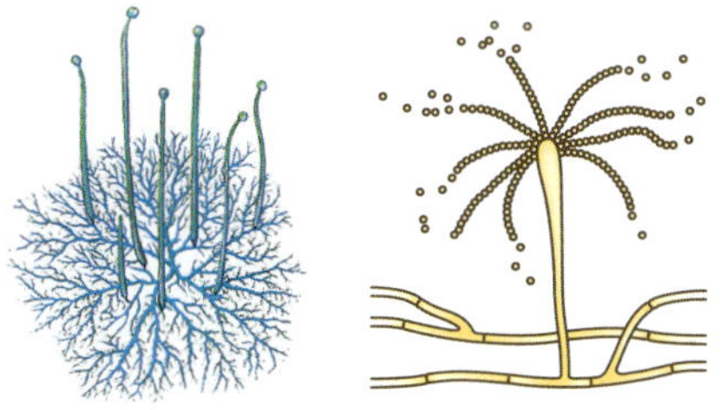

Tochterkugeln (Volvox)

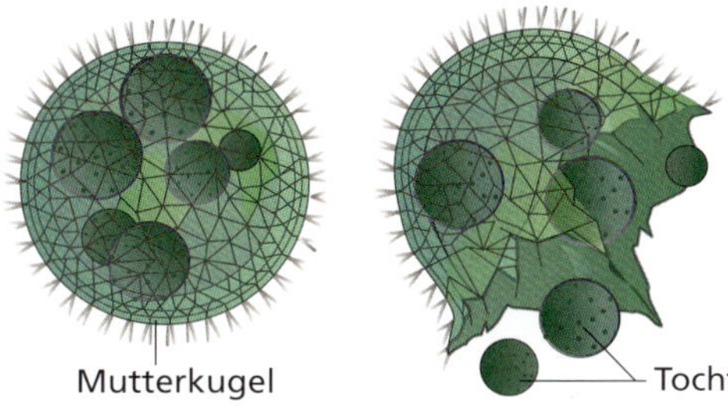

Sprossung (Bäckerhefe)

Bei *mehrzelligen Pflanzen* werden verschiedene Formen der ungeschlechtlichen Fortpflanzung gebildet, z. B. Brutknospen, Knollen, Zwiebeln, Ausläufer, Erdsprosse (Rhizome/Wurzelstöcke).
Bei *niederen Tieren,* z. B. Hohltieren, findet die ungeschlechtliche Fortpflanzung durch Knospung statt.

Oberirdische Ausläufer (Erdbeere)

Unterirdische Ausläufer (Quecke)

Tochterzwiebeln (Tulpe)

Wurzelknollen (Dahlie)

Sprossknollen (Kartoffel)

Wurzelunkräuter (z. B. Ackerdistel, Ackerwinde) vermehren sich durch unterirdische Wurzelstöcke.

Brutknospen (Brutblatt)

Wurzelstock (Rhizom/Erdspross) *(Busch-Windröschen)*

Knospung (Süßwasserpolyp)

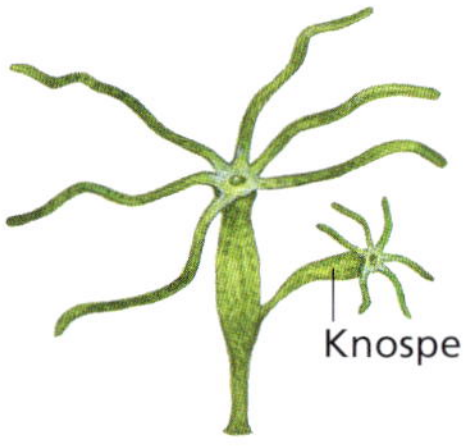

Die Knospe entsteht aus sich teilenden Zellen am Muttertier und entwickelt sich zu einem kleinen Süßwasserpolypen. Dieser löst sich vom Elterntier ab.

Die ungeschlechtliche Fortpflanzung von Samenpflanzen nutzt der Gärtner zur schnellen Vermehrung zahlreicher Pflanzenarten.

Viele Zimmer- und Zierpflanzen (z. B. Dieffenbachia), auch Bäume (z. B. Weiden) und Sträucher werden durch Stecklinge vermehrt. **Steckling** ist ein Sprossstück, das von einer Pflanze abgetrennt wird und sich im Boden bzw. in einer Hydrokultur bewurzelt.
Beim Usambaraveilchen genügt zur Vermehrung z. B. auch ein einzelnes Blatt.

Die geschlechtliche Fortpflanzung

Die **geschlechtliche Fortpflanzung** ist die Entstehung von Nachkommen aus einer befruchteten Eizelle **(Zygote),** die durch Verschmelzung der Zellkerne einer weiblichen Geschlechtszelle **(Eizelle)** und einer männlichen Geschlechtszelle **(Samenzelle, Spermium)** entsteht.

Bei der geschlechtlichen Fortpflanzung kommt es zu einer Neukombination der Erbanlagen (↗ S. 272).

Eizellen sind meist größer als Samenzellen: Mensch 0,12–0,2 mm, Haushuhn 30 mm, Strauß 105 mm, Riesenhai 220 mm.

Bildung von Ei- und Samenzellen

Die Bildung der **Eizellen** erfolgt bei Pflanzen in bestimmten Organen bzw. in Samenanlagen (↗ S. 54, 56), bei mehrzelligen Tieren und beim Menschen in den weiblichen Keimdrüsen, in den Eierstöcken (↗ S. 119, 124, 177).

Die Bildung der **Samenzellen** erfolgt bei Pflanzen in bestimmten Organen, bei mehrzelligen Tieren wie Ringelwürmern und Wirbeltieren in den männlichen Keimdrüsen, in den Hoden (↗ S. 124, 179).

Bildung von Eizellen und Bildung von Samenzellen (Beispiel Mensch)

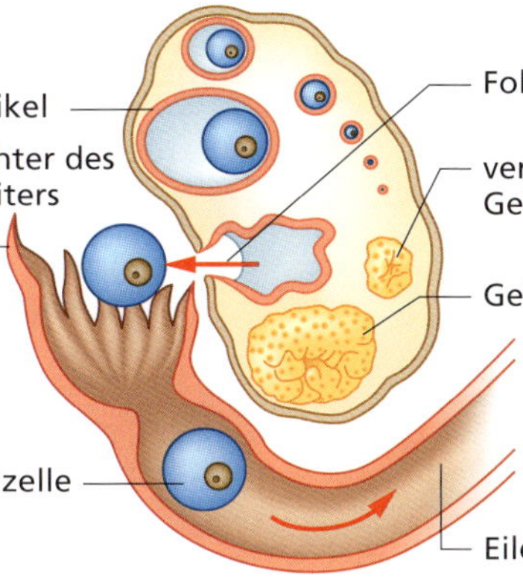

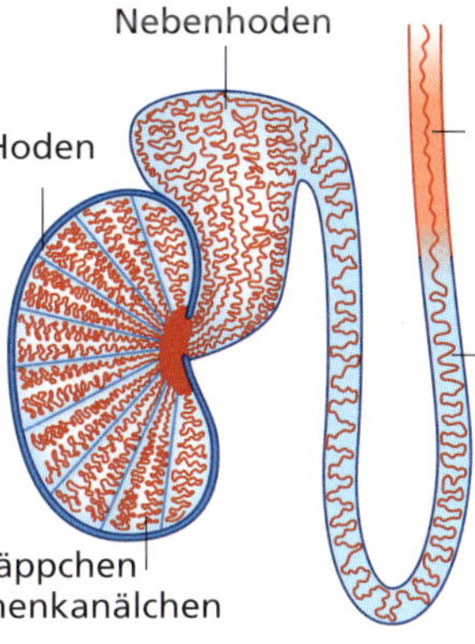

Übertragung der männlichen Geschlechtszellen

Die männlichen Geschlechtszellen (Samenzellen, Spermien) werden bei höheren Tieren und beim Menschen durch **Begattung** in den weiblichen Körper übertragen. Die Übertragung erfolgt durch äußere Geschlechtsorgane, die **Begattungsorgane** (Penis).

Eine Samenzelle besteht aus Kopf, Hals, Mittelstück und langem dünnem Schwanz.

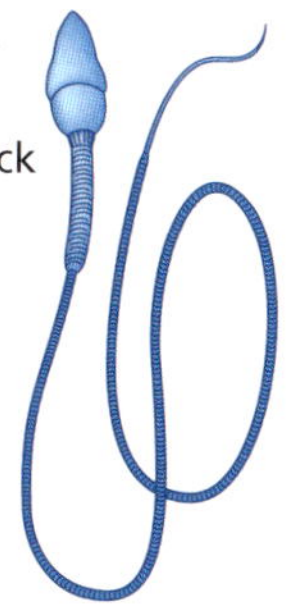

Begattung (Geschlechtsverkehr) ist bei höher entwickelten Tieren und dem Menschen die geschlechtliche Vereinigung eines weiblichen und männlichen Lebewesens zur Übertragung der männlichen Geschlechtszellen (Samenzellen, Spermien) in die weiblichen Geschlechtsorgane (Scheide).

Bei Samenpflanzen (Blütenpflanzen, ↗ S. 54) erfolgt die Übertragung des männlichen Pollens auf die weibliche Pflanze durch **Bestäubung.**

Bestäubung ist die Übertragung des Blütenstaubs (Pollen) von den männlichen Blütenteilen (Staubgefäßen) auf die weiblichen Blütenteile (Narbe bei Bedecktsamern, Samenanlage bei Nacktsamern) oder die weiblichen Blüten.

Man unterscheidet Fremd- und Selbstbestäubung.

Die Übertragung des Pollens kann durch Wind, Wasser oder Tiere (z. B. Insekten, Vögel) erfolgen.

Windbestäubung

Pflanzen, z. B. Gräser, Hasel, Eiche, Kiefer, Buche, mit
- unscheinbaren Blüten ohne Duft,
- büscheligen, meist frei liegenden Narben,
- langen, beweglichen Staubblättern mit einer großen Menge an Blütenstaub

In tropischen Ländern erfolgt die Bestäubung auch durch Vögel, z. B. Kolibris.

4

Insektenbestäubung

Pflanzen, z. B. Kirsche, Rose, Raps, Schlüsselblume, Salbei, mit
- meist auffälligen, duftenden Blüten,
- einfachen Narben,
- kleinen Staubblättern mit einer geringen Menge an Blütenstaub

Bestäubung und Befruchtung bei Samenpflanzen sind die Voraussetzungen für die Bildung von Früchten und Samen (↗ S. 75).

Die Befruchtung

Bei den vielzelligen Tieren und dem Menschen geht der Befruchtung die **Besamung** (durch Begattung) voraus.

Befruchtung ist die Verschmelzung der Zellkerne einer männlichen Geschlechtszelle (Samenzelle, Spermium) und einer weiblichen Geschlechtszelle (Eizelle) zur befruchteten Eizelle **(Zygote).**

Bei **Bedecktsamern** (↗ S. 56) bildet ein Pollenkorn, das auf die Narbe gelangt, einen *Pollenschlauch.* Dieser wächst durch den Griffel zur Eizelle im *Fruchtknoten.*
Eine der Samenzellen aus dem Pollenschlauch verschmilzt mit der Eizelle, befruchtet sie.
Aus der *Samenanlage* mit der befruchteten Eizelle entwickelt sich der **Samen,** aus Teilen des Fruchtknotens die **Frucht.**

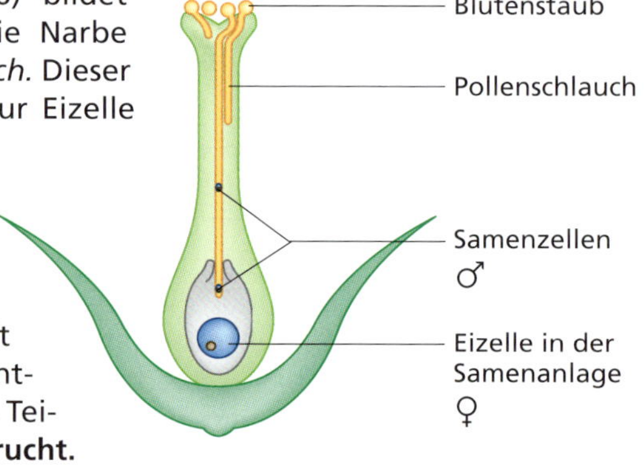

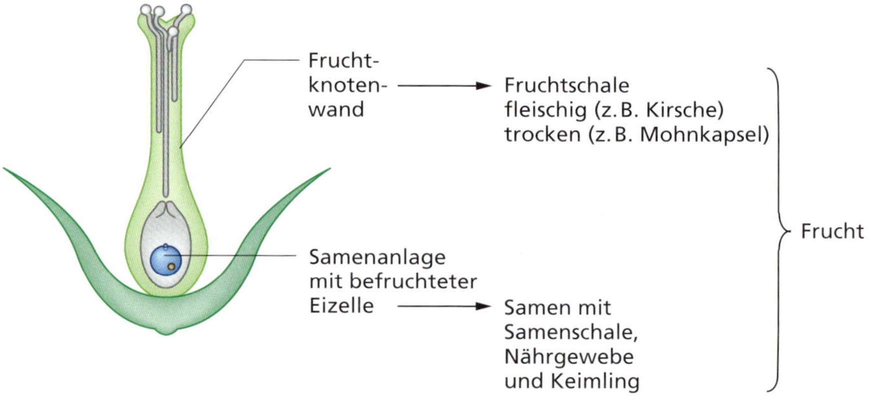

Bei **Nacktsamern** (↗ S. 54) gelangen die Pollenkörner meist mithilfe des Winds bis zu den frei liegenden Samenanlagen. Die Pollen bilden ebenfalls *Pollenschläuche,* in denen sich Samenzellen befinden. Die Eizelle in der *Samenanlage* wird befruchtet. Aus jeder befruchteten Eizelle entwickelt sich ein **Samen.**

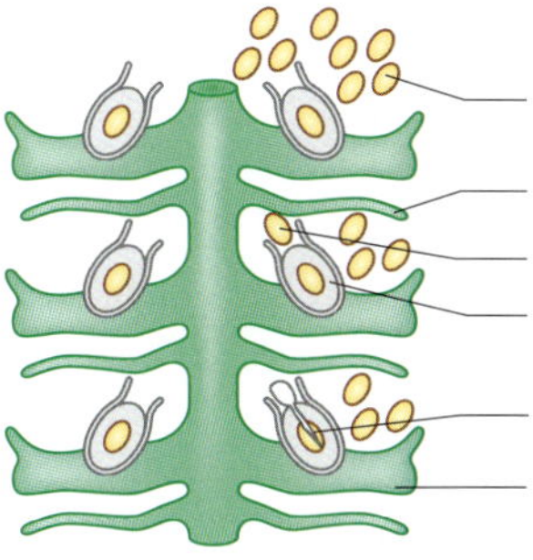

Weiblicher Blütenstand (Zapfen, längs)

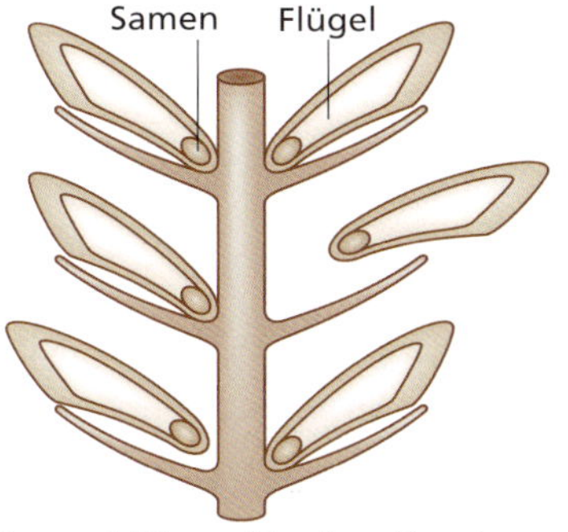

Samenbildung (Zapfen, längs)

Bei **Tieren** gibt es die **äußere Befruchtung** und die **innere Befruchtung.**

Die **äußere Befruchtung** ist die Verschmelzung der Geschlechtszellen außerhalb der weiblichen Geschlechtsorgane.

Diese Form der Befruchtung ist nur im Wasser möglich. Die männlichen und weiblichen Geschlechtszellen werden gleichzeitig ins Wasser abgegeben.

Äußere Befruchtung bei Fischen

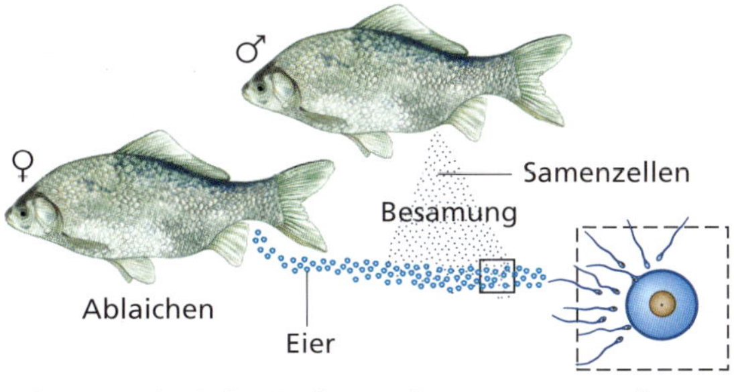

Weitere Beispiele sind Frösche, Kröten, Unken, Quallen, Muscheln.

Die **innere Befruchtung** ist die Verschmelzung der Geschlechtszellen innerhalb der weiblichen Geschlechtsorgane.

Bei **Landwirbeltieren** und beim **Menschen** gelangen die Samenzellen durch Paarungsvorgänge in die weibliche Geschlechtsöffnung und bewegen sich von dort weiter in die inneren Geschlechtsorgane. Befinden sich dort reife Eizellen, kann es zur inneren Befruchtung kommen.

▶ Beim Wasserfrosch trägt das größere Weibchen das kleinere Männchen auf dem Rücken zum Laichgewässer.

▶ Bei den Lurchen gibt es verschiedene Formen der Laichablage, z. B. Klumpen (Grasfrosch), Schnüre (Erdkröte).

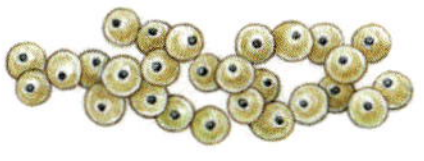
Laichklumpen eines Frosches

Laichschnur einer Kreuzkröte

▶ **Innere Befruchtung** haben auch Insekten.

Innere Befruchtung beim Menschen

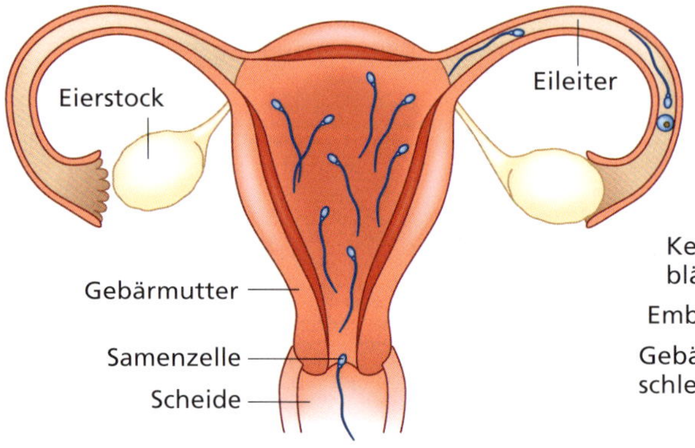

Befruchtungsvorgang

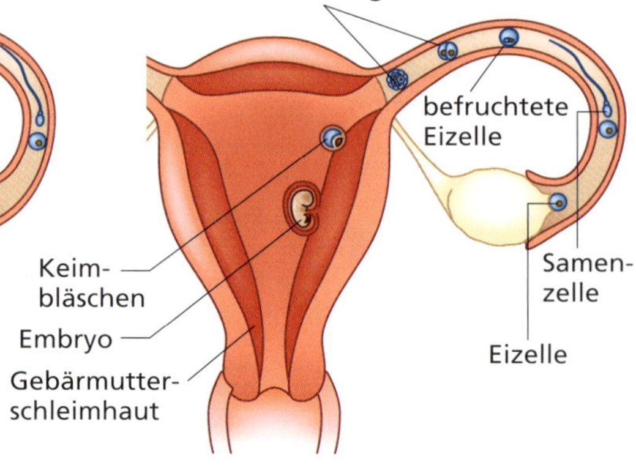

Einnistung des Keimlings

Der Generationswechsel

Bei manchen Pflanzen (z. B. Moose, Farne) und Tieren (z. B. Hohltiere) gibt es einen regelmäßigen Wechsel in der Fortpflanzungsweise.

Die Ohrenqualle hat einen Generationswechsel.

> Der **Generationswechsel** ist eine regelmäßige Aufeinanderfolge (der Wechsel) von geschlechtlicher und ungeschlechtlicher Generation einer Art. Er ist meistens mit einem Wechsel der äußeren Gestalt verbunden.

Generationswechsel bei einem Laubmoos

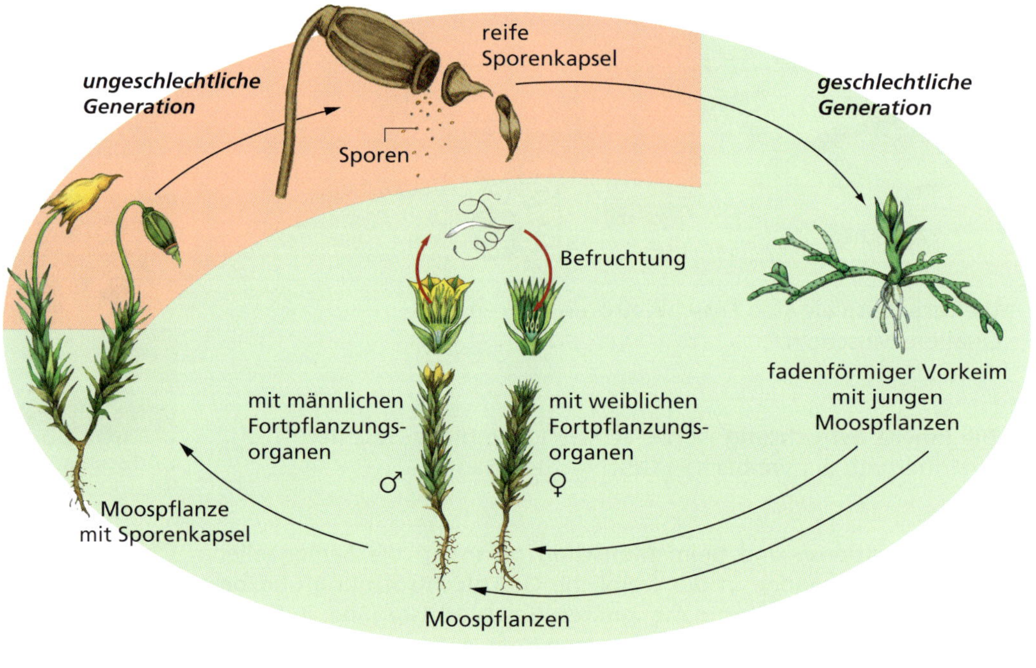

Generationswechsel bei einem Farn

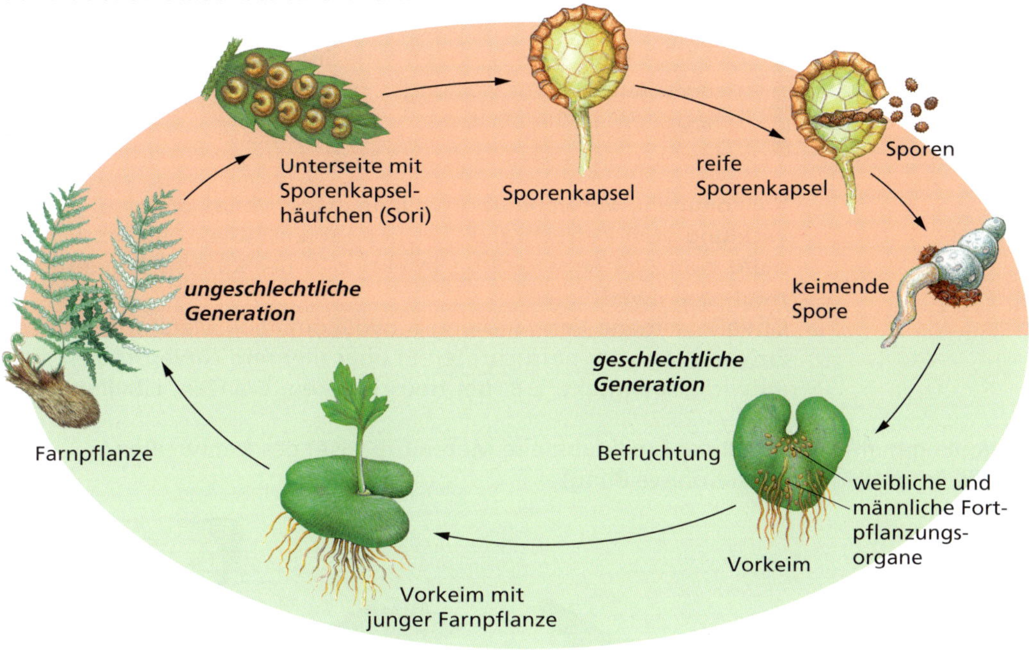

4.3.2 Die Individualentwicklung

Die **Individualentwicklung** ist die Entwicklung des Einzellebewesens (Individuum) von der befruchteten Eizelle bis zum Eintritt des Todes. Sie verläuft in bestimmten Phasen, die nicht umkehrbar sind. Sie stimmen trotz Unterschieden im Ablauf bei allen vielzelligen Organismen im Prinzip überein.

Die **Individualentwicklung** ist eng mit Wachstumsprozessen verbunden. Sie erfolgt direkt bzw. indirekt.
Bei der *direkten Entwicklung* entwickeln sich aus der befruchteten Eizelle Junglebewesen, die den erwachsenen Lebewesen in Gestalt und Lebensweise sehr ähnlich sind (z. B. Säugetiere, Kriechtiere, Vögel, Mensch).
Bei der *indirekten Entwicklung* entwickeln sich aus der befruchteten Eizelle Larven, die in Gestalt und Lebensweise von den erwachsenen Lebewesen abweichen und deren Gestalt erst durch eine Umwandlung (Gestaltwandel, Metamorphose) erreichen (z. B. Insekten, Lurche).

Eine **Metamorphose** ist beim Tier ein Gestaltwandel, den es während der Individualentwicklung bis zum ausgereiften Tier durchmacht, bei der Pflanze eine Umwandlung von Organen, z. B. Blattmetamorphosen (↗ S. 71), Wurzelmetamorphosen (↗ S. 64), Sprossmetamorphosen (↗ S. 66).

Individualentwicklung bei Insekten

> Die Insekten (↗S. 95) haben eine **indirekte Entwicklung.** Bei ihnen verläuft die Entwicklung vom Ei zum geschlechtsreifen Insekt (Imago) unterschiedlich.

Vollkommene Verwandlung (vollkommene Metamorphose) ist die Entwicklung vom befruchteten Ei über Larvenstadien und ein Puppenstadium zum voll entwickelten Insekt, z. B. bei Käfern, Schmetterlingen, Haut- und Zweiflüglern.
Unvollkommene Verwandlung (unvollkommene Metamorphose) ist die Entwicklung vom befruchteten Ei über mehrere Larvenstadien zum voll entwickelten Insekt, z. B. bei Heuschrecken, Wanzen, Libellen, Schaben.

Vollkommene Verwandlung (vollkommene Metamorphose) des Kohlweißlings
(die Fotos zeigen einen Kohlweißling)

Eier — Larve (Raupe) — Puppe — Vollinsekt

Unvollkommene Verwandlung (unvollkommene Metamorphose) einer Heuschrecke

Eier — Larven — Larve — Vollinsekt

Individualentwicklung bei Plattwürmern

Plattwürmer sind meist **Parasiten** (↗S.364, Saugwürmer, ↗S.88, Bandwürmer, ↗S.89). Sie sind an ihre *parasitische Lebensweise* gut angepasst, z.B. durch Hautatmung, Aufnahme der Nahrung mit gesamter Körperoberfläche.
Die Plattwürmer verändern während ihrer Entwicklung ihre Körpergestalt, sie vollziehen eine **Metamorphose** (Gestaltwandel, ↗S.231). Der erwachsene Plattwurm befindet sich im Endwirt, die Jugendstadien (Larven) im Zwischenwirt.

Endwirt ist der Träger des ausgewachsenen Plattwurms.
Zwischenwirt ist der Träger der Larven.
Wirtswechsel ist der regelmäßige Wechsel zwischen Endwirt und Zwischenwirt.

Bei den **Parasiten** gibt es Ektoparasiten (Außenparasiten) und Endoparasiten (Innenparasiten). Die Bandwürmer sind Endoparasiten.

Entwicklung des Schweinefinnenbandwurms

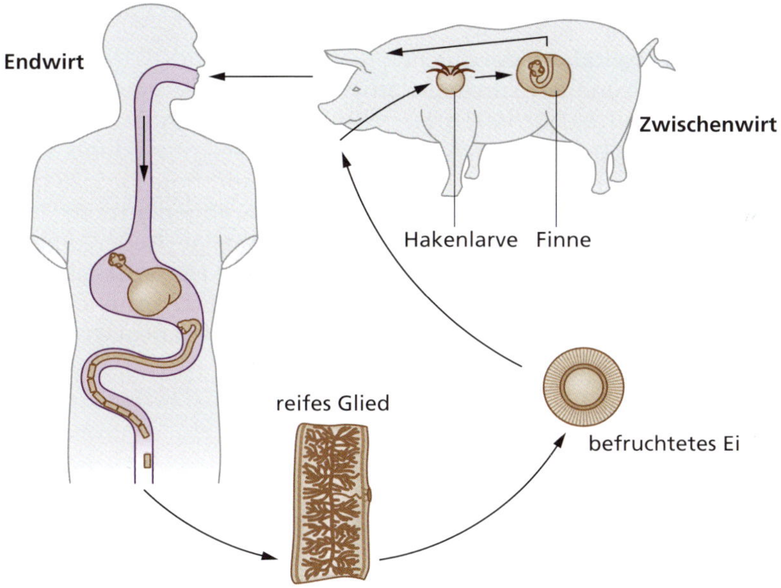

Der **Hundebandwurm** (3–6 mm) ist besonders gefährlich, da der Mensch Zwischenwirt ist.

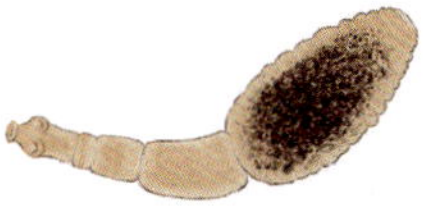

Schadwirkungen: Verdauungsstörungen, Bauchschmerzen, Erbrechen, Schwindel, Abmagerung
Prophylaxe und Bekämpfung: Fleischbeschau, Sauberkeit des Körpers, Essen von gekochtem bzw. gebratenem Fleisch, Wurmkur (Arzt)

Individualentwicklung bei Wirbeltieren

Die **Individualentwicklung** (↗S.231) der Wirbeltiergruppen ist durch bestimmte Entwicklungsabläufe charakterisiert. Im Gegensatz zu den Fischen (↗S.102), Kriechtieren (↗S.109), Vögeln (↗S.112) und Säugetieren (↗S.119) haben Lurche (↗S.106) eine indirekte Entwicklung, verbunden mit einer **Metamorphose** (↗S.231).

4

▶ Manche Fische, z. B. Guppys, sind lebend gebärend.

Individualentwicklung der Fische

Die Fortpflanzung und Entwicklung der Fische findet im Wasser statt (äußere Befruchtung; ↗ S. 229). Aus der *befruchteten Eizelle* entwickelt sich meistens eine *Fischlarve.* Sie entwickelt sich zum *Jungfisch.* Der Jungfisch wächst und entwickelt sich zum *geschlechtsreifen Fisch.*

▶ Die Anzahl der abgelegten Eier ist sehr unterschiedlich, z. B. Karpfen bis 70 000 Eier, Bitterlinge ca. 50 Eier, Hering ca. 30 000 Eier, Stör ca. 6 Mio. Eier, Stichling 60 bis 120 Eier.

Entwicklung des Karpfens

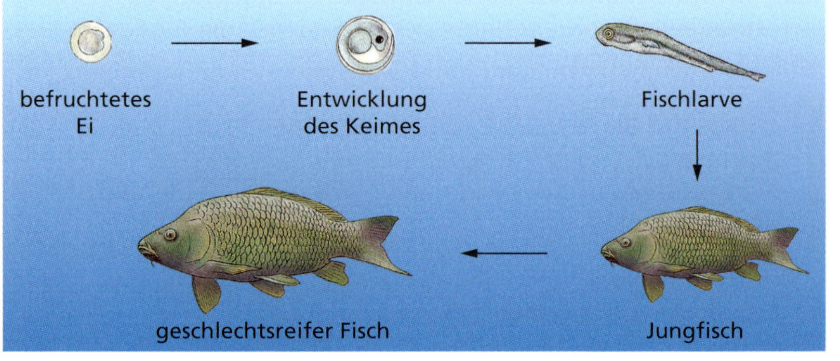

Individualentwicklung der Lurche

Die Fortpflanzung der Lurche ist an Wasser gebunden (äußere Befruchtung). Aus den *befruchteten Eiern* schlüpfen fischähnliche, durch Kiemen atmende *Lurchlarven.* Sie machen in ihrer Entwicklung zum lungenatmenden *erwachsenen Lurch* eine Metamorphose (↗ S. 231) durch. Die Lurchlarven haben einen langen, seitlich abgeplatteten Schwanz und keine Gliedmaßen. Sie atmen durch büschelige Außenkiemen, die zu Innenkiemen werden. Es bilden sich zuerst die Hinterbeine, dann die Vorderbeine. Der Schwanz wird kleiner, er schrumpft. Anstelle der Innenkiemen entwickelt sich eine einfache sackförmige Lunge. Der Jungfrosch verlässt das Wasser.

▶ Nach etwa einer Woche schlüpfen aus den Froscheiern Froschlarven, die Kaulquappen genannt werden.

Entwicklung des Grasfroschs

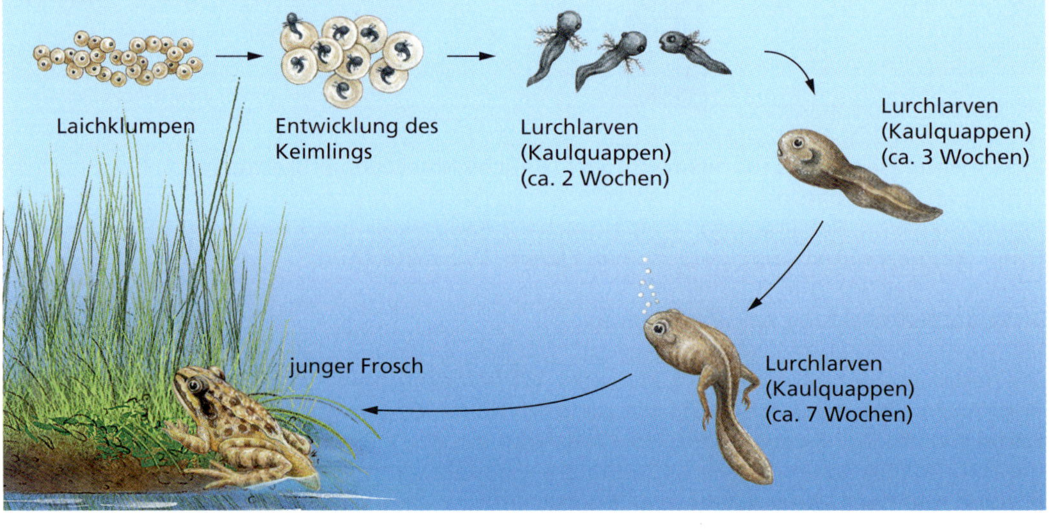

Individualentwicklung der Kriechtiere
Nach der inneren Befruchtung (↗ S. 229) bildet sich um die Eier eine pergamentartige Hülle (Eidechsen, Schlangen) oder eine Kalkschale (Krokodile, Schildkröten). Die *befruchteten Eier* werden an Land abgelegt. Aus ihnen schlüpfen *Jungtiere,* die wie die erwachsenen *Kriechtiere* aussehen.

▶ Die an Land abgelegten Eier werden zugedeckt und von der Sonnenwärme ausgebrütet.

Entwicklung der Zauneidechse

Eiablage

befruchtete Eier im Erdloch

Schlupf der Jungtiere

▶ Einige Kriechtiere, z. B. Kreuzotter, bringen lebende Junge zur Welt; sie sind lebend gebärend.

Individualentwicklung der Vögel
Viele Vögel bauen Nester, in die sie ihre *befruchteten Eier* (innere Befruchtung, ↗ S. 114) legen. Es sind Eigelege. Die Eier werden von den Altvögeln bebrütet. Während des Brütens entwickelt sich aus der Keimscheibe ein *Embryo* (Keimling). Nach einer bestimmten Zeit schlüpft das *Vogelküken.* Es wächst heran und entwickelt sich zum ausgewachsenen Vogel.

▶ Die **Brutdauer** ist bei den Vogelarten unterschiedlich, z. B. Amsel 13–14 Tage, Fasan 23–25 Tage, Haushuhn 21 Tage, Kuckuck 12 Tage, Strauß 42 Tage.

Eier im Nest

Ausbrüten der Eier

Schlupf der Jungtiere

Individualentwicklung der Säugetiere
Nach der inneren Befruchtung (↗ S. 229) erfolgt die Entwicklung der Jungen geschützt im Mutterleib. Aus der *befruchteten Eizelle* entwickelt sich ein *Embryo* (Keimling). Nach einer bestimmten Zeit wird das *Jungtier* lebend zur Welt gebracht; es wird geboren. Nach der *Geburt* wird das Jungtier vom Muttertier gesäugt. Es wächst und entwickelt sich zum *erwachsenen Säugetier.*

▶ Die Dauer der **Tragzeit** ist unterschiedlich, z. B. Braunbär ca. 240 Tage, Elefant ca. 660 Tage, Hase ca. 42 Tage, Hausmaus ca. 21 Tage, Eichhörnchen ca. 35 Tage.

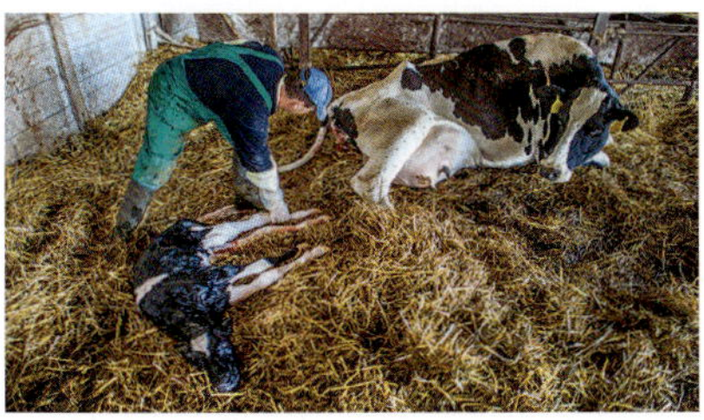
Geburt des Jungtiers

Säugen des Jungtiers

4

Individualentwicklung des Menschen

Die **Individualentwicklung** (↗ S. 231) des Menschen verläuft in mehreren Phasen: vorgeburtliche (Keimes-, Embryonal-)Entwicklung, Geburt, nachgeburtliche Entwicklung (vom Säugling bis zum Erwachsenen).

Die vorgeburtliche Entwicklung

Den Zeitraum zwischen Befruchtung und Geburt nennt man **Schwangerschaft.**

Die befruchtete Eizelle beginnt sich bereits auf dem Weg vom Eileiter in die Gebärmutter mehrfach zu teilen. Es entsteht ein Zellhaufen, der *Maulbeerkeim* (Morula). Aus ihm entwickelt sich ein Bläschen mit einer winzigen Keimlingsanlage im Inneren, der *Blasenkeim* (Blastula). Dieser nistet sich nach etwa sieben Tagen in die Gebärmutter ein (↗ S. 230).

Teilungsstadien der befruchteten Eizelle

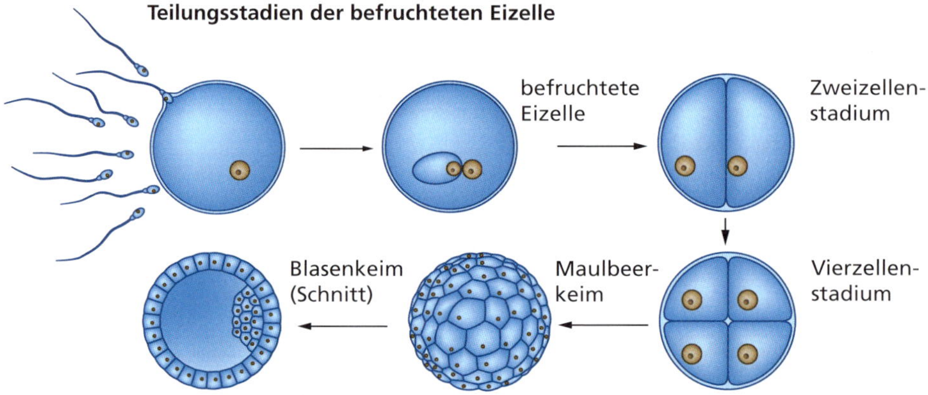

Unerwünschte Befruchtung und Schwangerschaft lassen sich verhüten, vom Mann durch Benutzen des Kondoms, von der Frau durch Einnehmen der Pille (↗ S. 180). Weitere Methoden und Mittel mit dem Arzt beraten!

Die Hüllschicht des Blasenkeims wächst mit feinen Zotten in die Gebärmutterschleimhaut hinein und bildet mit ihr den *Mutterkuchen* (Plazenta), der das Ungeborene über die Nabelschnur mit Sauerstoff und Nährstoffen aus dem Blut der Mutter versorgt. Die Keimanlage entwickelt sich zum *Embryo,* der nach sechs Wochen bei einer Größe von 3 cm bereits eine beginnende Körpergliederung und erste Organanlagen aufweist.

Embryo, vier Wochen alt (Schema)

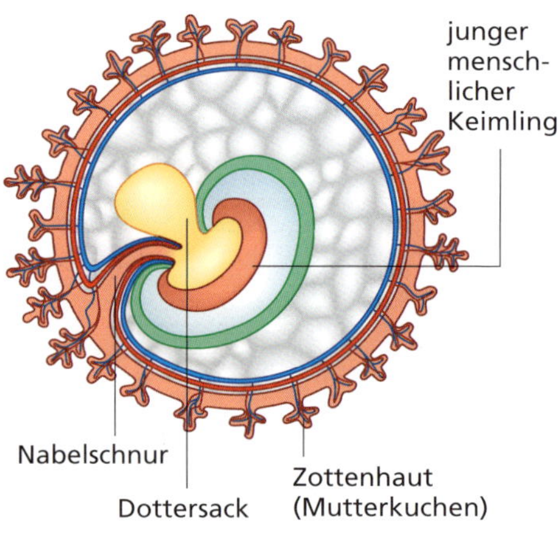

Embryo, sieben Wochen alt

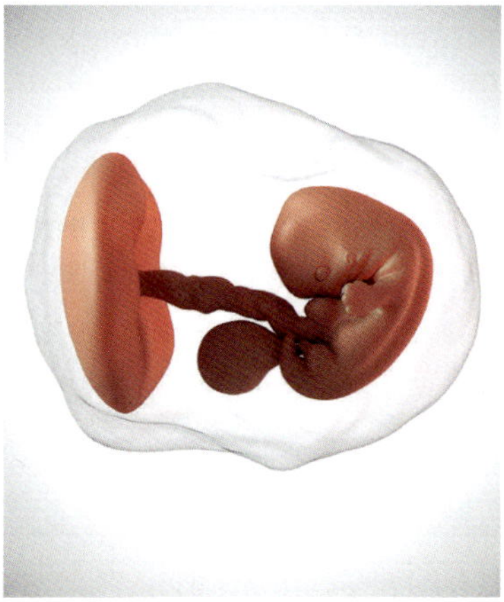

Fetus, vier Monate alt

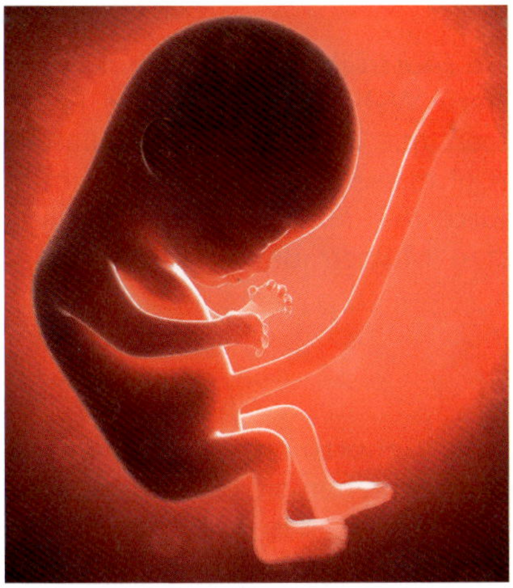

Stoffaustausch zwischen Mutter und Kind

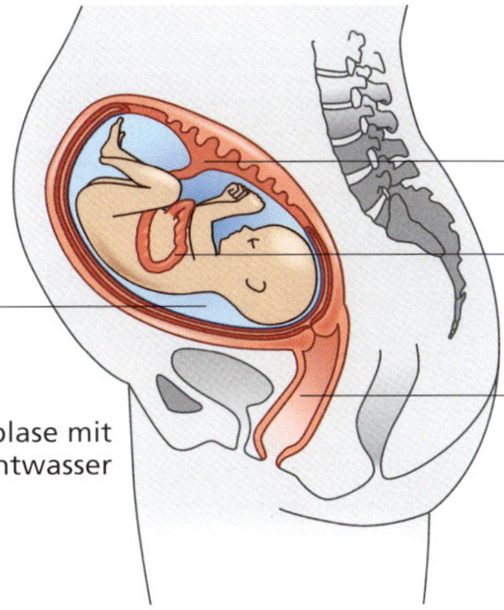

Ab 4. Monat nennt man das sich entwickelnde Kind **Fetus.** Es ist jetzt ca. 20 cm groß und hat deutlich menschliche Gestalt. Die Mutter spürt seine ersten Bewegungen in ihrem Bauch. Nach etwa 270 bis 280 Tagen (neun Monaten) hat es mit ca. 50 bis 52 cm und einem Gewicht von 2 800–3 400 g die Geburtsreife erreicht.

Jede Schwangere sollte regelmäßig an Vorsorgeuntersuchungen teilnehmen, Erstgebärende auch an einem Geburtsvorbereitungskurs.

Die Geburt

Die **Geburt** ist der Vorgang des Ausstoßens des geburtsreifen Kindes aus dem Mutterleib (auch Entbindung, Niederkunft genannt).

Der Geburtsvorgang wird bewirkt durch rhythmische Kontraktionen der Gebärmutter **(Wehen),** die von der Gebärenden durch Pressen mit ihrer Bauchmuskulatur unter Anleitung der Hebamme aktiv unterstützt werden. Die Geburt kann bei Erstgebärenden bis zu 18 Stunden, bei Mehrgebärenden bis zu 12 Stunden dauern und verläuft in drei Phasen.

Geburten vor der 37. Schwangerschaftswoche werden als Frühgeburten bezeichnet.

Eröffnungsphase

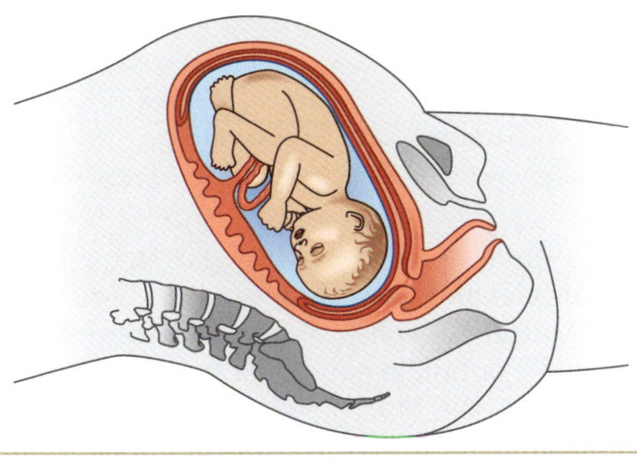

In der ersten Phase der Geburt *(Eröffnungsphase)* bereiten die zunächst in größeren Abständen eintretenden Eröffnungswehen den Geburtskanal für den Austritt des Kinds vor.
Der Ausgang der Gebärmutter (Muttermund) öffnet sich, und die in immer kürzeren Abständen wiederkehrenden Wehen drücken die Fruchtblase mit dem Kind langsam in Richtung Scheide. Dabei platzt die Fruchtblase, und das Fruchtwasser fließt aus *(Blasensprung).*

Austreibungsphase

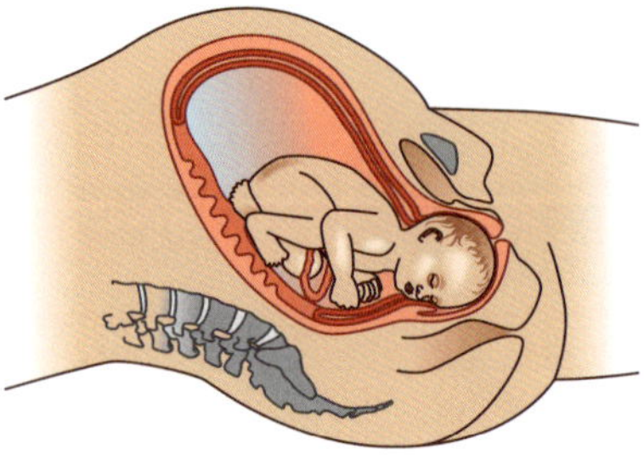

In der zweiten Phase *(Austreibungsphase)* wird das Kind durch kräftigere Wehen, die von der Frau durch aktives Pressen mit ihrer Bauchmuskulatur unterstützt werden (Presswehen), in der Regel mit dem Kopf voran durch den inzwischen vollständig (8–10 cm) geöffneten Muttermund in den Scheidenkanal gedrückt.

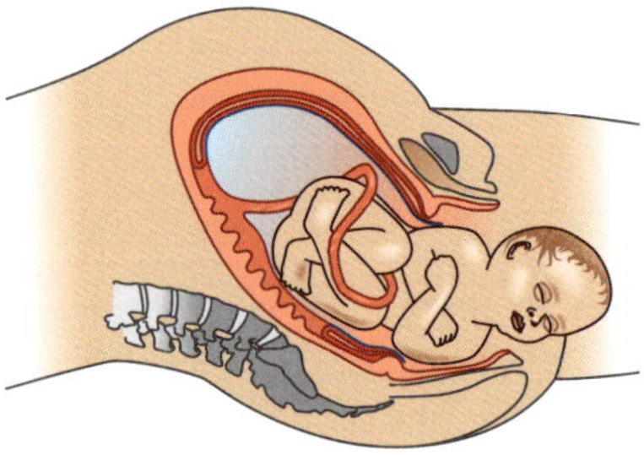

Mit Unterstützung der Geburtshelfer (Hebammen, Schwestern und Ärzte) schieben sich der Kopf, die Schultern, der übrige Körper des Babys aus dem Bauch der Mutter. Das Kind ist geboren.

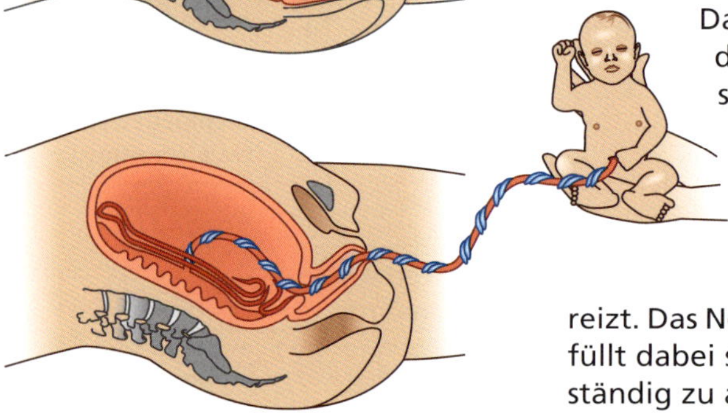

Das Neugeborene hängt zunächst noch an der 0,5–1 m langen Nabelschnur, die anschließend abgebunden und durchtrennt wird (Abnabelung). Da das Kind nun nicht mehr über den Mutterkuchen mit Sauerstoff versorgt wird, reichert sich in seinem Blut Kohlenstoffdioxid an; dadurch wird sein Atemzentrum gereizt. Das Neugeborene fängt kräftig an zu schreien, füllt dabei seine Lunge mit Luft und beginnt selbstständig zu atmen.

Nachgeburtsphase

In der *dritten Phase* (*Nachgeburtsphase)* löst sich etwa 20 bis 30 Minuten nach der Geburt des Kindes der Mutterkuchen von der Gebärmutterwand ab und wird mit den Fruchthüllen und der anhängenden Nabelschnur als „Nachgeburt" ausgestoßen.

Die nachgeburtliche Entwicklung

Lebensphasen des Menschen sind: Säuglings-, Kleinkind-, Vorschul-, Schul-, Jugend-, Erwachsenen- und Greisenalter.

▶ Das Stillen fördert auch die gefühlsmäßige Bindung zwischen der Mutter und dem Baby.

Neugeborenenalter: In den ersten Wochen braucht das Neugeborene intensive Betreuung. Es schläft viel und wird anfangs alle 2 bis 3, später alle 5 bis 6 Stunden von der Mutter „gestillt", also mit Muttermilch versorgt. Das ist für den Säugling die optimale natürliche Nahrung, die auch Schutz- und Abwehrstoffe enthält. Die Mutter sollte in dieser Zeit nicht rauchen sowie Alkohol und bestimmte Medikamente vermeiden.

Säuglingsalter

Bis *Ende 3. Monat:*
Heben des Kopfs, Festhalten von Gegenständen, Suchbewegungen der Augen, Lächeln, quietschende und gurrende Lautäußerungen;
das Kind kann sich für kurze Zeit auf dem Unterarm abstützen und für wenigstens eine Minute den Kopf hochhalten.

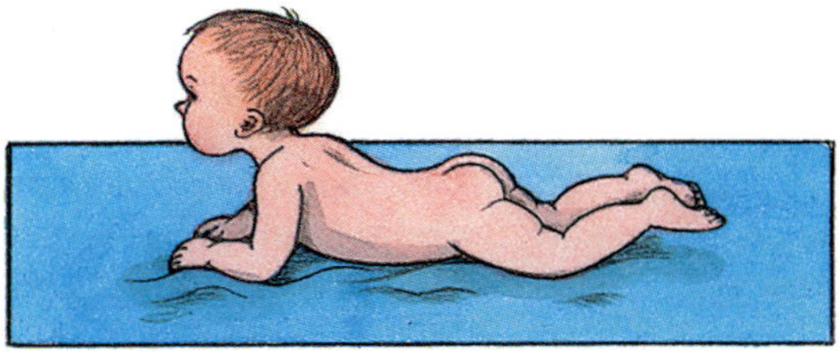

Bis *Ende 6. Monat:*
Drehen aus der Rückenlage in die Bauchlage, gezielte Kopf- und Augenbewegungen, Erkennen von Personen;
das Baby will nun unbedingt in die aufrechte Position und hilft beim Hochziehen zum Sitzen sehr aktiv mit.

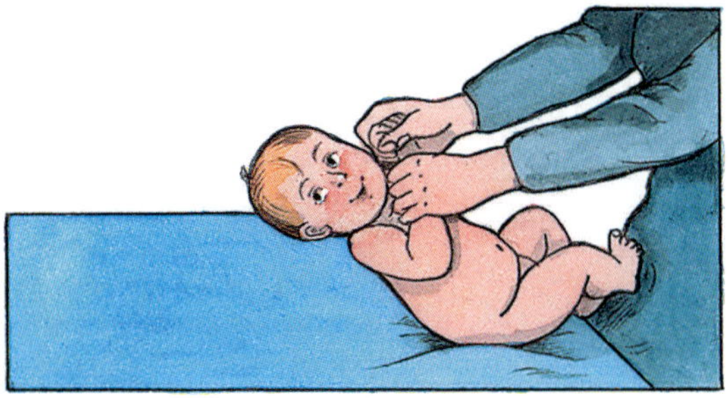

Bis *Ende 9. Monat:*
Kriechen und Sitzen, gezieltes Greifen nach Gegenständen, erste Aufstehversuche, Plappern von Silben;
das Kind versucht sich an Gegenständen hochzuziehen und steht dann schon recht stabil mit voller Gewichtsübernahme.

Bis *Ende 12. Monat:*
Gehen an einer Hand, selbstständiges Trinken, Versuchen mit dem Löffel zu essen, Sprechen erster sinnvoller Worte in „Kindersprache“, Verstehen von Aufforderungen und Verboten;
das Kind zieht sich selbstständig an Möbeln hoch und kann – wenn es sich festhält – in die Hocke gehen, um ein Spielzeug aufzuheben.

Kleinkind- und Vorschulalter

Merkmale im **Kleinkindalter** (bis 3 Jahre) sind Spielen mit Gegenständen und Geräten, Erlernen der Sprache, Beobachten und Untersuchen der Umwelt, beginnendes Fragen nach dem „Warum“.

Im **Vorschulalter** (bis 6 Jahre) stehen im Vordergrund Erweitern des Wortschatzes, Lernen von Liedern, Aufsagen von Versen, Spielen in der Gruppe und Durchführen gemeinsamer Aktionen sowie die Mithilfe im Haushalt.

Schulalter

Ab dem 6. Lebensjahr vollzieht sich bei Mädchen und Jungen der *erste Gestaltwandel.* Er ist gekennzeichnet durch Streckungswachstum des Körpers, deutlichere Gliederung des Rumpfes in Brust und Bauch (Taille) sowie Kräftigung der Muskulatur. Die Bewegungen werden zielgerichteter und flüssiger.
Im Verlauf des Schulalters vollzieht sich der Wechsel vom Milchgebiss zum Dauergebiss (↗ S. 140). Auch die *geistige Entwicklung* geht weiter voran. Die Wortsprache wird bewusster gestaltet und verfeinert; das Denken bildet sich heraus.

Jugendalter

Zwischen dem 11. und 18. Lebensjahr vollzieht sich der Übergang vom Kind zum Erwachsenen *(2. Gestaltwandel).*
Er ist verbunden mit einem starken Wachstumsschub, Ausprägung der sekundären Geschlechtsmerkmale von Mann und Frau (↗ S. 241) und Eintritt der **Geschlechtsreife.** Diese Zeit der Reifung wird **Pubertät** genannt.

Erwachsenenalter

Mit 18 bis 20 Jahren ist das Stadium des Erwachsenseins biologisch gesehen erreicht. Jeder Mensch hat sein *persönliches Erscheinungsbild (Konstitution)* entsprechend den Erbanlagen und äußeren Faktoren ausgeprägt.
Zwischen 20 Jahren und 40 Jahren erreicht er sein *optimales körperliches* und *geistiges Leistungsvermögen* (das sogenannte Leistungsalter). Viele Menschen leisten auch danach noch Bedeutendes in Beruf und Gesellschaft.

Greisenalter und Tod

Im Greisenalter nehmen die Verschleißerscheinungen und Rückbildungsvorgänge zu. Sie treten mit zunehmender Lebensdauer in verschiedenen Organsystemen des Körpers ein. Sie führen zur allmählichen Abnahme des Leistungsvermögens und der Arbeitsfähigkeit und schließlich zum Tod.
Zeitlicher Verlauf und Symptome des Alterns sind beim einzelnen Menschen je nach Veranlagung und Lebensführung unterschiedlich.

Wichtig für die gesunde Entwicklung des Kindes sind liebevolle Fürsorge und Vorsorgeuntersuchungen.

Pubertät

> Die **Pubertät** ist ein bedeutsamer Lebensabschnitt, der individuell unterschiedlich verläuft. Es gibt Früh- und Spätentwickler.

Neben den körperlichen Reifungsvorgängen entwickeln und verändern sich auch die Gefühle, Interessen, Bedürfnisse und Verhaltensweisen der Jugendlichen. Sie knüpfen Freundschaften und Partnerbeziehungen an, erleben die Liebe und haben erste sexuelle Kontakte. Dabei treten nicht selten Probleme und Konflikte auf, für deren Bewältigung sie Rat und Hilfe brauchen (↗ S. 340–345).

Sekundäre Geschlechtsmerkmale

Mädchen/Frau		Junge/Mann	
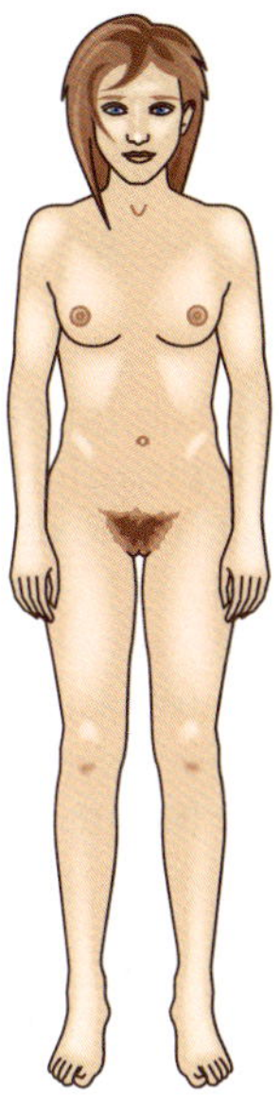	Entwicklung der Brüste Abrundung der Körperformen Achselbehaarung breiteres Becken Schambehaarung Wachstum der Geschlechtsorgane Follikel- und Eizellenreifung erste Menstruation	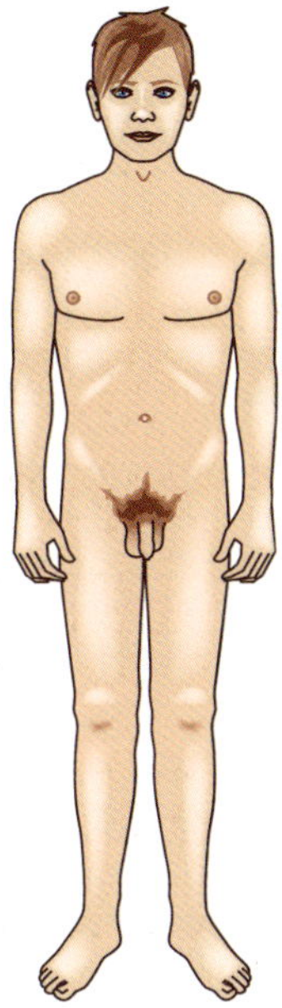	Muskelwachstum Stimmbruch breitere Schultern Achselbehaarung Bartwuchs Schambehaarung Wachstum der Geschlechtsorgane Samenzellenreifung erster Samenerguss

Individualentwicklung bei Samenpflanzen

Die **Individualentwicklung** der Samenpflanzen verläuft in bestimmten Phasen, die durch charakteristische Merkmale gekennzeichnet sind. Lebensphasen der Samenpflanzen sind: Entwicklung des Keimlings, Keimung des Samens, Wachstumsphase, Fortpflanzungsphase, Alterungsphase, Tod.

Entwicklung des Keimlings und Keimung des Samens

Aus der befruchteten Eizelle entwickelt sich der Embryo (Keimling).

Die *Keimung* des Samens wird durch die Aufnahme von Wasser (Quellung des Samens, Zunahme an Masse und Volumen), durch eine ausreichende Sauerstoffzufuhr und durch günstige Temperaturen beeinflusst. Während der Keimung ernährt sich der Keimling von den im Speichergewebe enthaltenen organischen Stoffen.
Die wachsende *Keimwurzel* verankert den Samen im Boden.

Der *Keimspross* durchbricht die Samenschale und durchstößt die Erdoberfläche („Auflaufen der Saat").

Wachstumsphase (vegetative Phase)

Unter dem Lichteinfluss ergrünen die ersten Laubblätter und der Keimstängel. Mit dem Ergrünen des Keimsprosses beginnt die selbstständige autotrophe Ernährung (↗ S. 195).
In der Wachstumsphase kommt es zu weiteren Differenzierungen von Zellen und Geweben, bildet die Samenpflanze ihre Organe (Wurzeln, Sprossachse und Laubblätter) voll aus.

Die Jungpflanze erschließt neue Bereiche im Boden zur Aufnahme von Wasser und Mineralstoffen und in der Luft zur Aufnahme von Kohlenstoffdioxid und Licht.
Die Pflanze kann bei günstigen Bedingungen (gute Wasser- und Mineralstoffversorgung, viel Licht) eine hohe Stoffproduktion bei der Fotosynthese erreichen und viele körpereigene organische Stoffe bilden (↗ S. 198 f.).

Fortpflanzungsphase (generative Phase)

Dies ist die Phase, in der die Jungpflanze sich zur fortpflanzungsfähigen Pflanze durch Bildung von Blüten und Samen entwickelt.

Es werden einjährige Pflanzen, zweijährige Pflanzen und mehrjährige Pflanzen unterschieden.

Alterungsphase

Diese Phase beginnt bei vielen Pflanzen bereits nach der Samenreife. Sie ist gekennzeichnet durch ein verringertes Wachstum, durch Absterben von Zellen und Geweben.

Tod

Das Lebensalter der Pflanzen ist begrenzt. Bei einjährigen, zweijährigen und mehrjährigen Pflanzen führt das Abbrechen der Lebensprozesse zum Absterben der Pflanzen, zum Tod.

4.3.3 Das Wachstum

Das **Wachstum** eines Organismus ist durch eine bleibende Volumen- und Substanzzunahme gekennzeichnet. Wachstumsvorgänge werden durch Hormone gesteuert und sind nicht umkehrbar.

Das Wachstum des Körpers ist meist mit einer Formveränderung verbunden. Beim Menschen und den meisten Tieren dauert das Wachstum nur kurz bis nach der Geschlechtsreife. Bei den Pflanzen können Wachstum und Organbildung bis zum Tod andauern.

Wachstum bei Pflanzen

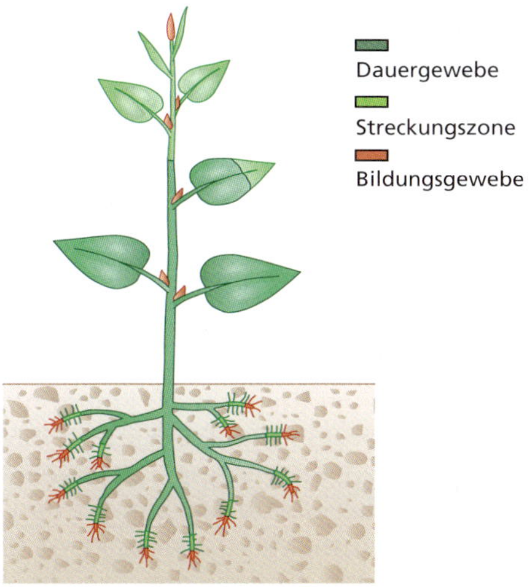

Bei Pflanzen dauern Wachstum und Organbildung bis zum Tod an, da sie beispielsweise an Spross- und Wurzelspitzen, den Vegetationspunkten, Bildungsgewebe besitzen. Dies besteht aus dünnwandigen, plasmareichen Zellen, die zur Teilung befähigt sind. Aus den Zellen des Bildungsgewebes bilden sich durch Differenzierungsvorgänge die Zellen der verschiedenen Dauergewebe (↗ S. 64, 65, 70).
Es werden verschiedene **Wachstumsformen** unterschieden. Während tierische und menschliche Zellen nur über *Zellteilungswachstum* und *Plasmawachstum* verfügen, gibt es bei Pflanzen außerdem das *Zellstreckungswachstum.*

Das **Zellteilungswachstum** erfolgt durch schnell wiederholte Zellteilungen. Es führt zur Zellvermehrung.
Das **Plasmawachstum** erfolgt durch Zunahme von Zellplasma und Zellbestandteilen innerhalb einer Zelle. Dazu werden organische Stoffe genutzt, die beim Stoff- und Energiewechsel gebildet werden.

Zellteilung und Plasmawachstum einer Pflanzenzelle

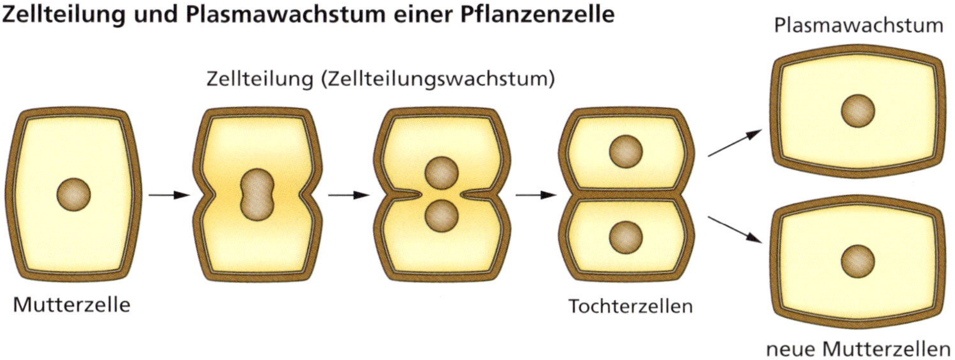

Das **Zellstreckungswachstum** der Pflanzenzellen ist gekennzeichnet durch die Vergrößerung des Zellvolumens, vor allem durch Wasseraufnahme (Vakuolenbildung) und Flächenwachstum der Zellwand ohne Zunahme des Zellplasmas. Gleichzeitig erfolgt die Ausprägung der Zellwand durch Einlagerung von Cellulose.

Zellstreckungswachstum einer Pflanzenzelle

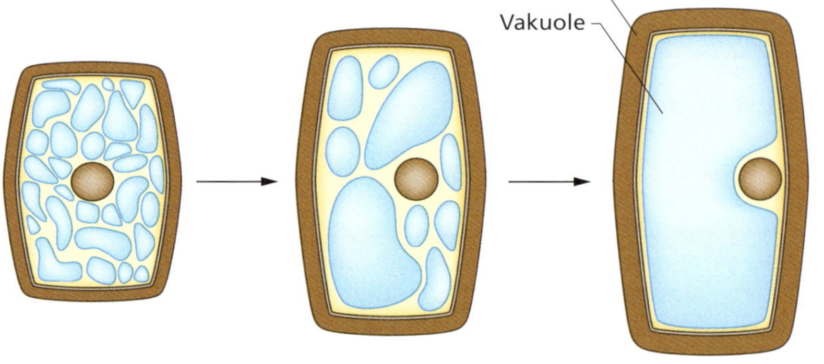

Differenzierung von Zellen

Mit dem Zellstreckungswachstum sind *Differenzierungsvorgänge der Zellen* verbunden. Dabei erhalten die Zellen entsprechend ihrer späteren Funktion, z. B. als Epidermiszelle, Leitungszelle, Festigungszelle, auch die endgültige Form sowie ihren speziellen Bau und sie ordnen sich in spezifischer Weise zu **Geweben** (↗S. 65) an. Das *Epidermisgewebe* besteht beispielsweise aus flachen Zellen, die lückenlos aneinanderliegen. Sie enthalten meistens keine Chloroplasten.

Das *Leitgewebe* besteht aus lang gestreckten Zellen, die in den Pflanzenorganen Röhren zur Stoff- und Wasserleitung (Siebröhren, Gefäße) bilden.

Abgeschlossen wird dieser Prozess mit der Einlagerung von Cellulose in die Zellwand. An den Sprossspitzen und an Wurzelspitzen (↗Abb.) sind verschiedene Zonen vorhanden, z. B. die Zellvermehrungszone, die Streckungszone und die Zone der Dauergewebe. Jede Zone erfüllt bestimmte Aufgaben.

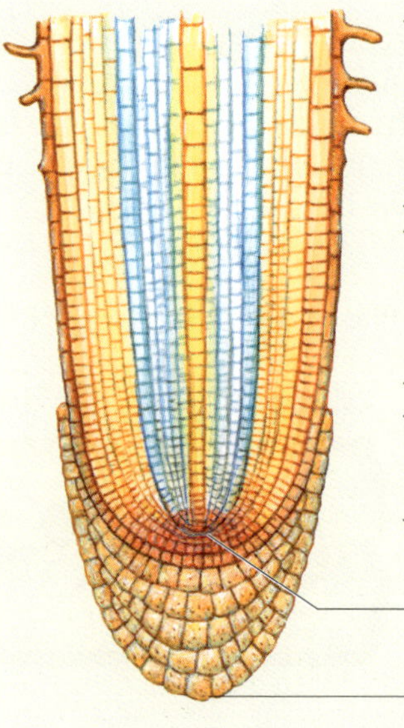

Stoff- und Energiewechsel

- Als **Stoff- und Energiewechsel** bezeichnet man die Gesamtheit aller Prozesse der Stoff- und Energieaufnahme in den Körper, des Aufbaus von Körperstoffen, der Stoff- und Energieumwandlungen im Körper sowie der Ausscheidung von Stoffen und Energie aus dem Körper. Er ist verbunden mit Transport- und Speichervorgängen.

Stoff- und Energiewechselprozesse im menschlichen Körper

Aufnahme von Stoffen und Energie mit der Nahrung, Verdauung der Nährstoffe sowie Aufnahme von Sauerstoff	Aufbau und Umwandlung von Stoffen, Energiefreisetzung in den Zellen	Ausscheidung von Stoffwechselendprodukten

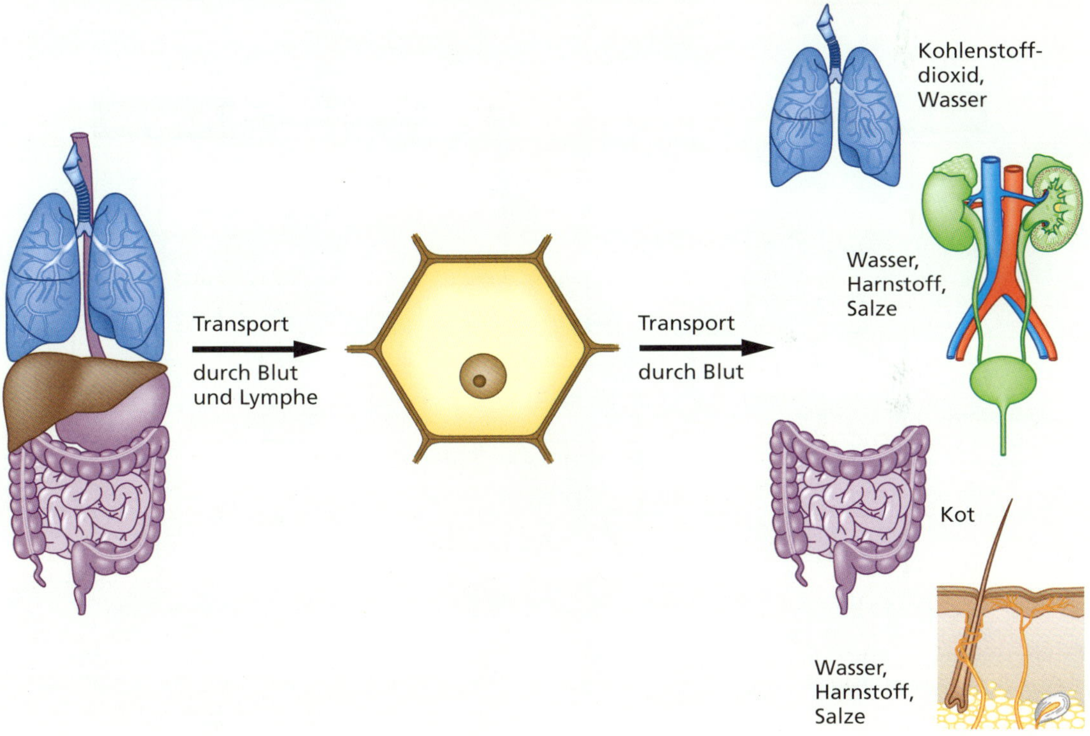

Fortpflanzung und Individualentwicklung

- Bei der **Fortpflanzung** werden durch Organismen artgleiche Nachkommen hervorgebracht. Man unterscheidet zwei Formen:
ungeschlechtliche (vegetative) – Nachkommen entstehen aus Einzelzellen oder Teilstücken eines elterlichen Lebewesens,
geschlechtliche (generative) – Nachkommen entstehen aus einer befruchteten Eizelle.

- Die **Individualentwicklung** umfasst die gesamte Entwicklung eines Individuums, unabhängig von der Fortpflanzungsweise. Bei allen Organismen verläuft sie in bestimmten Phasen.

Orientierung in der Umwelt

- Unsere Sinnesorgane ermöglichen uns im Zusammenwirken mit dem Nerven- und Hormonsystem die Orientierung in der Umwelt.

- Bei jeder körperlichen Tätigkeit sind mehrere Organe und Organsysteme beteiligt. Viele Lebensprozesse, z. B. Regulation der Körpertemperatur und der Atmung, laufen in einem biologischen Regelkreis ab.

- Auf jede Reizeinwirkung reagiert unser Körper mit bestimmten Reaktionen (↗ Abb.).

Lärm als Auslöser von Stresssituationen
(Erregungsleitung ⟶ ; Hormonwirkung ⟶)

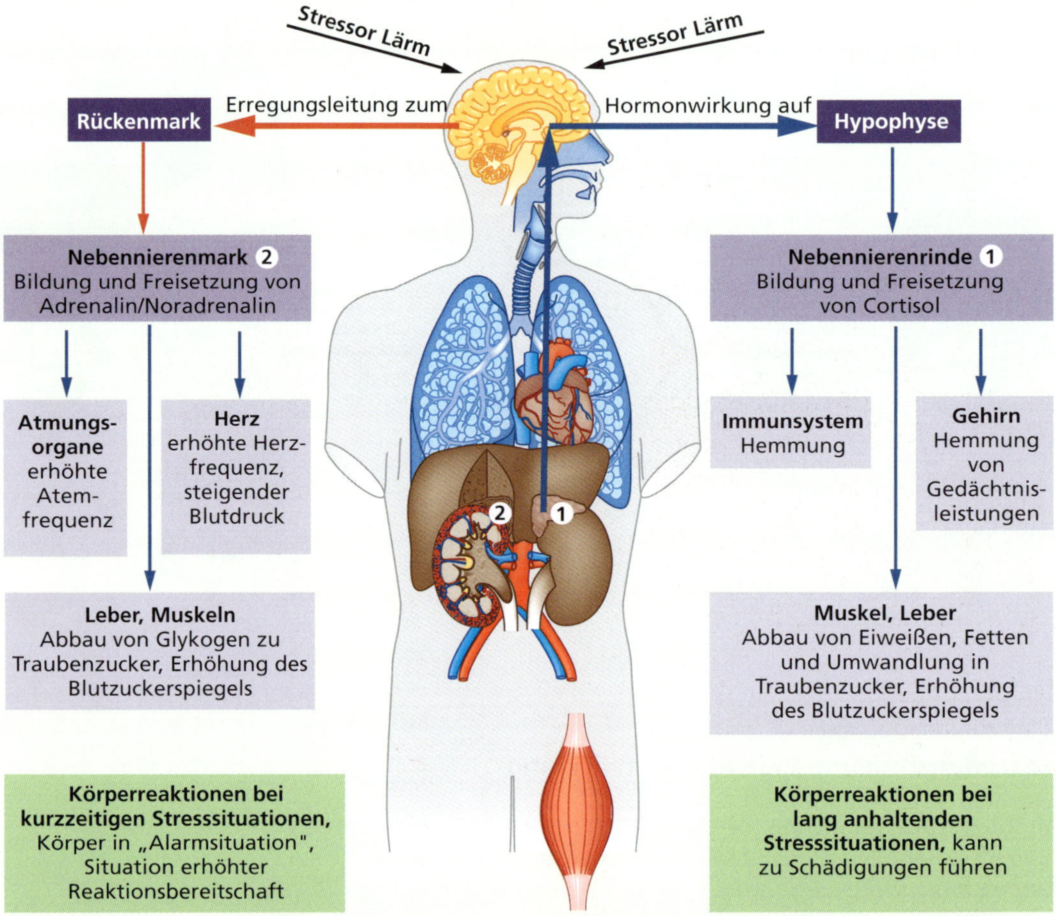

Durch die Stresshormone **Adrenalin** und **Cortisol** werden die Körperfunktionen verändert, sodass wir schnell auf die Belastungen des Körpers durch Stressoren reagieren können. Sind die Stressoren beseitigt, dann „signalisiert" Cortisol dem Gehirn (⟶), die Stressreaktionen zu beenden.

Krankheiten und ihre Erreger

5

5.1 Viren und andere Krankheitserreger

> **Krankheitserreger** sind Mikroorganismen, z. B. Viren, Bakterien, Pilze, Protozoen, die in Pflanzen, Tiere und Menschen eindringen oder haften bleiben und sich vermehren. In Abhängigkeit von der Anzahl der Ereger sowie der Abwehrreaktionen des befallenen Organismus kann eine Infektionskrankheit hervorgerufen werden.

5

▶ **Viren** können in allen Organismengruppen gefährliche Krankheiten hervorrufen. Diese Krankheiten sind übertragbar. Man bezeichnet sie auch als **Infektionskrankheiten.**

▶ Neuartige Erreger, Prionen (Eiweißpartikel), verändern die Eiweiße des Körpers bei Mensch und Tier und rufen z. B. das **Creutzfeldt-Jakob- Syndrom** bzw. den **Rinderwahnsinn (BSE)** hervor.

▶ Weitere Krankheitserreger:

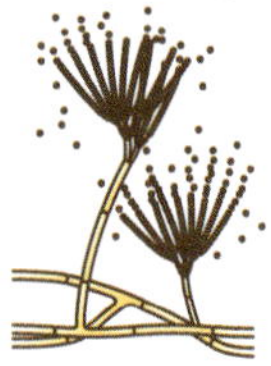

Pinselschimmel

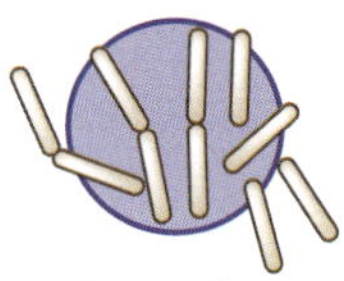

stäbchenförmige Bakterien (Stäbchen)

Viren als Krankheitserreger

> Viren bestehen nur aus einer Eiweißhülle und der Erbsubstanz (Kernsubstanz) in einer Hüllmembran. Sie besitzen keinen eigenen Stoffwechsel und können sich nur in lebenden Zellen (Wirtszellen) vermehren. Viren sind keine echten Lebewesen.

Bau eines Virus

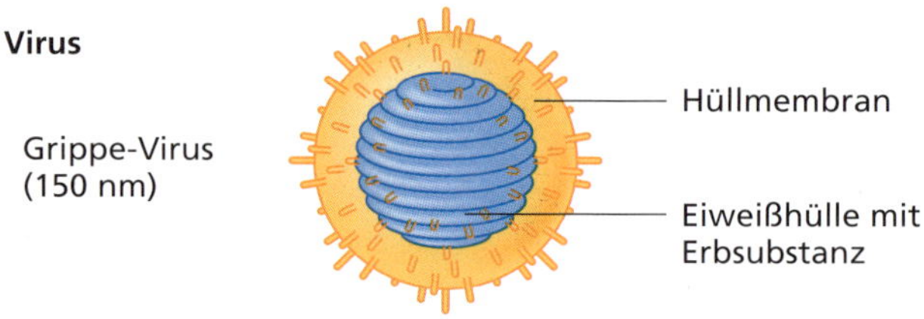

Viren sind sehr klein, ihr Durchmesser beträgt zwischen10 bis 350 nm (1 nm = 1 Millionstel mm). Sie sind nur mithilfe des Elektronenmikroskops sichtbar. Viren besitzen oftmals die Form von geometrischen Körpern.

Formen von Viren

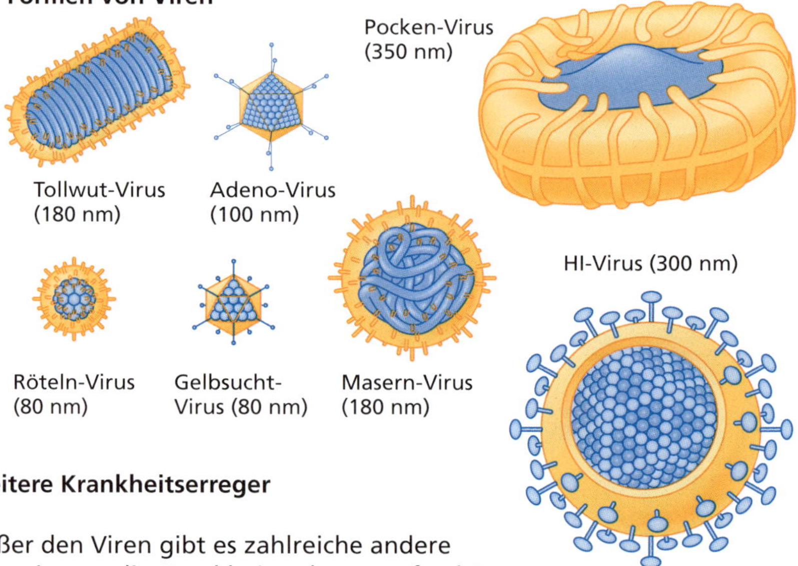

Weitere Krankheitserreger

Außer den Viren gibt es zahlreiche andere Organismen, die Krankheiten hervorrufen können. Dazu gehören Bakterien (↗ S. 42), Pilze (↗ S. 45) und tierische Einzeller (Protozoen, ↗ S. 84).

5.2 Ausgewählte Erkrankungen bei Pflanzen und Tieren

5.2.1 Krankheiten bei Pflanzen

Pflanzenkrankheiten werden von Viren, Bakterien oder Pilzen hervorgerufen. Sie beeinträchtigen die Entwicklung der Pflanzen und mindern deren Erträge.

Nassfäule

Die Nassfäule der Kartoffelknolle wird durch **Bakterien** verursacht. Sie verwandeln die Knolle in eine breiig faule und übel riechende Masse.
Die Nassfäule greift rasch um sich und kann in wenigen Tagen viele Tonnen von Kartoffelknollen vernichten. Kranke Knollen müssen schnell aussortiert werden.

Blattrollkrankheit

Das **Blattroll-Virus** ist verantwortlich dafür, dass sich die Blätter der Pflanzen, vor allem im unteren Bereich, kräuseln. Später färben sie sich gelb. Dadurch können die Pflanzen nicht mehr optimal die Fotosynthese (↗S. 198) durchführen. Der Ertrag geht zurück, teilweise bis zu 80 %. Überträger des Blattroll-Virus ist u. a. die Pfirsichblattlaus.

Gelbmosaikkrankheit bei Wintergerste

Das **Mosaik-Virus** wird durch einen Pilz übertragen. Wird eine Pflanze von virusinfizierten Pilzen befallen, vermehren sich beide in der Pflanze. Auf den Feldern sieht man dann nesterartige bis großflächige Vergilbungen. Über die Pilzsporen gelangen die Viren wieder in den Boden zurück, können so neue Pilze infizieren und neue Kulturen verseuchen. Damit geht der Ertrag zurück.

5

Kraut- und Knollenfäule

Pilzkrankheiten an Pflanzen sind auch Mehltau (an Äpfeln, Wein), Schwarzrost (an Getreide), Blattfleckenkrankheit (Kulturpflanzen) sowie Wurzel- und Stängelfäule an Bäumen. Sie verändern die Pflanzen und mindern die Erträge der betroffenen Pflanzen teilweise drastisch.

Der **Pilz** *Phytophthora infestans* befällt vorwiegend Kraut und Knollen der Kartoffelpflanze und führt zu deren Fäule. An den Kartoffelblättern bilden sich bei feuchtem Wetter Flecken, die an der Unterseite weiße Schimmelrasen aufweisen. An den Knollen zeigen sich graue Flecken. Im 19. Jh. vernichtete diese Pilzerkrankung ganze Ernten und führte so in Europa zu **Hungerepidemien.**

5.2.2 Krankheiten bei Tieren

Tierkrankheiten werden meistens von Bakterien oder Viren hervorgerufen. Sie mindern die Leistungen der Tiere und führen oft zum Tod.

Milzbrand

Beim Menschen zeigt sich die Krankheit auch als **Hautmilzbrand** durch Bildung eines Bläschens bzw. des Milzbrandkarbunkels an der Infektionsstelle oder als Lungenmilzbrand (durch Streuung oder Einatmen) oder als Darmmilzbrand (durch Verschlucken der Erreger mit Essen von Fleisch erkrankter Tiere).

Es ist eine durch **Bakterien** *(Bazillus anthracis)* hervorgerufene Erkrankung bei Huftieren. Die Bakterien befallen verschiedene Organe des Tieres und schädigen sie. Eine Schwellung der Milz ist ein typisches Merkmal dieser Krankheit, daher auch der Name. Milzbrand ist auch auf den Menschen übertragbar. In Deutschland kommt Milzbrand heutzutage so gut wie nicht mehr vor.

Tollwut

Die **Schweinepest** ist eine Viruskrankheit der Schweine. Sie wird durch Kontakt, Futter und Harn übertragen.

Der Erreger ist ein **Virus** *(Rabies-Virus,* ↗ S. 248). Man erkennt ein tollwutkrankes Tier am Schaum vor dem Mund und an nicht arttypischen Verhaltensweisen.
Hauptvirusträger ist in Europa der Fuchs. Fast alle bekannten Haus-, Nutz-, Zoo- und Wildtiere können Infektionsquellen für Tier und Mensch sein.
Die *Übertragung* erfolgt durch Speichel infizierter Tiere. Bis zum Ausbruch der Krankheit vergehen meist 30–60 Tage.
Krankheitsmerkmale sind u. a. Speichelfluss, Schlingkrämpfe, Sehstörungen sowie Lähmungen. Tollwut verläuft meist tödlich. Tollwut ist auch auf den Menschen übertragbar.
Bekämpfungsmaßnahmen: Reduzierung der Füchse (Fuchsbaubegasung); Katzen- und Hundesperren, Impfungen, seuchenhygienische Maßnahmen.

Maul- und Klauenseuche

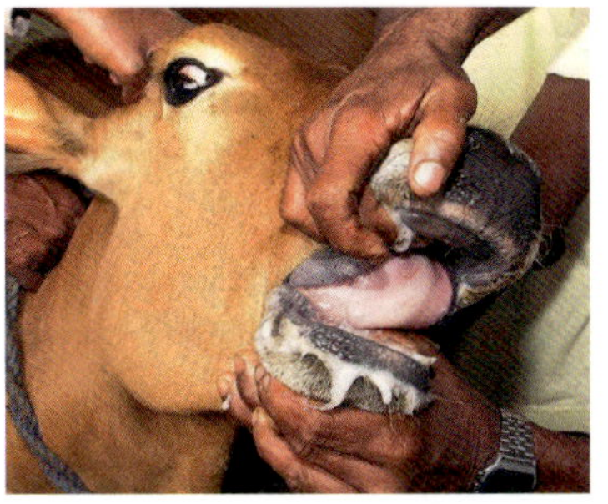

Die Erreger, **Maul- und Klauenseuche-Viren,** befallen vor allem Rinder, Schweine, Schafe und Ziegen, seltener wild lebende Huftiere. Bemerkbar macht sich die Krankheit durch schmerzhafte Bläschenbildung an Schleimhäuten im Maul, am Euter und den Klauen. Außerdem tritt Fieber auf.
Die *Übertragung* der Erreger erfolgt hauptsächlich durch Direktkontakt.
Bis zum Ausbruch der Krankheit vergehen meist 24 Stunden bis mehrere Tage. Die Maul- und Klauenseuche gilt als wirtschaftlich wichtigste Tierseuche. Die Erkrankung ist anzeigepflichtig.
Zur *Verhütung der Ausbreitung* werden Isolierungsmaßnahmen, Sperrmaßnahmen der engen und weiteren Umgebung und Desinfektionsverfahren eingeleitet. Eine *vorbeugende Maßnahme,* um die Einschleppung von Maul- und Klauenseuche-Erregern zu verhindern, ist eine systematische MKS-Impfung.

Die **Hundestaupe** ist ebenfalls eine *Viruserkrankung.* Die Erreger befallen vor allem Nervensystem, Verdauungstrakt und Atemwege.
Staupe verläuft meist tödlich.
Erkennungszeichen sind Bindehautentzündung, Husten, Erbrechen und Durchfall.

5.2.3 Bekämpfung von Infektionskrankheiten

Zur Bekämpfung von Pflanzenkrankheiten werden **Pflanzenschutzmittel** (↗ Abb.) eingesetzt. Sie haben das Ziel,
- eine bereits ausgebrochene Erkrankung schnell zu bekämpfen und
- pflanzeneigene Abwehrkräfte zu aktivieren.

Zusätzlich werden Pflanzen gezüchtet, die resistent (widerstandsfähig) gegenüber bestimmten Krankheitserregern sind.

Um **Erkrankungen bei Tieren** vorzubeugen, ist eine artgerechte Haltung und eine optimale Pflege wichtig.
Zur **Vorbeugung** werden bei Haustieren und in der Großviehhaltung Impfungen (↗ Abb.) vorgenommen. In akuten Fällen werden auch Antibiotika zur Bekämpfung von Infektionskrankheiten eingesetzt.
Zum Schutz vor einer Ausbreitung von bestimmten Krankheiten (z. B. Schweinepest) besteht eine gesetzliche Meldepflicht.

1892 war die Geburtsstunde des modernen Pflanzenschutzes. Mit Antinonnin gegen die Nonnenraupe bringen die „Farbenfabriken vorm. Friedr. Bayer & Co" das erste chemisch-synthetische Insektizid der Welt auf den Markt.

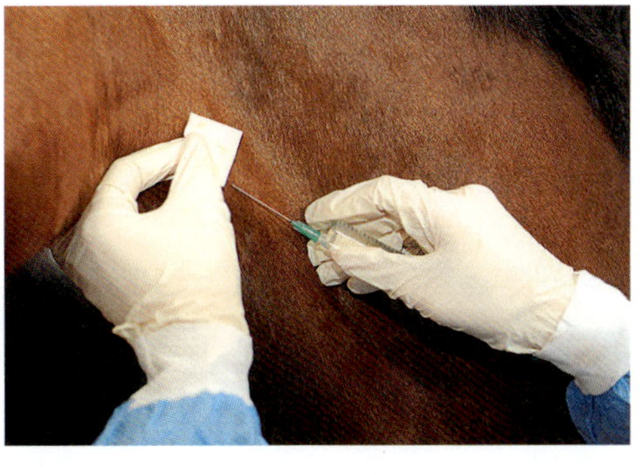

5.3 Wichtige Infektionskrankheiten beim Menschen (Überblick)

5.3.1 Übertragungsmöglichkeiten von Erregern und Verlauf einer Infektionskrankheit

▶ **Infektionskrankheiten** sind ansteckende Krankheiten und werden durch Erreger hervorgerufen und auch durch sie weiterverbreitet. Dabei gibt es verschiedene Übertragungsmöglichkeiten.

Einer **Infektionskrankheit** geht eine **Infektion** („Ansteckung") mit Krankheitserregern voraus.
Sie dringen in den menschlichen Organismus ein und vermehren sich dort.
Sie können von einem Organismus auf einen anderen übertragen werden. Die Krankheitserreger können an den unterschiedlichsten Stellen in den menschlichen Organismus eindringen (↗ Abb.).

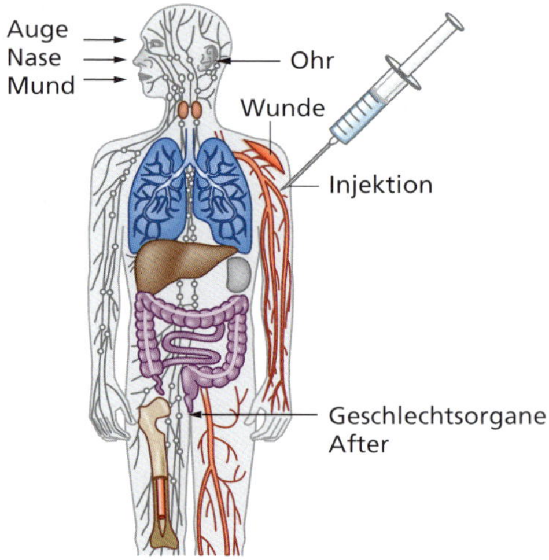

Es gibt verschiedene Möglichkeiten, die Krankheitserreger zu übertragen:

direkte Übertragung	indirekte Übertragung
Tröpfcheninfektion, Schmierinfektion; Luft; Geschlechtsverkehr; Schwangerschaft; Geburt; Muttermilch	Lebensmittel (Wasser, Obst); Instrumente (Spritzen); Tiere (z. B. Mücken, Fliegen)

▶ Jede Infektionskrankheit hat einen typischen Verlauf mit typischen Symptomen. Daran erkennt der Arzt die Krankheit.

Nach der Infektion vermehren sich die Erreger im Körper. Durch Abgabe von Giftstoffen bzw. durch bestimmte Erregerkonzentrationen kommt es zu den typischen Anzeichen, **Symptomen,** für die jeweilige Erkrankung, z. B. Ansteigen der Körpertemperatur, Ausschlag.
Den Zeitraum, der zwischen der Übertragung der Erreger und dem Auftreten der Symptome (Ausbruch der Krankheit) liegt, nennt man **Inkubationszeit.** Während der Inkubationszeit vermehren sich die Erreger, aber es werden im Körper auch Abwehrstoffe mobilisiert, sodass in vielen Fällen die Krankheit nicht ausbricht.

▶ Die **Inkubationszeit** ist bei verschiedenen Krankheiten unterschiedlich lang.
Diphtherie: 2–7 Tage
Masern: 9–11 Tage
Röteln: 14–21 Tage
Kinderlähmung: 7–14 Tage

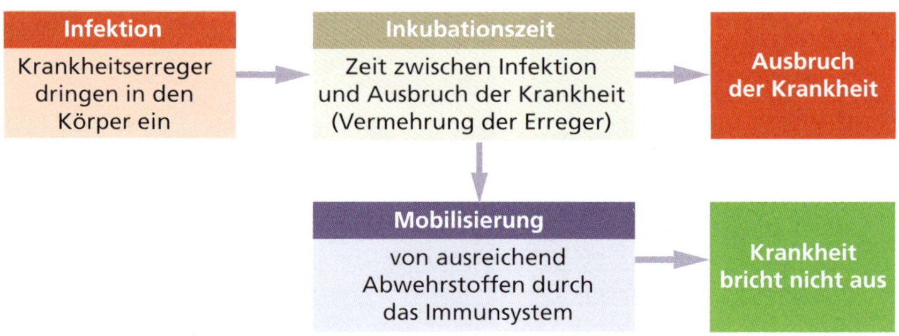

5.3.2 Wichtige Infektionskrankheiten (Auswahl)

Name	Erreger	Übertragung
	Bakterien	
Lungentuberkulose	Tuberkelbakterium *(Mycobacterium tuberculosis)*	Einatmen
Wundstarrkrampf (Tetanus)	Tetanusbazillus *(Clostridium tetani)*	Eindringen der Erreger durch Verletzungen der Haut
Keuchhusten (Pertussis)	*Bordetella pertussis*	Tröpfcheninfektion (z. B. durch Husten)
Diphtherie	*Corynebacterium diphtheriae*	Tröpfcheninfektion (durch Speichel und Husten)
Scharlach	Streptokokken *(Streptococcus pyogenes)*	Tröpfcheninfektion (durch Sprechen, Husten, über feuchte Hände)
Angina	Streptokokken	Tröpfcheninfektion (z. B. durch Husten, Sprechen, feuchte Hände)
	Viren	
Kinderlähmung (Poliomyelitis)	*Poliomyelitis-Viren*	Schmier-, Schmutz-, Tröpfcheninfektion
Windpocken	*Varizella-Zoster-Viren*	Tröpfchen- und Schmierinfektion
Grippe	*Influenza-Viren*	direkter Kontakt oder durch Atemluft
Aids	HI-Viren *(Human Immunodeficiency Virus)*	direkter Kontakt und Wundinfektion
	Pilze	
Soor	Sprosspilze *(u.a. Candida albicans)*	Kontakt mit infizierten Personen
Nagelmykose	Fadenpilze *Dermatophyten*	Kontakt mit infizierten Gegenständen
	Tierische Einzeller	
Amöbenruhr	*Entamoeba histolytica*	Mensch, Haus- und Wildtiere
Malaria	*Plasmodien*	Stich einer Anophelesmücke

ROBERT KOCH (1843–1910) entdeckte 1882 den Erreger der **Tuberkulose** (TBC). TBC ist weltweit verbreitet und wird von sozialen Faktoren beeinflusst. In Mitteleuropa hat diese Infektionskrankheit ihren Schrecken verloren.

Grippe ist eine ernst zu nehmende Erkrankung. Allein in Deutschland sterben alljährlich 15 000 Menschen infolge dieser Viruserkrankung.

Das **Aids-Virus** (↗ S. 254) wird vor allem durch ungeschützten Geschlechtsverkehr übertragen.

COVID-19-Pandemie (Corona-Virus-Pandemie) beschreibt die seit Ende 2019 weltweite Ausbreitung dieser Atemwegserkrankung, ausgelöst durch den Erreger SARS-CoV-2

Aids – eine erworbene Immunschwächekrankheit

Der Erreger von Aids ist das Humane Immundefizienz-Virus, HIV (engl.: **h**uman **i**mmunodeficiency **v**irus)

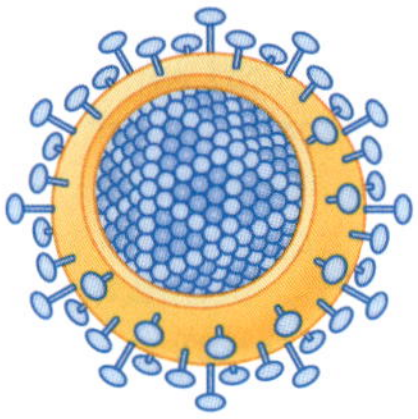

300 nm

Aids ist das Kurzwort für *acquired immunodeficiency syndrome;* auf Deutsch **„Erworbenes Immunschwäche-Syndrom“.** Damit werden die Wesensmerkmale dieser gefährlichen Krankheit gekennzeichnet:
- *Erworben:* Aids wird verursacht durch Infektion mit einem Erreger, dem HI-Virus (HIV), ist also ansteckend und übertragbar.
- *Immunschwäche:* Wenn HI-Viren in das Blut eines Menschen gelangen, befallen und zerstören sie die für die Immunabwehr wichtigen weißen Blutzellen (T- und B-Lymphozyten). Dadurch wird das Immunsystem fortschreitend geschwächt, bis es zusammenbricht und der Körper auch andere Krankheitserreger nicht mehr abwehren kann (↗ S. 259).
- *Syndrom:* Das bedeutet, dass im Endstadium ein ganzer Komplex verschiedenartiger Störungen und Symptome hervorgerufen wird.

Infektion

Die **Ansteckung** mit HIV (↗ Abb.) erfolgt vor allem durch ungeschützten Vaginal-, Oral- und Analsex. Über winzige Risse der Schleimhaut von Glied, Scheide, Mund oder Darm gelangen die Viren mit Blut, Sperma- oder Scheidenflüssigkeit eines HIV-Infizierten in die Blutbahn des Partners.

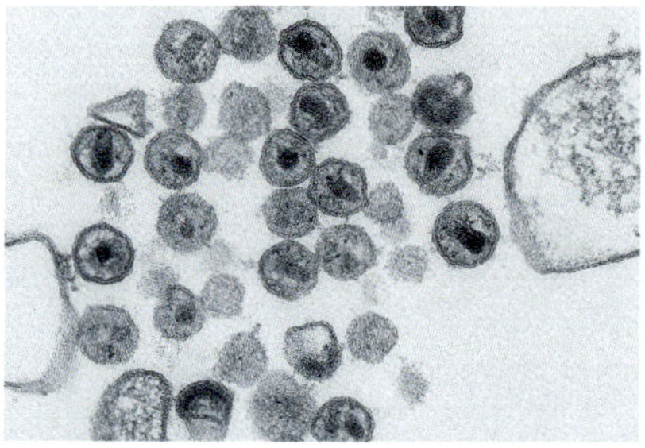

Kondome schützen vor Ansteckung mit Geschlechtskrankheiten und Aids.

Das **Risiko** einer HIV-Ansteckung ist besonders hoch
- beim Sex mit Prostituierten und männlichen Homosexuellen, mit Zufallsbekanntschaften und häufigem Partnerwechsel, auf Urlaubsreisen in Länder mit hoher HIV/Aids-Quote,
- beim Benutzen infizierter Kanülen durch Drogensüchtige.

Bei Einhaltung der Hygienemaßnahmen erfolgt **keine** Ansteckung
- im Krankenhaus, beim Arzt und Zahnarzt,
- beim Friseur, bei Maniküre, Pediküre,
- bei Akupunktur, Tätowieren, Piercing,
- beim Besuch von Saunen, Schwimmbädern.

Keine HIV-Ansteckungsgefahr besteht auch
- beim Händegeben, Umarmen, Streicheln, Küssen (wenn sich im und am Mund keine Wunden befinden),
- beim Anhusten und Anniesen,
- beim Benutzen derselben Teller, Gläser, Bestecke,
- beim gemeinsamen Spielen und Sporttreiben,
- über Mückenstiche und Tierkontakte (Hunde, Katzen).

Eine gewisse Gefahr besteht bei Wundkontakten ohne Schutzhandschuhe, z. B. bei Erster Hilfe.
HIV-positive Mütter können ihre Babys während der Schwangerschaft, bei der Geburt und beim Stillen anstecken.

Ob bei ungeschütztem Risikosex eine Ansteckung erfolgt ist, lässt sich durch Blutuntersuchungen feststellen. Mit einem **HIV-Test** kann der Arzt prüfen, ob im Blut der Testperson Antikörper gegen HIV vorhanden sind oder nicht. Das lässt sich aber erst drei Monate nach einer möglichen Ansteckung sicher nachweisen.
Der Befund „HIV-positiv" darf erst nach einem zweiten Bestätigungstest mitgeteilt und muss mit einem Beratungsgespräch verbunden werden.

Wie eine HIV-Infektion verläuft
Das ist von Mensch zu Mensch unterschiedlich, je nachdem, wie stark sich die HI-Viren im Blut des Infizierten vermehren und wie schnell sie sein Immunsystem schwächen und zerstören.
In den *ersten Wochen* nach der Infektion treten grippeähnliche Symptome auf, die bald wieder abklingen und von den Betroffenen oft nicht weiter beachtet oder nicht ernst genommen werden.
Es folgt dann eine unauffällige *Latenzphase* ohne erkennbare Symptome und Beschwerden, die einige Monate bis Jahre dauern kann. Die HI-Viren vermehren sich in dieser Zeit aber weiter, schädigen das Immunsystem fortschreitend. Irgendwann treten dann *allgemeine Krankheitszeichen* wie Fieber, Nachtschweiß, Durchfälle und Lymphknotenschwellungen (unter den Achseln, in der Leistengegend) auf, die nur erfahrene Ärzte als Immundefekte diagnostizieren.
Erst nach durchschnittlich zehn Jahren bricht dann das *Vollbild der Aidskrankheit* aus mit schweren Infekten, Entzündungen und Tumoren in verschiedenen Organen sowie Gehirnschäden und Persönlichkeitsstörungen, was schließlich in der Summe zum Tod führt.

Behandlung
Bisher gibt es noch *kein Medikament,* das Aids heilen kann. Die gegenwärtig verfügbaren und zugelassenen Medikamente sind Virushemmer, welche die symptomfreie Zeit verlängern oder die Symptome lindern. An der Entwicklung neuer, wirksamerer Medikamente wird intensiv gearbeitet. Es gibt auch noch keine Schutzimpfung gegen HIV und Aids.

Bis Ende 2019 haben sich weltweit 38 Millionen Menschen mit HIV infiziert. Es gab 2019 1,7 Mio. Neuinfektionen und 690 000 Todesfälle (Quelle: UNAIDS 2020). Besonders hoch ist die Zahl der Infizierten in Subsahara-Afrika (26 Mio.), Asien und Pazifik (5,1 Mio.) und Lateinamerika (1,8 Mio.). In Osteuropa und Zentralasien ist die Zahl der Infektionen in den letzten Jahren stark gestiegen (1,6 Mio.). In Deutschland leben rund 91 400 Menschen mit HIV. Pro Jahr sterben hierzulande weniger als 300 Patienten an den unmittelbaren Folgen von Aids.

Leben mit HIV und Aids
Mit HIV und Aids zu leben ist nicht leicht. Diese Menschen brauchen nicht nur eine intensive medizinische Versorgung und Betreuung, sondern auch viel eigene Kraft sowie Verständnis, Solidarität und Hilfe durch ihre Umwelt, Familie und Freunde.

Eine wichtige Aufgabe erfüllen dabei die Beratungsstellen, Selbsthilfe- und Gesprächsgruppen der Deutschen Aidshilfe und anderer örtlicher Einrichtungen. Sie sind gekennzeichnet durch das Symbol der roten Schleife.

Der 1. Dezember wurde zum Welt-Aids-Tag erklärt. Er soll darauf aufmerksam machen, dass die Rechte der Betroffenen eingehalten und durchgesetzt werden.
Auf Konferenzen wird über den Stand der Forschungen informiert und über die weitere internationale Zusammenarbeit im Kampf gegen die gefährliche Krankheit beraten.

5

Borreliose – eine weltweit verbreitete Infektionskrankheit

▶ **Borreliose** wurde erstmals 1975 in den USA beschrieben.

Ursachen: Die Infektionskrankheit **Borreliose** wird durch spiralförmige Bakterien *(Borrelia burgdorferi)* hervorgerufen.

Infektion: Durch den Stich einer Zecke *(Gemeiner Holzbock* oder *Schildzecke)* werden die Erreger auf den Menschen übertragen. Nicht jeder Stich führt zur Übertragung der Borrelien. Das Infektionsrisiko steigt mit der Dauer des Saugakts. Wird die Zecke kurz nach dem Stich entfernt, ist eine Infektion unwahrscheinlich. Die Übertragung der Borrelien erfolgt meist erst 12 bis 24 Stunden nach dem Stich.
Der Erreger der Borreliose ist weltweit verbreitet. Mit Borrelien infizierte Zecken treten in ganz Deutschland auf, wobei ein Nord-Süd-Gefälle zu verzeichnen ist:
- nördliche Bundesländer: 6 bis 10 % der Zecken sind infiziert;
- südliche und mitteldeutsche Bundesländer: 20 bis 30 % der Zecken sind infiziert.

Krankheitsbild: Die Krankheit Borreliose hat kein einheitliches Erscheinungsbild. Es können Haut, Nervensystem, Bewegungsapparat und das Herz betroffen sein. Es werden drei Krankheitsstadien unterschieden:
1. Stadium: Nach der Übertragung der Borrelien dauert es etwa 5 bis 20 Tage, bis sich an der Einstichstelle eine Hautrötung zeigt, die sich ringförmig ausbreitet („Wanderröte"). Dieses erste Krankheitszeichen tritt aber nur bei ca. 30 bis 50 % der Infizierten auf.
2. Stadium: Nach vier bis 16 Wochen breiten sich die Erreger mit dem Blut im ganzen Körper aus. Es treten grippeähnliche Symptome auf. Organe, Gelenke und Muskeln sowie das zentrale und periphere Nervensystem können befallen werden, und es kommt zu entsprechenden Beschwerden.
3. Stadium: Die Symptome der Krankheit zeigen sich immer wieder und verschlechtern den Zustand des Infizierten zunehmend. Es können auch jahrelange Latenzzeiten symptomfrei sein (chronische Infektion).

Gemeiner Holzbock

Behandlung: Nach einer Infektion können durch eine Blutuntersuchung spezifische Antikörper nachgewiesen werden. Die Behandlung mit Antibiotika (↗ S. 261) in der Frühphase ist am erfolgreichsten. Die Erkrankung wird aber nicht immer bemerkt und bleibt oft unbehandelt. Dadurch kann sich die Krankheit im fortgeschrittenen Stadium voll entwickeln. Sie zeigt sich dann in Gelenkschmerzen, Gesichtsnervlähmungen, Hautveränderungen, Herzbeschwerden, Sehstörungen, Schmerzen in Armen und Beinen.

▶ **Anleitung zum Entfernen einer Zecke:**

Fasse mit einer Zeckenzange oder feinen Pinzette den Zeckenkörper direkt über der Haut.

Zeckenkörper nicht quetschen, damit das infektiöse Sekret nicht mit dem Speichel übertragen wird.

Stichstelle und Hände desinfizieren.

Vorbeugung: Eine Impfung gegen Borreliose gibt es nicht. Erkrankte Personen sind nicht ansteckend. Es wird keine Immunität nach früheren Infektionen erworben. Vorbeugende Maßnahmen gegen eine mögliche Infektion sind:
- Bei Aufenthalt in der Natur und bei Kontakt mit bodennahen Pflanzen möglichst durch Kleidung schützen.
- Schutzmittel gegen Zecken auftragen. Aber: Die Schutzmittel sind nur kurze Zeit wirksam.
- Sorgfältige Beobachtung des Körpers – Suche nach Zecken.

Geschlechtskrankheiten

Geschlechtskrankheiten sind Infektionskrankheiten, die durch Ansteckung mit bestimmten Erregern (Bakterien, Viren, Pilzen) bei ungeschützten Sexualkontakten hervorgerufen werden. Man nennt sie deshalb auch treffender **„sexuell übertragbare Krankheiten"**.

Jährlich stecken sich in Deutschland viele Tausende von Menschen, darunter auch schon viele Jugendliche, mit solchen Krankheiten an. Hauptansteckungsquellen sind ungeschützte Sexualkontakte mit häufig wechselnden Partnern, Zufallsbekanntschaften und Prostituierten auf Urlaubsreisen in Länder mit hohem Infektionsrisiko.
Die am längsten bekannten Geschlechtskrankheiten sind *Tripper* und *Syphilis.*

- **Tripper (Gonorrhoe)** wird durch Kugelbakterien *(Gonokokken)* hervorgerufen. Sie verursachen eitrige Entzündungen in Harnröhre, Scheide und Gebärmutter. Verschleppt und unbehandelt kann sich die Krankheit auf andere Organe wie Gelenke, Herz, Hirnhaut ausbreiten und zu Unfruchtbarkeit führen.

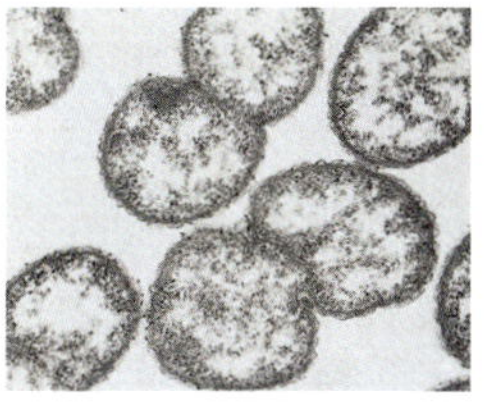

- **Syphilis (Lues)** wird durch spiralförmige Bakterien *(Spirochaeten)* hervorgerufen. Sie verursachen im Anfangsstadium knotige Geschwüre an Geschlechtsteilen, Lippen, Zunge sowie Lymphknotenschwellungen und Hautausschläge.
  Im Spätstadium kommt es zu schweren Schäden an inneren Organen, Nervensystem und Gehirn.

Wer verdächtige Anzeichen wie Brennen beim Wasserlassen, Ausfluss, Juckreiz, Hautveränderungen an Geschlechtsteilen und After bei sich bemerkt, sollte schnellstens zum Facharzt gehen, der durch Abstriche die Krankheitserreger ermittelt und die Behandlung einleitet.

Weitere, weniger bekannte, aber häufiger vorkommende sexuell übertragbare Krankheiten sind Infektionen mit **Chlamydien, Trichomonaden, Candida-Pilzen, Herpes-** und **Papilloma-Viren.** Wegen der anfangs meist nur geringen Beschwerden werden sie leicht übersehen und sind deshalb ziemlich verbreitet (bei über 10 % der Frauen und Männer im sexuell aktiven Alter).
Außer durch Sexualkontakte kann man sich auch durch unsaubere Handtücher, in schmutzigen Toiletten, Schwimmbädern und Saunen anstecken.

Die jüngste und gefährlichste sexuell übertragbare Krankheit ist Aids (↗ S. 254).

Grundsätze für den Schutz vor sexuell übertragbaren Krankheiten
- Keinen leichtfertigen Sex mit Zufallsbekanntschaften
- Kondome benutzen *(Safer Sex)*
- Bei festgestellter Infektion den Partner informieren und in die Behandlung einbeziehen; bis zur Heilung keinen Sex

5

5.3.3 Abwehrreaktionen des Körpers

Auf eine Infektion mit Krankheitserregern reagiert der Körper mit **Abwehrreaktionen (Immunreaktionen).**

Bei einer **Immunreaktion** werden im Körper Abwehrstoffe gebildet, mit deren Hilfe eingedrungene Krankheitserreger abgetötet werden. **Immunität** ist die Widerstandsfähigkeit des Körpers gegenüber Krankheitserregern und Fremdstoffe aufgrund des Vorhandenseins von Abwehrstoffen.

Zum **menschlichen Immunsystem** gehören die lymphatischen Organe, das rote Knochenmark und weiße Blutzellen.

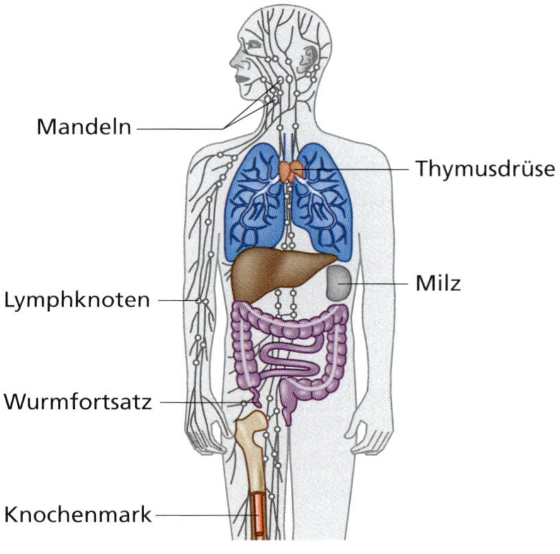

Weiße Blutzelle (Fresszelle) nimmt Krankheitserreger in ihr Plasma auf und vernichtet sie.

Einen wesentlichen Anteil an Immunreaktionen besitzen die **weißen Blutzellen** (↗S. 151), insbesondere die **Lymphzellen** (Lymphozyten), die man in B- und T-Lymphzellen unterteilt. Etwa 25 % der weißen Blutzellen sind Lymphzellen. Sie stellen die zelluläre Grundlage des Immunsystems dar. Man unterscheidet die **angeborene Immunität (natürliche Immunität)** und die **erworbene Immunität.**

Die **natürliche Immunität** ist die angeborene Widerstandsfähigkeit gegen Krankheitserreger. Im Körper laufen unspezifische Abwehrreaktionen ab.

Die angeborene Immunität wird durch verschiedene *unspezifische Abwehrreaktionen* erreicht, z. B.
- lässt eine gesunde und unverletzte Haut keine Erreger in den Körper eindringen;
- schließen Sekretbildungen wie Tränenflüssigkeit, Speichel, Nasensekret aufgrund ihrer schleimigen Beschaffenheit Mikroorganismen ein und entfernen sie mit dem Sekret aus dem Körper;

- unterdrücken und vernichten Säuren, die im Körper gebildet werden (z. B. Magensäure), eingedrungene Erreger;
- umfließen „Fresszellen“ (weiße Blutzellen) eingedrungene Krankheitserreger, z. B. Bakterien oder Viren, aber auch andere Fremdkörper, nehmen diese in ihr Plasma auf und verdauen sie;
- töten Enzyme, die sich im Blut befinden, eingedrungene Krankheitserreger ab.

Diese *unspezifischen Abwehrreaktionen* machen unseren Körper auf *natürlichem* Weg **widerstandsfähig (immun)** gegenüber Krankheitserregern.

> Die **erworbene Immunität** ist das Ergebnis *spezifischer Abwehrreaktionen,* bei denen sich der Körper mit ganz bestimmten Krankheitserregern auseinandergesetzt hat.

Bei den *spezifischen Abwehrreaktionen* **(Immunreaktionen)** werden bestimmte Abwehrstoffe (Antikörper) gebildet, mit deren Hilfe bestimmte eingedrungene Krankheitserreger abgetötet werden. Diese Reaktion ist erregerspezifisch.
Die Abwehrstoffe bleiben im Körper oft längere Zeit erhalten. Dringt der bestimmte Erreger erneut in den Körper ein, wird er von den noch vorhandenen Abwehrstoffen vernichtet. Der Mensch ist gegenüber dieser bestimmten Krankheit **immun.**

Die **aktive Immunisierung** wirkt mehrere Jahre, weil die Gedächtniszellen, die die Antikörper bilden, sehr langlebig sind. Deshalb ist diese Art der Impfung eine Schutzimpfung. Sie wird z. B. gegen Masern, Mumps und Röteln angewendet.

Ablauf einer Immunreaktion (Antigen-Antikörper-Reaktion)

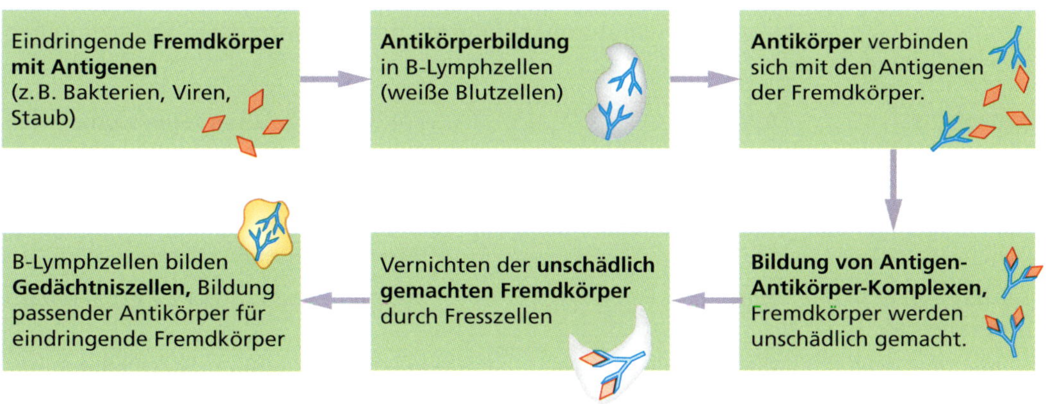

Die Immunität gegen bestimmte Krankheitserreger kann künstlich durch den Vorgang der **Immunisierung** (Impfung) erreicht werden. Bei der künstlich ausgelösten Immunisierung unterscheidet man aktive und passive Immunisierung.

> Bei der **aktiven Immunisierung** erfolgt die Impfung mit abgeschwächten Krankheitserregern zur Bildung von Abwehrstoffen im Körper. Bei der **passiven Immunisierung** wird ein Serum mit Abwehrstoffen eingeimpft.

Passive Immunisierung wendet man z. B. gegen Diphtherie, Keuchhusten und Wundstarrkrampf an. **Impfungen** werden weltweit durchgeführt. In Deutschland erfolgen die Impfungen nach einem **Impfkalender.**

Allergene können auf verschiedenen Wegen in unseren Körper gelangen, z. B. durch Einatmen, mit der Nahrung, durch Hautkontakt.

Allergische Symptome äußern sich u. a. als brennende Augen, allergisches Asthma, verschiedene Hautreaktionen oder Magen-Darm-Beschwerden.

5

Allergien – Fehlreaktionen des Immunsystems

> **Allergien** sind übermäßige Abwehrreaktionen des Immunsystems gegen unschädliche, oft harmlose körperfremde Substanzen, die sich in typischen, entzündlichen Prozessen äußern.

Allergien auslösende körperfremde Stoffe bezeichnet man als **Allergene.** Allergene wirken auf das Immunsystem wie Antigene. Beim Eindringen von Allergenen in den Körper läuft eine **Antigen-Antikörper-Reaktion** (↗ S. 259) im Immunsystem ab, wobei kleinste Mengen des Allergens genügen.
Das Immunsystem bildet gegen das eingedrungene Allergen Antikörper. Sie bewirken, dass bestimmte weiße Blutzellen (Mastzellen) verschiedene biochemische Stoffe, z. B. Histamin, freisetzen, die die jeweiligen **allergischen Symptome** auslösen. Diese können sich z. B. als allergischer Schnupfen äußern und mild bis schwer, aber auch lebensbedrohlich sein. **Allergien** kommen z. B. an Schleimhäuten (Heuschnupfen), an Atemwegen (Asthma) und an der Haut (Neurodermitis) vor. Sie werden durch Laboruntersuchungen, z. B. Nachweis spezifischer Antikörper oder Abwehrzellen im Blut, oder durch direkte Testverfahren **(Allergietest)** nachgewiesen.

Prophylaxe: Bei Kenntnis der bestehenden Allergie möglichst den Kontakt mit Allergie auslösenden Substanzen meiden.
Behandlung: Verschiedene Medikamente können das Auftreten der allergischen Symptome verhindern oder mildern, aber oft nicht heilen.

Allergiearten (Auswahl)	Allergene	Krankheitsanzeichen (Symptome)
Pollenallergie (Heuschnupfen, Pollenasthma)	Blütenpollen, vorwiegend von Windbestäubern	verstopfte oder laufende Nase, häufiges Niesen, gerötete und tränende Augen, asthmatische Beschwerden
Tierhaar- bzw. Federallergie	Tierhaare, Federn	Schnupfen, asthmatische Beschwerden
Nahrungsmittelallergie	Kuhmilch, Hühnerei, Nüsse, Gewürze, Sellerie, Hülsenfrüchte u. a.	Erbrechen, Durchfall, allergische Reaktionen der Haut (Nesselsucht) und der Atmungsorgane, Kopfschmerzen
Schimmelpilzallergie	Sporen von Schimmelpilzen	Schnupfen, allergisches Bronchialasthma
Hausstaubmilbenallergie	Kot der Hausstaubmilbe	Schnupfen, asthmatische Beschwerden, Bindehautentzündung, Hautreaktionen
Insektengiftallergie	Gift von Bienen und Wespen	örtliche Reaktionen an der Stichstelle, Nesselsucht, Asthmaanfälle bis zum lebensgefährlichen Schock
Kontaktallergie	z. B. Nickel, Duftstoffe, Reinigungsmittel	Hautrötung und -schwellung, Jucken, Brennen

5.3.4 Schutz vor Infektionskrankheiten

Einen absoluten Schutz vor Infektionskrankheiten gibt es nicht. Krankheitserreger kommen überall in der Umwelt vor und können auf verschiedenen Wegen in den menschlichen Körper eindringen (↗S. 252). Durch verschiedene Maßnahmen kann man der Gefahr einer Infektion vorbeugen.

Vor Reisen in ferne Länder sollte man sich unbedingt über Schutzmaßnahmen informieren.

Vorbeugende Maßnahmen zur Eindämmung von Infektionskrankheiten

Gesunde Lebensführung:	Abhärtung, gesunde Ernährung (↗S. 141), Sport, um die Abwehrkräfte des Körpers zu stärken.
Hygiene:	Sauberkeit und Pflege des eigenen Körpers und der Umgebung, um das Verbreiten von Krankheitserregern zu verhindern.
Impfungen:	Sie werden durchgeführt, um eine Immunität (Widerstandsfähigkeit) gegenüber Krankheitserregern zu erzielen.

Im Kampf gegen Infektionskrankheiten machten sich zwei Wissenschaftler einen Namen, EDWARD JENNER (1749–1823) und IGNAZ SEMMELWEIS (1818–1865). JENNER führte als Erster die Pockenschutzimpfung ein, SEMMELWEIS entdeckte die Ursache des Kindbettfiebers.

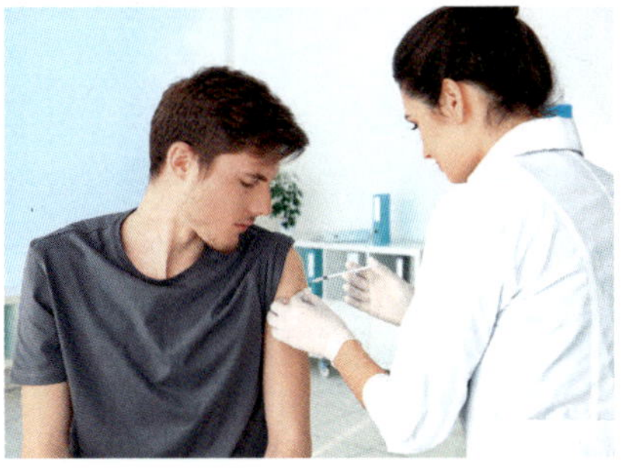

Maßnahmen bei Ausbruch von Infektionskrankheiten

Nicht immer werden im Körper ausreichend Antikörper gebildet, z. B. wenn sich ein Mensch in körperlich schlechtem Zustand befindet. Deshalb ist es notwendig, den erkrankten Körper durch Arzneimittel zu unterstützen.

Antibiotika sind von Mikroorganismen gebildete Wirkstoffe und deren synthetisch herstellbare Abkömmlinge gegen Infektionen durch Bakterien.

ALEXANDER FLEMING (1881–1955) fand 1928 das Antibiotikum Penicillin. Bislang entwickelten Mikrobiologen etwa 2000 Antibiotika, von denen ca. 100 industriell hergestellt werden.

Antibiotika sind Stoffe, die u. a. von bestimmten Pilzen (z. B. Schimmelpilze der Gattung *Penicillium*) gebildet werden und die unmittelbar auf das Wachstum bestimmter Bakterien hemmend wirken. Der Eiweißaufbau in den Bakterien wird verhindert und die Zellwand zerstört. Die Vermehrung der Bakterien wird unterbunden.
Antibiotika dürfen aber nicht zu oft angewendet werden, da sich sonst unempfindliche (resistente) Bakterien herausbilden. Deshalb wird die Suche nach weiteren Antibiotika fortgesetzt.

Infektionskrankheiten – ansteckende Krankheiten

- **Infektionskrankheiten** sind ansteckende Krankheiten mit einem typischen Verlauf. Sie werden von verschiedenen Erregern, Viren, Bakterien, Pilzen, tierischen Einzellern, nach Eindringen in den Körper der befallenen Lebewesen (z. B. Pflanzen, Tiere, Menschen) hervorgerufen. Sie sind übertragbar.

Entstehung und Verlauf einer Infektionskrankheit

Infektion	Inkubationszeit	Krankheit	Immunreaktionen	Genesung
Erreger dringen in den Organismus ein.	Erreger vermehren sich oder geben Giftstoffe (Toxine) ab.	bricht aus.	Unspezifische und spezifische Reaktionen, um Antikörper zu bilden	Körper erholt sich.

Inkubationszeit → **Mobilisierung von Abwehrkräften** → **Immunität**: Krankheit bricht nicht aus.

Genesung → **Immunität**

Immunität und Immunisierung

Immunität ist die Widerstandsfähigkeit des Körpers gegen Krankheitserreger bzw. ihre Gifte und gegen Fremdstoffe.

Durch **Immunisierung** (Impfen) kann die Immunität gegenüber Krankheitserregern erreicht werden.

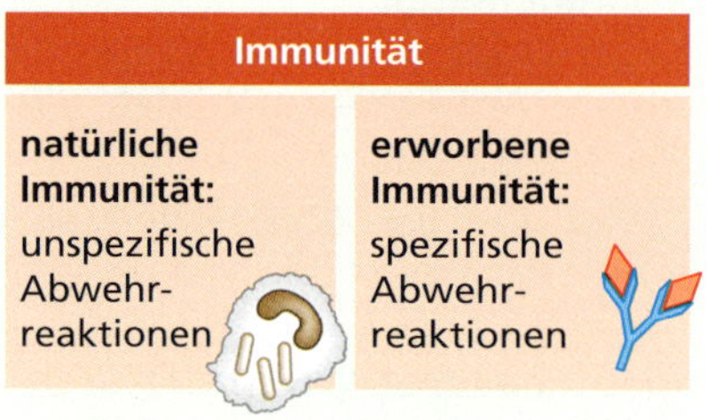

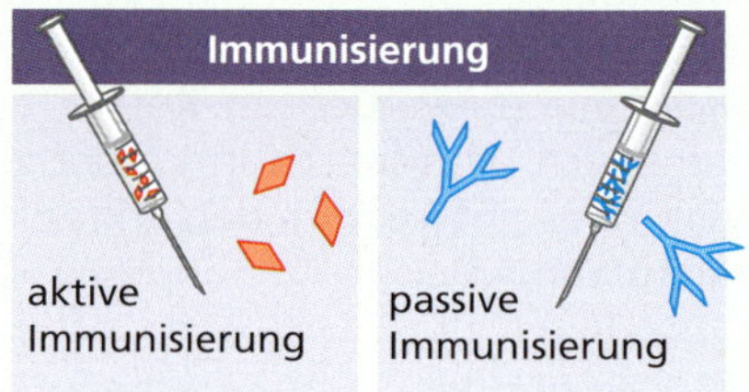

Schutz vor Infektionskrankheiten

- Durch persönliche Maßnahmen wie gesunde Lebensführung, Sauberkeit und Hygiene
- Durch Schutzimpfungen
- Durch Vermeidung der Umweltbelastung mit Schadstoffen

Grundlagen der Genetik 6

6

6.1 Gegenstand der Genetik

Der Begriff Genetik wurde 1906 von WILLIAM BATESON (1861–1926) geprägt. Er leitet sich von dem griechischen Wort *génesis* („Ursprung") ab und lässt sich mit den Begriffen Ursprung, Entstehung, Leben am treffendsten übersetzen.

Die **Genetik** oder **Vererbungslehre** befasst sich sowohl mit den grundlegenden Lebensprozessen, die für die Gleichheit der Merkmale bei Eltern und ihren Nachkommen verantwortlich sind, als auch mit jenen Vorgängen, die verändernd darauf einwirken.

Untersuchungsgegenstand der Genetik sind die scheinbar widersprüchlichen Erscheinungen der **relativen Konstanz** und **Variabilität der Arten** (↗ S. 287). Beide Erscheinungen werden durch die Vererbung realisiert.

Die **Vererbung** ist die Übertragung von Erbmaterial (genetischer Information) auf die Nachkommen.

Die Erscheinung, dass Kinder ihren Eltern ähnlich sind und Tiere und Pflanzen immer artgleiche Nachkommen hervorbringen, hat die Menschen schon seit dem Altertum beschäftigt. Wesentliche Erkenntnisse konnten jedoch erst in den letzten 50 Jahren gewonnen werden.

Voraussetzung für die Gleichheit der Merkmale der Eltern und Nachkommen sind das Vorhandensein von Erbanlagen (Gene, ↗ S. 268), ihre identische Verdopplung und Verteilung bei Kern- und Zellteilungsprozessen (Mitose und Meiose, ↗ S. 269, 271).
Neben diesen Prozessen, die für die **Konstanz der Arten** sorgen, gibt es Möglichkeiten zur Veränderung der Erbsubstanzen und damit auch der Organismen. Solche Veränderungen erfolgen durch **Mutation** und **Rekombination** der Erbanlagen (↗ S. 288).

Die **Genetik** hat sich zu einem umfangreichen Teilgebiet der Biologie entwickelt und ist eng mit anderen biologischen Fachdisziplinen verbunden. So zum Beispiel mit der Pflanzen- und Tierzüchtung, der Medizin, der Zellenlehre (Cytologie), der Biochemie, der Physiologie und der Mikrobiologie.

Die **Tier- und Pflanzenzüchtung** basiert auf Gesetzmäßigkeiten der Genetik mit der allgemeinen Zielstellung, möglichst ertragreiche und gegen Krankheiten widerstandsfähige Sorten zu züchten (↗ S. 284).
Andererseits erbrachte die Tier- und Pflanzenzüchtung die grundlegenden Erkenntnisse für die klassische Genetik.
Pflanzenzucht wurde beispielsweise schon um 883 v. Chr. von den Ägyptern betrieben. Sie wandten die künstliche Bestäubung bei der Zucht von Dattelpalmen an.

6.2 Die zellulären Grundlagen der Vererbung

6.2.1 Die Zelle – Ort der Vererbung

Die Nachkommen von Hunden sind wieder Hunde und die Nachkommen von Fliegen sind wieder Fliegen. Die Anlagen für die spezifischen Merkmale einer Art werden von den Eltern auf die Nachkommen weitergegeben.

Kindern werden von ihren Eltern Informationen zur Ausbildung ihrer Merkmale vererbt. Diese Informationen müssen zunächst in den Geschlechtszellen enthalten sein, denn aus dem Verschmelzungsprodukt, der Zygote, entwickelt sich das neue Individuum.

Vererbung (die Weitergabe der Erbanlagen für die Artmerkmale und die individuellen Merkmale eines Organismus) wird über die Zellen vermittelt.

> Vererbung und Fortpflanzung sind an die Zelle gebunden.
> **Fortpflanzung** (↗S. 224) ist die Fähigkeit der Lebewesen, Nachkommen zu erzeugen.
> **Vererbung** ist die Weitergabe genetischer Informationen von der Mutterzelle zur Tochterzelle.

Die Erhaltung der Artmerkmale und der individuellen Merkmale eines Organismus ist nur im Zusammenhang mit seiner Fortpflanzung möglich. Bei der geschlechtlichen Fortpflanzung vereinen sich die Geschlechtszellen zur befruchteten Eizelle (Zygote, ↗S. 226) und entwickeln sich dann zu einem neuen arttypischen Lebewesen (Nachkommen mit den genetischen Informationen und den Merkmalen des Vaters und der Mutter).

Auch einzelne Zellen geben ihre Erbanlagen für Merkmale durch Teilung auf die Tochterzellen weiter. So entstehen bei der Teilung von Hautzellen wieder Hautzellen oder aus Muskelzellen wieder Muskelzellen.

Weitergabe der Erbinformation bei der geschlechtlichen Fortpflanzung

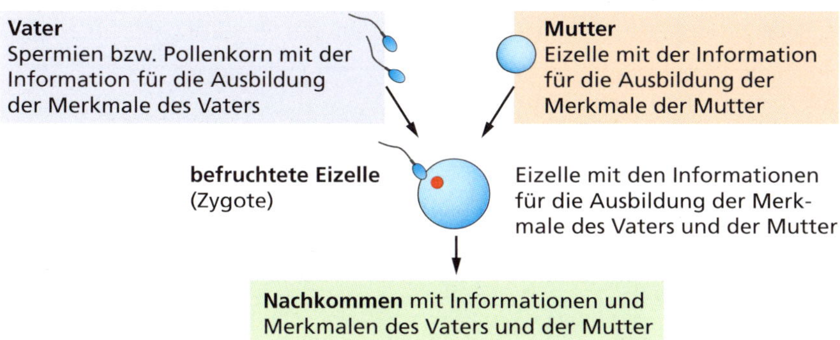

6.2.2 Die Bedeutung des Zellkerns für die Vererbung

Bau des Zellkerns

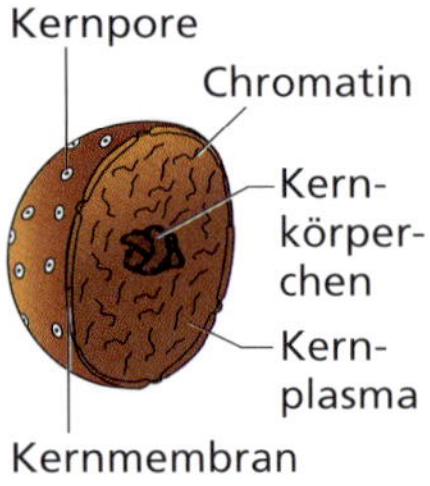

Der **Zellkern** hat eine zentrale Bedeutung für die Vererbung, da sich in ihm die Chromosomen, Träger der Erbinformationen, befinden.

Die Rolle des Zellkerns bei der Vererbung lässt sich an den **Transplantationsexperimenten** mit der einzelligen, bis 10 cm großen und im Mittelmeer vorkommenden Schirmalge *Acetabularia* erkennen. Die in Schirm und Stiel gegliederten Algen sitzen mit einem wurzelähnlichen Haftorgan, dem Rhizoid, das auch den Zellkern trägt, am Boden fest.
Die beiden Arten *Acetabularia mediterranea* (a) und *Acetabularia wettsteinii* (b) unterscheiden sich durch die Größe und Kammerung ihres Hutes. Pfropft man z. B. den kernlosen Stiel von *Acetabularia mediterranea* auf das kernhaltige Rhizoid von *Acetabularia wettsteinii,* so bildet die Pflanze später den kleineren Hut von *Acetabularia wettsteinii* aus. Auch das umgekehrte Experiment beweist, dass die Form des Hutes durch den Zellkern festgelegt wird.

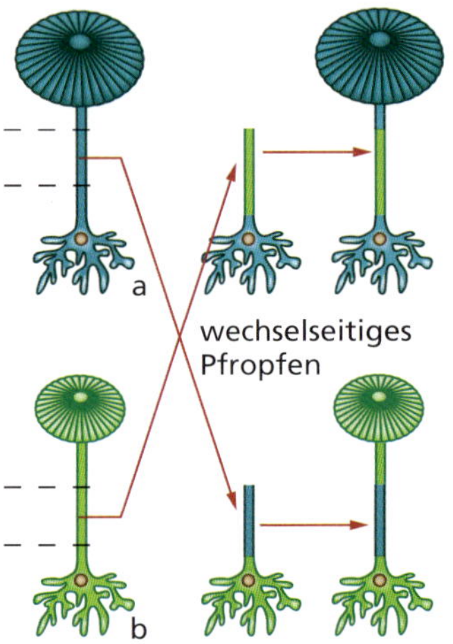

ROBERT BROWN (1773–1858) war ein schottischer Botaniker. Mit der Entdeckung des Zellkerns schuf er eine wichtige Grundlage für die Zelltheorie.

Die **Zygote** enthält, wie jede andere Körperzelle auch, die gesamte und von beiden Eltern weitergegebene Erbinformation.

Das Verfahren zur **Zellkerntransplantation** wurde 1968 erstmals von JOHN GURDON durchgeführt.

Die Eizellen des *Afrikanischen Krallenfrosches (Xenopus laevis)* beispielsweise wurden durch UV-Bestrahlung „entkernt". Ihnen wurden die Zellkerne aus dem Darmepithel der Kaulquappe implantiert. Aus den so behandelten Eizellen entwickelten sich Frösche, die mit den Spendertieren erbgleich waren. Nach einem vergleichbaren Verfahren wurde auch das Schaf **Dolly** gezüchtet. Dolly stammt aus dem Zellkern einer Euterzelle (1. Mutter), der in die Eizelle eines anderen Schafes (2. Mutter) implantiert wurde und von einem Schaf einer anderen Klasse (3. Mutter) ausgetragen worden ist.

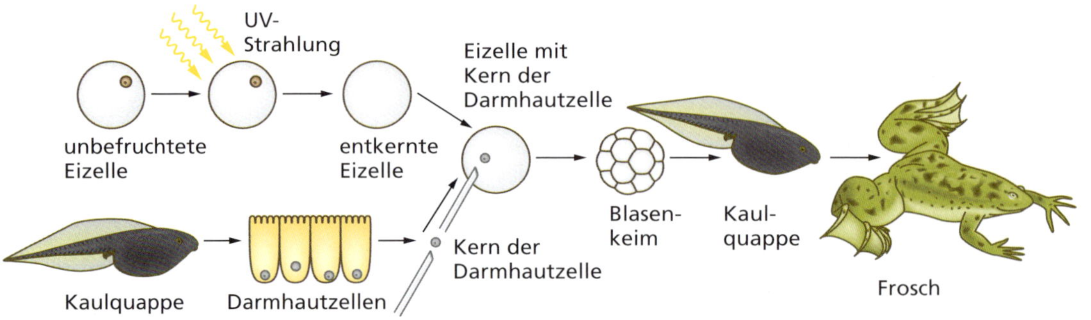

6.2.3 Die Chromosomen – Träger der Erbinformation

Chromosomen sind fädige Strukturen, die meist im Zellkern von Zellen vorliegen. Sie sind Träger der Erbanlagen (Gene) und steuern in dieser „Arbeitsform" alle Lebensprozesse. Das genetische Material der Chromosomen wird von Nucleinsäuren (Kernsäuren, ↗S. 273) gebildet.

1880 wurden in Zellen von teilungsfähigem Gewebe stark anfärbbare, fadenförmige Gebilde, die Chromosomen, entdeckt. CARL E. CORRENS (1864–1933) vermutete bereits 1900, dass die Chromosomen die Erbträger seien. 1903 begründeten der Deutsche THEODOR BOVERI (1862–1915) und der Amerikaner WALTER S. SUTTON (1877–1916) unabhängig voneinander die Chromosomentheorie der Vererbung.

Während der Kern- und Zellteilung tritt die Erbinformation in ihrer Transportform, den Chromosomen, auf. Sie sind durch Spiralisation des Erbmaterials stark verkürzt und dadurch mikroskopisch gut sichtbar.
Die **Chromosomentheorie** der Vererbung sagt aus, dass die Chromosomen die stofflichen Träger der Erbanlagen sind. Die Erbanlagen nennt man **Gene** (↗S. 268). Sie sind in linearer Reihenfolge in den Chromosomen angeordnet.

Bau eines Chromosoms

Jedes Chromosom besteht aus zwei **Chromatiden,** die an dem Centromer miteinander verbunden sind. Anzahl **(Chromosomenzahl),** Größe und Form der Chromosomen sind *artspezifisch.* Die Gesamtheit der Chromosomen einer Zelle ist der **Chromosomenbestand.** Gleichen sich je zwei Chromosomen in Größe und Form, sind es **homologe Chromosomen,** sie können **Chromosomenpaare** bilden.
Die Gesamtheit der artspezifischen Chromosomenpaare im Zellkern von Körperzellen bzw. der Einzelchromosomen im Zellkern von Keimzellen bildet den **Chromosomensatz.**
Die Körperzellen gehen aus einer befruchteten Eizelle (Zygote) hervor, besitzen väterliche und mütterliche Erbanlagen. Sie verfügen über einen doppelten Chromosomensatz, sie sind **diploid.** Die Geschlechtszellen (Keimzellen) besitzen nur einen einfachen Chromosomensatz, sie sind **haploid.**

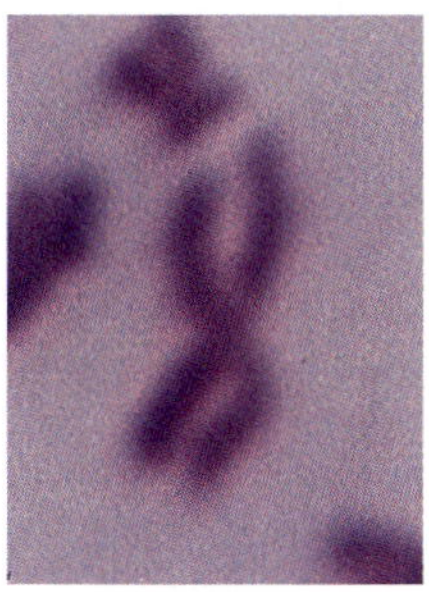

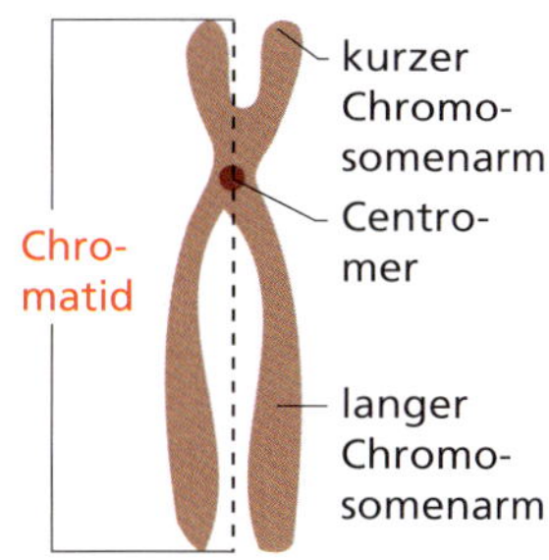

Organismus	Chromosomenzahl	
	in Körperzellen (diploid)	in Geschlechtszellen (haploid)
Sonnenblume	34	17
Kartoffel	48	24
Taufliege	8	4
Karpfen	104	52
Schwein	40	20
Mensch	46	23

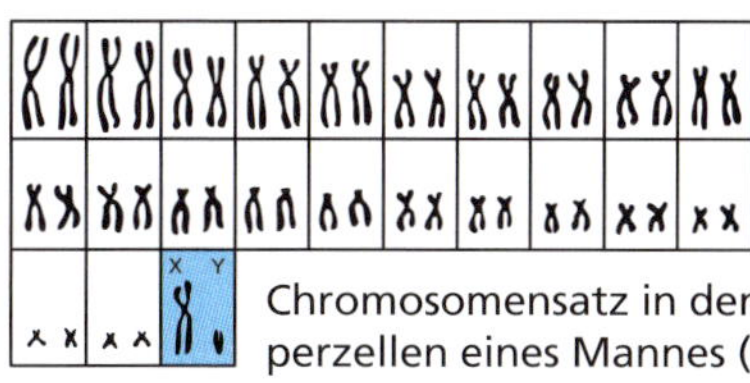

Chromosomensatz in den Körperzellen eines Mannes (diploid)

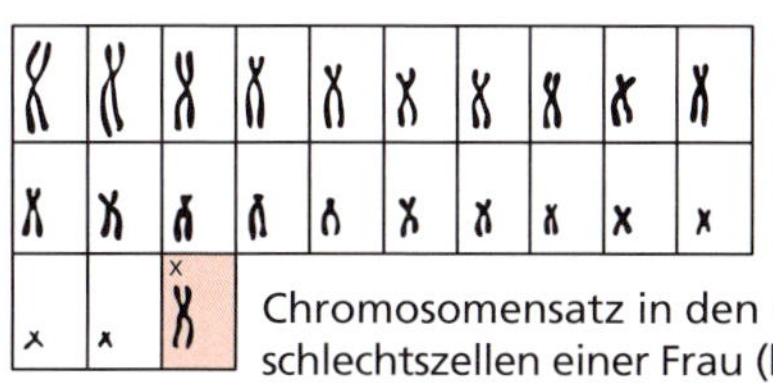

Chromosomensatz in den Geschlechtszellen einer Frau (haploid)

Gemäß der **Pariser Nomenklatur** von 1971 werden die Chromosomen in einem **Karyogramm** standardisiert angeordnet.

Die Zusammensetzung des 23. Chromosomenpaars entscheidet über das spätere Geschlecht der Nachkommen (männlich oder weiblich).

Chromosomenkarte (Karyogramm) einer Körperzelle des Menschen

Chromosomen können aus stark vergrößerten Mikrofotos herausgeschnitten werden. Werden sie nun nach Form und Größe geordnet, erhält man eine **Chromosomenkarte,** ein **Karyogramm** („Kernbild").
In diesem werden die homologen Chromosomenpaare von 1 bis 22 durchnummeriert und zu sieben Gruppen mit den Kennbuchstaben A bis G zusammengefasst (↗ Abb.).
Diese 44 Chromosomen sind **Körperchromosomen** (Autosomen). Das 23. Chromosomenpaar sind **Geschlechtschromosomen** (Gonosomen; XX = weiblich, XY = männlich).

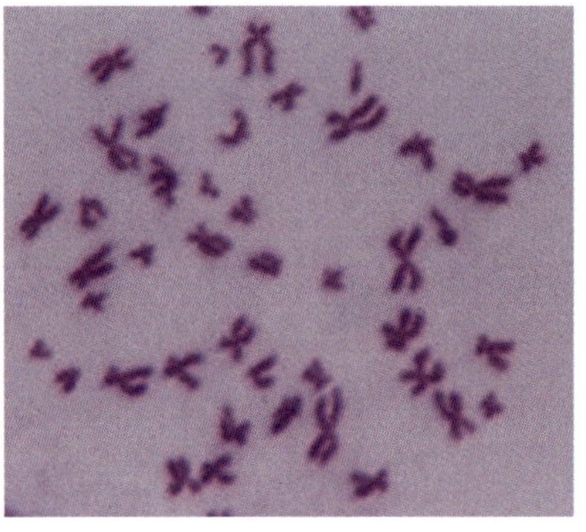

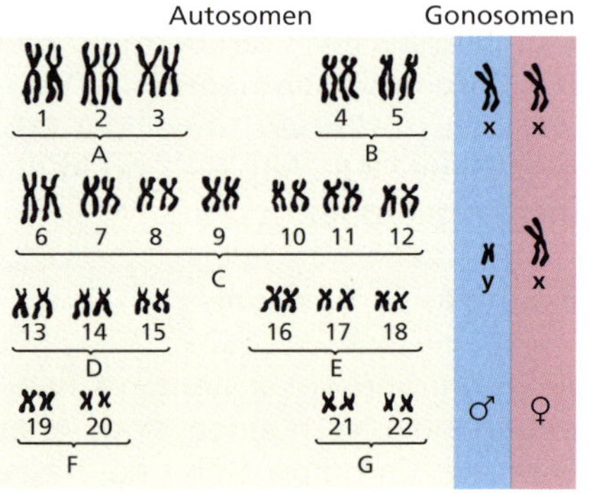

6.2.4 Gene

Das Gen für die **Erbkrankheit Mukoviszidose** (Drüsenfehlfunktion) liegt beim Menschen auf dem Chromosomenpaar Nr. 7.

Gene (Erbanlagen) sind als spezifische Bereiche auf den Chromosomen identifizierbar. Sie sind auf den Chromosomen linear angeordnet, wobei jedes Gen einen ganz bestimmten Platz (Genort, Genlocus) belegt. Sie bestimmen die Ausbildung spezifischer Merkmale. Sie sind die Träger der Erbinformation.

Die Reihenfolge der Gene auf den Chromosomen kann in **genetischen Karten** erfasst werden.

In jedem Chromosom eines Paars befinden sich die Erbanlagen für ein Merkmal immer an der gleichen Stelle. Aufgrund der paarigen Chromosomen ist die Erbinformation immer doppelt vorhanden.

Anordnung von Erbanlagen

Auf dem Chromosomenpaar 1 liegen die Erbanlagen für die Vererbung des Rh-Faktors, auf dem Chromosomenpaar 9 befinden sich Bereiche, die für die Blutgruppenvererbung verantwortlich sind.

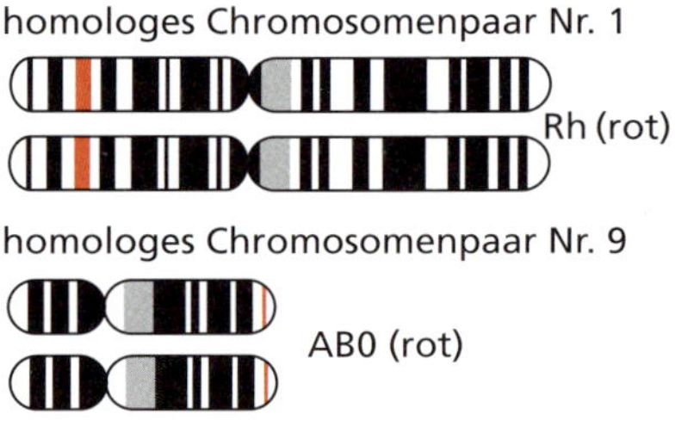

Die Gesamtheit aller Gene eines Individuums bezeichnet man als **Genom.**

6.2.5 Allele

Allele oder **allele Gene** sind zwei verschiedene Versionen (Zustandsformen) eines Gens, die auf homologen Chromosomen (Chromosomenpaaren) den gleichen Ort einnehmen (↗ Abb.).

Die Allele eines Gens bewirken die Ausprägung desselben Merkmals im Erscheinungsbild, z. B. Farbe der Erbsensamen. Dieses Merkmal kann in verschiedenen Versionen im Erscheinungsbild auftreten, z. B. gelb oder grün. Welches Allel eines Gens im Erscheinungsbild das Merkmal ausbildet, hängt davon ab, ob es merkmalsbestimmend (dominant) oder unterlegen (rezessiv) ist.

Homologes Chromosomenpaar Nr. 2

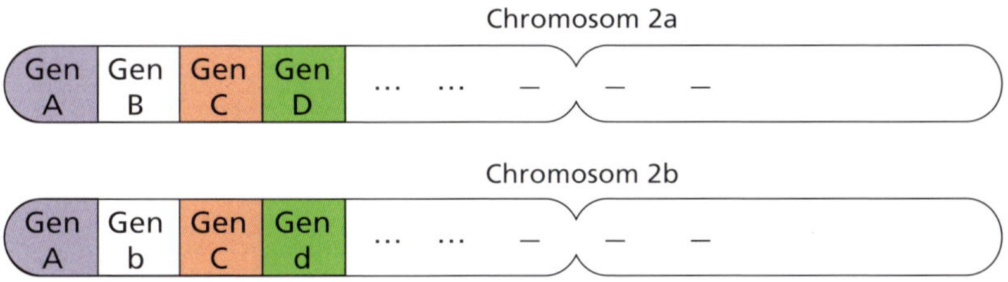

Allele sind A/A, **B/b**, C/C und D/d

Sind die Allele eines Chromosomenpaares für die Ausbildung eines Merkmals gleich (z. B. Farbe der Erbse: Chromosom 2a Gen A = gelb; Chromosom 2b Gen A = gelb), ist der Organismus in Bezug auf dieses Gen (A, A) **reinerbig** oder **homozygot** (↗ S. 280).
Sind die Allele eines Chromosomenpaares für die Ausbildung eines Merkmals verschieden (z. B. Form der Erbse: Chromosom 2a Gen B = glatt; Chromosom 2b Gen b = runzlig), ist der Organismus in Bezug auf dieses Gen (B, b) **mischerbig** oder **heterozygot** (↗ S. 280).

6.2.6 Mitose

Die **Mitose** ist die Form der Kernteilung mit anschließender Zellteilung der Körperzellen, in deren Ergebnis aus einer Mutterzelle zwei genetisch identische Tochterzellen hervorgehen. Mitotische Kern- und anschließende Zellteilungen finden in den Körperzellen statt.

Die genetischen Informationen werden von einer Zellgeneration gleichmäßig auf die nächste Zellgeneration weitergegeben. Die Mitose tritt bei der Teilung von Körperzellen auf. Sie verläuft in mehreren Phasen (↗ S. 270).
Der Zeitabschnitt zwischen zwei Zell- und Kernteilungen ist die **Interphase.** In der Interphase liegen die Chromosomen entspiralisiert vor. In ihr erfolgt die Verdopplung der DNS (DNA, ↗ S. 274).

Der **Zellzyklus** besteht aus der Interphase und der Mitose.
Die Mitose wird während der Interphase durch eine Verdopplung der Erbsubstanz vorbereitet. Die verdoppelte Erbsubstanz wird dann durch die Mitose wieder halbiert und gleichmäßig auf die Tochterzellen verteilt. Dadurch ist gewährleistet, dass Mutter- und Tochterzellen genetisch identisch sind und dieselben Bau- und Funktionsmerkmale besitzen.

Phasen der Mitose	
Prophase	**Metaphase**
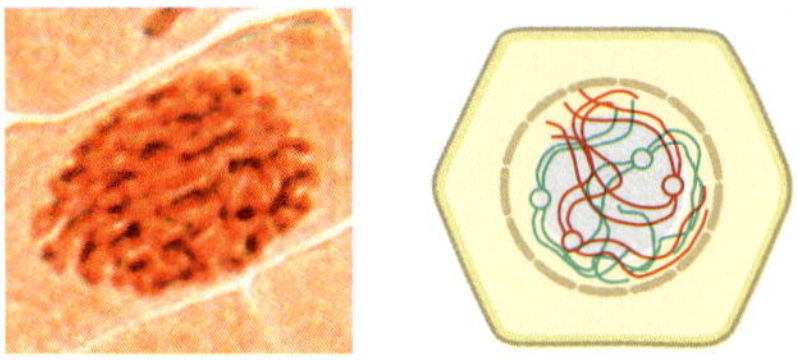	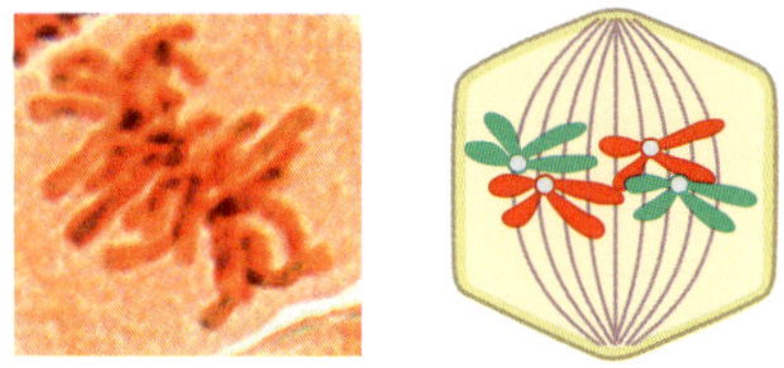
Durch die Spiralisierung der Chromatinfäden werden die 2-Chromatid-Chromosomen gut sichtbar. Die Kernmembran löst sich auf.	Das Kernkörperchen teilt sich und bildet den Spindelapparat. Die 2-Chromatid-Chromosomen ordnen sich in der Äquatorialebene an.
Anaphase	**Telophase**
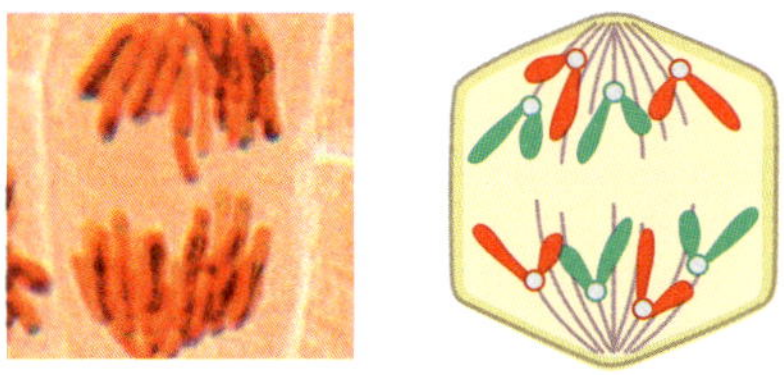	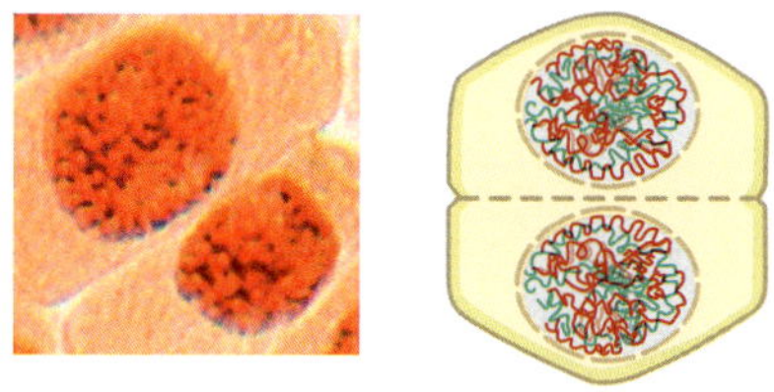
Die 2-Chromatid-Chromosomen trennen sich in je zwei 1-Chromatid-Chromosomen. Diese werden mithilfe der Spindelfasern zu den Polen gezogen. An jedem Pol befindet sich ein vollständiger Satz an 1-Chromatid-Chromosomen.	Der Spindelapparat löst sich auf. An den Polen erhalten die 1-Chromatid-Chromosomen eine Kernmembran. Es bilden sich zwei identische Tochterkerne aus. Eine Plasmamembran wird gebildet. Durch Teilung der Mutterzelle entstehen zwei identische Tochterzellen.

Bedeutung der Mitose

Die **Mitose** dient der Realisierung verschiedener Lebensfunktionen. Sie ist z. B. Voraussetzung für Wachstum und Entwicklung der Organismen. Die ungeschlechtliche Fortpflanzung bei Bakterien, Einzellern, Polypen und auch bei höheren Pflanzen basiert auf Mitose.

▶ Zellkulturen sind ein wichtiges Instrument der **Gentechnik** (Gentechnologie ↗ S. 294). So kann man in das Erbmaterial isolierter Zellen Fremd-DNA einführen und die daraus gezüchteten transgenen Pflanzen zur Produktion bestimmter Stoffe, z. B. **Insulin,** anregen.

Beim Regenwurm und der Planarie z. B. können verletzte Körperteile durch mitotische Kern- und anschließende Zellteilungen regeneriert (erneuert) werden. Durch Mitose erfolgt auch das Zellteilungswachstum (↗ S. 243) bei Pflanzen und Tieren.

Praktische Anwendungen der Mitose

In der land- und forstwirtschaftlichen sowie gärtnerischen Praxis und der Forschung nutzt man die Kenntnisse über die ungeschlechtliche Fortpflanzung durch Mitose zur Anlage pflanzlicher, tierischer und menschlicher Zell- und Gewebekulturen und damit auch für das therapeutische **Klonen** (↗ S. 295).

In-vitro-Vermehrung von Pflanzen

Auch das ist eine Form der **Klonierung.** Sie erfolgt auf der Grundlage der Mitose. Diese durch **Zellkulturtechnik** bewirkte Vermehrung von Pflanzen ist unabhängig von Witterungseinflüssen und ist durch wesentlich höhere Vermehrungsraten herkömmlichen Verfahren weit überlegen.

Alle genetisch gleichen Nachkommen, die aus einem Elter hervorgegangen sind, bilden einen **Klon.**

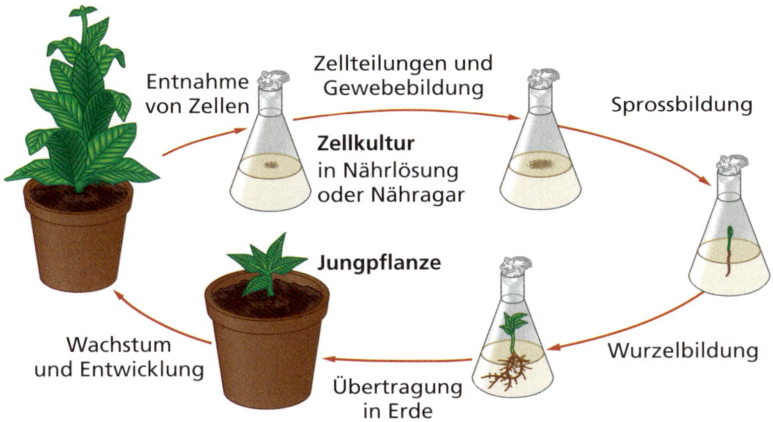

Das Verfahren der In-vitro-Kultur ist auch Grundlage für das therapeutische Klonen (↗ S. 295).

Zucht und Vermehrung hochleistungsfähiger Rinderrassen

Hier wendet man ebenfalls das Prinzip der **Klonierung** an. Das Ziel der Klonierung besteht darin, möglichst viele Nachkommen mit hervorragenden Leistungsvoraussetzungen zu erhalten.

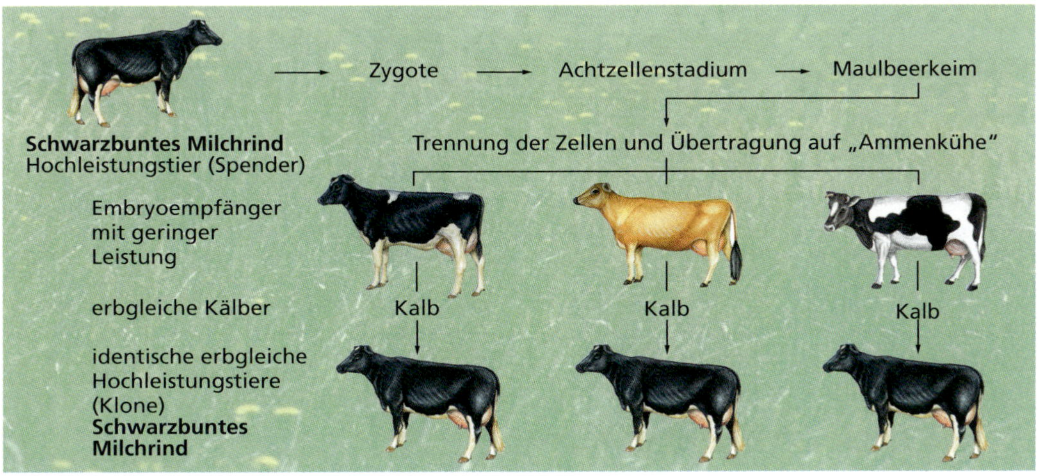

6.2.7 Meiose

Die **Meiose** ist die Form der Kern- mit anschließender Zellteilung, bei der aus einer diploiden Mutterzelle vier nicht erbgleiche haploide Tochterzellen entstehen. Die Meiose tritt bei der Bildung von Geschlechtszellen auf. Durch die Meiose wird die artspezifische Chromosomenzahl bei der geschlechtlichen Fortpflanzung erhalten.

Phasen der Meiose

1. Reifeteilung (Reduktionsteilung)

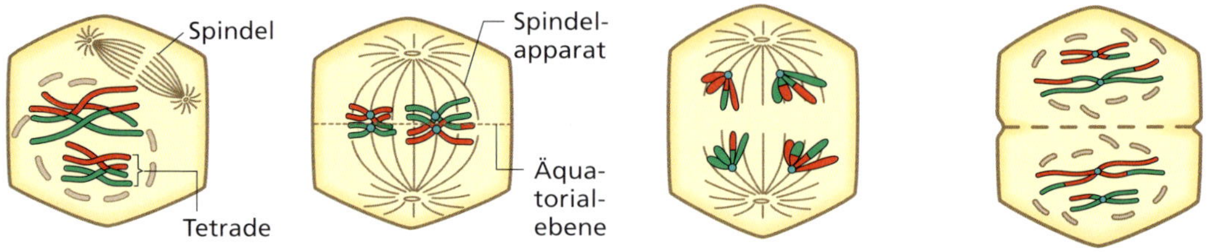

Prophase 1
Die Kernmembran der diploiden Zelle löst sich auf.
Homologe 2-Chromatid-Chromosomen legen sich aneinander, sie paaren sich (Tetraden). Es kann zum Austausch von Erbmaterial kommen (Crossing-over).

Metaphase 1
Die Kernmembran ist aufgelöst.
Ausbildung der Kernspindel. Die Tetraden ordnen sich in der Äquatorialebene an.

Anaphase 1
Homologe 2-Chromatid-Chromosomen werden getrennt und jeweils zu unterschiedlichen Polen gezogen. Die Verteilung der väterlichen und mütterlichen Chromosomenpaare erfolgt rein zufällig. Das Erbmaterial der Eltern wird durch die Chromosomenwanderung umverteilt.

Telophase 1
Die 2-Chromatid-Chromosomen werden von einer Kernmembran umgeben. Jeder Kern besitzt einen haploiden Chromosomensatz. Es folgt eine Zellteilung in zwei Tochterzellen.

2. Reifeteilung (Äquationsteilung, mitotische Teilung)

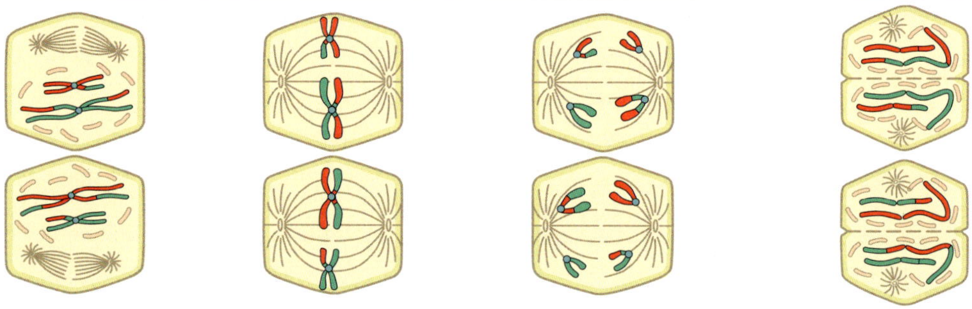

Prophase 2
2-Chromatid-Chromosomen verkürzen sich in beiden Zellen, Kernmembranen lösen sich auf.

Metaphase 2
Tochterzellen bilden neue Kernspindeln aus. Anordnung der 2-Chromatid-Chromosomen in der Mitte der Zelle in der Äquatorialebene.

Anaphase 2
Trennung der 2-Chromatid-Chromosomen in je zwei 1-Chromatid-Chromosomen, Wanderung der 1-Chromatid-Chromosomen zu den Zellpolen.

Telophase 2
Bildung neuer Kern- und Plasmamembranen, Entstehung von 4 haploiden Tochterzellen mit unterschiedlichen Erbinformationen.

Bedeutung der Meiose

▶ Neukombination von Erbanlagen durch Überkreuzung **(Crossing-over)** der Chromatiden in der Prophase 1

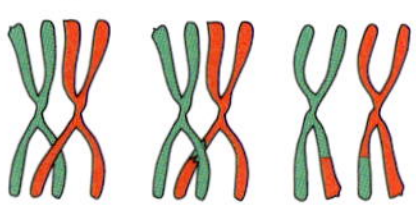

> Durch **Meiose** kommt es zur Bildung genetisch unterschiedlicher Keimzellen (Samen- und Eizellen) für die geschlechtliche Fortpflanzung bedingt durch die Umverteilung (Neukombination) von Erbmaterial.

Die **Neukombination von Erbmaterial** (↗ S. 308) erfolgt sowohl durch die Verteilung ganzer homologer Chromosomen als auch durch den Stückaustausch zwischen den homologen Chromosomen in der Prophase 1.

6.3 Molekulare Grundlagen der Vererbung

6.3.1 Nucleinsäuren

Nucleinsäuren sind hochmolekulare organische Verbindungen, die in allen Zellkernen vorkommen. Nach ihrer chemischen Zusammensetzung werden Desoxyribonucleinsäure (DNA/DNS) und Ribonucleinsäure (RNA/RNS) unterschieden. Die Nucleinsäuren sind aus vielen Nucleotiden aufgebaut. Jedes **Nucleotid** besteht aus drei chemischen Komponenten: einem Zucker (Ribose oder Desoxyribose), einem Phosphorsäurerest und einer stickstoffhaltigen organischen Base.

Die beiden Wissenschaftler JAMES D. WATSON und FRANCIS H. C. CRICK erbrachten besondere Leistungen bei der Erforschung der Struktur der Erbanlagen. 1953 stellten sie das Doppelhelixmodell der DNA vor. Sie erhielten für ihre Arbeiten 1962 den Nobelpreis.

Desoxyribonucleinsäure (DNS/DNA)

Die **DNA (DNS)** ist ein Makromolekül, dessen Bausteine Phosphorsäurereste, der Zucker Desoxyribose und die organischen Basen Adenin (A), Thymin (T), Guanin (G) und Cytosin (C) sind. Die Struktur der DNA wird durch den spezifischen Zusammenbau dieser Komponenten bewirkt, die als Einheit Nucleotid genannt werden.

Diese Aufeinanderfolge heißt **Nucleotidsequenz (Basensequenz).** Die DNA bildet einen **Doppelstrang** (DNA-Doppelhelix), in dem sich die Basen A und T sowie C und G gegenüberstehen und durch Wasserstoffbrücken miteinander verbunden sind. Der Doppelstrang ist in sich spiralig verdreht, wie eine Wendeltreppe, deren Stufen die organischen Basen bilden. Durch die Aufeinanderfolge der Nucleotide ist in der DNA die Erbinformation gespeichert (genetischer Code, ↗S. 275).

Organische Basen der DNA

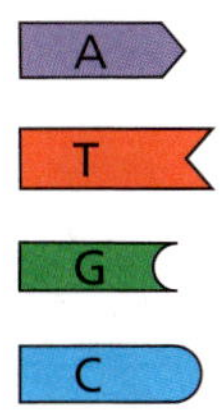

Adenin

Thymin

Guanin

Cytosin

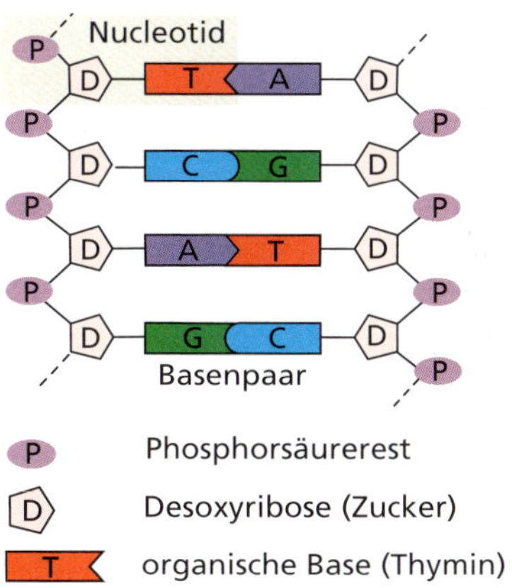

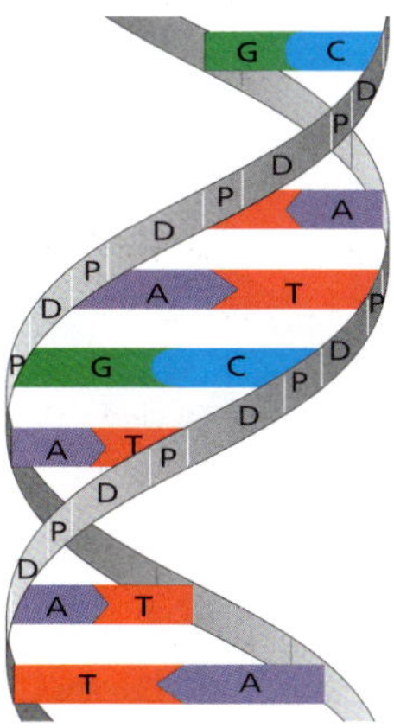

Ribonucleinsäure (RNA/RNS)

Ribonucleinsäuren sind Makromoleküle, deren Bausteine Phosphorsäurereste, der Zucker Ribose (R) und die organischen Basen Adenin (A), Uracil (U), Guanin (G) und Cytosin (C) sind. Sie befinden sich im Zellkern, im Zellplasma und in den Ribosomen.

Die RNA unterscheidet sich von der DNA dadurch, dass sie **Ribose** als Zucker und anstelle von Thymin **Uracil** als Base besitzt. Sie kommt meist als Einzelstrang vor.

6

Es werden drei RNA-Formen mit unterschiedlichen Funktionen unterschieden.

Formen	Funktionen
mRNA (Boten-RNA)	„Abschreiben" der genetischen Information von der DNA und Transport der Botschaft zu den Ribosomen (Transkription, ↗S. 276)
rRNA (Ribosomen-RNA)	Bestandteil der Ribosomen (↗S. 276)
tRNA (Transfer-RNA)	Bindung spezifischer Aminosäuren im Zellplasma und Transport zu den Ribosomen (Translation, ↗S. 276)

6.3.2 Identische Replikation (Verdopplung) der DNA

Zur Klärung des Grundschemas der Replikation der DNA führten M. MESELSON und F. STAHL ein entscheidendes Experiment durch. Es heißt seitdem das **Meselson-Stahl-Experiment.**

Im Ergebnis der Mitose erhalten die beiden Tochterzellen identische Chromosomen (1-Chromatid-Chromosomen). Um daraus wieder 2-Chromatid-Chromosomen herzustellen, müssen die 1-Chromatid-Chromosomen verdoppelt werden. Dies erfolgt in der Interphase des Zellzyklus zwischen zwei Mitosen (↗S. 270). Dabei wird die gesamte im Zellkern enthaltene DNA vor der Zellteilung verdoppelt.

Die **identische Replikation** (identische Reduplikation) ist die Verdopplung der DNA (DNS). Dabei wird ein DNA-Doppelstrang (Elternstrang) mithilfe von Enzymen in zwei Einzelstränge, die als Matrizen für die Bildung neuer Doppelstränge dienen, gespalten.

Die Einzelstränge werden durch **komplementäre Basenpaarung** (A zu T, C zu G, T zu A, G zu C) unter Einwirkung von Enzymen zu zwei neuen identischen Doppelsträngen (Tochtersträngen) ergänzt.

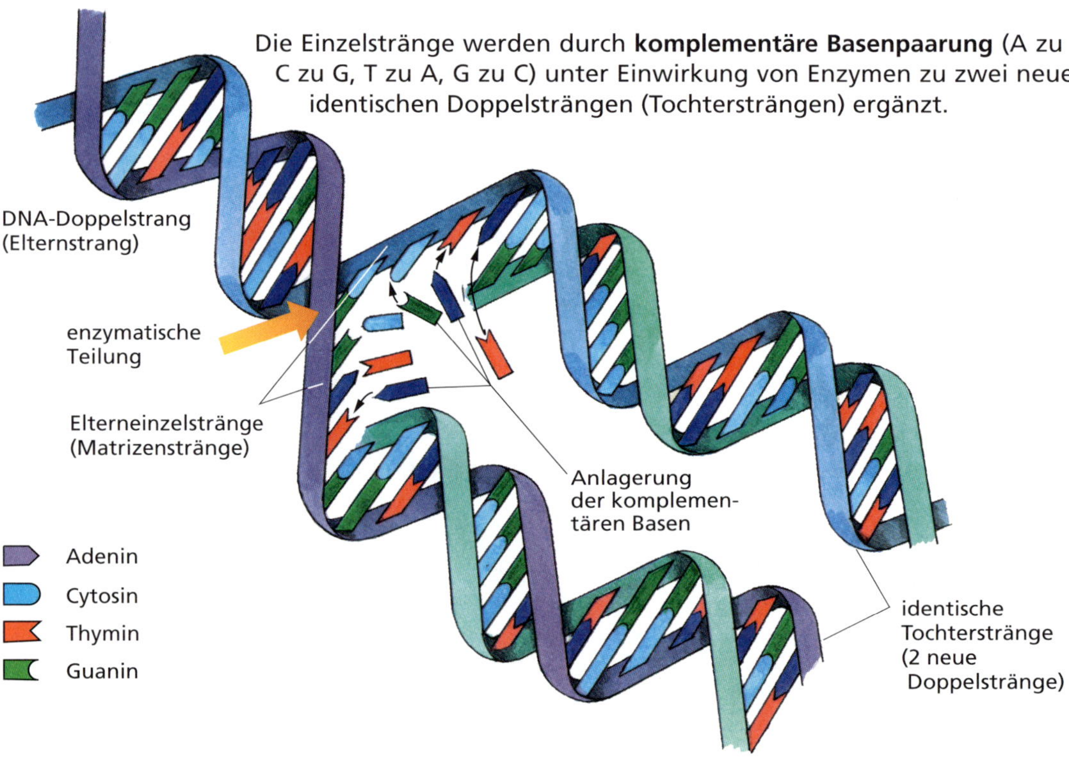

6.3.3 Der genetische Code

Der **genetische Code** ist die Verschlüsselung der genetischen Information für die Eiweißsynthese in der DNA und RNA. Er ist die besondere (jeweils spezifische) Aufeinanderfolge von Nucleotiden in der DNA und RNA, durch die die Aufeinanderfolge (Reihenfolge) der verschiedenen Aminosäuren in dem entsprechenden Eiweißmolekül festgelegt (verschlüsselt/codiert) wird.

▶ Die Wissenschaftler M. NIRENBERG und H. MATTHAEI führten erste Untersuchungen zur Erforschung des genetischen Codes durch.

Am Aufbau der Proteine (Eiweiße) sind 20 verschiedene Aminosäuren beteiligt. Jede der 20 Aminosäuren wird durch die Kombination von jeweils **drei** der vier organischen Basen der DNA (↗ S. 273) dargestellt **(codiert).** Der genetische Code wird deshalb als **Triplett-Code** bezeichnet.

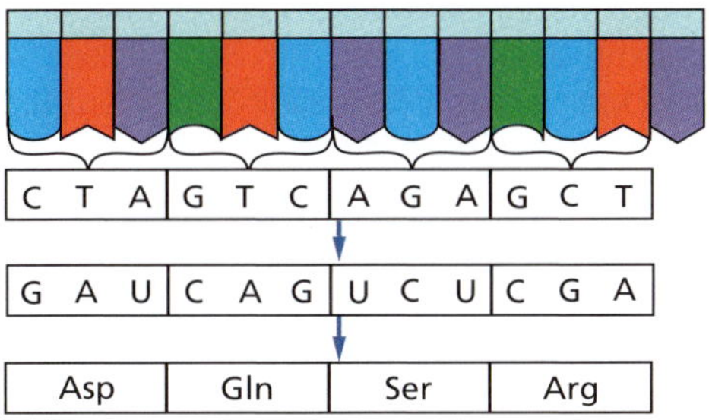

DNA-Einzelstrang mit durch die Nucleotidsequenz verschlüsselter Information

Tripletts der DNA

Tripletts der mRNA

codierte Aminosäuren (Proteinbausteine)

Durch Untersuchungen an verschiedenen Organismen konnte nachgewiesen werden, dass, von ganz seltenen Ausnahmen abgesehen, alle Organismen dieselben **Codons** (Bezeichnung für Basentriplett) für die Verschlüsselung einer Aminosäure benutzen. Der genetische Code ist **universell,** d. h., vom kleinsten Mikroorganismus bis zum hochkomplexen Säugetier wird die genetische Information nach dem gleichen Prinzip verschlüsselt. Für die Gentechnik ist diese Eigenschaft bedeutungsvoll.

■ Durch diese „Programmiersprache" wurde es möglich, Codetabellen aufzustellen.
Eine gebräuchliche Form ist die sogenannte **Code-„Sonne"**. Sie ermöglicht es, von einer bestimmten Reihenfolge der DNA-Nucleotide auf die Aminosäurenfolge eines Eiweißes zu schließen und umgekehrt. Die **Code-„Sonne"** zeigt die Verschlüsselung der 20 Aminosäuren durch die entsprechenden Nucleotidtripletts der m-RNA. Sie muss von innen nach außen gelesen werden. Ganz außen stehen die Abkürzungen der Aminosäure, die durch das entsprechende Triplett codiert ist.

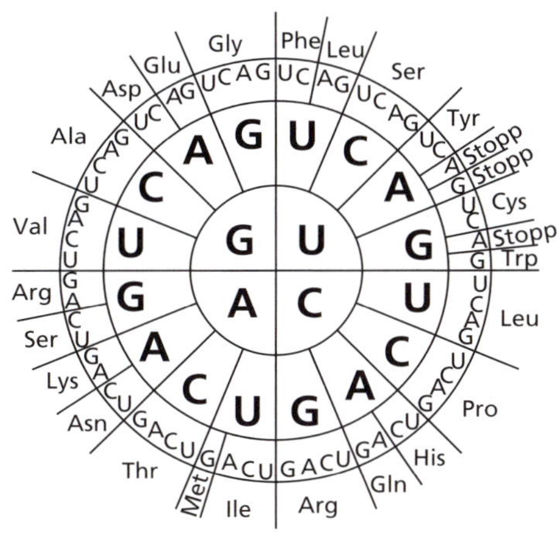

▶ Abkürzungen und Namen der wichtigsten Aminosäuren:

Gly = Glycin
Ala = Alanin
Val = Valin
Leu = Leucin
Ile = Isoleucin
Pro = Prolin
Phe = Phenylalanin
Cys = Cystein
Met = Methionin
Ser = Serin
Thr = Threonin
Tyr = Tyrosin
Asn = Asparagin
Gln = Glutamin
Try = Tryptophan
Asp = Asparaginsäure
Glu = Glutaminsäure
Lys = Lysin
Arg = Arginin
His = Histidin

Viele der 20 Aminosäuren können über verschiedene Tripletts in gleicher Weise codiert werden.

6.4 Vom Gen zum Merkmal

6.4.1 Realisierung der Erbinformation

Die **Eiweißsynthese** verläuft bei Lebewesen, die einen echten Zellkern (Eukaryoten) besitzen, anders als bei Lebewesen, deren DNA ohne begrenzende Kernmembran in das Zellplasma eingelagert ist (Prokaryoten). Dazu gehören z. B. Bakterien.

Die **Realisierung der Erbinformation** erfolgt in mehreren Teilprozessen im Zellkern und in der Zelle bis zum Aufbau von Eiweißen **(Eiweißsynthese/ Proteinbiosynthese).** Dabei übernimmt die RNA wichtige Funktionen.
Im **ersten Teilprozess (Transkription)** wird die genetische Information der DNA im Zellkern durch die RNA „umgeschrieben" und als Botschaft zu den Ribosomen im Zellplasma transportiert. Deshalb wird diese RNA auch als **Boten-** oder **messenger-RNA (mRNA)** bezeichnet. Die mRNA kann als Einzelstrang von Nucleotiden den Zellkern verlassen und wandert mit der abgeschriebenen Information zu einem **Ribosom** im Zellplasma (↗ Abb. 1/2). Am Ribosom wird die Botschaft der mRNA durch **tRNA** in eine Aminosäuresequenz übersetzt **(Translation).** In dem tRNA-Molekül befindet sich ein Basen-Triplett, das sich mit einem komplementären *Codon* der mRNA verbinden kann. Das Triplett der tRNA wird daher auch *Anticodon* genannt. Jede tRNA kann je nach Art ihres Anticodons nur eine bestimmte Aminosäure im Zellplasma binden und zum Ribosom transportieren. Entsprechend der Nucleotidfolge der mRNA lagern sich die tRNA-Tripletts an die mRNA an. Die Aminosäuren, die die tRNA-Moleküle mitbringen, verbinden sich zu Polypeptidketten und diese zu Eiweißmolekülen (↗ Abb. 3/4).

Ablauf der Eiweißsynthese

1 Transkription der Erbinformation im Zellkern von der DNA auf die RNA

2 Wanderung der mRNA aus dem Zellkern zum Ribosom im Zellplasma

3 Bindung der Aminosäuren an tRNA im Zellplasma

4 Anlagerung der tRNA-Tripletts an die mRNA zur Bildung der Eiweißmoleküle

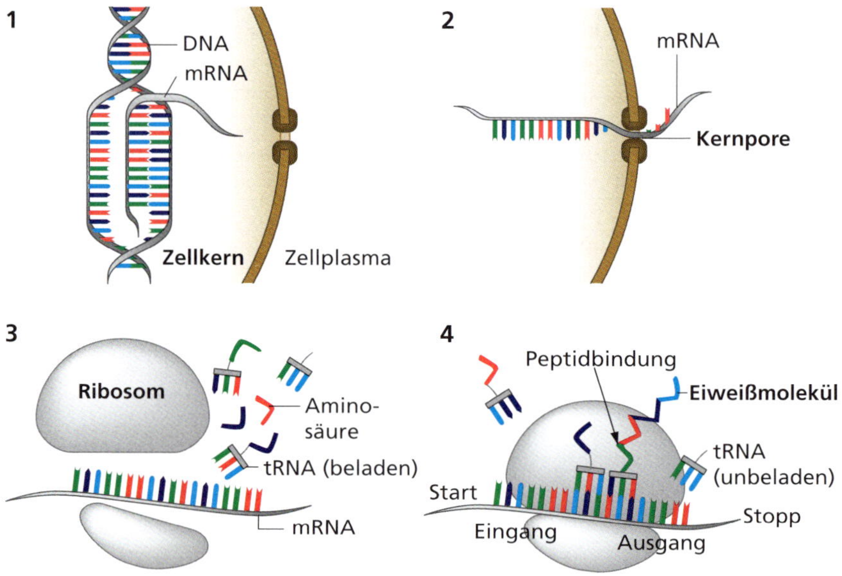

Beim Menschen sind schätzungsweise 25 000 bis 30 000 Merkmale in den Genen verschlüsselt.

Eiweiße sind die Grundlage für die Ausbildung von Merkmalen. Sie sind durch die Reihenfolge ihrer Aminosäuren bestimmt.
Die Reihenfolge der Nucleotidbasen der DNA als Erbinformation legt die Reihenfolge der Aminosäuren in den Eiweißmolekülen und damit die Merkmalsausbildung fest.

6.4.2 Die Ausbildung von Merkmalen

Die **Ausbildung von Merkmalen** ist durch eine spezifische Basenfolge in der DNA genetisch bedingt. Bei der Weitergabe der Erbinformation von der Mutterzelle auf die Tochterzellen bewirkt die gleiche Reihenfolge der organischen Basenpaare einer Erbanlage (eines Gens) in der Mutterzelle und in den Tochterzellen die jeweils gleiche Ausbildung des bestimmten Eiweißes (Proteins) und damit die Ausprägung eines bestimmten Merkmals.
Als Ergebnis der Eiweißsynthese (↗ S. 276) liegt ein Eiweißmolekül (Proteinmolekül) mit spezifischer Abfolge der Aminosäurereste vor. Dieses Produkt kann nun bedarfsgerecht seine spezifische Funktion im Zellstoffwechsel bzw. bei der Merkmalsausprägung ausüben.

Eiweiße sind als **Struktureiweiße** am Aufbau von Haaren, Federn, Hörnern, Hufen, Sehnen, Muskelfasern usw. beteiligt. Sie wirken als **Transportmittel** und **Farbstoffkomponenten,** tragen als **Antikörper** zur Immunabwehr bei und regeln als **Hormone** die Koordination von Körperfunktionen.
Eine besonders wichtige Funktion bei der Merkmalsausprägung haben die Proteine als **Enzymeiweiße.** Sie steuern als Biokatalysatoren zahlreiche biologische Prozesse des Organismus (↗ S. 14, 190, 203).
Alle Stoffwechselvorgänge werden mithilfe von Enzymen gesteuert. Fehlen wichtige Enzyme im Organismus, kommt es zu schweren Stoffwechselerkrankungen.

Vielfältige Funktionen der Proteine
Struktur (z. B. Myosin)
Enzym (z. B. Saccharase)
Transport (z. B. Hämoglobin)
Antikörper (z. B. Globulin)
Hormone (z. B. Insulin)

Das **Transportprotein Hämoglobin** (roter Blutfarbstoff) versorgt alle Organe mit Sauerstoff.

Die **Ein-Gen-ein-Enzym-Hypothese** besagt, dass ein Gen der Abschnitt auf der DNA ist, der in seiner Nucleotidsequenz die Information für die Synthese eines Enzyms enthält.
Wird ein Enzym in der Synthesekette nicht ausgebildet, so sind dieser Enzymausfall und das damit verbundene Krankheitsbild *genetisch* bedingt, z. B. Phenylketonurie (↗ S. 289), Albinismus.

Albinismus – eine durch Enzymausfall bedingte Erbkrankheit

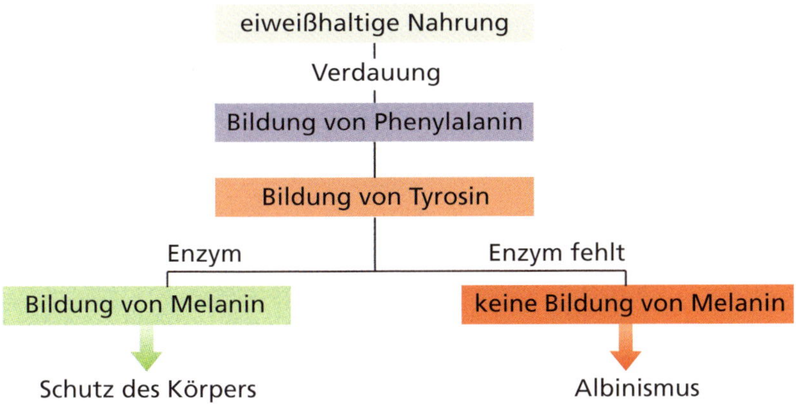

Chromosomen und Gene

Aufbau eines 2-Chromatid-Chromosoms

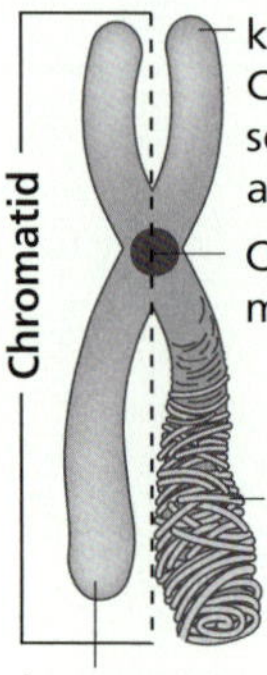

- Die **DNA** als Träger der Erbinformation liegt in Abhängigkeit von der momentanen Funktion des Zellkerns entweder in entspiralisierter Form als **Chromatin** (Arbeitskern) oder spiralisiert als Transportform, **Chromosomen,** vor (Teilungskern).

Arbeitskern	Teilungskern
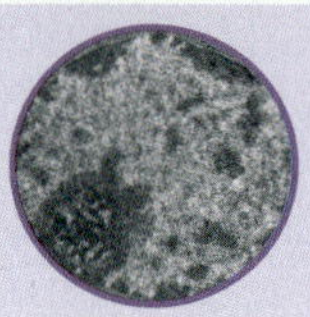 Chromatin, entspiralisierte Form der DNA	 Chromosomen, spiralisierte Transportform der DNA

- Einzelne DNA-Abschnitte, die ein bestimmtes Protein codieren, nennt man **Gene.** Sie sind Träger der Erbinformation und verantwortlich für die Ausbildung spezifischer Merkmale.

Weitergabe der Erbinformation

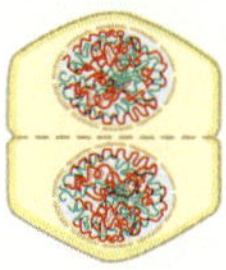

Weitergabe der Erbinformation bei der Teilung von Körperzellen durch **Mitose**

Aus einer Mutterzelle mit doppeltem Chromosomensatz entstehen zwei genetisch gleiche Tochterzellen mit doppeltem Chromosomensatz.

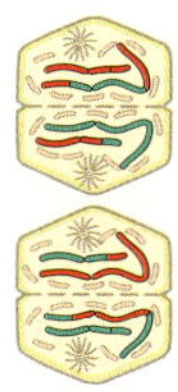

Weitergabe der Erbinformation bei der Bildung von Geschlechtszellen durch **Meiose**

Aus einer Mutterzelle mit doppeltem Chromosomensatz entstehen vier Tochterzellen mit einfachem Chromosomensatz.

Identische Replikation und Eiweißsynthese

- Die **identische Replikation** ist die Verdopplung der DNA. Dabei wird ein DNA-Doppelstrang (Elternstrang) mithilfe von Enzymen in zwei Einzelstränge, die als Matrizen für die Bildung neuer Doppelstränge (Tochterstränge) dienen, gespalten. Die Einzelstränge werden durch komplementäre Basenpaarung zu neuen identischen Doppelsträngen ergänzt.

Die Reihenfolge der Nucleotidbasen der DNA bestimmt die Aminosäurenfolge im Eiweiß.

- Die **Eiweißsynthese (Proteinbiosynthese)** verläuft in mehreren Schritten vom Gen zum Merkmal.

DNA (Gen) → **mRNA** (Transport der Erbinformation) → **Ribosom** (Synthese der Eiweiße)

tRNA (Transport der Aminosäuren) → **Ribosom** (Synthese der Eiweiße)

Ribosom (Synthese der Eiweiße) → **Eiweiße** mit bestimmter Aminosäurenfolge (Ausbildung bestimmter Merkmale)

6.5 Mendelsche Regeln

6.5.1 Forschungsmethodisches Vorgehen

Voraussetzung für die Erkenntnis der Vererbungsregeln war MENDELS besonderes methodisches Vorgehen.

JOHANN GREGOR MENDEL (1822–1884) gilt als Begründer der modernen Genetik. Durch umfangreiche Kreuzungsversuche an Pflanzen und die statistische Auswertung der gewonnenen Ergebnisse kam er zu allgemeingültigen Regeln über die Vererbung bei Pflanzen, Tieren und Menschen.

Wahl des Versuchsobjekts

MENDEL wählte ein günstiges Forschungsobjekt, die Saaterbse *(Pisum sativum)*. Sie bringt in kurzer Zeit viele Nachkommen hervor und ist ein Selbstbestäuber und Selbstbefruchter.
Beim Kreuzen von gelbsamigen mit grünsamigen Erbsenpflanzen ging er folgendermaßen vor: Er entnahm mit einem Tuschepinsel Pollen aus der geöffneten Blüte einer Pflanze (männlich), die aus einem gelben Samen hervorgegangen war. Diesen Pollen übertrug er auf die Narbe einer noch ungeöffneten Blüte einer Pflanze (weiblich), die aus einem grünen Samen gezüchtet war. Deren Staubblätter entfernte er.

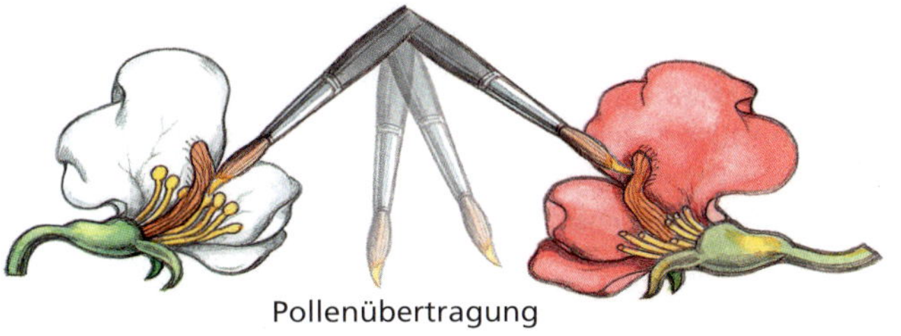

MENDEL arbeitete mit **reinerbigem Saatgut:** Über zwei Jahre prüfte er, ob die äußeren Merkmale der Nachkommen noch denen der Eltern entsprachen. Erst dann wurden sie für Kreuzungen ausgesucht.
MENDEL konzentrierte sich jeweils nur auf **ein oder wenige Merkmale.** Dadurch wurde das Vererbungsgeschehen überschaubar. Er beschränkte sich bei der Kreuzung nur auf die Samen- oder Blütenfarbe.
MENDEL führte seine Kreuzungsversuche mit **einer Vielzahl** von Individuen durch und wertete die **Ergebnisse statistisch** aus.
MENDEL kreuzte **reinerbige Elternpflanzen** mit gelber und grüner Samenfarbe. Aus dieser Elterngeneration gingen ausschließlich Nachkommen mit **gelber Samenfarbe** hervor. Diese kreuzte er in einem weiteren Versuch miteinander. Bei diesen Nachkommen traten gelbe und grüne Samen auf.

Kreuzungsversuch von MENDEL

6.5.2 Grundbegriffe zum Verständnis der mendelschen Regeln

Der **Genotyp** (Erbbild) ist die Gesamtheit der in den Erbanlagen verschlüsselten Informationen eines Organismus. Der **Phänotyp** (Erscheinungsbild) ist das sich aus der Gesamtheit der Merkmale ergebende äußere Erscheinungsbild eines Organismus. Er entsteht im Ergebnis des Zusammenwirkens von Erbanlagen (Genotyp) mit der Umwelt.
Ein **Gen** ist ein Abschnitt auf den Chromosomen, der für die Ausbildung eines Merkmals verantwortlich ist (↗ S. 268).
Jedes Gen existiert in *zwei* **Allelen** (↗ S. 269).
Dominant (lat. *dominare:* herrschen): Ein Allel ist stärker an der Ausbildung eines Merkmals beteiligt als das andere. Das merkmalsbestimmende Allel ist dominant.
Rezessiv (lat. *recedere:* zurücktreten): So nennt man das merkmalsunterlegene (unterdrückte) Allel.

▶ **Homozygot (reinerbig):** Ein Organismus ist in Bezug auf eine Erbanlage reinerbig, wenn beide Allele eines Gens für die Ausbildung eines Merkmals gleich sind.
Heterozygot (mischerbig): Ein Organismus ist in Bezug auf eine Erbanlage heterozygot, wenn beide Allele eines Gens für die Ausbildung eines Merkmals unterschiedlich sind (↗ S. 269).

Kennzeichnung des homozygoten Gens für rote Blütenfarbe

Gen: rote Blütenfarbe (phänotypisch sichtbar)
R: väterliches Allel für rote Blütenfarbe
R: mütterliches Allel für rote Blütenfarbe
RR: reinerbig rot

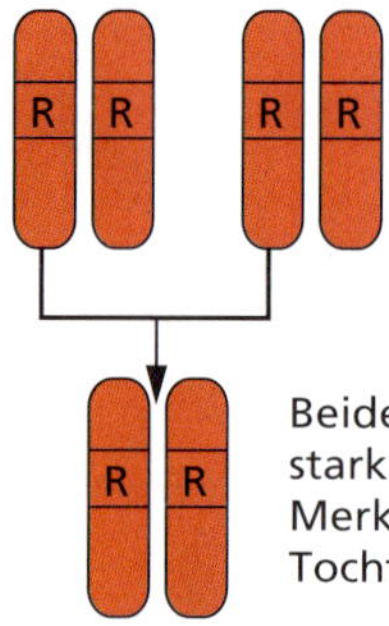

Beide Allele wirken gleich stark auf die äußere Merkmalsbildung der Tochtergeneration.

Kennzeichnung des heterozygoten Gens für rote Blütenfarbe

Gen: rote Blütenfarbe (phänotypisch sichtbar)
R: väterliches Allel für rote Blütenfarbe (dominant)
w: mütterliches Allel für weiße Blütenfarbe (rezessiv)
Rw: mischerbig rot

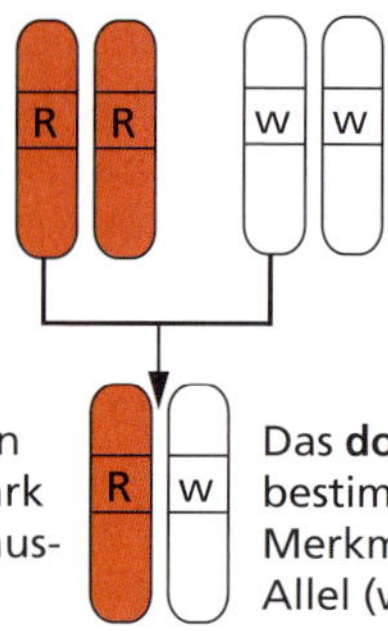

Beide Allele wirken unterschiedlich stark auf die Merkmalsausbildung.

Das **dominante** Allel (R) bestimmt das äußere Merkmal, das **rezessive** Allel (w) wird überdeckt.

▶ Organismen, die in dem betrachteten Gen heterozygot sind, werden als **Hybride** oder **Bastarde** bezeichnet.

Die **Erbgänge** können in einem **Kreuzungsschema** dargestellt werden ,.
Symbole für die Darstellung von Erbgängen:
P = Elterngeneration (Parentalgeneration)
F_1 = 1. Tochtergeneration (Filialgeneration)
F_2 = 2. Tochtergeneration
x = Kreuzung von zwei Individuen
großer Buchstabe = dominantes (merkmalsbestimmendes) Allel
kleiner Buchstabe = rezessives (merkmalsunterlegenes) Allel

6.5.3 Die drei mendelschen Regeln

Bei den Erbgängen werden Erbgänge mit dominant-rezessiver Merkmalsausbildung und Erbgänge mit intermediärer Merkmalsausbildung unterschieden.
Eine **dominant-rezessive Merkmalsausbildung** liegt vor, wenn bei Individuen das dominante Allel eines Gens allein die Ausprägung des Erscheinungsbildes (Phänotyps) bestimmt.
Eine **intermediäre Merkmalsausbildung** liegt vor, wenn bei Individuen beide Allele eines Gens gleichwertig an der Ausprägung des Erscheinungsbildes beteiligt sind. Es liegt zwischen den beiden elterlichen Erscheinungsbildern.

1. mendelsche Regel (Uniformitätsregel)

> Kreuzt man zwei Individuen einer Art, die in einem Merkmal unterschiedlich, aber jeweils reinerbig sind, so sind die Nachkommen in der 1. Tochtergeneration (F_1) in diesem Merkmal untereinander gleich (uniform). Das gilt auch bei umgekehrter (reziproker) Kreuzung.

Dominant-rezessiver Erbgang
(Samenform bei grünen Erbsen)

Intermediärer Erbgang
(Blütenfarbe)

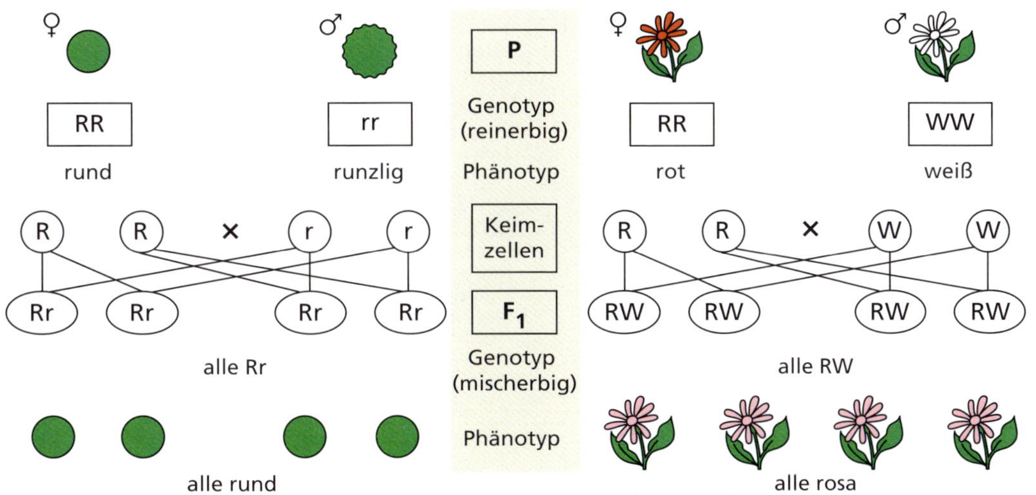

Diesen Kreuzungsversuch kann man vereinfacht in einem **Kreuzungsschema** darstellen.

♀ \ ♂	r	r
R	Rr	Rr
R	Rr	Rr

♀ \ ♂	W	W
R	RW	RW
R	RW	RW

Rr alle mischerbig (heterozygot) — Genotyp — RW alle mischerbig (heterozygot)
Rr alle rund — Phänotyp — RW alle rosa

2. mendelsche Regel (Spaltungsregel)

Kreuzt man Individuen der F_1-Generation untereinander, so erhält man in der F_2-Generation (2.Tochtergeneration) eine Aufspaltung der Merkmale in bestimmten Zahlenverhältnissen.

Dominant-rezessiver Erbgang
(Samenform bei grünen Erbsen)

Intermediärer Erbgang
(Blütenfarbe)

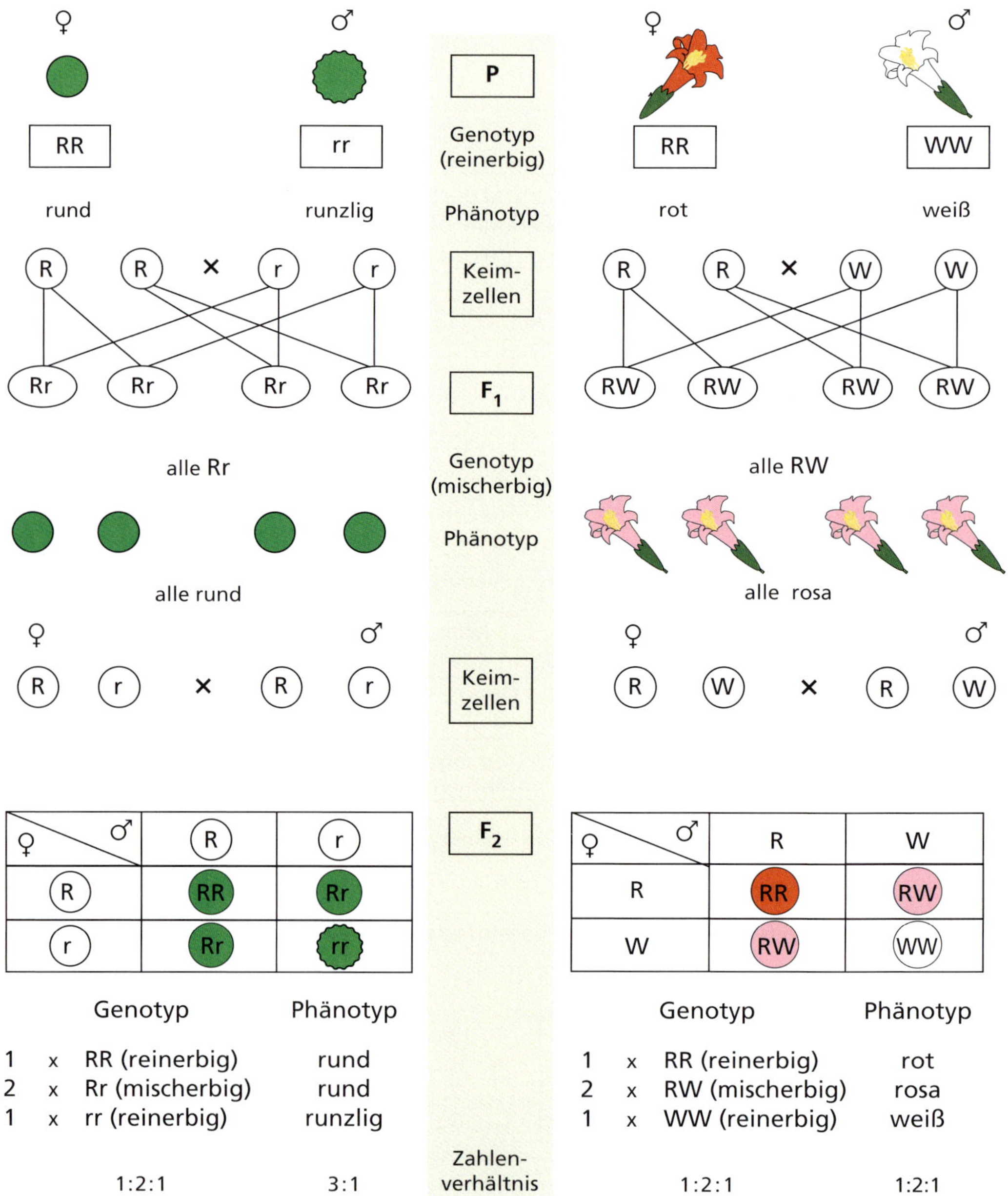

3. mendelsche Regel (Unabhängigkeits- und Neukombinationsregel)

> Werden zwei reinerbige Eltern gekreuzt, die sich in mehreren Merkmalen unterscheiden, so werden die Erbanlagen frei kombiniert und unabhängig voneinander vererbt. In der F_2-Generation treten sämtliche Merkmalskombinationen der Elterngeneration auf. Es können reinerbige Individuen mit **neu kombinierten Erbanlagen** entstehen.

Die Gültigkeit dieser Regel wird immer dann eingeschränkt, wenn die bei der Kreuzung betrachteten Erbanlagen für bestimmte Merkmale auf denselben Chromosomen liegen.

Samenschalenfarbe und Form von Erbsen

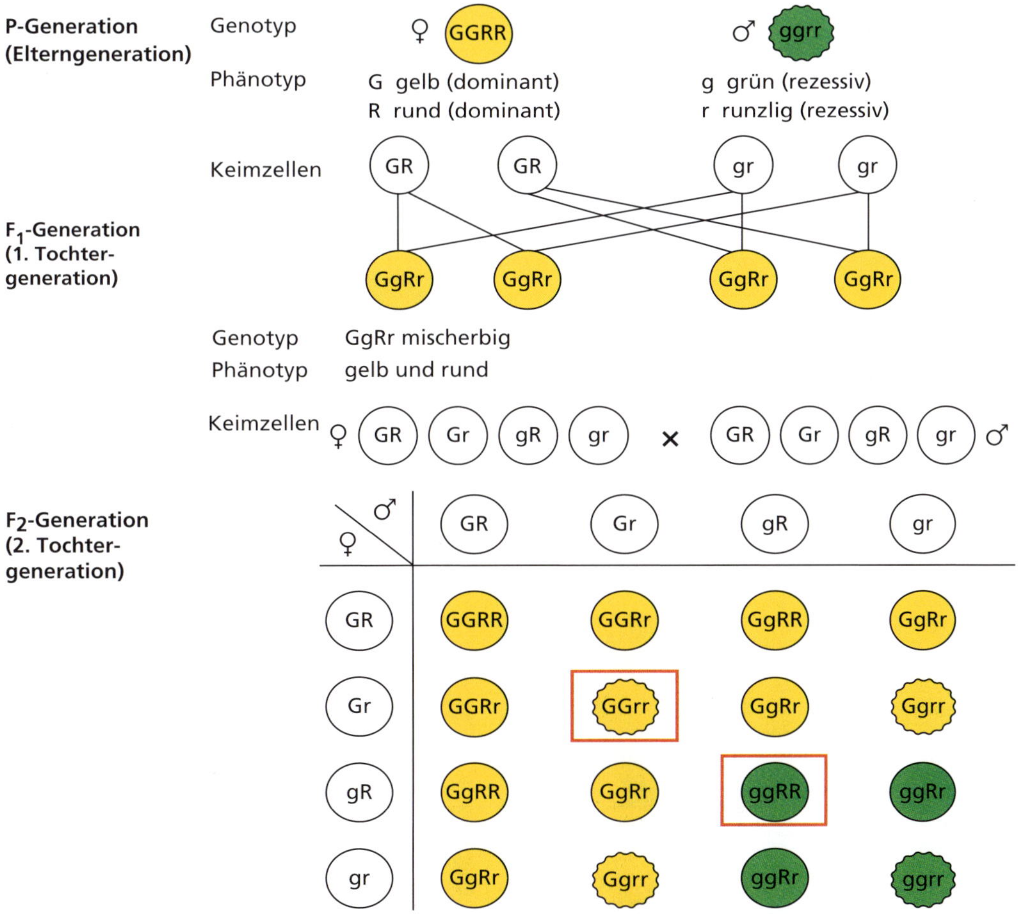

Genotyp: GGRR (1), GGrr (1), ggRR (1), ggrr (1) reinerbig
GGRr (2), GgRR (2), GgRr (4), Ggrr (2), ggRr (2) mischerbig
☐ reinerbige Neukombinationen
Phänotyp: 9 gelb/rund, 3 gelb/runzlig, 3 grün/rund, 1 grün/runzlig
Zahlenverhältnis: 9 : 3 : 3 : 1

6

6.5.4 Die Anwendung der mendelschen Regeln bei der Züchtung

Durch **Kreuzungszüchtung (Kombinationszüchtung)** wird versucht, Erbanlagen für wertvolle Merkmale unterschiedlicher Rassen bzw. Sorten miteinander zu kombinieren und in Hochleistungsrassen bzw. -sorten zu vereinen.

Die **Neukombination der Erbanlagen** ergibt sich aus der Trennung und Verteilung der Chromosomen mit den Genen bei der Bildung der Geschlechtszellen (↗ Meiose, S. 272) und der Zufälligkeit der Kombination der Gene bei der Befruchtung. Sie ist eine Ursache für die Variabilität der Organismen (↗ S. 287).

Im **Schwarzbunten Milchrind** (Hochleistungsrind) sind die Gene für hohe Milchleistung des *Holstein-Friesian-Rinds,* die Gene für hohen Milchfettgehalt des *Dänischen Jersey-Rinds* und die Gene des *Schwarzbunten Rinds* für gute Fleischbildung miteinander kombiniert.

Selektionszüchtung beruht auf der bewussten Auslese und Weitervermehrung erwünschter Zuchtformen. Aus dem Wildkohl sind beispielsweise verschiedene Kohlsorten durch Selektion gezüchtet worden: Rotkohl und Wirsingkohl als Kopfkohle, Kohlrabi als Verdickung des Stängels und Blumenkohl als fleischiger Blütenstand.

In der Pflanzenzüchtung werden Getreidesorten mit höheren Erträgen und größerer Widerstandskraft gegenüber Umweltfaktoren gezüchtet. Bei der Zucht von Tomaten kommt es u. a. darauf an, viel Fruchtfleisch zu erhalten.

Reife Tomaten einer gezahnten Sorte

Reife Fleischtomaten

Reife gelbe und rote Tomaten

6.5.5 Vererbungsvorgänge beim Menschen

> Die Vererbungsvorgänge beim Menschen verlaufen ebenfalls nach den mendelschen Regeln.

Vererbung des Geschlechts

Alle Menschen besitzen in ihren Geschlechtszellen (Ei- und Samenzellen) einen einfachen (haploiden) Chromosomensatz mit 23 Chromosomen (22 Körperchromosomen und 1 Geschlechtschromosom). Die Eizelle enthält als Geschlechtschromosom ein X-Chromosom. Die Samenzellen enthalten entweder ein X- oder ein Y-Chromosom. Das Geschlecht wird bei der Befruchtung der Eizelle durch die Kombination der Geschlechtschromosomen bestimmt (XX = weiblich, XY = männlich).

	männlich	**weiblich**
Körperzellen	44 Chromosomen + XY	44 Chromosomen + XX
Keimzellen	22 Chromosomen + X oder Y	22 Chromosomen + X

Vererbung des Geschlechts

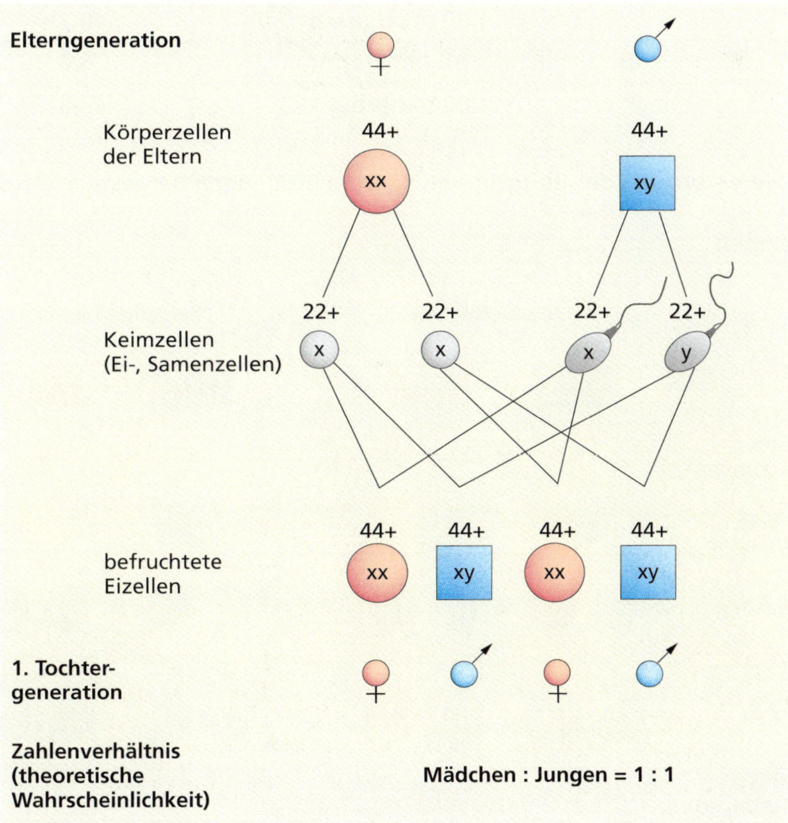

Das Kreuzungsschema kann man auch vereinfacht darstellen:

♀ \ ♂	X	Y
X	XX	XY
X	XX	XY

6

Vererbung der Blutgruppen

Bei einem **Vaterschaftsnachweis** spielten früher die Blutgruppen eine große Rolle, weil sie vererbt werden. Heute werden dazu DNA-Analysen vorgenommen.

Die Vererbung der Blutgruppenmerkmale A, B und 0 erfolgt nach den mendelschen Regeln.

Je zwei der drei Allele A, B oder 0 bilden ein Gen und bestimmen die Blutgruppenmerkmale eines Menschen.
Das Allel 0 ist gegenüber den Allelen A und B rezessiv, während A und B gleich stark (kodominant) vererbt werden. Beide sind gegenüber dem Allel 0 dominant.
Jede Körperzelle des Menschen besitzt zwei Allele. Sind es gleiche Allele, z. B. AA bzw. BB, ist der Mensch reinerbig für die Blutgruppe. Sind in den Körperzellen zwei verschiedene Allele, z. B. A0, AB, B0, ist der Mensch mischerbig für diese Blutgruppe.
Es gibt also sechs Allelkombinationen. Den vier Blutgruppen entsprechen bestimmte Genotypen.

Auch der **Rhesusfaktor** (Rh-Faktor) wird nach den mendelschen Regeln vererbt.

Blutgruppen (Phänotyp)	Allelpaare (Genotyp)	Häufigkeit in %
A	AA reinerbig A0 mischerbig	6,3 37,7
B	BB reinerbig B0 mischerbig	0,3 10,7
AB	AB mischerbig	5,0
0	00 reinerbig	40,0

Die Vererbung der Blutgruppen kann in Erbgängen dargestellt werden.

Vererbung der Blutgruppen

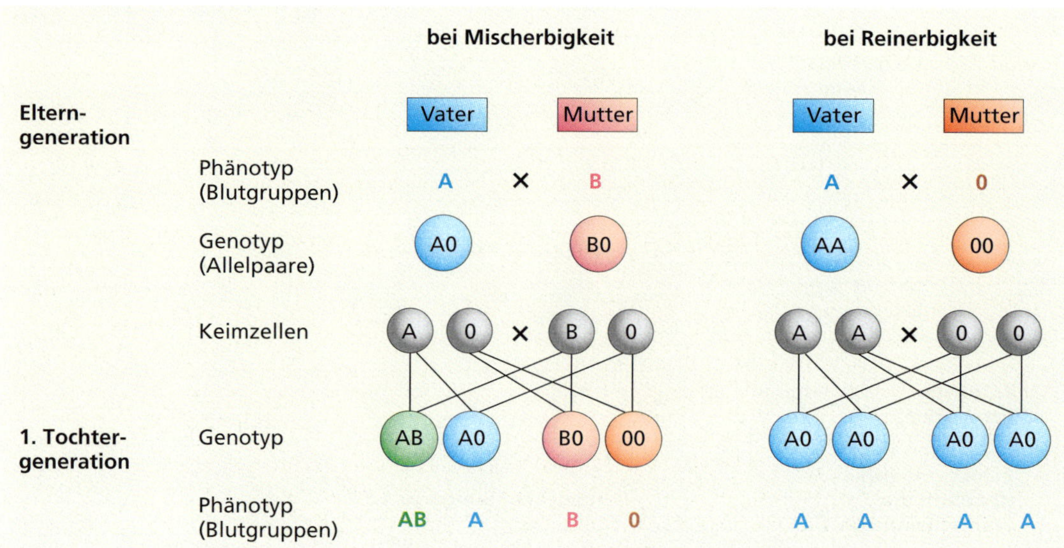

6.6 Variabilität der Organismen

6.6.1 Zwischenartliche Variabilität

Die Mannigfaltigkeit verschiedener Lebewesen ist nur scheinbar unüberschaubar. Vergleicht man beispielsweise einzelne Pflanzen oder Tiere einer Wiese, stellt sich heraus, dass sich bestimmte Pflanzen oder Tiere in ihren Eigenschaften und Merkmalen (z. B. Blütenaufbau, Flügelform) ähneln. Die Ähnlichkeit beruht auf Verwandtschaft.

> Je näher Organismen miteinander verwandt sind, desto mehr ähneln sie sich in ihren Eigenschaften und Merkmalen.

Die Organismen lassen sich in einem hierarchischen System mit folgenden Kategorien ordnen:
Art – systematische Grundeinheit,
Gattung – verwandtschaftlich einander nahestehende Arten bilden eine Gattung,
Familie – mehrere Gattungen bilden diese Kategorie,
Ordnung – mehrere Familien bilden eine Ordnung,
Klasse – mehrere Ordnungen bilden eine Klasse,
Stamm/Abteilung – mehrere Klassen bilden den Stamm.
Als Begründer dieser Systematik gilt CARL VON LINNÉ (↗ S. 299).

Die Mannigfaltigkeit der Organismen ergibt sich aus der Vielfalt verschiedener Arten und der Veränderlichkeit der Individuen innerhalb einer Art.

Die **Variabilität der Organismen** beruht auf Veränderungen in der Erbinformation (Mutationen) oder ist auf nicht erbliche Veränderungen des Erscheinungsbilds während der Individualentwicklung (Modifikationen) zurückzuführen.

> Die Vielfalt der Organismen verschiedener Arten wird als **zwischenartliche Variabilität** bezeichnet. Sie ist Ergebnis der Verschiedenartigkeit und Veränderlichkeit einzelner Merkmale verschiedener Arten. Ursachen dafür können Umwelteinflüsse, Neukombinationen der elterlichen Erbanlagen oder auch Mutationen (↗ S. 288) sein.

Die Veränderlichkeit der Organismen innerhalb einer Art ist die **innerartliche Variabilität** (↗ S. 264, 308).

Die grundlegende Kategorie im System der Organismen ist die Art.

> Individuen gehören zu einer **Art,** wenn sie in wesentlichen morphologischen und anatomischen Merkmalen übereinstimmen, sich miteinander paaren und fruchtbare Nachkommen hervorbringen können.

6

6.6.2 Mutationen – erbliche Veränderungen der Organismen

Faktoren, die Mutationen auslösen können, werden als **Mutagene** bezeichnet. Das sind u. a. **Röntgenstrahlen**, radioaktive Strahlung, Nikotin, Industrieabgase, Klimafaktoren.

Mutationen sind Veränderungen des genetischen Materials (Chromosomen bzw. Gene), die zu Veränderungen im Phänotyp führen können. Sie sind erblich, wenn sie in den Keimzellen vorliegen.

Organismen mit solchen Veränderungen heißen **Mutanten.** Mutationen können spontan entstehen, z. B. durch Stoff- und Energiewechselstörungen, oder durch bestimmte Faktoren ausgelöst werden.

Mutationsarten		
Genommutation ist eine Veränderung der Chromosomenanzahl	**Chromosomenmutation** ist eine Veränderung der Struktur der Chromosomen	**Genmutation** ist eine Veränderung im Gen
– Verlust oder Verdopplung *einzelner Chromosomen* (a) – Verminderung oder Vervielfachung des *gesamten Chromosomensatzes* (b)	– Chromosomenbrüche und Verlust von Bruchstücken (a) – Verdopplung von Chromosomenabschnitten (b) – Umkehrung eines Chromosomenstücks um 180° (c) – Verlagerung von Teilstücken auf andere Chromosomen (d)	– Ersetzen einer Base durch eine andere (a) – Veränderung der Nucleotidanzahl (b) – Umkehrung eines Genabschnitts um 180° (c)
normal 2n  doppelter Chromosomensatz	normal 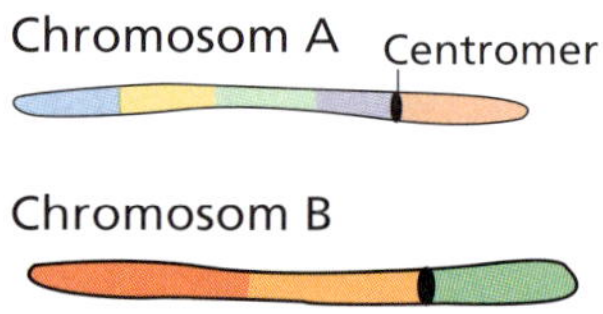	normal 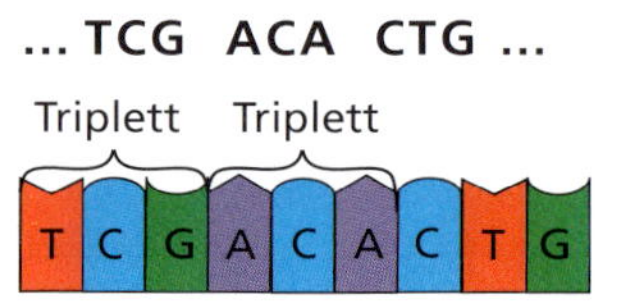
a)  Verdreifachung eines Chromosoms b) 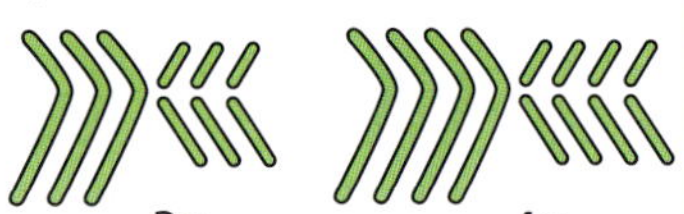 dreifacher vierfacher Chromosomensatz	a) 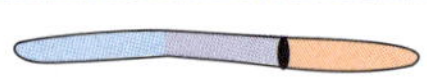 b) 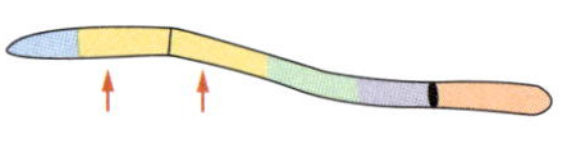 c) 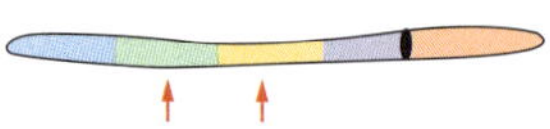 d) 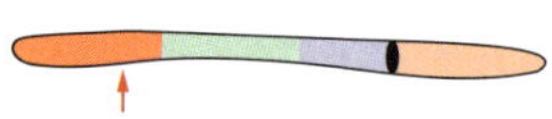 von Chromosom B nach A 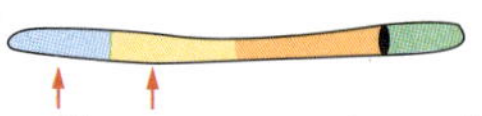 von Chromosom A nach B	a)  b) 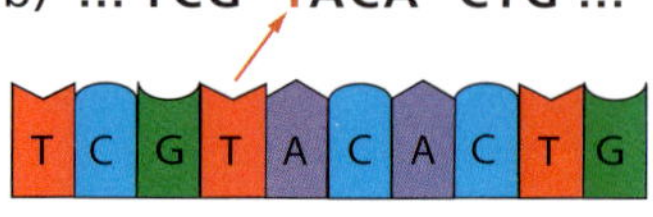 c) 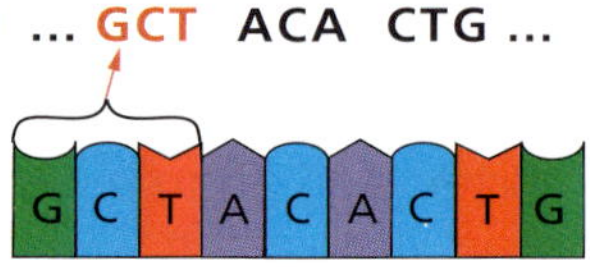

Bedeutung der Mutationen

Mutationen können begünstigend oder nachteilig auf den Fortbestand des Lebewesens wirken. Damit bilden sie die Grundlage für den Prozess der Selektion während der Evolution.
Mutationen werden gezielt für die **Tier- und Pflanzenzüchtung** (↗ S. 284) genutzt. Viele unserer Kulturpflanzen besitzen vervielfachte Chromosomensätze. Veränderungen des Erbguts haben für den Menschen auch dahingehend eine große Bedeutung, dass sie als **Erbkrankheit** in Erscheinung treten können.

▶ Bei der **Mutationszüchtung** wird der Evolutionsfaktor Mutation gezielt zur Erlangung der Zuchtziele eingesetzt. Durch Mutagene werden bestimmte Mutationen ausgelöst.

Erbkrankheiten (Beispiele)	
Downsyndrom, Trisomie 21: Genommutation **Merkmale** – 47 Chromosomen (Chromosom 21 ist dreifach vorhanden); veränderte Kopfform mit Sattelnase, schmale Lidfalten, niedrig sitzende Ohren, Kleinwuchs, einige innere Organe (Herz und Darm) weisen oft Fehlbildungen bzw. Fehlfunktionen auf; Grad der geistigen Behinderung ist unterschiedlich; durch gezielte frühzeitige Förderung lernfähig	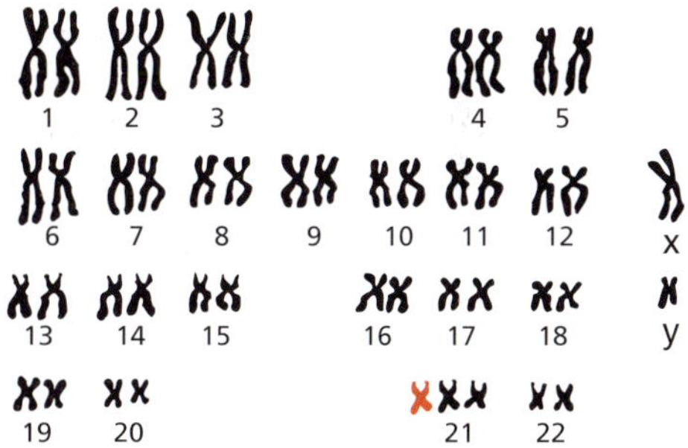
Phenylketonurie (PKU): Genmutation **Merkmale** – Fehlen der genetischen Information für den Bau des Enzyms, das im Stoffwechsel des Menschen die Aminosäure Phenylalanin zur Aminosäure Tyrosin abbaut; Anreicherung von Phenylalanin im Blut führt zu Schädigungen des Zentralnervensystems und zum Schwachsinn; Krankheit ist nicht heilbar; Krankheitssymptome durch phenylalaninarme Diätkost behandelbar; Testung aller Neugeborenen auf PKU	**Eiweißnahrung** ↓ Verdauung **Phenylalanin** ↓ bei Fehlen des Gens **Anreicherung im Blut**, führt zur **Phenylketonurie** ↓ bei Vorhandensein des Gens Bildung des Enzyms und **Abbau** zu **Tyrosin**
Sichelzellenanämie: Genmutation **Merkmale** – Ersetzen der Aminosäure Glutaminsäure durch die Aminosäure Valin an einer Stelle im Hämoglobin; Bildung von kurzlebigen sichelförmigen roten Blutzellen; geringe Sauerstoffaufnahmefähigkeit der roten Blutzellen; Sichler sind sehr blass, Blutarmut, schmerzhaftes Anschwellen von Hand- und Fußrücken, Herzversagen, Organschäden	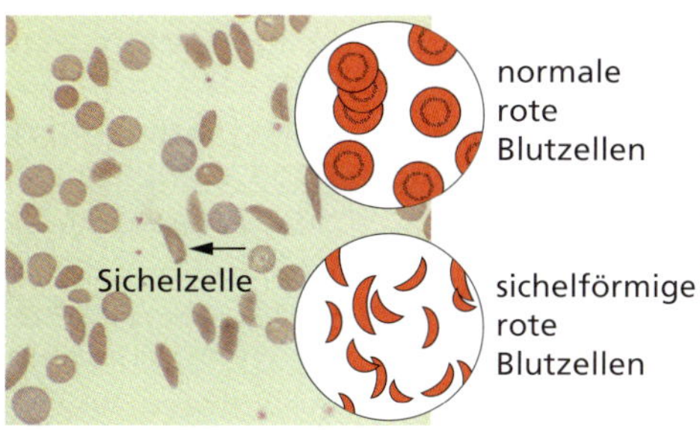
normales Hämoglobin: … Val–His–Leu–Thr–Pro–**Glu**–Glu–Lys … „Sichelzellen"-Hämoglobin: … Val–His–Leu–Thr–Pro–**Val**–Glu–Lys …	

6

Möglichkeiten der Humangenetik zur Abklärung der genetischen Ursachen und des Erbverhaltens einer Krankheit

Für die Abklärung der genetischen Ursachen und des Erbverhaltens einer Krankheit gibt es in der Humangenetik drei Möglichkeiten.

Erstellung eines Familienstammbaums über drei Generationen
Mit einem Familienstammbaum (↗S. 292) wird die spezifische familiäre Belastung ermittelt, und zwar auf der Basis der mendelschen Regeln. Allerdings sind auch Grenzen vorhanden: bei rezessiv vererbten Krankheiten kann man einen Gesunden nicht von einem Überträger unterscheiden.

▶ Heute erreichen über 80 % der an Trisomie 21 Erkrankten das 30. Lebensjahr. Deshalb ist es wichtig, Menschen mit genetisch bedingten Behinderungen entsprechend ihren Fähigkeiten zu fördern. So gibt es zahlreiche Betriebe und Werkstätten, in denen sie lernen und arbeiten.

Heterozygotentest (Bluttest)
Mit dem Heterozygotentest kann ermittelt werden, ob die betreffende Person heterozygoter Überträger einer Krankheit ist oder nicht. Der Test lässt sich auch an embryonalen Zellen durchführen.

Cytogenetische Untersuchung (Fruchtwasseruntersuchung)
Die Fruchtwasseruntersuchung (Amniozentese) ist ein Verfahren zur vorgeburtlichen Diagnostik. Sie wird angewendet bei einem begründeten Verdacht auf Genom- oder Chromosomenmutation. Sie wird in der 15. bis 18. Schwangerschaftswoche durchgeführt.
Risiko: Auslösen einer Frühgeburt.

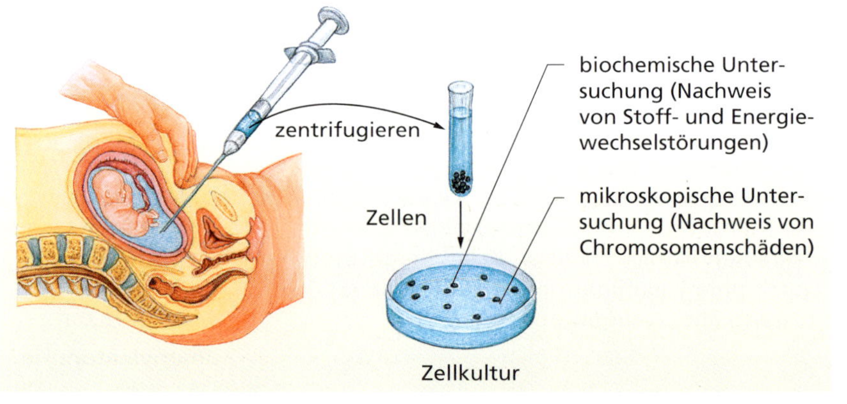

Umgang mit Erbkrankheiten

▶ In der **humangenetischen Familienberatung** kann das Risiko einer Erbkrankheit abgeschätzt werden. Die Konsequenzen daraus müssen die Eltern aber allein ableiten.

Nach heutigem Erkenntnisstand sind genetische Faktoren bei mehr als 2000 Krankheiten beteiligt. Deshalb gewinnen genetische Aspekte bei der Erkrankung, Ursachenanalyse, Prophylaxe und Therapie von vielen Krankheiten an Bedeutung.
In der **humangenetischen Familienberatung** werden Ehepaare betreut, die die Geburt eines erbkranken Kindes befürchten.
Indikatoren für eine humangenetische Beratung sind u. a.:
- es wurde bereits ein erbkrankes Kind geboren;
- es liegt Blutsverwandtschaft vor;
- die zukünftigen Eltern sind Geschwister erbkranker Personen;
- in der Familie traten Erbkrankheiten auf.

6.6.3 Modifikationen – nicht erbliche Veränderungen

Modifikationen sind nicht erbliche Veränderungen im Erscheinungsbild (Phänotyp) eines Organismus während der Individualentwicklung durch Anpassung an bestehende Umweltverhältnisse. Ursache von Modifikationen sind Einflüsse aus der Umwelt.

Voraussetzung für das Entstehen von Modifikationen ist die genetisch bedingte Möglichkeit, dass das entsprechende Merkmal in bestimmten Grenzen im Verlauf der Individualentwicklung variieren kann (Reaktionsnorm). Dabei schwankt die Häufigkeit der Ausprägung dieses Merkmals um einen Mittelwert.

- **Häufigkeitsverteilung eines Merkmals**
  z. B. Anzahl und Größe der Bohnensamen einer Pflanze

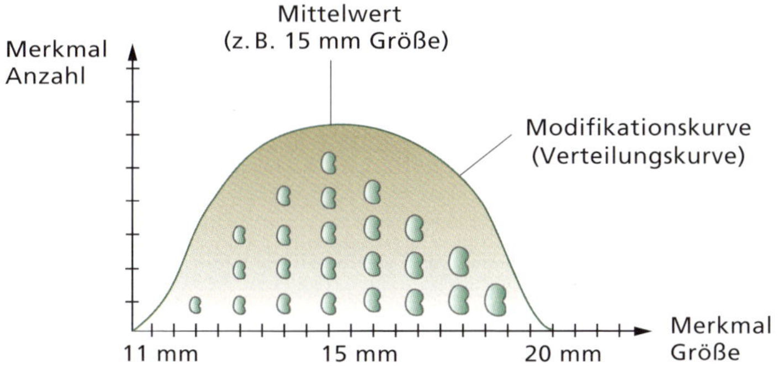

- **Modifikation infolge eines Umwelteinflusses**
  z. B. Sommer- und Winterfell eines Tieres (Temperatur, ↗ Abb.), Frühjahrs- und Sommerform des Landkärtchens (Licht).

Hermelin mit braunem Sommerfell (höhere Temperaturen in der Umwelt)

Hermelin mit weißem Winterfell (niedrigere Temperaturen in der Umwelt)

Auch die unterschiedliche Ausprägung der Blattgröße des Sauerklees am Waldrand und im Waldinneren, die unterschiedliche Wuchshöhe von Kastanienbäumen gleichen Alters, Sommer- und Winterfell bei Tieren oder die unterschiedliche Anzahl und Größe von Kartoffeln jeweils einer Pflanze in Abhängigkeit von Wachstumsbedingungen sind weitere **Beispiele für Modifikationen.**

Bedeutung der Modifikationen

Modifikationen ermöglichen eine Anpassung des Organismus an unterschiedliche Umweltbedingungen ohne Veränderung des Genotyps.
Durch Kenntnis derjenigen Umweltbedingungen, die bestimmte Modifikationen hervorrufen, kann der Mensch gezielt Einfluss auf die Ausprägung des Phänotyps nehmen, u. a. in der **Landwirtschaft** und im **Gartenbau** (z. B. muskulöse „fettfreie" Rinder, große Blätter bei Topfpflanzen).

6.7 Forschungsmethoden in der Humangenetik

Wichtige Methoden der humangenetischen Forschung sind die *Familienforschung* und die *Zwillingsforschung.*

Familienforschung (Stammbaumforschung)

In der **Familienforschung** werden Stammbäume aufgestellt. Ein Familienstammbaum kann als Ersatz für die Kreuzungsexperimente in der klassischen Genetik angesehen werden.

> Die Auswertung von **Familienstammbäumen** ist eine wichtige Methode, um die Vererbung eines Merkmals über viele Generationen zu verfolgen. Sie ermöglicht unter Berücksichtigung der Vererbungsregeln in vielen Fällen schon Aussagen über das Erkrankungsrisiko des Kindes (↗S. 290).

Für die Erstellung von Familienstammbäumen sind folgende **Symbole** gebräuchlich.

Eine **Konduktorin** besitzt ein krankhaft verändertes Gen. Die Erbkrankheit (z. B. Bluterkrankheit) bricht bei ihr jedoch nicht aus. Sie überträgt aber das krankhaft veränderte Gen auf ihre Nachkommen.

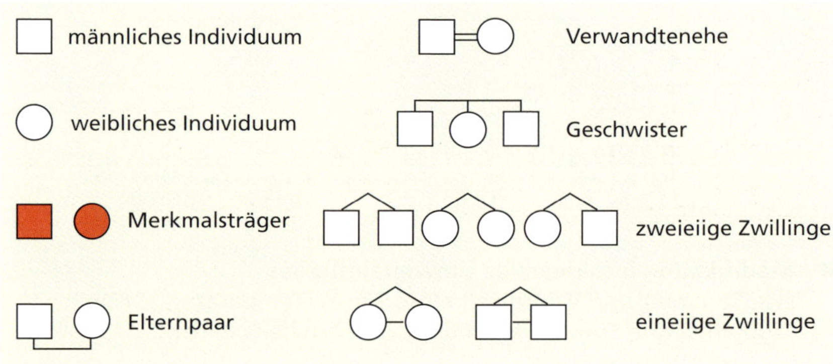

Stammbaum der Familie SCOTT

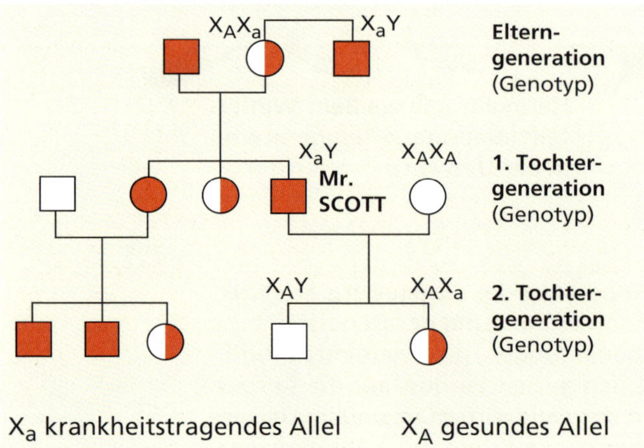

Aus einem Brief, den ein Mr. J. SCOTT (1777) an einen Freund geschrieben hatte, konnte man den Erbgang für die **Rotgrünblindheit** in der Familie SCOTT beschreiben.

Auswertung: Das Gen für diese Krankheit liegt auf dem X-Chromosom und wird rezessiv vererbt.

Alle Männer, die den Defekt im X-Chromosom haben, erkranken. Mischerbige Frauen erkranken nicht, sie sind Konduktorinnen.

Zwillingsforschung

> Die **Zwillingsforschung** untersucht die Wechselwirkungen von Erbgut und Umwelt bei der Ausbildung von Merkmalen.

Eineiige Zwillinge entstehen aus einer einzigen befruchteten Eizelle und haben identisches Erbmaterial.
Unterschiede in der Ausbildung von Merkmalen lassen sich deshalb ausschließlich auf die Wirkung von Umweltfaktoren zurückführen.

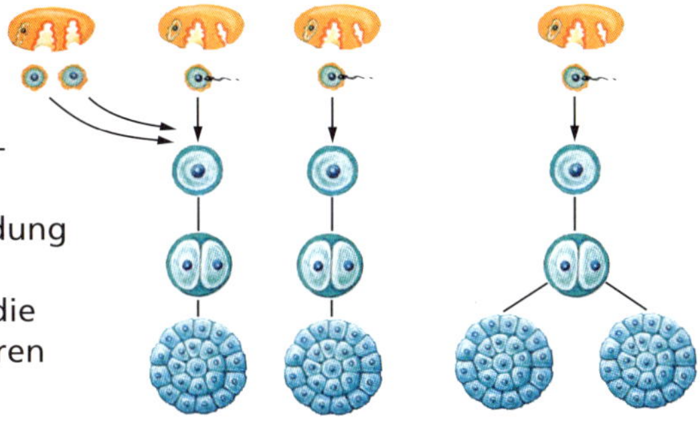

Zweieiige Zwillinge sind aus zwei befruchteten Eizellen entstanden, die in einem oder beiden Eierstöcken heranreiften. Ihr Erbgut unterscheidet sich wie das bei normalen Geschwistern. Übereinstimmungen in den Merkmalen können hier mit Umweltfaktoren in Beziehung gesetzt werden.

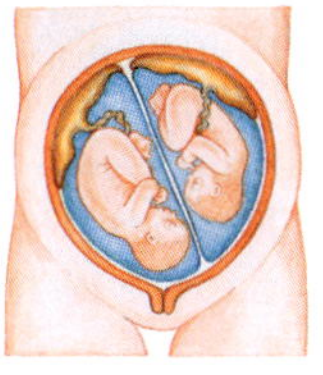

zweieiige Zwillinge

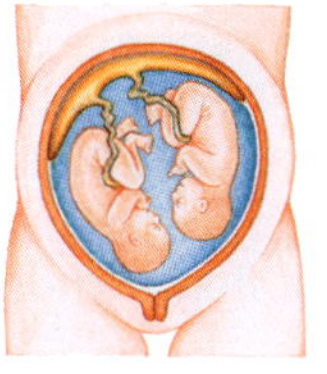

eineiige Zwillinge

■ Bestimmte Merkmale stimmen bei eineiigen Zwillingen weitgehend überein. Bei zweieiigen Zwillingen sind diese Merkmale weniger übereinstimmend ausgeprägt.
Auch bei dem Auftreten von Krankheiten kann man bei eineiigen Zwillingen eine weitgehende Übereinstimmung feststellen. Bei zweieiigen Zwillingen tritt diese Übereinstimmung weniger auf.

	Übereinstimmungen in %	
Merkmale	Eineiige Zwillinge	Zweieiige Zwillinge
Augenfarbe	100	52
Körpergewicht	66	48
Kopflänge	91	58
Krankheiten		
Tuberkulose	54	27
Zuckerkrankheit	60	13
Krebs	16	13
Bronchialasthma	63	38
Depressionen	67	5
Epilepsie	54	24

Auch die **Vererbung der Intelligenz** wurde bei Zwillingen untersucht. Das, was durch den Intelligenztest gemessen wird, ist im Wesentlichen erbbedingt.

▶ Intelligenz ist das Resultat einer komplexen Wechselbeziehung von Erbe und Umwelt. Erblich bedingt sind die Voraussetzungen, einen bestimmten **IQ** zu erreichen. Die Umweltbedingungen entscheiden aber darüber, ob dieser Intelligenzgrad tatsächlich erreicht wird.

6.8 Gentechnik (Gentechnologie)

Die Molekulargenetik hat sich in den letzten dreißig Jahren rasant entwickelt. Ein wichtiger Meilenstein war dabei die Identifikation der DNA (↗S. 273) als Träger der genetischen Information. Dadurch war es möglich geworden, gerichtet genetische Veränderungen von Mikroorganismen, Pflanzen und Tieren vorzunehmen, und zwar gezielt und direkt am genetischen Material eines Organismus. Die **Gentechnik** (Gentechnologie) war „geboren".

Die **Gentechnik (Gentechnologie)** ist ein Teilgebiet der Biotechnologie, das sowohl die theoretischen Grundlagen als auch die praktischen Methoden zur Isolation, Analyse, gezielten Veränderung und Übertragung von Erbmaterial von einem Organismus auf einen anderen umfasst.

Das weltweit erste geklonte Schaf Dolly (↗Abb.) war nicht transgen (↗S. 266).

Organismen, deren Erbmaterial gentechnisch beeinflusst worden ist, bezeichnet man als **transgen.**
Die Möglichkeiten, die die Gentechnik eröffnet, haben sowohl Einfluss auf die Pflanzen- und Tierzüchtung als auch auf die Medizin, die Mikrobiologie und auf viele andere Bereiche unseres täglichen Lebens.

Das Schaf Polly
1997 kam Schaf Polly zur Welt. Es war (im Unterschied zum Klonschaft Dolly) der erste transgene Klon eines Schafes. Die Eizelle, aus der sein Erbgut stammt, enthielt ein eingeschleustes Gen für einen menschlichen Blutgerinnungsfaktor. Ausgetragen wurde Polly von einem Mutterschaf einer anderen Rasse.

Wichtige Anwendungsgebiete der Gentechnik

- Isolation und Entschlüsselung von Genen
- Implantation (Übertragung) wichtiger Gene in Bakterien und Gewinnung der Genprodukte
- gezielte Veränderung von Genen
- Übertragung von Genen in das Erbgut höherer Organismen

Die In-vitro-Befruchtung und Kultur von befruchteten Eizellen wird in einigen europäischen Ländern und in den USA auch bei Menschen durchgeführt. Sie bietet hier die Basis für eine *pränatale Implantationsdiagnostik* (PID). Familien, bei denen häufig Erbkrankheiten auftreten, haben so die Möglichkeit, gesunde Kinder zu bekommen.

Methoden der Gentechnik

Die wichtigsten Methoden der Gentechnik sind
- gezielte Eingriffe in das Erbgut von Organismen,
- der Umbau von DNA-Molekülen,
- die In-vitro-Kombination von DNA-Molekülen verschiedener Herkunft, ihre Einführung und starke Vermehrung in Wirtszellen.

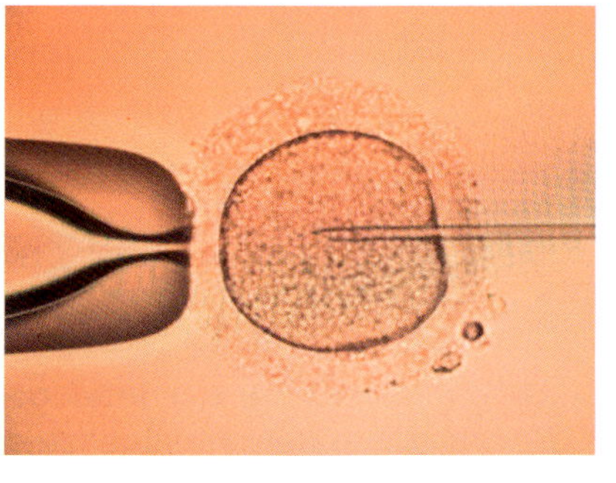

Die entscheidenden **Werkzeuge** der Gentechniker sind **Enzyme (Restriktionsenzyme),** die die DNA an genau festgelegten Stellen ausschneiden können. **Bakterien** (↗S. 42) werden derzeit in der Gentechnik eingesetzt. Sie besitzen im Zellplasma ringförmige, doppelsträngige DNA-Moleküle **(Plasmide).** Daher kann man die DNA relativ einfach isolieren, verändern und wieder in die Zelle zurückführen. Bakterienzellen vermehren sich sehr schnell. Dadurch erfolgt auch eine effektive Klonierung der Fremd-DNA.

▶ Die Verwendung von **Plasmiden** in der Gentechnik ist derzeit das gängige Verfahren. Es verläuft nach einem ganz bestimmten Schema. Plasmide werden zum Transport von Genen von einer Spenderzelle in eine Empfängerzelle genutzt.

Anwendung der Gentechnik beim Menschen

Die wichtigsten Anwendungsgebiete beim Menschen sind
- der Einsatz gentechnisch produzierter Eiweiße als Medikamente,
- die Gendiagnostik, die Frühdiagnose von Erbleiden,
- die Gentherapie an Körperzellen (somatische Gentherapie).

Außerdem arbeiten die Wissenschaftler daran, das therapeutische Klonen als ein bedeutsames Anwendungsgebiet zu erschließen.

Insulin – gentechnisch erzeugt

Etwa 300 000 Menschen in der BRD leiden an Diabetes. Sie benötigen etwa 2 mg Insulin pro Tag, um ihren Blutzuckergehalt zu regulieren. Um die benötigte Insulinmenge für einen Diabetiker zu erzeugen, musste früher alle vier Tage ein Schwein geschlachtet werden. In einem chemisch aufwendigen Verfahren wurde Insulin aus der Bauchspeicheldrüse isoliert.

Nachdem das Gen für menschliches Insulin entschlüsselt ist, kann dieses Hormon gentechnisch in großen Mengen hergestellt werden.

▶ Insulin muss in die Blutbahn gelangen, um wirken zu können. Die meisten Menschen mit Diabetes benutzen vor allem Insulinpumpen oder Insulinpens (↗Foto) um sich das Insulin selbst zuzuführen.

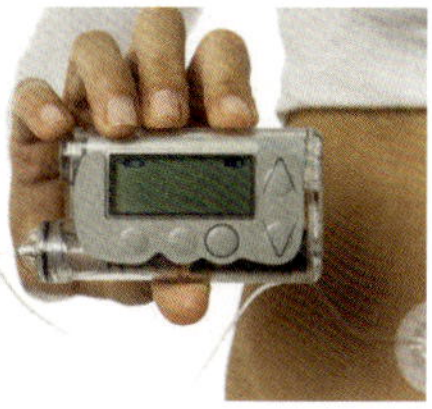

Gendiagnostik

Heute sind etwa 2000 genetisch bedingte Erkrankungen bekannt. Etwa 4–6 Prozent der Neugeborenen weisen eine erblich bedingte Fehlbildung oder Behinderung auf. Durch die Gendiagnostik kann man Fehler in den Erbanlagen identifizieren. Dazu werden DNA-Proben mithilfe von Restriktionsenzymen in kleine, unterschiedlich lange Abschnitte zerlegt. Eine radioaktiv markierte Gensonde (sie besteht aus einsträngiger DNA) zeigt den Gendefekt an. Daraufhin kann man therapeutische Maßnahmen einleiten.

Somatische Gentherapie

Unter somatischer Gentherapie versteht man die Übertragung spezifischer Gene auf Körperzellen (somatische Zellen) mit dem Ziel, defekte Gene zu ersetzen. So wäre es z. B. denkbar, Diabetikern intakte Gene zur Insulinbildung in die Bauchspeicheldrüse zu übertragen. Diese würden die Diabetiker von ihrem Leiden befreien und die Prozedur des täglichen Spritzens überflüssig machen. Aus technischer Sicht wäre dieses Verfahren vergleichbar mit einer Impfung oder Medikamenteneinnahme.

Da die somatische Gentherapie nur Körperzellen betrifft, werden die genetischen Veränderungen nicht an die Nachkommen weitergegeben.

▶ **Nutzen und Risiken der Gentechnik**
Nutzen bringt die Gentechnik u. a. in der Pflanzen- und Tierzüchtung, in der Humanmedizin und bei der Produktion von Stoffen (z. B. Arzneimittel, Insulin). Risiken der Gentechnik liegen sowohl in der Gefährdung der Umwelt durch genveränderte Organismen als auch in der Möglichkeit, am Erbmaterial des Menschen gezielt manipulieren zu können.

Therapeutisches Klonen

Durch diese Methode sollen Patienten Ersatzgewebe, z. B. Haut-, Knorpel-, Herz- oder Nervenzellen, aus körpereigenem Material erhalten. Dadurch hofft man Krankheiten (Parkinson, Herzinfarkt) heilen zu können.

6

Mendelsche Regeln – Vererbungsregeln

- **1. Uniformitätsregel:** Kreuzt man reinerbige Eltern, die sich in einem Merkmal unterscheiden, sind alle Nachkommen der F_1-Generation untereinander gleich (uniform).

- **2. Spaltungsregel:** Kreuzt man die Individuen der F_1-Generation untereinander, so erhält man in der F_2-Generation eine Aufspaltung der Merkmale in festen Zahlenverhältnissen.

- **3. Unabhängigkeitsregel:** Kreuzt man reinerbige Eltern, die sich in mehreren Merkmalen unterscheiden, so werden die Erbanlagen (Gene) frei kombiniert und unabhängig voneinander vererbt.

Variabilität der Organismen

Die Grundlagen für die Variabilität der Organismen sind Mutationen und Neukombinationen der Erbanlagen sowie Modifikationen.

- **Mutationen** – durch Mutagene hervorgerufene Veränderungen der Erbsubstanz (im Genotyp); sie werden vererbt, wenn sie in den Geschlechtszellen vorliegen.

Mutationsformen		
Genmutationen Veränderung im Gen	**Chromosomenmutationen** Veränderung der Struktur der Chromosomen	**Genommutationen** Veränderung der Chromosomenanzahl

- **Modifikationen** – durch Umweltbedingungen hervorgerufene Veränderungen im äußeren Erscheinungsbild (Phänotyp) eines Lebewesens.

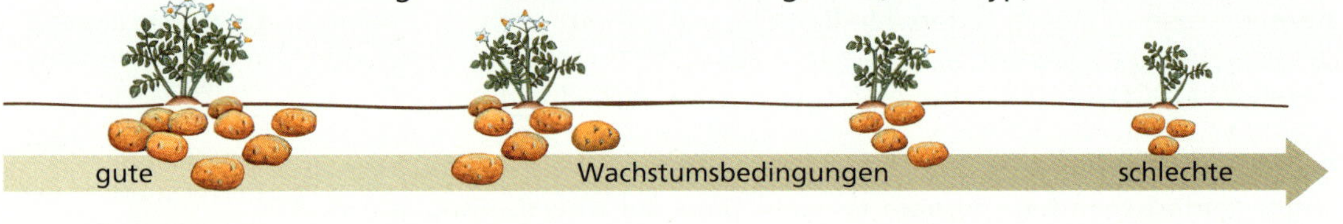

Gentechnik (Gentechnologie)

- Sie ist die gezielte Veränderung und Übertragung von Genmaterial von einem Organismus auf einen anderen.
Nutzen: Pflanzen- und Tierzüchtung, Humanmedizin, Produktion von Stoffen (z. B. Arzneimittel, Insulin, Enzyme)
Risiken: genmanipulierte Organismen in Umwelt, Manipulation am menschlichen Erbmaterial

Evolution der Organismen

7

7.1 Grundbegriffe

Unter **Evolution** wird der Prozess der stammesgeschichtlichen Entwicklung der Organismenarten verstanden.
Dabei wird davon ausgegangen, dass sich die heutige Vielfalt der Organismenarten in langen Zeiträumen aus wenigen, einfach organisierten Formen entwickelt hat.

Die **Evolutionstheorie** ist die Theorie von der stammesgeschichtlichen Entwicklung der Organismen.

Die **Evolutionstheorie** sucht mit naturwissenschaftlichen Methoden nach Antworten auf die Fragen:
- Fand eine Evolution statt?
- Welche Ursachen gibt es für eine Evolution?
- Welchen Verlauf nahm die Evolution?

Dabei steht die Evolutionstheorie vor der Aufgabe, die Entstehung und die Umbildung von Arten zu erklären. Es wird davon ausgegangen, dass die heute lebenden Organismen aus früheren, primitiven Vorfahren hervorgegangen sind. Für diesen Prozess der stammesgeschichtlichen Entwicklung der Pflanzen, Tiere und Menschen werden sehr lange Zeiträume sowie auch das Wirken von Evolutionsfaktoren angenommen.
Die Schwierigkeiten zum Beweisen der Evolutionstheorie bestehen darin, dass
- Experimente zur Artneubildung wegen der langen Zeit nahezu ausgeschlossen sind (Ausnahme: Modellexperimente zu Bakterien, Züchtung von Tieren und Pflanzen),
- Beobachtungen der Evolutionsvorgänge unmittelbar nicht möglich waren.

Innerhalb der Evolutionsforschung werden molekulargenetische Methoden herangezogen.

Die **Evolutionsforschung** sucht nach Beispielen, um die Stammesgeschichte der Organismen zu belegen, wie u. a.:
- Fossilien, ihre Entstehung und Altersbestimmung,
- homologe, analoge und rudimentäre Organe,
- Vergleich der Embryonalentwicklung bei Wirbeltieren,
- Auswertung angeborener Verhaltensweisen bei Tieren,
- Deutung von Zwischenformen (Brückentieren).

Skelette geben Auskunft über die Evolution

In den 1970er-Jahren wurde in Bilzingsleben bei Halle ein Rastplatz freigelegt, auf dem sich Reste von mehreren ovalen und runden Behausungen, Feuerstellen und Arbeitsplätzen befanden. Neben Schädelresten von ***Homo erectus*** (↗ S. 322) fanden die Forscher zahlreiche Tierknochen, die von Wisenten, Auerochsen, Wildpferden, Hirschen, Bären, Wildschweinen und sogar von Steppennashörnern und Waldelefanten stammen. Viele Röhrenknochen waren zerschlagen, um an das Mark zu gelangen.
Die Funde geben Auskunft darüber, dass der Mensch von Bilzingsleben nicht nur zielgerichtet Geräte hergestellt und das Feuer genutzt, sondern auch Ritzungen auf Knochen angebracht hat, Zeichen, die wir heute noch nicht deuten können.

7.2 Historische Entwicklung

7.2.1 Zur Geschichte der Evolutionstheorie

Über die Entstehung der Organismen wurden von Wissenschaftlern verschiedene Auffassungen entwickelt. Insbesondere CHARLES DARWIN begründete wissenschaftlich die **Evolutionstheorie.**

Überblick über die Erforschungsgeschichte der Evolution (Auswahl)

CARL VON LINNÉ (1707–1778)
Dem schwedischen Naturforscher CARL VON LINNÉ (↗ S. 287) verdankt die Botanik ihre Systematik und die binäre Nomenklatur. Er führte das Prinzip des zweifachen Namens ein: des Gattungs- und des Artnamens für ein Lebewesen.

LINNÉ ordnete über 4000 Tierarten und über 7000 Pflanzenarten. Auf ihn sind beispielsweise die Bezeichnungen *Bellis perennis L.* für das Gänseblümchen und *Talpa europaea L.* für den Europäischen Maulwurf zurückzuführen.
LINNÉ glaubte aber auch an die Erschaffung der Arten durch Gott und daran, dass Arten sich *nicht* verändern **(Konstanz der Arten).**

GEORGES CUVIER (1769–1832)
CUVIER war Zoologe, er arbeitete auf dem Gebiet der vergleichenden Anatomie.
Als Verfechter der **„Katastrophentheorie"** war er der Ansicht, das Naturkatastrophen immer wieder zur Vernichtung der Organismen führen und danach wieder Arten mit gleichem Bauplan erschaffen würden.

CUVIER vertrat den Standpunkt, dass die Neuerschaffung der Arten durch den Schöpfungsakt erfolge und dass Arten sich *nicht* verändern **(Konstanz der Arten)**.

Kreationismus basiert auf der strengen und engen Auslegung der Schöpfungsgeschichte der Bibel.

JEAN-BAPTISTE DE LAMARCK (1744–1829)
LARMARCK war Botaniker und Zoologe, der sich neben seinen umfangreichen systematischen Arbeiten auch dem *Evolutionsgedanken* widmete.

Seine Theorie besagt, dass die Lebewesen durch einen inneren Drang zur Vervollkommnung veranlasst würden, bestimmte Organe stärker oder schwächer zu betätigen. Dies führe dann zu Veränderungen im Bauplan der Lebewesen. Diese Veränderungen können schließlich an die Nachkommen vererbt werden **(Vererbung erworbener Eigenschaften).**
LARMARCK nahm z. B. an, dass die Länge des Giraffenhalses auf beständiges Hinaufstrecken zum Laub der Bäume zurückzuführen ist.

DARWINS **Weltreise** (1831–1836) führte mit dem Forschungsschiff „Beagle" über Teneriffa, Südamerika, die **Galapagosinseln,** Neuseeland bis nach Australien. Die Auswertung des gesammelten Materials war entscheidend für seine Selektionstheorie.

CHARLES DARWIN (1809–1882)

DARWIN gilt als der Begründer der modernen Evolutionstheorie. Ausgangspunkt seiner Untersuchungen waren Kulturpflanzen und Haustiere. Deren verändertes Aussehen erkannte er als Ergebnis einer wiederholten Züchtung. DARWIN nannte das *„künstliche Zuchtwahl"*.
Er fragte sich, ob es auch in der Natur etwas Vergleichbares, eine „natürliche Zuchtwahl" oder Selektion, geben könnte. Doch wer oder was übernahm hier die Rolle des Züchters? DARWINS Ziel war es, herauszufinden, *wie* die Änderung der Arten vor sich geht. DARWIN fand heraus, dass die *Umweltbedingungen* eine entscheidende Rolle spielen. Es überleben und vermehren sich bevorzugt die Lebewesen, die sich in der Auseinandersetzung mit ihrer Umwelt behaupten. Über Generationen werden dabei die Erbanlagen für bestimmte Merkmale, deren Vorhandensein sich in dieser Auseinandersetzung als vorteilhaft erwies, an die Nachkommen weitergegeben. Seine gründliche wissenschaftliche Arbeitsweise erforderte viel Zeit, um diese Annahme mit klaren Argumenten zu stützen.
DARWINS entscheidenste Erkenntnisse sind, dass die vielen Nachkommen einer Art *nicht völlig gleich* (Variabilität) sind, dass es eine natürliche Auslese (Selektion) entsprechend den Umweltbedingungen **(Selektionstheorie)** gibt, dass sich Organismenarten im Verlauf langer Zeiträume aus einfacheren Formen entwickelt haben **(Evolutionstheorie)** und dass somit *alle Arten veränderlich* sind.

JOHANN GREGOR MENDEL (1822–1884)

MENDEL studierte Theologie in Brünn und Naturwissenschaften in Wien. 1855 begann er mit seinen Kreuzungsversuchen an Erbsen. Durch umfangreiche *Kreuzungsversuche* an Pflanzen und die statistische Auswertung der gewonnenen Ergebnisse kam er zu allgemeingültigen Gesetzen über die Vererbung von Anlagen. Die nach ihm benannten *drei Regeln* (↗ S. 281) haben bis heute nichts an ihrer Gültigkeit eingebüßt.

ERNST HAECKEL vertrat sehr entschieden in vielen Vorträgen und Schriften die Evolutionstheorie in Deutschland. 1866 formulierte er das **biogenetische Grundgesetz,** nach dem jede Individualentwicklung eine kurze Wiederholung der Stammesentwicklung ist.

ERNST HAECKEL (1834–1919)

HAECKEL studierte von 1852 bis 1858 Naturwissenschaften und Medizin in Würzburg, Berlin und Wien. Als Professor für Zoologie in Jena verbreitete er wie kein anderer die Evolutionstheorie DARWINS in Deutschland und entwickelte sie weiter. Man nannte ihn deshalb auch den „deutschen Darwin".
Zu seinen besonderen Leistungen zählen das Aufstellen natürlicher Stammbäume, die Entwicklung des **biogenetischen Grundgesetzes,** die Einbeziehung des Menschen in die Abstammung von menschenähnlichen Vorfahren. Auch er vertrat den Standpunkt, dass Arten veränderlich sind.

7.2.2 Fossilien als Belege für die Evolution der Organismen

Fossilien sind Reste oder Spuren von Organismen früherer Erdzeitalter.

Fossilien beweisen die Stammesgeschichte der Organismen, da sie
- Organismen früherer Erdzeitalter dokumentieren,
- einen Einblick in den Verlauf und die Geschwindigkeit der Evolution ermöglichen,
- Verwandtschaftsbeziehungen zwischen den Organismen belegen.

Altersbestimmung von Fossilien

Das Alter der Fossilien kann man mit unterschiedlichen Methoden bestimmen, mit der *stratigrafischen* oder mit der *physikalischen Zeitbestimmungsmethode.*

Stratigrafische Zeitbestimmung
Die oberen Schichten der Erdkruste enthalten jüngere Fossilien, die unteren Schichten ältere Fossilien. Ein *Problem* besteht darin, dass eine Faltung, Verschiebung, Verwerfung von Schichten der Erdkruste möglicherweise die Altersbestimmung erschweren.

Physikalische Zeitbestimmung
Radiokarbonmethode: Zerfall des Isotops ^{14}C als Grundlage; $^{12}C : ^{14}C$-Verhältnis wird bestimmt, Altersbestimmung von Fossilien ist möglich.
Uran-Blei-Methode: Zerfall des Isotops ^{238}U als Grundlage, dabei entsteht das Isotop ^{106}Pb, Altersbestimmung des Gesteins ist möglich.

Die **Halbwertszeit** beträgt beim radioaktiven Kohlenstoff-Isotop ^{14}C etwa 5400 Jahre, d.h., nach dieser Zeit ist die Hälfte der ^{14}C-Atome zerfallen. Das kann durch Strahlungsmessung festgestellt werden.

Formen von Fossilien

Unter **Fossilisation** versteht man die vielfältigen Formen der Bildung von Fossilien unter verschiedensten Entstehungsbedingungen.

Nach der Art ihrer Entstehung werden mehrere Formen von Fossilien unterschieden: *Versteinerung, Abdruck, Einschluss, Hartteile, Mumifizierung, Inkohlung.*

- **Versteinerung**
Organische Substanzen von Körpern werden zersetzt und die entstandenen Hohlräume mit Kalk oder Kieselsäure aufgefüllt. Diese erhärten dann. Es können ganze Organismenkörper oder Körperhohlräume erhärten. Es können aber auch poröse Teile erhärten, z. B. der Steinkern eines Seeigels aus dem Jura (↗ Abb.).

Weitere Beispiele sind Muschelschalen (echte Versteinerung).

Abdruck

Der Organismuskörper wurde in ein Sediment eingebettet (Ton, Schlamm). Der Körper wurde zersetzt, aber sein Abdruck blieb im Gestein erhalten. Der Abdruck eines Farnwedels (↗ Abb.) stammt aus dem Karbon.
Weitere Beispiele: Saurierfährte, Urvogel, Pflanzen

Leitfossilien sind Fossilien, die für einen bestimmten Zeitabschnitt in der Erdgeschichte typisch sind und häufig in einer bestimmten Gesteinsschicht vorkommen. Mit ihrer Hilfe kann man Altersbestimmungen durchführen.

Einschluss

Organismen können in Harz, Salz oder Eis eingeschlossen sein, aber auch in Bernstein, wie der Hundertfüßer aus der Erdneuzeit (↗ Abb.).
1991 wurde in einem Gletscher der Ötztaler Alpen ein im Eis eingeschlossener Leichnam gefunden; man nannte ihn „Ötzi". Es wird geschätzt, dass er etwa vor 5300 Jahren gelebt haben muss. Das leitete man aus Funden neben dem Toten ab (u. a. ein für die Bronzezeit typisches Randleistenbeil, ↗ Abb.).
Weiteres Beispiel: Mammut im Eis

Hartteile

Hartteile sind erhaltene Strukturen des Körpers aus anorganischen Substanzen. Sie sind im Verlauf der Jahrhunderte so erhalten geblieben, wie sie waren.
Das erkennt man an Gehäusen von Kopffüßern (Ammoniten, ↗ Abb. *Nautilus).*
Weitere Beispiele: Knochenreste, Weichtierschalen, Zähne, Wirbel des Waldelefanten

Die Suche nach Fossilien ist oft erfolgreich am Meeresstrand (z. B. Bernsteineinschlüsse, versteinerte Seeigel), in Sandgruben und Steinbrüchen (z. B. Abdrücke, Zähne).

Mumifizierung

Mumien entstehen z. B. durch Austrocknung in trockener, heißer Gegend oder durch Einbettung im Moor. Organismen werden z. B. durch Gerbstoffe dauerhaft konserviert, wie diese Moorleiche (Museum Torfbahnhof bei Rottau, ↗ Abb.). Sie lebte ca. 135–335 n. Chr.
Weitere Beispiele: Pflanzen der Erdneuzeit

Inkohlung

Unter bestimmten Bedingungen (hoher Druck, Temperatur und Luftabschluss) entstanden aus Pflanzen über lange Zeiträume Braun- oder Steinkohle. Manchmal kann man noch Zeugen der vergangenen Zeit, z. B. als versteinertes Holz, in diesen Lagerstätten finden. Der Farn stammt aus der Zeit des Oberkarbons (↗ Abb.).

7.2.3 Entwicklung von Organismen in den verschiedenen Erdzeitaltern (Überblick und Auswahl)

Überblick über die Entwicklung des Lebens

Zeitalter	Periode	vor Mio. Jahren	Bedeutende Ereignisse in der Geschichte des Lebens auf der Erde	
Erdneuzeit	Quartär	1,6 bis heute	Auftreten und Entwicklung des Menschen, Beginn der Einflussnahme des Menschen auf die Natur	
	Neogen	23–1,6	Auftreten und Entwicklung des Menschen, der Pflanzen und Tiere der Gegenwart	
	Paläogen	65–23	Entwicklung und Ausbreitung der Säugetiere; Entwicklung der Affen und Menschenaffen; Ausbreitung von Gräsern; Entfaltung der Vögel; erste Vormenschen	
Erdmittelzeit	Kreide	145–65	letzte Saurier; erste Affen, erste Vögel; Ausbreitung der Blütenpflanzen, erste Laubhölzer	
	Jura	200–145	Vorherrschaft der Saurier; Urvögel; Nadelhölzer verbreitet	
	Trias	251–200	erste Säugetiere; Vielfalt von Kriechtieren; Nacktsamer vorherrschend	
Erdaltzeit	Perm	299–251	Vielfalt von Kriechtieren; erste Nadelhölzer, viele Farnpflanzen	
	Karbon	359–299	erste Kriechtiere (Reptilien), zahlreiche Lurche, Insekten; erste Wälder aus Farnpflanzen (Bärlappe, Schachtelhalme, Echte Farne), erste Samenpflanzen	
	Devon	416–359	erste Lurche (Amphibien), erste Insekten; Vielfalt von Fischen, Quastenflosser, Farnpflanzen (Baumfarne)	
	Silur	444–416	erste Landpflanzen (Farne, Schachtelhalme, Bärlappe); Quastenflosser, Ausbreitung der Fische	
	Ordovizium	488–444	erste Fische; Meeres- und Süßwasseralgen	
	Kambrium	542–488	Wirbellose im Meer, z. B. Quallen, Trilobiten sowie Algen, Bakterien	
Erdfrühzeit und Erdurzeit	Präkambrium	542 3 500 3 800 4 600	erste Wirbellose einfache fossile Bakterien erste Spuren von Leben Entstehung der Erde	

Quelle: „International Commission on Stratigraphy" (ICS)

7.2.4 Zwischenformen als Belege der Evolution

Zwischenformen (Übergangsformen, Brückentiere) sind Organismen mit Merkmalen verschiedener systematischer Gruppen. Sie belegen die Verwandtschaft zwischen bestimmten Organismengruppen und geben Einblick in den Verlauf der stammesgeschichtlichen Entwicklung.

Zwischenformen sind **fossile** Organismen (z. B. der ausgestorbene Urvogel) und auch **rezente** Organismen (z. B. der noch lebende Quastenflosser).

Einige Übergangsformen

Urvogel *(Archaeopteryx)* als ausgestorbene (fossile) Zwischenform		
Kriechtiermerkmale · Lange Schwanzwirbelsäule · Bezahnte Kiefer · Schien- und Wadenbein getrennt · Kleines Brustbein ohne Kamm · Finger mit Krallen		**Vogelmerkmale** · Federn · Vogelschädel · Mittelfußknochen verwachsen · z. T. hohle Knochen · Vordergliedmaßen als Flügel mit drei Fingern
Quastenflosser *(Latimeria)* als lebende (rezente) Zwischenform		
Merkmale eines Knochenfisches · Paarige Flossen · Haut mit Schuppen · Körpergestalt fischähnlich · Kiemen · Wasserbewohner		**Merkmale urtümlicher Lurche** · An den paarigen Bauch- und Brustflossen durch Gelenke miteinander verbundene Knöchelchen zum Abstützen und Fortbewegen auf dem Grund des Gewässers · Kurze Landgänge möglich bei fossilen Quastenflossern

Eine Übergangsform der besonderen Art ist das **Schnabeltier.** Es wurde 1798 in Australien entdeckt und kommt heute noch dort sowie in Tasmanien vor. Es besitzt Merkmale der Kriechtiere und der Säugetiere.

Besondere Merkmale des Schnabeltiers

Kriechtiermerkmale
- Kloake
- Weichschalige Eier legend
- Ausbrüten der Eier

Säugetiermerkmale
- Fell
- Milchsekret für die Jungen aus Drüsen auf der Bauchseite
- Gleichwarme Körpertemperatur

7.2.5 Zur Entstehung des Lebens auf der Erde

Die Vorgänge, die zur Entstehung des Lebens auf der Erde führten, konnten bis heute noch nicht in allen einzelnen Schritten experimentell bewiesen werden. So gab es bis ins 17. Jh. keine Zweifel an der Lehre von der **Urzeugung,** wonach Lebewesen direkt aus leblosen Stoffen hervorgehen können.
Wissenschaftliche Auffassungen gehen gegenwärtig davon aus, dass das Leben auf der Erde im Verlauf sehr langer Zeiträume in mehreren aufeinanderfolgenden Etappen aus anorganischen, nicht lebenden Stoffen entstanden ist.
Als Etappen der Entstehung des Lebens werden die chemische Evolution und die biologische Evolution unterschieden.

Die **chemische Evolution** umfasst chemische Reaktionen, in deren Folge Stoffe entstanden sind, die Voraussetzung für die Entstehung des Lebens waren.

Die chemische Evolution

Situation auf der Urerde vor etwa 4 Milliarden Jahren
Nach erfolgter Abkühlung bestand die Urerde (vor ca. 4,6 Mrd. Jahren) aus einer festen Erdkruste mit ersten Gewässern und war umgeben von einer Atmosphäre. Diese Uratmosphäre war aus verschiedenen Gasen wie Kohlenstoffmonoxid, Methan, Ammoniak, Hydrogensulfid und Wasserdampf gebildet und stellte ein giftiges Gasgemisch dar. In den Urozeanen waren verschiedene Stoffe gelöst, die ebenfalls eine lebensfeindliche Umgebung mit einer starken UV-Strahlung der Sonne bildeten.

Heutige Atmosphäre:
78,08 % N_2,
20,95 % O_2,
0,93 % Edelgase,
0,034 % CO_2,
0,006 % Rest

Entstehung erster organischer Verbindungen (Simulationsexperimente)
Dennoch sehen Wissenschaftler in diesen Bedingungen auf der Urerde günstige Voraussetzungen für die Entstehung von Leben mit dem ersten Schritt der Bildung organischer Substanzen aus anorganischen Stoffen.
Den Nachweis dazu erbrachte der amerikanische Student S. L. MILLER 1952 mit erfolgreichen Experimenten in einer abgeschlossenen Apparatur (↗ Abb.) unter simulierten Bedingungen der Urerde (Gase der Uratmosphäre, elektrische Entladungen, Wärmeenergie u. a.). Die dabei entstandene **„Ursuppe"** enthielt auch mehrere **organische Verbindungen** wie Aminosäuren, Milchsäure und Formaldehyd.
Unter variierten Bedingungen bildeten sich sogar Kohlenhydrate, ATP und Kernbasen.
Eine Entstehung von Lebewesen aus diesen organischen Stoffen ist experimentell bisher jedoch noch nicht gelungen.

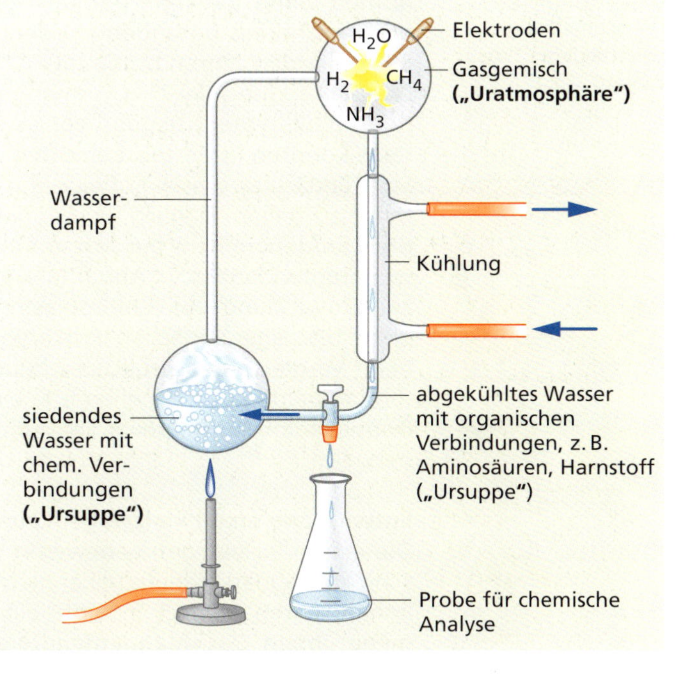

A. I. OPARIN (1894–1980) vertrat bereits 1924 die Auffassung, dass der biologischen Evolution eine chemische Evolution vorausgegangen sein musste.

Entstehung von Makromolekülen (Simulationsexperiment)

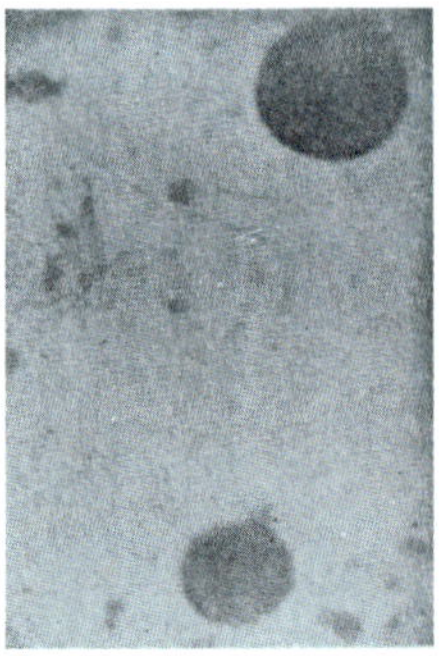

Die experimentelle Bildung von Makromolekülen gelang mehreren Forschern. Beispielsweise konnte der russische Biochemiker A. I. OPARIN im Experiment die Bildung von Tröpfchen aus Makromolekülen, **Koazervate** genannt, sowie deren Fähigkeit zur Aufnahme und Abgabe von Stoffen nachweisen.
Dem amerikanischen Wissenschaftler S.W. FOX gelang es, aus einem Aminosäuregemisch eiweißähnliche Partikel herzustellen, welche Wachstum zeigten. Diese **Mikrosphären** (↗ Abb.) wurden von einer semipermeablen Membran begrenzt.

Die biologische Evolution

Die frühe biologische Evolution

Wissenschaftler vertreten dazu unterschiedliche Meinungen.
Nach der **Proteinhypothese** könnten die ersten Urorganismen aus Eiweißen (Proteinen) mit Stoffwechsel bei nachfolgender Aufnahme von Nucleinsäuren entstanden sein.
Die **Nucleinsäurehypothese** dagegen geht davon aus, dass zunächst die Kernsäure vorhanden gewesen ist und danach eine Aufnahme von Proteinen erfolgt sei. Die entstandenen Urlebewesen (Protobionten) mussten Stoffwechsel betreiben und sich vermehren können, wobei auch das Auftreten von Mutationen vorausgesetzt wird. Anzunehmen ist eine heterotrophe Ernährungsweise der Urlebewesen.

Entstehung erster einzelliger Lebewesen

Endosymbiontenhypothese (Verschmelzung verschiedener Prokaryoten)

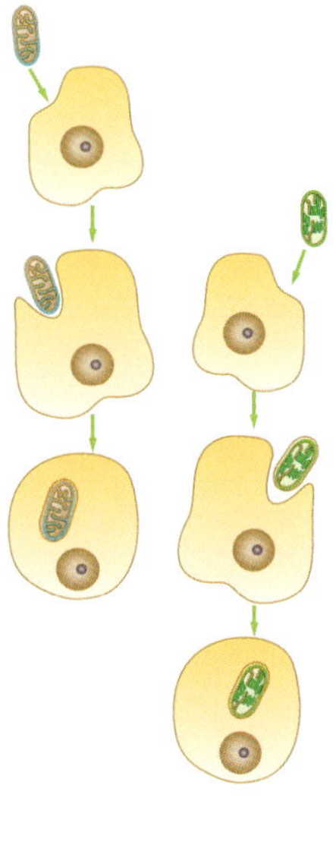

Fossile Reste urtümlicher Bakterien und Blaualgen konnten als Organismen ohne Zellkern (Prokaryoten) in Gesteinsschichten Südafrikas und Australiens gefunden werden. Deren Lebensalter wurde mit etwa 3,5 Milliarden Jahren bestimmt.
Die Entwicklung der Organismen mit Zellkern, Mitochondrien und Plastiden (Eukaryoten) begann vor etwa 1,4 Milliarden Jahren. Fossile Zellreste konnten in Gesteinsschichten nachgewiesen werden.
Eine Erklärung dieser Entwicklung versucht die **Endosymbiontenhypothese** zu geben. Danach wurden von Zellen stoffwechselaktive Prokaryoten aufgenommen, die sich in ihnen wahrscheinlich zu Mitochondrien weiterentwickelten (↗ Abb.). In anderen Zellen kam es möglicherweise zur Entwicklung von Chloroplasten aus aufgenommenen fotoautotrophen blaualgenähnlichen Prokaryoten. Gestützt wird diese Hypothese beim Vergleich der Strukturen heutiger Mitochondrien und Chloroplasten, da beide Zellorganellen u. a. eine eigene DNA aufweisen, von einer Doppelmembran begrenzt sind und sich durch Teilung vermehren können.

Entwicklung erster vielzelliger Lebewesen

Die ersten vielzelligen Lebewesen sind als Abdrücke aus den Ediacara-Schichten Südaustraliens bekannt. Man schätzt ihr Alter auf 600–700 Millionen Jahren. Danach erfolgte eine rasche Entwicklung vieler Organismengruppen. Das ist an umfangreichen Fossilfunden nachweisbar.

7

7.3 Evolutionsfaktoren und ihre Wirkung

Die stammesgeschichtliche Entwicklung der Organismen erfolgte im Verlauf der Erdgeschichte in ständiger Wechselwirkung mit der Umwelt. Als Ursache für diesen Prozess wurde das Zusammenwirken von **Evolutionsfaktoren** in den Populationen (↗ S. 375) erkannt. Die wesentlichen Faktoren der Evolution sind Mutation, Neukombination von Erbanlagen, Isolation und Auslese (Selektion).

7.3.1 Mutationen

Natürliche Mutationen sind zufällige, sprunghafte, ungerichtete Veränderungen von Erbanlagen. Es erhöht sich damit die Vielfalt der Genotypen in einer Population und damit die genetische Variabilität.

Als Ergebnis gezielter Züchtung durch den Menschen gibt es heute sehr viele Hunderassen mit unterschiedlichen Eigenschaften.

Dackel (Dachshund)

Deutscher Jagdterrier

Labrador Retriever

Durch **Mutationen** (↗ S. 288, 289) entstehen immer wieder veränderte oder neue Merkmale. Die zufälligen Merkmalsänderungen sind eine grundlegende Voraussetzung für die Evolution. In Bezug auf die Umwelteignung neuer Merkmale kann die Auslese (Selektion) wirksam werden.

Wildkohl-Mutationen

Aus einem **Wildkohl** sind auf der Basis von Mutationen und Auslese verschiedene Kohlarten gezüchtet worden.

Weitere Beispiele

Zuchtformen vom Goldhamster – unterschiedliche Beschaffenheit des Fells (Scheckenhamster, Langhaarhamster)
Zuchtformen von *Drosophila* – unterschiedliche Flügelformen (aufgebogen, stummelig, flügellos)
Zuchtformen von Haushühnerrassen – Italiener, Rhodeländer
Zuchtformen von Hunderassen – Dackel, Terrier, Labrador

In der Tier- und Pflanzenzüchtung durch den Menschen bilden Mutationen meist die Grundlage. Außerdem wirken oftmals noch als Evolutionsfaktoren Neukombination der Erbanlagen und Auslese (Selektion) zusammen.

7.3.2 Neukombination von Erbanlagen (Genen)

Auch bei den Laubblättern des Efeus kann man **Variabilität** feststellen: Sie unterscheiden sich in Größe und Form.

In einer Population (↗S. 375) verschmelzen durch sexuelle Fortpflanzung bei der Befruchtung immer wieder genetisch verschieden ausgestattete Keimzellen miteinander. Dabei werden deren Erbanlagen neu kombiniert. Durch diese Neukombination von Erbanlagen entstehen ständig neue Genotypen (mendelsche Regeln). Diese genetische Vielfalt hat die Vielfalt von Merkmalen in einer Population (**Variabilität,** ↗S. 287) zur Folge. Damit ist eine weitere Voraussetzung für das Wirken der Auslese gegeben.

Innerartliche Variabilität ist die Veränderlichkeit der Organismen derselben Art. Sie beruht auf Unterschieden in der Erbinformation (Mutationen, ↗S. 288) oder auf nicht erblichen Veränderungen des Erscheinungsbildes durch Umwelteinflüsse während der Individualentwicklung (Modifikation, ↗S. 291).

Gehäuse von Schnirkelschnecken
Bei den Schnirkelschnecken findet man die unterschiedlichsten Farben und Bänderungen am Gehäuse.

Unterschiede bei Haustauben
Haustauben unterscheiden sich z. B. in Größe, Gefieder und Farbe.

Wilde Felsentaube Kröpfer Perückentaube Pfauentaube

Die Neukombination der Gene bei der geschlechtlichen Fortpflanzung wird für die Züchtung neuer Pflanzensorten und Tierrassen genutzt.

7.3.3 Isolation

Isolation ist die teilweise oder vollständige Unterbindung der Paarung und damit des Genaustausches bei der geschlechtlichen Fortpflanzung zwischen Individuen einer Art oder zwischen verschiedenen Populationen einer Art.

Die einzelnen Teilpopulationen der ursprünglichen Population entwickeln sich oft auch bei unterschiedlichen Umweltbedingungen isoliert voneinander. Gleichzeitig wirken Mutation, Neukombination und Selektion in den Teilpopulationen zusammen. So können in langen Zeiträumen neue Organisationsformen, Unterarten oder auch Arten entstehen.

Geografische Isolation

Bei der geografischen Isolation verhindern Gletscher, Gebirge, Wüsten, Meere und Seen den Genaustausch zwischen den Organismen einer Population. Isolierte Teilpopulation entstehen, die sich weiterentwickeln.

- Durch Vorstoßen der Gletscher in der letzten Eiszeit (vor etwa 20000 Jahren) nach Mitteleuropa entwickelten sich aus der einheitlichen Krähenpopulation die Teilpopulationen von Rabenkrähe und von Nebelkrähe. *Legende:* Brauner Bereich kennzeichnet gemeinsames Vorkommen beider Formen.

Ökologische Isolation

Bei der ökologischen Isolation besiedeln die Individuen der neuen Arten verschiedene Biotope im gleichen geografischen Gebiet.

- Auf den *Galapagosinseln* lebende **Finkenarten** sehen ähnlich aus, unterscheiden sich aber in der Schnabelform. Sie sind **Nahrungsspezialisten** (Körnerfresser, Insektenfresser) und besiedeln verschiedene Biotope (Boden, Kakteen, Bäume). Aus einer gemeinsamen Stammform, einem auf dem Boden lebenden und Körner fressenden Fink des südamerikanischen Festlandes, entstanden neue Finkenarten: **Dickschnabel-Grundfink** (Körnerfresser, am Boden lebend), **Kaktus-Grundfink** (Körnerfresser, auf Kakteen lebend), **Spechtfink** (Insektenfresser, auf Bäumen lebend), **Mittlerer Baumfink** (Insektenfresser, auf Bäumen lebend).

Entstehung neuer Arten: Aus isolierten Teilpopulationen können sich in langen Zeiträumen neue Arten entwickeln, vor allem wenn die Umweltbedingungen unterschiedlich sind.

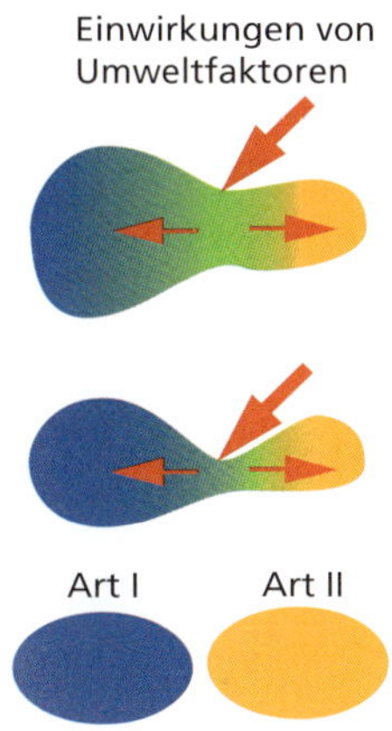

Fortpflanzungsbiologische Isolation

Die fortpflanzungsbiologische Isolation wird hervorgerufen durch unterschiedliche Fortpflanzungszeiten oder unterschiedliches Paarungsverhalten der Individuen der neuen Arten, z. B.:
- arttypischer Gesang der Vögel trennt z. B. Fitis-Laubsänger und Zilpzalp,
- arttypisches Leuchtmuster bei Leuchtkäfermännchen führt nur zur Reaktion von Weibchen der gleichen Art,
- unterschiedliche Laichzeiten bei Fröschen, z. B. Wasserfrosch (Mai bis Juni); Grasfrosch (Februar bis April).

7

7.3.4 Auslese (Selektion)

Die Unterschiede zwischen den Organismen einer Art sind vor allem auf Mutation und Neukombination der Gene zurückzuführen. Alle Organismen, die aufgrund ihrer Genkombination gut an die vorherrschenden Bedingungen angepasst sind, überleben mit großer Wahrscheinlichkeit und können eine große Anzahl fortpflanzungsfähiger Nachkommen erzeugen. Organismen, die aufgrund ihrer Genkombination nicht an die vorherrschenden Umweltbedingungen angepasst sind, erzeugen meist keine oder nur wenig Nachkommen und sterben somit aus.

Der Mensch betreibt seit Jahrhunderten gezielt Auslese bei der Züchtung von Haustieren und Kulturpflanzen.

Die **natürliche Auslese** (Selektion) ist ein richtungsgebender Evolutionsfaktor, da von Generation zu Generation immer wieder die an die vorherrschenden Umweltbedingungen optimal angepassten Individuen einer Population erhalten bleiben und bei der Fortpflanzung ihren Genbestand an die Nachkommen weitergeben.

Helle und dunkle Formen vom Birkenspanner

Der Birkenspanner, ein Nachtfalter, sitzt tagsüber meistens an der Rinde von Bäumen. Seine hell gemusterten Flügel unterscheiden sich kaum von der hellen Birkenrinde oder der hellen flechtenbewachsenen Rinde anderer Bäume. Birkenspanner werden deshalb von Singvögeln (Fressfeinde) oft übersehen **(Selektionsvorteil).**

Industriemelanismus kann man beim Birkenspanner an der Zunahme dunkler Formen in Industriegebieten beobachten.

1848 entdeckte man in England erstmals dunkle Formen **(Mutationen)** des Birkenspanners. Bereits 1900 betrug ihr Anteil in Manchester 83 %. Die dunklen Formen in Industriegebieten waren auf der dunklen, rußgeschwärzten und flechtenlosen Baumrinde vor Fressfeinden besser geschützt **(Selektionsvorteil)** als die helleren Formen. Ihr Anteil nahm in Industriegebieten ständig zu, während die hell gefärbten Birkenspanner häufiger in ländlichen Gebieten zu finden waren.
Der Selektionsvorteil für die jeweilige Form ergibt sich aus den jeweils vorherrschenden Umweltbedingungen (Luftqualität, Farbe der Baumrinde).

Auslesefaktoren und ihre Wirkung

Auslese-faktoren	Wirkung auf die Evolution der Organismen (Auswahl)
abiotische Umweltfaktoren	
niedrige Temperaturen	Förderung kleiner Körperoberflächen im Vergleich zum Körpergewicht, z. B.: · Galapagos-Pinguin (Tropen); · Kaiserpinguin (Antarktis)
Trockenheit	Begünstigung von Trockenpflanzen (Xerophyten), z. B.: · Hartlaubgewächse · Kakteen
Sturm	Begünstigung flugunfähiger Arten, z. B.: · Fliegen und Schmetterlinge auf den Kerguelen-Inseln
Antibiotika und Gifte	Förderung resistenter Organismen, z. B.: · bestimmte Bakterienstämme · bestimmte Insektenarten
biotische Umweltfaktoren	
Fressfeinde	Begünstigung schneller oder getarnter Arten, z. B.: · schnelle Läufer – Huftiere · Tarnfarbe – Schneehuhn, Birkenspanner · Drüsenhaare – Brennnessel · Tarnformen – Gespenstschrecke, Stabschrecke · Scheinwarntracht – Hornissenschwärmer, Schwebfliegen
Konkurrenz	Begünstigung konkurrenzstarker Organismen, z. B.: · Jungbäume im Laubwald · Geschlechtspartner bei Rotwild

Xeromorph gebaut: Einrichtungen von Trockenpflanzen zur Herabsetzung der Wasserverdunstung: z. B. kleine Blätter, verdickte Kutikula, Wachsüberzug (↗ S. 355)

Antibiotika: Stoffwechselprodukte von Mikroorganismen, die wachstumshemmend oder abtötend gegen Krankheitserreger wirken (↗ S. 261).
Resistent bedeutet widerstandfähig, z. B. gegen Antibiotika.

Konkurrenz: Wettbewerb, z. B. um Licht, Nahrung, Raum, Fortpflanzungspartner (↗ S. 362)

7.3.5 Zusammenwirken der Evolutionsfaktoren

Die **genetische Vielfalt einer Population** wird durch spontane **Mutationen** und **Neukombinationen** von Genen ständig beeinflusst. Damit ist eine Voraussetzung für die Evolution gegeben, indem immer wieder neue Merkmale bei den Individuen auftreten. Durch **Auslese (Selektion)** werden – in Bezug auf die vorherrschenden Umweltbedingungen – ungünstige Genkombinationen nicht gefördert, d. h., die Individuen entwickeln sich schlecht, haben keinen Fortpflanzungserfolg. Individuen mit günstigen Genkombinationen werden dagegen durch Auslese in ihrer Entwicklung und Fortpflanzung gefördert. Dabei ist der unterschiedliche Fortpflanzungserfolg (Fitness) immer in Bezug zu den gegenwärtigen Umweltbedingungen zu sehen. Während die Evolutionsfaktoren Mutation und Neukombination zufällig genetische Vielfalt erzeugen, wirkt die Auslese als Evolutionsfaktor richtend auf die Auswahl der Individuen. Diese Auswahl bezieht sich bei vorherrschenden Umweltbedingungen auf die Angepasstheit von Individuen, bei sich verändernden Umweltbedingungen auf die Anpassungsfähigkeit von Individuen.

Fitness (Tauglichkeit): Fortpflanzungserfolg eines Lebewesens, messbar an der Zahl überlebender, fortpflanzungsfähiger Nachkommen

7.4 Erscheinungen und Ergebnisse der Evolution

7.4.1 Homologie

Homologe Organe sind ursprungsgleiche Organe. Sie sind auf einen gleichen Grundbauplan zurückzuführen, im Aussehen und in der Funktion aber unterschiedlich.

Ein gemeinsamer Grundbauplan lässt bei **Homologie** auf Verwandtschaft schließen. Die Lebewesen haben gemeinsame Vorfahren. Die Abwandlungen können als Entwicklung während der Evolution gedeutet werden. Es liegt eine bestimmte Spezialisierung an verschiedene Umweltbedingungen vor.

Homologe Organe bei Tieren

- **Vordergliedmaßen von Wirbeltieren**
  Die **Vordergliedmaßen** verschiedener **Wirbeltiere,** z. B. der Flügel einer Haustaube, der Arm eines Menschen und die Vorderflosse eines Delfins, sehen auf den ersten Blick sehr unähnlich aus.
  Betrachtet man den knöchernen Aufbau genauer, stellt man einen gemeinsamen Grundbauplan fest. Er ist gekennzeichnet durch eine bestimmte Lagebeziehung der Knochen zueinander und zum Organismus als Ganzes. Die Abfolge der Knochen in den Vordergliedmaßen ist vom Oberarm bis zu den Fingerknochen gleich. Unterschiedlich sind vielfach Anzahl, Größe und Form der Knochen **(Spezialisierung)**.

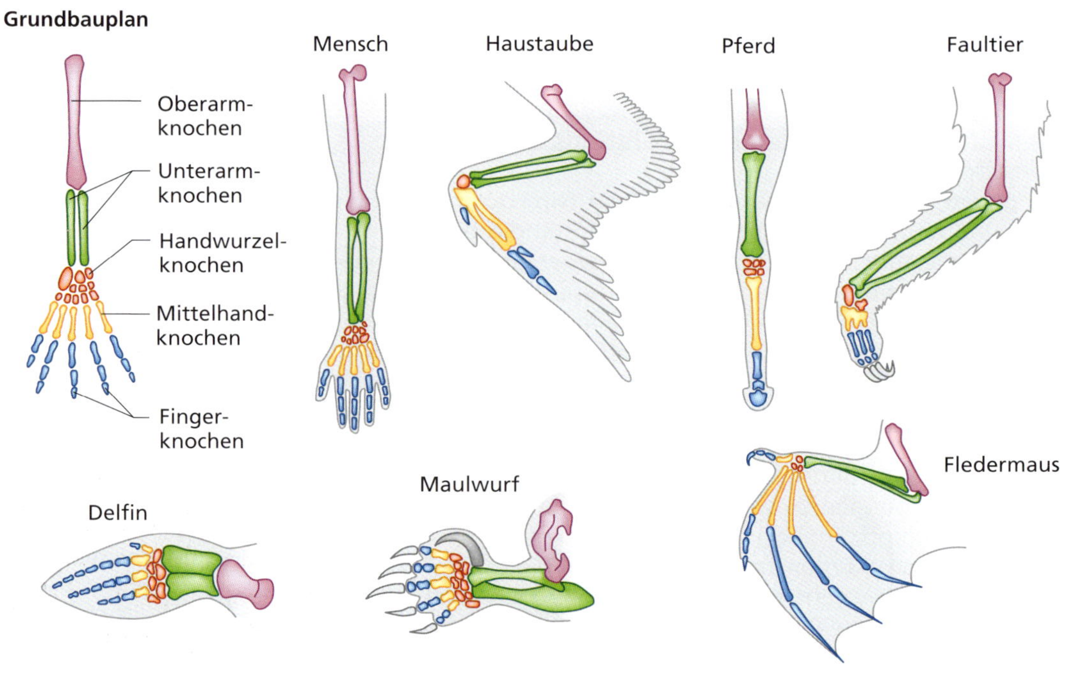

Beine von Insekten

Die Beine von Insekten sind in ihrem Grundaufbau gleich. Die einzelnen Teile sind aber aufgrund der verschiedenen Fortbewegungsweisen und Tätigkeiten unterschiedlich. Die hinteren Beine der Heuschrecke sind z. B. als Sprungbeine, die vorderen Beine der Maulwurfsgrille sind z. B. als Grabbeine stark ausgeprägt.

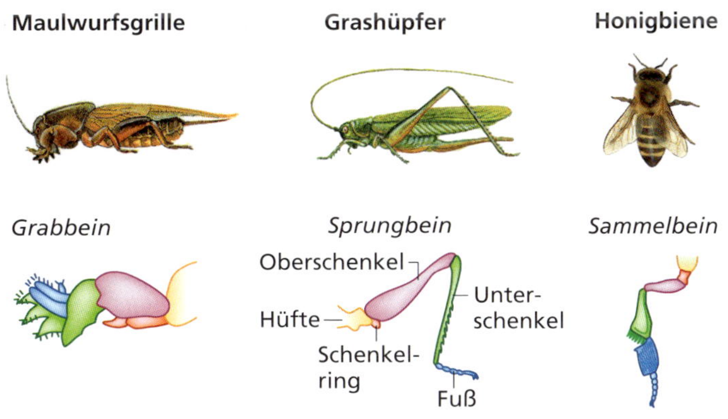

Homologe Organe bei Pflanzen

Auch im Pflanzenreich findet man homologe Strukturen. Diese werden meist als Metamorphosen (↗ S. 231) bezeichnet.

Blattmetamorphosen

Bei vielen **Schmetterlingsblütengewächsen** (z. B. Erbse, Weiße Robinie) treten Metamorphosen an Blättern auf, das können Blattranken oder auch Blattdornen sein.

Homologe Verhaltensweisen

Angeborene Verhaltensweisen sind bei Tieren artspezifisch. Einige Verhaltensweisen laufen nach einem starren, angeborenen Schema ab, es sind **homologe Verhaltensweisen.**

Scheinputzen des Erpels verschiedener Entenarten

Das *Scheinputzen* des Entenerpels bei der Balz ist eine solche homologe Verhaltensweise.
Ist diese Verhaltensweise bei verschiedenen Entenarten zu beobachten, kann auf deren Verwandtschaft geschlossen werden.

7.4.2 Analogie

> Wenn Analogien zu großer Ähnlichkeit in der Körperform führen, spricht man von **Konvergenz,** z. B. übereinstimmende Körperform von Delfin (Säugetier), Kaiserpinguin (Vogel), Hecht (Knochenfisch).

Analoge Organe sind Organe mit unterschiedlichem Ursprung. Sie haben einen unterschiedlichen Grundbauplan, sind im Aussehen und in der Funktion aber sehr ähnlich.

Es liegt Angepasstheit an ähnliche Umweltbedingungen vor. Analogie lässt keine Rückschlüsse auf nähere Verwandtschaft, wohl aber auf Entwicklungen während der Evolution zu.

Analoge Organe bei Tieren

> Mithilfe der Grabbeine sind Maulwurf und Maulwurfsgrille in der Lage, im Erdboden Gänge und kleine Höhlen zu graben.

- **Grabbeine von Maulwurf und Maulwurfsgrille**
  Die Vordergliedmaßen der Maulwurfsgrille und des Maulwurfs weisen gewisse Ähnlichkeiten auf. Sie sind gedrungen und kräftig und mit einer Art Grabkelle ausgestattet.
  Die Grundbaupläne der beiden Vordergliedmaßen sind aber verschieden (↗ S. 312, 313).

> Weitere Beispiele für **analoge Organe** sind die Schwimmbeine des Gelbrandkäfers und die Flossen des Wals (Fortbewegung), die Dornen der Berberitze und die Stacheln der Rose (Schutz gegen Tierfraß).

- **Flügel von Vogel und Insekt**
  Die Flügel von Vögeln und Insekten haben einen ganz verschiedenen Grundaufbau (↗ S. 312).
  Die Funktion beider Flügel ist aber die gleiche: Sie dienen beide zum Fliegen.

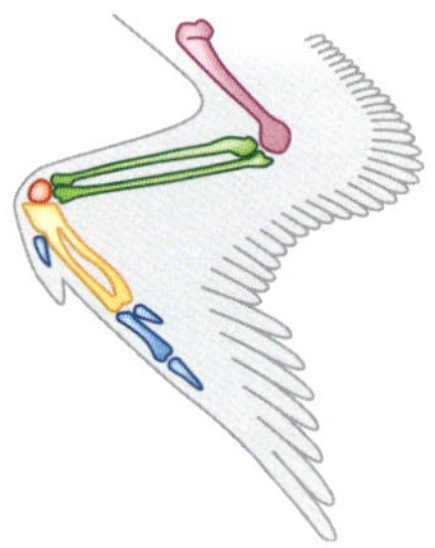

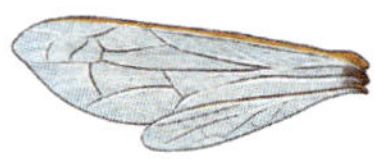

Analoge Organe bei Pflanzen

> **Knollen** sind Speicherorgane bei Pflanzen, die unter Kurztagsbedingungen (Herbst) in unseren Breiten von den Pflanzen angelegt werden.

- **Knollen von Dahlie und Kartoffel**
  Dahlien besitzen Wurzelknollen. Bei Kartoffeln handelt es sich dagegen um Sprossknollen.
  Bei beiden Knollenformen handelt es sich um analoge Speicherorgane mit gleicher Funktion.

7.4.3 Rudimentäre Organe

Rudimentäre Organe (Rudimente) sind Organe, die ihre Funktion im Verlauf der Evolution teilweise oder vollständig verloren haben. Sie sind rückgebildet, oft noch als Rest vorhanden. In einigen Fällen ist auch ein Funktionswechsel zu verzeichnen.

Rudimentäre Organe können Hinweise auf Verwandtschaft mit anderen Organismengruppen oder auf den Bauplan der Vorfahren geben.

- **Reste des Beckengürtels bei Walen**

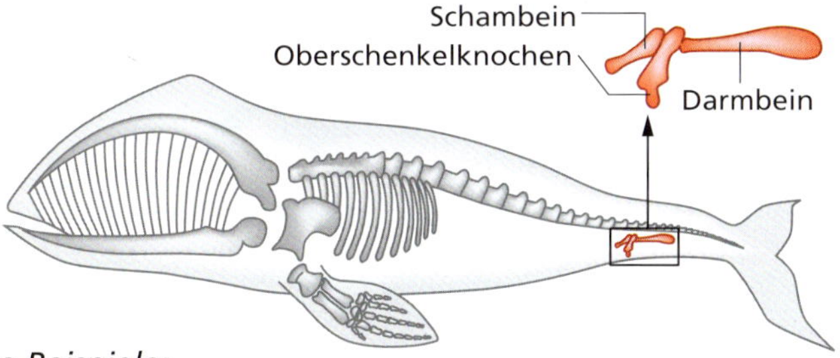

Weitere Beispiele:
Bei Blindschleichen und einigen Riesenschlangen liegen noch Reste von Beckenknochen vor.
Beim Menschen findet man Reste rudimentärer Organe, z. B. Steißbein, Restbehaarung der Brust, Weisheitszähne und Wurmfortsatz.

Die **Rückbildung** ist gekennzeichnet durch Verlust bzw. Reduktion von Organen, Gliedmaßen oder anderen Strukturen.
Bei den Bandwürmern beispielsweise tritt eine besondere Form der Rückbildung auf.
Da sie als Parasiten im Darm von Wirbeltieren leben, benötigen sie selbst keine Mundöffnung und keinen Darm mehr. Sie nehmen verdaute Nahrung über die gesamte Körperoberfläche auf.

7

7.4.4 Angepasstheit und Spezialisierung

Angepasstheit

Die Angepasstheit der Pflanzen und Tiere an die jeweils vorherrschenden Umweltbedingungen ist ein Ergebnis der Evolution. Was hierbei als zweckmäßig erscheint, ist im Verlauf langer Zeiträume durch das Zusammenwirken der Evolutionsfaktoren entstanden.

Angepasstheit ist die Ausprägung bestimmter Merkmale (Bau, Funktionen) und Verhaltensweisen eines Organismus, die ihm das Leben in einem bestimmten Lebensraum ermöglichen.

Die **Scheinwarntracht** des Hornissenschwärmers ist eine Form der Angepasstheit an die Umwelt (Schutz vor Fressfeinden).

- **Äußeres Erscheinungsbild als Angepasstheit**

Die Nachahmungstarntracht der Stabheuschrecke und die Umgebungstarntracht des Schneehasen sind typisch für die Angepasstheit von Lebewesen an ihre Umwelt.

Stabheuschrecke (Nachahmungstarntracht)

Schneehase (Umgebungstarntracht)

Spezialisierung

> Die **Spezialisierung** führt bei den Lebewesen durch Veränderung im Bau bzw. durch Ausbildung bestimmter Verhaltensweisen zu einer besseren Angepasstheit an spezifische Umweltbedingungen.

Eine Veränderung der Umweltbedingungen (z. B. Klimaverhältnisse) kann bei speziell angepassten Organismen zum Aussterben führen, da sie aufgrund ihrer Spezialisierung im Toleranzbereich eingeengt sind.

Spezialisierung an bestimmte Ernährungsweisen

Schnabelformen der Vögel

Auch bei Säugetieren gibt es derartige Spezialisierungen, z. B. Fleisch- und Pflanzenfressergebisse (↗ S. 123, 124).

An den Schnabelformen wird die unterschiedliche Ernährungsweise von Vögeln deutlich.
Körnerfresser: kräftig, kurz, spitz
Insektenfresser: lang, spitz, oft kräftig
Fleischfresser: Oberschnabel hakig gebogen
Nektarsauger: lang, spitz

Buchfink (Körnerfresser)

Schwarzspecht (Insektenfresser)

Sperber (Fleischfresser)

Kolibri (Nektarsauger)

Mundwerkzeuge der Insekten

Legende:
- Oberlippe
- Oberkiefer
- Unterlippe
- Unterkiefer

An den Mundwerkzeugen der Insekten (↗ S. 96) kann man deren unterschiedliche Ernährungsweise erkennen.
Saugrüssel und *Leckrüssel:* Schmetterling und Bienen erreichen mit dem Saugrüssel bzw. Leckrüssel den Nektar am Blütengrund.
Stechrüssel: Stechmücken saugen nach dem Stich in die Haut des Menschen das Blut.
Beißkiefer: Schaben zerkleinern beißend ihre Nahrung.

Kohlweißling saugend

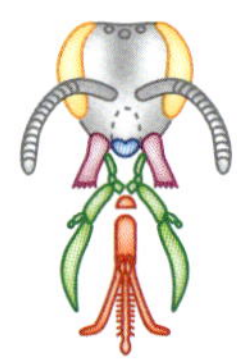
Honigbiene leckend-saugend

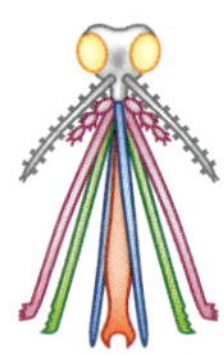
Stechmücke stechend-saugend

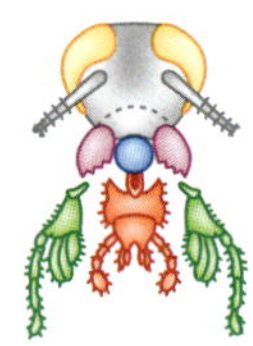
Küchenschabe beißend-kauend

Die Spezialisierung kann sich beispielsweise auch auf bestimmte Temperaturen (z. B. Tiere und Pflanzen in den Tropen, der Arktis, den Wüsten; Kalt- bzw. Warmwasserfische) und auf bestimmte Wasserverhältnisse (z. B. Feuchtlufttiere, ↗ S. 106, 358; Trockenlufttiere, ↗ S. 109, 358; Trockenpflanzen, ↗ S.355) beziehen.

7.4.5 Zunahme der Organisationshöhe

> Im Verlauf der stammesgeschichtlichen Entwicklung ist eine zunehmende Höhe der Organisation bei vielen Organismengruppen festzustellen. Dabei treten **Differenzierungen** und **Zentralisierungen** von Zellen, Geweben und Organen auf. Sie bewirken **Leistungssteigerungen,** bewirken, die dann jeweils zu einer zunehmend **relativen Umweltunabhängigkeit** der Organismen führen.

Als Progression wird die Vervollkommnung von Organen oder Organsystemen bezeichnet. Als Regression wird die Rückbildung von Organen oder Organsystemen bezeichnet.

Diese Entwicklungstendenzen kann man als **Progressionsreihen** an **rezenten** (lebenden) Tieren und Pflanzen verdeutlichen.
Beispiele für die Zunahme der Organisationshöhe sind u. a. eine zunehmende Differenzierung von Zellen, Geweben und Organen und eine zunehmende Zentralisierung der Nervensysteme.

Zunehmende Differenzierung der Zellen und Gewebe bei Moos-, Farn- und Samenpflanze

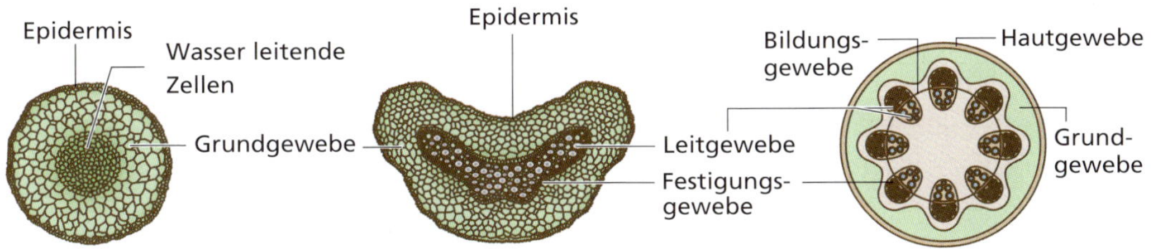

Moosstämmchen (quer) Farnwedel (quer) Sprossachse einer Samenpflanze (quer)

Zunehmende Differenzierung der Atmungsorgane

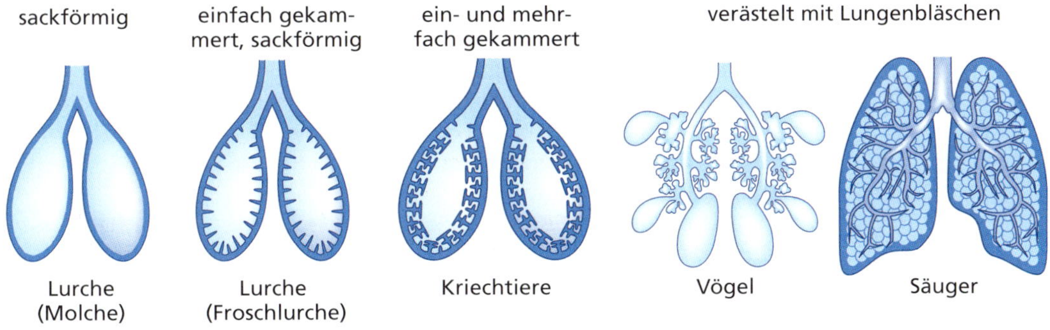

Zunehmende Differenzierung und Zentralisierung der Nervensysteme

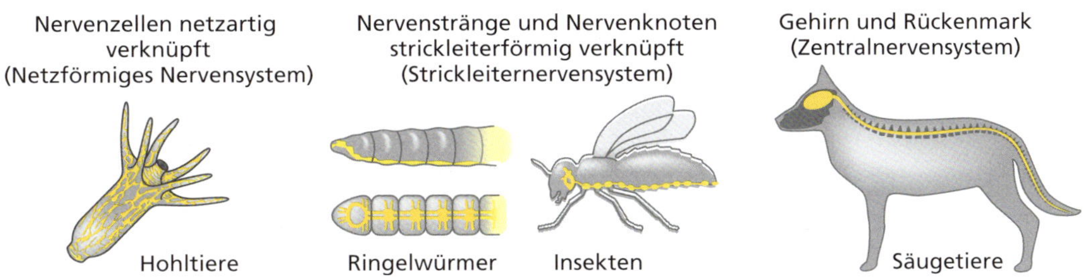

7

Fossilien als Belege der Evolution

Fossilien

Fossilien sind Spuren und Reste ausgestorbener Organismen, u. a.

- Abdrücke
- Inkohlung
- Hartteile
- Versteinerungen
- Einschlüsse
- Mumifizierung

Zwischenformen als Belege für den Verlauf der Evolution

- Zwischenformen (Übergangsformen, Brückentiere) sind Organismen mit Merkmalen verschiedener systematischer Organismengruppen.

Urvorgel *Achaeopteryx* (fossiles Brückentier)

zeigt Merkmale der Kriechtiere und Vögel

Quastenflosser *Latimeria* (lebendes Brückentier)

zeigt Merkmale der Fische und Lurche

Evolutionsfaktoren

- Ursache für die Evolution ist das **Zusammenwirken von Evolutionsfaktoren** in Populationen.

Mutationen: Veränderungen von Erbanlagen
Isolation: teilweise oder vollständige Unterbindung der Paarung und damit des Genaustauschs bei geschlechtlicher Fortpflanzung
Neukombinationen von Genen: Erhöhung der Anzahl der Genkombinationen bei der Befruchtung in zufällig neuer Weise
Natürliche Auslese (Selektion): an vorherrschende Umweltbedingungen optimal angepasste Individuen bleiben erhalten und pflanzen sich fort

Erscheinungen und Ergebnisse der Evolution

Homologe Organe	Analoge Organe	Rudimentäre Organe
sind ursprungsgleich, weisen aber Veränderungen in Bau und Funktion auf.	sind im Ursprung unterschiedlich, weisen aber Ähnlichkeiten in Bau und Funktion auf.	haben im Verlauf der Evolution ihre Funktion teilweise oder vollständig verloren bzw. haben neue Funktionen.

7.5 Abstammung und Entwicklung des Menschen

7.5.1 Verwandtschaft der Primaten

Zahlreiche Funde belegen die Evolution des Menschen aus nicht menschlichen Vorfahren. Der Mensch gehört im **natürlichen System** der Organismen mit den Halbaffen (z. B. Maki) und den Echten Affen (Neuwelt- und Altweltaffen) zu den rezenten (heute lebenden) Primaten.

Verwandtschaft der Primaten (Überblick)

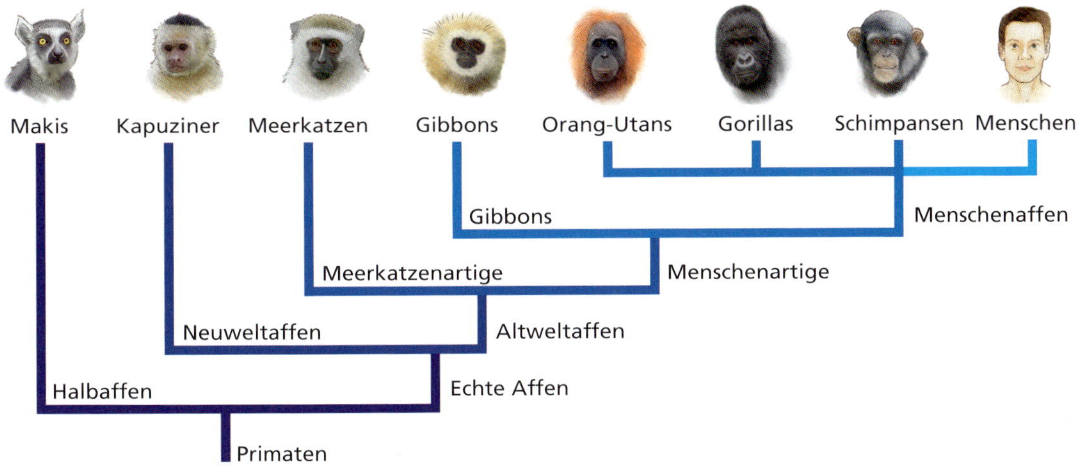

Der Vergleich des Menschen mit heute lebenden Affen (besonders Menschenaffen) belegt die enge stammesgeschichtliche Verwandtschaft hinsichtlich der **Gemeinsamkeiten.**

7.5.2 Beispiele für Gemeinsamkeiten und Unterschiede von Mensch und Menschenaffen

Gemeinsamkeiten

- Ausprägung des Gehirns, besonders des Großhirns
- fünfstrahlige Hände und Füße
- abspreizbare Daumen und Großzehen zum Greifen
- Gebiss aus vier Zahntypen mit einmaligem Zahnwechsel
- nahezu gleiche Feinstruktur der Chromosomen
- nahezu Gleichheit der DNA-Nucleotidpaare (z. B. 98,5 % Schimpanse – Mensch)
- Ähnlichkeiten bei allen inneren Organen
- gleiches Vorkommen wirtsspezifischer Parasiten (z. B. Läuse, Madenwürmer)
- lange Kindheits- und Jugendentwicklung
- gleiche angeborene Verhaltensweisen (z. B. Such- und Greifreflex, Gestik und Mimik bei Wut, Freude, Angst)
- Lebensweise in Gruppen

Vergleich: Schimpanse (links) und Mensch (rechts)

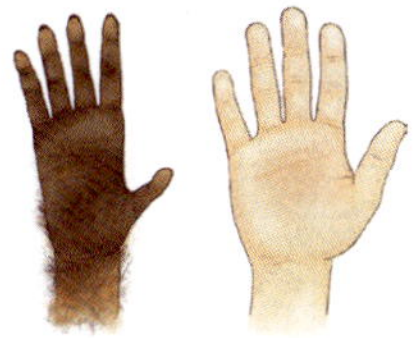

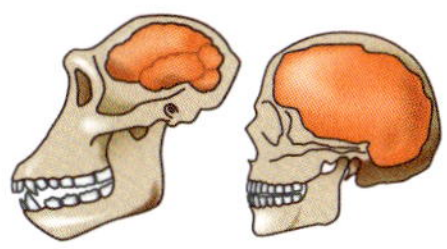

Unterschiede (am Beispiel des Gorillas)

Merkmale	Gorilla	Mensch
Körperhaltung	nach vorn gebeugt 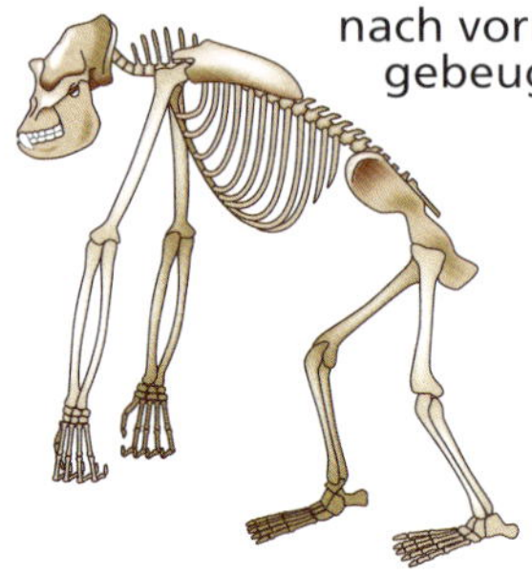	aufrecht 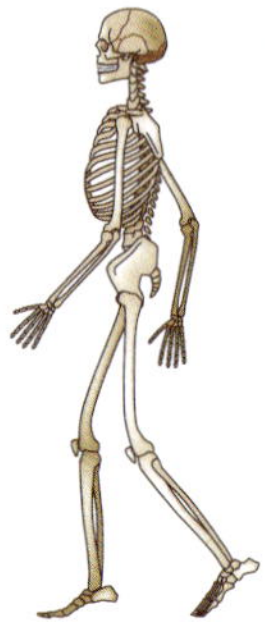
Fortbewegung	in der Regel vierfüßig	zweifüßig, aufrechter Gang
Wirbelsäule	einfach gekrümmt	doppelt s-förmig gekrümmt
Schädel	vorgezogener, großer Gesichtsschädel ohne Kinn; flacher Hirnschädel 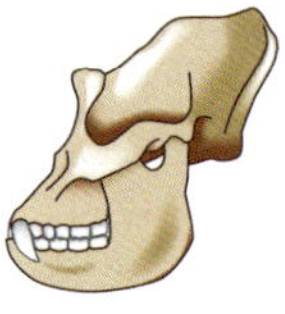	kurzer, kleiner Gesichtsschädel mit Kinn; großer, gewölbter Hirnschädel 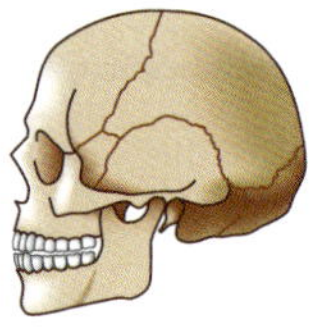
Hirnvolumen (Durchschnitt)	$400-500\,cm^3$	$1\,450\,cm^3$
Hinterhauptsloch	am Hirnschädel hinten	in Schädelmitte
Gebiss	langer Kiefer, u-förmig, fast rechteckig Zahnreihe mit „Affenlücke" für die großen Eckzähne	kurzer Kiefer, parabolisch, bogenförmig, Zahnreihe geschlossen
Gliedmaßenskelett	lange Arme, kürzere Beine, Beine angewinkelt, Klammerhand, Greiffuß	kürzere Arme, längere Beine, Beine gestreckt, Greifhand mit beweglichem Daumen, Stand-Schreit-Beine
Becken	schaufelförmig 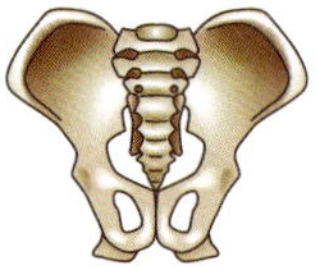	schüsselförmig 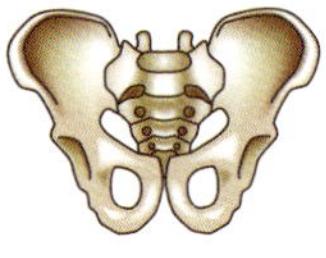
Chromosomenzahl	2n = 48	2n = 46
DNA-Übereinstimmung	97,7 %	100 %

Sonderstellung des Menschen

Die Unterschiede im Vergleich zwischen den Menschen und heute lebenden Primaten verweisen auf den stammesgeschichtlichen Verlauf der Menschwerdung und zeigen die Sonderstellung des Menschen, z. B.:
- Herausbildung des aufrechten Ganges,
- Entwicklung der Greifhand (Präzisionsgriff),
- Erhöhung der Gehirnleistung in Bezug auf Informationsaufnahme, Informationsverarbeitung und -speicherung (Gedächtnis, Lernfähigkeit, Abstraktionsvermögen),
- Entwicklungsstand des Säuglings nach der Geburt („passiver Tragling"),
- Entwicklung des Sprechapparats und der Sprachfähigkeit,
- Sprache als Mittel zur Kommunikation bildet die entscheidende Grundlage aller sozialen Beziehungen,
- Verlängerung der Jugendphase mit intensiven Lernvorgängen,
- hohe Lebenserwartung über das Fortpflanzungsalter hinaus bei Erhalt der Lernfähigkeit,
- Denkfähigkeit in Gegenwart und Vergangenheit.

Die Fähigkeit, gespeicherte Informationen abzurufen, wird als **Gedächtnis** bezeichnet (↗ S. 222). Die Intelligenz eines Menschen hängt im Wesentlichen von seiner Denkfähigkeit ab und ist das Ergebnis vieler Denkleistungen, wie Erkennen von Zusammenhängen, Beurteilen, Abstrahieren, Schlussfolgern. Das Abstraktionsvermögen ist die Fähigkeit, die allgemeinen wesentlichen Merkmale eines Sachverhalts zu erkennen und von dessen Besonderheiten abzugrenzen.

7.5.3 Biologische und kulturelle Evolution des Menschen

Biologische Evolution

Die **biologische (biotische) Evolution** des Menschen umfasst alle genetisch bestimmten Veränderungen im Körperbau, im Stoffwechsel und in den davon abhängigen Verhaltensweisen im Verlauf langer Zeiträume.

Kulturelle Evolution

In enger Verbindung mit der biologischen Evolution verlief die **kulturelle Evolution** des Menschen anfangs äußerst langsam, seit etwa 80 000 Jahren jedoch sehr beschleunigt. Dabei handelt es sich um die Herausbildung von Traditionen und deren Weitergabe von Generation zu Generation.

Steinzeitmenschen schufen in ihren Höhlen Kunstwerke, die **Höhlenmalereien.**

Biologische und kulturelle Evolution sollten als Einheit gesehen werden, da die Leistungen des Menschen nur aufgrund seiner genetischen Ausstattung möglich sind.
Beispiele:
- Herstellung von Werkzeugen und Geräten (Faustkeil bis Computer …),
- Haltung und Züchtung von Nutzpflanzen und Nutztieren,
- Herstellung von Schmuck und Kunstgegenständen,
- Erfindungen (z. B. Pflug, Schrift, Glas, Porzellan, Buchdruck bis Atomkernspaltung).

Eine mögliche Darstellung eines vereinfachten Stammbaumschemas des Menschen

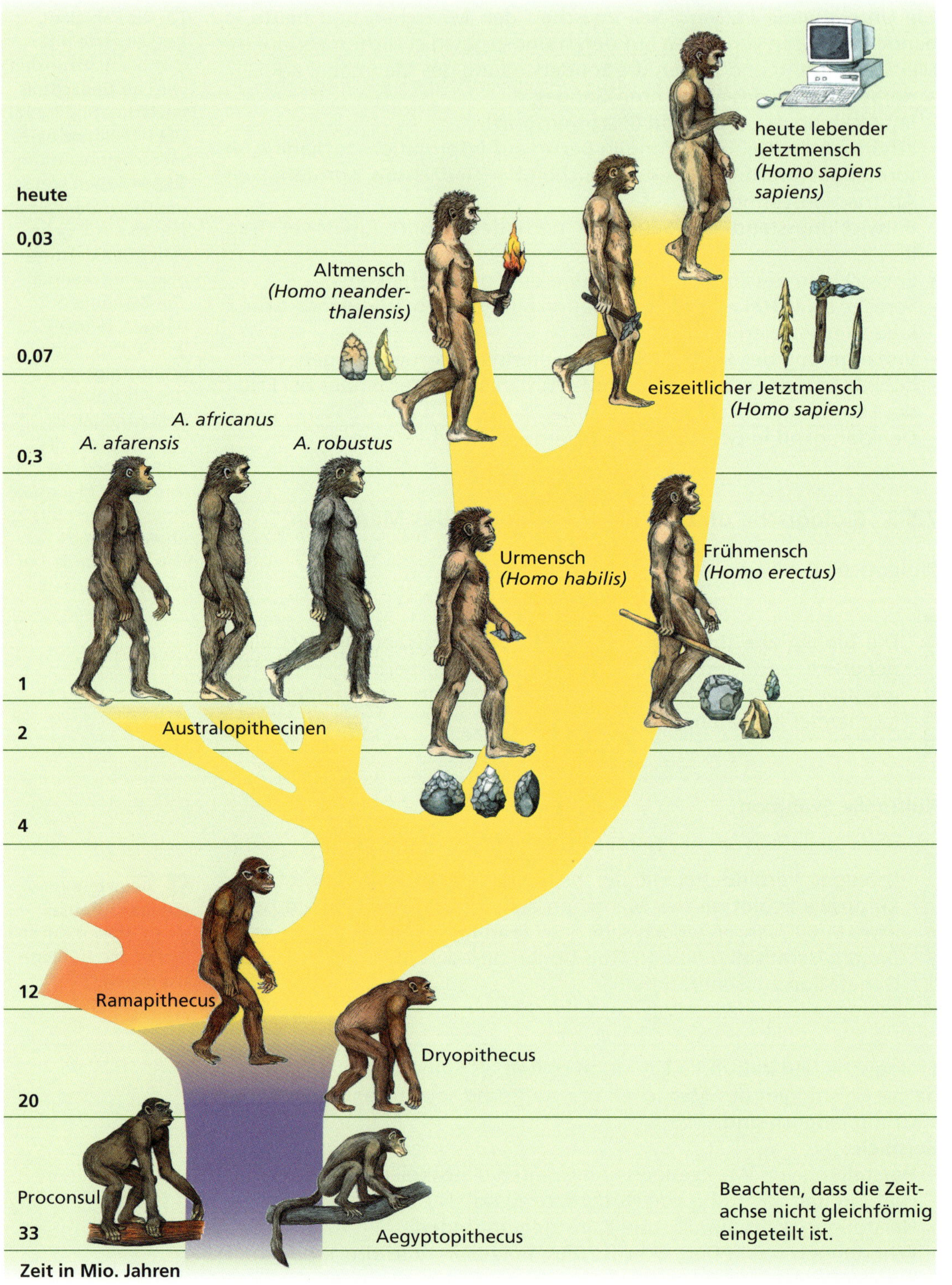

7.5.4 Wesentliche Etappen der Menschwerdung (Überblick)

Etappen	Vertreter (Fundorte)	Biologische und soziokulturelle Merkmale
Etappe der Vorfahren von Mensch und Menschenaffen (vor 33–5 Mio. Jahren)	***Aegyptopithecus*** ***Proconsul*** ***Dryopithecus*** ***Ramapithecus*** (Afrika, Asien) 	**Fossile Menschenaffen** · Greifhände, Greiffüße · *Baumbewohner, z. T. als Hangelkletterer* · *Bodenbewohner (Savanne), meist vierfüßig laufend* 
Etappe des Übergangs vom Tier zum Menschen (vor 5–2 Mio. Jahren)	**Australopithecinen** (Afrika) 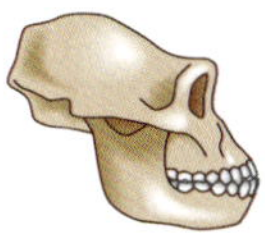	· Schädel mit stark fliehender Stirn · Hirnvolumen 400–700 cm^3 · aufrechter Gang als Savannenbewohner · *Nutzung einfacher Naturgegenstände aus Holz, Stein, Knochen*
	Homo habilis (Afrika) 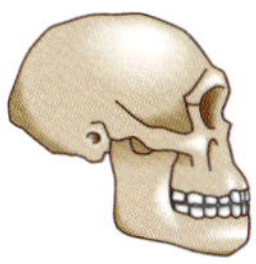	· Hirnvolumen 510–750 cm^3 · aufrechter Gang als Savannenbewohner · *einfache Werkzeuge aus Knochen, Stein und Holz (Geröllgeräte)* · *Leben in Horden (Jäger und Sammler)*
Etappe der Menschwerdung (2–0,3 Mio. Jahren)	***Homo erectus*** (Afrika, Europa, Asien) 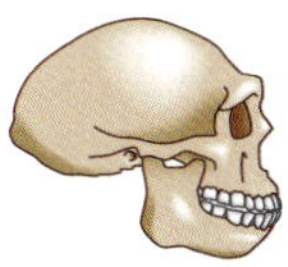	· Hirnvolumen 800–1 250 cm^3 · starke Überaugenwülste · schlanker Körperbau · großer Gesichtsschädel und starke Kiefer · *Herstellen von Werkzeugen, z. B. aus Stein (Faustkeile)* · *Gebrauch des Feuers (Fleischfresser)* · *Leben in Horden (Jäger und Sammler)* · *Bewohner von Höhlen und Behausungen* · *Anfänge der Sprachentwicklung* 
	Homo sapiens neanderthalensis (Nordafrika, Europa, Vorderasien) 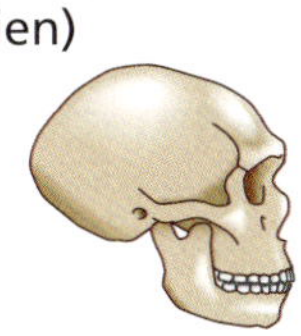	· Hirnvolumen 1 200–1 700 cm^3 · große Augenhöhlen, starke Überaugenwülste, fliehende Stirn, großer Gehirnschädel · gedrungene Gestalt · *Erzeugung und Gebrauch von Feuer* · *Herstellen von Faustkeil, Bohrer, Stoßwaffen zur Jagd* · *Bewohner von Höhlen und Hütten* · *Leben in Horden mit Arbeitsteilung* 

Etappe der Menschwerdung	***Homo sapiens sapiens*** (Afrika, Europa, Asien, Australien, Amerika) 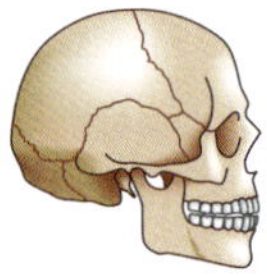  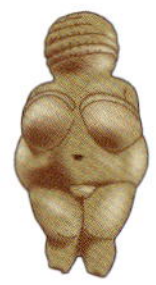 	**Jetztmenschen** ***Eiszeitliche (fossile) Jetztmenschen*** · Hirnvolumen 1200–1500 cm^3 · verdrängte wahrscheinlich den Neandertaler · Körperbau entspricht dem heutigen Menschen · *Pfeil und Bogen als Fernwaffen* · *Holz- und Steinbehausungen* · *Herstellen von Schmuck, Plastiken und Höhlenzeichnungen* · *Lebensweise als Jäger und Sammler in Horden mit Arbeitsteilung* · *Arbeits- und Jagdgeräte, Feuerwaffen* 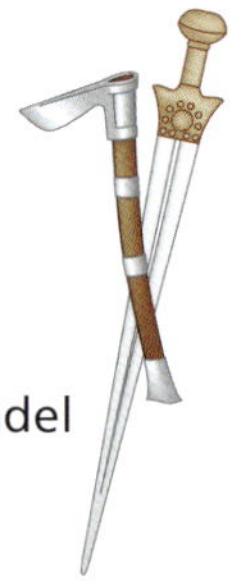 ***Heutige (rezente) Jetztmenschen*** · Hirnvolumenzunahme (1350–1700 cm^3) · kleiner Gesichtsschädel, großer Hirnschädel · *Haltung und Züchtung von Tieren* · *Anbau und Züchtung von Pflanzen* · *differenzierte Arbeitsteilung* · *Entwicklung von Wissenschaft und Technik* · *Gestalter und Veränderer seiner Umwelt mit Verantwortung für das Leben auf der Erde*

7.5.5 Formenmannigfaltigkeit des Menschen

Der italienische Populationsgenetiker L. L. CAVALLI-SFORZA (1922–2018) hielt die traditionelle Aufteilung in „Rassen" für weitgehend willkürlich, da sich auf gentechnischer Ebene keine klaren Abgrenzungen zwischen Menschenpopulationen aus verschiedenen Erdteilen ziehen lassen. Die Gene, die (im Verlauf der Evolution) auf das Klima reagieren, beeinflussen die äußeren Merkmale des Körpers. Diese Anpassung an das Klima macht vor allem eine Veränderung der Körperoberfläche erforderlich.

Alle heute auf der Erde lebenden Menschen gehören zur gleichen Art bzw. Unterart ***Homo sapiens sapiens.***
Die Vielfalt der Menschen zeigt sich vor allem innerhalb der Populationen. Die Populationen unterscheiden sich genetisch nur geringfügig. Die äußerlich auffälligen Merkmale (z. B. Hautfarbe) entwickeln sich in Anpassung an bestimmte Umwelt- und Klimabedingungen.

Anstelle des Begriffs „Menschenrassen" sollte man von **geografischen Gruppen** bzw. typologischen Kategorien sprechen, da die genetischen Grundlagen für eine Einteilung in Rassen unzureichend sind.
Die **Populationsdifferenzierung** in Menschengruppen bzw. typologischen Kategorien wird als Ergebnis der Einwanderungen von Afrika aus (Afrika-Hypothese) mit der Besiedlung von Nord- und Südasien (vor etwa 50 000 Jahren), von Europa (vor etwa 35 000 Jahren) und von Amerika (vor 15 000–30 000 Jahren) gesehen.
In vielen Merkmalen stimmen die Menschen verschiedener geografischer Gruppen überein, beispielsweise in Bau und Funktion von Gehirn, Sinnesorganen, Skelett und Muskulatur; aber auch in Stoffwechsel, Chromosomenzahl und Schwangerschaftsdauer bis einschließlich bestimmter Verhaltensweisen.

Variierende Merkmale wie Hautfarbe, Augenform und Nasenbreite unterlagen wahrscheinlich der Selektion durch Umweltfaktoren und Klimabedingungen.

Die **Weltbevölkerung** (das ist die geschätzte Anzahl von Menschen, die zu einem bestimmten Zeitpunkt auf der Erde gelebt haben, leben oder leben werden) steigt beständig.

Alle Unterschiede in der „Zivilisationshöhe" haben gesellschaftliche Ursachen und entbehren jeglicher biologischen Grundlage.
Somit berechtigen die Unterschiede zwischen den Menschen verschiedener Gruppen in keiner Weise zu einer Bewertung im Sinne von „hochwertigen oder minderwertigen Rassen" mit ihren antihumanen Folgen. Sie sind deshalb konsequent abzulehnen und scharf zu verurteilen.

Gegenwärtig und auch zukünftig erfolgt eine immer stärkere **Durchmischung der verschiedenen Menschengruppen und ihrer Kulturen,** sodass auch die geografische Zuordnung der Menschen immer schwieriger wird.

Vielfalt der Menschen (geografische Gruppen)

Merkmale	Menschengruppen Zentral-, West- und Südafrikas	Menschengruppen Ostasiens und der Arktis	Menschengruppen Europas, Nordafrikas und Indiens
Hautfarbe	hellbraun bis schwarzbraun	gelblich bis gelbbraun	hell rötlich bis hellbraun
Kopfhaar	schwarz, gekräuselt, dicht und dick	meist schwarz, glatt, meist dick und kräftig	hell bis dunkel, glatt bis wellig, meist dünn
Nase	meist breit und flach, Nasenöffnungen weit	meist breit und flach, Nasenwurzel tief	relativ schmal und vorspringend
Lippen	oft breit und wulstig	dünn, schmal bis voll	oft dünn und schmal
Augenfarbe	dunkelbraun	dunkelbraun, schmale Augen mit stark entwickelter Oberlidspalte	meist blau, grau, grünlich, aber auch bis dunkel
Gesichtszüge	meist breites und flaches Gesicht	rundliches Gesicht mit breiten Jochbögen	meist schmales Gesicht
Körperhöhe	mittel- bis großwüchsig	mittelwüchsig	mittel- bis großwüchsig

Die Menschen und ihre Zukunft

- Wachstum der Weltbevölkerung – das zentrale globale Problem

Wachstum und Verteilung der Weltbevölkerung

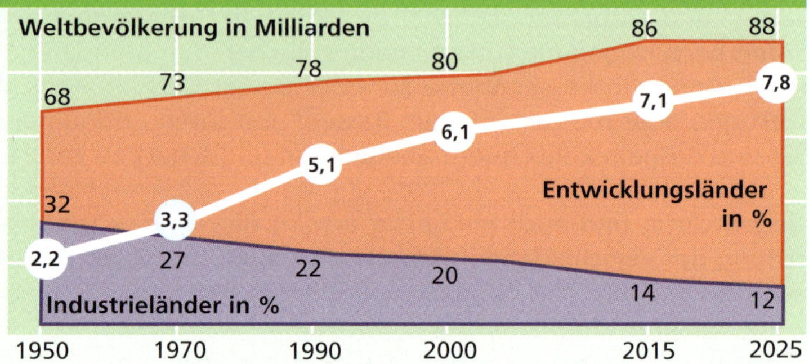

- Die Menschheit hat gegenwärtig viele ökonomische, politische und soziale Probleme, z. B.

Bevölkerungswachstum
Klimaveränderungen
Überbevölkerung
Verstädterung
Kriege
Energiemangel
Umweltbelastungen
Trinkwasserknappheit

Lebensraumzerstörung
Ungleiche Verteilung
Nahrungsmangel
Artensterben
Armut
Erderwärmung
Analphabetentum
Ressourcenverbrauch

Lösungen in Sicht?

Internationale Zusammenarbeit aller Länder	Begrenzung des Bevölkerungswachstums	Bekämpfung der Armut	Umsetzen der Prinzipien nachhaltiger Entwicklung
· Klimaerwärmung · Welthungerhilfe · Konfliktbewältigung	· Bildung · Familienplanung · soziale Sicherheit	· Entwicklungshilfen · faire Handelsabkommen · Agrarreformen	· Umgang mit Ressourcen · erneuerbare Energien · Schutz von Lebensräumen

- Alle Probleme der Menschheit sind globale Probleme. Zu ihrer Lösung ist somit eine effektive internationale Zusammenarbeit aller Länder erforderlich. Ein entscheidendes Ziel besteht darin, in der Zukunft weltweite Konflikte und Auseinandersetzungen um Trinkwasser und Nahrung als Grundbedürfnisse jedes Menschen unbedingt zu verhindern.

Verhalten von Mensch und Tier

8

8.1 Überblick über die Verhaltensbiologie

Einer der ersten Wissenschaftler, die das Verhalten der Tiere beschrieben, war ALFRED EDMUND BREHM (1829–1884). Bekannt wurde er durch sein 1864–1869 veröffentlichtes Werk „Brehms Tierleben".

Anfangs beobachteten Naturforscher Tiere und beschrieben sie. Später interessierten sie sich für das Verhalten verschiedener Tierarten in ihrem Lebensraum und begannen nach Erklärungen für bestimmte Verhaltensweisen zu suchen.

Verhalten ist die Gesamtheit aller beobachtbaren Veränderungen bei Tieren und Menschen als Antwort auf innere und äußere Reize. Das können Bewegungen (z.B. Formveränderungen, Körperhaltungen, Veränderung einzelner Körperteile), Farbveränderungen, Lautäußerungen sowie Abgabe von Produkten (z.B. Duftstoffe, Sekrete, Exkrete) sein.
Man unterscheidet *angeborenes* und *erworbenes* Verhalten.

Bedeutende Mitbegründer der Verhaltensbiologie als Wissenschaft waren u.a. KONRAD LORENZ, NIKOLAAS TINBERGEN und KARL VON FRISCH. Sie erhielten 1973 den Nobelpreis.

Einige Teilgebiete der modernen Verhaltensbiologie (Ethologie)

IRENÄUS EIBL-EIBESFELDT beschäftigte sich als Humanethologe überwiegend mit Verhaltensweisen in verschiedenen menschlichen Kulturen und dokumentierte diese in Foto, Film und Ton.

- **Humanethologie** untersucht das Verhalten des Menschen und seine Veränderungen im Verlauf seiner Entwicklung.
- **Tiersoziologie** beschäftigt sich mit den Sozialstrukturen der einzelnen Tierarten.
- **Lernethologie** beschäftigt sich u.a. mit der Psychologie des Lernens.
- **Entwicklungsgeschichte des Verhaltens** untersucht Veränderungen des Verhaltens im Verlauf der Stammes- und Individualentwicklung.
- **Verhaltensendokrinologie** untersucht u.a., welchen Einfluss Hormone auf die Verhaltenssteuerung der Tiere haben.
- **Verhaltensphysiologie** betrachtet die Mechanismen, die das Verhalten von Tier und Mensch steuern. Dazu ist u.a. wichtig, die im Organismus ablaufenden physiologischen Prozesse genauer zu analysieren.
- **Verhaltensökologie** untersucht die Anpassung von Verhaltensweisen an ihre Umwelt. Dabei wird u.a. der ökologische Nutzen einer Verhaltensweise, z.B. Nahrungsverhalten, den ökologischen Kosten gegenübergestellt.
- **Soziobiologie** erforscht und interpretiert das Sozialverhalten auf der Grundlage der Evolutionstheorie.
- **Neuroethologie** beschäftigt sich mit den Beziehungen zwischen den Prozessen im Nervensystem und dem Verhalten.
- **Vergleichende Ethologie** beschreibt Verhaltensweisen von Tierarten.
- **Biokommunikation** erforscht die Verständigung der Individuen.
- **Angewandte Ethologie** hat u.a. Bedeutung für die Tierhaltung, den Tierschutz und die Schädlingsbekämpfung.

GÜNTER TEMBROCK förderte besonders die vergleichende Verhaltensbiologie und die Biokommunikation und gründete das größte Tierstimmenarchiv Europas.

Diese Teilgebiete zeigen die integrative Funktion der Verhaltensbiologie. Sie hat damit große wissenschaftliche, gleichzeitig aber auch gesellschaftliche Bedeutung.

8.2 Methoden der Verhaltensbiologie

Fragen, die Verhaltensbiologen während ihrer Beobachtungen beantworten wollen, sind im Wesentlichen:
- Wie und in welcher Form treten bestimmte Verhaltensweisen auf?
- Worin liegen die Ursachen für ein bestimmtes Verhalten?
- Welche biologische Funktion hat das Verhalten?

Verhaltensweisen sind einzelne Handlungen, die sich aus einzelnen Verhaltenselementen zusammensetzen.

Zur Beantwortung der Fragen werden verschiedene Methoden angewendet (Auswahl):
- Beobachten und Beschreiben des Verhaltens in gegebenen Umweltbedingungen; dazu wird ein Verhaltenskatalog, ein **Ethogramm,** erarbeitet,
- Messen, Auswerten und Analysieren der Verhaltensergebnisse,
- mengenmäßiges Erfassen bestimmter Verhaltensweisen,
- Beschreiben und Analysieren komplexer Verhaltensweisen (z. B. Verhalten im Rudel),
- Nutzen von Erkenntnissen anderer Wissensgebiete, z. B. Neurologie, Soziologie, Entwicklungsbiologie.

Ein **Ethogramm** ist die Gesamtheit aller möglichen Verhaltensweisen, die bei einer Tierart im Laufe des Beobachtungszeitraums auftreten können.

Will man z. B. wissen, wie ein *Fuchs* zu seiner Nahrung kommt, muss man u. a. herausfinden,
- wie der Fuchs seine Beute- und Beerenstandorte ausmacht,
- wie der Fuchs sich beim Nahrungserwerb verhält: Wie beschafft er sich die Früchte bzw. wie bearbeitet er sie? Wie fängt er Mäuse, Hasen oder andere Tiere?

Über **Kaspar-Hauser-Versuche** erfährt der Wissenschaftler, ob Verhaltensweisen angeboren sind oder nicht. KASPAR HAUSER war wahrscheinlich ein badischer Erbprinz, der 18 Jahre lang ohne menschliche Kontakte aufgewachsen war.

Ziel von Verhaltensbeobachtungen ist es, Zusammenhänge im Verhalten der Tiere zu erkennen. Um die Ursachen für ein bestimmtes Verhalten zu analysieren, werden in verschiedenen Untersuchungen gezielt einzelne Umweltfaktoren verändert.

Bezeichnung	Untersuchungsmethode (Auswahl)
Kaspar-Hauser-Experiment	Tier wird isoliert aufgezogen, um angeborenes und erlerntes Verhalten zu unterscheiden.
Freilandbeobachtungen	Aufwendige Beobachtungsmethode, oft aber auch ergiebigste Art und Weise, das Verhalten von Tieren zu studieren. Langzeitstudien sind meist nötig. Die Tiere werden anfangs aus der Ferne beobachtet, gewöhnen sich aber in der Regel mit der Zeit an den Anblick und Geruch des Beobachters.
Attrappenversuch	Mithilfe von Attrappen (= Objekte, die bestimmte Eigenschaften eines Tiers imitieren) wird untersucht, welche Eigenschaft einen bestimmten Reiz darstellt.

8.3 Angeborenes Verhalten

Angeborenes Verhalten bildet sich im Verlauf der Stammesgeschichte heraus und ist in der Erbinformation gespeichert. Es wird von Generation zu Generation weitergegeben und läuft ohne vorherige Erfahrung sicher ab.

Angeborenes Verhalten sichert lebensnotwendige Reaktionen sofort nach der Geburt und zeitlebens.

Saug-Schluck-Reflex eines Säuglings

Wenn ein Kind geboren wird, ist es sofort in der Lage, zu saugen. Angelockt von der Wärme der Milchquelle (Brust), löst die Berührung der Brustwarze mit den Lippen beim Baby die Saugbewegung aus. Diese Reaktion ist der **Saugreflex** und angeboren. Die Saugbewegungen müssen mit Schluckbewegungen koordiniert werden.

Bei Menschen ist das **Kindchenschema** (großer Kopf, große Augen, rundliche Körperformen, dicke und kurze Extremitäten) ein Reizmuster, auf das wir mit vorhersagbaren Verhaltensweisen (Zuwendung, Beschützen) reagieren.

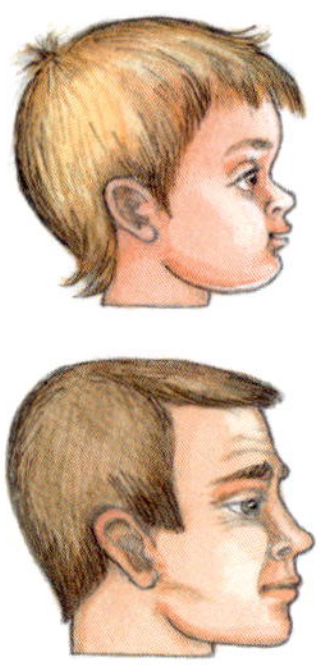

Körpersprache bei Wölfen

IWAN P. PAWLOW erforschte den unbedingten Reflex und prägte den Begriff „bedingter Reflex".

Weitere Beispiele
- Radnetz der Kreuzspinne (↗ S. 94)
- Lichtsignal beim Leuchtkäfer
- Schnabelsperren bei Jungvögeln (↗ S. 331)

Beim angeborenen Verhalten unterscheidet man *unbedingte Reaktionen* (unbedingte Reflexe) und *Reiz-Reaktionsketten*.

8.3.1 Unbedingte Reflexe

Unbedingte Reflexe sind angeborene Reaktionen auf Reize. Diese Reaktionen sind jederzeit auslösbar, beständig und laufen schnell ab. Sie treten bei allen Artgenossen gleich auf.

Amseln brüten oft an außergewöhnlichen Plätzen, z. B. auf Mauersimsen. Nach einer 14-tägigen Brutzeit schlüpfen nackte und blinde Nestlinge. Viele Reize aus der Umwelt wirken auf die Jungen ein, z. B. Wärme, Kälte, Erschütterungen. Aber nur die Erschütterung ruft die angeborene Reaktion des **Schnabelsperrens** bei den blinden Jungen hervor. Sobald das Nest durch den Anflug eines Altvogels erschüttert wird, sperren die Jungvögel die Schnäbel. Beim Schnabelsperren werden ihr gelber Rachen und die gelben Schnabelwülste sichtbar. Das ist wiederum für die Altvögel der auslösende Reiz, die Jungen zu füttern.

Angeborene Reflexe verlaufen immer über einen allgemeinen **Reflexbogen** (↗ S. 218). Solche Reflexe sind z. B. der Lidschlussreflex, der Pupillenreflex, der Speichelreflex oder der Hustenreflex.

Auch der **Kniesehnenreflex** ist ein unbedingter Reflex. Er wird mit einem Schlag auf die Sehne unterhalb des Kniegelenks ausgelöst. Die mechanische Reizung des Streckmuskels führt zur Erregungsleitung in den sensiblen Nerven bis in das Rückenmark. Diese Erregungen werden zu den motorischen Nervenzellen umgeschaltet und lösen durch Erregungsleitung über motorische Nerven eine Kontraktion der Unterschenkelmuskeln und damit eine ruckartige Anhebung des Beins aus.

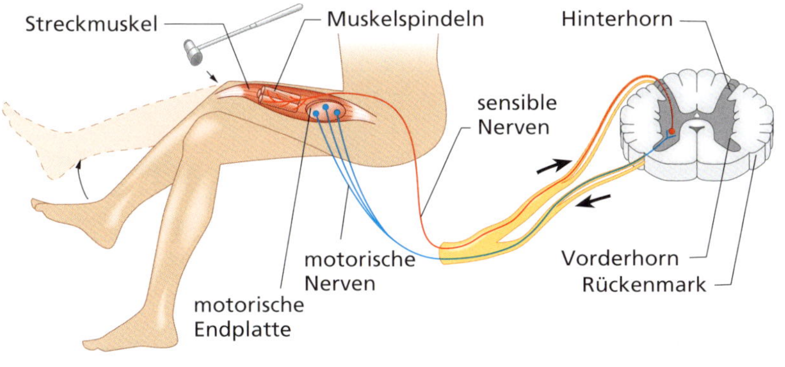

Auf dem Ablauf **unbedingter Reflexe** beruhen elementare Lebensfunktionen wie Ernährung, Atmung, Fortpflanzung und Schutz des Körpers.

8.3.2 Angeborene Reiz-Reaktionsketten

Eine **Reiz-Reaktionskette** ist angeborenes Verhalten. Sie wird durch einen Reiz oder mehrere Reize (Schlüsselreize) ausgelöst und läuft in einer geordneten Folge von Bewegungen ab, wenn sich das Lebewesen in einer Handlungsbereitschaft dazu befindet. Reiz-Reaktionsketten sichern einen schnellen Reaktionserfolg.

Der häufig benutzte Begriff **„Schlüsselreiz"** steht sehr in der Kritik, da er eine statische, unveränderliche Reaktion beinhaltet.

Unter **Handlungsbereitschaft** versteht man die Bereitschaft eines Lebewesens (Tier oder Mensch), ein bestimmtes Verhalten auszuüben als Antwort auf eine bestimmte Reizsituation. Sie ist von vielen Faktoren abhängig (z. B. von Umweltfaktoren, vom Entwicklungsstand).
Bestimmte Außenreize *(Kennreiz, Schlüsselreiz)* lösen bei einem Lebewesen immer wieder dieselben Verhaltensweisen (angeboren) aus.

Handlungsbereitschaft → Suchverhalten → Endhandlung

hungrige Zecke → klettert auf Gräser oder Sträucher → fallen lassen, Blut saugen

Kennreize für die Zecke: Körpertemperatur des Warmblüters, Buttersäureduft

Der Begriff **Instinkt** wurde von SIGMUND FREUD verwendet, um damit „tierische Triebe" (niedere Eigenschaften) des Menschen zu beschreiben.
In der modernen Verhaltensbiologie wird der Begriff immer seltener benutzt, da seine Vieldeutigkeit zu Missverständnissen führen kann.

Der Ablauf einer **Reiz-Reaktionskette** (früher „Instinkthandlung" genannt) kann durch Erfahrungen beeinflusst werden.

Eirollbewegung bei der Graugans
Die *Graugans* ist ein Bodenbrüter. Versehentlich wirft sie auch mal ein Ei aus dem Nest. Dann erhebt sie sich, streckt ihren Hals vor und holt das Ei ins Nest zurück. Dazu benutzt sie die Unterseite ihres Schnabels, mit dem sie das Ei auf sich zurollt. Durch zusätzliches Hin- und Herbewegen des Kopfes kann das Ei auch seitlich nicht wegrollen.
Sie wendet dieses Verhalten auch bei anderen Objekten, z. B. einem Ball oder einer Kugel, an, die als Auslöser für das Eirollverhalten wirken.

Revierverhalten des Stichlings
Das Männchen des *Dreistachligen Stichlings* greift andere Männchen der gleichen Art sofort an, wenn sie in sein Revier eindringen. Die rote Bauchunterseite ist der Auslöser für dieses Verhalten. Andere Männchen greift es nicht an.

Weitere Beispiele für **angeborene Verhaltensweisen** sind das Pickverhalten bei Silbermöwenküken, das Beutefangverhalten bei Libellen und Kröten oder der Bau eines Spinnennetzes.

Reiz-Reaktionsketten sind vor allem beim Nahrungs-, Fortpflanzungs- und Sozialverhalten zu beobachten.

8.4 Erworbenes Verhalten

Erworbenes Verhalten wird im Verlauf der Individualentwicklung erlernt und ermöglicht die Anpassung an spezielle Umweltbedingungen. Es ist flexibel und kann wieder vergessen werden. Aufgrund von Erfahrungen bilden sich Verhaltensänderungen heraus, die im Gedächtnis gespeichert werden und bei Bedarf abrufbar sind.

Lernen ist die Fähigkeit, individuelle Erfahrungen zu gewinnen, zu speichern und situationsgerecht anzuwenden.
Ohne **Gedächtnis,** in dem gemachte Erfahrungen gespeichert werden können, gibt es kein erworbenes Verhalten.

Beim Menschen unterscheidet man das *Kurzzeitgedächtnis,* das *mittelfristige Gedächtnis* und das *Langzeitgedächtnis* (↗ S. 222).

Lernformen

Gewöhnung (Habituation): Lebewesen reagieren auf wiederholt auftretende Reize nicht mehr.

- Die ständige, gleich bleibende Wasserströmung löst beim *Süßwasserpolypen* keine Kontraktion mehr aus.

  Saatkrähen reagieren nach kurzer Zeit nicht mehr auf Vogelscheuchen.

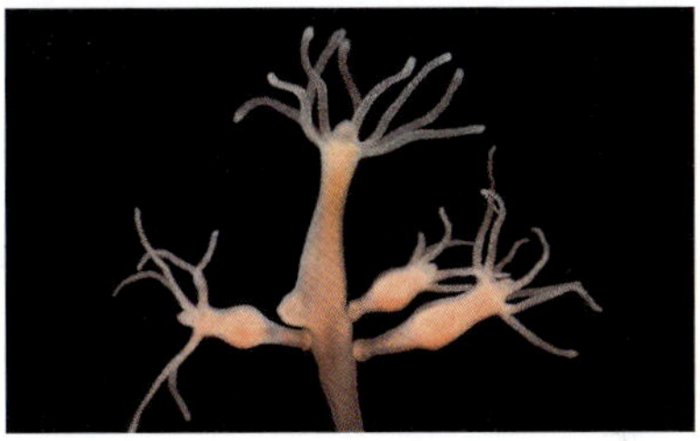

Auch beim Menschen kann **Gewöhnung** auftreten. So nimmt man z. B. nach kurzer Zeit den Duft des eigenen Parfüms nicht mehr wahr.

Bedingter Reflex (Konditionierung): Lernen durch wiederholte *zeitliche* und/oder *räumliche* Verbindung unbedingter Reaktionen (unbedingte Reflexe) mit einem neuen Reiz.
Bedingte Reaktionen werden durch positive Erfahrungen (Belohnung) oder durch negative Erfahrungen (Bestrafung) herausgebildet.

- Beim Anblick einer ihm unbekannten Frucht (z. B. Zitrone) findet beim Menschen keine Reaktion (z. B. Speichelfluss) statt.

  Erst nach einer erfolgten Verknüpfung zwischen Aussehen und Geschmack der Frucht erfolgt die Reaktion (Speichelfluss).

PAWLOW erforschte an Hunden die Verknüpfung von unbedingten Reflexen mit zusätzlichen Reizen und nannte dieses Verhalten bedingter Reflex (↗ S. 219).

KONRAD LORENZ schuf den Begriff Prägung. Er beobachtete das Verhalten zuerst an einem frisch geschlüpften Grauganskküken.

Prägung: Sie ist eine Sonderform des Lernens, bei der das Lebewesen (meist Jungtiere) die Kenntnis von einem Objekt (z. B. Elterntier) oder einer Handlung erwirbt. Sie erfolgt *rasch,* nur in einer *sensiblen* Entwicklungsphase, ist weitgehend *irreversibel.* Die erworbenen Kenntnisse werden manchmal erst später verwendet.

Frisch geschlüpfte **Gänseküken** von Nestflüchtern werden auf das Aussehen der Mutter innerhalb weniger Minuten geprägt.
Ist das erste sich bewegende und Laute von sich gebende Objekt ein Mensch, so folgen die Küken auch diesem bis zu ihrer Selbstständigkeit.

Berühmt für ihre Erfindungen und deren Weitergabe an die Nachkommen wurden die *Rotgesichtsmakaken* auf der Insel Koshima.
In Wohnungen gehaltene *Wellensittiche* oder *Papageien* können durch ständiges Vorsprechen einzelner Wörter einen bestimmten „Wortschatz" erlernen.

Nachahmung (Imitation): Sie ist die Übernahme des Verhaltens von Artgenossen (beobachtete Bewegungen und gehörte Laute) in ihr eigenes Verhalten. Es ist ein Lernen von der Erfahrung anderer. Das bedeutet eine schnellere und effektivere Auseinandersetzung mit den Umweltbedingungen. Solche erworbenen Erfahrungen können auch von Generation zu Generation weitergegeben werden (Tradition).

Kinder lernen in der Familie unterschiedliche Speisen kennen und entwickeln dabei Vorlieben für bestimmte Nahrungsmittel. Auch als Erwachsene behalten sie diese oft bei.
Die Forscher haben bei den *Schimpansen* die Weitergabe von kompletten „Speisekarten" (bis zu 300 verschiedene Pflanzen) festgestellt.

In den einzelnen Entwicklungsphasen des Kindes treten das **Erkunden** und **Spielen** ebenfalls auf. Der Säugling erforscht seinen Lebensraum, indem er z. B. unbekannte Gegenstände in den Mund nimmt. Das Spiel dominiert bis zum Eintritt in das Schulalter.

Erkunden: Dieses Verhalten tritt in neuartigen Reizsituationen und vor allem bei Jungtieren auf. Es ist auf die Erforschung von unerwartet auftretenden oder unbekannten Reizen gerichtet. Das Tier gewinnt dabei Erfahrungen über Objekte und Räume. Auch beim Menschen tritt dieses Verhalten besonders im Säuglings- und Kleinkindalter auf.

Spielen: Dieses Verhalten ist ein besonderes Verhalten ohne ernsthaften Bezug. Die spielenden Tiere (z. B. junge Füchse) üben dabei später benötigte Verhaltensweisen ein. Bei Kindern ist es ebenso.

Im Spiel messen diese jungen *Füchse* ihre Kräfte. Sie lernen spielerisch das Anschleichen und Überwältigen von Beutetieren.

Das sind Verhaltensweisen, die sie zum Überleben später unbedingt benötigen.

Es gibt verschiedene **Spielformen,** z. B. Bewegungsspiele, Objektspiele oder Sozialspiele.

Einsichtiges Lernen: Es wird auch als neu kombiniertes Verhalten oder zielorientiertes Verhalten bezeichnet. Dabei löst ein Tier ein Problem nicht durch **Versuch** und **Irrtum,** sondern durch Überlegen. Oft sind Planungs- und Handlungsphase deutlich voneinander abgegrenzt. Daraus lässt sich schließen, dass das Tier Zusammenhänge zwischen Ursache und Wirkung erkannt hat.
Zur Erforschung des einsichtigen Lernens werden mit verschiedenen Tieren sogenannte **Umwegversuche** durchgeführt. Dabei muss das Tier, um zu einem sichtbaren Ziel zu gelangen, einen Umweg machen. Findet es diesen Weg, ohne zu probieren, so kann man auf Einsicht schließen.

Tiere und Menschen lernen häufig über Handlungen. Weil sie dabei Fehler machen, bezeichnet man diese Lernform als **Versuch-Irrtum-Lernen.** Voraussetzung ist die Erkundungsbereitschaft der Lebewesen. Experimente mit Ratten, bei denen diese durch Versuch und Irrtum etwas lernten, führte B. F. SKINNER mit einer nach ihm benannten Skinner-Box durch.

Die Intelligenz von *Kolkraben* wurde folgendermaßen überprüft: ein Fleischstückchen wurde am Ende eines Bindfadens befestigt und hing an einem Ast. Das Bestreben des Raben richtete sich darauf, dieses Fleischstückchen zu erlangen, was nicht ohne Weiteres möglich war.
Bei diesen Versuchen entwickelten die Raben verschiedene Strategien, aus denen man entnehmen konnte, dass sie ihr Verhalten geplant hatten.

Tauben wurden darauf dressiert, abstrakte Symbole zu vergleichen und dabei alle symmetrischen Zeichen durch Anpicken zu kennzeichnen (Pickversuche).

Lernen durch Erfahrung: Dies ist eine Methode, sich in der Umwelt zurechtzufinden. Es können positive und negative Erfahrungen gemacht werden. Beide haben Konsequenzen für zukünftiges Handeln. Eine neue Situation wird mit einer bekannten verglichen.

Jungvögel müssen lernen, welche Insekten genießbar sind und welche gemieden werden sollten.
Marienkäfer sondern bei Gefahr eine gelbe, übel riechende und unangenehm schmeckende Flüssigkeit ab. Beim Fressen eines Marienkäfers macht ein Jungvogel diese Erfahrung. In Zukunft meidet er Marienkäfer. Er prägt sich ihr Aussehen ein.

Bei vielfältigen Untersuchungen werden schon seit vielen Jahren die **Intelligenzleistungen von Menschenaffen** erforscht.

8

8.5 Ausgewählte Verhaltensweisen

Verhaltensweisen sind einzelne Handlungen, die sich aus einzelnen Verhaltenselementen zusammensetzen. Das sind zum Beispiel *Nahrungsverhalten, Orientierungsverhalten, Konkurrenzverhalten, Fortpflanzungsverhalten* und *Sozialverhalten.*

Alle Biologen sind sich darüber einig, dass die meisten Verhaltensweisen von genetischen (angeborenen) Faktoren und von Umweltfaktoren (erworbenen) abhängig sind.

8.5.1 Nahrungsverhalten

Strategien zur Überwindung nahrungsarmer Zeiten sind u. a. die ausgedehnten **Tierwanderungen,** der Vogelzug, die **Winterruhe,** die **Winterstarre** und der **Winterschlaf** (↗S. 357).

Das **Nahrungsverhalten** umfasst die Nahrungssuche, die Nahrungsaufnahme und Strategien zur Überwindung nahrungsarmer Zeiten.

Je nach der Ernährungsweise haben Tiere unterschiedliche Probleme bei der Nahrungssuche.

Pflanzenfresser (↗S. 126) müssen ihre Nahrung „nur" finden. Haben sie diese gefunden, können sie sie in Ruhe fressen (solange sie nicht von Feinden gestört werden). Aber die Suche erfordert oft sehr weite und schwierige Wanderungen.

Fleischfresser (↗S. 126) müssen ihre Beute erst aufspüren, dann überwältigen, sie festhalten und schließlich verzehren.
Alle diese Teilschritte erfordern Entscheidungen von den Tieren und entsprechendes Verhalten.

Tiere, die nur eine bestimmte Nahrung zu sich nehmen, bezeichnet man als **Nahrungsspezialisten.**
Koalas fressen z. B. nur Blätter von bestimmten Eukalyptusarten und *Pandas* nur Bambus.

Tiere, die in der **Gruppe** jagen, haben ein gut aufeinander abgestimmtes Verhalten entwickelt.

Tüpfelhyänen und *Wildhunde* sind erfolgreichere Jäger als Löwen. Sie jagen in Gruppen. Dadurch können sie Beutetiere erlegen, die viel schwerer sind als sie selbst. Außerdem können sie in der Gruppe ihre Beute besser verteidigen als ein einzelnes Tier.

Tiere können nur überleben, wenn sie regelmäßig Nahrung aufnehmen. Das Nahrungsverhalten ist immer darauf gerichtet, mit geringstem Energieaufwand zu handeln.

Der Mensch löst im Gegensatz zu den Tieren die Jagd häufig vom Nahrungserwerb. Er will Trophäen (Elefantenzähne, Hirschgeweihe) oder er betreibt die Jagd als Sport.

Besonderheiten im menschlichen Nahrungsverhalten

Der Mensch nutzt auch sinnvolle Verhaltensstrategien zum Nahrungserwerb. Aufgrund seiner Fähigkeit, *vorausschauend zu handeln,* hat er Technologien entwickelt, die ihm einen Nahrungsüberfluss sichern, gleichzeitig aber Nahrungs- und Lebensgrundlagen vernichten können. So kann die Rodung großer Wälder langfristig u. a. das Klima verändern und die Landschaften zerstören.

Die Nahrung dient der Aufrechterhaltung aller Lebensfunktionen unseres Körpers (↗ S. 190). Man isst also, um zu leben.
Für viele Menschen ist Essen aber mehr: Es ist Lebenselixier oder ein Mittel zum Frustabbau. Für andere wiederum ist es Sinn des Lebens – nach dem Motto „Ich lebe, um zu essen". Die Gefahr, mehr Nahrung aufzunehmen als notwendig, ist dabei sehr groß, und die Folgen sind u. a. Essstörungen und Gewichtsprobleme (↗ S. 141).

8.5.2 Orientierungsverhalten

Lebewesen orientieren sich in Zeit und Raum. Dabei müssen ihre Verhaltensweisen auf bestimmte Umweltreize ausgerichtet werden, damit sie ihr Ziel erreichen.

Als **Zugverhalten** bezeichnet man die regelmäßigen Wanderungen von Tieren über sehr große Entfernungen. Beispiele dafür sind die alljährlichen Vogelzüge bzw. Wanderungen der Wale oder Tierwanderungen in der **Serengeti.**

Räumliche Orientierung

Die einzelnen Tierarten sind an verschiedene Umweltbedingungen angepasst. Sie haben dadurch Verhaltensweisen entwickelt, die es ermöglichen, meist zu einer bestimmten Jahreszeit, in die entsprechende Umwelt zu gelangen.
Pilotieren: Dabei wandern Tiere von einer vertrauten Stelle zur nächsten Stelle.
Kompassorientierung: Dabei nehmen Tiere die Himmelsrichtung wahr und bewegen sich geradlinig zum Ziel.

Navigation: Hierbei bestimmen die Tiere zur Himmelsrichtung noch den eigenen Standort. Das ist ein relativ komplizierter Vorgang.

- Viele einheimische Vögel verlassen im Herbst ihre Brutgebiete. Den Weg in ihre jeweiligen Überwinterungsgebiete in Afrika finden sie mithilfe der Kompassorientierung und der Navigation. Der Rückflug erfolgt im Frühjahr. *Bachstelzen* (rot) überwintern z. B. in Nordafrika und der *Kuckuck* (grün) in Mittelafrika.

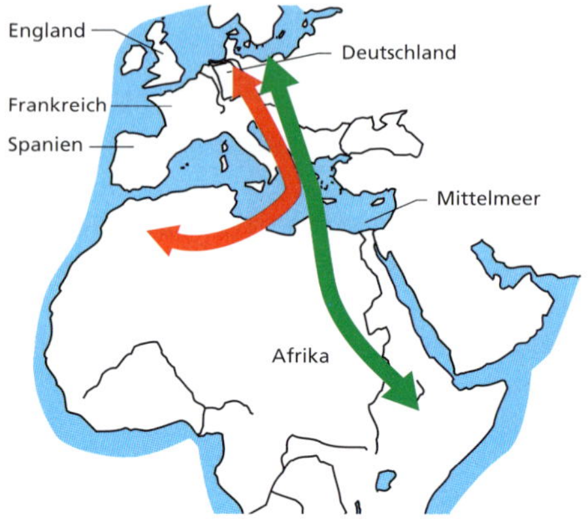

Zeitliche Orientierung

Ein Vorteil der **zeitlichen Orientierung** besteht u. a. im Futtererwerb. Verschiedene Tierarten fressen zu unterschiedlichen Zeiten dieselbe Nahrung, ohne dabei als Konkurrenten aufzutreten (ökologische Nische, ↗ S. 371 f.).

Die zeitliche Orientierung ist vor allem bestimmt durch den Wechsel von Tag und Nacht, damit verbunden ist der Wechsel von Licht und Dunkelheit. Dieser Faktor beeinflusst die Aktivität bzw. die Ruhe von Lebewesen.

Nach dem Wechsel von Licht und Dunkelheit kann man Lebewesen in drei Gruppen einteilen, nämlich in *tagaktive, nachtaktive* und *dämmerungsaktive* Lebewesen.

Tagaktiv: Greif- und Singvögel, Eidechsen
Nachtaktiv: Eulen, Dachs
Dämmerungsaktiv: Mücken, Fledermäuse

- **Die „Vogeluhr"**
  Der Gesang der Vögel im Frühling wird durch die Helligkeit bestimmt. Wann dabei eine Vogelart zu singen beginnt, hängt u. a. von der Witterung ab. Die Reihenfolge ist ziemlich beständig. Deshalb spricht man im Volksmund auch von einer **„Vogeluhr"**. Der *Gartenrotschwanz* beginnt mit seinem Gesang sehr früh, dann folgen *Rotkehlchen, Amsel, Zaunkönig, Kohlmeise, Buchfink* und *Grünfink.* Der „Langschläfer" unter den einheimischen Vögeln ist der *Star.*

8.5.3 Konkurrenzverhalten

Bei einer Überbesiedlung des Lebensraums mit Individuen einer Art führt die **Konkurrenz** untereinander zur Abwanderung bzw. Vertreibung von Individuen (dient der Verbreitung der Arten).

Zwischen Artgenossen kommt es zu Auseinandersetzungen um Nahrung, Wohnplätze, Nistplätze, Futterplätze, Sexualpartner, Spielpartner und andere soziale Partner.
Das **Konkurrenzverhalten** umfasst Verhaltenselemente des Drohens, Markierens, Imponierens, des Rückzugs und der Unterlegenheit, der Beschwichtigung, des ritualisierten Kampfs und des echten Beschädigungskampfs.

Revierverhalten (Territorialverhalten)

Das **Territorialverhalten** oder **Revierverhalten** beinhaltet Verhaltensweisen, die zur Abgrenzung und Verteidigung eines Lebens- und Aktionsraums, auch **Revier** genannt, nötig sind.

Territorialverhalten sichert eine ungestörte Nutzung von Nahrung, Wohn-, Nist- und Futterplätzen, Sexualpartnern, Spiel- und anderen sozialen Partnern und verhindert zu hohe Besiedlungsdichten durch eine gleichmäßige Verteilung von Artgenossen.

- Tiere nutzen ein bestimmtes Gebiet als Nahrungsraum, Brut-, Schlaf- und Zufluchtsstätte. Durch artspezifische Markierungen (Rufe, Sekrete, Kratzspuren u. a.) grenzen sie dieses Territorium von anderen ab.

Die Funktionen von Revieren verschiedener Tierarten können sehr unterschiedlich sein, ebenso die Reviergrößen, die sowohl von der Größe der Tiere als auch von der Funktion der **Reviere** mitbestimmt werden. Reviergrößen von einigen Tieren:
Jaguar: 150 km^2
Wolfsrudel: mehrere hundert Quadratkilometer Singammerpaare: ca. 3 000 m^2
Tölpel: mehrere Quadratmeter

- **Verallgemeinerte Darstellung eines Säugetierreviers**

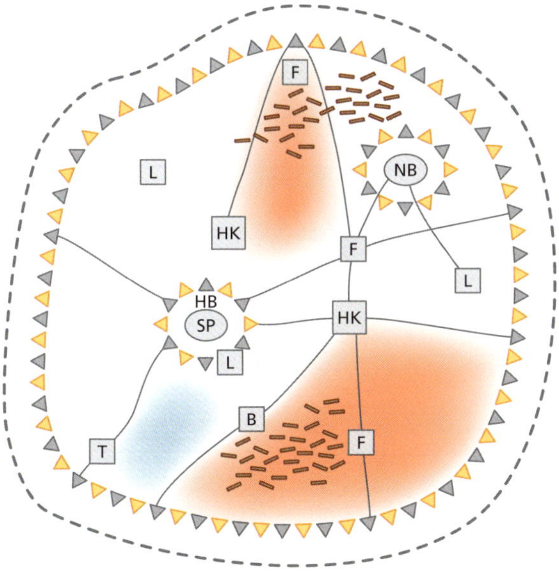

- - - Revierbegrenzung
▼▼ Markierungspunkte
HK Harn- und Kotstelle
SP Spielplatz
L Liegeplätze
HB Hauptbau bzw. vertrauter Lebensbereich
F Fressstelle
T Trinkstelle
B Badestelle oder Suhle
NB Notbau (gelegentlicher Lebensbereich, auch Wurfbau)
—— Wechsel
Hindernisse
Wasserstelle oder Gewässer
Jagdgebiete

Auch beim Menschen kann man **Territorialverhalten** beobachten. Ihre Häuser und Gärten beispielsweise grenzen sie durch Zäune oder Hecken ab.

8

Je nach Tierart gibt es unterschiedliche **Formen von Rangordnungen** im Tierreich. Sie reichen von einer linearen Hackordnung im Hühnerhof über komplizierte Dreiecksverhältnisse bei Primaten (nicht menschlichen) bis hin zum Rangordnungsverhalten des Menschen.

Rangordnungen tragen zur Stabilisierung der Beziehungen in der Gruppe bei, weil ranghohe Tiere bei überzeugender Überlegenheit die meiste Zeit kampflos von den rangniederen Mitgliedern respektiert werden.

Die biologische Bedeutung der Rangordnung wird beim Menschen durch die gesellschaftlichen Bedingungen (Gesetze, Moral, Ethik, Eigentum, Religion) häufig überdeckt.

Rangordnungsverhalten

Innerhalb einer Gruppe bildet sich eine **Rangordnung** der Einzeltiere heraus, die in der Regel durch Kämpfe entstanden ist. Dadurch wird die Aggressivität der Gruppe herabgesetzt. Ranghohe und rangniedere Tiere verständigen sich durch bestimmte Ausdrucksformen.

Ranghohe Tiere haben bevorzugten Zugang zu Futter- und Wasserstellen, zu begehrten Schlaf- und Ruheplätzen oder aber zu Paarungspartnern. Zu ihren Pflichten gehören u. a. das Anführen, Bewachen oder Verteidigen eines Sozialverbandes.

Beispiele für Rangordnungsverhalten

Tierarten	ranghohes Tier **(α-Tier)**	rangniederes Tier **(Ω-Tier)**
Flusspferd 	reißt Maul auf, zeigt seine Waffen, hebt den Kopf	schließt das Maul und senkt den Kopf
Gämse 	nimmt Drohhaltung ein, richtet den Kopf auf	nimmt Demutshaltung ein, flache Körperhaltung

Beim Menschen spielt die Rangordnung ebenfalls eine große Rolle. Schon in der *Familie* gibt es in der Regel klare Verteilungen der Kompetenzen, auch wenn die Partner gleichberechtigt und liebevoll miteinander umgehen. (Wer verwaltet die Haushaltskasse? Wer nimmt das Babyjahr?)
Auch in der *Schule* (Lehrer–Schüler) und im *Berufsleben* regeln Rangordnungen das Zusammenleben und -arbeiten.

Aggressionsverhalten

Aggressionsverhalten dient dem Angriff oder der Flucht. Beides kann gegen Artgenossen, aber auch gegen Artfremde gerichtet sein. Es tritt auf, wenn um Nahrung, Territorium, Geschlechtspartner oder eine Stelle in der Rangordnung konkurriert wird.

Als **Aggression** wird jede feindlich getönte Auseinandersetzung mit anderen Lebewesen (Artgenossen, Vertretern anderer Arten) bezeichnet. Aggressionen werden durch äußere Bedingungen (z. B. Eindringen in das Revier) und innere Bedingungen (z. B. Ausschüttung bestimmter Hormone) ausgelöst.

Beschwichtigungs- und Demutsgesten hemmen das Aggressionsverhalten. **Formen von Aggressionsverhalten** sind u. a. Drohverhalten, Kommentkämpfe und Beschädigungskämpfe.

Drohverhalten des Wolfs

Durch **Drohverhalten** soll der Gegner eingeschüchtert werden, z. B. durch Zeigen seiner Waffen (Fletschen der Zähne), durch Vergrößerung des Körperumrisses und andere Drohgebärden. Der Wolf richtet sich auf und zeigt seine Zähne.

Kommentkämpfe zwischen Artgenossen

Sie dienen dazu, den Rivalen zu verdrängen oder innerhalb der Rangordnung den Stärkeren zu ermitteln. Gefährliche Körperteile (Hörner, Zähne, Geweihe u. a.) werden in der Regel so eingesetzt, dass ernsthafte Verletzungen vermieden werden. Diese Kampfform läuft nach genetisch fixierten Regeln ab. *Rothirsche* schieben z. B. mit dem Geweih (↗ S. 362).

Beschädigungskampf zwischen Artgenossen

Bei dem **Beschädigungskampf** wird der Gegner nicht nur abgedrängt, sondern die beiden Rivalen versuchen sich ernsthaft zu verletzen oder sogar zu töten.
Solche Beschädigungskämpfe kommen sowohl zwischen Mitgliedern von verschiedenen Arten vor als auch innerhalb einer Art.

Beschwichtigungs- und Demutsgesten hemmen aggressives Verhalten und werden auch als **aggressionshemmendes Verhalten** bezeichnet.

Besonderheiten des Menschen im Konkurrenzverhalten

1961 erregte der Wissenschaftler STANLEY MILGRAM mit seinen Experimenten einiges Aufsehen. Er untersuchte die Bereitschaft von Menschen, sich Autoritäten unterzuordnen, und kam zu erschreckenden Ergebnissen.

Die Ursachen für Konkurrenzverhalten sind ursprünglich beim Menschen ähnlich wie bei den Tieren. Der Besitz von Werkzeugen und Waffen verändert aber die Kräfteverhältnisse und ermöglicht die Vergrößerung der Distanz zwischen den Konkurrenten.

Die Gewalt an Schulen nimmt immer mehr zu. Das zeigt sich u.a. daran, dass Mitschüler unter Androhung von körperlicher Gewalt unter Druck gesetzt, erpresst und sogar mit Waffen bedroht werden. Dabei geht es meist um die Stellung in der Gruppe, um Prestige und um Macht.

Mit der **Entwicklung der Sprache** verfügt der Mensch über ein weiteres Mittel, Informationen weiterzugeben. Aber häufig setzt er dieses Mittel auch als „Waffe" ein.

Tiere nutzen die **Kommunikation,** um Konkurrenten auf Distanz zu halten oder sich gegenseitig zu warnen.

Menschen können die Sprache zur **verbalen Aggression** verwenden. Sprachliche Auseinandersetzungen ersetzen einerseits den körperlichen Kampf, können andererseits auch zu *schweren psychischen Verletzungen* des schwächeren Konkurrenten führen. Die Nutzung der Sprache zum Herabsetzen der Aggression ohne Beleidigung ist für uns bedeutsam.

Menschen können lernen, **Krisensituationen** zu bewältigen. Verständnis, Mitgefühl und menschliche Vernunft sollten den Umgang mit Menschen anderer Hautfarbe, anderer politischer Gesinnung und Religion sowie mit behinderten Menschen regulieren.

8.5.4 Sexual- oder Fortpflanzungsverhalten

Einige Wissenschaftler beschränken Sexualverhalten auf Verhaltensweisen der Balz, Paarbildung und Paarbindung. Andere beziehen auch die Reviergründung, den Nestbau, die Brutfürsorge, die Brutpflege und andere Verhaltensbereiche mit ein, die in irgendeiner Weise eine Verbindung zur Fortpflanzung aufweisen.

Das **Sexual- oder Fortpflanzungsverhalten** ist eine Sammelbezeichnung für alle Verhaltensweisen, die dem Zweck der Bildung eines neuen Organismus dienen, der genetisches Material von zwei Elternindividuen enthält.
Dazu gehören alle Verhaltensweisen, die zwischen der **Paarbildung,** der **Paarbindung** und dem Abgeben bzw. Aufnehmen von Samenzelle und Eizelle liegen.

Balzverhalten

Das **Balzverhalten** dient dem *Finden* und *Zusammenführen* der potenziellen Sexualpartner, der *Paarbildung*, sowie dem Aufbau einer *Paarbindung*. Es hat weiterhin Bedeutung für die sexuelle Stimulation und Synchronisation unmittelbar vor der Begattung und verhindert sexuelle Kontakte mit Artfremden. Es ist eine *Verständigungsform* unter Geschlechtspartnern und dient dem Abbau aggressiver Verhaltensweisen. Balzverhalten ist angeboren.

Der Paarung geht im Tierreich oft die **Balz** voraus. Dabei ändern einige Männchen ihre *Körperfarbe*, z. B. „Hochzeitskleid" des **Dreistachligen Stichlings.**

Balzformen	Vorkommen
Lautäußerung	Singvögel, Grillen, Frösche
Farbänderungen	Tintenfische, Fische
Geruchsstoffe	Schlangen, Katzen, Schmetterlinge
Lichtsignale	Leuchtkäfer
Hervorheben des äußeren Erscheinungsbildes	Menschen (Schminken, Schulterpolster, u. a.)

Balzverhalten der Vögel
Die Balz der Männchen bei den Vögeln ist, wie bei den meisten Tieren, ausgeprägter als die der Weibchen.
Der Pfau z. B. zeigt seine prächtigen Schwanzfedern, indem er ein „Rad" schlägt.

Durch das **Paarungsverhalten** bei der inneren Befruchtung bildet sich ein enger körperlicher Kontakt zwischen den Partnern heraus. Dadurch wird die Übergabe der Geschlechtszellen gesichert.
Im Tierreich gibt es verschiedene kuriose **Paarungsrituale.**

Paarbildung und Paarbindung

Von einer **Paarbildung** spricht man bei der Entstehung einer Paarbindung. Die dabei zu beobachtenden Verhaltensweisen stammen größtenteils aus der Balz, aber auch aus anderen Verhaltensbereichen, z. B. das Imponierverhalten. Bei den meisten Tierarten sind es die Männchen, die die Paarbildung einleiten, während das Weibchen in der Regel die letzte Entscheidung über das Zustandekommen der Paarbindung trifft.
Als **Paarbindung** bezeichnet man das über einen längeren Zeitraum andauernde Zusammenleben verschiedengeschlechtiger Partner. Die Paarbindung kann bis zum Selbstständigwerden der Jungtiere, also bis zum Ende einer Fortpflanzungsperiode, andauern oder aber auch über diesen Zeitpunkt hinausgehen.

Menschen leben in der Regel über einen längeren Zeitraum mit einem anderen Partner zusammen. Die noch häufigste Form des Zusammenlebens ist die Ehe. Sie ist durch staatliche Gesetze geregelt.

Homosexuelle Partnerschaften (Schwule, Lesben) sind weder krankhaft noch abartig. Sie genießen inzwischen in Deutschland ähnliche Rechte wie Ehepaare.

Verhalten zu den Nachkommen

Die Elterntiere können sich, abhängig von den Umweltbedingungen und der Anzahl der Nachkommen, ganz unterschiedlich um die Aufzucht ihrer Jungtiere kümmern.

Bei der **Brutfürsorge** schaffen die Eltern im Voraus für ihre Jungen günstige Entwicklungsbedingungen. Hierbei wird aber nur der Zeitraum bis zum Ablegen der Eier gerechnet.

- Eltern schaffen für ihre Jungen Schutz bietende Nester, Kokons oder Bauten. Sie tragen Nahrungsvorräte zusammen oder legen die Eier in der Nähe einer geeigneten Nahrungsquelle ab.

Die **Brutpflege** umfasst den Nestbau, das Versorgen und Beschützen der Jungen und die Betreuung bis zur Unabhängigkeit. Das **Brutpflegeverhalten** ist angeboren und hormonabhängig. Die Brutpflege wird entweder durch das Männchen, durch das Weibchen, durch beide Elternteile und sogar auch von anderen Verwandten des Elternpaars oder Gruppenmitgliedern ausgeführt.

Es gibt eine Reihe von Tieren, die keine **Brutpflege** betreiben. Viele Fischarten legen z. B. sehr viele Eier ab und lassen die Brut allein.
Heringe: 30 000 Eier
Scholle: 700 000 Eier

Strategien zum Brutpflegeaufwand

Der Brutpflegeaufwand wird minimiert durch die Erzeugung einer sehr großen Anzahl von Nachkommen oder durch den Einfluss von Umweltbedingungen.

- *Seeigel* geben Tausende Eier und Samenzellen ins Meerwasser ab. Die Wahrscheinlichkeit einer Befruchtung der Eizellen ist sehr gering.

  Schildkröten legen die befruchteten Eier in den warmen Sand, in dem sie durch die Wärme ausgebrütet werden.

Der Kuckuck legt sein Ei in ein fremdes Nest und überlässt anderen die Brutpflege. Man bezeichnet ihn deshalb als **Brutschmarotzer.**

Die Brutpflege wird anderen Tieren überlassen oder den Nachkommen werden Nahrungsreserven mitgegeben.

- *Grabwespen* legen je ein Ei in ein betäubtes Insekt. Die geschlüpften Larven ernähren sich in der Bruthöhle von diesem Insekt.

  Einige *Jungfische* tragen nach dem Schlüpfen noch den Dottersack und können so einige Tage von dessen Inhalt leben.

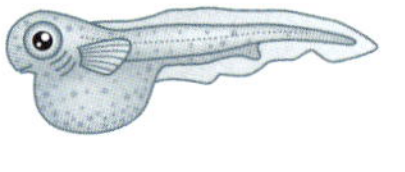

In Abhängigkeit vom Entwicklungsstand der Nachkommen ist der Brutpflegeaufwand der Eltern unterschiedlich groß. Je höher und je länger der Aufwand ist, desto weniger Nachkommen werden gezeugt.

Die Aufzucht der Nachkommen kann durch Individuen einer Gruppe uneigennützig erfolgen (Altruismus). Das beobachtet man vor allem zwischen verwandten Individuen.

Uneigennütziges Verhalten bedeutet, dass einige Individuen einer Gruppe andere unter Vernachlässigung des eigenen Wohlbefindens und unter Inkaufnahme der Kosten unterstützen.

Bei den *Hausmäusen* leben die Schwestern meist zusammen und betreiben die Brutpflege ihrer Jungtiere gemeinsam. Während ein einzelnes Weibchen in seiner Lebenszeit von sechs Monaten im Durchschnitt 2,8 Würfe mit 13 Jungen großziehen kann, schafft es in Kooperation mit seiner Schwester 3,3 Würfe mit 21 Jungen.

Uneigennütziges Verhalten gibt es auch zwischen nicht Verwandten, z. B. die „Blutspende“ der *Vampirfledermäuse.*

Bis zu zwölf Weibchen verschiedener Verwandtschaftslinien leben mit ihren Jungtieren und einigen nicht fest dem Verband angeschlossenen Männchen zusammen.

Der Entwicklungsstand der Jungtiere nach der Geburt beeinflusst das Brutpflegeverhalten der Eltern. Danach werden die Jungtiere wie folgt unterschieden (↗ S. 115):

Nesthocker	Nestflüchter	Traglinge
Die Jungen kommen nackt und blind zur Welt, können sich nicht weit fortbewegen und müssen gefüttert werden.	Die Jungen kommen voll entwickelt auf die Welt; verfügen über das gesamte Verhaltensrepertoire. Sie folgen ihren Eltern und nehmen selbst Nahrung auf.	Die Jungen bleiben am Körper der Mutter und halten sich fest. Die Mutter betreut sie intensiv.
Singvögel, Katzen, Hunde, Bären	Huftiere, Wale, Hühner, Enten	Fledermäuse, Affen, Mensch

Besonderheiten des Menschen beim Fortpflanzungsverhalten

Beim Menschen ist die Sexualität von der Fortpflanzung getrennt. Menschen lieben und paaren sich nicht nur zum Zwecke der Fortpflanzung. Damit erhält das Balz- und Paarungsverhalten einen anderen Stellenwert als bei den Tieren.

Die *Mutter-Kind-Beziehung* als häufigste Form der Brutpflege bei Tieren ist beim Menschen auf die Beziehung zwischen Kind und ständiger Kontaktperson erweitert.

Für die gesunde Entwicklung eines Menschen ist diese Beziehung notwendig, ansonsten können Störungen im Sozialverhalten auftreten (z. B. Aggressionen, Provokationen, Teilnahmslosigkeit).

Das menschliche Sexualverhalten und die Partnerwahl lassen in vielen Kulturen einen Zusammenhang zwischen Fortpflanzungserfolg und gesellschaftlicher Stellung erkennen.

8.5.5 Sozialverhalten

Sozialverhalten ist auf den Artgenossen gerichtetes Verhalten. Es setzt sich aus angeborenen und erworbenen Verhaltensweisen zusammen, die zwischen Vertretern einer Art auftreten (z. B. Balzverhalten, Revierverhalten, Aggressionsverhalten) und das Zusammenleben ermöglichen.
Viele Tätigkeiten führen sozial lebende Arten gemeinsam aus (z. B. Aufsuchen der Wasserstelle, Staubbaden, Beutefangen).

Soziale Verbände

Sozialverband	Merkmale	Beispiele
Anonymer Verband Offener anonymer Verband	Die Tiere kennen sich nicht. Jederzeit können sich Tiere der Gruppe anschließen oder sich von ihr entfernen. Grobe Signale des Artbildes halten die Gruppe zusammen.	wandernde Huftierarten, Heuschreckenschwärme, Fledermäuse, Vogelschwärme
Geschlossener anonymer Verband	Die Tiere erkennen sich am gemeinsamen Merkmal, z. B. Nestduft (soziales Signal). Gruppenfremde Tiere werden daher erkannt und ausgestoßen.	Tierstaaten, z. B. Bienen, Ameisen, Mäusesippen
Nicht anonymer Verband Individualisierter Verband	Die Tiere erkennen sich an individuellen Merkmalen. Die Gruppe besteht aus wenigen Tieren, die sich durch Geruch, Stimme, Aussehen persönlich kennen.	Wolfsrudel, Gorillahorde Hühnerschar

Tiere leben auch als **Einzelgänger** oder als **Paar.**

Einzelgänger: Tiger

Paar: Kanada-Gans

Auch Individuen verschiedener Arten können zusammenleben. Dabei dienen bestimmte Verhaltensweisen der zwischenartlichen Verständigung und dem gegenseitigen Nutzen (**Symbiose,** ↗ S. 363).

Putzerlippfisch und andere Fische des Korallenriffs
Madenhacker und Nashorn
Riesenanemone und Anemonenfisch

Die **soziale Verständigung** (Kommunikation) ist für den Erhalt eines Sozialverbands notwendig. Dabei werden angeborene und situationsgebundene Signale den Artgenossen übermittelt und diese zu bestimmten Verhaltensweisen veranlasst.
Die **soziale Körperpflege** der Mitglieder eines sozialen Verbands dient der Bearbeitung der Haut, der Federn oder Haare eines Artgenossen. Sie erfolgt an Körperstellen, die der passive Partner selbst nicht erreichen kann. Die Körperpflege wird mit dem Schnabel, den Händen, den Lippen oder der Zunge ausgeführt. Neben der Reinigung dient die Körperpflege auch der Gruppenbindung.

Die Honigbiene kommuniziert über eine ihr eigene **Tanzsprache,** die KARL VON FRISCH sehr ausgiebig erforscht und beschrieben hat. Die Weitergabe von Information kann auf sehr vielseitige Art und Weise erfolgen: von der Produktion eines chemischen Signalstoffs über die aktive Erzeugung von Lichtsignalen bis hin zur **Sprache des Menschen.**

Körperpflege bei Affen

Bei den *Affen* kann man die Körperpflege unter den Gruppenmitgliedern sehr gut beobachten.
Nicht nur erwachsene Affen „lausen" sich gegenseitig oder durchsuchen ganz einfach nur ihr Fell.

Vorteile des Lebens im Sozialverband:
- rechtzeitige Feinderkennung,
- gemeinsame Feindabwehr,
- höherer Jagderfolg bei Beutegreifern,
- schnelleres Auffinden von Futterquellen und Wasserstellen,
- besserer Schutz der Jungtiere,
- Jungtiere können von Älteren lernen,
- Einzeltiere sind vor Beutegreifern besser geschützt,
- oft besteht in der Gruppe Arbeitsteilung u. a.

Besonderheiten menschlichen Verhaltens

Menschliches Verhalten weist viele Elemente tierischen Verhaltens auf. Es setzt sich aus *angeborenem* und *erlerntem* Verhalten zusammen. Das Verhalten des Menschen wird vor allem durch soziale **Lernvorgänge,** durch einsichtiges Lernen, erweiterten Werkzeuggebrauch und Wertvorstellungen bestimmt. Über die **Sprache** ist ein größerer Informationsaustausch gegeben, der das Verhalten des Menschen beeinflusst.
Das bedeutet u. a., dass Menschen ständig neue Erfahrungen machen und diese in ihr Verhalten einbeziehen können. Aufgrund ihrer Moralvorstellungen handeln Menschen nicht immer spontan, sondern wägen ihr Verhalten nach den *allgemeingültigen* und *kulturellen* **Wertvorstellungen** ab.
Menschliches Zusammenleben wird durch **Gesetze** geregelt. Innerhalb dieser Gesetze kann der Mensch tun, was er will. Für sein Handeln ist er voll verantwortlich, weil er vorausschauend denken kann.
Deshalb muss jeder Mensch die Folgen seines Handelns im Voraus einkalkulieren.

Paragraf 1 des Grundgesetzes befasst sich mit den Grundrechten des Menschen. Der erste Abschnitt des Artikels 1 lautet: „Die Würde des Menschen ist unantastbar. Sie zu achten und zu schützen ist Verpflichtung aller staatlichen Gewalt."

8.6 Anwendung verhaltensbiologischer Kenntnisse

Domestikation bedeutet eine Umzüchtung wilder Tiere zu Haustieren.

Solange der Mensch existiert, ist er auf Tiere angewiesen. Sie dienen ihm bis heute als Nahrungsgrundlage, zum Schutz oder nur zur Freude. Deshalb hält der Mensch sie als Haustiere oder als Nutztiere. Dabei kann die Haltung von Haus- und Nutztieren immer nur ein Kompromiss zwischen den Anforderungen des Menschen und den Bedürfnissen der Tiere sein.

Artgerechte Tierhaltung

Die artgerechte Tierhaltung ist eine möglichst an den ursprünglichen Verhaltensweisen und Lebensraumbedingungen der domestizierten Tiere orientierte Form der Tierhaltung.

8

Die Kenntnis des Verhaltens exotischer und vom Aussterben bedrohter Tiere führte zu umfangreichen Veränderungen in der Haltung dieser Tiere in Zoos und Tiergärten.

Eine **artgerechte Tierhaltung** kommt den Bedürfnissen der Tiere am nächsten, z. B. dem Bewegungsdrang, dem Bedürfnis nach Verstecken, dem Suhlen. Domestizierte Tiere brauchen besondere Pflege vom Menschen. Aufgrund der besonderen Züchtungsmerkmale (z. B. Fleischhühner, Schlachtvieh) und ihrer Haltung sind sie nämlich nicht in der Lage, sich in ihrer natürlichen Umgebung selbst versorgen zu können.

Vorteile artgerechter Tierhaltung in der **Landwirtschaft:**
- Wohlbefinden der Tiere wird erhöht und damit auch die „tierische Leistung" (z. B. Qualität des Fleischs, der Milch, des Fells) gesteigert.
- Tiere sind gesünder und weniger stressanfällig.
- Tiere sind untereinander verträglicher.

Neben der **Intensivhaltung** werden Schweine auch in Buchten gehalten. Eine **Freilandhaltung** ist kaum durchsetzbar.

Rinder fühlen sich auf Weiden am wohlsten. Sie haben genügend Auslauf und können in Ruhe fressen.

Auch für *Hühner* ist die Freilandhaltung die ihren Verhaltensweisen angepasste artgerechte Haltung. Jedes Huhn hat neben dem Stallplatz eine Auslauffläche von 10 m^2. Die Batteriehaltung wurde durch Bodenhaltung weitgehend abgeschafft. Die Haltung von Hühnern in Legebatterien ist seit 2012 in der Europäischen Union verboten.

In den letzten Jahren hat sich die Haltung der Tiere in Zoos und Tiergärten sehr verbessert.

Artgerechte Tierhaltung in **Tiergärten und Zoos:**
- Käfighaltung wurde inzwischen durch sehr freizügige Freilandhaltung abgelöst.
- Nahrung müssen sich die Tiere, soweit es möglich ist, selbstständig suchen.
- Beschäftigung der Tiere wird vielseitig gesichert.

Artgerechte Tierhaltung in **Wohnungen:**
- Bewegungsfreiheit muss gesichert sein, z. B. sollten Hunde mindestens zweimal täglich eine Stunde laufen.
- Sozial lebende Tiere müssen Partner der eigenen Art haben; beispielsweise sollten Meerschweinchen immer zu zweit gehalten werden.

Nach Einschätzung der Tierschützer geht die Zahl der in Deutschland lebenden **exotischen Tiere** in die Millionen. Darunter befinden sich viele Krokodile, Giftschlangen und Riesenschlangen. Eine artgerechte Tierhaltung ist kaum möglich und Tierhalter sind meist nach kurzer Zeit mit der Pflege überfordert. Schon auf dem Transport nach Deutschland erleiden die Tiere viele Qualen. Deshalb wurde in einigen Bundesländern die Haltung exotischer Tiere verboten.

Erhaltung vom Aussterben bedrohter Tiere

Maßnahmen zum **Erhalten und Retten bedrohter Arten** sind meist am erfolgreichsten, wenn diese bei gefährdeten Tieren direkt im Freiland ansetzen, z. B. Tierschutzgebiete, Tierparks. Das Wiederansiedeln von in Gefangenschaft gezüchteten Tieren stößt meist auf „hausgemachte" Probleme. Die Fremdheit der neuen Umgebung, mangelnde Feinderkennung, fehlende Erfahrung bei der Nistplatzwahl oder Nahrungssuche sowie die zu große Zahmheit Menschen und Raubtieren gegenüber verhindern oft eine erfolgreiche Auswilderung.

Bei *Raubvögeln* tötet z. B. das zuerst geschlüpfte Junge häufig das noch nicht geschlüpfte Geschwister, indem es das Ei zerstört. Sind die Nahrungsbedingungen günstig, wären die Eltern jedoch in der Lage, beide Jungen aufzuziehen. Um die Aufzuchtrate des *Schreiadlers* zu verdoppeln, nahmen Verhaltensforscher das schwächere Küken aus dem Nest, um es später, als man die Attacke des Geschwisterkükens ausschließen konnte, den Eltern wieder ins Nest zu setzen.

Biologische Schädlingsbekämpfung

Die biologische Schädlingsbekämpfung ist eine gute und z. T. sehr effektive Alternative zu dem häufig angewandten Einsatz chemischer Mittel. Das wird u. a. möglich durch
- Ausschaltung von Besiedlungsgebieten. Man nutzt Nahrungsgewohnheiten (süße Leimringe), Insektenfallen oder bringt akustische Reize (Angstrufe von Vögeln) an. Dadurch werden Besiedlungen verhindert.
- Einsatz von Fressfeinden (Konkurrenten), z. B. Marienkäfer gegen Blattläuse.
- Unterbrechung der Fortpflanzung. Sexualduftstoffe werden gezielt genutzt, um Sexualpartner zu desorientieren, oder es werden unfruchtbare, aber kopulationsfähige Sexualpartner gezüchtet. Das wird z. B. bei der Bekämpfung der *Dasselfliege* angewendet.

Auch **chemische Reize** (Knoblauchgeruch, Geruch von Wolfsmilchgewächsen) können eine Besiedlung von Schädlingen, z. B. Ratten und Mäusen, verhindern.

Die Weibchen der Dasselfliege paaren sich nur einmal im Leben. Deshalb setzte man in der Umgebung der Weibchen massenhaft unfruchtbare Männchen aus. Die Eier wurden nicht befruchtet, die Dasselfliegenplage wurde erfolgreich eingeschränkt.

8

Teilgebiete der Verhaltensbiologie

- Nur in Zusammenarbeit mit anderen Gebieten der Biologie können verhaltensbiologische Erkenntnisse gewonnen werden.

Verhaltensbiologie

- Vergleichende Ethologie
- Humanethologie
- Neuroethologie
- Biokommunikation
- Lernethologie
- Angewandte Ethologie
- Verhaltensphysiologie
- Verhaltensökologie
- Soziobiologie

Ausgewählte Verhaltensweisen

- Man unterscheidet angeborenes und erworbenes Verhalten.

Angeborenes Verhalten

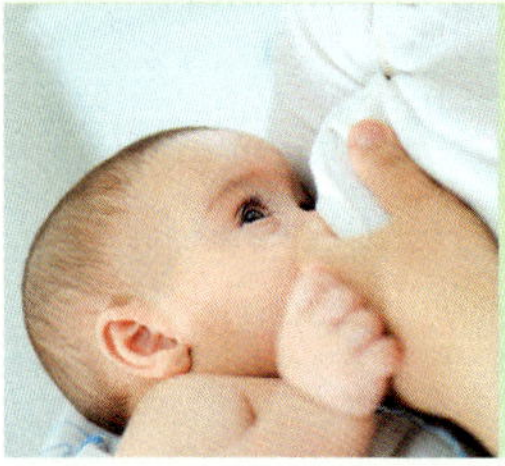

- unbedingte Reflexe
- angeborene Reiz-Reaktionsketten

Erworbenes Verhalten

- bedingte Reflexe
- Nachahmung
- einsichtiges Lernen
- Lernen durch Erfahrung

- Besonders gut untersucht sind das Nahrungsverhalten, das Konkurrenzverhalten mit Revierverhalten, Rangordnungsverhalten, Aggressionsverhalten sowie das Sexual- und Fortpflanzungsverhalten und das Sozialverhalten.

- Diese Kategorien gelten nicht nur für Tiere, sondern auch für den Menschen. Dessen Verhalten wird durch die gesellschaftlichen Bedingungen, Gesetze, moralische Normen u. a. beeinflusst.

Anwendung verhaltensbiologischer Kenntnisse

- Die angewandte Verhaltensbiologie hat in den letzten Jahren an Bedeutung gewonnen. Ihre Erkenntnisse werden u. a. für eine artgerechte Tierhaltung, für die Erhaltung der vom Aussterben bedrohten Tiere und in der biologischen Schädlingsbekämpfung genutzt.

Grundlagen der Ökologie

9

9.1 Grundbegriffe der Ökologie

ERNST HAECKEL (1834–1919) prägte den Begriff Ökologie als „Haushalt der Natur".

Die **Ökologie** als Teilgebiet der Biologie untersucht die Wechselbeziehungen zwischen den Lebewesen und ihrer Umwelt.
In der Ökologie versteht man unter **Umwelt** die Gesamtheit aller Faktoren, die auf ein Lebewesen einwirken und für sein Leben bedeutsam sind.

Umweltfaktoren sind die Faktoren, die aus der nicht lebenden und lebenden Umwelt direkt oder indirekt auf ein Lebewesen einwirken.

Autökologie untersucht die Wirkung von Umweltfaktoren auf die einzelne Art.

Abiotische Umweltfaktoren sind Faktoren der nicht lebenden Umwelt, die auf ein Lebewesen einwirken, z. B. **Klima-** und **Bodenfaktoren.**

Biotische Umweltfaktoren sind Faktoren der belebten Umwelt, die auf ein Lebewesen einwirken. Sie können von **Lebewesen der gleichen Art** oder von **Lebewesen anderer Arten** ausgehen.

Umweltfaktoren eines Tieres (Auswahl, z. B. Kohlmeise)

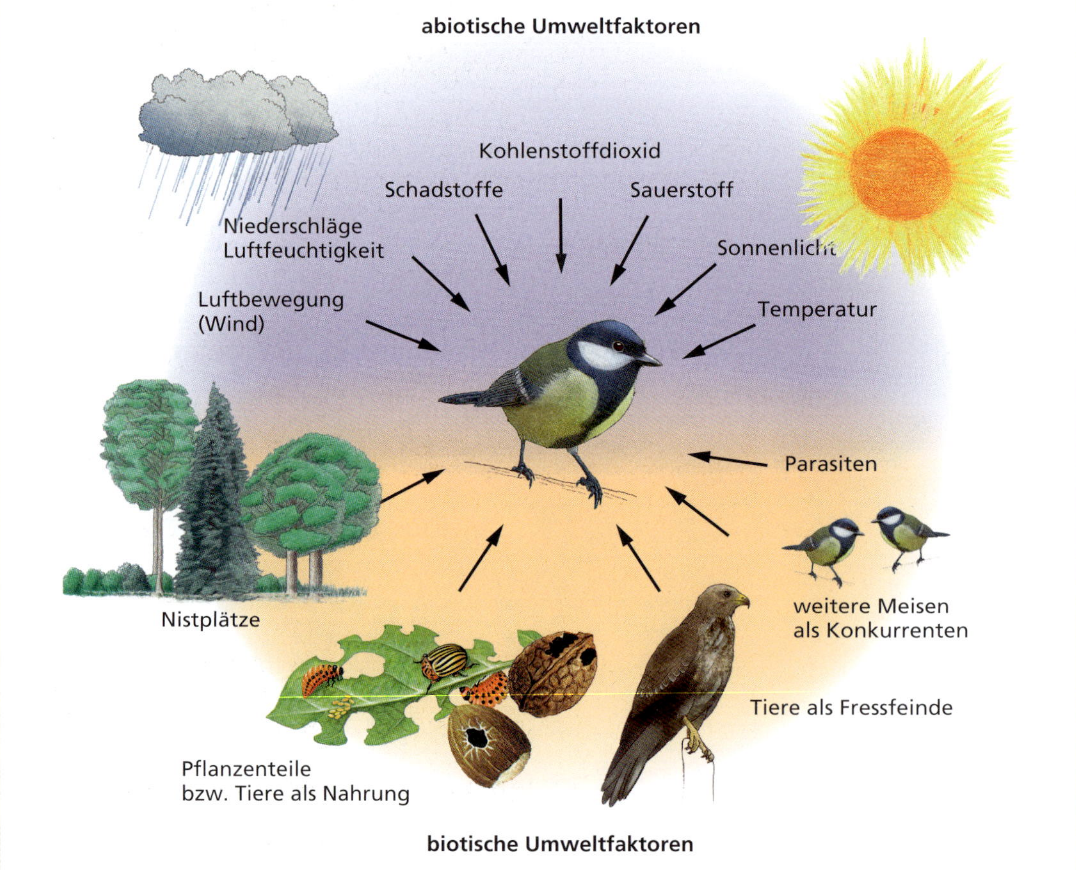

Umweltfaktoren einer Pflanze (Auswahl)

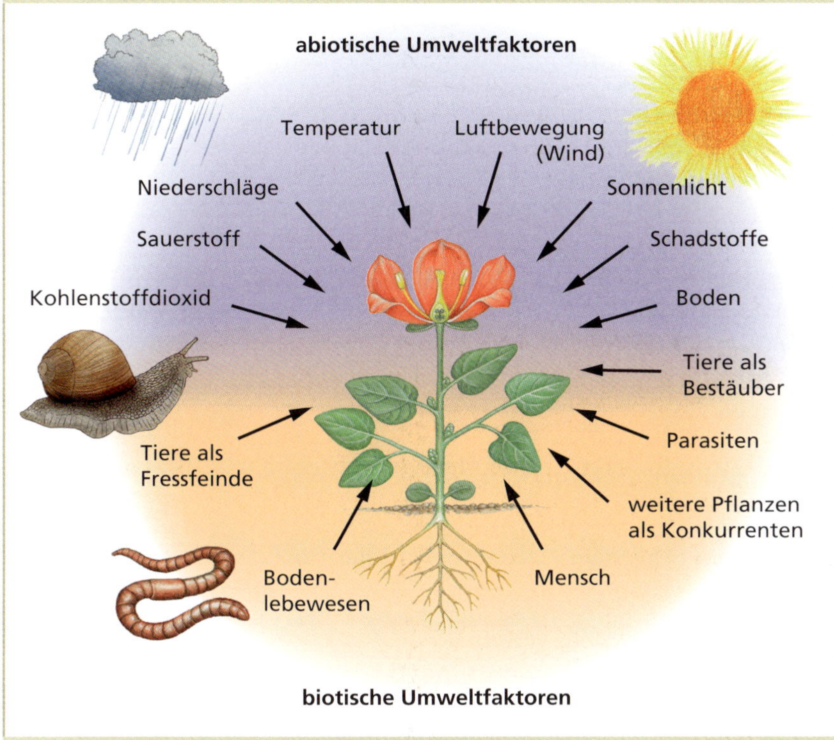

Umweltfaktoren des Menschen (Auswahl)

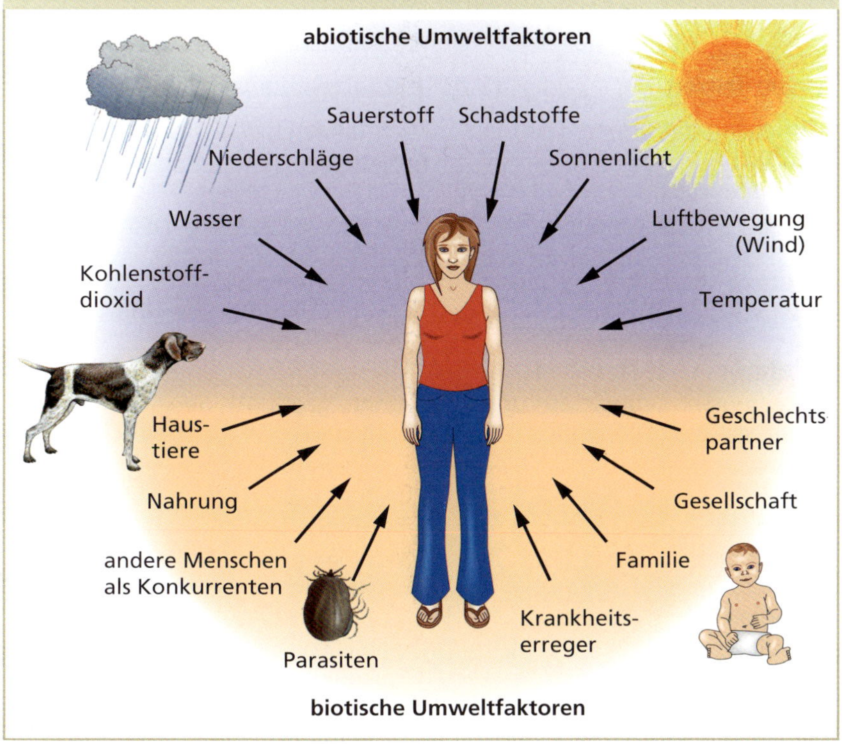

Der Weg der gewaltigen Strahlungsenergie von der Sonne zur Erdoberfläche beträgt fast 160 Millionen Kilometer. Von den Pflanzen mit Chloroplasten werden jedoch nur etwa 0,1 % des auftreffenden Lichts fotosynthetisch genutzt.

Alle für einen Organismus bedeutsamen **Umweltfaktoren** wirken zusammen, d. h., sie beeinflussen sich oft gegenseitig; sie wirken nicht unabhängig voneinander. Beispielsweise beeinflusst die Bodenart eines Standorts das Wasserangebot für die Pflanzen.

9.2 Einflüsse abiotischer Umweltfaktoren auf Pflanzen und Tiere

▶ Der wichtigste biochemische Prozess für alle Lebewesen ist die **Fotosynthese** (↗ S. 198).

Abiotische Umweltfaktoren beeinflussen den Stoff- und Energiewechsel, die Entwicklungsvorgänge sowie die Verhaltensreaktionen von Organismen.

Zu den abiotischen Faktoren zählen **Klimafaktoren,** z. B. Licht, Temperatur, Niederschläge, Luftfeuchtigkeit, Luftbewegung; **Bodenfaktoren,** z. B. Bodenreaktion (pH-Wert), Feuchtigkeit, Nährsalzgehalt; Sauerstoff und Kohlenstoffdioxid der Luft.

9.2.1 Einflüsse abiotischer Umweltfaktoren auf Pflanzen (Auswahl)

Licht als abiotischer Umweltfaktor für Pflanzen

Der **abiotische Umweltfaktor Licht** ist für Pflanzen von zentraler Bedeutung. Unter Ausnutzung des Sonnenlichts vermögen die Pflanzen mit Chlorophyll aus Wasser und Kohlenstoffdioxid sowie Mineralstoffen organische Stoffe aufzubauen.

▶ Der **Lichtfaktor** ist bedeutend für die Ausbildung der Schichtung des Waldes. Wälder mit Schattenbaumarten: wenig ausgebildete Kraut- und Strauchschicht; Wälder mit Lichtbaumarten: reiche Kraut- und Strauchschicht

Einfluss der Lichtintensität auf die Fotosynthese

Lichtpflanzen	Schattenpflanzen
· Pflanzen mit hohem Lichtanspruch · optimale Fotosyntheseleistung erst bei hoher Lichtintensität · Fotosyntheseleistung überwiegt gegenüber der Atmung erst bei intensiver Belichtung · Lichtpflanzen oft mit dicken, kleinen Sonnenblättern und vielfach doppeltem Palisadengewebe (↗ Abb.)	· Pflanzen mit niedrigem Lichtanspruch · optimale Fotosyntheseleistung schon bei geringer Lichtintensität · Fotosyntheseleistung überwiegt gegenüber der Atmung schon im Schatten · Schattenpflanzen oft mit dünnen, großflächigen Schattenblättern und meist einschichtigem Palisadengewebe (↗ Abb.)
Beispiele: Hänge-Birke, Stiel-Eiche, Rot-Klee, Kamille, Zitter-Pappel 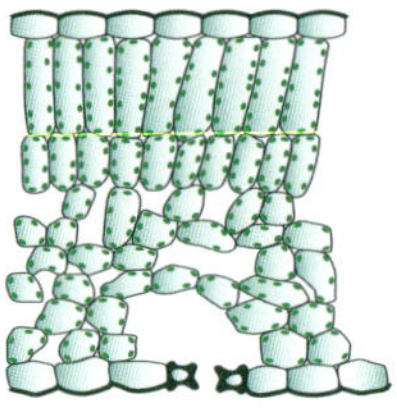 Blattquerschnitt	**Beispiele:** Wald-Sauerklee, Leberblümchen, viele Moose und Farne, Springkraut 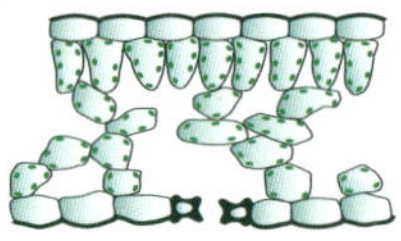 Blattquerschnitt

Einfluss der täglichen Belichtungsdauer auf die Blütenbildung	
Kurztagpflanzen	**Langtagpflanzen**
Blütenbildung bei weniger als 12 Stunden täglicher Belichtungsdauer **Beispiele:** Pflanzen tropischer Klimazonen, z. B. Ananas, Reis, Baumwolle, Hirse, Paprika, Dahlie, Chrysantheme, Mais	Blütenbildung bei mehr als 12 Stunden täglicher Belichtungsdauer **Beispiele:** Pflanzen gemäßigter Klimazonen, z. B. Weizen, Spinat, Roggen, Möhre, Rot-Klee, Küchenzwiebel, Salat, Zuckerrübe

Wasser als abiotischer Umweltfaktor für Pflanzen

Zwischen dem Vorkommen bestimmter Pflanzen und dem Wasserangebot eines Standorts besteht ein enger Zusammenhang. An das Leben im Wasser sind **Wasserpflanzen** angepasst. **Feuchtpflanzen** besiedeln Standorte mit hoher Bodenfeuchtigkeit, während **Trockenpflanzen** auf trockenen Standorten existieren können (↗ S. 187, 188).

Wasserpflanzen (Hydrophyten)	**Feuchtpflanzen (Hygrophyten)**	**Trockenpflanzen (Xerophyten)**
· Blätter dünn und meist stark gegliedert · Spaltöffnungen meist fehlend · Kutikula schwach ausgebildet · große Interzellularräume zur Speicherung von Luft · Aufnahme von gelöstem Kohlenstoffdioxid, Sauerstoff und Mineralstoffen durch die gesamte Oberfläche; · Wurzeln fehlend oder zurückgebildet	· Blätter dünn und großflächig · Spaltöffnungen über die Epidermis erhoben · Kutikula dünn, oft auch lebende Haare · Wasserabgabe oft durch Guttation (Tröpfchen) · Gasaustausch über die Spaltöffnungen · Mineralstoff- und Wasseraufnahme vorrangig durch oft flache Wurzelsysteme	· Blätter klein, eingerollt oder fehlend · Spaltöffnungen in die Epidermis eingesenkt · Kutikula stark, oft dichte abgestorbene Haare · Transpiration stark eingeschränkt · Ausbildung von Gewebe zur Wasserspeicherung, oft kugel- oder säulenförmiger Wuchs · Wurzelsysteme meist tief reichend
Beispiele: Tausendblatt, Wasserpest, Hornblatt, Seerose	**Beispiele:** einige Farne, Aronstab, Begonie, Sumpf-Dotterblume	**Beispiele:** Kakteen, Lorbeerbaum, Myrte, Heidekraut, Oleander
 Tausendblatt	 Gefleckter Aronstab	 Heidekraut

Bodenreaktion (pH-Wert) als abiotischer Umweltfaktor für Pflanzen

Der **pH-Wert** ist der negative Logarithmus der Wasserstoffionenkonzentration.

Die **Bodenreaktion (Bodenazidität)** gibt die im Bodenwasser vorhandene Wasserstoffionenkonzentration an. Der **pH-Wert** kennzeichnet die basische, neutrale oder saure Reaktion des Bodenwassers. Das Vorkommen von Pflanzen in einem Lebensraum ist oft an einen bestimmten pH-Bereich des Bodens gebunden.

Bodenazidität ist der Säuregrad des Bodens.

Änderungen im pH-Wert des Bodens haben großen Einfluss auf die im Biotop lebenden Pflanzenarten und auch Bodenorganismen. Manche Arten können solche Änderungen tolerieren, andere sind dann in ihrer Existenz gefährdet (↗ S. 359, Toleranzbereich).

Zeigerarten sind bodenanzeigende Pflanzen (Indikatorpflanzen, ↗ S. 360). Sie brauchen zu ihrem Gedeihen ganz bestimmte Bodeneigenschaften. Man kann an ihrem Vorkommen, auch ohne chemische Analyse des Bodens, auf die Bodenverhältnisse schließen.

Optimale Bodenreaktion für Pflanzen (Beispiele)

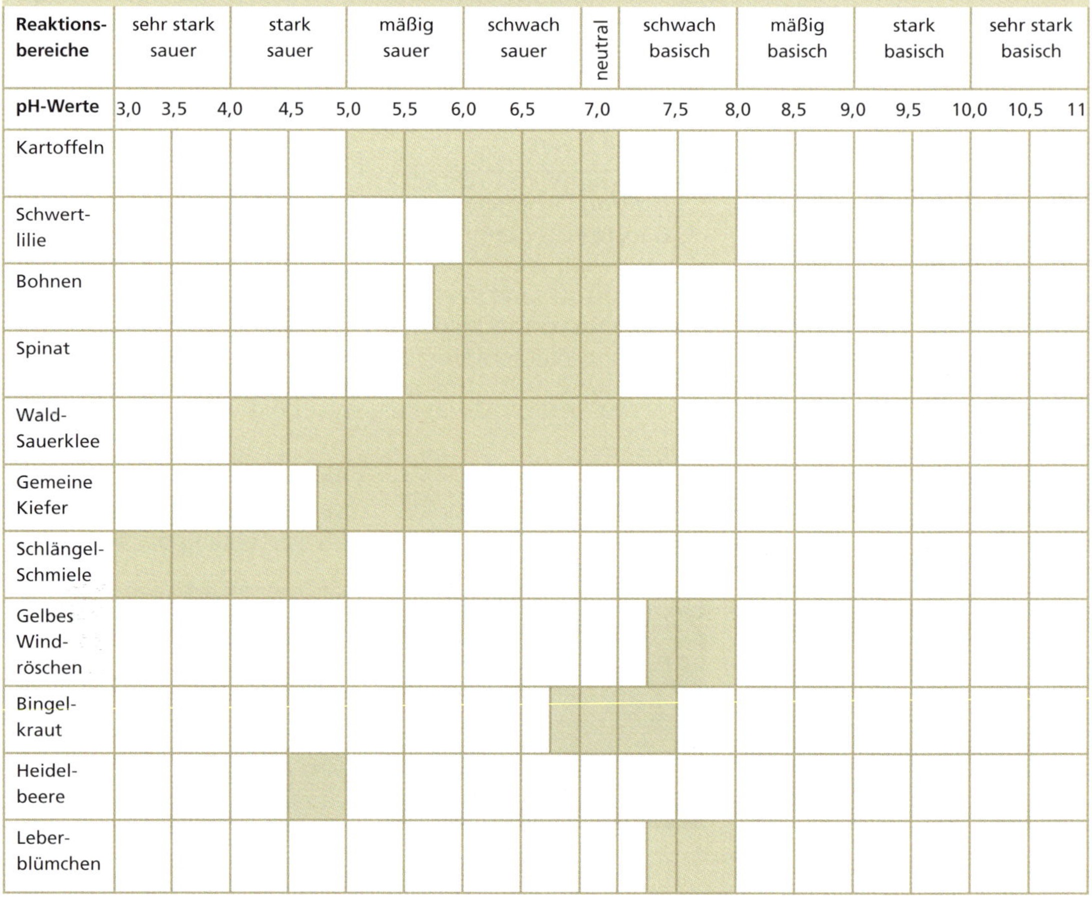

9.2.2 Einflüsse abiotischer Umweltfaktoren auf Tiere (Auswahl)

Temperatur als abiotischer Umweltfaktor für Tiere

Aktivität und Verhalten von Tieren werden durch den abiotischen Umweltfaktor **Temperatur** beeinflusst. Durch **Winterruhe** und **Winterschlaf** sind einige gleichwarme Tiere sowie durch **Winterstarre** einige wechselwarme Tiere an das Überleben in der kalten Jahreszeit angepasst.

Wechselwarme Tiere	Gleichwarme Tiere
Die Körpertemperatur kann nicht reguliert werden und entspricht etwa den Temperaturverhältnissen der jeweiligen Umgebung. Wechselwarme Tiere sind von den Temperaturverhältnissen ihres Lebensraumes abhängig. **Wirbellose Tiere, Fische, Lurche** und **Kriechtiere** sind als wechselwarme Tiere in ihrer Aktivität abhängig von der jeweiligen Umgebungstemperatur. Sie überdauern in frostfreien Verstecken die kalte Jahreszeit in **Winterstarre (Kältestarre).**	Die Körpertemperatur wird reguliert und relativ konstant gehalten. Die Körperbedeckung (z. B. Fell, Federn) schützt weitgehend vor Wärmeabgabe. **Säugetiere** und **Vögel** besiedeln als gleichwarme Tiere alle Klimaregionen (z. B. Arktis), da sie relativ unabhängig von der Umgebungstemperatur sind. Gleichwarme Tiere sind auch im Winter aktiv oder verfallen in einen **Winterschlaf** bzw. halten eine **Winterruhe.**

Winterstarre (Kältestarre): bewegungsunfähiger Zustand bei stark herabgesetztem Stoff- und Energiewechsel. Die Körpertemperatur wird stark herabgesetzt.
Beispiele: Zauneidechse, Erdkröte, Wasserfrosch, Regenwurm, Maikäfer, Karpfen

Die Erdkröten beginnen im Frühjahr bei Temperaturen ab 5 °C ihre Wanderungen zum Laichgewässer.

Winterschlaf: schlafähnlicher Zustand, Lebensprozesse sind auf ein Minimum verringert, die Körpertemperatur wird herabgesetzt.
Beispiele: Igel, Fledermaus, Murmeltier, Feldhamster, Siebenschläfer, Haselmaus

Der Feldhamster legt unterirdisch ein kompliziertes Gangsystem mit Nistkessel und Vorratskammer an.

Winterruhe: längerer Ruheschlaf mit kurzen Unterbrechungen. Die Körpertemperatur wird kaum herabgesetzt, die Aktivitäten sind aber eingeschränkt.
Beispiele: Dachs, Braunbär, Eichhörnchen, Waschbär

Eichhörnchen legen im Herbst Nahrungsvorräte u. a. in hohlen Bäumen an. Sie vergessen diese Orte manchmal.

9

9

Wasser als abiotischer Umweltfaktor für Tiere

Tiere sind vom **abiotischen Umweltfaktor Wasser** abhängig. Sie benötigen Wasser zur Aufrechterhaltung ihrer Lebensvorgänge, oft auch als Fortpflanzungsort (z.B. Feuchtlufttiere) und Lebensraum (z.B. Wassertiere). Tiere geben Wasser durch Verdunstung und Ausscheidung ab. Diesen Verlust gleichen sie auf unterschiedliche Weise aus.

Trockenlufttiere (z.B. *Vögel, Kriechtiere,* ↗S. 109, *Säugetiere*) sind relativ unabhängig vom Wassergehalt der Umgebung.
Anpassungserscheinungen sind Federn, Fell und eine oft stark verhornte Haut als Schutz vor starker Verdunstung und Austrocknung des Körpers.
Trockenlufttiere besiedeln auch Wüsten- und Steppengebiete.

Waldränder, Bahndämme, Sandgruben und Gartenanlagen sind die Lebensräume der **Zauneidechse.** Nach einem morgendlichen Sonnenbad können die Eidechsen, aufgewärmt durch die Umgebungstemperatur, schnell laufen und Insekten jagen. Bei kühlem, regnerischem Wetter liegen die Tiere träge in einem Versteck und bleiben kalt und steif.

Das Weibchen der **Zauneidechse** legt meist im Juni 5–10 weichschalige und weiße Eier in eine selbst gegrabene Grube. Zur Paarungszeit zeigen die Weibchen eine typische Grünfärbung (↗Abb.).

Feuchtlufttiere (z.B. *Lurche,* ↗S. 106, *einige wirbellose Tiere*) sind stark vom Wassergehalt der Umgebung abhängig.
Angepasst an ihre Umgebung sind sie durch eine feuchte, schleimige, drüsenreiche und kaum verhornte Haut. Diese bietet aber nur wenig Schutz vor Austrocknung.
Feuchtlufttiere leben in Feuchtgebieten oder in Gewässernähe.

Feuersalamander leben in Laubwäldern in der Nähe von klaren Bächen. Sie halten sich in feuchtem Moos, zwischen Steinen an Gewässern und in der Laubstreu auf.
Als nachtaktive Tiere erbeuten sie vor allem Regenwürmer und Nacktschnecken. Nach Regenfällen sind sie auch tagsüber zu beobachten. Feuersalamander paaren sich an Land. Die Eier werden im Körper des Weibchens befruchtet. Feuersalamander überwintern im Boden.

Das Weibchen des **Feuersalamanders** setzt bis zu 70 Larven in klaren, schadstoffarmen Fließgewässern ab. Ein Alpensalamanderweibchen bringt dagegen ein bis zwei Jungtiere an Land zur Welt.

9.2.3 Ökologische Potenz und Toleranzbereich

Umweltfaktoren wirken nicht immer mit gleicher Intensität auf die Organismen ein, d. h., ihr Einfluss schwankt. So gibt es z. B. in vielen Regionen der Erde tageszeitliche und jahreszeitliche Temperaturschwankungen. Die Organismen können sich diesen Veränderungen von Umweltfaktoren innerhalb bestimmter Grenzen anpassen.

Die **Toleranzbereiche** der Lebewesen sind weitgehend erblich festgelegt.

Einige Tiere sind *tagaktiv* (z. B. Amsel, Kohlmeise), andere *dämmerungsaktiv* (z. B. Fledermäuse) oder *nachtaktiv* (z. B. Eulen, ↗ S. 338). Manche Tiere verbringen die kalte Jahreszeit im **Winterschlaf,** in **Winterruhe** oder in **Winterstarre** (↗ S. 357).
Viele Pflanzen keimen nur bei bestimmten Temperaturen und blühen nur bei einer bestimmten Belichtungsdauer **(Kurztag-, Langtagpflanzen,** ↗ S. 355). Bei Temperaturen zwischen 5 °C und 10 °C beginnen die meisten einheimischen Kulturpflanzen zu wachsen.

Darstellung eines Toleranzbereichs in einer Toleranzkurve

Während seiner Individualentwicklung zeigt der *Wald-Ziest* einen bestimmten **Toleranzbereich gegenüber dem Lichtfaktor** (Toleranzkurve, ↗ Abb.).

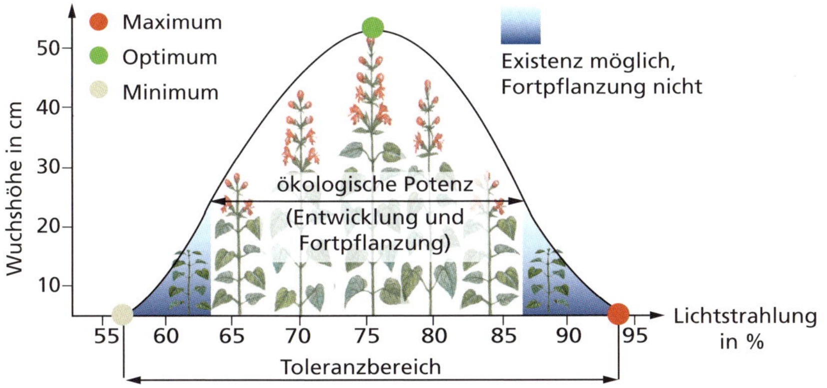

Toleranzkurve: Mit dieser Kurve können die Ansprüche eines Lebewesens an einen bestimmten Umweltfaktor dargestellt werden.
Toleranzbereich: Dieser Bereich zeigt auf, unter welchen Bedingungen eine Art überhaupt existieren kann. Minimum (unterer Grenzwert) und Maximum (oberer Grenzwert) begrenzen den Toleranzbereich.
Minimum und **Maximum**: Minimum und Maximum begrenzen den Bereich für die Lebensfähigkeit einer Art. Nähert sich die Toleranzkurve den Grenzwerten an, ist der Organismus noch lebensfähig, aber nicht mehr fortpflanzungsfähig.
Optimum (Vorzugsbereich): Dieser Bereich kennzeichnet den günstigsten Lebensbereich.
Ökologische Potenz: In diesem Bereich kann sich ein Lebewesen entwickeln und fortpflanzen. Bestimmte Schwankungen eines Umweltfaktors werden auch bei gleichzeitiger Wirkung von Konkurrenz ertragen.

Überleben und Häufigkeit einer Art sind von dem Umweltfaktor abhängig, der vom Optimum am weitesten entfernt ist. Dieses sogenannte **Wirkungsgesetz** hatte JUSTUS VON LIEBIG 1862 herausgefunden, als er den Nährstoffbedarf von Kulturpflanzen untersuchte.

Zeigerpflanzen (Indikatorpflanzen)

Ein Gärtner kann am Vorkommen von **Zeigerpflanzen** auf bestimmte Bodenverhältnisse schließen, eine Bodenanalyse durchführen lassen und daraufhin z. B. organischen sowie mineralischen Dünger ausbringen.

Zeigerpflanzen sind Standortanzeiger. Sie besitzen gegenüber *einem* bestimmten Umweltfaktor einen engen Toleranzbereich (z. B. bezogen auf Bodeneigenschaften wie Kalk-, Stickstoff-, Säure-, Feuchtigkeits-, Nährsalzgehalt).

Zeigerpflanzen (↗S. 356) sind Pflanzen, die durch ihr gehäuftes Auftreten einen bestimmten Bodentyp anzeigen. Sie treten vorzugsweise auf diesem bestimmten Boden auf und bilden typische Pflanzengesellschaften. Es gibt z. B. Kalkpflanzen, Nitratpflanzen, Salzpflanzen, Kalkflieher.

Zeigerarten oder **Indikatororganismen** werden als **Bioindikatoren** genutzt, z. B. Flechten zur Untersuchung der Luftbelastung durch Schadstoffe, Wasserorganismen zur Wassergütebestimmung von Gewässern.

Umweltfaktor	Pflanzliche Zeigerarten (Beispiele)
Bodenreaktion stark bis schwach sauer (pH-Wert 3 bis 6,5)	*Säureanzeiger:* Preiselbeere, Hain-Wachtelweizen, Heidelbeere, Heidekraut, Schlängel-Schmiele, Kiefer, Faulbaum
Bodenreaktion schwach bis stark basisch (pH-Wert 7,5 bis 9)	*Kalkanzeiger:* Huflattich, Bingelkraut, Leberblümchen, Hohler Lerchensporn, Lungenkraut, Schlüsselblume, Gelbes Windröschen
Feuchtigkeit groß (feuchte Standorte)	*Feuchteanzeiger:* Sumpf-Dotterblume, Wiesen-Schaumkraut, Gelbe Schwertlilie, Torfmoos
Feuchtigkeit gering (trockene Standorte)	*Trockenheitsanzeiger:* Heidekraut, Besenginster, Federgras, Silbergras, Zypressen
Stickstoffgehalt hoch	*Stickstoffanzeiger:* Große Brennnessel, Bärenklau

Stickstoffanzeiger (Große Brennnessel)

Säureanzeiger (Heidelbeere)

Feuchteanzeiger (Sumpf-Dotterblume)

Kalkanzeiger (Leberblümchen)

9.3 Beziehungen zwischen Organismen und biotischen Umweltfaktoren

In einem bestimmten Lebensraum (z.B. Tümpel) existiert eine bestimmte Lebensgemeinschaft aufgrund der vorherrschenden abiotischen Faktoren wie auch der vielfältigen Beziehungen der Lebewesen untereinander.

Synökologie untersucht die Einflüsse von der Umwelt auf die Lebensgemeinschaften (↗ S. 13).

Innerartliche Beziehungen sind Beziehungen zwischen **artgleichen** Lebewesen (z.B. zwischen zwei oder mehreren Kohlmeisen) hinsichtlich Nahrung, Raum, Partner, Brutplatz. Sie werden auch innerartliche Konkurrenz genannt.
Zwischenartliche Beziehungen sind Beziehungen zwischen **artfremden** Lebewesen (z.B. zwischen Kohlmeise und Buntspecht) hinsichtlich Nahrung und Raum. Zu solchen Beziehungen gehören auch die Symbiosen (↗ S. 363) und der Parasitismus (↗ S. 233, 364). Zwischenartliche Beziehungen werden auch zwischenartliche Konkurrenz genannt.
Unter einer **Art** versteht man alle Lebewesen, die in wesentlichen Merkmalen übereinstimmen, sich untereinander fortpflanzen und deren Nachkommen fruchtbar sind (↗ S. 287).

Kommensalismus ist eine Form des Zusammenlebens zwischen zwei artverschiedenen Organismen. Dabei zieht eine Art von der Nahrung der anderen Art Nutzen, ohne den Partner zu schädigen, z.B. Löwe – Geier.

9

9.3.1 Nahrungsbeziehungen

Nahrungsbeziehungen (trophische Beziehungen) sind die wichtigsten Beziehungen in einem Ökosystem (↗ S. 366).

Produzenten (**Erzeuger** organischer energiereicher Stoffe) sind die Pflanzen mit Chloroplasten aufgrund ihrer fotosynthetischen Stoffwechselleistung. Damit sind die Produzenten Ausgangspunkt von Nahrungsketten und Nahrungsnetzen (↗ S. 370) sowie Voraussetzung für die Ernährung heterotropher Lebewesen (↗ S. 195).	
Konsumenten (Verbraucher organischer energiereicher Stoffe) ernähren sich von den pflanzlichen organischen energiereichen Stoffen als Pflanzenfresser (Erstkonsumenten) oder nehmen als Fleischfresser (Zweit-, Dritt-, Endkonsumenten) tierische organische energiereiche Nahrung auf.	
Destruenten (**Zersetzer** organischer energiereicher Stoffe) bauen als *Abfallfresser* (z.B. Regenwurm, Aaskäfer) und *Mineralisierer* (z.B. Bakterien, Pilze) tote energiereiche organische pflanzliche und tierische Substanz in anorganische energiearme Stoffe wie Kohlenstoffdioxid, Wasser und Mineralstoffe unter Energiefreisetzung ab.	

9.3.2 Konkurrenz zwischen den Lebewesen

Konkurrenz ist der Wettbewerb zwischen den Lebewesen um einen Umweltfaktor, der nicht unbegrenzt im Lebensraum vorhanden ist. Dazu gehören z. B. Nahrung, Raum, Licht und Sexualpartner.

Konkurrenzausschlussprinzip: Wenn zwei Arten die gleichen Umweltansprüche haben, dann können sie auf längere Zeit nicht nebeneinander existieren. Oftmals führt die Konkurrenz zur Abwanderung bzw. Vertreibung von Individuen der konkurrenzschwächeren Art.

Konkurrenten können auch durch Einpassungen in neue **ökologische Nischen** (↗ S. 338, 372) ausweichen, sodass sie im gleichen Biotop bleiben können.

Konkurrenz um Licht
Eine Ursache für die unterschiedliche Entwicklung von Pflanzen der gleichen Art ist in der Konkurrenz um Licht zu suchen. So entwickeln im Frühjahr die Buschwindröschen auf Lichtungen etwas größere Blüten und Laubblätter als unter Bäumen.

Konkurrenz um Raum
Zum Anlegen von Bruthöhlen durch Spechte ist ein alter Baumbestand erforderlich. Sind nur wenige alte Brutbäume vorhanden, dann ist die Konkurrenz der Spechte um diese Brutorte besonders groß.

Konkurrenz um Fortpflanzungspartner
Turnier- oder auch Kommentkämpfe zwischen zwei ranghohen Mendesantilopen laufen als Auseinandersetzung um die Fortpflanzungspartner oder die Rangordnungsposition nach angeborenen Verhaltensmustern ab (↗ S. 341).

Konkurrenz um Nahrung
Bei Massenauftreten von Tieren der gleichen Art (z. B. Insektenlarven nach dem Schlupf) ist das Nahrungsangebot (z. B. Futterpflanze) ein begrenzender Faktor. Entweder ein Teil der Jungtiere wandert aus (benachbarte Pflanze) oder bleibt im Wachstum zurück und verhungert schließlich.

9.3.3 Zusammenleben in Symbiosen

> **Symbiose** ist ein enges Zusammenleben von zwei artverschiedenen Organismen mit einem gegenseitigen Vorteil, mit beiderseitigem Nutzen.

Die beiden Organismen können beide Pflanzen, beide Tiere, Pflanze und Tier, Pflanze und Pilz oder Pflanze/Tier und Bakterien sein. Vielfach bestehen auch bei Symbiosen ernährungsbedingte Beziehungen.

Pilzmyzel und Wurzeln von Samenpflanzen (Mykorrhiza)	
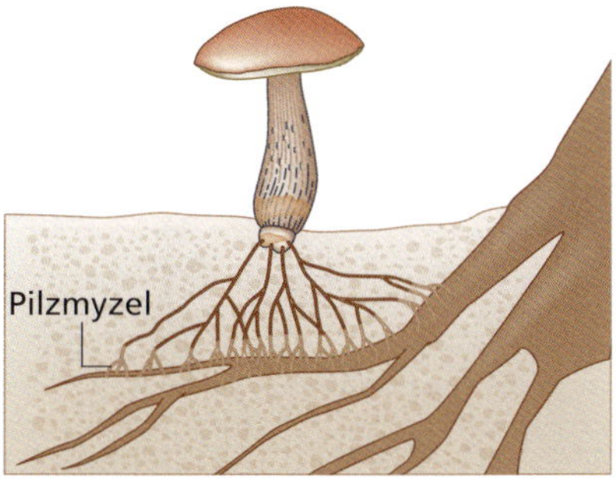	Wurzeln, beispielsweise von Kiefer, Buche, Lärche, Eiche, erhalten Mineralsalze und Wasser vom Pilzmyzel. Das Pilzmyzel erhält von den Wirtspflanzen organische Stoffe, z. B. Kohlenhydrate. *Beispiele:* Birkenpilz/Birke, Ziegenlippe/Wald-Kiefer
Algen und Pilzmyzel in Flechten	
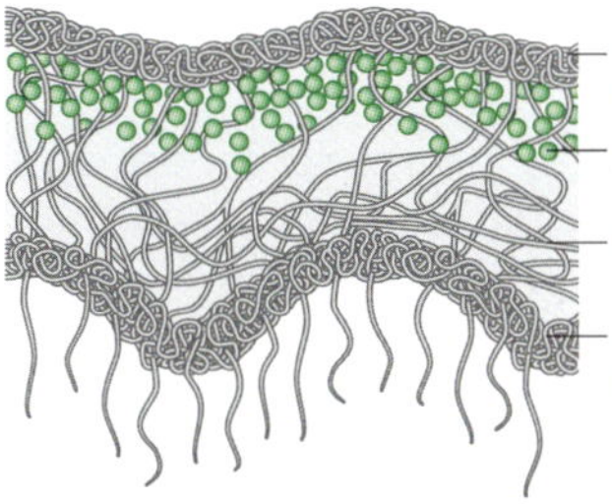	Pilzmyzel erhält von Algenzellen organische Stoffe, gibt der Flechte Form und Gestalt, bildet das Gerüst der Flechte. Grünalgen oder Cyanobakterien erhalten von Pilzmyzel Kohlenstoffdioxid, Wasser und Mineralstoffe.
Knöllchenbakterien und Schmetterlingsblütengewächse	
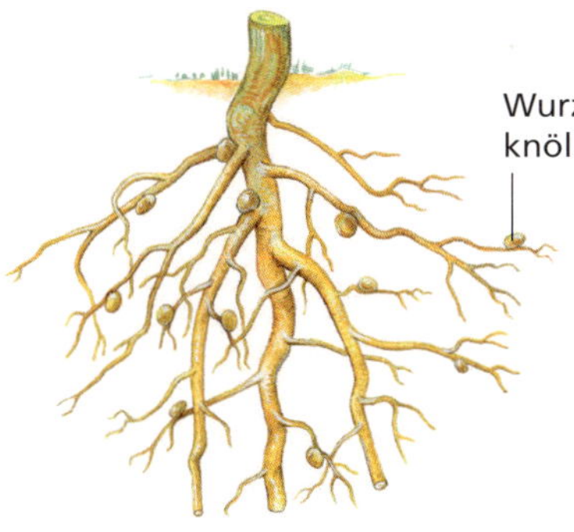	Knöllchenbakterien bilden an den Wurzeln von Schmetterlingsblütengewächsen (z. B. Erbse) Knöllchen, in denen sie leben. Sie binden den Stickstoff der Luft, der von Pflanzenwurzeln aufgenommen wird. Die Bakterien erhalten Wasser und organische Stoffe.

Auch im Tierreich gibt es **Symbiosen.** Der Einsiedlerkrebs verbirgt seinen weichen Hinterleib in einem Schneckengehäuse. Dieses führt er immer mit sich und wechselt es, wenn er wächst. Auf dem Gehäuse siedeln sich Seerosen (Korallen, ↗ S. 86) an. Durch ihre Nesselkapseln in den Fangarmen ist der Krebs geschützt. Der Krebs wiederum trägt sie bei seinen Wanderungen in neue Nahrungsräume.

9.3.4 Parasitismus

Regelmäßige Körperpflege und generelle Hygiene (u. a. auch Abwaschen von Obst und Gemüse vor dem Essen) dämmt den Parasitenbefall des Menschen ein.

Parasitismus ist das Zusammenleben von Organismen verschiedener Arten mit einseitigem Nutzen für eine Art, den Parasiten. In der Regel werden dem **Wirt** (↗S. 233) vom Parasiten Nährstoffe entzogen. Dabei wird der Wirtsorganismus geschädigt, aber meist nicht getötet.

Schlupfwespen und Insektenlarven

Die Schlupfwespe (Parasit) legt ihre Eier in eine Kohlweißlingsraupe (Wirt). Dort erfolgt die weitere Entwicklung der Schlupfwespenlarven bis zur Verpuppung. Dies hat das Absterben der Kohlweißlingsraupe zur Folge (biologische Schädlingsbekämpfung).

Der **Schweinefinnenbandwurm** erreicht eine Länge von 2 bis 4 m und lebt im Dünndarm von Fleischfressern und selten auch des Menschen (Hauptwirt). Seine Larven entwickeln sich im Hausschwein (Zwischenwirt, ↗S. 233).

Raupe des Kohlweißlings mit Schlupfwespenpuppen

Kohlweißlings-Schlupfwespe

9.3.5 Zusammenleben in Tierstaaten

Hummeln und **Wespen** überwintern als befruchtete Weibchen. Diese gründen mit der Eiablage im Frühjahr einen neuen einjährigen Staat.

Ein **Tierstaat** ist eine komplizierte Form des Zusammenlebens von Tieren einer Art mit Arbeitsteilung aufgrund des unterschiedlichen Körperbaus und verschiedener Funktionen der Mitglieder.

Das Zusammenleben im Tierstaat gibt dem Einzellebewesen Schutz, bietet Nahrung und eine gewisse Unabhängigkeit von den Klimaverhältnissen (z. B. Temperatur).

Bienenformen

Königin (bis 20 mm)

Drohn (bis 18 mm)

Arbeitsbiene (bis 15 mm)

Bienenstaat

Die **Honigbienen** (↗Abb.) bilden aus Tausenden von Individuen (Königin, Drohnen, Arbeitsbienen) ein Bienenvolk mit ausgeprägter Arbeitsteilung (z. B. Arbeitsbiene: u. a. Bauen, Putzen, Sammeln von Blütenstaub). Nahrungsvorräte (Honig, Pollen) sichern auch in den Wintermonaten die Erzeugung von Wärme (26–30 °C) im Bienenstock.

Ameisenstaat
Ameisenstaaten (↗ Abb.) haben oft mehrere Königinnen, eine große Anzahl von Arbeiterinnen und viele Männchen. Nahrungsvorräte werden nicht angelegt. Die Wintermonate überdauern Ameisen in Winterstarre (Kältestarre).

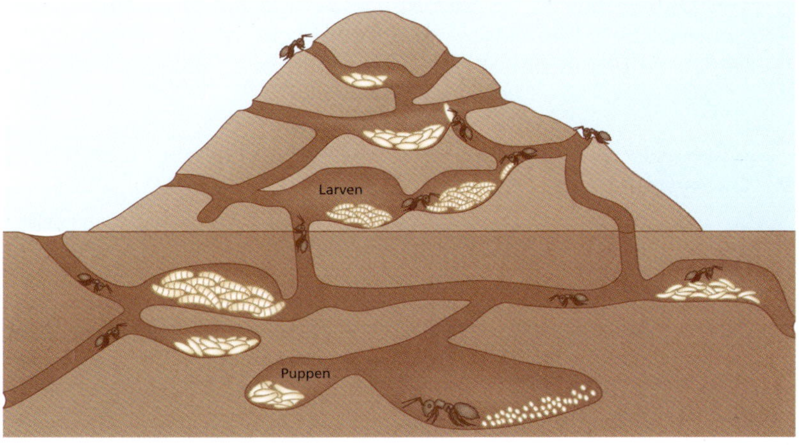

Termiten leben in zahlenmäßig großen und mehrjährigen Tierstaaten in den Tropen und Subtropen. Ein Volk kann aus mehreren Millionen Tieren bestehen. Auch hier herrscht Arbeitsteilung.

9

9.3.6 Zusammenleben in Biozönosen

Biozönose ist eine Gemeinschaft von Lebewesen vieler verschiedener Organismenarten, die gemeinsam in einem **Lebensraum (Biotop)** lebend vorkommen und miteinander in Beziehung stehen, z. B. alle Tiere, Pflanzen, Pilze, Algen und Bakterien eines Teichs oder eines Waldes.

In der Botanik wird der Biotop häufig als Standort bezeichnet.

Biotop (Lebensraum) ist die abiotische Umwelt einer Lebensgemeinschaft. Es ist der von einer Lebensgemeinschaft besiedelte Raum, der der Lebensgemeinschaft die entsprechenden abiotischen Lebensbedingungen bietet.

Biozönose Teich
Alle Lebewesen (z. B. Bakterien, Algen, Pilze, Tiere und Pflanzen) eines Teichs bilden eine Biozönose. Dazu gehören u. a. Rohrkolben, Binsen, Hornkraut, Wasserpest, Karausche, Stichling, Wasserfrosch und Teichmolch, Mückenlarve, Wasserfloh, Posthornschnecke, Teichmuschel, auch Wasserläufer sowie Libellen und im Wasser lebende Käfer mit ihren Larven.
Alle diese Lebewesen sind an bestimmte abiotische Umweltbedingungen angepasst (z. B. Licht, Boden, Wasser), beeinflussen sich wechselseitig und sind voneinander abhängig. Eingriffe des Menschen haben Auswirkungen auf alle Lebewesen.

9.4 Das Ökosystem

9.4.1 Charakteristik eines Ökosystems

Baumstubben im Wald werden nach dem Fällen meist nicht gerodet. Sie bieten einer Vielzahl von Tieren und Pflanzen ausgezeichnete Lebensbedingungen (z. B. Nahrung, Unterschlupf, Fortpflanzungsort, Wuchsort).

Das **Ökosystem** ist ein **Beziehungsgefüge** zwischen einer Lebensgemeinschaft (Biozönose) und ihrem Lebensraum (Biotop). Beide bilden aufgrund vielfältiger Wechselbeziehungen eine Einheit.

Ökosystem Wald

Ökosystem Wald

Lebensraum (Biotop)
- gegliedert in Schichten
- geprägt durch abiotische Faktoren

↔

Lebensgemeinschaft (Biozönose)
- bestehend aus Pflanzen, Tieren, Algen, Pilzen, Bakterien

Teil-Lebensräume

- Baum
- Baumhöhle
- Baumstubben
  Waldtümpel u.a.

Teil-Lebensgemeinschaften

- Organismen auf Bäumen
- Organismen in Baumhöhlen
- Organismen in Baumstubben
- Organismen im Waldtümpel u.a.

Wechselbeziehungen

- zwischen den Organismen (z. B. Konkurrenz, Symbiose, Blüte – Insekt)
- zwischen Organismen und abiotischen Umweltfaktoren (z. B. Pflanze – Licht, Pflanze – Azidität des Bodens, Froschlarve – Wassertemperatur)

Merkmale eines Ökosystems

An einem sonnigen Tag produziert eine 115-jährige *Rot-Buche* etwa 9,4 m^3 Sauerstoff und 12 kg Kohlenhydrate. Dabei werden 45 m^3 Luft „regeneriert". Das entspricht einem Tagesbedarf von zwei bis drei Menschen.

- Ökosysteme besitzen eine (meist) deutliche Gliederung in Schichten (terrestrisches Ökosystem) oder Zonen (aquatisches Ökosystem).
- Ökosysteme sind offene Systeme.
- Die Organismen als Elemente eines Ökosystems lassen sich den Ernährungsstufen als Produzenten (Erzeuger), Konsumenten (Verbraucher) und Destruenten (Zersetzer) zuordnen (↗ S. 361).
- Die Organismen sind Bestandteile sehr komplexer Nahrungsnetze.
- Im Ökosystem bestehen ein Stoffkreislauf und ein Energiefluss.
- Im Ökosystem besteht ein ökologisches Gleichgewicht als ausgewogenes Verhältnis zwischen den Arten in einem längeren Zeitraum.
- Ökosysteme sind durch ihre Produktivität und die Fähigkeit zur Selbstregulation gekennzeichnet (↗ S. 376).
- Ökosysteme entwickeln sich, d. h., sie verändern sich in (meist) längeren Zeiträumen (Sukzession, Klimaxgesellschaft, ↗ S. 377).

9.4.2 Räumliche Struktur eines Ökosystems

Jedes Ökosystem ist durch die im Lebensraum eng zusammenlebenden Organismen (z. B. Pflanzen, Tiere, Pilze, Algen und Bakterien eines Waldes, einer Wiese, eines Sees) und durch das Wirken der Umweltfaktoren räumlich strukturiert.

▶ **Ökosysteme** weisen eine räumliche Struktur (Schichtung, Zonierung) auf.

Schichtung in einem Mischwald

Wälder sind (meistens) deutlich in Schichten gegliedert. Diese werden durch vielfältige Pflanzenarten gebildet, die in ihrer Gesamtheit die Artenstruktur des Waldes ergeben.

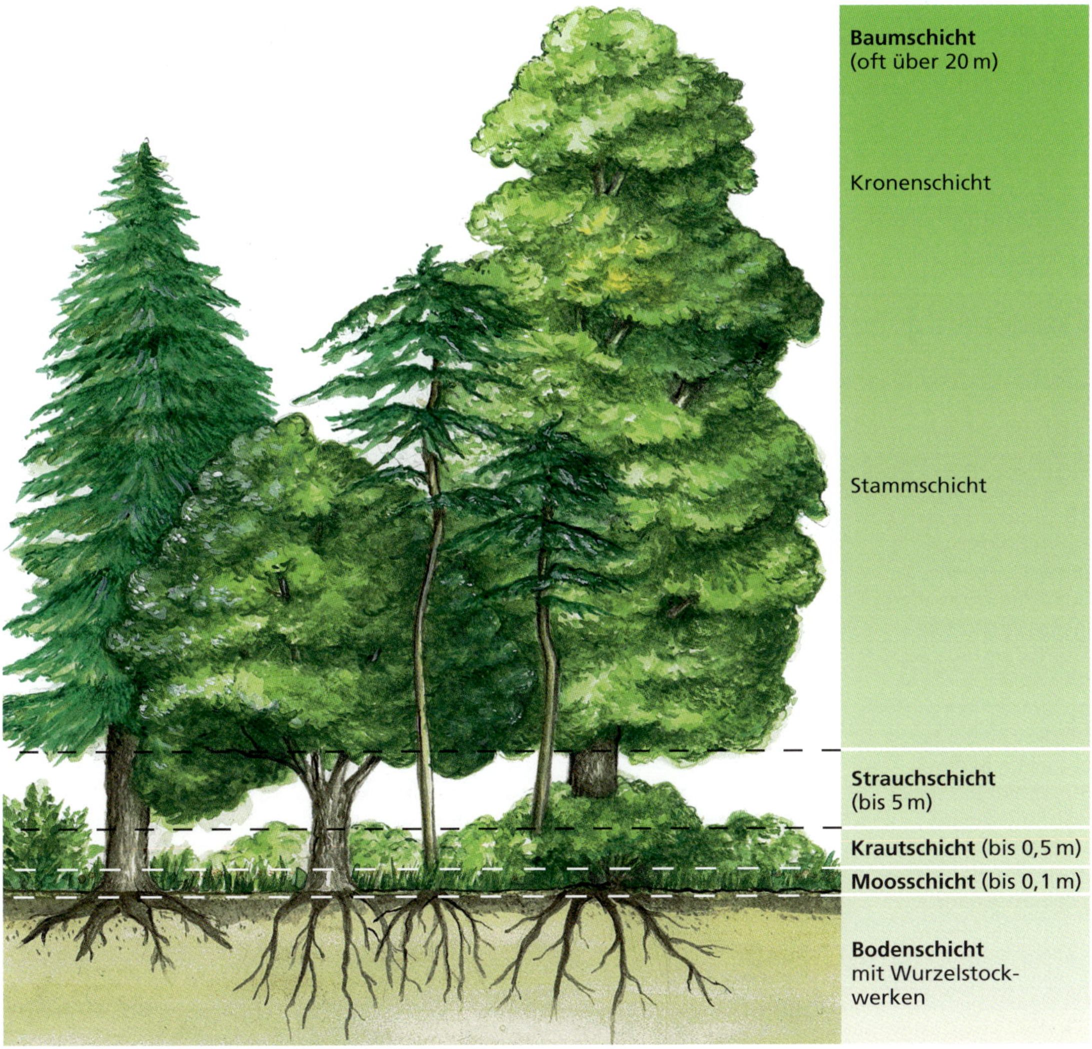

9

Zonierung eines Gewässers

Ein **See** ist in bestimmte Zonen gegliedert (z. B. Röhrichtzone, Schwimmblattzone). In jeder Zone leben bestimmte Organismengesellschaften aufgrund der unterschiedlichen Umweltverhältnisse (z. B. Wassertiefe, Temperatur, Lichtintensität).

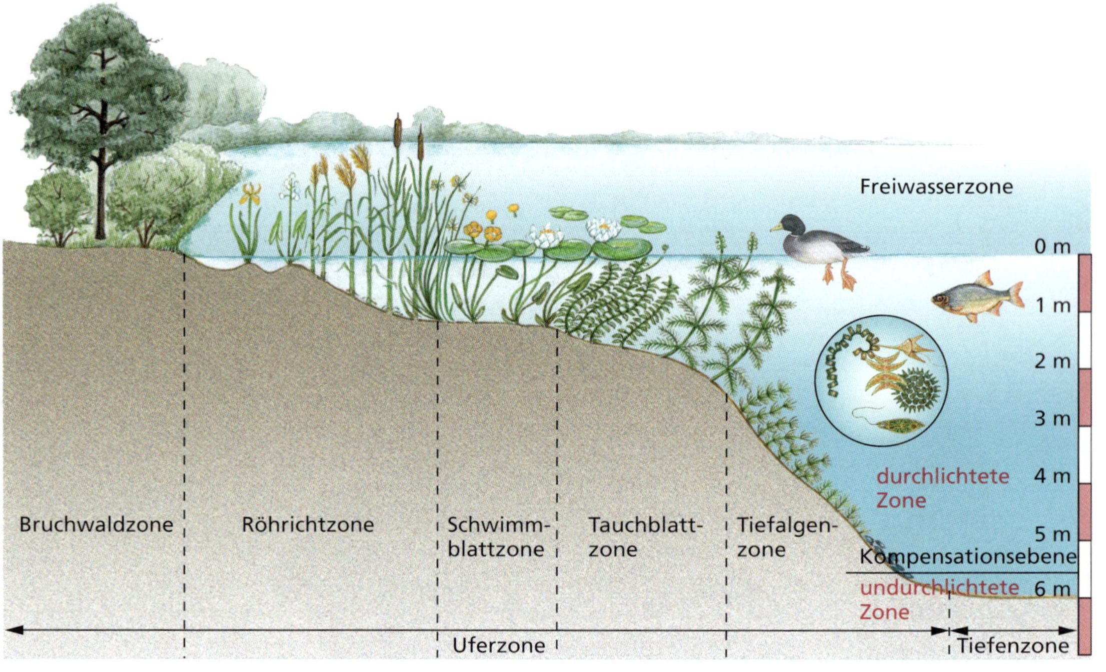

Lebewesen in den einzelnen Zonen (Auswahl)

Gleiche Tierarten können durchaus unterschiedliche Lebensräume besiedeln. Einige Fischarten, z. B. *Plötze, Rotfeder,* laichen in Ufernähe in der Röhrichtzone. Die Jungfische leben vor allem in der Schwimmblattzone, während die geschlechtsreifen Tiere in der Freiwasserzone Schwärme bilden.

Bruchwaldzone
Erlen, Weiden, Seggen, Schwertlilien, Gilbweiderich, Blutweiderich

Röhrichtzone
Graureiher, Reiherente, Laufkäfer, Erdkröte, Posthornschnecke, Drosselrohrsänger, Rohrdommel;
Schilfrohr, Rohrkolben, Binsen, Simsen, Pfeilkraut, Froschlöffel

Schwimmblattzone
Teichmuschel, Libellen, Flusskrebs, Schnecken, Rohrdommel, Jungfische, Teichhuhn, Blesshuhn;
Seerose, Teichrose, Schwimmendes Laichkraut, Wasser-Knöterich

Tauchblattzone
Schnecken, Egel, Borsten- und Strudelwürmer, Wasserkäfer, Teichhuhn, Reiherente, Insektenlarven; Krauses Laichkraut, Tausendblatt, Hornblatt

Tiefalgenzone
Armleuchteralgen, Grünalgen, Kieselalgen

Freiwasserzone
Entenarten, Höckerschwan, Insektenarten, Insektenlarven, tierisches und pflanzliches Plankton, Fische

9.4.3 Nahrungsketten, Nahrungsnetze, Nahrungspyramide

Nahrungsketten

> Die **Nahrungskette** ist eine Abfolge von Organismen, die – bezogen auf ihre Ernährung – direkt voneinander abhängig sind.

Nahrungskette in der Lebensgemeinschaft Wald (Beispiel)

Fichtenzapfen Haselnuss	→	Eichhörnchen	→	Baummarder	→	Uhu

Pflanzen, Pflanzenteile	→	Pflanzenfresser	→	Fleischfresser	→	Fleischfresser
Produzenten (Erzeuger)		**Primärkonsumenten** (Erstverbraucher)		**Sekundärkonsumenten** (Zweitverbraucher)		**Endkonsumenten** (Endverbraucher)

Nahrungsketten in der Lebensgemeinschaft Gewässer (Auswahl)

Schilf	→	Wasserschnecke	→	Gelbrandkäfer				
Wasserpflanzen	→	Karpfen	→	Graureiher				
Einzellige Algen	→	Wasserfloh	→	Rotfeder	→	Hecht	→	Mensch

Pflanzen, Pflanzenteile	→	Pflanzenfresser	→	Fleisch- u. Pflanzenfresser	→	Fleischfresser	→	Fleischfresser
Produzenten (Erzeuger)	→	**Primärkonsumenten** (Erstverbraucher)	→	**Sekundärkonsumenten** (Zweitverbraucher)	→	**Tertiärkonsumenten** (Drittverbraucher)	→	**Endkonsumenten** (Endverbraucher)

9

Nahrungsnetze

Nahrungsnetz in der Lebensgemeinschaft See: Wasserpflanzen und pflanzliches Plankton z. B. bilden die Produzenten. Als Konsumenten treten z. B. Schnecken, Wasserflöhe, Eintagsfliegen (Erstkonsumenten), Plötzen, Rotfedern (Zweitkonsumenten) und Hechte (Endkonsumenten) auf. Destruenten sind z. B. Bakterien und Pilze.

Nahrungsnetze entstehen im Ergebnis vielfältiger Nahrungsbeziehungen, da sich ein Lebewesen normalerweise von mehreren anderen Lebewesen ernährt. Dadurch überlagern sich verschiedene Nahrungsketten zu einem Nahrungsnetz.
Die Lebewesen eines Nahrungsnetzes lassen sich den Ernährungsstufen (Produzenten – Konsumenten – Destruenten) zuordnen (↗ S. 361).

Nahrungsnetze einer Hecke (Auswahl)

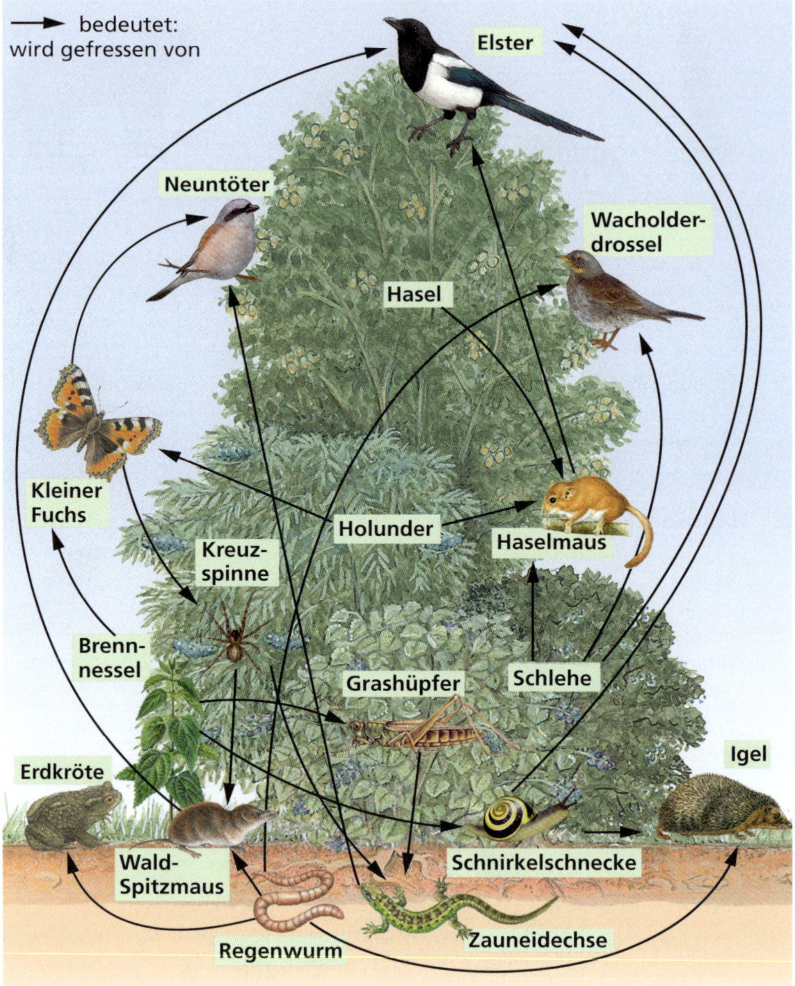

Produzenten: z. B. Holunder, Schlehe, Hasel, Brennnessel
Konsumenten: z. B. Schnirkelschnecke, Zauneidechse, Erdkröte, Haselmaus, Neuntöter, Wacholderdrossel, Elster, Kleiner Fuchs, Wald-Spitzmaus, Igel
Destruenten: z. B. Bakterien, Pilze, Regenwürmer

Nahrungspyramide

> **Nahrungspyramide** ist die quantitative (massenmäßige) Übersicht der Nahrungsmengen der verschiedenen Ernährungsstufen (Produzenten, Konsumenten) einer Nahrungskette bzw. eines Nahrungsnetzes in einer bestimmten Darstellungsform.

Sie verdeutlicht die stetige Abnahme sowohl der Biomasse und damit der in ihr enthaltenen Energie als auch der Individuenanzahl von den Primärproduzenten bis hin zu den Endkonsumenten. Gleichzeitig nimmt die Größe der Individuen zu.

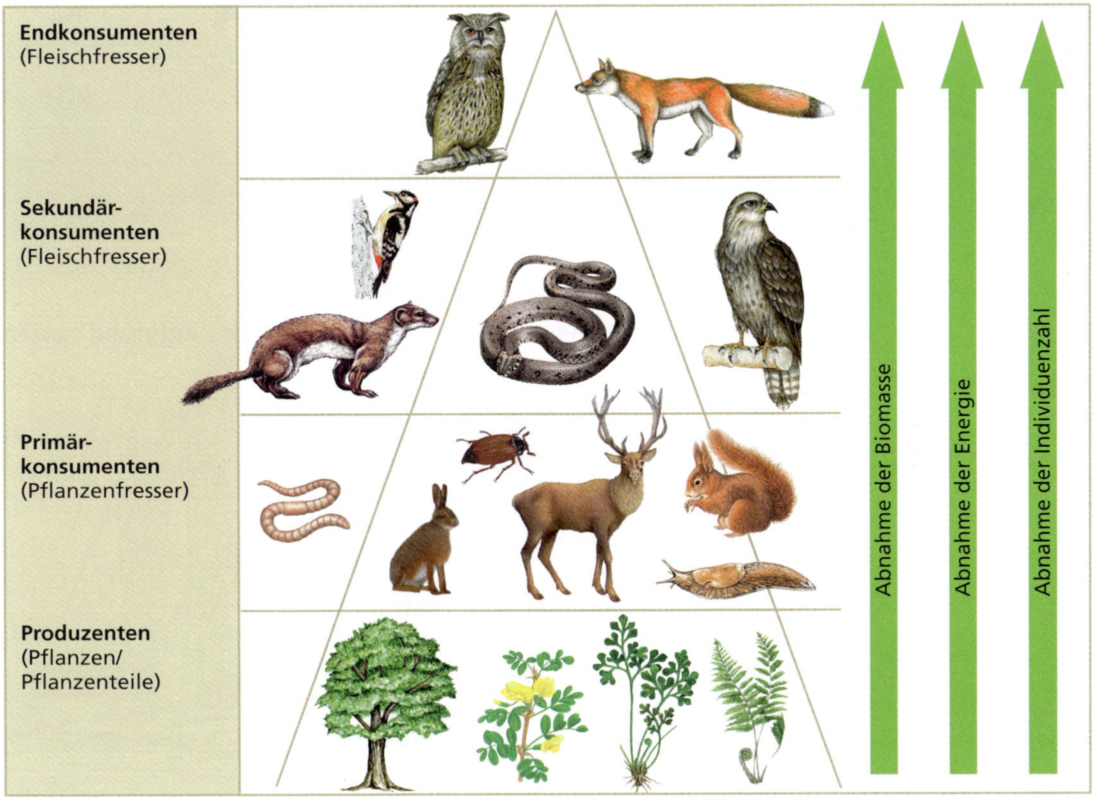

Ökologische Nische

> Die **ökologische Nische** einer Art (↗ S. 362) ist die Gesamtheit aller abiotischen und biotischen Umweltfaktoren im Lebensraum, die diese Organismenart zum Leben braucht, z. B. Nahrung, Bruträume, Wasserangebot, Lichtverhältnisse.

Ökologische Nischen sind Nutzungsbereiche, in die konkurrierende Arten ausweichen können, ohne den gleichen Biotop zu verlassen.

Die ökologische Nische ist weder Raum noch Ort, sondern ein Beziehungsgefüge für die Organismen.

9

Ökologische Nischen einiger Entenarten aufgrund unterschiedlicher Nahrung und der Nutzung verschiedener Nahrungsräume

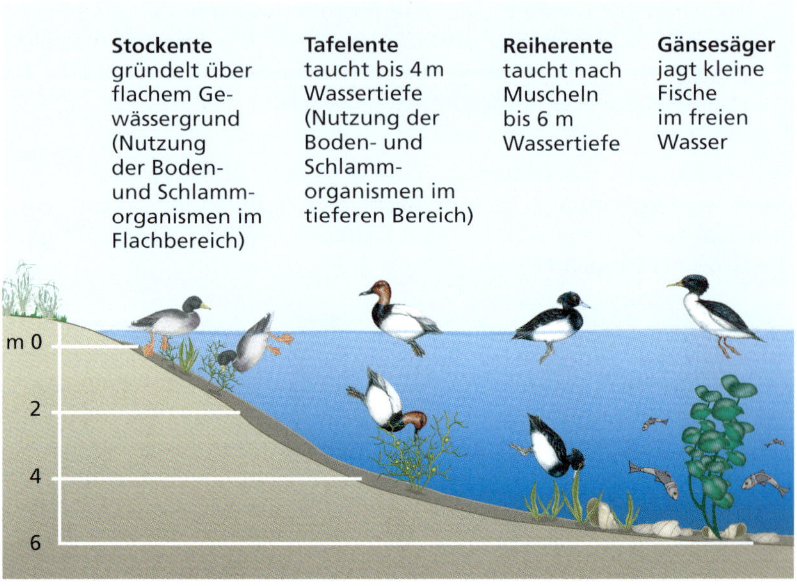

Ökologische Nischen verschiedener Vogelarten aufgrund unterschiedlicher Bruträume in der Uferzone eines Sees

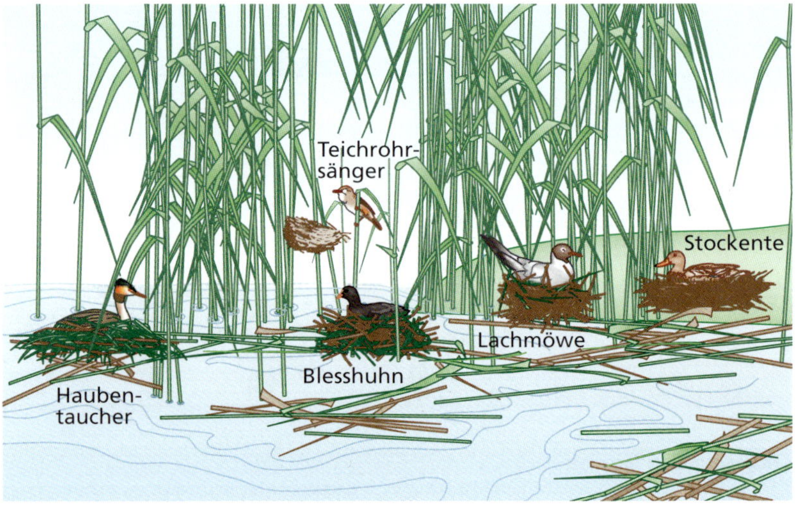

Neben den Kreisläufen von Kohlenstoff und Sauerstoff ist auch der **Stickstoffkreislauf** ein Stoffkreislauf im Ökosystem.

9.4.4 Stoffkreislauf und Energiefluss im Ökosystem

Die vielfältigen Wechselwirkungen der Organismen in einer Lebensgemeinschaft entstehen durch Nahrungsbeziehungen zwischen Produzenten, Konsumenten und Destruenten. Von Ernährungsstufe zu Ernährungsstufe im Nahrungsnetz werden Stoffe (Stoffkreislauf) und Energie (Energiefluss) weitergegeben.

Stoffkreislauf in einem Ökosystem

Der **Stoffkreislauf** im Ökosystem umfasst alle Prozesse der Produzenten, Konsumenten und Destruenten, die den Auf-, Um- und Abbau von Stoffen einschließen, z. B. Fotosynthese (↗ S. 198–201), Atmung (↗ S. 202–203) und Gärung (↗ S. 204–207).

Stoffkreislauf im Waldökosystem

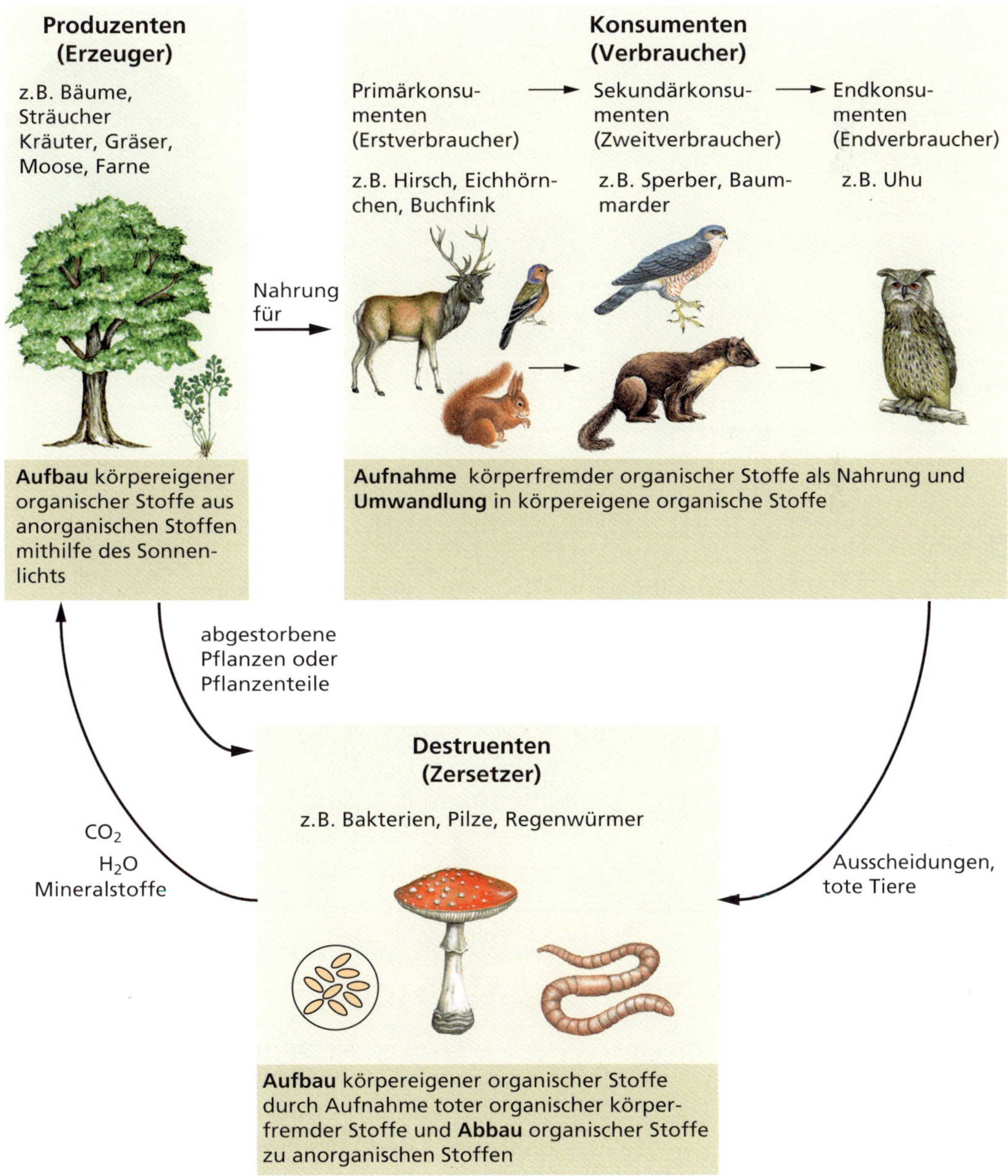

Energiefluss in einem Ökosystem

Durch die **Fotosynthese** der grünen Pflanzen auf der Erde werden jährlich etwa $3 \cdot 10^{18}$ kJ in $2 \cdot 10^{11}$ t organischer Stoffe gebunden.

Der **Energiefluss** im Ökosystem verdeutlicht die Weitergabe der chemischen Energie in der Nahrungskette von Ernährungsstufe zu Ernährungsstufe. Auf jeder Stufe wird Energie zur Aufrechterhaltung der Stoff- und Energiewechselprozesse benötigt. Die gespeicherte chemische Energie nimmt bis zum Endkonsumenten hin ab.

Energiefluss im Waldökosystem (Ausschnitt)

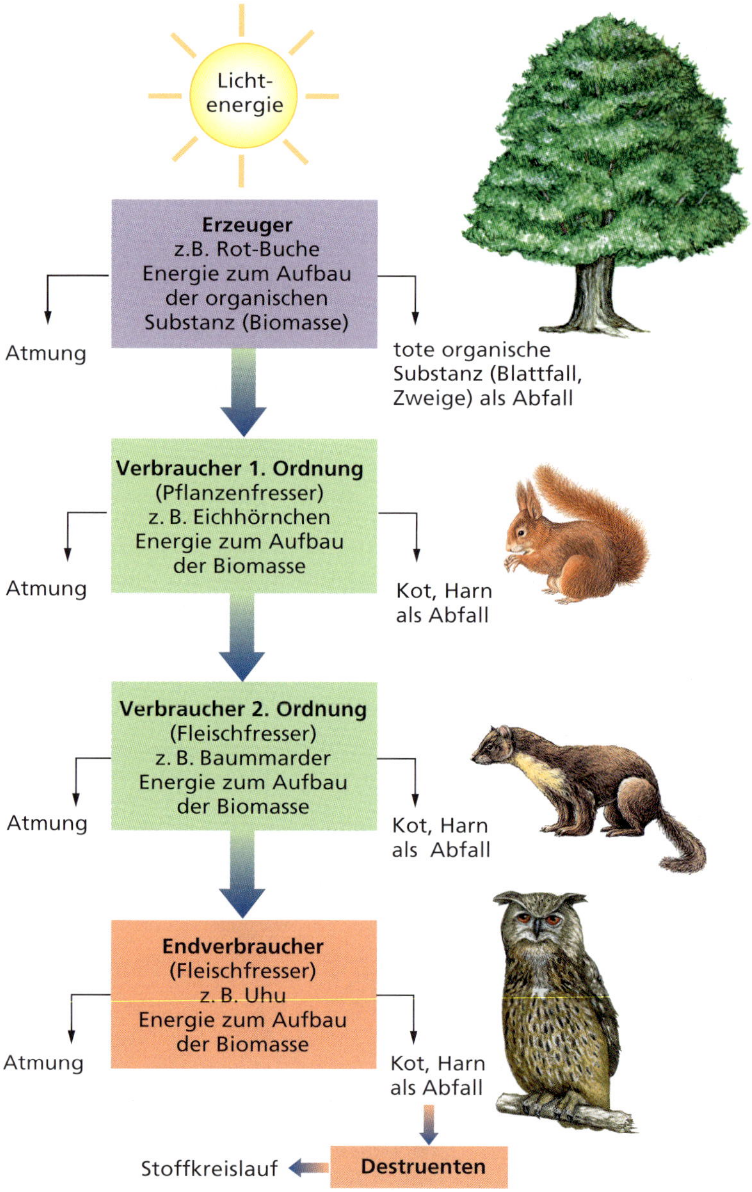

Stoffkreislauf und Energiefluss sind in jedem Ökosystem untrennbar miteinander verbunden.

Biomasse ist die momentane Masse (Gewicht) der lebenden Organismen in jeder Ernährungsstufe.

Faustregel: Energieabnahme von Stufe zu Stufe durch Atmung, Ausscheidungen u. a. Verluste an verfügbarer Energie im Schnitt pro Ernährungsstufe bis 90 %. Nur etwa 10 % der Nahrungsenergie werden jeweils weitergegeben.

9.4.5 Populationen, Populationsschwankungen, ökologisches Gleichgewicht

Populationen, Populationsschwankungen

> Eine **Population** (↗ S. 308) bilden alle Lebewesen einer Art in einem abgegrenzten zusammenhängenden Lebensraum, z. B. alle Stichlinge eines Teichs, alle Buchen eines Mischwaldes. Sie stellen eine Fortpflanzungsgemeinschaft dar.

Jede Population besteht zu einem bestimmten Zeitpunkt aus einer bestimmten Zahl von Individuen mit einer bestimmten Altersstruktur. Die Anzahl der Individuen einer Population **(Populationsdichte)** schwankt im Laufe der Zeit **(Populationsschwankung).**

Regelung der Populationsdichte

Die Populationsschwankungen sind von vielen Faktoren abhängig und Ergebnis von Regelvorgängen.
Dichteunabhängige Faktoren wirken vollkommen unabhängig von der Populationsdichte. Dazu zählen die *Klimafaktoren* Wasser und Temperatur. Hohe Sommertemperaturen und extremer Wassermangel in Feuchtgebieten können zum Austrocknen der flachen Gewässer führen. Dabei sterben viele Tiere und Pflanzen und oft auch ganze Populationen (Fische, Lurche, Muscheln, Wasserpflanzen usw.).
Dichteabhängige Faktoren wirken in Abhängigkeit von der Anzahl der Individuen einer Population. Zu ihnen gehören das Angebot an Nahrung und die Größe des Lebensraums für eine Population. Als Folge von Nahrungsmangel kommt es immer wieder zu Populationsschwankungen, denn es wandern manche Tierarten aus (z. B. Wanderheuschrecken) und bei anderen sinkt die Anzahl der Nachkommen (z. B. Greifvögel).

Populationsschwankungen in einem Räuber-Beute-System
(vereinfachte Darstellung)

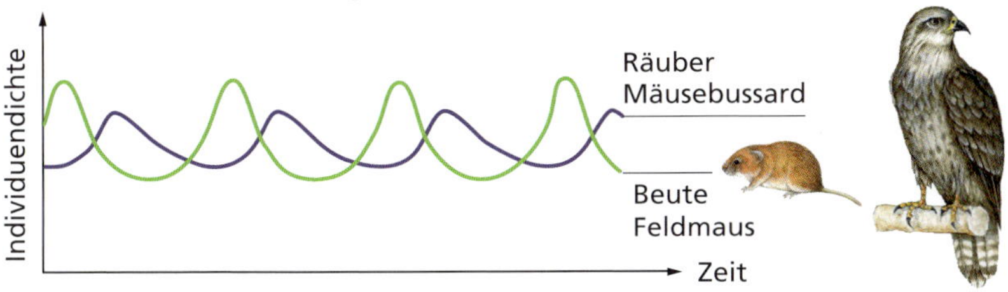

Die Populationsdichten von Mäusebussard (Räuber) und Feldmaus (Beute) sind voneinander abhängig und schwanken zeitlich verschoben um einen Mittelwert.
Das Beutespektrum des Mäusebussards umfasst natürlich außer Feldmäusen noch viele andere Beutetiere (u. a. Maulwürfe, Ratten, Hamster, Frösche). Dennoch wurde beobachtet, dass *Mäusebussarde* in „Mäusejahren" mehr Junge aufziehen.

Ökologisches Gleichgewicht

Ökologisches Gleichgewicht ist ein ausgeglichenes Abhängigkeits- und Beziehungsgefüge in einem Ökosystem zwischen Produzenten, Konsumenten und Destruenten sowie den abiotischen Umweltfaktoren über einen bestimmten Zeitraum.

Die **Stabilität von Ökosystemen** wird durch natürliche Prozesse (z. B. Naturkatastrophen), aber gegenwärtig besonders durch Auswirkungen der menschlichen Tätigkeit gestört.

Die Anzahl der Individuen schwankt in einem längeren Zeitraum wegen der ernährungsbedingten Abhängigkeiten (z. B. Räuber – Beute) um einen Mittelwert.
Das ökologische Gleichgewicht beruht auf **Selbstregulation.** Es ist umso stabiler, je artenreicher die Lebensgemeinschaften bzw. das Ökosystem sind. Selbstregulation in einer Biozönose bzw. einem Ökosystem ist die Einhaltung der Populationsdichte nahe einem bestimmten Mittelwert durch wechselseitige Räuber-Beute-Beziehungen.

Biologisches Gleichgewicht ist der Zustand innerhalb einer Lebensgemeinschaft, bei dem die mengenmäßige Zusammensetzung der Arten relativ gleich bleibt.
Am stabilsten ist das **ökologische Gleichgewicht** in Urwäldern und in Biotopen, die nicht vom Menschen beeinflusst werden. Die Artenzusammensetzung verändert sich hier nur geringfügig, da ein Populationsanstieg durch **Selbstregulierung** abgefangen wird.

Biologisches Gleichgewicht zwischen Borkenkäfer (Beutetier) und Specht (Räuber) (vereinfachte Modellvorstellung)

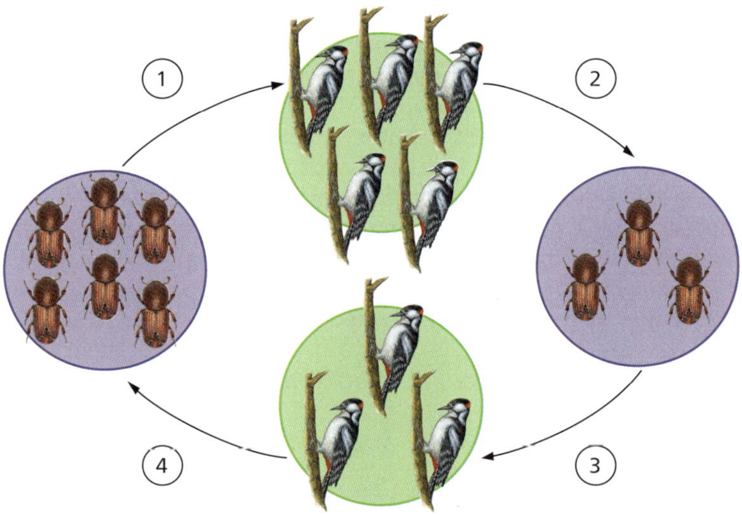

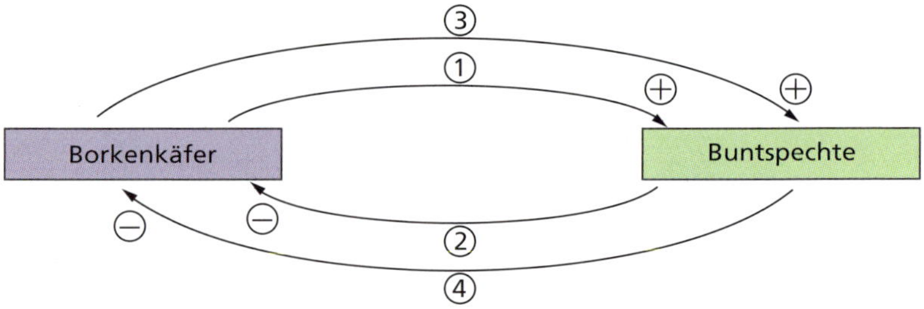

Je mehr Borkenkäfer, desto mehr Buntspechte (①,⊕),
je mehr Buntspechte, desto weniger Borkenkäfer (②,⊖),
je weniger Borkenkäfer, desto weniger Buntspechte (③,⊕),
je weniger Buntspechte, desto mehr Borkenkäfer (④,⊖).

Die Zeichen bedeuten:
⊕ bei gleichsinnigen Einflüssen/Auswirkungen: je mehr…, desto mehr… ; je weniger…, desto weniger…

⊖ bei gegensinnigen Einflüssen/Auswirkungen: je mehr…, desto weniger… ; je weniger…, desto mehr… .

9.5 Entwicklung von Ökosystemen

Erstmalige Besiedlung von neu sich bildenden Ökosystemen (z. B. Vulkaninseln), Umweltveränderungen durch natürliche Ursachen (z. B. Klimaveränderungen) oder Eingriffe des Menschen (z. B. Kahlschlag) führen zur zeitlichen Aufeinanderfolge von verschiedenen Pflanzen- und Tiergesellschaften (Sukzession) an dem jeweiligen Standort (Biotop).

Die ersten Arten, die sich an einem organismenfreien Standort ansiedeln, nennt man **Pionierarten.**

> **Sukzession** ist die zeitliche Aufeinanderfolge oder Abfolge von Organismengesellschaften in einem bestimmten Ökosystem.
> Eine Sukzession endet (oft nach langen Zeiträumen) mit einer ökologisch stabilen Schlussorganismengesellschaft (Endstadium oder Klimaxstadium).

Sukzessionen können durch das Klima, die Bodenentwicklung oder durch die Lebenstätigkeit der Organismen selbst hervorgerufen werden. Sie treten auf als Veränderungen infolge langfristiger Klimaveränderungen (z. B. Entwicklung von Tundra zum Laubwald in Mitteleuropa nach der Eiszeit), als Erstbesiedlung von sich neu besiedelnden Flächen (z. B. Vulkaninseln), als Wiederherstellung des ehemaligen Zustandes nach stärkeren Eingriffen (z. B. Feuer, Kahlschlag, Überschwemmungen, Ackerbau).

Entwicklung vom Kahlschlag zum Wald

Kahlschlag	bis 10 Jahre Pflanzen der Krautschicht	ca. 10–20 Jahre Pflanzen der Strauchschicht	ca. 20–100 Jahre Pflanzen des Jungwaldes	über 100 Jahre

Moospflanzen, niedrige Gräser	Licht liebende Pflanzen als Pionierarten, z. B. Weidenröschen, Greiskraut, Ruhrkraut, Reitgräser	Ansamen von Sträuchern, z. B. Brombeere, Himbeere, und von Bäumen, z. B. Birke, Holunder, Espe, Weide	Wachsen von jungen Waldbäumen, z. B. Eiche, Buche, Kiefer, Fichte	alte Waldbäume

Anfangsstadium → **Sukzessionen** → **Endstadium**

(zeitliche Abfolge verschiedener Entwicklungsstadien in Richtung auf ein relativ beständiges Endstadium) (Klimaxgesellschaft)

Entwicklungsfolgen bei der Verlandung eines Sees

Auch bei der Verlandung eines Sees kann man eine zeitliche Abfolge von Organismengesellschaften beobachten.

Verflachung des Seebeckens
Organische und anorganische Substanzen sammeln sich im Uferbereich an und werden eingeschwemmt. Es bilden sich außerdem oft ausgedehnte Faulschlammschichten.

Verlandung des Sees
Aufgrund der Verflachung dringen Pflanzen der Röhricht- und der Schwimmblattzone zur Gewässermitte vor. Der See beginnt vom Uferbereich aus zuzuwachsen. Große Mengen abgestorbenen Pflanzenmaterials führen zur Verlandung.

Bildung eines Flachmoores
Auf den Verlandungsflächen entwickeln sich vor allem Sauer- und Süßgräser, wobei in langen Zeiträumen die Torfbildung beginnt.

Entstehung eines Bruchwaldes
Ein vorläufiges Endstadium wird mit dem Ansiedeln von Schwarz-Erle, Moor-Birke, Weiden, Farnen und Moosen erreicht.

Verflachung des Seebeckens

Verlandung des Sees

Bildung eines Flachmoores, Entstehung eines Bruchwaldes

9.6 Mensch und Umwelt

9.6.1 Arten- und Biotopschutz

Artenschutz ist ein Komplex von Maßnahmen (staatlich, privat) zum Schutz und zur Pflege gefährdeter, wild lebender Pflanzen- und Tierarten.
Biotopschutz beinhaltet eine Vielzahl von Maßnahmen, um Lebensräume für Pflanzen- und Tiergemeinschaften zu erhalten und wiederherzustellen.

Naturschutz richtet sich auf den Schutz ganzer Lebensräume und schließt somit den Artenschutz mit ein. Lebensgemeinschaft und ihr Lebensraum bilden als Ökosystem eine Einheit.

Ziele des Artenschutzes (Auswahl)
- Schutz von biologisch intakten Lebensräumen vor menschlichen Eingriffen wie Zerstörung, Übernutzung und Verunreinigung,
- Erhalt von Arten für bestimmte Umweltfunktionen (Ökosystemstabilität, Bioindikatoren, Bestäubung),
- Schutz einzelner Arten vor dem unwiederbringlichen Aussterben,
- Erhaltung der Artenvielfalt (Biodiversität) in ihren Lebensräumen als Ergebnis der Evolution,
- Sicherung des noch meist unerforschten Genpotenzials von Organismen,
- Bewahrung von Vielfalt, Schönheit und Einmaligkeit des Lebendigen,
- Wahrnehmung der Verantwortung des Menschen gegenüber lebenden Organismen und ihren Lebensräume (Ehrfurcht vor dem Leben).

Die **Agenda 21** ist ein Aktionsprogramm für das 21. Jahrhundert. Es enthält Maßnahmen, die dem Erhalt unserer Umwelt weltweit dienen.

Gesetzliche Grundlagen in Deutschland
Bundesnaturschutzgesetz (Gesetz über Naturschutz und Landschaftspflege von 1976) mit Maßnahmen zum Schutz bestimmter Gebiete und Einzelobjekte: z. B. Naturschutzgebiet, Nationalpark, Biosphärenreservat, Landschaftsschutzgebiet, Naturdenkmal
Bundesartenschutzverordnung (Verordnung zum Schutz wild lebender Tier- und Pflanzenarten von 1986): Herausgabe der **Roten Listen** gefährdeter Tier- und Pflanzenarten durch das Bundesamt für Naturschutz, Ordnung nach Gefährdungsgruppen (z. B. selten, vom Aussterben bedroht, verschollen)

Zum Schutz von Lebensräumen werden Gebiete zu **Nationalparks** bestimmt. In Deutschland gibt es zurzeit 16 Nationalparks, u. a. Müritz, Sächsische Schweiz, Hunsrück-Hochwald, Bayerischer Wald.

Vom Aussterben bedrohte Tier- und Pflanzenart

Feldhamster

Rundblättriger Sonnentau

Rote Listen enthalten alle Tier- und Pflanzenarten, die im Land gefährdet sind. Jedes Bundesland gibt eine eigene Rote Liste heraus.

Internationale Zusammenarbeit und Abkommen
- Biodiversitäts-Konvention (1992): Abkommen zur Erhaltung der biologischen Vielfalt
- Washingtoner Artenschutzabkommen (CITES; 1973): Verbot und Kontrolle des Handels mit gefährdeten frei lebenden Tier- und Pflanzenarten bzw. deren Teilen (z. B. Panzer, Häute, Korallen, Elfenbein, Leder)
- Internationales Tropenholz-Übereinkommen (1983)
- Bundesrepublik Deutschland als Mitglied in internationalen Naturschutzorganisationen (z. B.: UNESCO, IUCN, UNEP)

Regionale Maßnahmen zum Biotop- und Artenschutz
- Erhaltung natürlicher Lebensräume oder Schaffen von Ausgleichsflächen (Biotopvielfalt) bei allen Baumaßnahmen (Autobahnen, Verkehrsstaßen, Industrie- und Wohngebiete)
- Besonderer Schutz und Erhalt von Kleinbiotopen (z. B. Wegraine, Feldgehölze, Tümpel, Weiher, Bäche, Dorfteiche, Streuobstwiesen, Ödlandflächen, Trocken- und Feuchtwiesen)
- Beachtung einer ausreichenden Größe und Vernetzung der geschützten Flächen
- Öffentlichkeitsarbeit, z. B. Tier des Jahres, Pflanze des Jahres

Blume und Tier des Jahres 2021

Großer Wiesenknopf
(Sanguisorba officinalis)

Fischotter
(Lutra lutra)

Mitarbeit im Naturschutz
- In Garten und Schulgelände z. B. Anlage von Teichen, Anpflanzen von Hecken, Aussaat von Wildblumenwiesen, Anbringen von Nistkästen und Nisthilfen, Schaffen von Winterquartieren für Igel
- Mithilfe beim Einsammeln von Müll (Wald, Gewässer)
- Bei Schädlingsbefall auf ökologisch vertretbare Bekämpfungsmaßnahmen zurückgreifen
- Natürliche Lebensräume nicht mutwillig zerstören

Insekten-Nisthilfe

Schulteich

9.6.2 Schutz von Ökosystemen

Schutz der Wälder

Wälder haben große Bedeutung als Lebensräume für eine Vielzahl verschiedener Organismen, als Wasserspeicher, als Rohstoffproduzenten und als Erholungsstätten des Menschen.

Viele Wälder sind in Gefahr. Die Ursachen dafür sind vielfältig.

- **Natur als Verursacher**

Witterungsextreme
- lange Trockenheit
- Schnee- und Sturmbruch
- Frost

Schaderreger
- Insekten
- Bakterien und Viren
- Pilze

Waldschäden

Fraßgänge der Borkenkäferlarven

Forstschädlinge sind z. B. Buchdrucker, Nonne, Kiefernspinner, Blauer Kiefernprachtkäfer, Eichenwickler

- **Mensch als Verursacher**

Luftschadstoffe
- Stickstoffoxide
- Schwefeldioxid
- Stäube
- Ozon, Kohlenstoffdioxid

Forstwirtschaft
- Monokulturen
- Bodennährstoffverarmung
- hohe Wilddichte (Regulierung durch Mensch)

Abgase → Smog

Bodenerosion

Auch der Einsatz von **Bioziden** (chemische Stoffe zur Schädlingsbekämpfung) macht dem Wald zu schaffen.

Nachwachsende Rohstoffe bieten eine Alternative zu den fossilen Rohstoffressourcen.

9

9

Maßnahmen zum Schutz unserer Wälder

Die Kalkung von Wäldern aus der Luft ist eine Möglichkeit, die Schäden zu minimieren, die durch **sauren Regen** verursacht werden.

Forstwirtschaftliche Maßnahmen:
- Schutz des Bodens vor weiterer Versauerung
  Beispiele:
  Anbau standortgerechter Baumarten, integrierter Pflanzenschutz, Düngung und Kalkung, Wildbestandskontrolle
- Überwachung der Schadensentwicklung durch Infrarot-Luftbild-Aufnahmen

Waldkalkung

Aufforstung

Der 12. Juni 1991 war die Geburtsstunde des **dualen Systems** in Deutschland. Mit der an diesem Tag in Kraft getretenen Verordnung sollte eine Reduzierung des Verbrauchs an Verpackungsmaterial erreicht werden.

Politische Maßnahmen:
- Durchsetzung des Bundes-Immissionsschutz-Gesetzes aus dem Jahr 1990 (15. März 1990)
- Durchsetzung der Großfeuerungsanlagen-Verordnung aus dem Jahr 1983 (1. Juli 1983)
- Beachtung der Schadstoffbegrenzung bei Kraftfahrzeugen, seit 1988 EG Abgasgrenzwerte

Beim Einkauf sollte man auf das Umweltzeichen **„Blauer Engel"** (seit 1978) achten, mit dem umweltorientierte Produkte ausgezeichnet werden. Weitere Zeichen sind u. a. das EU-Siegel (seit 2010), das deutsche staatliche Biosiegel (sei 2001), Naturland und Bioland.

Persönlicher Beitrag:
- sinnvolle Nutzung des Autos und öftere Benutzung öffentlicher Verkehrsmittel
- Energiesparen im Haushalt: Das erreicht man etwa durch Reduzieren des Stromverbrauchs z. B. mit Energiesparlampen, Verzicht auf unnötige Elektrogeräte, Wassersparen, Einbau einer modernen Heizung, Maßnahmen zur Wärmedämmung von Gebäuden.

Schutz der Gewässer

Gewässer (z. B. Binnengewässer, Meere, Bäche, Flüsse) sind Lebensräume von Pflanzen, Tieren und anderen Organismen, Nahrungs- und Rohstofflieferanten sowie Stätte der Erholung für den Menschen.

Viele Gewässer sind akut gefährdet. Die Belastung ist hauptsächlich das Ergebnis menschlicher Tätigkeit und Lebensweise.

Die **Abwasserreinigung** erfolgt meist in dreistufigen Kläranlagen:
- mechanische Reinigung
- biologische Reinigung
- chemische Fällung

Ursachen für die Belastung von Gewässern

- Eintrag mineralischer Düngesalze (Haushaltsabwässer, Abwässer von mineralstoffüberdüngten Feldern)
- Einleitung ungeklärter Abwässer
- in Abwässern und Niederschlägen enthaltene Schadstoffe (Schwermetalle, Kochsalz, Ölreste, Abgase)
- Eintrag organischer Stoffe (Pflanzenreste, Gülle, Fäkalien, organische Abfälle) und Verpackungsmüll

Eutrophierung ist die Nährstoffübersättigung von Gewässern durch häusliche, gewerbliche und industrielle Abwässer und durch Auswaschung von Dünger aus landwirtschaftlichen Nutzflächen.

Erhöhtes Angebot an z. B. stickstoff- und phosphathaltigen Mineralsalzen verursacht starke Vermehrung von Algen (**„Algenblüte“**). Dies bewirkt eine Überproduktion von organischer Substanz. Viele Algen sterben ab, das führt zur Vermehrung von Bakterien, die unter Sauerstoffverbrauch die tote organische Substanz abbauen. Mineralsalze (insbesondere Stickstoffverbindungen und Phosphate) werden wieder freigesetzt und damit wird eine erneute Massenvermehrung von Algen ermöglicht. Dadurch entsteht ein schwer zu durchbrechender **Teufelskreis:**

Jeder kann zur Vermeidung von Gewässerverschmutzung beitragen! Zum Beispiel: phosphatfreie Waschmittel verwenden, das Auto nur in speziell dafür vorgesehenen Waschanlagen reinigen, aber auch Trinkwasser sparen (z. B. öfter duschen als baden).

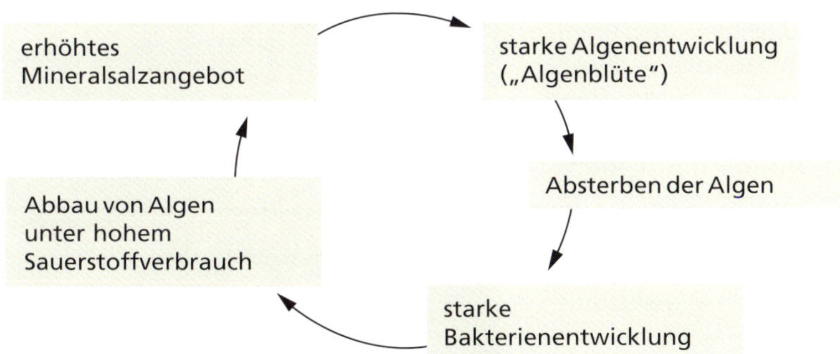

Sauerstoffarmut im Gewässer hat das Absterben von vielen Organismenarten zur Folge. Es kann Faulschlamm gebildet werden. Das Gewässer wird immer sauerstoffärmer, bis es „umkippt“ und zum „toten“ Gewässer wird.

Ökosysteme unserer Erde und ihr Schutz

Zu den bekanntesten und auch am stärksten gefährdeten Ökosystemen unserer Erde zählen u. a. tropische Regenwälder, Wüsten.

Tropischer Regenwald als Ökosystem

Tropische Regenwälder gibt es in Asien, Afrika, Zentral- und Südamerika, aber auch auf Madagaskar, einigen Karibischen Inseln sowie im Norden Australiens.

Lebensbedingungen

Charakteristisch für die tropischen Regenwälder sind gleichmäßig und ganzjährig hohe Temperaturen wie auch ganzjährig hohe Niederschlagsmengen. So erreichen die Temperaturen im Jahresmittel zwischen +24 °C und +30 °C. Die Niederschlagsmengen liegen im Jahr zwischen 2 000 mm und 4 000 mm.

Lebensgemeinschaft

In den tropischen Regenwäldern lebt eine Vielzahl von Pflanzen- und Tierarten, die sich je nach dem Vorkommen des Regenwaldes unterscheiden können.

Charakteristisch ist der **Stockwerkbau** (↗ Abb.) in Abhängigkeit vom Standort des Regenwaldes mit bis zu sechs Schichten: Bodenschicht, Krautschicht, Strauchschicht, niedrige Baumschicht, Kronenschicht und einzelne Baumriesen (Überständer mit z. T. über 50 m Höhe). Kennzeichnend sind Lianen als Kletterpflanzen und auf den Ästen und Blättern zahlreiche Epiphyten (Aufsitzer) wie Bromelien, Farne, Flechten und Orchideen.
Häufig vorkommende Tierarten sind Gliedertiere (Spinnentiere, Tausendfüßer), aber auch Säugetiere (z. B. Orang-Utan, Bonobo, Schimpanse, Tiger), Vögel (z. B. Papageien, Paradiesvögel, Kolibris), Amphibien (z. B. Pfeilgiftfrösche) und Reptilien (z. B. Krokodile, Schlangen, Schildkröten).

Gefährdung und Schutz

Die Vernichtung großer Flächen des tropischen Regenwaldes durch Abholzen (Nutz- und Brennholzgewinnung), Brandrodung (↗ Abb.) und Landwirtschaft (Wechselbaufeld) führte zur Vernichtung der Lebensgrundlage zahlreicher Naturvölker, zum Aussterben einer Vielzahl von Tier- und Pflanzenarten und hat negative Auswirkungen auf das Weltklima und den Wasserhaushalt der Erde.
Internationale Schutzmaßnahmen und persönliche Verhaltensweisen gegenüber dem Kauf von Tropenhölzern könnten noch vorhandene Regenwälder vor ihrer Zerstörung retten.

Mensch und Biosphäre

Gliederung der Biosphäre		
Atmosphäre (Lufthülle)	Lithosphäre (Gesteinsmantel)	Hydrosphäre (Wasserhülle)
Merkmale der Biosphäre		
· Biosphäre als Gesamtheit aller miteinander vernetzten Ökosysteme der Erde · Biosphäre mit globalen Stoffkreisläufen und globalem Energiefluss		

Biosphäre = Lebensraum, von griech.: *bios* = Leben; *sphaira* = Kugel, Kreis, Bereich

■ Regionale Veränderungen haben weltweite Auswirkungen.

Belastungen der Biosphäre als globales Problem (Auswahl)

Überbevölkerung	Rohstoffverknappung	Schadstoffe	Artensterben	Klimawandel
Mangel an Nahrung, Trinkwasser, Energie, Lebensraum	Erdöl, Kohle, Erze und Erdgas werden knapp, der Bedarf steigt	Verunreinigen von Boden, Wasser, Luft durch Treibhausgase, Gifte, Schadstoffe, Müll	Rückgang der Artenvielfalt (Biodiversität) durch Verunreinigungen, Waldrodungen, Lebensraumverluste	Erderwärmung mit katastrophalen Folgen, z. B. Wüstenbildung, Anstieg des Meeresspiegels u. a.

Schwerpunkte einer nachhaltigen Entwicklung der Biosphäre

- Stabilisierung der Weltbevölkerung
- gerechte Verteilung aller Güter zwischen den Ländern
- drastisches Senken der Belastung der Biosphäre mit Treibhausgasen, Schadstoffen, Giften und Abfällen
- weltweit sparsamer Umgang mit allen nicht erneuerbaren Ressourcen
- erhöhte Nutzung erneuerbarer Energien (Wind-, Wasser-, Solarenergie, Biogas)
- verstärkter Anbau nachwachsender Rohstoffe (Biomasseproduktion)

Windenergie – eine erneuerbare Energie

■ Eine nachhaltige Entwicklung der Biosphäre kann nur in internationaler Zusammenarbeit und mit persönlicher Verantwortung erreicht werden.

9

Unsere Erde als Lebensraum – Umzug unmöglich

- Die Biosphäre besteht aus der Gesamtheit aller miteinander vernetzten Ökosysteme der Erde. Aufgrund dieser Vernetzung haben regionale Veränderungen oft weltweite Auswirkungen.

Klimawandel als globales Problem der Menschheit

- Wissenschaftliche Prognosen gehen davon aus, dass mit einer weiteren Erderwärmung die Zivilisation auf der Erde infrage gestellt wird.

Der Klimawandel – seine Ursachen und Folgen (Auswahl)

Belastung der Atmosphäre mit Treibhausgasen (Kohlenstoffdioxid, Methan, Stickoxide, FCKW u. a.)

↓

Erhöhung des Treibhauseffekts und weltweite Erwärmung der Atmosphäre (um 2,5 °C bis 4,5 °C als wissenschaftliche Prognose)

↓

Eisschmelze (Polareis, Alpengletscher) mit Anstieg des Meerwasserspiegels mit Landüberflutungen	Extreme Trockenheit (neue Wüsten und Steppen, trockene Sommer) mit Trinkwassermangel und Hungersnot	Zunahme extremer Naturkatastrophen (Wirbelstürme, Flutwellen) mit gewaltigen Zerstörungen

Internationale Zusammenarbeit beim Klimaschutz (Auswahl)

1979: 1. Weltkonferenz in Genf – Klimawandel als vordringlich zu lösendes Problem international erkannt (160 Länder)
1992: Umweltgipfel in Rio de Janeiro – Agenda 21 als erste globale Klimarahmenkonvention verabschiedet (178 Länder)
1997: Weltklimakonferenz in Kyoto – Erstes völkerrechtlich verbindliches Protokoll zum Klimaschutz
2009: 15. UN-Weltklimakonferenz in Kopenhagen – Erarbeitung eines Weltklimaschutzvertrags zur Begrenzung der globalen Erderwärmung mit ihren verheerenden Folgen (192 Länder)
2012: 18. UN-Weltklimakonferenz in Doha – Verschiebung des Weltklimaschutzvertrags auf 2015, des Klimaschutzabkommens auf 2020
2015: Weltklimakonferenz in Paris – Abschluss eines globalen Klimaschutzvertrages

Ziele des Klimaschutzes

- Abschluss einer völkerrechtlich verbindlichen Klimakonvention zur Bewahrung der Welt vor einer Klimakatastrophe (einschließlich festgelegter Sanktionen bei Nichteinhaltung durch einzelne Staaten):
  - Ausstoß von Treibhausgasen weltweit bis 2050 halbieren, um damit eine globale Erderwärmung um höchstens 2 °C zu erreichen
  - Industrieländer drosseln drastisch den Kohlenstoffdioxidausstoß
  - Entwicklungsländer werden von Industrienationen unterstützt

Anhang A

Register

F

G

N

A

A

A

Bildquellenverzeichnis

Legende: Ol = Oben links, Om = Oben mittig, Or = oben rechts, Ml = Mitte links, Mm = Mitte mittig, Mr = Mitte rechts, Mor = Mitte oben rechts, Mol = Mitte unten links, Mur = Mitte unten rechts, Mul = Mitte unten links, Ul = Unten links, Um = Unten mittig, Uml = Unten mittig links, Ur = Unten rechts, Umr = Unten mittig rechts;
Hinweis: Falls keine konkrete Position angegeben ist, stammen alle urheberrechtlich relevanten Abbildungen vom selben Urheber bzw. ist nur eine Abbildung auf der Seite zu finden. Bei besonders vielen Abbildungen unterschiedlicher Urheber stehen entweder die Motive hinter den Seitenzahlen (z. B. 352/Käfer) die Zuordnung erfolgt über Nummern (i.d.R. von oben nach unten, z. B. 24/2 als zweites Bild von oben).

Fotos

Action Press: 27Ul

Adobe: Евгений Вершинин/stock.adobe.com 44Ur; artfocus/stock.adobe.com 152/Beutel; bennytrapp/stock.adobe.com 229Ur; Bernd Kröger/stock.adobe.com 379Ur; Bernd Kröger/stock.adobe.com 381Ml; beth/stock.adobe.com 81Ur; Björn Wylezich/stock.adobe.com 25Ol; Björn Wylezich/stock.adobe.com 25Or; blende11.photo/stock.adobe.com 48Um; Bogdan Wankowicz/stock.adobe.com 73Um; duesV/stock.adobe.com 188Ml; efired/stock.adobe.com 336Ul; elouise/stock.adobe.com 360Ur; evbrbe/stock.adobe.com 53Mr; Ewald Fröch/stock.adobe.com 251Ul; ExQuisine/stock.adobe.com 364Ur; fotomaximum/stock.adobe.com 172Ml; Gajus/stock.adobe.com 385/1; Gerhard Seybert/stock.adobe.com 176 Om; Hans-Joerg Hellwig/stock.adobe.com 382Ml; Hein Nouwens/stock.adobe.com 345Mr; Henrik Larsson/stock.adobe.com 310Mr; iredding01/stock.adobe.com 310Ur; Joachim Neumann/stock.adobe.com 379Ul; Kaesler Media/stock.adobe.com 325Ul; KPad/stock.adobe.com 172Mr; lantapix/stock.adobe.com 381Mr; Liudmila/stock.adobe.com 250Or; majo1122331/stock.adobe.com 172Ul; marcin jucha/stock.adobe.com 172Ol; Marek R. Swadzba/stock.adobe.com 358Mor; Martina Berg/stock.adobe.com 172Ur; Mi.Ti./stock.adobe.com 308Ol; Michael Tieck/stock.adobe.com 302Or; micro_photo/stock.adobe.com 333Mr; New Africa/stock.adobe.com 255Ur; Nicole/stock.adobe.com 349Mr; Omika/stock.adobe.com 358Or; ON TOURS by HeMP/stock.adobe.com 365Or; Otto Durst/stock.adobe.com 380Mr; pafra/stock.adobe.com 301; pattilabelle/stock.adobe.com 155Ur; Poleboy G/stock.adobe.com 235Mm; Ramona Heim/stock.adobe.com 198Mr; rnl/stock.adobe.com 325Um; Stockfotos-MG/stock.adobe.com 362Or; Subbotina Anna/stock.adobe.com 325Ur; ikakurylo81/stock.adobe.com 355Ur; Xaver Klaussner/stock.adobe.com 341Or; Yay Images/stock.adobe.com 180Or; zhagunov_a/stock.adobe.com 49Or;

DGE-Ernährungskreis® Copyright: Deutsche Gesellschaft für Ernährung e. V., Bonn 141;

Interfoto: INTERFOTO/HERMANN HISTORICA GmbH 302/Randleistenbeil;

H. Mahler, Fotograf Berlin: 20, 21, 78Ml, 132Ml, 132Mr, 132Ul, 132Ur;

Mauritius: Blickwinkel/Alamy/mauritius.all.com 88Mm; Bob Gibbons/FLPA/mauritius.all.com 53Ml; Denis Crawford/Alamy/mauritius.all.com 249Mr; Deyan Georgiev - PremiumRF/Alamy/mauritius.all.com 39Mr; Dr. Wilfried Bahnmüller/imageBROKER/mauritius.all.com 302Mur; Gado Images/Alamy/mauritius.all.com 42Mur; Library Book Collection/Alamy/mauritius.all.com 306Or; mauritius images/Jeremy sutton-hibbert/Alamy 294Ml; mauritius images/Nigel Cattlin/Alamy 249Ur; mauritius images/Norbert Probst/imageBROKER 180Ml; Panther Media GmbH/Alamy/mauritius.all.com 47Or; Phichak/Alamy/mauritius.all.com 16Mr; Roland Birke/mauritius.all.com 47Mul; Science Source/mauritius.all.com 42Ul, 42Uml, 42Ur, 47Mur, 47Ol, 202Um, 254Mr, 257Or, 257Ur;

Picture Alliance: picture-alliance/blickwinkel/A. Hartl 103Or; picture-alliance/blickwinkel/F. Hecker 212Ur; picture-alliance/blickwinkel/R. Koenig 249Or, 302Ur; picture-alliance/dpa/Jamil Said 251Or; picture-alliance/Klett GmbH 48Ml;

Science Photo Library: © Science Photo Library/LUIS MONTANYA/MARTA MONTANYA/SCI 8Om; © Science Photo Library/Newman, Mark 51Um; © Science Photo Library/ZEPHYR145Ol;

Shutterstock: 5 second Studio/Shutterstock.com79Mol; 9comeback/Shutterstock.com 80Ol; Abulafiaphotography/Shutterstock.com 172Or; Adam Ke/Shutterstock.com 87Mr; Africa Studio/Shutterstock.com 197Ur, 261Ml; Agami Photo Agency/Shutterstock.com 345Or; AGfoto/Shutterstock.com 81Ol; ajt/Shutterstock.com 40Ur; Aldona Griskeviciene/Shutterstock.com 12/6, 199Ol; 199Om; Aleoks/Shutterstock.com 77Ul, 77Uml; AlessandroZocc/Shutterstock 355Ul; Alex K.L. Fleming/Shutterstock.com 50Ml; AlexLMX/Shutterstock.com 40Mr; Alta Oosthuizen/Shutterstock.com 336Mr; Anatoliy Berislavskiy/Shutterstock.com 380Ml; Andrew Park/Shutterstock.com 197Ul; Andris Tkacenko/Shutterstock.com 360Mr; Ann Baldwin/Shutterstock.com 297; Anna Hoychuk/Shutterstock.com 49Ol; Anneka/Shutterstock.com 235Mr; argus/Shutterstock.com 9Um; Arteach1/Shutterstock.com 235Ml; Artemida-psy/Shutterstock 180Ul; Artic_photo/Shutterstock.com 385/3; Awei/Shutterstock.com 232Uml; Barbara Barbour/Shutterstock.com 82Ol; Beekeepx/Shutterstock.com 381Ur; Begir/Shutterstock.com 362Mur; BestForBest/Shutterstock.com 82Mul; Bplanet/Shutterstock.com 77Umr; brandonht/Shutterstock.com 180Mr; Brent Hofacker/Shutterstock.com 284Um; Burkhard Trautsch/Shutterstock.com 360Ml; Carl Allen/Shutterstock.com 15Ol; Chrissi4788/Shutterstock.com 50Ul; clearviewstock/Shutterstock.com 9Om; Click and Photo/Shutterstock.com 295; Cookie Studio/Shutterstock.com 160Ml, 264Mul; CreativeMedia.org.uk/Shutterstock.com 346Ul; Csanad Kiss/Shutterstock.com 307Mr; Dalibor Sevaljevic/Shutterstock.com 351; Dean Drobot/Shut-

A

terstock.com 160Mur; Digihelion/Shutterstock.com 79Ul; Dimarion/Shutterstock.com 270; Dmitri Malyshev/Shutterstock.com 78Ol; Dr. Norbert Lange/Shutterstock.com 267, 268; Drosophila Photograph/Shutterstock.com 232Umr; Dynamoland/Shutterstock.com 380Ul; E.Panagopoulos/Shutterstock.com 87Ur; eAlisa/Shutterstock.com 133Um; eczserapyilmaz/Shutterstock.com 80Ul; Edwin Butter/Shutterstock.com 385/4; Eileen Kumpf/Shutterstock.com 232Ur; Eric Isselee/Shutterstock.com 307Ur; Erik Steinebach/Shutterstock.com 365Ur; ESB Professional/Shutterstock.com 160Mr, 350Ml; Esin Deniz/Shutterstock.com 81Ml; EstrellaBuena/Shutterstock.com 73Mm; ET1972/Shutterstock.com 203; FamVeld/Shutterstock.com 28Mm; Filipao Photography/Shutterstock.com 302Mor; FotoDuets/Shutterstock.com 161Ol; Furiarossa/Shutterstock.com 188Ol; GALLEY JOELLE/Shutterstock.com 188Ul; gcafotografia/Shutterstock.com 307Mur; George Rudy/Shutterstock.com 345Ur; Ger Bosma Photos/Shutterstock.com 41; Geza Farkas/Shutterstock.com 358Mur; Giuseppe_D'Amico/Shutterstock.com 341Ur; goodbishop/Shutterstock.com 235Ul; guentermanaus/Shutterstock.com 384Ur; hans engbers/Shutterstock.com 81Or; Happy Lena/Shutterstock.com 79Mul; Holger Kirk/Shutterstock.com 232Ml; Holly Kuchera/Shutterstock.com 8Um; I. Rottlaender/Shutterstock.com 212Um; iliuta goean/Shutterstock.com 118Mr; Inna Mashek/Shutterstock.com 334Or; isak55/Shutterstock.com 82Mol; Ivan Yohan/Shutterstock.com 343Mr; Jakrit Jiraratwaro/Shutterstock.com 336Ml; Jarno Gonzalez Zarraonandia/Shutterstock.com 210Ul; Jason Mintzer/Shutterstock.com 358Ur; Jasper Olivier/Shutterstock.com 232Mor; Jeanne Emmel/Shutterstock.com 284Ul; Jenoche/Shutterstock.com 333Ul, 333Ur; Joaquin Corbalan P/Shutterstock.com 318Om; Jochen Schoenfeld/Shutterstock.com 7; Johann70/Shutterstock.com 210Ur; Jose Luis Calvo/Shutterstock.com 278Om, 278Or; K.E.V/Shutterstock.com 348Mr; Kaichankava Larysa/Shutterstock.com 197Umr; kamienczanka/Shutterstock.com 385/5; katacarix/Shutterstock.com 31; Kekyalyaynen/Shutterstock.com 15Um; khlungcenter/Shutterstock.com 247; KimSongsak/Shutterstock.com 125Or; Kiselev Andrey Valerevich/Shutterstock.com 160Mul; Kotomiti Okuma/Shutterstock.com 16Mm; Krasov Alexander/Shutterstock.com 51Ol; Kristina Shevchenko/Shutterstock.com 159Ur; Lap1n/Shutterstock.com 232Mr; Leptospira/Shutterstock.com 81Mr; Levent Konuk/Shutterstock 363Mr; Linnas/Shutterstock.com 10Om; lovelyday12/Shutterstock.com 183; luis c. jimenez del rio/Shutterstock.com 78Um; Lyubimova Tatiana/Shutterstock.com 79Mor; Maggy Meyer/Shutterstock.com 350Om; Mal Harris/Shutterstock.com 329; Manfred Ruckszio/Shutterstock.com 86Ml, 197Uml; MarcelClemens/Shutterstock.com 386Ol; Marek R. Swadzba/Shutterstock.com 118Mm; Mark Hall/Shutterstock.com 385/2; Martchan/Shutterstock.com 294Ur; Martin Lehmann/Shutterstock.com 263; Master1305/Shutterstock.com 129; Matee Nuserm/Shutterstock.com 348Ur; Matt Gibson/Shutterstock.com 341Mr; MattiaATH/Shutterstock.com 232Mol; Meesiri/Shutterstock.com 261Mr; Mendenhall Olga/Shutterstock.com 382Mr; Monkey Business Images/Shutterstock.com 334Ur, 340Ur; Nadino/Shutterstock.com 264Mr; NadyGinzburg/Shutterstock.com 381Ul; narcoz52/Shutterstock.com 133Ur; Natalia Deriabina/Shutterstock.com 330Or; Natalia van D/Shutterstock.com 302Mr; Nataliya Hora/Shutterstock.com 207Or; Nic Keller/Shutterstock.com 211Mr; Nico Faramaz/Shutterstock.com 387; Nikolay Antonov/Shutterstock.com 90Ur; Nitr/Shutterstock.com 79Mur; nnattalli/Shutterstock.com 82Ul; Oleg Troino/Shutterstock.com 101Or; Ollyy/Shutterstock.com 182Om; Panda Vector/Shutterstock.com 323Mr; paula french/Shutterstock.com 114Ml; Paulo Vilela/Shutterstock.com 79Ol; Peter Fodor/Shutterstock.com 114Mr; PHOTO FUN/Shutterstock.com 256; pirita/Shutterstock.com 251Ur; pittawut/Shutterstock.com 347; PK Studio/Shutterstock.com 181Mm; Plazick/Shutterstock.com 51Or; pokkate/Shutterstock.com 12/2; pokku/Shutterstock.com 81Ul; Polarpx/Shutterstock.com 53Um; PosiNote/Shutterstock.com 79Or; PrakapenkaAlena/Shutterstock.com 116Ul; PRAPHAN BUNMAO/Shutterstock.com 80Or; PTDZ/Shutterstock.com 32Or; Ralf Geithe/Shutterstock.com 178Ur; Rattiya Thongdumhyu/Shutterstock.com 12/3, 48Ol; Rawpixel.com/Shutterstock.com 326Ol; Rob Hainer/Shutterstock.com 327; Roman Mikhailiuk/Shutterstock.com 383; romiri/Shutterstock.com 79Ur; Rtimages/Shutterstock.com 25; Rudmer Zwerver/Shutterstock.com 250Ur; Santirat Praeknokkaew/Shutterstock.com 48Ul; SBWorldphotography/Shutterstock.com 235Ur; SchnepfDesign/Shutterstock.com 80Ur; SciePro/Shutterstock.com 236Ur; Sebastian Kaulitzki/Shutterstock.com 237Ol; shutternelke/Shutterstock.com 355Um; Shwarz377/Shutterstock.com 32Ol; Simonas Minkevicius/Shutterstock.com 116Ol; sirichai chinprayoon/Shutterstock.com 284Ur; smereka/Shutterstock.com 125Ol; Somogyi Laszlo/Shutterstock.com 73Mr, 73Ur; Space-kraft/Shutterstock.com 385Ur; sruilk/Shutterstock.com 17; stockyimages/Shutterstock.com 343Ur; Tatiana Volgutova/Shutterstock.com 360Ul; ThamKC/Shutterstock.com 339Or; Thorsten Spoerlein/Shutterstock.com 118Ml; Tim Burrett/Shutterstock.com 346Ur; tonirichsag1411/Shutterstock.com 350Mr; travelview/Shutterstock.com 161Ul; U. Gernhoefer/Shutterstock.com 380Ur, 386Ul; Valentina Proskurina/Shutterstock.com 77Ur; Vasin Hirunwiwatwong/Shutterstock.com 81Om; Vasin Lee/Shutterstock.com 81Um; Ververidis Vasilis/Shutterstock.com 145Ur; VGstockstudio/Shutterstock.com 264Ml; Viacheslav Nikolaenko/Shutterstock.com 35Ol; Vladimir Kogan Michael/Shutterstock.com 335Or; Vojce/Shutterstock.com 28Ur; WAYHOME studio/Shutterstock.com 264Mur; wonderisland/Shutterstock.com 145Or; Xray Computer/Shutterstock.com 133Ul; ZoranKrstic/Shutterstock.com 211Ml;

Grafiken

Antje Bohnstedt: 13Ur, 91, 92Mr, 94/Spinnen, 94Ul, 94Um, 96Biene, 97/2.Reihe, 97/4.Reihe, 97Mr, 97Or, 97Ul, 97Uml, 97Ur, 98Ol, 98Ul, 99Mol, 100Ul, 100Ur, 101Mor, 101Ul, 101Um, 101Ur, 104Ml, 104Ol, 105Mor, 105Ol, 105Or, 105Ur, 108Mor, 108Mur, 108Ul, 108Ur, 110Ur, 111Mor, 111Mur, 111Or, 111Ur, 113/Buchfink/Ente/Kernbeißer/Specht/Weißstorch, 114Mol, 114Mor, 114Or, 115Mm, 115Mr, 115Or, 115Ul, 115Um, 115Ur, 117Ml, 117Mm,

117Mr, 117Or, 117Um, 117Ur, 118Ur, 122/Delfin, 123Ur, 127Mol, 127Mor, 127Mul, 127Ol, 127Or, 127Ul, 127Ur, 154Ur, 167/Augen/Nerven, 199Or, 204/Mensch, 233Mr, 234Om, 234/Ufer/Gras, 287, 304Mm, 304Om, 304Um, 307Mm, 308Um, 309Mr, 309Or, 313Or, 313Ur, 314Mr, 315Ul, 315Um, 315Ur, 316Mor, 318Ml, 318Mr, 319, 323Ol, 324Ul, 332Ol, 337, 344Mor, 344Mur, 344Or, 349Ur, 352, 353/Schnecke/Wolken/Zecke, 361Mur, 361Ur, 364Ol, 364Or, 364Ul, 369/Angler/Fisch, 370/Drossel/Elster/Igel/Kreuzspinne/Neuntöter/Schnecke, 371/Hase/Hirsch/Maikäfer, 373/Gräser;

Finn Bohnstedt: 12/4, 13/Ammonit/Ginkgo, 18, 24/1, 24/2, 24/3, 24/5, 24/6, 25Ur, 35Ur, 38Mm, 38Ur, 46Ml, 46Mm, 46Mr, 48Mr, 50Um, 50Ur, 52Mm, 52Ml, 52Or, 54, 56/1.Reihe, 56/3.Reihe, 57Mr, 57Om, 57Or, 59Or, 59Um, 59Ur, 60Mur, 60Um, 62Ol, 62Or, 62Ul, 62Um, 66/2, 67Ml, 75Mr, 75Ul, 75Ur, 76Ol, 76Or, 76Ur, 83Mur, 83Ul, 85Ul, 86Mr, 86Ul, 88Ml, 88Ul, 89Ol, 89Or, 207/Fisch, 229Ml, 229Mr, 231Ol, 352/Sonne, 353/Sonne;

Renate Diener/Wolfgang Gluszak: 166Um, 272Om, 272Mm, 278Mr, 281, 282, 373 (Bakterien);

Christine Gebreyes: 58Ml, 58Mm, 58Ul, 326Mm, 334Ol, 384Mr;

Christiane Gottschlich: 11/Buchdrucker/Buntspecht/Sperber, 13/Ökologie/Physiologie, 24/4, 27Ol, 27Om, 27Or, 37Ul, 38Ol, 45Mm, 48Ur, 50Mm, 50Mr, 52Mr, 52Um, 55/1.Reihe, 55/3.Reihe, 55/4.Reihe, 55, 56/2.Reihe, 57Ml, 57Mm, 58Mr, 58Ol, 58Or, 58Ur, 59/1.Reihe, 59/2.Reihe, 9/3.Reihe, 59/Blattformen, 59Ol, 59Ul, 59Umr, 60/Blattformen/Taubnessel/Wilde Möhre/Früchte, 61/Merkmale Rosengewächse, 62Ur, 63, 64Ol, 64Ul, 64Um, 64Ur, 66/1, 66/3, 66/4, 66/5, 66/6, 67Ol, 67Ul, 67Ur, 68/2.Reihe, 68/3. Reihe, 68/4.Reihe, 69/1.Reihe, 69/2.Reihe, 70/1.Reihe, 71, 75Um, 75Umr, 76Om, 76Om, 77/1.Reihe, 77/2.Reihe, 78Or, 83Ml, 83Um, 83Ur, 85Ur, 86Um, 88Mr, 88Ur, 89Ul, 89Ur, 92Ml, 92Mm, 92Ul, 92Uml, 92Umr, 92Ur, 93Um, 94Ur, 96/Tiere, 97/1.Reihe, 97/2.Reihe, 97Ml, 97Mm, 97Umr, 98Mol, 99Mul, 99Ol, 99Ul, 101Mur, 103Om, 105Mul, 105Mur, 105Ul, 106Mm, 108Mol, 108Mul, 108Ol, 108Or, 110Mr, 113/Bussard, 114Ol, 115Ml, 115Ol, 116Ml, 117Ol, 117Om, 117Ul, 118Ol, 118Or, 118Ul, 122Mor, 125Ul, 126Mor, 126Ol, 126Ur, 127Mur, 128, 186Ml, 195/Birke/Hund/Pilze, 199Mm, 201, 204, 207Um, 211Ur, 212Ml, 212Mr, 212Ul, 225Mul, 225Mur, 225Om, 225Ul, 225Um, 225Ur, 226Mol, 226Mr, 226Or, 227Um, 228Om, 231Om, 232/1.Reihe, 232/3.Reihe, 234Um, 235Ol, 235Om, 235Or, 244Ur, 265, 290, 293, 296, 308Om, 313Mm, 313Mr, 313Om, 314Umr, 314Ur, 316Mol, 331Or, 332Ur, 340Ml, 340Ol, 352/Käfer/Blatt, 353/Hund/Pflanze/Regenwurm, 357, 359, 362Ur, 363Ul, 368, 369/Eichhörnchen/Hecht/Mitte/Wasserfloh, 370/Brennnessel/Eidechse/Erdkröte/Grashüpfer/Haselmaus/Fuchs/Pflanzen/Regenwurm/Spitzmaus 371/Eichhörnchen/Regenwurm/Specht, 373/Eichhörnchen/Fliegenpilz/Regenwurm/Sperber, 374Mor, 375Ul, 376;

Heike Keis: 13Mr, 118Om, 118Um, 121Mr, 121Ur, 125Ur, 126 Mol, 126Mul, 126Mur, 126Or, 126Ul, 291, 313Ol, 314Mor, 314Or, 316Ol, 316Or, 330Mm, 371/Bussard/Gräser/Marder/Nacktschnecke/Pflanze/Schlange, 373/Buchfink, 375Ur;

Gerlinde Keller: 9Ur, 10Ml, 10Ol, 43, 279Mr, 299, 300, 306Ol;

Karin Mall: 29Or, 34Mr, 34Um, 104Or, 104Mr, 112Ul, 112Um, 112Ur, 120Ml, 120Mm, 120Mr, 123Ml, 123Mr, 123Ul, 124Ol, 193Ul;

Christiane Mitzkus: 11/Bäume/Baummarder/Eicheln/Eichhörnchen/Eule/Fichtenzapfen/Pilze/Wildschwein, 23, 105Mol, 211Ol, 211Or, 226Ol, 271Um, 272Ul, 284Mm, 332Or, 362Mor, 367, 369/Baummarder/Fichtenzapfen/Haselnuss/Uhu, 371/Baum/Farn/Uhu, 372Om, 373/Baum/Hirsch/Baummarder/Uhu, 374Mur, 374Or, 374Ur, 377, 378;

Walther-Maria Scheid: 10Ul, 10Ur, 12/1, 12/5, 12/7, 14, 15Or, 19, 26, 29Ul, 29Ur, 33, 34Ml, 34Ol, 34Or, 35Mr, 35Or, 36Om, 36Ur, 37Ml, 37Mr, 37Om, 37Ur, 38Or, 39Or, 42Mm, 42Om, 44Mm, 45Ol, 45Or, 45Ul, 45Ur, 46Ol, 46Om, 46Or, 47Ml, 47Mr, 47Ul, 47Ur, 48Or, 49Um, 55/2.Reihe, 56/4.Reihe, 56/6.Reihe, 57Ol, 57Ul, 57Um, 57Ur, 59Mr, 60/1. Reihe, 60/2.Reihe, 60/Blütenstand, 61Ur, 64Or, 65, 68/1.Reihe, 69/3.Reihe, 69/4.Reihe, 70Um, 72, 73Ml, 73Ol, 73Ul, 74, 75Ml, 75Mm, 76Ul, 83Ol, 83Or, 84, 85Ol, 86Om, 86Ur, 87Ml, 87Ul, 90Ml, 90Mr, 92Om, 93Om, 94/Netze, 94Ol, 95, 96/Beine, 96/Mundwerkzeuge, 100Om, 101Ml, 102, 103Mm, 103Ol, 103Um, 106Um, 107, 109, 110Ol, 110Or, 112Mm, 113Om, 114Um, 119, 120Om, 121Mm, 121Ol, 121Om, 121Or, 121Um, 122/Flosse, 122Mr, 122Ur, 124Or, 124Ul, 124Ur, 130, 131, 132Om, 133Ml, 133Mm, 133Mr, 133Om, 134, 135, 136, 139, 140, 142, 143, 146, 147, 148, 149, 150, 151, 153, 154Mm, 155Mr, 155Ol, 155Or, 156, 157Ml, 158, 159Or, 163, 164, 165, 166Om, 167Ul, 167Ur, 168, 169, 171, 173, 175, 175, 176, 177, 178Om, 179, 181, 182, 184, 185, 186Ul, 187Ml, 187Ol, 188Mr, 188Or, 188Ur, 190, 191, 192, 193Ml, 193Mr, 193Ur, 194, 196, 197Or, 199Mor, 205, 206, 207/Frau, 208, 209, 210Om, 213, 214, 215, 216, 217, 218, 220, 221, 222, 223, 224Or, 224Ul, 224Ur, 225Mor, 225Ol, 225Or, 227Mr, 227Ol, 227Or, 228Mr, 228Ul, 229Mm, 229Ol, 229Or, 230Om, 233Mm, 236Mm, 236Ul, 237Or, 237Ul, S238, 241Ol, 241Or, 243Um, 244Om, 245, 246, 248, 252, 254Ol, 258, 258, 259, 262, 266Or, 266Um, 271Om, 273, 276, 278Ol, 303, 305, 312, 313/2.Reihe, 313/2.Reihe, 313/2.Reihe, 314Mur, 315Om, 316Mul, 316Mur, 316Ul, 316Ur, 317, 319, 320, 323Ml, 323Ul, 324Ml, 324Mr, 324Ol, 331Um, 339Um, 344Ur, 353/Baby/Frau, 354, 363Ml, 363Ol, 365Ol, 369/Algen, 372Um;

Sybille Storch: 11/Maus, 12/8, 13Ur, 16/Gesichter, 22, 38Ul, 56/1.Reihe, 56/3.Reihe, 61Ul, 61Um, 94Or, 98Mul, 195/Mensch/Sonnenblume, 211Ul, 230Um, 239, 241Ul, 242, 274, 279Mm, 279Um, 280, 322, 323Or, 323Ur, 330Ml, 332Mr, 335Mr, 342, 361Mr, 371/Fuchs;

Christine Wächter: 27Ur, 157Mr, 202Ur, 224Ol, 225Mol, 226Mur, 227Ur, 243Mr, 266Ol, 270, 278Ml, 303/Pferd, 306Ul